教育部高等学校化工类专业教学指导委员会推荐教材

化工工艺学

刘晓林 刘 伟 主编

化学工业出版社

·北京·

全书共 7 章，内容包括：绪论、典型无机化工产品生产工艺、石油炼制过程及产品生产工艺、基本有机化工典型产品生产工艺、煤化工工艺、合成气及其重要衍生物的生产工艺以及典型聚合物产品生产工艺。本教材以典型化工产品生产工艺和典型化工过程为主线，介绍化工工艺过程的基本原理，注重新工艺新技术的应用以及资源的可持续利用。

本书可作为化学工程与工艺专业的本科教材，也可供化工过程的生产、设计、研究人员及科技人员参考。

图书在版编目（CIP）数据

化工工艺学/刘晓林，刘伟主编. —北京：化学工业出版社，2015.10（2024.2重印）
教育部高等学校化工类专业教学指导委员会推荐教材
ISBN 978-7-122-24736-0

Ⅰ.①化… Ⅱ.①刘…②刘… Ⅲ.①化工过程-生产工艺-高等学校-教材 Ⅳ.①TQ02

中国版本图书馆 CIP 数据核字（2015）第 171049 号

责任编辑：何　丽　徐雅妮　　　　文字编辑：丁建华
责任校对：边　涛　　　　　　　　装帧设计：关　飞

出版发行：化学工业出版社（北京市东城区青年湖南街 13 号　邮政编码 100011）
印　　装：北京虎彩文化传播有限公司
787mm×1092mm　1/16　印张 22¾　字数 575 千字　2024 年 2 月北京第 1 版第 6 次印刷

购书咨询：010-64518888　　　　　　售后服务：010-64518899
网　　址：http://www.cip.com.cn
凡购买本书，如有缺损质量问题，本社销售中心负责调换。

定　　价：45.00 元　　　　　　　　　　　　　　　　　版权所有　违者必究

教育部高等学校化工类专业教学指导委员会
推荐教材编审委员会

主 任 委 员　　王静康　　冯亚青

副主任委员　　张凤宝　　高占先　　张泽廷　　于建国　　曲景平　　陈建峰
　　　　　　　李伯耿　　山红红　　梁　斌　　高维平　　郝长江

委　　　员　（按姓氏笔画排序）
　　　　　　　马晓迅　　王存文　　王光辉　　王延吉　　王承学　　王海彦
　　　　　　　王源升　　韦一良　　乐清华　　刘有智　　汤吉彦　　李小年
　　　　　　　李文秀　　李文翠　　李清彪　　李瑞丰　　杨亚江　　杨运泉
　　　　　　　杨祖荣　　杨朝合　　吴元欣　　余立新　　沈一丁　　宋永吉
　　　　　　　张玉苍　　张正国　　张志炳　　张青山　　陈　砺　　陈大胜
　　　　　　　陈卫航　　陈丰秋　　陈明清　　陈波水　　武文良　　武玉民
　　　　　　　赵志平　　赵劲松　　胡永琪　　胡迁林　　胡仰栋　　钟　宏
　　　　　　　钟　秦　　姜兆华　　费德君　　姚克俭　　夏淑倩　　徐春明
　　　　　　　高金森　　崔　鹏　　梁　红　　梁志武　　程　原　　傅忠君
　　　　　　　童张法　　谢在库　　管国锋

序

化学工业是国民经济的基础和支柱性产业,主要包括无机化工、有机化工、精细化工、生物化工、能源化工、化工新材料等,遍及国民经济建设与发展的重要领域。化学工业在世界各国国民经济中占据重要位置,自2010年起,我国化学工业经济总量居全球第一。

高等教育是推动社会经济发展的重要力量。当前我国正处在加快转变经济发展方式、推动产业转型升级的关键时期。化学工业要以加快转变发展方式为主线,加快产业转型升级,增强科技创新能力,进一步加大节能减排、联合重组、技术改造、安全生产、两化融合力度,提高资源能源综合利用效率,大力发展循环经济,实现化学工业集约发展、清洁发展、低碳发展、安全发展和可持续发展。化学工业转型迫切需要大批高素质创新人才,培养适应经济社会发展需要的高层次人才正是大学最重要的历史使命和战略任务。

教育部高等学校化工类专业教学指导委员会(简称"化工教指委")是教育部聘请并领导的专家组织,其主要职责是以人才培养为本,开展高等学校本科化工类专业教学的研究、咨询、指导、评估、服务等工作。高等学校本科化工类专业包括化学工程与工艺、资源循环科学与工程、能源化学工程、化学工程与工业生物工程等,培养化工、能源、信息、材料、环保、生物工程、轻工、制药、食品、冶金和军工等领域从事工程设计、技术开发、生产技术管理和科学研究等方面工作的工程技术人才,对国民经济的发展具有重要的支撑作用。

为了适应新形势下教育观念和教育模式的变革,2008年"化工教指委"与化学工业出版社组织编写和出版了10种适合应用型本科教育、突出工程特色的"教育部高等学校化学工程与工艺专业教学指导分委员会推荐教材"(简称"教指委推荐教材"),部分品种为国家级精品课程、省级精品课程的配套教材。本套"教指委推荐教材"出版后被100多所高校选用,并获得中国石油和化学工业优秀教材等奖项,其中《化工工艺学》还被评选为"十二五"普通高等教育本科国家级规划教材。

党的十八大报告明确提出要着力提高教育质量,培养学生社会责任感、创新精神和实践能力。高等教育的改革要以更加适应经济社会发展需要为着力点,以培养多规格、多样化的应用型、复合型人才为重点,积极稳步推进卓越工程师教育培养计划实施。为提高化工类专业本科生的创新能力和工程实践能力,满足化工学科知识与技术不断更新以及人才培养多样化的需求,2014年6月"化工教指委"和化学工业出版社共同在太原召开了"教育部高等学校化工类专业教学指导委员会推荐教材编审会",在组织修订第一批10种推荐教材的同时,增补专业必修课、专业选修课与实验实践课配套教材品种,以期为我国化工类专业人才培养提供更丰富的教学支持。

本套"教指委推荐教材"反映了化工类学科的新理论、新技术、新应用,强化安全环保意识;以"实例—原理—模型—应用"的方式进行教材内容的组织,便于学生学以致用;加强教育界与产业界的联系,联合行业专家参与教材内容的设计,增加培养学生实践能力的内容;讲述方式更多地采用实景式、案例式、讨论式,激发学生的学习兴趣,培养学生的创新能力;强调现代信息技术在化工中的应用,增加计算机辅助化工计算、模拟、设计与优化等内容;提供配套的数字化教学资源,如电子课件、课程知识要点、习题解答等,方便师生使用。

希望"教育部高等学校化工类专业教学指导委员会推荐教材"的出版能够为培养理论基础扎实、工程意识完备、综合素质高、创新能力强的化工类人才提供系统的、优质的、新颖的教学内容。

教育部高等学校化工类专业教学指导委员会
2015年6月

前言

化工工艺学是研究由原料经过化学反应及相应的加工过程制取化工产品的一门科学，是化学工程与工艺本科专业的核心课程。

教材的编写着眼于现代大化工一体化的发展趋势，通过系统地介绍无机化工、石油炼制、基本有机化工、煤化工、合成气以及聚合物化工中的典型产品生产工艺，使读者能够掌握化工工艺学的基本理论和基本知识，并了解化工行业中一些重要产品的生产原理、工艺特点、关键设备、环境保护及经济性评价方法等，还能够了解典型化工产品的生产工艺现状、发展趋势以及新技术的应用。本教材的内容除含盖一般化工工艺学的基本知识和典型产品生产工艺以外，主要特点是从化学工业发展的进程、特点以及能源和产品供需现状角度进行教材的结构组织和内容编写，特别将合成气及其重要衍生物的生产工艺作为独立章节，希望通过合成气或甲醇的生产建立由天然气、煤碳或石油生产基本有机化工产品的桥梁，达到资源的合理利用，实现环境保护和可持续发展的目的。

本教材内容既有一定的广度，同时又具有一定的深度，可满足高校化学工程与工艺专业的教学要求。

本教材共分7章，由北京化工大学刘晓林和刘伟担任主编，丁文明和王周君参编。第1章和第4章（除4.4加氢和脱氢及4.7烃类氯化两部分外）由刘晓林编写，并承担全书的统稿工作；第2章和第4章的4.7烃类氯化由刘伟编写；第3章和第4章的4.4加氢和脱氢部分由丁文明编写；第5章、第6章和第7章由王周君编写。

编写本书时参考了国内外相关专著、期刊等文献，分别列在每章后的参考文献部分，并致谢意！

由于编者知识水平的局限，书中不妥之处，恳请读者批评指正。

编者

2015年6月于北京

目录

第1章 绪论 /1

- 1.1 现代化学工业概述 ……………………………………………………………… 1
- 1.2 化工工艺学的研究对象与研究内容 …………………………………………… 2
- 1.3 化工产品生产工艺流程的原则 ………………………………………………… 3
- 1.4 化工产品生产工艺流程的组织与评价 ………………………………………… 3
  - 1.4.1 工艺流程的基本组成 ……………………………………………………… 3
  - 1.4.2 工艺流程的组织原则和评价方法 ………………………………………… 4
- 1.5 现代化学工业的特点和发展方向 ……………………………………………… 5
- 思考题 …………………………………………………………………………………… 5

第2章 典型无机化工产品生产工艺 /6

- 2.1 硫酸 ………………………………………………………………………………… 6
  - 2.1.1 概述 ………………………………………………………………………… 6
  - 2.1.2 硫酸生产工艺流程 ………………………………………………………… 7
  - 2.1.3 硫铁矿制二氧化硫炉气 …………………………………………………… 9
  - 2.1.4 二氧化硫炉气净化 ………………………………………………………… 11
  - 2.1.5 二氧化硫转化制三氧化硫 ………………………………………………… 18
  - 2.1.6 三氧化硫吸收 ……………………………………………………………… 25
  - 2.1.7 安全与三废综合利用 ……………………………………………………… 31
- 2.2 硝酸 ………………………………………………………………………………… 34
  - 2.2.1 概述 ………………………………………………………………………… 34
  - 2.2.2 稀硝酸生产工艺流程 ……………………………………………………… 35
  - 2.2.3 氨接触氧化 ………………………………………………………………… 37
  - 2.2.4 一氧化氮氧化 ……………………………………………………………… 41
  - 2.2.5 氮氧化物的吸收 …………………………………………………………… 43
  - 2.2.6 尾气的治理和能量利用 …………………………………………………… 47
- 2.3 纯碱 ………………………………………………………………………………… 48
  - 2.3.1 概述 ………………………………………………………………………… 48
  - 2.3.2 氨碱法制纯碱 ……………………………………………………………… 49
  - 2.3.3 联合制碱法制纯碱 ………………………………………………………… 57
- 2.4 烧碱 ………………………………………………………………………………… 58
  - 2.4.1 概述 ………………………………………………………………………… 58
  - 2.4.2 电解法制碱的理论基础 …………………………………………………… 59

  2.4.3 隔膜法电解技术 …………………………………………………… 61
  2.4.4 离子膜法电解技术 …………………………………………………… 63
思考题 ……………………………………………………………………………… 64
参考文献 …………………………………………………………………………… 65

第 3 章 石油炼制过程及产品生产工艺 / 66

 3.1 概述 …………………………………………………………………………… 66
  3.1.1 石油及其产品 ………………………………………………………… 66
  3.1.2 原油的加工方案 ……………………………………………………… 71
 3.2 物理加工过程 ………………………………………………………………… 73
  3.2.1 脱盐和脱水 …………………………………………………………… 73
  3.2.2 原油蒸馏过程 ………………………………………………………… 76
  3.2.3 渣油的丙烷脱沥青 …………………………………………………… 85
 3.3 重质油裂化过程 ……………………………………………………………… 90
  3.3.1 热裂化加工 …………………………………………………………… 90
  3.3.2 催化裂化 ……………………………………………………………… 94
  3.3.3 加氢裂化 ……………………………………………………………… 107
 3.4 产品精制过程 ………………………………………………………………… 111
  3.4.1 催化重整 ……………………………………………………………… 111
  3.4.2 加氢精制 ……………………………………………………………… 118
  3.4.3 异构化、烷基化与甲基叔丁基醚生产 ……………………………… 120
思考题 ……………………………………………………………………………… 125
参考文献 …………………………………………………………………………… 126

第 4 章 基本有机化工典型产品生产工艺 / 127

 4.1 概述 …………………………………………………………………………… 127
 4.2 烃类热裂解 …………………………………………………………………… 131
  4.2.1 烃类热裂解的原理 …………………………………………………… 135
  4.2.2 管式裂解炉生产乙烯的工艺 ………………………………………… 142
  4.2.3 裂解炉工艺流程及管式裂解炉 ……………………………………… 147
  4.2.4 裂解气预分馏工艺流程 ……………………………………………… 155
  4.2.5 裂解气的压缩与净化工艺流程 ……………………………………… 158
  4.2.6 裂解气分离与精制工艺流程 ………………………………………… 171
  4.2.7 乙烯工业的发展趋势和生产新技术 ………………………………… 179
 4.3 芳烃转化 ……………………………………………………………………… 182
  4.3.1 概述 …………………………………………………………………… 182
  4.3.2 芳烃转化反应的类型 ………………………………………………… 183
  4.3.3 C_8 芳烃异构化和 C_8 混合芳烃的分离 ……………………………… 184
  4.3.4 苯烷基化制乙苯 ……………………………………………………… 190
  4.3.5 甲苯催化脱甲基制苯 ………………………………………………… 191
 4.4 加氢和脱氢 …………………………………………………………………… 194

        4.4.1 概述 194
        4.4.2 加氢与脱氢的机理分析 194
        4.4.3 苯加氢制环己烷 199
        4.4.4 乙苯脱氢制苯乙烯 201
    4.5 烃类的催化氧化 204
        4.5.1 概述 204
        4.5.2 乙烯配位催化氧化制乙醛 209
        4.5.3 环氧乙烷/乙二醇 213
    4.6 羰基化反应 221
        4.6.1 概述 221
        4.6.2 丙烯羰基合成制丁醇和辛醇 222
        4.6.3 甲醇低压羰基化制醋酸 228
        4.6.4 羰基化技术新进展 231
    4.7 烃类氯化 231
        4.7.1 概述 231
        4.7.2 乙烯氧氯化制氯乙烯 234
        4.7.3 丙烯氯化制环氧氯丙烷 240
思考题 244
参考文献 245

第5章 煤化工工艺 / 246

5.1 概述 246
    5.1.1 煤炭资源与煤的性质 246
    5.1.2 煤化工分类及其主要产品 251
    5.1.3 煤化工发展简史及煤化工在中国的发展 253
5.2 煤的热分解 254
    5.2.1 煤的热解过程 254
    5.2.2 煤在热解过程中的化学反应 255
    5.2.3 影响煤热解的因素 256
    5.2.4 热解过程中煤表面结构的变化 257
5.3 煤的干馏 258
    5.3.1 煤的低温干馏 258
    5.3.2 煤的高温干馏 261
5.4 煤的气化 270
    5.4.1 概述 270
    5.4.2 煤气化原理 271
    5.4.3 煤气化方法 273
    5.4.4 煤气化工艺 275
    5.4.5 煤气化联合循环发电 278
5.5 煤的液化 279
    5.5.1 煤的直接液化 279

    5.5.2　煤的间接液化 ………………………………………………………… 282
  5.6　煤化工发展趋势 …………………………………………………………… 284
    5.6.1　煤化工发展存在的问题 …………………………………………… 284
    5.6.2　煤的清洁高效利用 …………………………………………………… 285
思考题 …………………………………………………………………………………… 285
参考文献 ………………………………………………………………………………… 286

第6章　合成气及其重要衍生物的生产工艺 / 287

  6.1　概述 ………………………………………………………………………… 287
    6.1.1　合成气与碳一化工 …………………………………………………… 287
    6.1.2　合成气的生产方法 …………………………………………………… 289
  6.2　天然气转化制合成气 ……………………………………………………… 290
    6.2.1　天然气制合成气概述 ………………………………………………… 290
    6.2.2　天然气蒸汽转化的基本原理 ………………………………………… 291
    6.2.3　天然气蒸汽转化的工艺条件 ………………………………………… 295
    6.2.4　天然气蒸汽转化的工艺流程 ………………………………………… 296
  6.3　煤气化制合成气 …………………………………………………………… 298
    6.3.1　煤气化制合成气的基本原理 ………………………………………… 298
    6.3.2　煤气化制合成气的工艺条件 ………………………………………… 298
    6.3.3　煤气化制合成气的工艺流程 ………………………………………… 299
  6.4　重油部分氧化制合成气 …………………………………………………… 300
    6.4.1　重油部分氧化制合成气概述 ………………………………………… 300
    6.4.2　重油部分氧化制合成气的基本原理 ………………………………… 300
    6.4.3　重油部分氧化制合成气的工艺条件 ………………………………… 301
    6.4.4　重油部分氧化制合成气的工艺流程 ………………………………… 302
  6.5　合成气的净化与调控 ……………………………………………………… 303
    6.5.1　酸性气体的脱除 ……………………………………………………… 303
    6.5.2　一氧化碳变换反应 …………………………………………………… 307
    6.5.3　合成气的精制方法 …………………………………………………… 312
  6.6　合成氨与尿素 ……………………………………………………………… 314
    6.6.1　合成氨概述 …………………………………………………………… 314
    6.6.2　合成氨的基本原理 …………………………………………………… 315
    6.6.3　合成氨的工艺条件 …………………………………………………… 319
    6.6.4　合成氨塔 ……………………………………………………………… 320
    6.6.5　合成氨的工艺流程 …………………………………………………… 322
    6.6.6　尿素的合成 …………………………………………………………… 324
  6.7　甲醇及其利用 ……………………………………………………………… 326
    6.7.1　概述 …………………………………………………………………… 326
    6.7.2　合成甲醇的基本原理 ………………………………………………… 327
    6.7.3　合成甲醇的工艺条件 ………………………………………………… 328
    6.7.4　合成甲醇的工艺流程 ………………………………………………… 329

6.7.5 甲醇制汽油（MTG）技术 330
6.7.6 甲醇制烯烃（MTO）技术 331

思考题 332

参考文献 333

第7章 典型聚合物产品生产工艺 / 334

7.1 概述 334
   7.1.1 高分子的基本概念 334
   7.1.2 聚合物的命名与分类 335
   7.1.3 高分子材料的制备 337
   7.1.4 高分子材料的发展 338

7.2 聚合反应的理论基础 338
   7.2.1 聚合原理 338
   7.2.2 聚合物的改性 340
   7.2.3 聚合反应实施方法 341

7.3 聚合物的生产过程 342
   7.3.1 聚合物生产的特点 342
   7.3.2 聚合物的生产过程 343

7.4 典型聚合物产品的合成工艺 344
   7.4.1 聚乙烯 344
   7.4.2 聚酯纤维 345
   7.4.3 丁苯橡胶 347

思考题 350

参考文献 / 350

第1章 绪论

1.1 现代化学工业概述

化学工业是指物质转化和分离的过程工业,是国民经济的基础性和支柱性产业,主要包括无机化工、有机化工、精细化工、生物化工、能源化工、资源化工、材料化工等,广泛涉及国民经济、社会发展和国家安全的各个领域,如资源、能源、生态环境、健康以及新材料、生物工程与技术、食品质量与安全、信息与国防等领域。

化学工业既是一门古老的传统工业,又是一门新兴的工业。化学工业自诞生起一直都在世界各国国民经济中占据重要位置,例如美国、德国的化工产业比重均在其国民经济中占据第二位。为了满足人类生活质量不断提高的需要,化学工业技术不断发展与创新,60多年来,化学工业在我国也以年均超过10%的速度发展,并已经超过整个工业的平均发展速度;从业人数约占全国职工总数的6%,完成了约占全国12%的工业产值和23%的利税;自2010年起,我国化学工业产值超越美国跃居全球第一。

现代化学工业生产的产品种类多、数量大、用途广,已渗透到国民经济生产和人类生活的各个领域,与国民经济各部门存在密切的关系,并在国民经济建设中占有十分重要的地位。

用作化工生产的原料称为化工原料,其可以是自然资源,也可以是化工生产的阶段产品。例如由食盐生产纯碱、烧碱、氯气和盐酸;由硫铁矿生产硫酸;由煤或焦炭生产合成氨、硝酸、乙炔和芳烃;由石油和天然气生产小分子烯烃、芳烃、乙炔、甲醇和合成气;由淀粉或蜜糖生产酒精、丙酮和丁醇等。其中,硫酸、盐酸、烧碱、合成氨、工业气体(如氧、氮、氢、一氧化碳、二氧化碳、二氧化硫)等无机物及乙炔、乙烯、丙烯、丁烯(丁二烯)、苯、甲苯、二甲苯、苯酚和醋酸等有机物,经各种反应途径可衍生出成千上万种无机或有机化工产品、高分子化工产品和精细化工产品,故又将它们称为基础化工原料。

由基础化工原料制得的结构简单的小分子化工产品称作一般化工原料。例如,各种无机盐和无机化学肥料,各种有机酸及其盐类,醇、酮、醛和酯等。它们可以直接作为商品出售,例如,氧化铁红(Fe_2O_3)、锌钡白(俗称立德粉,是硫化锌和硫酸钡的混合物)等无机盐用作颜料和染料,氟利昂(Freon,甲烷和乙烷的氟、氯或溴代化合物)用作制冷剂和气雾剂,丙烯酸酯用作建筑用涂料,氯化石蜡用作阻燃材料,丙酮用作工业溶剂等;也可作为原料继续参与化学反应合成大分子或高分子化合物，例如，各种有机染料和颜料、医药、农药、香料、表面活性剂、合成橡胶、塑料、化学纤维等。

基础化工原料和一般化工原料统称为基本化工产品。

除利用一般的无机和有机反应外，工业上还可以通过生化反应来生产化工产品。这一类产品统称为生化制品。例如，利用微生物发酵和生物酶催化，可以制得乙醇、丙酮、丁醇、柠檬酸、谷氨酸、丙烯酸铵、各类抗生物药物、人造蛋白质、油脂、调味剂（如味精等）、食品添加剂和加酶洗涤剂等。随着科学技术的发展，利用生化反应制取的有机化工产品品种将越来越多。

化学工业既是原材料工业，又是加工工业；既有生产资料的生产，也有生活资料的生产，所以化学工业的范围很广，在不同时代和不同国家不尽相同，其分类也比较复杂。按照以前习惯将化学工业分为无机化学工业和有机化学工业两大类。随着化学工业的发展，新的领域和行业中跨门类的部分越来越多，两大类的划分已不能适应化学工业发展的需要。如果按照产品应用来分，又可分为化学肥料工业、染料工业、农药工业等；若从原料角度可分为天然气化工、石油化工、煤化工、无机化工、生物化工等；也有从产品的化学组成来分类，如低分子单体、高分子聚合物等；还有按加工过程的方法来分，如食盐电解工业、农产品发酵工业等。按生产规模或加工深度又可分为大化工和精细化工等。按照2012年化学工业出版社出版的《中国化工产品大全》分类，我国化工产品可分为26类约13300余种（类）产品，这26类分别是：A煤炭及石油、天然气产品；B无机化工原料；C矿产资源化工原料；D生物资源化工原料；E再生资源化工原料；F颜料；G染料；H含能化学品；I农业用化工产品；J化学药剂；K有机化工原料；L高分子化工产品；M涂料；N胶黏剂；O香精香料；P表面活性剂；Q化工辅助材料、助剂、添加剂；R化学建材；S食品添加剂；T纺织印染助剂；U油田化学品；V造纸化学品；W皮革化学品；X电子与信息化学品；Y水处理用化学品；Z其他工业、日用、生活用专用化学品。

1.2 化工工艺学的研究对象与研究内容

由原料到化工产品的转化工艺称为化工工艺。化工工艺学以技术先进、工艺合理为原则，是研究从化工原料加工成化工产品的生产过程中所涉及的基本原理、生产方法、工艺流程及设备装置的一门工程科学，是建立在化学、物理、机械、电工电子以及工业经济等科学的基础之上的、与生产和生活实际紧密相关的、体现当代技术水平的一门科学，是化学理论与化工生产实践结合的产物，与化学工业的发展密切相关。

化工工艺学的研究对象为具体化工产品的生产，是从许多产品的生产实践中提炼出共性和凸显其个性的问题，以指导新工艺的开发的学问。因此，化工工艺学本质上是研究产品生产的"技术"、"过程"、"方法"等，主要研究内容包括三个方面：①生产的工艺流程；②生产的工艺操作条件和技术管理；③安全和环境保护措施。化工生产首先要有一个工艺合理、技术先进、经济效益较高的"工艺流程"，旨在保证从原料进入流程直到产品产出的整个过程是顺畅的以及经济上是合理的，原料的利用率是高的，能耗和物料是比较少的。这个流程通过一系列设备和装置的串联或并联，组成一个有机的流水线。其次是要有一套合理的、先进的、经济上有利的"工艺操作条件与控制手段"和"质量保证体系"，它包括原料和原料准备、反应的温度和压力、催化剂、投料配比、反应时间、生产周期、分离水平和条件、后处理与加工包装等，以及对这些操作参数监控和调节的手段。除此之外，在整个生产过程中，为保证人身安全和设备设施的安全运行，需要制定安全冗余措施，并对生产过程产生的污染要进行综合治理。

1.3 化工产品生产工艺流程的原则

化工生产早期以经验为依据，在生产实践和科学理论的长期发展中，逐渐由手工技术向以科学理论为基础的现代生产技术转变。化学工业的各个部门都有其各自的工艺，同一个化工产品可以用不同的起始原料生产，用同一种原料生产某一化工产品可以采用不同的生产工艺技术。目前，化工产品的生产工艺过程超过上万个，这些生产工艺给人类生活带来了革命性的变化。但是，绝大部分化工产品的生产过程存在着不同程度的污染问题，并具有高温、高压、低温、易燃、易爆、有毒等特点，因此，在生产有用产品的同时也对环境存在威胁。为此，对工艺技术、机械设备、设备材料、仪表与控制等都应严格要求，同时还需要考虑资源与能量的合理利用、环境保护、污染治理等问题。

化工产品生产工艺大体分四个步骤：第一步是原材料、燃料、能源的准备和预处理过程；第二步是化学反应过程，在这一步骤中得到目的产物，同时还会联产副产品和其他非目的产物；第三步是分离与精制目的产物；第四步是进行产品包装和储运，将非目的产物排出系统外。

化学工业的生产技术和许多深度加工的产品更新换代快，要求化学工业必须不断发展并采用先进科学技术，从而提高生产效率和经济效益。不断寻求和探索技术上最先进和经济上最合理的方法、原理、流程和设备是化学工业工艺创新的具体途径，化工新技术开发程序是一套科学的程序，它是以市场为导向、以创新为宗旨、以工业化和商业化为目的的创新过程。世界上经济发达的国家在化学工业的研究开发费用、科研人员以及专利和文献的数量等方面都位居各工业部门的前列。

1.4 化工产品生产工艺流程的组织与评价

1.4.1 工艺流程的基本组成

每一个化工产品都有其特有的工艺流程。对同一个产品，由于选定的工艺路线不同，工艺流程中各个单元过程的具体内容和相互关联的方式也不同。此外，工艺流程的组织与实施工业化的时间、地点、资源条件、技术条件等有密切关系。但是，当对一般化工产品的工艺流程进行分析和比较之后，发现组成整个流程的各个单元过程或工序在所起的作用上有许多共同之处，即组成流程的各个单元具有的基本功能存在一定规律性，这种规律性可以用图1-1形式进行表述。

① 原料预处理单元（生产准备） 包括反应所需的主要原料、氧化剂、氯化剂、溶剂、水等各种辅助原料的储存、净化、干燥等。

② 催化剂准备（再生）单元 包括反应时用的催化剂和各种助剂的制备、溶解、储存、配制以及催化剂再生等。

③ 反应单元（反应过程） 是化学反应进行的场所，整个流程的核心。以反应过程为

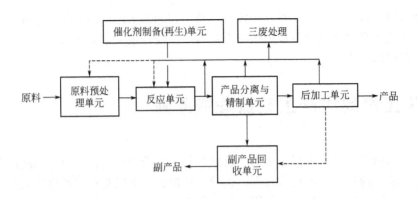

图 1-1　一般化工工艺流程中的主要单元组合形式

主,附设必要的加热、冷却、反应产物输送以及反应控制等。

④ 产品分离与精制单元(分离过程)　将反应产物从反应系统分离出来,进行精制和提纯,以得到目的产品。并将未反应的原料、溶剂以及随反应物带出的催化剂、副反应产物等分离出来,尽可能实现原料和溶剂等物料循环利用。

⑤ 副产品回收单元　对反应产生的一些副产物,或不循环利用的一些少量未反应的原料、溶剂以及催化剂等物料,进行必要的精制处理以回收使用,需要设置一系列分离、提纯操作,如精馏、吸收等。

⑥ 后加工单元　将分离过程获得的目的产物按产品质量要求的规格、形状进行必要的加工制作,以及储存和包装出厂。

⑦ 辅助过程　除了上述六个主要生产过程外,在一般流程中还有为回收能量而设置的过程(如废热利用),为稳定生产而设置的过程(如缓冲、稳压、中间储存),为治理三废(废气、废液和废渣)而设置的过程(如废气焚烧)以及产品储存过程等。

1.4.2　工艺流程的组织原则和评价方法

对化工产品生产的工艺流程进行评价,旨在根据工艺流程的组织原则衡量被考察的工艺流程是否达到最优效果。对新设计的工艺流程,通过评价可以不断改进和完善,使之成为一个优化组合的流程;对于现有的工艺流程,通过评价还可以清楚该工艺流程有哪些特点,还存在哪些不合理或可以改进的地方,与国内外类似工艺过程相比又有哪些值得借鉴之处等,由此找到改进工艺流程的措施和方案,使其得到不断优化。

在化工生产中评价工艺流程的标准是,技术上先进、经济上合理、安全上可靠、符合国情且切实可行。因此,在组织工艺流程时应遵循以下原则。

(1) 物料及能量的充分利用

① 尽量提高原料的转化率和主反应的选择性。因而应采取先进的技术,合理的单元,有效的设备,选用最适宜的工艺条件和高效的催化剂。

② 充分利用原料,对未转化的原料应采用分离、回收等措施以提高总转化率。副反应物也应当加工成副产品,对采用的溶剂、助剂等应建立回收系统,减少废物的产生和排放。对三废应尽量考虑综合利用,以避免污染环境。

③ 认真研究换热流程及换热方案,最大限度地回收热量。如尽可能采用交叉换热、逆流换热,注意安排好换热顺序,提高传热速率等。

④ 注意设备位置的相对高低,充分利用位能输送物料。如高压设备的物料可自动进入

低压设备，减压设备可以靠负压自动抽进物料，高位槽与加压设备的顶部设置平衡管可有利于进料等。

(2) **工艺流程的连续化和自动化** 对大批量生产的产品，工艺流程宜采用连续操作、大型化设备和仪表自动化控制，以提高产品产量并降低生产成本，如果条件具备还可采用计算机控制；对精细化工产品以及小批量多品种产品的生产，工艺流程应该具有一定的灵活性和多功能性，以便改变产量和更改产品品种。

(3) **易燃易爆品的安全措施** 对一些因原料组成或反应特性等因素潜在的易燃、易爆等危险品，在组织流程时要采取必要的安全措施。如在设备结构上或适当的管路上考虑防爆装置，增设阻火器、保安氮气等。工艺条件也要作相应的严格规定，尽可能安装自动报警及联锁装置，以确保生产安全。

(4) **适宜的单元操作及设备类型** 确定每一个单元操作中的流程方案及所需设备的类型，合理安排各单元操作中设备的先后顺序。应考虑全流程的操作弹性和各个设备的利用率，并通过调查研究和生产实践来确定弹性的适应幅度，尽可能使各台设备的生产能力相匹配，以免造成浪费。

根据上述工艺流程的评价标准和组织原则，可以对某一工艺流程进行综合评价。主要内容是根据实际情况讨论该流程哪些地方采用了先进的技术，并确认流程的合理性及确保安全生产的工艺条件；论证流程中有哪些物料和热量得到充分利用以及利用的措施和可行性。此外，也要说明因条件所限还存在哪些有待改进的问题。

1.5 现代化学工业的特点和发展方向

原料路线、生产方法和产品品种的多方案性与复杂性；装置规模大型化、生产过程综合化、化工产品精细化；技术与资金密集，经济效益好；注重能量利用，积极采用节能技术、安全生产、环保要求严格等构成了现代化学工业的特点。

面向市场激烈竞争以及人们生存环境不断恶化的趋势，未来化学工业将沿着合理利用资源、开发绿色技术、生产绿色化工产品等可持续发展的重要途径发展。

● **思考题**

1-1 化工工艺学的研究对象和主要内容分别是什么？

1-2 化工工艺流程一般由哪些主要单元组成？

1-3 如何评价某一化工工艺流程？

1-4 现代化学工业的特点是什么？

第 2 章

典型无机化工产品生产工艺

2.1 硫酸

2.1.1 概述

2.1.1.1 硫酸用途和主要性质

硫酸是一种重要的基本化工原料，主要用于无机化学工业产品的生产，以及石油、钢铁、有色冶金、化学纤维、塑料和染料等工业生产中。硫酸的主要用途是生产化肥，如生产磷铵、过磷酸钙和硫酸铵等，硫酸在化肥工业上的消耗占总产量大约 60% 以上。另外，硫酸还用于汽油、润滑油的精制及烯烃的烷基化反应等石油化工产品加工过程；钢铁生产加工中的预处理过程，除去钢铁表面的氧化铁皮；湿法冶炼过程铜矿、钡矿浸取液和某些贵金属的溶解液；染料中间体的生产过程；在国防工业中与硝酸一起制取硝化纤维和三硝基甲苯；在能源工业中用于浓缩铀等。

硫酸（H_2SO_4）是一种无色透明油状液体，相对分子质量为 98.078，20℃下 100% 硫酸的密度为 1830.5kg/m³，常压下沸点为 279.6℃。

硫酸浓度通常以含 H_2SO_4 质量分数表示，将浓度小于 75% 的硫酸称为稀硫酸，浓度大于 75% 的硫酸称为浓硫酸。浓硫酸具有脱水性、强氧化性和稳定性；稀硫酸则不具有脱水性和强氧化性，但它是强酸，具有酸的化学性质。发烟硫酸是 SO_3 和 H_2SO_4 的溶液，SO_3 与 H_2O 的摩尔比大于 1，也是无色油状液体，因其暴露于空气中，逸出的 SO_3 与空气中的水分结合形成白色烟雾，故称为发烟硫酸。

2.1.1.2 硫酸的生产方法

硫酸最早于 8 世纪由阿拉伯人干馏绿矾（$FeSO_4 \cdot 7H_2O$）时得到，1740 年英国人 J. Ward 在玻璃器皿中燃烧硫黄和硝石混合物，将产生的气体与水反应制得硫酸，即为硝化法制硫酸。后经英国人在铅室内生产出浓度 33.4% 的硫酸，即铅室法。20 世纪初，用塔代替铅室生产硫酸，即塔式法，硫酸浓度提高到 75% 以上，硫酸的生产能力得到大幅度提高。

硝化法的反应式：

$$SO_2 + N_2O_3 + H_2O = H_2SO_4 + 2NO \quad (2-1)$$

$$2NO + O_2 = 2NO_2 \quad (2-2)$$

$$NO + NO_2 = N_2O_3 \quad (2-3)$$

1831年英国人P.Philps提出接触法制硫酸,它是用铂作催化剂,将二氧化硫氧化为三氧化硫,用水吸收三氧化硫成硫酸。其反应式为:

$$SO_2 + 1/2O_2 \rightleftharpoons SO_3 \tag{2-4}$$

接触法制硫酸的催化剂铂,其价格高且易中毒。1915年联邦德国BASF公司用价格便宜的钒催化剂替代铂催化剂提高催化剂对一些毒物和有害物质的抵抗力,从而使得接触法得到迅速推广。接触法制得的硫酸浓度高,杂质含量低,无氮氧化物污染。该法还可生产发烟硫酸,使得硫酸产品用途更加广泛。20世纪50年代以来,接触法成为世界生产硫酸的主要方法。

2.1.1.3 生产硫酸的原料

硫酸生产所采用的原料是能够产生二氧化硫的含硫物质,通常有硫黄、硫化物矿、含硫化氢的冶炼烟气、硫酸盐等。不同地域含硫资源不同,相对而言,从世界范围看,硫铁矿和硫黄资源较为丰富,故硫酸生产以硫铁矿和硫黄为主要原料。

硫铁矿是硫元素在地壳中存在的主要形态之一,是硫化铁矿物的总称,主要形态为黄铁矿(FeS_2),因纯度和含杂质不同,其颜色有灰色、褐绿色、浅黄色等。还有一种矿石近似黄铁矿,具有强磁性,称为磁黄铁矿或磁硫铁矿,以Fe_nS_{n+1}表示($5 \leq n \leq 16$)。

硫铁矿根据来源不同分为普通硫铁矿(也称原硫铁矿或块状硫铁矿)、浮选硫铁矿和含煤硫铁矿。

① 普通硫铁矿 是指直接或在开采硫化铜时取得的,除主要成分FeS_2以外,还含有铜、铅、锌、锰、钙、砷、镍、钴、硒和碲等杂质。

② 浮选硫铁矿 是指对共存的硫铁矿与有色金属硫化矿进行浮选分离,其中一部分为硫铁矿与废石混合物,称为尾砂。若尾砂中硫的质量分数为30%~45%,一般该尾砂可直接作为制酸原料;否则对尾砂需要进行二次浮选,将废石分出,获得的精矿为硫精砂。

③ 含煤硫铁矿 是指采煤时一并采出的块状与煤共生矿,故也称黑矿。一般采出后需要分离或与其他原料配合使用。

2.1.2 硫酸生产工艺流程

接触法生产硫酸通常包括以下几个基本工序。

① 炉气制取工序:将含硫原料通过焙烧制取二氧化硫气体,获得原料气。
② 炉气净化工序:除去焙烧制得的粗二氧化硫气体中的杂质。
③ 转化工序:将二氧化硫转化为三氧化硫。
④ 吸收工序:将转化的三氧化硫气体用硫酸吸收,实现三氧化硫与水结合制得硫酸。

尽管生产硫酸的原料不同,但上述工序必不可少。原料不同,工业上具体实现生产过程还需其他的辅助工序。如硫铁矿进入焙烧前需要将其破碎并浮选,使得它达到工艺要求,浮选后的铁矿因含水分较多,为了防止储存和运输过程中结块,进入焙烧炉前还要进行干燥。工厂所用矿石由于供应、品位、杂质成分不一,对多种矿石需要进行搭配,即配矿。另外,硫酸生产过程产生"三废",故需对"三废"进行治理和综合利用。

随着国际硫黄价格的上涨,硫酸产量需求不断增加。另外,硫铁矿制酸中的硫酸渣可作为炼铁的原料。因此,以硫铁矿为原料制酸成为主导,目前我国以硫铁矿为原料制硫酸大约占30%以上(国外硫黄丰富,故大部分是硫黄制酸)。同时,由于硫铁矿制酸工序较多且有代表性。所以,本节重点讨论硫铁矿制酸,硫铁矿制酸流程有多种,图2-1所示为某公司200kt/a硫铁矿制酸工艺流程。

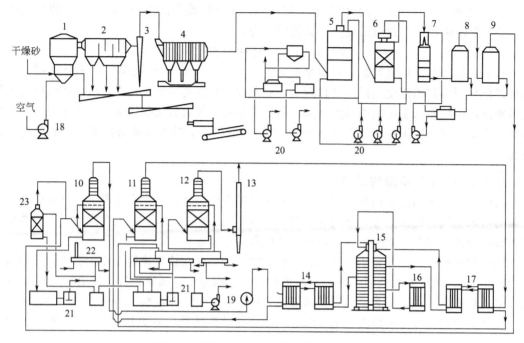

图 2-1 某公司 200kt/a 硫铁矿制酸工艺流程

1—沸腾炉；2—废热锅炉；3—旋风除尘器；4—电除尘器；5—冷却塔；6—洗涤塔；
7—间冷器；8—一级电除雾器；9—二级电除雾器；10—干燥塔；11—第一吸收塔；
12—第二吸收塔；13—烟囱；14—第Ⅲ换热器；15—转化炉；16—第Ⅱ换热器；
17—第Ⅳ换热器；18—空气鼓风机；19—二氧化硫鼓风机；20—稀酸泵；21—浓酸泵；
22—阳极保护冷却器；23—成品吹出塔

首先对硫铁矿进行预处理。将块状硫铁矿加工粉碎和筛分，浮选后获得硫精砂（平均粒径 0.054mm，20 目以上的硫精砂大于 55%），并对其进行干燥。若原料矿石的品种较多，进入下一工序前需要对原料进行掺配，满足入炉对矿石元素的要求（硫的质量分数大于 40%，砷或氟小于 0.15%）。

二氧化硫炉气的制取采用的是沸腾焙烧工艺。干燥砂从沸腾炉底部加入，与炉底进入的空气在炉内形成沸腾床焙烧。焙烧获得的炉气（二氧化硫体积分数为 11%~12.5%，三氧化硫体积分数为 0.12%~0.18%）从炉的上部进入废热锅炉，回收高温位的热能（产生 3.82MPa 的过热蒸汽），冷却后进入旋风除尘器和电除尘器除去固体微粒。

经除尘后的炉气进入湿法净化工序。炉气经冷却塔冷却后进入洗涤塔，用稀硫酸洗涤炉气，脱除炉气中的大部分杂质（砷和氟等），并用电除雾器除去夹带的酸雾，炉气中的水分在干燥塔内，用 93% 的硫酸脱除。电除雾器除下来的硫酸返回吸收塔循环使用。

干燥后的炉气进入转化工序。转化炉可分为四段，各段装有催化剂。在转化工序中，首先用二氧化硫鼓风机将干燥后的炉气送到第Ⅲ换热器与转化炉中的转化气换热达到催化剂活性温度，从转化炉顶部进入转化炉内，经四段催化剂床层将二氧化硫氧化为三氧化硫，各层催化剂间设置换热器（第Ⅱ换热器、第Ⅲ换热器、第Ⅳ换热器）使二氧化硫氧化反应在最佳温度下进行，同时它们也起到加热净化气的作用。

经三段转化（转化率达 93%）的转化气经换热进入吸收工序，在第一吸收塔中用浓硫酸吸收三氧化硫后，又经第四段转化（转化率达 99.5%）后进入第二吸收塔，用浓硫酸吸收其中的三氧化硫，得到浓硫酸（浓度为 98.5%）。经吸收塔吸收后的尾气进入尾气处理工序。焙烧工序产生的矿渣和净化工序分离下来的粉尘，经处理后送往钢铁厂作为炼铁原料进行综合利用。

2.1.3 硫铁矿制二氧化硫炉气

2.1.3.1 焙烧原理

硫铁矿的焙烧反应，条件不同，反应产物不同。其主要反应是二硫化铁与空气中氧反应生成二氧化硫炉气。通常认为，焙烧反应可分两步进行，首先是硫铁矿在高温下受热分解为硫化亚铁和硫。

$$2FeS_2 = 2FeS + S_2 \qquad \Delta H_{298}^{\ominus} = 295.68 \text{kJ/mol} \qquad (2-5)$$

此反应在400℃以上即可进行，当500℃时，反应十分显著，反应速率随温度升高而加快。然后是分解产物硫蒸气的燃烧和硫化亚铁的氧化反应。

$$S_2 + 2O_2 = 2SO_2 \qquad \Delta H_{298}^{\ominus} = 724.07 \text{kJ/mol} \qquad (2-6)$$

该反应瞬间发生。当空气过量大时，硫化亚铁继续焙烧，生成固态三氧化二铁：

$$4FeS + 7O_2 = 2Fe_2O_3 + 4SO_2 \qquad \Delta H_{298}^{\ominus} = -2453.30 \text{kJ/mol} \qquad (2-7)$$

当空气过量少时，生成固态四氧化三铁：

$$3FeS + 5O_2 = Fe_3O_4 + 3SO_2 \qquad \Delta H_{298}^{\ominus} = -1723.79 \text{kJ/mol} \qquad (2-8)$$

因而，当空气过量大时，硫铁矿焙烧总反应为：

$$4FeS_2 + 11O_2 = 2Fe_2O_3 + 8SO_2 \qquad \Delta H_{298}^{\ominus} = -3310.08 \text{kJ/mol} \qquad (2-9)$$

当空气过量少时，硫铁矿焙烧总反应为：

$$3FeS_2 + 8O_2 = Fe_3O_4 + 6SO_2 \qquad \Delta H_{298}^{\ominus} = -2366.28 \text{kJ/mol} \qquad (2-10)$$

上述硫铁矿的焙烧反应生成的二氧化硫、过量的氧气、未反应的氮气和水蒸气等统称为炉气。铁与氧的化合物及其他固体物质统称为烧渣。此外，焙烧过程中，矿石中的铅、砷、硒、氟等，燃烧生成PbO、As_2O_3、HF、SeO_2等气态物质随炉气进入制酸工序。

值得注意的是硫铁矿焙烧反应是强放热反应，该放热量除供自身反应所需外，还要移走反应余热，进行废热回收。

2.1.3.2 焙烧过程影响因素

硫铁矿焙烧过程属于气固相非催化反应，颗粒间无微团混合，其焙烧机理复杂，焙烧过程包括以下几步：

① 硫铁矿的分解反应；
② 空气中的氧气向灰层（未反应芯）表面的外扩散；
③ 氧气在灰层的内扩散；
④ 氧与硫化亚铁的表面反应，生成产物二氧化硫，同时，还进行着硫蒸气的外扩散，并与氧气发生氧化反应；
⑤ 产物二氧化硫脱离灰层的内扩散；
⑥ 产物向气相主体的外扩散。

焙烧速率不仅与反应速率有关，还与传质和传热速率有关。由上述焙烧过程可以看出，焙烧速率与氧气的扩散速率、反应速率、产物扩散速率有关，其中反应速率慢的即为控制步骤。实验数据证明，在485～560℃范围内，FeS_2分解反应控制；在560～720℃范围内，硫化亚铁氧化和氧气内扩散联合控制；在720～1155℃范围内，氧的内扩散控制。实际生产反应温度高于700℃，因而，硫铁矿的焙烧过程属于氧的内扩散控制。而氧的内扩散取决于温度、颗粒粒度、氧气浓度、气固接触面积和气固相对运动速度等因素。焙烧速率愈快，焙烧的生产能力愈大。影响焙烧速率的因素有以下几方面。

(1) 焙烧温度 理论上焙烧温度要高于硫铁矿的着火点，提高焙烧温度，硫铁矿分解速率快，硫化亚铁的燃烧速率也快，且同时加快了扩散速率，即提高了焙烧速率。但焙烧温度过高，硫铁矿熔融结块，严重时甚至结疤，影响正常操作；另外，焙烧温度过高容易引起焙烧设备损坏。沸腾焙烧炉一般维持在800~900℃。

(2) 粒度 矿石颗粒小，氧气内扩散距离短，内扩散阻力小，氧气容易扩散到矿料的内部，氧气内扩散速率得到提高，同时也有利于提高产物的内扩散速率。除此之外，颗粒小使得气固接触面积大，有利于气固反应，加快了焙烧速率。但是矿石颗粒太小，后续除尘难度加大，并且颗粒粉碎消耗的动力也加大。通常，沸腾焙烧炉中的固体颗粒平均粒度为0.07~3.0mm。

(3) 氧含量 从扩散的角度出发，提高空气中氧的浓度，即提高了扩散的推动力，从而加快了氧的扩散速率，使焙烧速率得到提高。工业上铁矿石的焙烧，一般采用空气中的氧量就可满足要求。

(4) 空气与颗粒的相对运动速度 空气与颗粒的相对运动速度影响空气中氧扩散到颗粒表面的外扩散速率及扩散到未反应芯表面的内扩散速率，相对运动速度提高，扩散速率提高。另外，相对运动速度提高，矿石颗粒扰动加剧，有利于矿石表面的更新，改善颗粒间的接触状况，减少扩散阻力，使得氧气容易到达矿石表面，提高了焙烧速率。所以，焙烧工艺一般采用沸腾焙烧技术。

2.1.3.3 焙烧工艺流程

焙烧工序的目的是以硫铁矿为原料高效地制造后续工序需要的二氧化硫炉气，并清理炉气的灰尘。所以，焙烧前需要对矿石原料进行预处理，矿石一般为块状，需要粉碎、磨细和筛分，达到粒度要求。然后，将不同品质的矿料混合搭配，并脱除矿石中的水分。制二氧化硫炉气，采用现代较为先进的技术——沸腾焙烧工艺。因焙烧反应放出大量的热量，炉气出口温度高于800℃，焙烧过程设置了废热锅炉，以回收其热量。焙烧得到的炉气中夹带大量矿尘，需要除尘以避免炉气中的尘粒堵塞管道和设备、流体阻力增加、传热效果下降。另外，除尘也是为了防止因尘粒污染后续催化剂，影响转化效果。通常要求炉气中矿尘质量浓度在$0.2g/m^3$以下。除尘方法和设备视颗粒大小而定，可首先采用旋风分离器除去大部分颗粒，然后使用除细小颗粒效率较高的电除尘器。整个沸腾焙烧工艺流程如图2-2所示。

来自原料库的硫铁矿由皮带输送机送至矿储斗，用皮带秤计量后，由加料器进入沸腾（焙烧）炉。空气由空气鼓风机送到沸腾炉，由底部进入，经气体分布板与矿料接触，控制并调节流速使矿料沸腾悬浮，确保气固能充分反应产生二氧化硫。800~900℃的炉气从沸腾炉顶部出口出去进入废热锅炉，经回收热量后降温到360℃左右，然后进入旋风除尘器除掉大部分矿尘，最后经电除尘器进一步除去细小的颗粒后进入净化工序。

沸腾炉焙烧产生的炉渣（沸腾炉底部、废热锅炉、旋风除尘器和电除尘器收集下来的）温度较高，为方便运输，用埋刮板输送机，经增湿冷却滚筒增湿并降温到80℃以下，送往堆场。若炉渣中铁的含量高于56%，一般制成球团作为钢铁厂炼钢原料。

该工艺采用的沸腾焙烧工艺是流态化技术在硫酸工艺的应用，该技术具有生产强度大、硫的烧出率高、传热系数高、二氧化硫炉气浓度高、适用原料范围广，以及焙烧炉设备结构简单，维修工作量小，易于机械化操作等特点。但是沸腾焙烧炉带出的炉尘大（炉尘的量占总烧渣的60%~70%），炉气净化工序负荷大，设备磨损严重，需要粉碎系统和高压鼓风机，动力消耗大。

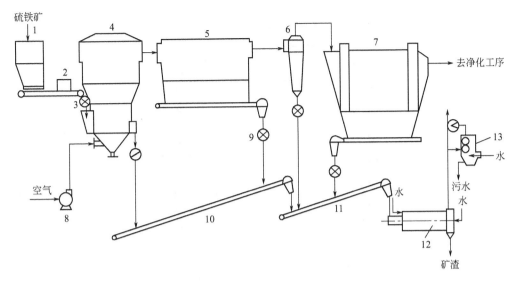

图 2-2 沸腾焙烧的工艺流程

1—矿储斗；2—皮带秤；3—星形加料器；4—沸腾炉；5—废热锅炉；
6—旋风除尘器；7—电除尘器；8—空气鼓风机；9—星形排灰阀；
10,11—埋刮板输送机；12—增湿冷却滚筒；13—蒸汽洗涤器

2.1.3.4 焙烧主要设备

焙烧工序的主要设备是焙烧炉，它经历了块矿炉、机械炉，到现在全部采用沸腾炉。焙烧硫铁矿的沸腾炉有三种，直筒型、扩散型和锥床型。我国主要采用扩散型的沸腾焙烧炉，其结构见图 2-3。

沸腾焙烧炉炉体一般为钢壳内衬保温砖，再内衬耐火砖。为防止外漏炉气产生冷凝酸腐蚀炉体，钢壳外还设有保温层。由下往上，炉内空间分为三部分，包括下部的风室、中部的沸腾床和上部的燃烧空间。下部的风室设有空气进口管、气体分布板，分布板上侧向开孔的风帽和风帽间铺设耐火泥。空气由鼓风机送入风室，经风帽向炉膛内均匀喷出。炉膛中部为向上扩大截头圆锥形，上部燃烧空间的截面积较沸腾床截面积大。

加料口设在炉身下段，加料口的对面设置矿渣溢流管。此外，还有炉气出口、二次空气进口、点火口等接管，顶部设有安全口。焙烧过程中，为避免温度过高致使炉料熔结，在沸腾层插入冷却管束（废热锅炉换热元件）或在炉壁周围安装水箱（小型炉），从沸腾床移走释放的多余热量，产生蒸汽。

因扩散型沸腾床截面比上部燃烧空间的截面小，所以沸腾床气速较高，有利于焙烧颗粒较大的矿料，粒度最大可达 6mm。而细小的颗粒被气流带到截面大的燃烧空间，气速减小，部分细小颗粒返回沸腾床，减少过多的矿尘进入炉气。扩散型焙烧炉的扩大角一般为 15°～20°。因该炉型对原料品种和粒度的适应性强，烧渣中硫的质量分数低，不易结疤，国内大多数厂家都采用这种扩散型炉。

焙烧工序涉及的主要设备除沸腾焙烧炉外，还配置废热锅炉，其结构与普通的废热锅炉原则上相似，旋风除尘器和电除尘器也与工业上的普通分离设备相似，这里不再赘述。

2.1.4 二氧化硫炉气净化

以硫黄制取的炉气比较洁净，无需净化直接进入转化工序。硫铁矿或冶炼出来的炉气在

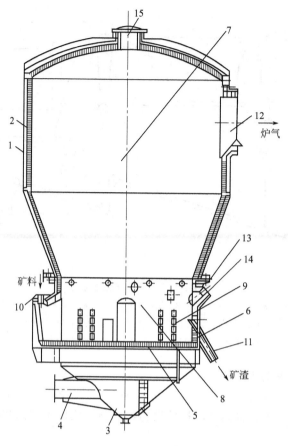

图 2-3 沸腾炉结构
1—保温砖内衬；2—耐火砖内衬；3—风室；4—空气进口管；5—空气分布板；
6—风帽；7—上部燃烧空间；8—沸腾床；9—冷却管束；10—加料口；
11—矿渣溢流管；12—炉气出口；13—二次空气进口；14—点火口；15—安全口

焙烧工序中尽管经过废热锅炉、旋风除尘器、电除尘器进行了初步处理，但常常还含有细小矿尘、三氧化二砷（As_2O_3）、氟化物、二氧化硒（SeO_2）、三氧化硫（SO_3）、水蒸气（H_2O）等。这些杂质会造成转化工序催化剂中毒，尾气排放超标，产品质量不合格。另外，它们还可能堵塞管道，腐蚀设备。所以，炉气在进入转化工序前需要净化，以达到规定指标。各国硫酸生产对炉气要求的指标不一，目前我国执行的标准见表2-1。

表 2-1 炉气指标（二氧化硫鼓风机出口，标准状态下）

组 分	指标/(mg/m³)	备 注
水分	<100	行业指标
酸雾		
一级电除雾	<30	行业指标
二级电除雾	<5	行业指标
尘	<1	推荐指标
砷	<1	推荐指标
氟	<0.5	推荐指标

2.1.4.1 杂质危害及净化方法

炉气的净化方法分为干法和湿法，干法是用吸附剂吸附有害杂质，操作成本高，目前大都采用湿法净化。湿法净化分为水洗和酸洗，因排放量大、资源浪费、环境污染等问题，水洗已经被淘汰，湿法基本上是用硫酸净化炉气。

(1) 砷、硒和氟 二氧化硫转化为三氧化硫的催化剂为钒催化剂（活性组分为 V_2O_5），炉气中的三氧化二砷被钒催化剂吸附，氧化为五氧化二砷（As_2O_5），在 550℃ 以下，五氧化二砷堆积在催化剂的表面，不仅增加反应组分的扩散阻力，还覆盖了活性位，使催化剂活性下降。而温度高于 550℃，五氧化二砷与活性组分 V_2O_5 反应生成挥发性物质 $V_2O_5 \cdot As_2O_5$，将催化剂活性成分带走，并在后续第二、三段催化床层凝结，使催化剂结块，活性下降。二氧化硒也是如此，对催化剂产生中毒作用。

炉气中的氟大部分以氢氟酸（HF），少部分以四氟化硅（SiF_4）形式存在。因氟化氢与催化剂中的载体（主要是 SiO_2）反应，使催化剂粉化，呈多孔结构，催化活性下降，熔点下降。除此之外，氟化氢也会与催化剂的活性组分 V_2O_5 反应生成挥发性物质 VF_5，造成催化活性成分流失。四氟化硅在有水蒸气的环境中，水解为氟化氢和水合二氧化硅，在催化剂表面形成硬壳，致使催化剂黏结成块床层阻力增加，活性下降。

在高温下炉气中砷和硒的氧化物呈气态，而且它们的饱和蒸气质量浓度随温度降低急剧下降，见表 2-2。将炉气温度降低，砷和硒的氧化物可冷凝成固体。

表 2-2 不同温度下炉气中的三氧化二砷和二氧化硒的饱和蒸气质量浓度 单位：g/m^3

温度/℃ 物质	50	70	100	125	150	200	250
三氧化二砷	1.6×10^{-5}	3.1×10^{-4}	4.2×10^{-3}	3.7×10^{-2}	0.28	7.9	124
二氧化硒	4.4×10^{-5}	8.8×10^{-4}	1.0×10^{-3}	8.2×10^{-2}	0.53	13	175

炉气中砷、硒和氟在采用硫酸为洗涤液的洗涤过程中，温度下降，一部分砷和硒的氧化物呈固态，以微粒形式悬浮在气相中；另一部分留在气相，与气相中氟化物等一同被洗涤液吸收至规定指标以下。

(2) 矿尘 焙烧工序电除尘器处理后的炉气中，尘的质量浓度一般会在 $200mg/m^3$（标准状态）以内。此含量下的矿尘会覆盖催化剂的表面，降低活性表面，也可能在局部积累堵塞管道，影响正常生产。另外，矿尘进入成品酸，影响成品质量。还应指出的是，矿尘中的三氧化二铁被硫酸酸化，变为碱式硫酸铁，尘粒的质量增加，体积变大，在催化剂的内外表面覆盖，催化活性降低，气体阻力增大，严重时要停产筛分催化剂。

其实，在洗涤法除砷、硒和氟化物的同时，也将矿尘净化了。进入转化工序的气体中，矿尘浓度通常达到低于 $1mg/m^3$，催化剂过筛周期可超过一年。

(3) 酸雾 在用硫酸洗涤炉气过程中，炉气温度从 300℃ 以上迅速降到 65℃ 左右，炉气中的三氧化硫与水蒸气反应形成硫酸蒸汽。由于炉气骤然冷却，硫酸蒸汽达到过饱和，来不及冷凝变为酸雾，悬浮在气体中，吸收并溶解气体中的砷和硒的氧化物，以及极细的矿尘，造成管道和设备腐蚀和催化剂中毒。

由此可见，除掉酸雾的同时，也除去了砷、硒和矿尘等杂质。所以，除去酸雾是炉气净化的关键。除雾设备有冲挡洗涤器、文丘里洗涤器和电除雾器。工业常采用电除雾器，其效率与酸雾微粒的直径成正比，酸雾微粒大，除雾效率高。而酸雾微粒的直径又与洗涤温度和洗涤的酸含量密不可分。因此，首先采用逐级冷却炉气，使得气体中的水分在酸雾的表面冷凝，酸雾粒度增大。然后利用逐级降低洗涤酸浓度的手段，使气体中水蒸气含量增加，酸雾吸收水分，粒径增大。经过这样的过程，最后根据酸雾微粒的大小，选择多级电除雾器，达到炉气指标，保证后续工序钢制设备不受腐蚀。

(4) 水分 炉气中的水分主要来自原料，以气态形式存在，进入转化工序后，加重了酸雾对管道和设备的腐蚀。另外，水蒸气若在转化工序前不除去，会与三氧化硫在吸收工序反应形成非常难以除去的酸雾，随尾气排放，污染环境，还损失了产品。

硫酸工业中采用干燥方法去除炉气中的水分。因浓硫酸具有强烈的吸湿性，用它做作干燥剂干燥炉气。炉气干燥通过在填料塔将炉气与浓硫酸接触实现。干燥速率和效果与气液接触面积、浓硫酸的浓度、炉气气速、温度和浓硫酸的喷淋量有关。

实验发现，在一定的温度下，硫酸的浓度越高，硫酸溶液液面上方水蒸气的平衡分压越小，当硫酸浓度为98.3%时，液面上方几乎没有水蒸气。所以，仅从减少水蒸气的角度考虑，硫酸的浓度越高越好。但是，实验数据表明，硫酸浓度高于94%，液面上方硫酸和三氧化硫的蒸汽增多，与炉气中的水分结合形成酸雾。综上所述，干燥用的硫酸采用93%~95%浓度为宜。且结晶温度低，避免冬季因温度下降而结晶，造成操作和运输不便。

除此之外，从提高吸收速率方面考虑，硫酸吸收水属于气膜控制的吸收过程。增大炉气气速，有利于提高传质系数。但过高，塔的压降大，造成液泛；降低吸收温度有利于吸收，但增加了循环冷却系统的负荷；硫酸喷淋量影响不大，保证填料全部润湿即可。

2.1.4.2 净化工艺流程

炉气的湿法净化流程因采用换热方式和硫酸浓度的不同，分为稀酸洗涤、绝热增湿酸洗等工艺流程。

(1) 稀酸洗涤工艺流程 稀酸洗涤的典型流程如图2-4所示，它是由水洗流程改造而成。来自旋风除尘器和电除尘器的炉气温度大约350℃左右，含尘浓度200mg/m³以下，直接进入皮博迪洗涤塔的中部空间，与用循环酸泵打到塔中上部的酸液及从上部筛板流下来的酸液逆流接触，炉气被增湿降温，稀酸将大部分矿尘洗掉，此空间称为增湿洗涤段。炉气经增湿洗涤后，进入上部，穿过筛板孔眼，撞击孔眼上方的挡板，连续通过三层筛板，并与用循环酸泵输送到吸收塔上部的低温酸液直接接触，被充分洗涤并降温，炉气温度降到40℃以下，矿尘等杂质基本被洗涤干净。之后，炉气进入电除雾器除掉酸雾（酸雾浓度可达20mg/m³以下），再经干燥塔除去炉气中的水分。

浓度大约5%的稀酸分两条管路进入塔内：一是冷却洗涤段的酸液，由塔上部溢流堰导入，顺次流过两块泡沫冲击筛板，再从第三块淋降冲击板的孔眼流入中部空间；二是增湿洗涤段的酸液，由塔中上部空间的喷嘴喷洒在塔的整个空间。由于高温炉气与低温酸液相遇，酸液中的水分蒸发使得炉气降温并增湿。而酸液流入到底部脱吸段，经下部进入的空气脱出二氧化硫后进入浓密机，分离出来的酸泥从浓密机排出，清酸液自浓密机的上侧流入循环酸槽。

循环酸槽的稀酸由泵送往两处：一是塔中部空间直接使用；二是空气冷却塔（简称空冷塔）。进入空气冷却塔的酸液，在装有聚丙烯斜交错波纹填料的塔内，与塔底鼓入的空气直接传热，液体蒸发，酸液温度从50℃降为35℃左右，再经尾冷塔与硫酸吸收塔的尾气进行换热，进一步冷却到大约30℃，然后进入循环酸槽，循环使用。

该工艺的突出特点为：①可处理含尘量大的炉气，且除尘效率较高；②皮博迪洗涤塔是冷却、洗涤和脱吸三合一塔，故设备结构紧凑，耗材少，占地面积小，同时系统阻力也小；③稀酸温度高，二氧化硫脱吸效率高，对杂质适应性强，降温增湿效率高；④副产稀酸量少，便于综合处理和利用；⑤皮博迪洗涤塔制造安装要求高，维修难度大。

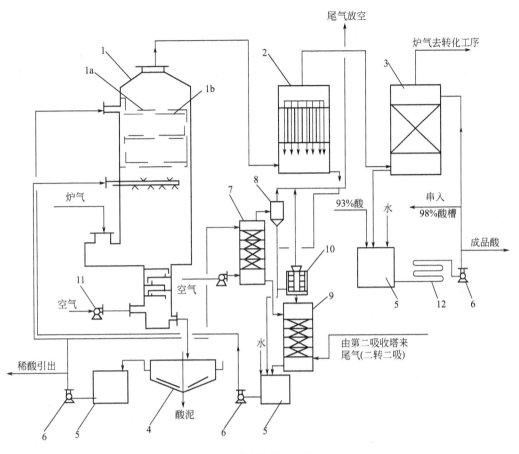

图 2-4　稀酸洗涤工艺流程
1—皮博迪洗涤塔；1a—挡板；1b—筛板；2—电除雾器；3—干燥塔；4—浓密机；
5—循环酸槽；6—循环酸泵；7—空冷塔；8—复挡除沫器；9—尾冷塔；
10—纤维除雾器；11—空气鼓风机；12—酸冷却器

(2) 绝热增湿酸洗工艺流程　目前净化炉气的绝热增湿酸洗工艺在国内应用较广，其典型流程如图 2-5 所示。

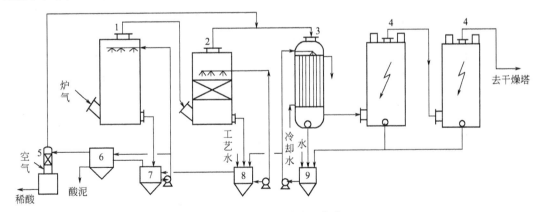

图 2-5　绝热增湿酸洗工艺流程
1—冷却塔；2—洗涤塔；3—间接冷凝器；4—电除雾器；5—SO_2 脱吸塔；
6—沉降槽；7—冷却塔循环槽；8—洗涤塔循环槽；9—间接冷凝器酸贮槽

第 2 章　典型无机化工产品生产工艺

除尘后的炉气,温度在300～320℃左右,进入冷却塔(空塔结构)底部,与塔顶喷淋下来的10%～20%的稀酸逆流接触冷却洗涤。稀酸中部分水分吸收炉气热量汽化为水蒸气进入炉气,炉气温度下降,湿度增加,炉气显热转变为潜热,构成绝热冷却过程。炉气在增湿冷却过程中,因炉气中三氧化硫与水蒸气结合成硫酸蒸汽,随温度下降,大部分形成酸雾。炉气中大部分的矿尘、三氧化硫、氟化氢、三氧化二砷、二氧化硒等杂质被酸液洗涤吸收,少部分杂质随炉气带出。炉气中三氧化二砷等部分杂质溶解在酸液中,大部分冷凝成固体微粒成为酸雾的凝聚核心。

炉气经冷却塔冷却到70～80℃后进入洗涤塔(填料塔),用浓度为5%左右的稀酸逆流洗涤炉气中的杂质,气体中残余的矿尘、砷、氟和硒等杂质溶解于酸液中,炉气被进一步冷却。由于该塔采用浓度更低的稀酸,炉气水分更高,气体中的水蒸气在酸雾颗粒表面冷凝,使得粒径增大,酸含量降低,洗涤效率提高。

离开洗涤塔的炉气进入间接冷凝器,被冷却水冷却到40℃以下,水蒸气在器壁和酸雾表面被冷凝,酸雾颗粒粒径增大。接着炉气进入两级串联的电除雾器,酸雾大部分被捕集,酸雾浓度降到≤5mg/m³(标准状态)。残余极微量矿尘等杂质的炉气送往干燥塔。

绝热增湿酸洗工艺流程与稀酸洗涤工艺流程相比,其不同之处在于:①冷却塔采用绝热蒸发,使炉气温度降低及湿度提高;②洗涤塔中循环酸液温度低于冷却塔中的酸液,逐级降低温度有利于水蒸气饱和,形成酸雾,增大酸雾粒度;③洗涤塔内的循环酸液浓度低于塔内的酸液浓度,逐级降低酸洗浓度有利于提高洗涤和除雾效率。

(3) 动力波净化工艺流程　动力波净化典型工艺流程如图2-6所示。温度为300～320℃左右的炉气自上而下进入一级动力波洗涤器逆喷管中,与洗涤液相撞击,动量达到平衡并生成气液混合物形成稳定的"驻波"。驻波浮在气流中,像一团飘着的泡沫,泡沫占据的空间称为泡沫区,且泡沫区为湍动区。湍动区内液体表面不断更新,炉气通过该区域,发生颗粒捕集、气体吸收、急冷、水蒸气饱和和增湿过程。炉气经一级动力波温度下降到60～70℃后,进入气体冷却塔,与更低浓度的稀酸逆流接触,溶解及除去矿尘和砷、硒和氟等杂质,并降温和增湿。炉气离开气体冷却塔的温度达到40℃左右,进入二级动力波洗涤器,进一步除杂、降温和增湿,酸雾颗粒增大后,去电除雾器和干燥器。

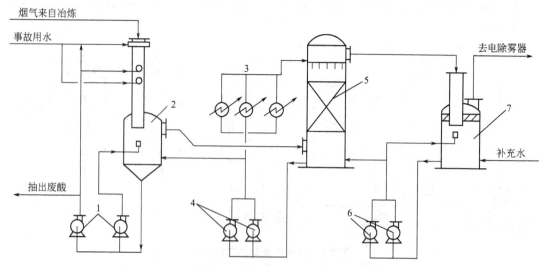

图2-6　动力波三级洗涤器净化流程

1,6—一级和二级动力波洗涤器泵;2,7—一级和二级动力波洗涤器;3—板式冷却器;4—气体冷却塔泵;5—气体冷却塔动力波净化工艺效率高的主要原因是采用了动力波洗涤器，该设备的优势为：①没有雾化喷头及活动部件，喷头不易堵塞，适用于含尘量高的工况，运行稳定可靠，维修费用少；②动力波洗涤器净化装置集成了降温、除尘和除雾等功能，且效率高于传统的净化系统，减少了电除尘负荷；③系统阻力小，操作弹性大，尤其适用于炉气量波动大的情况。

(4) 干燥工艺流程 炉气干燥工艺流程如图 2-7 所示。经过净化的湿炉气从干塔塔底部进入，与塔顶喷淋的浓硫酸逆流接触，炉气中的水分被硫酸吸收，然后经捕沫器除去气相夹带的酸沫，进到转化工序。吸收水分的干燥酸，温度升高，由干燥塔塔底进入酸冷却器，温度降低后流入干燥酸贮槽，再由泵送到塔顶喷淋。为了维持酸的浓度，必须将吸收工序的 98% 硫酸加入到酸贮槽中混合，而贮槽中多余的酸送回到吸收塔酸循环槽中，或将干燥塔出口 92.5%～93% 的硫酸直接作为产品送往酸库。

2.1.4.3 净化的主要设备

净化工序所包括的设备主要有洗涤设备、除雾设备和换热设备。这里介绍典型的洗涤设备——动力波洗涤器。

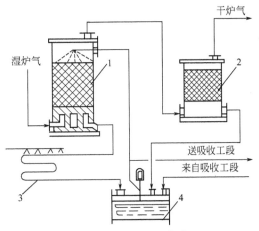

图 2-7 炉气干燥工艺流程
1—干燥塔；2—捕沫器；
3—酸冷却器；4—干燥酸贮槽

动力波洗涤器是美国杜邦公司开发的一系列设备，现已在世界各硫酸装置的炉气净化中应用。它主要有逆喷型和泡沫塔型两种，逆喷型洗涤器的结构简图见图 2-8。气体自上而下进入逆喷管，喷射液向上喷射。逆喷管上方设置溢流堰，稀酸从溢流堰流出，在逆喷管内壁形成液膜确保逆喷管不受高温炉气的破坏。稀酸喷头是大孔径非雾化喷头，喷头内有 4 个带同向倾角的导向孔，稀酸通过导向孔后成为一个旋流而从一个大孔喷嘴喷出。

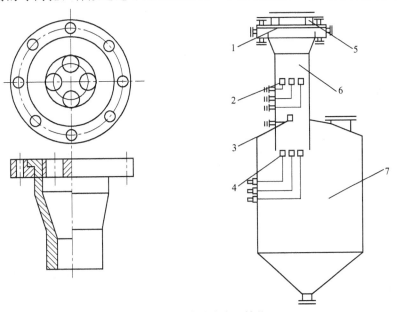

图 2-8 逆喷型洗涤器结构
1—溢流槽；2,4——段、二段喷嘴；3—应急水喷嘴；5—过渡管；6—逆喷管；7—气液分离器

2.1.5 二氧化硫转化制三氧化硫

2.1.5.1 化学平衡和平衡转化率

工业上称二氧化硫催化氧化过程为二氧化硫的转化，这是硫酸生产过程中重要的一步。二氧化硫转化为三氧化硫的化学反应方程式为：

$$SO_2 + \frac{1}{2}O_2 \rightleftharpoons SO_3 \quad \Delta H_{298}^{\ominus} = -98 \text{kJ/mol} \tag{2-4}$$

从化学方程式可以看出转化反应的特点是放热、可逆、物质的量减少的催化反应。反应的平衡常数为：

$$K_p = \frac{p_{SO_3}}{p_{SO_2} \cdot p_{O_2}^{0.5}} \tag{2-11}$$

式中，p_{SO_3}、p_{SO_2}、p_{O_2} 分别为 SO_3、SO_2、O_2 的平衡分压，atm。

在 400~700℃ 范围内，由热力学理论得到转化平衡常数与温度的关系为：

$$\lg K_p = 4905.5/T - 4.6455 \tag{2-12}$$

式中，T 为温度，℃。

转化率定义为二氧化硫转化为三氧化硫的物质的量 n_{SO_2} 占起始二氧化硫的物质的量 $n_{SO_2}^0$ 的百分数。用 x 表示，即：

$$x = \frac{n_{SO_2}}{n_{SO_2}^0} \times 100\% \tag{2-13}$$

由二氧化硫转化率、转化平衡常数定义和二氧化硫转化方程式(2-4)，推导出二氧化硫平衡转化率与转化平衡常数的关系为：

$$x_T = \frac{K_p}{K_p + \sqrt{\dfrac{100 - 0.5 a x_T}{p(b - 0.5 a x_T)}}} \tag{2-14}$$

式中，x_T 为二氧化硫平衡转化率；a 为进入转化器气体中的二氧化硫的体积分数，%；b 为进入转化器气体中的氧气的体积分数，%；p 为反应前混合气体总压强，kPa。

由式(2-14)可知温度、压力和气体起始组成影响平衡转化率。分别计算得到某起始组成下，不同温度、压力下的平衡转化率，计算结果见表 2-3；当压力一定时，在不同温度、起始组成下的平衡转化率，计算数据见表 2-4。

表 2-3 平衡转化率与温度、压力的关系　　　　　　单位：%

温度/℃	绝对压强/MPa					
	0.1	0.5	1.0	2.5	5.0	10.0
400	99.2	99.6	99.7	99.87	99.88	99.9
450	97.5	98.2	99.2	99.5	99.6	99.7
500	93.5	96.5	97.8	98.6	99.0	99.3
550	85.6	92.9	94.9	96.6	97.7	98.3
600	73.7	85.8	89.5	93.3	95.0	96.4

从热力学的角度，降低反应温度，提高转化压力，平衡转化率提高。表 2-3 的数据表明，温度越低，平衡转化率提高的幅度越大。所以，尽可能降低反应温度；在 400~450℃ 范围内，转化压力对平衡转化率的影响很小，在 450℃、常压下，平衡转化率已经达到 97.5%。所以，可以考虑转化工序在常压下操作。

表 2-4 平衡转化率与炉气起始组成、温度的关系（常压） 单位：%

温度/℃	起始组成/%				
	$a=7, b=11$	$a=7.5, b=10.5$	$a=8, b=9$	$a=9, b=8.1$	$a=10, b=6$
400	99.2	99.1	99.0	98.8	98.4
450	97.5	97.3	96.9	96.4	95.2
500	93.4	93.1	92.1	91.0	88.6
550	85.6	84.9	83.3	81.5	77.9

表 2-4 的数据反映的规律是，在一定温度和压力下，炉气中的氧气初始组成越高、二氧化硫的初始组成越低，平衡转化率越高。而且平衡转化率对温度更加敏感。所以，在反应过程中，若能将生成的三氧化硫除去、提高初始氧气与二氧化硫的比值，有利于提高平衡转化率。

2.1.5.2 转化动力学及适宜工艺条件

(1) 转化催化剂 二氧化硫转化催化剂经历了铂系和铁系催化剂的发展，现在应用最广泛的是钒系催化剂。钒系催化剂的活性成分是五氧化二钒（V_2O_5），载体为胶体硅、硅酸铝或硅藻土，还配有碱金属硫酸盐和少量其他物质（Fe_2O_3、Al_2O_3、CaO、MgO 等）助剂，以改善催化剂的各方面性能。催化剂形状有圆柱状、环状和球状。

目前，国产钒系催化剂主要型号有 S101、S102、S105、S107、S108 和 S109 等。S101 型催化剂属于中温催化剂，操作温度为 425~600℃；S102 型催化剂也是中温催化剂，催化活性和温度操作范围与 S101 型相同，其外观为环形，内表面利用率大，气体流动阻力小，但机械强度差；S105、S107 和 S108 型属于低温催化剂，催化剂活性温度的下限为 380~390℃。

研究发现，催化剂内添加铯可以降低活性温度的下限，提高活性温度的上限。如目前我国多家硫酸厂已使用美国孟莫克公司生产的 XCs-120 型和 SCX-2000 型低温催化剂。丹麦托普索有限公司生产的低温催化剂有 VK58 型。德国巴斯夫公司生产的有 04-110 型、04-111 型、04-115 型。其中 XCs-120、VK58 和 04-115 型催化剂的起燃温度为 350~380℃，温度上限可达 650℃，抗高温性能好，使用寿命大大延长。这类催化剂由于耐高温且高活性，就可以提高起始二氧化硫的含量（大于 10%），而且使得尾气中二氧化硫的含量还大大降低（小于 300μL/L）。

(2) 转化动力学 长期以来，国内外对二氧化硫转化机理进行了大量的研究，对催化机理争论不休，但总的倾向于气液相催化理论，基于此理论，人们提出了一些本征动力学。如，在 380~600℃ 范围内，向德辉半经验模型或波列斯可夫半经验模型如下：

$$r = \frac{dp_{SO_3}}{dt} = k p_{O_2} \frac{p_{SO_2}}{p_{SO_2} + 0.8 p_{SO_3}} \left(1 - \frac{p_{SO_3}^2}{K_p^2 p_{SO_2}^2 p_{O_2}}\right) \quad (2\text{-}15)$$

将式(2-15)应用在某钒催化剂上，并由二氧化硫转化方程式(2-4)，得到以二氧化硫初始含量 a、氧气初始含量 b 及转化率 x 表达的二氧化硫转化反应反应速率：

$$r = \frac{dx}{dt} = \frac{k}{a} \left(\frac{1-x}{1-0.2x}\right)(b-0.5x)\left[1 - \frac{x^2}{K_p^2(1-x)^2(b-0.5x)}\right] \quad (2\text{-}16)$$

式中，r 为二氧化硫转化反应反应速率；k 为二氧化硫转化的正反应速率常数。

S101 型钒催化剂反应速率常数见表 2-5。

表 2-5　S101 型钒催化剂反应速率常数

温度/℃	$k/s^{-1} \cdot MPa^{-1}$	温度/℃	$k/s^{-1} \cdot MPa^{-1}$	$k^*/s^{-1} \cdot MPa^{-1}$
600	107	470	13.5	3.5
590	96.5	460	11.0	8.0
580	86.6	450	8.5	4.7
570	77.4	440	7.1	3.1
560	66.0	430	5.6	1.9
550	56.0	420	4.4	1.1
540	47.5	410	3.6	
530	40.5	400	2.8	
520	32.6			
510	26.5			
500	21.6			
490	17.9			
480	15.3			

注：k^* 为转化率小于 60%、温度低于 470℃时的正反应速率常数。

二氧化硫氧化生成三氧化硫属于气固催化反应，其催化过程复杂，尽管对催化机理还存在争议，但普遍认为催化过程由以下几步构成：

① 气相主体中的氧气和二氧化硫外扩散到催化剂的表面；
② 氧气和二氧化硫由催化剂外表面又扩散到催化剂微孔的内表面；
③ 反应物溶入微孔内熔融活性组分的液膜；
④ 反应物在液膜内进行催化反应，转化生成三氧化硫；
⑤ 生成物三氧化硫从活性组分液膜内脱出；
⑥ 产物三氧化硫在催化剂内通过微孔向催化剂外表面扩散；
⑦ 三氧化硫从催化剂外表面向气相主体扩散。

上述反应过程哪一步最慢，整个反应就受该步速率的控制，基于上述催化过程，实际工业生产过程中，考虑二氧化硫的催化转化受到传热和传质等多方面的因素影响，可以获得宏观动力学方程，而宏观动力学方程对转化器设计和优化是非常重要的。由于催化过程的复杂性，使得二氧化硫在催化剂上转化反应宏观动力学很难统一。

2.1.5.3　转化工艺条件及工艺流程

转化工艺条件

确定转化反应的工艺条件依据的原则是，获得较高的二氧化硫转化率，一定催化剂用量下提高生产能力，降低生产成本（即降低设备费和操作费用）。综合考虑上述讨论的转化反应热力学和动力学两方面，转化的主要工艺条件包括操作温度、进入转化器的二氧化硫气体初始组成和最终转化率。

(1) 转化反应的操作温度　从热力学方面出发，可逆放热的转化反应，降低温度有利于提高平衡转化率。但温度过低，反应速率低，生产能力降低。另外，还要考虑操作温度要高于催化剂的起燃温度，操作处于催化剂高活性温度范围内。在气体组成一定的情况下，由温度与反应速率常数关系（表2-5），计算出反应速率常数 k。同时，由式(2-12)和式(2-14)分别计算该温度下的平衡常数 K_p 和平衡转化率 x_T，并将 K_p 和 x_T 代入式(2-16)，计算得该条件的反应速率 r。改变温度，得到相应的反应速率 r，获得 T、x_T 和 r 的关系，见图2-9。

由图2-9可知，对于某一转化率都有个反应速率最快的温度，该温度为最佳操作温度。

转化率不同,最佳操作温度不同,将最佳温度连线得到的曲线为最佳温度曲线 A-A,并发现转化率增加,最佳温度下降。必须指出的是,最佳温度曲线还随进气组成和催化剂量的不同而不同。在进气体积组成为 SO_2 7%、O_2 11%、N_2 82% 一定时,某催化剂的转化率与最佳温度和平衡温度的关系见图 2-10。最佳温度线在平衡温度线的下方,且温度越低,实际转化率与平衡转化率相差越小;温度越高,实际转化率与平衡转化率相差越大。因此,实际生产初期在高温下进行,达到提高反应速率的目的;后期在较低的温度下进行,实现较高转化率。从而,提高了生产能力。

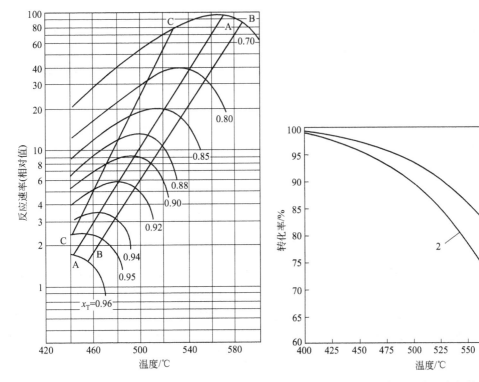

图 2-9 反应速率与温度的关系

图 2-10 平衡温度和最佳温度与转化率的关系
1—平衡温度线;2—最佳温度线

由于转化反应是放热反应,为使反应温度在最佳温度下进行,必须随反应的不断进行和转化率的提高,不断移出反应热,降低转化温度。理论上,随着转化反应放热,应用冷气带走热量,但控制难度大,且所需设备量大和复杂。实际硫酸生产普遍采取的工艺是换热法或称为绝热操作过程,即过程是一段反应(绝热转化段)一段降温,再反应再降温的方式。理想状况,绝热转化段数越多,操作温度越接近最佳温度曲线,但段数过多,换热设备增多,不但流程过于复杂,设备费也太高,不经济。通常工业生产采用 3~5 段居多。

多段反应(绝热操作)和多段换热(降温)的过程中,换热的方式有两种:一种是利用间壁式换热器将两段绝热反应器间的冷热气体进行换热的为"中间间接换热式",降低转化气温度;另一种是两段绝热反应间直接通入低温进气或冷的空气,此降温方式称为"中间冷激式"。

因为转化温度与转化率密切相关,所以多段绝热中间换热的各段始末温度的分配就决定了各段转化率的分配,由此决定了操作温度偏离最佳温度曲线的程度。根据反应工程原理,催化剂用量与反应的转化率有关,依据转化反应的宏观动力学,进行各单段反应催化剂用量的设计计算。若设定最终转化率、绝热段数和第一段初始反应温度,以催化剂总用量最少为目标函数,各段的最佳出口温度和转化率可通过试差法解得。

实际工业上,各段进出口温度和转化率的分配主要根据生产经验来确定。当然,这一问题还要考虑气体中 SO_2 和 O_2 的组成等对转化温度波动的影响[见下文(2)进入转化器的二氧化硫气体初始组成]。如某厂,根据初始 SO_2 组成高,推动力大,反应速率快,一段反应温度设计在 410~430℃范围,SO_2 转化率大约 70%~75%。为提高反应速率,第二段反应温度在 450~490℃,SO_2 转化率大约 85%~90%。再进一步提高转化率难度大了,所以,要降低反应温度,最后一段进口温度设计为 430℃,SO_2 转化率提高到了 97%~98%。此后,若再想提高 SO_2 转化率更难了,可让气体进入第三和第四段转化,并且转化温度设计应更低,这样设计不但反应时间过长,而且 SO_2 转化率提高幅度也很小,设备投资变大,不经济。通常工艺上设计的是,转化后的气体进入吸收工序的吸收塔内,用浓硫酸吸收已经转化的 SO_3,对于 SO_2 生成 SO_3 的可逆反应,SO_2 转化的传质推动力加大,故提高了 SO_2 的转化率。所以,实际硫酸生产工业中出现"一转一吸"或"二转二吸"工艺。"一转一吸",即通过一次转化和一次吸收的工艺。而"二转二吸"是指经过一次转化一次吸收后,再次转化再次吸收,这样可使 SO_2 总转化率提高到 99.9%。并且经过二转二吸工艺过程的尾气治理难度大大降低,减少了大气的污染。二转二吸中,第一次转化可以分三段,第二次转化分二段,这种流程称为"3+2"工艺,硫酸工业生产还有"2+2"、"3+1"和"4+1"等工艺流程,实际运转结果说明"3+2"工艺中,SO_2 的利用率较高,尾气中的 SO_3 含量基本可达到国家排放标准。

(2) 进入转化器的二氧化硫气体初始组成 进气 SO_2 浓度是转化工序非常重要的工艺条件之一,它的大小和波动对转化温度、转化率、催化剂用量和生产能力产生较大的影响。

① 进气二氧化硫含量对转化温度的影响 转化按绝热过程进行的热量方程和过去的生产数据说明,进气 SO_2 含量增加,操作温度几乎随之直线增加。所以,如果采用 SO_2 初始含量较高的气体进行转化,转化床层会超过催化剂的耐热温度。但在含量较低的情况下操作,反应速率慢,生产能力降低,动力消耗大,而且转化需要换热面积很大,严重时,无法维持转化系统的自热平衡。

② 进气二氧化硫含量对转化率的影响 由表 2-4 可知,在一定的温度下,降低 SO_2 含量,增加氧气含量,平衡转化率提高;根据前面 SO_2 转化动力学方程式(2-16),总压一定,提高氧气初始含量,降低 SO_2 初始含量,SO_2 转化率提高。所以,实际转化工序控制的工艺条件中,希望提高 O_2/SO_2 的比值,获得较高的转化率。提高 O_2/SO_2 比值的措施包括降低硫铁矿的杂质含量,即降低耗氧量;在转化段前炉气用干空气冷激,也可在转化段后除去转化气中的 SO_3,即提高了二次转化初始 O_2/SO_2 的比值,这也是"二转二吸"工艺的依据。

③ 进气二氧化硫含量对催化剂用量和生产能力的影响 由式(2-16)分析可知,O_2 初始含量低或 SO_2 初始含量高,转化反应速率低,达到一定的转化率,需要的催化剂用量大。但降低 SO_2 含量,处理气量增加,其他条件一定时,干燥、吸收、转化等设备费增加。实验数据说明,一定范围内,提高 SO_2 含量,可增加硫酸的产量,即提高了生产能力。

综上所述,SO_2 浓度对制酸全过程和转化工序局部的影响,以及催化剂用量、生产能力和总转化率的影响,都存在双重性,即存在最佳 SO_2 用量。实际生产过程中,从设计的角度,以硫酸生产总费用最小为原则,对于以硫铁矿为原料制酸,采用一转一吸工艺,SO_2 含量控制在 7%~8%,二转二吸工艺 SO_2 含量控制在 8.5%~9%。应当指出的是,当制酸原料改变,最佳 SO_2 含量也发生变化。从生产操作角度出发,转化器和催化剂用量已经确定,以总转化率达到规定指标为目标,若进气中 SO_2 含量增加,反应速率和转化率都下降,为保证达到规定的指标,必须减少催化剂上的反应负荷,即减少操作气量,也就是降低了生产能力。要指出的是,尽管操作气量减少了,已有的设备和气体风机等的操作费用减少得并不明显。若通过其他措施降低 SO_2 含量,要注意相应增加气量,否则,虽然提高了总转化率,但生产能力也会下降,当然增加气量时要考虑 SO_2 风机负荷的限制。

(3) 最终转化率 实际生产中,硫酸生产的尾气必须达到国家环保排放的指标,这就要求二氧化硫转化必须达到一定的转化率,转化率高,尾气中的二氧化硫含量少,环境污染减少,并且硫的利用率也提高。另外一方面,为提高转化率,催化剂用量增加,流体阻力也增加了。所以,选择适宜的最终转化率是接触法制硫酸最重要的工艺条件之一。设计上是以硫酸生产总成本最低为目标,确定适宜的最终转化率。适宜的最终转化率与工艺流程、设备和操作条件等有关。如图 2-11 所示,一转一吸工艺流程,在不回收尾气中 SO_2 的情况下,相对成本对最终转化率有一最低值,当转化率为 97.5%~98%时,硫酸的生产成

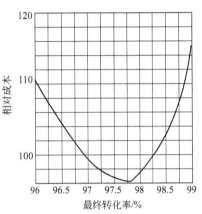

图 2-11 最终转化率对成本的影响

本最低。若有尾气吸收装置,最终转化率可低一些。如果采用二转二吸工艺流程,最终转化率可控制在 99.7%以上。

工艺流程

硫酸生产的转化工艺流程发展经历了很大变化。由一转一吸工艺发展为二转二吸,段间换热有间接换热式和冷激式,而冷激式又可分为原料冷激和空气冷激两种。另外,针对转化器也有人研究沸腾转化工艺、加压法转化工艺和非稳态法转化工艺等。在我国应用较为成熟的工艺是"一转一吸"和"二转二吸",一次转化流程中应用较多的有四段转化中间间接换热式流程、五段转化炉气冷激式流程和四段转化空气冷激式流程。

(1) 一次转化——间接式换热工艺流程 间接换热式是将转化的热气与未反应的冷气间壁式换热,换热器放在转化器内的称为内部间接换热式,放在转化器外的为外部间接换热式。图 2-12 所示为四段转化中间间接换热式流程。

从干燥塔来的净化气体由主鼓风机依次送入预热器、第三、第二、第一和外换热器,预热到 420~430℃后,进入第一段催化床层反应,转化率达 68%~71%,转化气经第三换热器冷却后进入第二段催化床层反应,转化率达 90%~92%,又经第三段转化、第二换热器换热、第四段转化和第一换热器换热后,转化率达到 97%~98%。之后,转化气经外换热器和三氧化硫冷却器冷却后去三氧化硫吸收工序。

该流程采用内换热式转化器,结构紧凑,系统阻力小,热损失小。但转化器体积庞大,结构复杂,维修不方便,换热器里的气速低,传热系数小,换热面积大。

(2) 一次转化——炉气冷激式工艺流程 五段转化炉气冷激工艺流程见图 2-13。大部分炉气(约 85%)经冷热、中热和热热交换器加热到 430℃后进入转化器,其余炉气从第一和第二段间进入,与第一段的反应气汇合,使转化气温度从 600℃左右降到 490℃左右,以混合气为基准的 SO_2 转化率从第一段反应器的 65%~75%降到 50%~55%。为获得较高的最终转化率,炉气冷激只用于第一与二段间,第四与第五段间采用两排列管置于转化器内的换热,其他用外部换热方式换热。

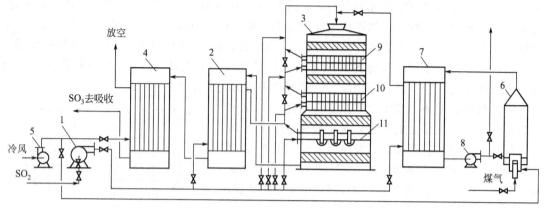

图 2-12 四段转化中间间接换热式流程

1—主鼓风机；2—外热交换器；3—转化器；4—三氧化硫冷却器；5—冷风机；6—加热炉；
7—预热器；8—热风机；9—第三换热器；10—第二换热器；11—第一（盘管）换热器

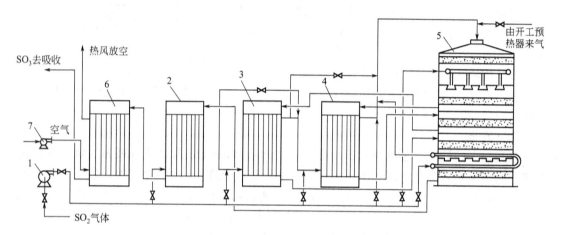

图 2-13 炉气冷激式流程

1—主鼓风机；2—冷热交换器；3—中热交换器；4—热热交换器；
5—转化器；6—三氧化硫冷却器；7—冷风机

此流程省去了第一、二段的换热器，简化了转化器的结构，维修方便。

(3) 一次转化——空气冷激式工艺流程 因冷空气与炉气混合后，空气的稀释作用使得 SO_2 含量下降，气量增大，故空气冷激式流程主要用于硫黄制酸和 SO_2 含量高的硫铁矿制酸系统。对于硫铁矿制酸，混合气体温度太低，需要预热，所以常常采用部分空气冷激转化器。

(4) 二转二吸工艺流程 二转二吸工艺流程按两次转化的段数，流程用"$X+Y$"表示，X 通常是 2、3，Y 是 1 和 2，若再考虑 SO_2 气体通过换热器次序，二转二吸流程有十多种。最典型和应用较为广泛的是"3+1"Ⅲ、Ⅰ-Ⅳ、Ⅱ流程，如图 2-14 所示。

炉气依次经过第Ⅲ换热器和第Ⅰ换热器后送往转化器一次转化，经中间吸收塔吸收，气体再经过第Ⅳ和第Ⅱ换热器换热后送往转化器进行第二次转化，二次转化气经第Ⅳ换热器冷却后去第二吸收塔吸收。

"3+1"流程的突出特点是，经过三段转化的气体进入吸收塔内，将三氧化硫从系统移去，氧浓度提高，提高了二次转化的平衡转化率和反应速率。所以，两次累计的最终转化率（可达 99.7%）较一转一吸流程的总转化率要高；该流程换热器匹配得当可保证系统的自热

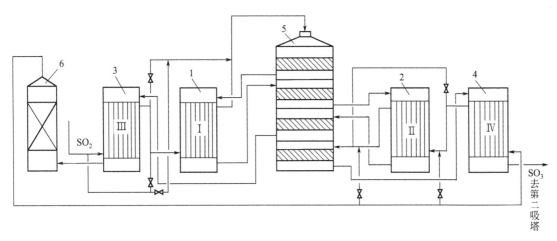

图 2-14 "3+1" Ⅲ、Ⅰ-Ⅳ、Ⅱ转化流程
1~4—第Ⅰ~第Ⅳ换热器；5—转化器；6—中间吸收塔

平衡，使得气体进口温度既满足催化剂的要求，同时也减少了传热面积的需求；高转化率的优点不仅提高了硫的利用率，又减少了SO_2对环境的污染。但该流程由于设置中间吸收和换热，气体流动阻力增加了，鼓风机动力消耗较大。

2.1.5.4 转化主要设备

转化工序主要设备包括转化器、换热器和鼓风机等。换热器和鼓风机等设备见《化工设计手册》等相关资料，这里主要介绍转化器。转化器形式有外部换热式转化器、内部换热式转化器和冷激式换热转化器等。无论何种形式，要求转化器具有以下作用：

① 尽可能满足SO_2转化反应在最佳温度下进行，出口转化气温度不超过催化剂失活温度；

② 单位硫酸产量所需催化剂的用量少，且使催化剂的装填系数大，提高生产强度；

③ 转化器的生产能力要大，且与全系统的能力要配套；

④ 设备阻力小，动力消耗低，且气体在催化床层内部分布均匀；

⑤ 最大限度回收和利用SO_2反应热；

⑥ 设备结构简单，造价低，便于安装和维修，更换催化剂方便。

应用最为广泛的四段外部换热式转化器结构简图见图 2-15。现代大型外部换热式转化器采用不锈钢做壳体（不用内衬耐火砖），内设多层水平安装的催化剂床层，催化剂用金属箅子板支撑，箅子板上用惰性耐火瓷球做底层，催化剂的顶部也覆盖一层惰性耐火瓷球，层与层用完全气密的隔板分隔。对于第一段催化剂床层，由于反应剧烈、热效应大，筛分周期短，便于该层催化剂装卸，第一段设置在转化器底部。转化器每段催化剂进出口都装有压力表和热电偶，用于测定各点的压力和温度。

2.1.6 三氧化硫吸收

三氧化硫吸收是指用浓硫酸吸收转化气中的SO_3制得商品级浓硫酸和发烟硫酸的过程。部分工业商品级硫酸含量指标见表 2-6。

2.1.6.1 吸收原理

SO_2转化三氧化硫后的气体进入吸收系统，用发烟硫酸或浓硫酸吸收，生产出不同规

格的发烟硫酸和浓硫酸,它们的吸收原理都是伴有化学反应的气液相吸收过程,即化学吸收过程。吸收过程的化学反应用下式表示:

$$SO_3(g)+H_2O(l) \Longrightarrow H_2SO_4(l) \qquad \Delta H_{298}^{\ominus}=134.2\text{kJ/mol} \qquad (2-17)$$

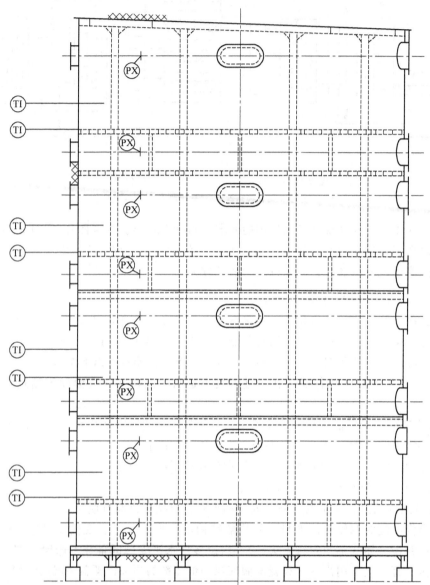

图 2-15　外部换热式转化器构造

PX—压力测点;TI—温度测点

表 2-6　部分工业商品级硫酸含量指标

项目	规格				
	浓硫酸			发烟硫酸	
	92.5%硫酸	98%硫酸	100%硫酸	20%标准发烟硫酸	高浓度发烟硫酸
酸的质量分数/%	92.5	98.0	100	104.5	114.62
游离三氧化硫的质量分数/%				20.0	65.0

① 发烟硫酸吸收过程分析　生产发烟硫酸是在发烟硫酸吸收塔内用与产品酸浓度相近的发烟硫酸吸收转化气。该吸收过程属于气膜控制的吸收过程，吸收速率方程如下：

$$N_{SO_3} = kF\Delta p_m \tag{2-18}$$

$$\Delta p_m = \frac{[(p_{SO_3})_1 - (p'_{SO_3})_2] - [(p_{SO_3})_2 - (p'_{SO_3})_1]}{\ln\frac{[(p_{SO_3})_1 - (p'_{SO_3})_2]}{[(p_{SO_3})_2 - (p'_{SO_3})_1]}} \tag{2-19}$$

式中，k 为吸收速率常数，$kmol \cdot m^{-4} \cdot s^{-1} \cdot kPa^{-1}$；$F$ 为气液相际传质面积，m^{-2}；Δp_m 为吸收平均推动力，kPa；$(p_{SO_3})_1$、$(p_{SO_3})_2$ 分别为进、出吸收塔内转化气中 SO_3 分压，kPa；$(p'_{SO_3})_1$、$(p'_{SO_3})_2$ 分别为进、出吸收塔内发烟酸液面上方气相中 SO_3 的平衡分压，kPa。

由吸收速率方程可知，吸收速率与吸收推动力、相际传质面积和吸收速率常数有关。

当转化气 SO_3 含量一定，采用一定浓度的发烟硫酸吸收 SO_3，吸收温度影响吸收过程推动力的大小。如吸收温度越高，硫酸液面上的 SO_3 的平衡分压越小，吸收推动力越小，当吸收温度达到某温度时，推动力可能出现趋近于零，吸收过程将停止。

吸收气液相际传质面积与吸收塔所用填料的特性有关。另外，吸收塔内气液两相流速或湍动程度较大，吸收阻力降低，吸收速率常数提高。转化气和吸收酸的流量一定时，两相的湍动程度也是与填料有关的。所以，选择适合的填料将大大提高吸收速率。

通常情况下，用发烟硫酸吸收 SO_3，吸收率不高，经发烟硫酸吸收后气相中 SO_3 还须用浓硫酸再吸收，该吸收系统需要两个塔串联吸收。

② 浓硫酸吸收过程分析　浓硫酸吸收三氧化硫也是化学吸收过程，且研究结果表明吸收过程是气膜控制的吸收过程，影响吸收率的因素包括吸收酸的浓度、吸收酸温度、气体温度、循环酸量、气体流速和吸收压力等。

(1) 吸收酸浓度的影响　硫酸工业生产过程的目的是保证一定浓度的硫酸成品，同时要提高三氧化硫的吸收速率和吸收率，减少产生的酸雾，即减少硫的损失。不同温度、不同硫酸浓度下，测得三氧化硫吸收率，结果见图 2-16。实验数据说明，吸收酸的含量为 98.3% 时，三氧化硫的吸收率最大，吸收程度最完全；酸的含量低于或高于 98.3%，吸收率都是逐渐下降的。

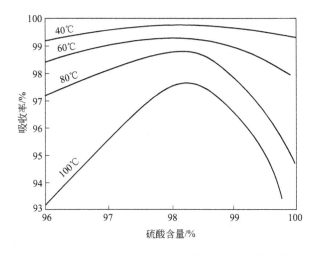

图 2-16　三氧化硫吸收率和硫酸浓度、温度的关系

当吸收酸浓度高于98.3%时，随酸浓度的升高，液面上方硫酸和三氧化硫的平衡蒸气压也相应增大，当通入转化气时，吸收推动力就减少，三氧化硫的吸收率相应降低。在尾气中三氧化硫浓度增加，在距烟囱一定高度处，与大气中的水分形成蓝色酸雾。

当吸收酸浓度低于98.3%时，随酸浓度的下降，酸液液面上方水的平衡蒸气压相应增大，即水蒸气含量增加，当与转化气中的三氧化硫相遇时，除了大部分三氧化硫被这种浓度的酸液吸收外，还有小部分的三氧化硫与气相中的水蒸气生成硫酸蒸汽，并被酸液吸收，这又导致了气相中水蒸气含量随硫酸蒸汽的产生而不断减少。所以，酸液中的水分不断蒸发，当蒸发速率大于硫酸蒸汽的吸收速率时，气相中硫酸蒸汽含量不断增加和积累，出现过饱和现象，可能超过临界饱和含量，硫酸蒸汽凝结成酸雾。而该酸雾颗粒大，不易进入酸液中，被尾气带出排到大气中，看到尾气烟囱出口就有白烟。硫酸浓度越低，吸收温度越高，酸雾量越大，三氧化硫损失越多。

当吸收酸含量等于98.3%时，三氧化硫平衡分压最低，水蒸气的分压最低，转化气中的三氧化硫几乎直接进入酸液中被吸收生成酸，吸收率最高，若转化气被干燥得较彻底，一般三氧化硫的吸收率达到99.95%，尾气烟囱出口也很少看见酸雾。

(2) 吸收温度的影响 影响吸收温度的主要因素有吸收酸的温度和气体温度。

吸收酸的温度对吸收率影响非常大，无论硫酸浓度高低，酸液温度提高，液面上方三氧化硫、水蒸气和硫酸蒸汽的平衡分压都随之增加。所以，当转化气进塔条件一定，酸液温度升高，吸收速率下降。因此，吸收酸液的温度低有利于提高吸收率。但酸液温度过低可能存在两个问题：一是进塔气体中有少量水分，当进塔气体温度较高时，出现局部温度低于硫酸蒸汽的露点温度，产生一定量的酸雾，被尾气带走，硫流失；二是为使酸液温度低，需要大量冷却介质或加大换热器的传热面积，生产过程操作费或设备费大大增加。

对吸收温度影响较大的主要工艺条件还有气体进塔温度。从吸收速率的角度出发，吸收温度越低，吸收率越高。但进塔气温太低，存在两个问题：一是为实现进塔气温低，需要增大冷却设备或加大动力消耗；二是过低的气温，如低于气体的露点温度，容易产生酸雾，导致吸收率降低和设备腐蚀。

无论是局部或是整体气温，生成酸雾的条件是气温低于露点温度，就会产生硫酸蒸汽，部分酸雾可能冷凝。从产生酸雾的条件出发，减少酸雾的生成，应提高进塔气体温度，保证吸收温度在露点以上；若吸收酸温度过低，即使气体温度较高，吸收温度也可能在露点以下，塔内局部也会产生酸雾，所以，提高进塔气体温度的同时，还要提高进塔酸温。总之，保证进出塔酸温都在气体的露点以上，则可完全避免酸雾的生成。

综上所述，三氧化硫的吸收效果主要取决于吸收酸的温度和气体温度。为提高三氧化硫吸收率，并防止酸对铸铁设备和管道等产生严重腐蚀，需要调节进塔酸温，一般控制入塔酸温为75～80℃，出塔酸温低于100℃；进塔气体温度约200℃，出塔气体温度约75℃。

目前，在高温吸收工艺中，为回收吸收工序的低温位热能，在解决了高温硫酸腐蚀问题的前提下，在二转二吸流程中，第一吸收塔酸温提高到165℃，出塔酸温升至200℃，进塔气体温度提高到180～230℃。这样的温度设置即可以较好地实现系统的热平衡，又解决了工艺中"热冷热"的问题。

值得注意的是，酸雾的量和冷凝的量与三氧化硫和水蒸气的含量有关。所以，减少或避免酸雾的生成，应尽量降低和控制干燥后气体的含水量。另外，吸收温度还受到吸收酸量的影响，酸量大，吸收温度在吸收过程中升温的幅度小，所以为了控制吸收温度，也可依靠调节酸的喷淋量实现。

(3) 循环酸量的影响 三氧化硫的吸收剂是循环酸,其流量对提高吸收率和正常操作也十分重要。若酸量少,吸收酸的浓度和温度增幅大,超过规定的操作指标,吸收率将会下降;另外,吸收塔内装有填料,要保证足够的酸量,使得填料表面完全被润湿。若酸量过大,不仅流动阻力变大,动力消耗增大,而且严重时,塔内可能产生液泛现象,吸收塔不能正常操作。循环酸量的设计依据是操作液气比,通常用喷淋密度表示,目前,国内多数厂家控制循环酸的喷淋密度在 $15\sim25m^3/(m^2\cdot h)$ 范围。

(4) 气体流速的影响 硫酸吸收三氧化硫的过程属于化学反应吸收,吸收速率受气膜控制,即提高气体湍动程度,大大提高吸收速率。而提高气体湍动程度的有效措施包括提高气体流速,减少气相传质阻力。但提高气体流速受到严重液沫夹带的限制,而液沫夹带量又与吸收塔采用的填料性能有关。如矩鞍形填料,气体流速在 $1.0\sim1.5m/s$,对于个别填料,气速可达到 $1.8m/s$。实际气体流速的设计是根据液泛气速,再考虑与物系性质相关的安全系数,大约为 $0.6\sim0.7$,最终确定操作气速。

(5) 吸收压力的影响 提高吸收压力对气膜控制的吸收过程是有利的,提高压力,气体的质量流速提高,即提高了吸收推动力,吸收速率得到提高。另外,吸收压力提高使得设备容积减少,设备生产能力提高。所以,制酸大多采用加压操作。

2.1.6.2 吸收工艺

尽管干燥和吸收两个系统不是连贯的,但是由于两个系统均采用硫酸作为吸收剂,需要相互调节酸的浓度,所以常把干燥和吸收两个系统归为干吸工序。干吸工序流程根据转化工序和产品酸品种不同而异。典型的工艺流程包括一转一吸、二转二吸流程。

(1) 一转一吸干吸工艺流程 一转一吸流程的产品有98%、92.5%和发烟硫酸。在一转一吸流程中设置1台干燥填料塔和1台吸收填料塔,及各自的循环酸系统,若生产105% H_2SO_4 的发烟(标准发烟酸)硫酸可加设发烟硫酸吸收塔,其流程见图2-17。来自转化工序的转化气分为两部分,一部分进入发烟硫酸吸收塔,经发烟硫酸吸收后,与另一部分转化气混合,进入以98% H_2SO_4 为吸收酸的吸收塔,吸收后的气体导入尾气脱硫或去尾气烟囱放空。

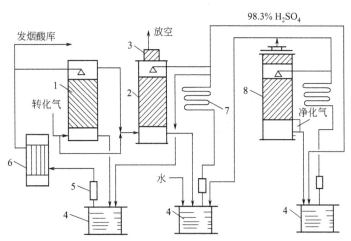

图 2-17 生产发烟硫酸时的干燥-吸收流程
1—发烟硫酸吸收塔;2—浓硫酸吸收塔;3—捕沫器;
4—循环槽;5—泵;6,7—酸冷却器;8—干燥塔

105% H_2SO_4 的发烟硫酸从发烟硫酸吸收塔顶部均匀分布并喷淋下来,与塔底进入的转

化气逆流接触进行吸收,然后从塔底排出,进入循环槽与98%H_2SO_4的硫酸混合,控制循环酸浓度在104.6%～105.0%范围,从循环槽引出的热酸用泵送往酸冷却器冷却,大部分冷却的酸循环使用,少部分作为产品送往发烟酸库或串入98%H_2SO_4的硫酸混酸罐。

98%H_2SO_4的吸收酸在浓硫酸吸收塔吸收三氧化硫后,浓度和温度都上升,出塔后进入循环酸槽与干燥塔串来的93%H_2SO_4的硫酸混合,控制浓度在98.1%～98.5%范围,需要时加入水进行调节。循环槽出来的热酸用泵送往酸冷却器冷却,其中大部分循环使用,少部分分别串入105%和93%H_2SO_4的硫酸混酸罐。也可引出少量作为产品输出。

(2) 二转二吸干吸工艺流程 "二转二吸"工艺中,设置2个98%H_2SO_4的硫酸吸收塔,并各自使用一个酸液循环系统,其流程如图2-18所示。如果需要生产标准发烟酸,通常在第一个吸收塔前有发烟酸吸收塔,其他基本同"一转一吸"工艺流程。

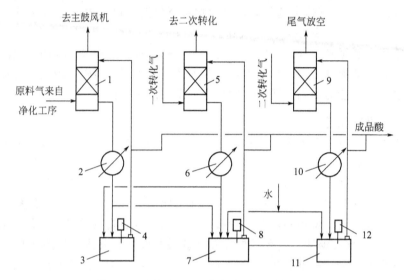

图2-18 冷却后、泵前串酸干吸工序流程
1—干燥塔;2,6,10—酸冷却器;3—干燥用酸循环槽;4,8,12—浓酸泵;
5—中间吸收塔;7,11—吸收用酸循环槽;9—最终吸收塔

(3) 酸液循环流程 酸液循环系统主要涉及吸收塔、循环槽、泵和酸冷却器4个设备,它们可以组成以下三种不同连接方式,如图2-19所示。

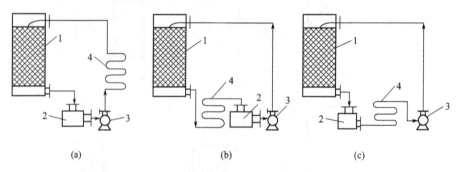

图2-19 塔、槽、泵、酸冷却器的连接方式
1—塔;2—循环槽;3—酸泵;4—酸冷却器

流程(a)的特点为:酸冷却器在泵后,酸流速大,传热系数大,所需换热面积小;干吸塔高度低,设备费减少;冷却管内酸压力大,流速大,温度高,换热管的腐蚀较严重;酸

泵输送的是高温高浓度的硫酸，故泵的腐蚀也严重。

流程（b）的特点为：酸冷却管内硫酸流速小，传热系数小，所需传热面积大，换热设备费高；塔出口到酸循环槽的液位差小，酸液容易流动不畅，易发生事故；与流程（a）相比，冷却管内酸的压力和流速都小，故换热管的腐蚀相对较小。

流程（c）的特点为：酸的流速介于流程（a）和（b）之间；该流程的泵只能用卧式泵，不能用立式泵。

2.1.6.3 吸收主要设备

吸收工序所用的主要设备有干燥塔、吸收塔、循环槽、酸泵和酸冷却器等。

干燥塔和吸收塔一般采用填料塔，塔体为钢壳圆筒，塔内设有耐酸衬里。塔的下部有支撑填料的支撑结构（瓷球拱支撑结构、耐酸砖拱加高铝瓷条梁、格栅结构等），上部设置液体分布器（管式、管槽式等），为减少和避免气体将液沫带出，塔顶部安装有除沫器（纤维除雾器、金属丝网除沫器等）。

对于硫酸干吸工序的酸冷却器通常采用管式换热器、板式换热器等，各种换热器结构、特点和选择见相关书籍。值得注意的是固定管板式换热器通常要采用阳极保护措施，防止浓硫酸腐蚀换热设备。

目前，硫酸生产过程中干吸工序的浓硫酸泵基本为液下泵，工艺要求该类泵要耐腐蚀并耐高温，其中以美国路易斯公司生产的耐高温浓硫酸的液下泵最知名，国产大流量高温浓硫酸泵已在昆明嘉禾公司投入生产JHB系列。

2.1.7 安全与三废综合利用

2.1.7.1 硫酸生产安全技术

硫酸生产从原料预处理、加工和生产过程，可能因有害介质的泄漏造成对人体急性或慢性伤害，还可能发生爆炸和高温烫伤等事故。因此，必须对硫酸生产的安全技术高度重视。

① 原料工序　在硫铁矿粉碎、筛分和输送过程中存在尘害。开始设计时必须要系统考虑除尘措施，对于已经投产的硫酸厂，设计时没有考虑尘害的，可根据装置情况对原料工序的尘害进行治理，如尽量集中排尘源，将排尘源密闭，采用干法和湿法相结合的措施进行除尘。

② 焙烧工序　硫铁矿焙烧工序中沸腾炉的温度高达850~900℃，并有高温矿渣排出，在排渣、除尘、处理沸腾炉故障中，可能会发生高温灰渣烫伤事故；沸腾炉点火升温或操作不当，及沸腾炉水箱漏水等，可能发生爆炸事故。

当高温烫伤时，除将伤者救离现场外，应立即用大量水灭衣服上的火焰，小心地将衣服脱除，用大量水冲洗创面，之后将伤者送往医院救治。

③ 净化工序　随着净化技术的发展，净化工艺由20世纪50年代标准酸洗，50年代末水洗，到80年代后大都采用绝热冷却酸洗工艺，及目前的动力波净化工艺。标准酸洗工艺中，酸洗塔喷淋浓度70%的硫酸，内设置冷却盘管，在冷却器里酸中溶解的三氧化二砷会析出，并与尘一起沉积在盘管上，操作者在清理积垢时，若未采取防护措施，会发生砷中毒。其他工艺至今未发现砷中毒。

防止砷中毒，装置应采用自动化密闭作业，工作场所要充分通风，操作者要穿戴防护用具；一旦接触了三氧化二砷，必须立即用大量水冲洗，若不慎吸入三氧化二砷，应迅速就医。

④ 转化工序 应注意催化剂粉尘的危害。在更换和过筛催化剂时，尽可能在负压下抽吸、风动输送、密闭过筛。

⑤ 干吸工序 可能发生的事故主要是硫酸烧伤及浓硫酸容器因稀释而使容器内积聚氢气所导致的爆炸事故。

在稀释浓硫酸时，必须在搅拌下将硫酸徐徐注入水中，即"硫水"，防止硫酸溅出伤人。一旦被硫酸灼伤，应立即用大量水冲洗，减轻伤情，随即去医院就医。值得注意的是皮肤沾有硫酸绝不能用碱液中和，否则因中和放热会造成二次灼伤。当有酸液泄漏时，应先将人员撤离现场，立即用砂土堵挡和吸附酸液，然后将吸附酸液的砂土用石灰等中和。

因为稀硫酸与钢铁等金属反应生成氢气，所以硫酸生产过程中的容器中可能会积聚氢气，而氢气是一种易燃易爆的气体，爆炸下限为4.0%（体积分数），上限为75.6%（体积分数）。所以，容器或设备动火前必须充分置换排气，经气体分析合格后再进行操作。对于可能聚积氢气的设备检修时，切勿用金属工具等敲打，以免产生火花引起爆炸。

除上述所述工序涉及的安全技术外，硫酸生产尾气回收、硫酸储运、高浓度发烟硫酸和液体三氧化硫等作业的安全技术也十分重要。

2.1.7.2 三废治理与综合利用

硫酸生产过程中排放的污染物有尾气（含有SO_2、SO_3）、固体烧渣与酸泥、毒性废液与废水等。这些污染物排放的组成和量与硫酸生产所用的原料、工艺流程、设备性能和操作水平等紧密相连。对于"三废"的治理与综合利用，不仅解决了"三废"对环境的污染问题，还有较大的经济意义。

(1) 尾气治理与综合利用 我国在20世纪50年代期间建设的硫酸厂转化与吸收工艺中，大多采用"一转一吸"工艺，SO_2的转化率在95%~96%范围，排放的尾气含SO_2浓度高达8500~11000mg/m^3（标准状态），含酸雾45mg/m^3。80年代以后，硫酸生产设计多采用"二转二吸"工艺，SO_2的转化率达到99.5%，排放的尾气中SO_2低于国家排放标准，酸雾含量与一转一吸相近。但考虑尾气排放标准日趋严格，两类工艺都需要采取一定的措施，进一步降低硫的排放。要想从根本上解决这一问题，关键是要改进现有生产工艺和改善设备性能。但对目前尾气排放需采用有效技术加以治理和综合利用。

硫酸生产尾气中SO_2的回收方法与低浓度SO_2烟气的回收方法大体相同，其方法包括干法和湿法两大类，湿法有氨法、碱法和金属氧化物法等，干法有活性炭法和金属氧化物干式脱硫法。

氨法是指采用氨水或铵盐溶液作吸收剂吸收尾气中的SO_2和三氧化硫，其有效吸收剂都是亚硫酸铵和亚硫酸氢铵，为维持吸收液的吸收能力，需要不断补充氨水或气体氨，吸收过程得到的中间产品为亚硫酸铵和亚硫酸氢铵。为提高硫的回收价值，用浓硫酸分解中间产品，得到含水蒸气的SO_2和硫酸铵，其中SO_2送往制酸系统干燥塔重新用于制酸，硫酸铵溶液可作为液体肥料直接用于农业或经蒸发和结晶加工成固体产品，这种处理方法也称为氨-酸法。该法在我国各大硫酸厂已应用广泛。

碱法是指以碱液（如碳酸钠和石灰乳等）为吸收剂吸收尾气中的SO_2和三氧化硫。所用的碱液不仅吸收了SO_2还除掉了酸雾，与酸雾反应生成硫酸盐。此法若用碳酸钠处理工艺吸收尾气，SO_2回收率很高，投资也少，副产品为亚硫酸钠，但该产品应用面窄；若采用石灰乳作吸收剂，材料易得，价格低廉，投资少，但工艺设计要考虑管道易结垢和堵塞问题。

湿法除采用上述吸收剂外，还有用金属氧化物、有机阳离子、无机阴离子等液体。脱硫效率较高，有的副产物可循环利用，但仅在一定范围得到了应用。

干法脱硫较成熟的是用活性炭吸附烟气中的 SO_2，吸附了 SO_2 的活性炭在再生器中用加热的方式将活性炭再生，产生高浓度的 SO_2 混合气体，再用于生产稀硫酸或其他含硫化工产品。

(2) 废水的处理　采用硫铁矿制酸过程总有污水排放，排放量和有害物质视矿源、生产工艺等不同而异，但废水通常的特点为色度大、酸度高，所含有害物质一般有硫酸、亚硫酸、砷、氟、重金属离子等。污水主要来源于净化焙烧炉气工序，尽管工艺上已经由水洗净化逐步采用酸洗净化，但污水仍含有毒杂质，若不经过治理而直接排放，严重污染环境，必须对废水处理，达到国家规定的排放标准限值以下。

硫酸废水处理方法根据排液的组成和量选择，常用的方法有中和法、絮凝沉淀法和综合法等。其处理工艺和过程主要以污水中的砷为对象，因为砷难除，且危害最大。

中和法的基本原理是加入碱性物质与污酸和砷、氟和硫酸根等形成难溶物质，然后沉淀分离，常用的中和剂包括 $NaOH$、Na_2CO_3、NH_3、石灰和电石渣等。其中具有工业价值的是石灰和电石渣，值得注意的是使用石灰时，会产生大量的碳酸钙污泥和微溶于水的硫酸钙，常常需要进一步处理。

絮凝沉淀法是为加速废水中的固体物质沉淀，添加适量的絮凝剂或凝聚剂，如氢氧化铁、氯化铝、氯化铁和聚丙烯酰胺等。

废水处理过程中常采用多种方法和多级处理过程，以达到废水排放标准。以中等砷、氟浓度的硫酸废水处理为例，采用二级污水处理工艺，其工艺流程见图 2-20。

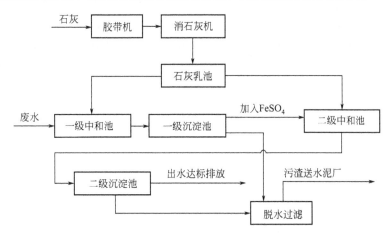

图 2-20　二级污水处理工艺流程

对于砷的浓度在 50~100mg/L、氟的浓度在 200~300mg/L 的硫酸废水，首先采用石灰中和硫酸废水，使得硫酸与石灰乳中和生成硫酸钙、砷与石灰反应生成难溶的砷酸钙和亚砷酸钙沉淀、氟与石灰反应生成氟化钙。调节废水 pH 值等条件，加入硫酸亚铁絮凝沉淀完成一级污水处理，砷和氟的脱除率达到 80% 和 94%。石灰乳加入到二级中和池，经二级沉淀和过滤分离，砷和氟的浓度分别达到 0.15mg/L 和 13.85mg/L 以下，且重金属离子如铜和铅等含量均达到国家规定的一级排放标准。

(3) 废渣的综合利用　我国大部分用硫铁矿制酸，原料矿中硫的价值仅占伴生矿工业价值的 40%~50%，其他元素的价值约占 50% 左右，硫酸生产仅仅利用矿中的硫元素，必须对其余元素回收利用，这样既充分利用了资源，又可减少烧渣对环境造成的危害。尽管硫铁矿来源不同，但烧渣中一般主要含有 Fe_2O_3，还含有部分 SiO_2、Al_2O_3、MgO、CaO、P、As、Cu、Pb、Zn 和少量未分解的硫化物，有的含有 Au、Ag 等贵金属。

根据烧渣的组成，首先回收其中的铁资源。对于高品位的硫铁矿，焙烧后的硫铁矿烧渣中铁高于 60%，无需处理直接作为炼铁原料。低品位的硫铁矿，要回收烧渣中的铁，必须提高烧渣中铁的含量，其方法主要有两种，一是通过烧渣选铁，直接提高烧渣中铁的含量；二是对低品位的硫铁矿进行选矿富集，提高入炉矿品位，进而提高烧渣含铁量。另外，铁资源的利用可通过盐酸与烧渣反应，经过溶液过滤、蒸发和结晶得到三氯化铁结晶，用于做颜料，三氯化铁可用氢气还原制得铁粉。硫铁矿的烧渣也可用硫酸处理，经反应得到硫酸亚铁，硫酸亚铁也可进一步制得铁红粉。

烧渣中铜等有色金属很有价值，通常用直接浸出法、高温氯化焙烧法、低温氯化焙烧法等加以综合利用。直接浸出法可采用硫酸作为浸出剂，与烧渣中的铜反应，铜浸出液经萃取和反萃取得到铜的浓度为 20~35g/L 的富铜液，然后经电解得到商品电解铜，该工艺铜的总回收率可达 65% 以上。高温氯化焙烧法是用氯化剂（氯化钠或氯化钙等）和还原剂（主要是焦粉），进行氯化反应和还原反应，烧渣中的氧化铜、氧化亚铜、硫化亚铜、铁酸铜、亚铁酸铜和金、银的化合物，经氯化和还原后变为金属单质，然后被吸附在还原剂上，大部分的三氧化二铁被还原为四氧化三铁，它们经水淬冷后进行磁选得到富集铁，经浮选富集得到铜、金和银等有色金属。

烧渣中砷的处理和利用使得砷无害化和资源化。砷处理的方法有硫酸铜置换法、硫酸铁氧化法和加压氧化浸出法。硫酸铜置换法是采用氧化铜粉末和硫酸铜置换硫化砷，经反应生成亚砷酸，经冷却分离后通入空气氧化，将亚砷酸氧化为溶解度较高的砷酸，又经 SO_2 还原成亚砷酸，冷却结晶干燥得亚砷酸固体。硫化砷也可用硫酸高铁氧化处理，固液分离后，用 SO_2 还原浸出液，砷酸又生成亚砷酸，经冷却结晶得粗三氧化二砷。砷的处理也可用加压氧化法，使用氧气做氧化剂，通过硫酸浸出，该法不排放尾气，效率高。

2.2 硝酸

2.2.1 概述

2.2.1.1 硝酸的用途和主要性质

硝酸是重要的化工工业产品之一，在各种酸类中，它的生产规模仅次于硫酸。硝酸和硝酸盐在国民经济中具有重要的意义。硝酸主要用于农业、国防工业和染料制造业等，如硝酸与氨制得的硝酸铵是一种良好的氮肥，硝酸铵还可用于生产无烟火药和混合炸药，浓硝酸与有机物反应制得各种有机染料中间体。此外，硝酸还用于医药、照相材料、塑料等重要方面。

纯硝酸为无色液体，具有窒息性和刺激性，它可以以任意比例溶解于水，并放出大量的热，它在常温下分解释放出二氧化氮、氧气和水。硝酸是氧化性很强的强酸，与盐酸体积比 1:3 混合的"王水"能溶解金和铂。

工业硝酸分为浓硝酸（96%~98%）和稀硝酸（45%~70%）。

2.2.1.2 硝酸生产方法和原料

工业制造硝酸经历了一系列方法，最早是用浓硫酸分解硝石（$NaNO_3$），该法不但原料来源受到限制，同时还消耗了大量的硫酸。后来工业实现了在电弧的作用下用氮和氧直接合成一氧化氮，然后再进一步制造硝酸，但该法能耗太大。现在工业几乎全部用氨接触氧化法得到氮氧化物，然后制得硝酸。其生产过程用下列方程式表示：

$$4NH_3 + 5O_2 =\!=\!= 4NO + 6H_2O \quad (2-20)$$

$$2NO + O_2 =\!=\!= 2NO_2 \quad (2-21)$$

$$3NO_2 + H_2O =\!=\!= 2HNO_3 + NO \quad (2-22)$$

氨接触氧化生成硝酸的总反应方程式：

$$NH_3 + 2O_2 =\!=\!= HNO_3 + H_2O \quad (2-23)$$

氨接触氧化法制得的是稀硝酸。浓硝酸工业生产通常有间接法和直接法。间接法是借助脱水剂（浓硫酸或浓硝酸镁），通过精馏操作，将稀硝酸处理得到浓硝酸。直接法是将液态的氮氧化物与一定的比例水混合，然后在加压的条件下通入氧制得浓硝酸。其反应方程式为：

$$2N_2O_4(液) + O_2(气) + 2H_2O(液) =\!=\!= 4HNO_3 \quad (2-24)$$

2.2.2 稀硝酸生产工艺流程

硝酸生产工艺流程有十几种，按操作压力分为三类，常压法、加压法和综合法。

(1) 常压法 常压法是指氨氧化和酸吸收过程均在常压下进行，我国早期稀硝酸生产多为常压法。该种流程因在较低压力下进行氨氧化，所以，氨的氧化率高，催化剂铂耗较低，设备结构简单，因吸收在常压下进行，酸的浓度较低，为提高酸的浓度常采用多个吸收塔串联，故吸收容积大，投资高、成品酸的浓度也不高，尾气中氮氧化物的含量较高，环境污染较为严重，后续需要进一步处理。

(2) 全压法 该法流程中氨氧化和酸吸收过程均在加压下进行，吸收的压力分为中压吸收（0.2~0.5MPa）和高压吸收（0.7~1.0MPa 或更高），由于酸吸收在加压下进行，所以氮氧化物的吸收率较高，吸收塔容积小，成品酸的浓度较高，尾气排放的氮氧化物浓度较低，能量回收率高。但是该流程与常压法相比，氨氧化率较低，且铂的损耗较大。该法适用于氨价格便宜的情况。

全高压法流程起源于1963年，由美国魏泽里（Weatherly）公司首先开发。我国在1998年，河南平顶山尼龙66盐公司引进美国魏泽里技术，其工艺流程见图2-21。

此工艺流程特点表现为氨氧化炉压力（表压）为1.16MPa，反应温度921℃，氨转化率高达95%，采用铂网28张，每吨硝酸铂耗大约为0.1g。废热锅炉可回收3.5MPa的蒸汽，每吨硝酸副产1.39吨蒸汽。吸收塔为板式泡罩塔，塔高32m，塔径2.4m，共有49层塔板，其中吸收段40层，漂白段9层。1~23层用循环冷却水冷却，25~29层用1.7℃的38%碳酸钾冷冻盐水冷却。吸收塔尾气温度4℃，压力1.12MPa，被加热至350℃，进入尾气膨胀机回收能量后放空。吸收塔的吸收率98%，成品酸浓度65%，尾气氮氧化物含量不高于180mg/kg，低于排放标准，可直接排放。

(3) 综合法 综合法又称双压法，氨氧化和酸吸收过程分别在不同的压力下进行。综合法有两种工艺流程：一种是常压氨氧化——加压酸吸收流程；另一种是中压氨氧化——高压酸吸收流程。前者流程因常压氨氧化，氨耗和铂的损耗都较低；因高压吸收，吸收塔体积

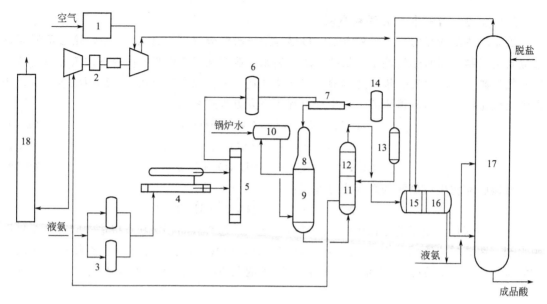

图 2-21 高压法稀硝酸生产魏泽里工艺流程
1—空气入口过滤器；2—压缩机组；3—液氨过滤器；4—液氨蒸发器；5—氨过热器；
6—气氨过滤器；7—氨、空气混合器；8—氧化炉；9—废热锅炉；10—汽包；11—尾气
加热器；12—铂过滤器；13—尾气预热器；14—入口热空气过滤器；15—空气加热器；
16—冷却冷凝器；17—吸收塔；18—尾气烟囱

小，不锈钢用量少，投资少。后者流程因吸收压力较高，成品酸的浓度高，一般可达60%，尾气氮氧化物浓度低于200mg/kg。综合法的典型工艺流程见图2-22。

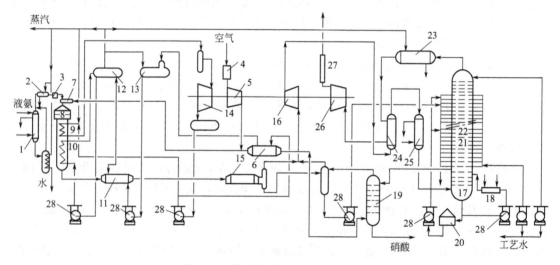

图 2-22 综合法稀硝酸生产工艺流程
1—氨蒸发器；2—氨预热器；3—氨过滤器；4—空气过滤器；5—空气压缩机；6—空气预热器；
7—氨-空气混合器；8—氧化炉；9—蒸汽过滤器；10—废热锅炉；11—节热器；12—汽包；13—脱氧
槽；14，26—蒸汽透平；15，25—冷凝器；16—氧化氮压缩机；17—氧化塔；18—酸冷却器；19—漂白；
20—收集槽；21—吸收塔；22—吸收塔冷却区；23—尾气预热器；24—尾气加热器；27—排气筒；28—泵

该流程特点为：因氧化炉内设置特殊的气体分布器，铂网上气体分布均匀，故氨利用率高，氨的氧化率可达96.7%，氮氧化物的吸收率99.8%，氨的总利用率96.5%；本流程尽

管加压，氨氧化压力 0.55MPa，但因网温度分布均匀，故铂的损耗并不大，铂耗在 90～110mg/t 硝酸（100%）；因流程在吸收过程的压力为 1.1～1.5MPa，使得 NO 的氧化速度大大加快，即使不设置 NO 氧化塔，气体在输送的管道和设备空间就在进行 NO 的氧化，所以在吸收塔中 NO 的氧化度可达 90%～97.8%，故在成品酸中 HNO_3 的含量达到 60% 左右。另外，由于吸收是在加压和低温下进行的，在吸收塔内 NO 的氧化度也加大了，所以尾气中的氮氧化物浓度仅仅为 100mg/kg，可直接排放，不用再进行尾气处理。

需要指出的是，近代出现了兼产两种不同 HNO_3 含量稀硝酸的巴马格（Bamag）法流程，该流程是由德国巴马格公司所开发，工艺流程突出特点是，在吸收塔内，NO_2 吸收部分，混合气体自下而上进入吸收塔第一块筛板前，气相中 NO 充分氧化成了 NO_2，使得气相中 NO_2 含量大大超过与生成 70% 硝酸液面成平衡的气相 NO_2 含量，70% 成品酸在塔底引出，60% 成品酸在相应的塔内某一吸收筛板上引出，实现了在同一装置中既能生产 HNO_3 含量为 60% 成品稀硝酸，又能生产 HNO_3 含量为 70% 的成品稀硝酸，总投资无变化，这样生产稀硝酸就非常经济。巴马格流程中吸收后的尾气中氮氧化物含量小于 700mg/kg，尾气排放前需要进一步处理。与巴马格流程类似的还有杜邦流程，其兼产两种成品酸的原理和流程与巴马格的类似，但由于流程采用全加压法操作，尾气中氮氧化物含量较低，在 300mg/kg 以下。

2.2.3　氨接触氧化

2.2.3.1　氨氧化反应

氨和氧可进行下列反应：

$$4NH_3 + 5O_2 =\!=\!= 4NO + 6H_2O \quad \Delta H_{298}^{\ominus} = -907.28 \text{kJ/mol} \quad (2\text{-}20)$$

$$4NH_3 + 4O_2 =\!=\!= 2N_2O + 6H_2O \quad \Delta H_{298}^{\ominus} = -1104.9 \text{kJ/mol} \quad (2\text{-}25)$$

$$4NH_3 + 3O_2 =\!=\!= 2N_2 + 6H_2O \quad \Delta H_{298}^{\ominus} = -1269.02 \text{kJ/mol} \quad (2\text{-}26)$$

氨和氧还进行下列副反应：

$$2NH_3 =\!=\!= N_2 + 3H_2 \quad \Delta H_{298}^{\ominus} = 91.69 \text{kJ/mol} \quad (2\text{-}27)$$

$$2NO =\!=\!= N_2 + O_2 \quad \Delta H_{298}^{\ominus} = 180.6 \text{kJ/mol} \quad (2\text{-}28)$$

$$4NH_3 + 6NO =\!=\!= 5N_2 + 6H_2O \quad \Delta H_{298}^{\ominus} = 1810.8 \text{kJ/mol} \quad (2\text{-}29)$$

上述反应在 900℃ 时，各个反应的平衡常数皆很大，故均可视为不可逆反应。若不控制以上反应，最终氨将转化为氮气，欲控制上述反应向生成 NO 方向发展，必须采用高选择性催化剂。

2.2.3.2　氨氧化催化剂

使氨氧化为一氧化氮所用催化剂分为两大类：一类是铂系催化剂，一般为铂、其他金属与铂的合金；另一类是非铂系催化剂，金属氧化物如氧化钴等。

氨氧化过程所用铂系催化剂通常为纯铂丝或 1%～3% 铑（Rh）与铂的合金丝，有时为降低成本和增加机械强度，用钯（Pd）代替铑，也有时用三种金属的合金。

铂催化一般不用载体，为提高单位重量的接触面积，工业上将其做成网状，通常所用铂丝直径为 0.045～0.09mm，铂网的直径规格有 1.1m、1.6m、2.0m、2.4m、2.8m、3.0m，铂网的自由面积占整个面积的 50%～60%。

新的铂网光滑且有弹性，使用时活性不高，所以使用前需要活化处理提高活性，用氢火焰在 600℃ 下烘烤数昼夜，这时铂的表面变得粗糙，增大接触面积，活性得到提高，若活化处理温度提高,如900℃下,活化时间可缩短到8~16h。

铂系催化剂因含其他物质而活性降低,其表面附着其他杂质也会使其活性大大下降,甚至发生永久性中毒,失去活性。如气体中含有PH_3仅仅0.002%,也足以使铂催化剂永久中毒。空气中的灰尘,氨气输送过程中夹带的油污,气体中的H_2S,因金属焊接残留的C_2H_2等都会造成铂催化剂暂时中毒,氨氧化率大幅度下降。另外,水蒸气虽然对铂催化剂不产生中毒,但因其吸热降低了催化反应温度,也使得氨氧化率降低。所以,为防止催化剂中毒,应对原料气体进行处理脱除有害杂质。

即使催化剂没有中毒,铂催化剂随着使用时间的延长,其活性也会逐渐降低。所以,铂催化剂一般在使用大约3~6个月后需要进行再生。再生处理过程是将铂网从反应器中取出,在60~70℃的温度下,于浓度为10%~15%的盐酸中浸渍1~2h,然后取出铂网,用蒸馏水洗涤至无氯离子和溶液呈中性,将其干燥,并用氢火焰将其活化,活化时间比新铂网活化时间稍长一些。经过上述处理,铂网活性一般可恢复正常。

铂系催化剂氨氧化率较高,但价格较为昂贵,长期以来,人们做了大量研究工作,寻找替代铂的氨氧化催化剂,目前报道较多的为铁系和钴系催化剂,尽管它们的价格较低,机械强度增加,但氨的氧化率较低,氨消耗大。整体上采用非铂系催化剂,实现工业化并不经济,所以非铂系催化剂未能大规模应用。

2.2.3.3 氨催化氧化反应动力学

尽管关于氨催化氧化为NO的反应机理人们作了许多研究工作,但是至今未能统一认识。反应过程符合一般气固相催化反应的基本规律,在此基础上,有人提出反应机理为:

① 氧从气相中通过外扩散到达铂催化剂表面,并被其吸附,因铂吸附氧的能力极强,氧分子键能降低,发生吸附的氧分子原子间的键断裂,解离出氧原子;

② 氨通过气相主体扩散到铂系催化剂表面,并被其吸附,氨分子中的氮和氢原子分别与氧原子结合,且在催化剂活性中心进行分子重排生成NO和水蒸气;

③ 铂系催化剂对NO和水蒸气吸附能力较弱,NO和水分子从催化剂表面脱附,并向气相进行扩散。

诸多研究认为,上述反应过程中,气相中氨的扩散这一步骤最慢,所以氨催化氧化整个反应反应速率由氨的外扩散控制。对此,M.N.焦姆金等人提出在800~900℃下,Pt-Rh网上的宏观动力学:

$$\lg \frac{c_0}{c_1} = 0.951 \frac{Sm}{dV_0}[0.45 + 0.288(dV_0)^{0.56}] \quad (2-30)$$

式中,c_0为氨空气混合气体中氨的体积分数,%;c_1为通过铂网后氮氧化物气体中氨的体积分数,%;S为铂网的比表面积,即活性表面积/铂网截面积,mm^2表面/mm^2截面;m为铂网层数;d为铂丝直径,mm;V_0为标准状态下气体流量,$L/(h \cdot cm^2)$。

当c_0、S、m、d已知时,通过方程式(2-30)反应动力学方程求出不同气体流量下的c_1,然后求出反应的转化率。

2.2.3.4 氨催化氧化反应的工艺条件

确定氨氧化的工艺条件,首先要考虑的是较高的氨氧化率,降低硝酸生产的成本;然后是生产强度大,即单位时间单位催化剂表面上氧化的氨量多;以及尽可能少的铂损失。

(1) 氧化温度 氧化温度越高,催化剂的活性越高。但是温度过高,铂的损失剧增。另外,确定氧化温度还要考虑操作压力和接触时间的综合影响。为保证氨的氧化率,氧化温度随压力增加而增加，接触时间长，压力和温度相应提高一些。如常压下氧化温度一般为780～840℃，中压下氧化温度为850～900℃，高压下氧化温度为900～930℃。常压下氧化反应，3～4层铂网；但若加压，网层数增加到16～20层，同时氧化温度应提高一些，这样才能避免氨的转化率下降。

(2) 操作压力 前已分析，氨氧化反应可以视为不可逆反应，故从氨氧化热力学角度分析提高操作压力，氨的转化率略有降低。但是加压氧化，反应速率加快，生产强度增加，氧化和后续吸收所用设备较小，设备费用降低。另外，加压操作，铂催化剂损失增加。所以，实际操作压力视具体情况而定，一般加压法氧化流程采用0.3～0.5MPa，综合法流程氨氧化采用常压，NO_2 吸收采用加压。

(3) 接触时间 接触时间过短，氨来不及氧化，转化率降低；接触时间过长，氨在网前停留时间太长，容易被分解，氨转化率降低。所以，氨气与铂网接触时间要适当。

根据氨分子向铂网表面扩散时间的计算，以及催化剂的自由空间和气体体积流量，同时考虑铂网丝的弯曲因素，接触时间采用下式进行计算：

$$\tau_0 = \frac{3fSdmp_k}{V_0 T_k} \tag{2-31}$$

式中，p_k 为操作压力，MPa；T_k 为操作温度，K；f 为铂网自由空间体积分数。

催化剂的生产强度与气体通过催化剂的接触时间 τ_0 有关，常采用下式计算：

$$A = 1.97 \times 10^5 \frac{c_0 f d p_k}{S \tau_0 T_k} \tag{2-32}$$

另外，气体通过催化剂的接触时间：

$$\tau_0 = \frac{V_{自由}}{V_0} \tag{2-33}$$

由式(2-32)和式(2-33)可见，在一定的操作条件下，铂催化剂的生产强度与接触时间成反比，即与气体流速成正比。从提高设备生产能力的角度出发，应适当采用较大的气速，即使因此造成氨的氧化率略有下降，但总的来说是经济的。

(4) 混合气体组成 氨氧化混合气体组分包括氨、氧和水蒸气等，混合气体中氧和氨的摩尔比称为氧氨比 v。氧氨比对氨的氧化率和铂催化剂的生产强度都有非常大的影响。混合气体中增加氧的体积分数，可以提高氨的氧化率；而增加氨的体积分数，可以提供催化剂的生产强度。另外，确定操作氧氨比还要考虑硝酸生产过程中氨氧化的后续工序（NO氧化）也需要氧气。由氨接触氧化生成硝酸的总反应方程式(2-23)可知，1mol氨氧化生成硝酸，需要2mol氧，即氧氨比为2，在氧氨比为2的混合气体中氨的体积分数为：

$$\varphi_{NH_3} = \frac{1}{1 + 2 \times \frac{100}{21}} \times 100\% = 9.5\%$$

换言之，氨氧化生产硝酸时，若氨的体积分数超过9.5%，后续NO氧化必须补充二次空气。图2-23所示为氨的氧化率与氧氨比的关系，由此可见，当氧氨比在1.7～2时，氨的氧化率较高，此时氧的用量比理论用量过量约30%以上，若催化剂性能好或氧化温度较高，氧的过量可适当减少。为提高生产能力适当提高氨的体积分数，为不降低氨氧化率，要相应加入纯氧配成氨-富氧空气混合。特别要指出的是，氨在混合气中含量不得超过12.5%～13%，否则有发生爆炸的危险。若在混合气中加入少量水蒸气可降低爆炸的危险性，从而可以适当提高氨和氧的体积分数。

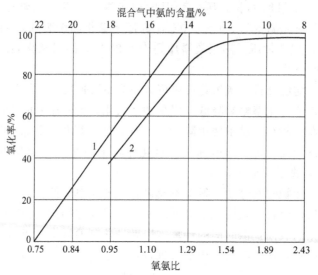

图 2-23 氨的氧化率与氧氨比的关系
1—理论情况；2—实际情况

（5）爆炸及其预防 氨-空气混合气中氨的浓度达到一定值，遇到火源会发生爆炸。根据爆炸理论，爆炸气体存在爆炸界限和相应的浓度，当气体混合物浓度在爆炸界限内，爆炸危险性大，当浓度低于和超过爆炸界限范围，爆炸危险性减少。而爆炸界限又与混合气体的温度、压力、气体流向和设备散热等因素有关。总之，为保证生产安全，在氨氧化设计和生产过程中必须注意防止爆炸，并采取相应的必要安全措施，避免可能发生的爆炸。

2.2.3.5 氨催化氧化反应工艺流程及主要设备

（1）工艺流程 氨催化氧化无论是常压还是加压，其氧化过程基本包括气体净化、配制混合气体、催化反应和热量回收。工艺流程以常压为例，见图2-24。

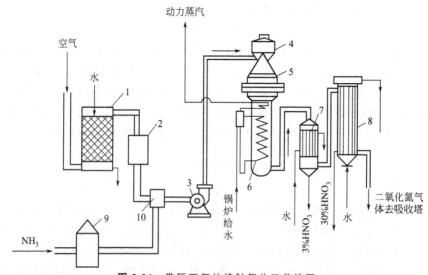

图 2-24 常压下氨的接触氧化工艺流程
1—水洗涤塔；2—呢袋过滤器；3—鼓风机；4—纸板过滤器；5—氧化炉；6—废热锅炉；
7—快速冷却器；8—普通冷却器；9—氨过滤器；10—氨-空气混合器

空气由水洗塔底部进入，与塔顶喷淋下来的水逆流接触，除去空气中可溶气体等杂质，然后经过气液分离器进入呢绒袋过滤器除去尘埃、铁锈和油污，净化后送入氨-空气混合器，与经氨过滤器过滤除掉油污和杂质后的氨气，在混合器中混合，由鼓风机送入纸板过滤器进一步精细过滤。过滤后的混合气体进入氧化炉，通过800℃左右的铂网，将氨氧化为NO气体，并在此产生动力蒸汽。高温反应后的气体进入废热锅炉冷却到180℃左右，然后进到快速冷却器冷却到40℃，在这里大量水蒸气冷凝，同时有少量NO被氧化为NO_2，然后溶入水中，形成2%~3%的稀酸排入循环槽以备利用。

(2) 主要设备 氨催化氧化的主要设备是氨氧化炉。其构造因操作压力不同略有差异，图2-25所示为加压法氨氧化炉构造示意图。它是由两个从底部相连接的锥体构成，两个锥体之间有16~25层铂网，安装在不锈钢支架上，铂网以上的锥体设有点火口，顶部有玻璃视镜用于观察。设备操作压力为0.8~1MPa，反应区温度高达900~930℃，氧化率为96%。

含氨混合气从氧化炉上部进入，氧化炉外套有水冷夹套，氧化反应完的氮氧化气体从炉的下部引出，温度大约为880℃。

该设备具有结构简单、体积小及结构紧凑的特点。现因氨氧化加压法逐渐增多，该类设备备受关注。但是为了更好利用氮氧化物反应热，双加压法和中压法等工艺流程中常采用氧化炉和废热锅炉联合装置，详见有关参考资料。

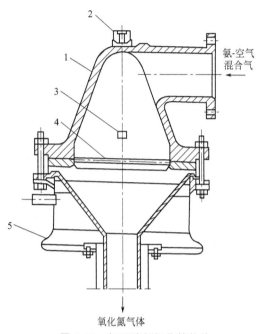

图2-25 加压法氨氧化炉构造
1—设备的上部；2—玻璃视镜；3—点火口；
4—催化剂网；5—水套

2.2.4 一氧化氮氧化

2.2.4.1 一氧化氮氧化反应及化学平衡

只有NO氧化为NO_2，NO_2被水吸收才能制得硝酸，且NO氧化反应速率与其他反应相比较慢。所以，一氧化氮的氧化是硝酸生产过程中极为重要的化学反应。NO氧化反应如下：

$$2NO+O_2 \rightleftharpoons 2NO_2 \quad \Delta H_{298}^{\ominus}=-112.6kJ/mol \quad (2-34)$$

$$NO+NO_2 \rightleftharpoons N_2O_3 \quad \Delta H_{298}^{\ominus}=-40.2kJ/mol \quad (2-35)$$

$$2NO_2 \rightleftharpoons N_2O_4 \quad \Delta H_{298}^{\ominus}=-56.9kJ/mol \quad (2-36)$$

上述三个反应都是可逆放热反应，且反应后体积数减少。所以，降低温度和增加压力有利于这三个反应的进行。另外，反应式(2-35)和式(2-36)的反应速率非常快，它们分别在0.1s和10^{-4}s就达到平衡。反应式(2-34)在不同温度下相应的平衡常数见表2-7。

表2-7 平衡常数 $K_{p_1}^{\ominus}$ 的计算值与实验值

温度/℃	225.9	246.5	297.4	353.4	454.7	513.8	552.3
实验值	6.08×10^{-5}	1.84×10^{-4}	1.79×10^{-3}	1.76×10^{-2}	0.382	0.637	3.715
计算值	6.14×10^{-5}	1.84×10^{-4}	1.99×10^{-3}	1.75×10^{-2}	0.384	0.611	3.690

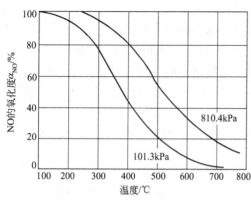

图 2-26 NO 的氧化度与温度和压力的关系

由表 2-7 可知，温度为 225.9℃时，NO 氧化反应可视为不可逆反应，若控制反应在更低的温度下，NO 几乎完全氧化为 NO_2。NO 的氧化度与温度和压力的关系见图 2-26。常压下温度低于 100℃或 0.5MPa 温度低于 200℃，NO 氧化度接近 100%。温度高于 800℃，NO 氧化度接近 0。

2.2.4.2 一氧化氮氧化动力学

对于 NO 氧化为 NO_2 机理和本征动力学，不同学者提出不同见解，如甘兹（Ганз）和马林（МалИН）提出 NO 的氧化反应少部分在气相中进行，大部分在液相界面和液相主体中进行；也有人认为 NO 是以 NO 和 NO 叠合态 $(NO)_2$ 两种形式存在于气相中，而与 O_2 反应的是 NO 叠合态 $(NO)_2$，且发生在气相和气液界面或填料表面，参加氧化反应的并不是 NO。无论什么机理，实验获得的反应速率方程式（宏观动力学）为：

$$\frac{dp_{NO_2}}{d\tau_0}=k_1 p_{NO}^2 p_{O_2}-k_2 p_{NO_2}^2 \tag{2-37}$$

当工业生产过程中，NO 氧化条件在温度低于 200℃下进行，NO 氧化反应视为不可逆反应，故 NO 氧化动力学方程式为：

$$\frac{dp_{NO_2}}{d\tau_0}=k_1 p_{NO}^2 p_{O_2} \tag{2-38}$$

式中，k_1、k_2 为正、逆反应速率常数。

需要指出的是，此反应的速率常数与温度的关系并不符合阿伦尼乌斯定律。实验结果表明，反应温度升高，反应速率常数降低，反应速率也随之降低。由反应速率方程式并根据 NO 氧化度计算出反应时间；另外，根据对反应速率方程处理结果讨论得到氧化度 α 与 NO 氧化平衡常数 K_p、反应压力 $p_{总}$、反应时间 τ 的关系式：

$$\alpha^2 K_p p_{总}^2 \tau = \frac{\alpha}{(r-1)(1-\alpha)}+\frac{1}{(r-1)^2}\ln\frac{(1-\alpha)r}{(r-\alpha)} \tag{2-39}$$

式中，$r=b/a$，$2a$ 为 NO 起始摩尔分数；b 为 O_2 起始摩尔分数。

α 与 $\alpha^2 K_p p_{总}^2 \tau$ 关联图见图 2-27。该图和方程式(2-39)规律说明：

① NO 反应时间随其氧化度 α 变化，α 小，氧化时间增加也少；α 大，氧化时间增加也多。所以，使 NO 完全氧化，所需时间很长。

② 氧化时间与 $p_{总}^2$ 成反比，即加大压力，氧化时间大大变短，氧化速率大大加快。

③ 当 NO 氧化度 α 和反应物初始组成一定（即 r 一定），由式(2-39)可知 $\alpha^2 K_p p_{总}^2 \tau$ 一定。若其他条件不变，而温度下降，平衡常数 K_p 也下降，由此导致 τ 随之下降。换言之，温度降低使反应速率加快了。

综上所述，NO 氧化条件应当是加压、低温和适宜初始 NO 含量。另外，关于 NO 氧化度的选择还要考虑，NO_2 被水吸收要放出 NO，需要继续氧化制硝酸，所以无需 NO_2 吸收前将 NO 完全氧化，一般工业上将 NO 氧化度控制在 70%~80%。

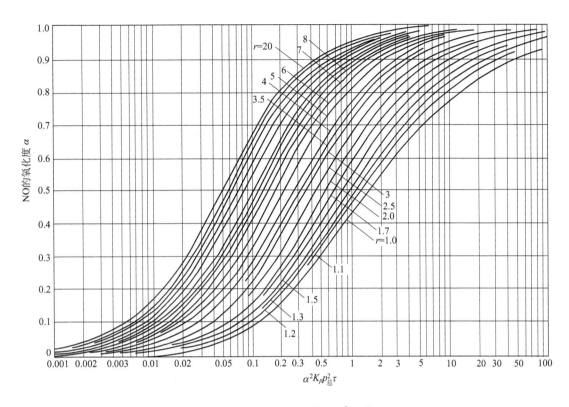

图 2-27　NO 氧化度与 $\alpha^2 K_p p_{总}^2 \tau$ 算图

2.2.4.3　一氧化氮氧化工艺过程及氧化设备

一氧化氮氧化过程包括快速冷却和氧化两部分。

氨氧化工序中氨氧化并经废热锅炉热量回收后，氮氧化物温度降到了 200℃ 左右，因 NO 氧化过程需要在加压和更低的温度下进行，所以 NO 氧化前需要进一步降低温度。但是气体中的水蒸气达到露点温度便开始冷凝为水，少量 NO_2 溶解在水中，形成稀硝酸，气相中氮氧化物含量降低，不利后续吸收工序。为此，需要快速将气体冷却，减少冷却过程 NO 氧化为 NO_2 的机会，即可减少氮氧化物溶解在水中。而实现这一目标的过程和设备是传热系数和传热面积都大的高效换热设备，通常这类设备称为快速冷却器。常见的有淋洒排管式、列管式和鼓泡式等类型。图 2-28 所示为全压法流程中的快速冷却器，它所采用的是直立型列管式快速冷却器。

经过快速冷却后，除掉水，进行 NO 氧化过程。该过程即可在气相中进行也可在液相中进行，相应的称为干法氧化和湿法氧化。

干法氧化就是氮氧化物在干燥的氧化器中进行充分氧化，可以在常温或冷却条件下进行。对于中压和加压系统，一般不设氧化器，气体在输送的管道中便足够氧化了。湿法氧化适用于常压系统，将气体通入塔内，塔顶喷淋较浓的硝酸，NO 的氧化在气相内、液相内和气液界面上，液相内的氧化反应可大大加速 NO 氧化，另外 NO 也能被硝酸氧化。

2.2.5　氮氧化物的吸收

在氮氧化物中，除 NO 外的其他氮氧化物与水进行如下吸收反应：

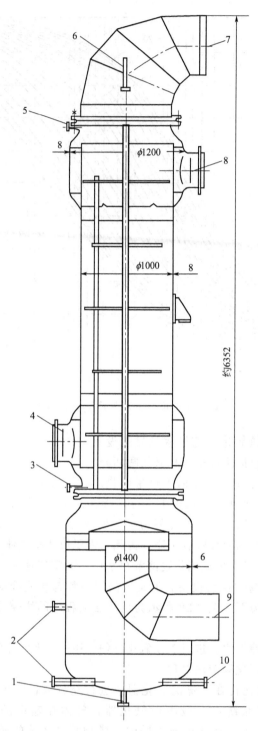

图 2-28 快速冷却器

1—冷凝酸出口；2—液面计接口；3—排液口；4—冷却水入口；5—排气口；6—水喷头套管；
7—氧化氮气体入口；8—冷却水出口；9—氧化氮气体出口；10—分离器来酸入口

$$2NO_2 + H_2O \Longleftrightarrow HNO_3 + HNO_2 \qquad \Delta H_{298}^{\ominus} = -116.1 \text{kJ/mol} \qquad (2\text{-}40)$$

$$N_2O_4 + H_2O \Longleftrightarrow HNO_3 + HNO_2 \qquad \Delta H_{298}^{\ominus} = -59.2 \text{kJ/mol} \qquad (2\text{-}41)$$

$$N_2O_3 + H_2O \Longrightarrow 2HNO_2 \qquad \Delta H_{298}^{\ominus} = -55.7 \text{kJ/mol} \qquad (2\text{-}42)$$

因氮氧化物中 N_2O_3 量很少,所以式(2-42)的吸收反应可忽略不计。又因亚硝酸在0℃以下和极低浓度下才稳定,故在工业生产条件下,HNO_2 迅速分解为硝酸和 NO,反应如下式:

$$3HNO_2 \Longrightarrow HNO_3 + 2NO + H_2O \qquad \Delta H_{298}^{\ominus} = 75.9 \text{kJ/mol} \qquad (2\text{-}43)$$

所以,用水吸收氮氧化物的总反应式为:

$$3NO_2 + H_2O \Longrightarrow 2HNO_3 + NO \qquad \Delta H_{298}^{\ominus} = -136.2 \text{kJ/mol} \qquad (2\text{-}44)$$

由式(2-44)可知,1mol NO_2 中,有 2/3mol NO_2 生成 HNO_3,有 1/3mol 的 NO_2 变成 NO,使其变成硝酸,必须继续氧化为 NO_2,然后再吸收,又有 1/3mol 的 NO 放出。如此循环反复,最终使得 1mol 的 NO 完全转化为 HNO_3,整个过程中需要氧化 NO 的量不是 1mol,而是 $1+1/3+(1/3)^2+(1/3)^3+\cdots=1.5$mol。由此可见,用水吸收氮氧化物的过程是 NO_2 吸收和 NO 氧化同时进行的过程,故氮氧化物吸收过程很复杂,吸收平衡和吸收速率等影响因素较多。

2.2.5.1 吸收反应的化学平衡

由式(2-44)可知,NO_2 的吸收反应是一个放热和摩尔数减少的可逆反应。所以,从化学平衡的角度出发,降低温度有利于氮氧化物的吸收反应。其平衡常数为:

$$K_p = \frac{p_{HNO_3}^2 \, p_{NO}}{p_{H_2O} \, p_{NO_2}^3} \qquad (2\text{-}45)$$

$$K_p = 1.12 \times 10^{-10} \exp\left(\frac{4800}{T}\right)$$

将平衡常数 K_p 分解为:

$$K_p = K_1 K_2 = \frac{p_{NO}}{p_{NO_2}^3} \times \frac{p_{HNO_3}^2}{p_{H_2O}} \qquad (2\text{-}45a)$$

$$K_1 = \frac{p_{NO}}{p_{NO_2}^3}, \quad K_2 = \frac{p_{HNO_3}^2}{p_{H_2O}}$$

平衡常数 K_p 仅与温度有关,而系数 K_1、K_2 既与温度有关,又与溶液中酸的浓度有关。根据不同温度,实测一定硝酸溶液上方的 NO、NO_2 和水蒸气分压,得到系数 K_1、K_2,见表2-8。结果表明,温度愈低,K_1 愈大;HNO_3 含量愈小,K_1 也愈大。K_2 随温度和 HNO_3 含量变化规律与 K_1 的相反。当 K_1 一定,温度低,酸浓度高,所以只有在低温下才能获得较浓的硝酸。

表 2-8 不同温度和酸中不同 HNO_3 含量下的 K_1、K_2 和 K_p

HNO_3 的含量/%	$\lg K_1$			$\lg K_2$			$\lg K_p$		
	25℃	50℃	75℃	25℃	50℃	75℃	25℃	50℃	75℃
24.1	+5.37	+4.20	+3.17	−7.77	−6.75	−5.66	−2.40	−2.55	−2.49
33.8	+4.36	+3.18	+2.19	−6.75	−5.65	−4.66	−2.39	−2.47	−2.47
40.2	+3.70	+2.58	+1.63	−5.91	−4.86	−3.97	−2.21	−2.28	−2.35
45.1	+3.20	+2.10	+1.18	−5.52	−4.44	−3.50	−2.30	−2.34	−2.32
49.4	+2.75	+1.68	+0.77	−5.12	−3.93	−3.11	−2.38	−2.26	−2.34
69.9	−0.13	−0.69	−1.12	−2.12	−1.69	−1.27	—	—	—
平均值							−2.34	−2.38	−2.39

从吸收速率角度出发，用低浓度硝酸有利于吸收，但是大量低浓度硝酸吸收氮氧化物，即使吸收完全，所获得的成品酸浓度也会较低。另外，若考虑化学平衡，当酸浓度超过65%左右，$\lg K_p < 1$，吸收不能进行，将发生硝酸分解反应。所以，用硝酸溶液吸收氮氧化物，成品酸的浓度受到限制，常温常压下很难获得65%的酸，一般酸的浓度不超过50%。若想获得较高浓度的硝酸，需要降温和加压，且加压的效果更为显著，加压法最高可获得质量分数为70%的硝酸。

2.2.5.2 吸收速率

吸收塔内用水吸收氮氧化物，其反应为：

$$3NO_2 + H_2O \Longrightarrow 2HNO_3 + NO$$

$$2NO + O_2 \Longrightarrow 2NO_2$$

这是一个气液非均相反应，其吸收反应过程由以下步骤构成：

① 气相中 NO_2 和 N_2O_4 通过气膜和液膜向液相主体扩散；
② 液相中 NO_2 和 N_2O_4 和水反应生成硝酸和亚硝酸；
③ 亚硝酸分解为硝酸和 NO；
④ NO 从液相主体向气相扩散。

第三和第四步过程速率很快，这一观点基本达成共识，第一步和第二步何者慢，多数学者倾向认为第二步速率较慢，为吸收过程的控制步骤。而 NO_2 和 N_2O_4 在气相很快达平衡，所以 N_2O_4 与水的反应为水吸收氮氧化物的控制步骤。

以上观点没有考虑 NO 与氧的氧化反应速率对该过程的影响。NO 氧化速率与 NO 和 O_2 的含量成正比；而 NO_2 吸收速率与硝酸浓度成反比。在吸收系统前部，因氮氧化物浓度较高，硝酸浓度也高，所以 NO 氧化速率大于 NO_2 吸收速率；在吸收系统后部，因氮氧化物浓度较低，硝酸浓度也低，所以 NO 氧化速率小于 NO_2 吸收速率；在吸收系统中部，两者的速率都必须考虑。

加压吸收的吸收塔现多采用筛板塔，在气液接触工况为泡沫状态下，NO 在液相能进行快速氧化，大大减少酸吸收所需容积；而常压采用填料塔，在填料的液膜上同时进行吸收和氧化反应。

2.2.5.3 吸收过程的工艺条件

吸收容积系数是指单位时间生产单位质量硝酸（以100% HNO_3 计）所需的容积，$m^3 \cdot t^{-1} \cdot d^{-1}$。

总吸收度定义为气体中被吸收的氮氧化物总量与进入吸收系统的气体中氮氧化物总量之比，即实际产酸量与理论产酸量之比。

吸收工序是将气体中的氮氧化物用水吸收为硝酸。当吸收的工艺条件、流程和设备类型一定时，希望吸收容积系数小、总吸收度大和成品酸浓度高为好。但是很难同时兼备，工业生产的工艺条件常以满足成品酸浓度合格和达到一定总吸收度为前提，尽可能减少吸收容积系数为原则。

(1) 温度 水吸收 NO_2 的为放热反应，所以降低温度有利于生成硝酸。同时，NO 氧化速率也随温度降低而增大。另外，温度降低，吸收容积减少，即吸收设备效率增强。故降低吸收温度，成品酸浓度可提高，吸收容积系数也减少。

工业生产过程移去 NO_2 吸收过程放出的热量和 NO 氧化放出的热量，通常采用水为冷却剂，但受到水温的限制，吸收温度多为 20~35℃，若需要在更低的温度下吸收，采用冷冻盐水进行换热，可使吸收在0℃以下进行。

（2）压力 提高压力，NO_2吸收平衡向生成硝酸方向移动，成品酸浓度提高，同时吸收速率也提高；另外，NO氧化所需空间与压力三次方成反比，即压力提高，吸收设备体积大大减少。除此之外，一定温度下，不同吸收度下压力与吸收容积系数的关系见表2-9。

表2-9 不同吸收度下压力与吸收容积系数的关系

项目 \ 压力/MPa	0.35			0.5		
总吸收度/%	94	95	95.5	96	97	98
吸收容积系数/$m^3 \cdot t^{-1} \cdot d^{-1}$	1.2	1.7	2.3	0.8	1.0	1.5

吸收压力除考虑酸浓度、吸收度和吸收容积外，还应根据吸收设备造价、动力消耗等因素综合确定。目前生产硝酸的压力有常压和加压，加压（表压）有0.07MPa、0.35MPa、0.4MPa、0.5MPa、0.9MPa、1.3MPa，吸收压力稍有增加，其效果非常显著。

（3）气体组成 气体组成是指混合气体中氮氧化物的含量和氧的含量。从吸收反应平衡角度出发，提高NO_2的浓度或提高氧的浓度，可使成品酸浓度提高。再有就是保证气体进入吸收塔前经过充分的氧化，提高气体的氧化度，如湿法和干法氧化。

另外，气体进入吸收塔的位置也影响吸收效果。气体从冷却器出口出来的温度为40～45℃，在管道中进一步氧化，进入第一吸收塔塔底的实际温度到达了60～80℃，若气体中未氧化的NO较多，这时在塔底遇到45%左右浓度较高的硝酸，有可能进行的是硝酸分解，不是吸收反应，第一吸收塔仅起到氧化作用，遇到少量的水蒸气冷凝水生成少量的硝酸，整个吸收系统吸收容积降低，成品酸移到了第二吸收塔。若使第一吸收塔出成品酸，则流程改为气体从吸收塔塔顶进入，塔上部NO氧化，塔下部进行NO_2吸收，塔底部出成品酸。

氧含量的确定根据前面分析，当氨-空气混合气在氨含量9.5%以上，吸收塔要补充二次空气，吸收塔内氧化和吸收同步进行。由于吸收过程又释放NO，又需要氧化，所需氧量较为复杂，工业上确定吸收塔氧含量常常根据经验，以吸收尾气中氧含量为3%～5%的指标来调控。生产数据表明，若氨催化氧化时，采用了富氧空气，氨的氧化率、NO_2的吸收率都将提高，吸收容积系数降低，成品酸浓度和产量也提高。

2.2.5.4 吸收工艺过程及主要设备

吸收工序应保证气液充分接触，实现NO氧化和NO_2吸收两个过程同时快速进行。两个过程都在吸收塔内进行。进行吸收过程的设备有填料塔、泡罩塔和筛板塔等。按压力分为常压吸收塔和加压吸收塔。各种塔型和内部构件详见有关化工传质单元设备。

需要指出，为保证吸收率和移走吸收反应热，吸收的稀酸常需要循环，故常压吸收一般需要多塔操作。

2.2.6 尾气的治理和能量利用

硝酸生产排放的尾气主要成分是氮氧化物，其中NO与人体的血红蛋白的亲和力比CO大一千倍，而NO_2与血红蛋白的亲和力则比NO的要大得多，这种亲和作用会形成硝基血红蛋白，氮氧化对人的危害，轻的使人肺部气肿，抵抗力降低，重的瞬间人即死亡。我国对居民区规定了氮氧化物（以NO_2计）的极限浓度为$0.15mg/m^3$，硝酸生产车间的空气中氮氧化物（以NO_2计）的极限浓度为$5mg/m^3$。

稀酸尾气处理难度较大，主要是因为NO_2被水吸收后仍有NO放出，继续氧化为

NO_2。目前,世界各国治理硝酸尾气的方法和技术较多,但是既经济又有效的方法并不多,下面介绍几种应用较为广泛的方法。

2.2.6.1 吸收法

采用溶液为吸收剂吸收 NO_2 是应用最早的方法,所用吸收剂多为碱液,如氢氧化钠、碳酸钠等,也有用氨水、碱性高锰酸钾溶液、尿素溶液等。

考虑原料来源、价格经济性及工艺可行性等问题,实际硝酸工业用碳酸钠溶液处理硝酸尾气居多。该处理工艺包括碳酸钠溶液吸收、亚硝酸钠转化、溶液蒸发和结晶过程。

溶液吸收总反应式:

$$2NO_2 + Na_2CO_3 = NaNO_2 + NaNO_3 + CO_2 \tag{2-46}$$

如果希望氮氧化物处理副产品全部为硝酸钠,用硝酸转化吸收液,总反应如下:

$$3NaNO_2 + 2HNO_3 = 3NaNO_3 + 2NO + H_2O \tag{2-47}$$

吸收液经过蒸发,将其浓缩,然后又经结晶、过滤和干燥,可获得尾气处理的硝酸钠和亚硝酸钠的副产品。

该法适用于硝酸尾气含量较高的情况,不仅处理了尾气,还回收了氮氧化物而获得副产品,经吸收后氮氧化物脱除后的含量大约为 $200mg/m^3$,其不足之处是氮氧化物浓度很难进一步降低。

2.2.6.2 催化还原法

催化还原法是在催化剂的作用下,将氮氧化物还原为氮气和水。根据是否将氧还原,催化还原分为选择性还原和非选择性还原。

(1) 选择性还原法 该法是以氨作为还原剂,以铂系或其他组成为催化剂主要活性成分,载体为三氧化二铝。吸收塔残余的氮氧化物经预热后进入催化转化器,在一定的催化温度下,将氮氧化物还原为氮气,反应如下:

$$8NH_3 + 6NO_2 = 7N_2 + 12H_2O \tag{2-48}$$

$$4NH_3 + 6NO = 5N_2 + 6H_2O \tag{2-48a}$$

选择性还原法可使尾气中氮氧化物含量低于 $200mg/m^3$。但是该法因消耗一定量的氨,使得硝酸生产成本有所增加。

(2) 非选择性还原法 该法利用各种燃料,如天然气,含甲烷、CO 和氢气焦炉气等,以钯和铂为主要活性组分的催化剂性能较佳,在有氧的条件下,将氮氧化物还原为氮气。以甲烷为例,进行下列反应:

$$CH_4 + 4NO = 2N_2 + CO_2 + 2H_2O \tag{2-49}$$

对于加压法生产硝酸尾气中 O_2 浓度含量可达 3%,有时甚至更高。常压法尾气中 O_2 的含量比加压的更高。这种情况适用于非选择性还原法,尽管此法消耗燃料较多,但流程设计时可回收大量热能。

2.3 纯碱

2.3.1 概述

纯碱即无水碳酸钠,分子式为 Na_2CO_3,俗称苏打或碱灰。其外观为白色粉末状,20℃时的真密度为 $2533kg/m^3$,随颗粒大小不同,它的堆密度也不同,故纯碱有轻质纯碱和重质纯碱之分,比热容为 1.04kJ/(kg·K),熔点为 851℃。易溶于水,能形成 $Na_2CO_3·H_2O$、$Na_2CO_3·7H_2O$、$Na_2CO_3·10H_2O$ 三种水合物,且水合时放热,其水溶液呈碱性,故有时也称为碱。

纯碱作为重要的基本化工原料,广泛应用于玻璃、造纸、陶瓷、纺织、冶金、染料、食品、医药等化学工业生产和日常生活。所以,纯碱的产量和技术水平也折射出一个国家在化学工业中的发展水平和地位。

纯碱来源于天然碱和工业制碱,天然碱主要产于干旱少雨的地区,如我国的内蒙古、青海、宁夏、新疆等地。工业制碱始于1791年,法国人路布兰提出以食盐、煤、硫酸和石灰石为原料,间歇生产出纯碱。1861年,比利时的苏尔维提出氨碱法制碱,以食盐、石灰石、焦炭和氨为原料,该法具有连续生产、产量大、成本低的特点,故直到现在,该法生产纯碱产量占总量的比例也较大。20世纪40年代,我国科学家侯德榜成功研究出联合制碱法,简称为联碱法,它是将纯碱和氨的生产联合起来,产品包括纯碱和氯化铵。联碱法、氨碱法和天然碱加工是世界生产纯碱主要方法,其他的方法,如芒硝制碱法、霞石制碱法等,所占比重很小。

2.3.2 氨碱法制纯碱

2.3.2.1 基本过程和化学反应原理

氨碱法生产纯碱通常包括精盐水的制备、氨盐水的制备、氨盐水的碳酸化、碳酸氢钠的过滤与煅烧、二氧化碳与石灰乳的制备和氨的回收六个基本工序。

① 精盐水的制备 除钙镁离子的化学反应式:

$$Mg^{2+} + Ca(OH)_2 \longrightarrow Ca^{2+} + Mg(OH)_2 \downarrow \qquad (2-50)$$

$$Ca^{2+} + 2NH_3 + CO_2 + H_2O \longrightarrow CaCO_3 \downarrow + 2NH_4^+ \qquad (2-51)$$

② 氨盐水的制备 为制备适合碳酸化用的氨盐水,用精盐水吸收来自蒸氨塔的氨气(其中含有 CO_2 和水蒸气)。化学反应如下:

$$NH_3 + H_2O \longrightarrow NH_3·H_2O \qquad (2-52)$$

$$2NH_3 + CO_2 + H_2O \longrightarrow (NH_4)_2CO_3 \qquad (2-53)$$

③ 氨盐水的碳酸化 氨盐水与二氧化碳作用,得到粗半产品碳酸氢钠和氯化铵,即氨盐水的碳酸化。其化学反应式为:

$$NaCl + NH_3 + CO_2 + H_2O \longrightarrow NaHCO_3 + NH_4Cl \qquad (2-54)$$

④ 碳酸氢钠的煅烧 碳酸氢钠受热分解生成碳酸钠,同时所含的碳酸氢铵和碳酸铵也一起分解:

$$NaHCO_3 \xrightarrow{\triangle} Na_2CO_3 + CO_2\uparrow + H_2O\uparrow \qquad (2-55)$$

$$NH_4HCO_3 \xrightarrow{\triangle} NH_3\uparrow + CO_2\uparrow + H_2O\uparrow \qquad (2-55a)$$

$$(NH_4)_2CO_3 \xrightarrow{\triangle} 2NH_3\uparrow + CO_2\uparrow + H_2O\uparrow \qquad (2-55b)$$

⑤ 二氧化碳和石灰乳的制备 氨盐水碳酸化所用二氧化碳,由石灰石在窑内煅烧得到,同时蒸馏氯化铵所用石灰乳,由石灰石煅烧得到的石灰和水作用制得。

$$CaCO_3 \longrightarrow CaO + CO_2\uparrow \qquad (2-56)$$

$$CaO + H_2O \longrightarrow Ca(OH)_2 \qquad (2-57)$$

⑥ 氨的回收 碱液中的氯化铵用石灰乳加以回收,反应如下:

$$2NH_4Cl + Ca(OH)_2 \xrightarrow{\triangle} 2NH_3\uparrow + 2H_2O\uparrow + CaCl_2 \qquad (2-58)$$

2.3.2.2 氨碱法生产工艺流程

氨碱法制纯碱的工艺流程见图 2-29。原盐进入化盐桶制得饱和食盐水，用石灰乳在调和槽中除去盐水中的镁离子得到一次盐水，然后进入除钙塔，用碳酸化塔尾气中 CO_2 吸收一次盐水中的钙离子得到二次盐水，即精制的盐水。净化后的盐水从二次澄清桶出来进入吸氨塔吸收由蒸氨塔回收得到的氨，又经氨盐水澄清桶，从而得到氨盐水。

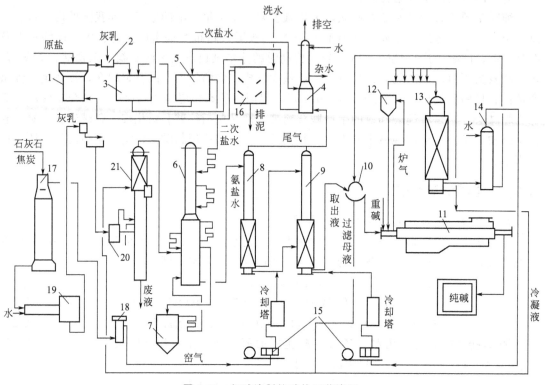

图 2-29 氨碱法制纯碱的工艺流程

1—化盐桶；2—调和槽；3—一次澄清桶；4—除钙塔；5—二次澄清桶；
6—吸氨塔；7—氨盐水澄清桶；8—碳酸化塔（清洗）；9—碳酸化塔（制碱）；
10—过滤机；11—重碱煅烧炉；12—旋风分离器；13—炉气冷凝塔；14—炉气洗涤塔；
15—二氧化碳压缩机；16—三层洗泥桶；17—石灰窑；18—洗涤塔；
19—化灰桶；20—预碳桶；21—蒸氨塔

氨盐水首先经碳酸化塔（清洗），溶解掉沉淀的碳酸氢盐，同时吸收在该塔底导入的 CO_2，碳酸化塔（清洗）出来的部分碳酸化的氨盐水送往碳酸化塔（制碱）进一步吸收 CO_2，得到 $NaHCO_3$，碳酸化塔（清洗）和碳酸化塔（制碱）所用的 CO_2 来自石灰窑的窑气，通过洗涤塔洗涤，又经二氧化碳压缩机压缩分别进入碳酸化塔（清洗）和碳酸化塔（制碱），用于清洗和制碱。碳酸化塔底出来的悬浮液经过滤机过滤，得到结晶 $NaHCO_3$ 和过滤母液。结晶 $NaHCO_3$ 送往重碱煅烧炉，使之受热分解为纯碱，炉气进入旋风分离器分离，又经冷凝和洗涤送往碳酸化塔底。过滤母液为 NH_4Cl 和未利用的 $NaCl$，将其送往蒸氨塔，与加入的石灰乳作用，并通过蒸汽加热进行气提，从而实现氨的回收，所用石灰乳经化灰桶由石灰石和焦炭经石灰窑煅烧得到的石灰与水水合得到。

2.3.2.3 精盐水的制备

氨碱法制备纯碱的主要原料之一为食盐水，因粗盐水来源不同，其组成也大不相同，工业生产纯碱要求精制后的食盐水钙镁离子总量不超过 30×10^{-6}（质量分数）。因盐水存在钙镁离子，在氨化时生成 $Mg(OH)_2$ 沉淀，而后续氨盐水碳酸化时又生成 $CaCO_3$ 和 $MgCO_3$ 等不溶盐，它们会堵塞管道和设备，且混入产品影响质量。所以，氨碱法所用精制盐水应是来自原盐溶解或海盐、池盐井盐水等天然盐水，即粗盐，经除钙镁等杂质，制得饱和精制的盐水。

碱厂精制粗盐常用石灰-纯碱法和石灰-碳酸铵法。石灰-纯碱法是利用石灰乳先除镁，然后用纯碱除钙，该法特点是一次进行除钙镁离子。石灰-碳酸铵法，首先向粗盐水中加入石灰乳除镁，得到一次盐水，操作时注意控制 pH 为 10~11，有时为加速沉淀，常常加入絮凝剂。然后与碳酸化塔塔顶来的含氨和二氧化碳尾气在除钙塔内逆流接触除钙，得到精制盐水，即二次盐水。该法既精制了盐水，又达到了回收氨气和二氧化碳的目的。

2.3.2.4 氨盐水的制备

因为制备纯碱，需要用盐水吸收二氧化碳，但是二氧化碳不易溶于盐水中，即二氧化碳在盐水中溶解度很小。而二氧化碳易溶于氨盐水中，且氨在盐水中浓度越高，二氧化碳的吸收越快。所以，纯碱生产过程先进行氨盐水制备，后进行碳酸化。需要指出，盐水氨化，除了制备了氨盐水外，还进一步除去了盐水中的钙镁离子。生产过程中，所用氨来自蒸氨塔，故氨气中含有少量的二氧化碳和水蒸气，吸收反应见式(2-52)和式(2-53)，氨水溶液中主要是 $NH_3\cdot H_2O$ 形式，含少量的 NH_4^+。

(1) 精制盐水吸收氨的气液平衡特点

① 气液平衡　由于溶液中 NH_3 和 CO_2 的吸收，它们的量逐渐增加，且发生化学反应生成 $(NH_4)_2CO_3$，因此溶液上方氨的平衡分压较同一浓度氨水的平衡分压要低，而且溶液中 CO_2 的含量越高，氨的平衡分压就越低。由于溶液中生成了 $(NH_4)_2CO_3$，使得溶液上方水蒸气的分压降低。

② 溶解度影响因素　由于盐水吸氨，溶液中同时含有溶质 NaCl 和 NH_3，随着氨不断被吸收，NaCl 的溶解度不断降低，氨吸收得越多，NaCl 的溶解度降低得越多。另外，由于盐水中一部分水与 NaCl 水化，自由水分少了，使得氨在水中溶解度降低，即盐析效应。吸氨盐水中氨的溶解度随温度变化规律与氨在水中溶解度受温度的影响一样，即温度升高溶解度下降。

③ 热效应　吸收氨和吸收二氧化碳都是放热过程，不利于吸收，故需要及时将热量导出，吸氨工序中的冷却过程显得尤为重要，但温度过低，不利杂质分离，工业上要控制吸收温度。

(2) 精制盐水吸收氨的工艺条件

① 盐水吸氨过程，尽管盐水多吸些氨有利于碳酸化，但由于氨和二氧化碳相互影响和相互制约，饱和盐水的吸氨量要适当控制，防止氯化钠在液相中溶解度随氨的浓度升高而大幅度下降，导致制碱过程中钠的利用率过低。理论上氨和氯化钠的浓度比 $[NH_3]:[Cl]=1$，但考虑到碳酸化时氨的损失，一般 $[NH_3]:[Cl]=1.08\sim1.12$。

② 盐水吸氨是放热吸收过程，保持一定的氨吸收率，过程一定要换热导出热量，同时要保持一定温度，防止盐类结晶。所以，吸氨塔有多个塔外水冷器，塔中部温度不超过60~65℃，塔底氨盐水冷却到30℃。

③ 吸氨塔顶为 75~85kPa，部分真空下操作，一方面减少系统因装置不严密导致吸氨过程氨的漏气；另一方面加快了蒸氨塔中氨和二氧化碳的蒸出，便于引入到吸氨塔。

2.3.2.5 氨盐水的碳酸化

氨盐水的碳酸化是使氨盐水吸收二氧化碳，制得碳酸氢钠，它是纯碱生产过程最重要的一个工序。碳酸化过程中，不考虑过程细节，物质转化过程可以认为：

$$NaCl + NH_4HCO_3 \longrightarrow NaHCO_3 \downarrow + NH_4Cl \tag{2-59}$$

NaCl 转化为 $NaHCO_3$ 的转化率为钠的利用率，NH_4HCO_3 转化为 NH_4Cl 的转化率为氨的利用率。因为在氨碱法中，氨是循环的，生产过程因泄漏而补充的量不大。所以，钠的利用率极为重要，提高钠的利用率，生产每吨纯碱所消耗的氨盐水就少，即原料消耗减少。同时，盐水制备与精制、吸氨和冷却等过程负荷小，设备投资少，后续蒸馏母液也少，动力消耗也少。可以说，碳酸化是氨碱法生产的核心，它决定了整个生产的消耗和投资。

(1) 氨盐水碳酸化机理 式(2-59)只是碳酸化反应的总反应方程式，多数学者认为氨盐水碳酸化过程机理如下：

① CO_2 在气相主体中，通过气膜扩散到气液相界面。

② CO_2 溶解于液膜中，并在液膜中与氨盐水生成氨基甲酸铵，该反应为：

$$NH_3 + CO_2 \longrightarrow NH_2COO^- + H^+$$

$$NH_3 + H^+ \longrightarrow NH_4^+$$

两个反应式的离子反应式之和为：

$$2NH_3 + CO_2 \longrightarrow NH_2COO^- + NH_4^+$$

③ 氨基甲酸铵通过液膜进入液相主体，并在液相主体中发生水解：

$$NH_2COO^- + H_2O \longrightarrow HCO_3^- + NH_3$$

④ 释放出来的 NH_3 由液相主体扩散到气液界面再吸收 CO_2，而液相中 HCO_3^- 总浓度达到 $NaHCO_3$ 的溶度积，则生成 $NaHCO_3$ 沉淀。

研究表明，氨盐水碳酸化过程的控制步骤是液膜扩散，所以不断更新液膜有利于提高 CO_2 的吸收速率，为此碳酸化塔多采用菌帽式，它的突出特点是气体通过鼓泡进入液相，促进液膜的不断更新。

(2) $NaHCO_3$ 结晶动力学 在氨盐水碳酸化过程中，形成的 $NaHCO_3$ 晶体质量对碳酸化工序至关重要，生产要求较大颗粒的结晶，粒度大于 $100\mu m$，且颗粒均匀。这是因为较大的颗粒后续过滤阻力降低，滤饼残留的母液少，煅烧工序制得的纯碱质量好。$NaHCO_3$ 晶体形成与晶核生成速度和晶核成长速度有关。

$NaHCO_3$ 属于中等溶解度的盐类，且容易生成过饱和溶液，其极限过饱和度和极限过冷度随溶液饱和温度的下降稍有提高。极限过饱和度定义为溶液不至于自发形成晶核的最大过饱和度；极限过冷度为饱和溶液冷却时不至于自发形成晶核的最大冷却温差。冷却速度加大，极限过饱和度和极限冷却度也增大。

另外，氨盐水碳酸化过程中，$NaHCO_3$ 的过饱和度随 CO_2 的吸收速率而逐渐增加。值得注意的是，$NaHCO_3$ 结晶速度和晶粒大小不仅与初始过饱和度有关，还与溶液冷却速度、流体力学和饱和温度有关。温度提高，结晶速度提高，但是 $NaHCO_3$ 溶解度也提高，即过饱和度降低，这又使得结晶速度降低了。一般开始温度维持在 60℃ 左右，结晶后期温度降低到 25℃，整个结晶处于缓慢的冷却过程。

总之，控制晶核生成速度，晶核少，易生成大的晶粒。而控制晶核生成速度，即通过控制冷却速度和碳酸化速度实现。

(3) 氨盐水碳酸化主要工艺条件 碳酸化目标是要提高钠的利用率和得到满意粒度的 $NaHCO_3$ 晶体，而这些很大程度取决于碳酸化的工艺条件。由前面已讨论结果得到，氨盐水中 NaCl、NH_3 和引入到塔内的 CO_2 浓度越大，塔底温度越低，钠的利用率越高；合理的冷却速度和碳酸化速度，即合适的过饱和度，可获得较多的 $NaHCO_3$ 晶体。具体实施的

工艺条件如下:

① 不同浓度CO_2在塔的不同位置进入,制碱塔下段CO_2浓度尽可能提高,所以下段气体压缩尽量少掺入窑气,而且下段进气温度控制在25~30℃左右,避免温度过高,而降低了钠的利用率。

② 氨盐水在碳酸化塔的停留时间控制在1.5~2h,塔顶出口气体CO_2组成不超过6%~7%,含氨可达15%。

③ 碳酸化塔下部设置冷却段,位于塔高2/3处,控制温度在60~68℃,并使之稳定,控制$NaHCO_3$晶体生成速度,提高生长速度,保证$NaHCO_3$晶体质量。

④ 因$NaHCO_3$结晶也可能发生在设备等固体表面上,晶体附着在器壁上,降低传热效率,并且堵塞管路。通常碱厂采用多个碳酸化塔组合操作,某塔需要清洗,其余塔进行碳酸化过程。清洗方法是将氨盐水通入清洗塔,塔底通入石灰窑来的窑气,控制塔内处于较高温度,则$NaHCO_3$晶体溶解。进清洗塔的氨盐水温度为30~38℃,在清洗塔内吸收CO_2,不冷却,温度升高7~10℃。

2.3.2.6 碳酸氢钠的过滤和煅烧

碳酸化塔出来的悬浮液经过滤将$NaHCO_3$晶体和母液分离,所得的$NaHCO_3$晶体经煅烧制得纯碱成品,母液送往蒸氨工序回收氨。

(1) 过滤过程 悬浮液采用真空过滤机,经过滤、脱水、吹干、洗涤、压挤和滤饼刮下等操作,获得重碱和滤液。过滤时需要对滤饼进行洗涤,除去残留在$NaHCO_3$晶体中的母液,因为母液中有一部分是NH_4Cl,在重碱煅烧中会与$NaHCO_3$复分解反应为NaCl进入纯碱,影响产品质量。需要指出,洗水应当用软水,避免带入钙镁离子形成沉淀,增加过滤阻力。

过滤操作主要工艺条件是控制真空度,一般为27~33kPa。另外,控制洗涤水的量和温度,温度过高,$NaHCO_3$损失大,温度太低,洗涤不完全,则成品含NaCl过多;水量大,氨蒸工序负荷增大,水量小,洗涤不彻底。一般控制NaCl不超过1%为宜。

(2) 煅烧过程 煅烧过程使得$NaHCO_3$分解制得纯碱,同时产物二氧化碳用于碳酸化使用。化学反应方程式:

$$2NaHCO_3 \xrightarrow{\triangle} Na_2CO_3 + CO_2\uparrow + H_2O\uparrow$$

反应平衡常数:

$$K_p = p_{H_2O} p_{CO_2} \tag{2-60}$$

纯$NaHCO_3$时,$p_{H_2O} = p_{CO_2}$,则

$$p_{H_2O} = p_{CO_2} = \sqrt{K_p} = \frac{1}{2}p$$

式中,p_{H_2O}、p_{CO_2}分别为水蒸气和二氧化碳的平衡分压,kPa;p为$NaHCO_3$的分解压力,kPa,见表2-10;K_p为平衡常数,为温度函数。

表2-10 不同温度下$NaHCO_3$的分解压力

温度/℃	30	50	70	90	100	110	115
p/kPa	0.8	4.0	16.05	55.24	97.47	167.00	219.58

由表2-10可知,当温度为100~101℃,$NaHCO_3$完全分解的分解压力达101.3kPa。但实验结果表明,在该温度下,分解的反应速率较慢,反应温度越高,分解速率越快,所需

时间也就越短,在190℃下分解,0.5h NaHCO₃即可完全分解。所以,通常控制分解温度在160～200℃范围。

需要指出,当滤饼夹带有 NH₄Cl 时,煅烧时伴随下列反应发生:

$$NH_4Cl + NaHCO_3 \longrightarrow NH_3 + CO_2 + H_2O + NaCl \tag{2-61}$$

重碱含有 NH₄Cl 较多,纯碱产品中含 NaCl 的量大。所以,重碱过滤时,洗涤除去 NH₄Cl 很重要。

另外,过滤所得的重碱中含有水分,当水含量较高时,煅烧过程极易发生熔融黏壁和结块。实际生产过程中,将待煅烧的 NaHCO₃ 中加入一定量已煅烧好的纯碱,这种处理方法称为"返碱",该操作以降低原始重碱的含水量,一般混合后的碱料中含水量控制在8%左右。

NaHCO₃ 煅烧的设备称为煅烧炉,现主要分为外热式回转煅烧炉和蒸汽煅烧炉两类。外热式回转煅烧炉炉体水平安装,炉内碱料靠其重量和分散力,借助旋转产生的自然倾斜角,在炉内前进。该类设备热效率低,操作条件差,现多已淘汰。蒸汽煅烧炉使用较为广泛,其结构如图 2-30 所示。

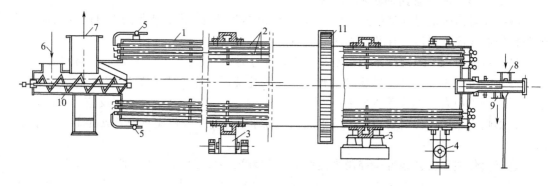

图 2-30 蒸汽煅烧炉

1—炉体;2—加热蒸汽管;3—挡轮;4—出碱口;5—不凝缩气体排放口;6—重碱入口;7—炉气出口;
8—蒸汽入口;9—冷凝水出口;10—进碱螺旋输送机;11—传动大齿轮

蒸汽煅烧炉的整个炉体支撑在托轮上,有1°～2°倾斜度,借助中部的齿轮通过电机转动。炉体外保温,炉内有加热蒸汽管。加热蒸汽压力为 2.9～3.3kPa,由炉尾通过一个能随炉体转动的带有固定外套的空心轴进入炉内蒸气室,套上配有蒸汽入口管和冷凝水出口管。该形式煅烧炉的生产能力是外热式的 2.5～3.0倍,热效率可达80%,钢材用量少,寿命长,生产强度低,操作方便。但还是需要返碱,现德国出现自身返碱蒸汽煅烧炉,我国也已开发出管式自身返碱煅烧炉,它们使得煅烧操作大为简化。

2.3.2.7 二氧化碳和石灰乳的制备

氨碱法生产过程中盐水精制和后续氨回收工序需要大量的石灰乳,碳酸化工序又需要大量的二氧化碳气体。煅烧石灰石可以制得二氧化碳和生石灰,生石灰通过消化制取石灰乳。

(1) 石灰石的煅烧 石灰石主要化学成分为 $CaCO_3$,含量多为90%以上。其煅烧过程中,发生受热分解反应:

$$CaCO_3 \xrightarrow{\triangle} CaO + CO_2 \uparrow \qquad \Delta H_{298}^{\ominus} = 181 \text{kJ/mol}$$

反应特点为吸热和体积数增加的反应。由化学平衡原理可知,提高温度或降低压力,均可使反应向右进行,有利于分解反应。为使其分解,可以提高温度或将产生的二氧化碳导出。实验测得纯的 $CaCO_3$ 在 898℃下的分解压力为 101.3kPa。碳酸钙矿石的分解温度与 $CaCO_3$ 的纯度、杂质、晶形和粒度等有关。尽管提高温度，分解速度加快，但石灰石可能熔融，同时还要考虑石灰窑材料的承受温度和热量消耗加重问题。另外，石灰石煅烧温度还要考虑煅烧后生石灰消化的难易，煅烧温度过高，生石灰消化时间长。所以，石灰石煅烧温度一般不超过 1200℃。

(2) 石灰乳的制备 石灰石煅烧生成的生石灰，即氧化钙，加水进行的过程为消化过程，反应如下：

$$CaO + H_2O \longrightarrow Ca(OH)_2 \quad \Delta H_{298}^{\ominus} = -64.9 kJ/mol$$

消化反应放出大量的热，生石灰体积膨胀松散。消化过程因加水量的多少而可得到消石灰（粉末状）、石灰膏（稠厚不流动）、石灰乳（消石灰在水中的悬浮液）和石灰水[$Ca(OH)_2$ 水溶液]。氨碱法要求其流动性好，不沉淀，一般要求活性 CaO 为 $220\sim300kg/m^3$ 的消石灰悬浮液，密度为 $1160\sim1220kg/m^3$。

2.3.2.8 氨的回收

(1) 氨的回收原理 在氨碱法制碱生产过程中，氨是循环使用的，生产数据表明，每生产 1t 纯碱，需要 $0.4\sim0.5t$ 氨在系统内循环，工业生产采用蒸馏的方法回收氨。需要回收的氨由碳酸化母液、锅炉洗涤液、补充的氨水液和泥浆中和氨等构成。这些含氨混合液体分为两类，一是游离氨，称为淡液；二是结合氨。游离氨经加热即可蒸出，发生反应为：

$$NH_4HCO_3 \longrightarrow NH_3\uparrow + H_2O + CO_2\uparrow \tag{2-62}$$

$$(NH_4)_2CO_3 \longrightarrow 2NH_3\uparrow + H_2O + CO_2\uparrow \tag{2-62a}$$

$$NH_4HS \longrightarrow NH_3\uparrow + H_2S\uparrow \tag{2-62b}$$

$$(NH_4)_2S \longrightarrow 2NH_3\uparrow + H_2S\uparrow \tag{2-62c}$$

$$NH_3 \cdot H_2O \longrightarrow NH_3\uparrow + H_2O \tag{2-62d}$$

溶解于母液中的 $NaHCO_3$ 和 Na_2CO_3 发生复分解反应：

$$NH_4Cl + NaHCO_3 \longrightarrow NH_3 + CO_2 + H_2O + NaCl \tag{2-63}$$

$$2NH_4Cl + Na_2CO_3 \longrightarrow 2NH_3 + CO_2 + H_2O + 2NaCl \tag{2-63a}$$

回收结合氨，需要加入石灰乳，使结合氨分解成游离氨，并通过加热蒸出，化学反应如下：

$$Ca(OH)_2 + 2NH_4Cl \longrightarrow 2NH_3\uparrow + 2H_2O + CaCl_2 \tag{2-64}$$

需要指出，碳酸化母液中有 CO_2，若直接加入石灰乳，发生下列反应：

$$Ca(OH)_2 + CO_2 \longrightarrow CaCO_3\downarrow + H_2O \tag{2-65}$$

(2) 氨的回收流程及设备 由反应式(2-65)可知，该反应使得 CO_2 损失，石灰乳用量增加。所以，游离氨和结合氨分别处理，蒸氨需要分两个塔段进行，预热段完成游离氨的回收，石灰蒸馏段回收结合氨，两段之间设置预灰桶，在此进行结合氨变游离氨的反应。氨回收的工艺流程和设备结构见图 2-31。

来自重碱过滤工序的母液，经母液泵导入蒸氨塔母液预热器，被管外热氨气预热，热氨气冷却后，进入冷凝器，冷凝水后送往吸氨工序，而母液从预热段流入塔中部加热段，加热段为填料塔，预热的母液与下部上升的热气（水蒸气和氨气）在填料的表面直接传热和传质，蒸出游离氨和二氧化碳，其残液主要为结合氨 NH_4Cl。含结合氨的母液进入预灰桶，通过搅拌使其与加入的石灰乳均匀混合，实现结合氨转化为游离氨，生成的氨气进入加热段。液相进入塔下部石灰乳蒸馏段，段内有多个单菌帽形泡罩塔板，在塔板上与下部进入的

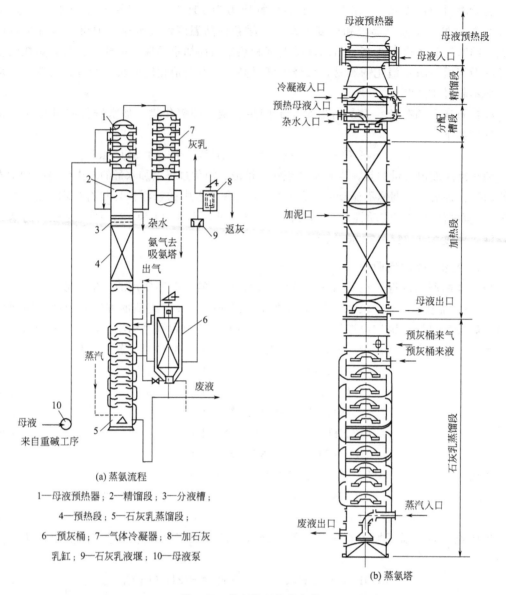

图 2-31 蒸氨流程与蒸氨塔

1—母液预热器；2—精馏段；3—分液槽；
4—预热段；5—石灰乳蒸馏段；
6—预灰桶；7—气体冷凝器；8—加石灰
乳缸；9—石灰乳液堰；10—母液泵

0.17MPa 低压蒸汽传质和传热，通过气提实现氨的分离，含微量氨的废液由塔底排出。

(3) 氨回收工艺条件

① 温度　蒸氨过程热源采用低压蒸汽直接通入料液，入塔前除去冷凝液，避免料液稀释和氨的损失，蒸汽通入量应使加热段底部温度到达 100℃，除尽 CO_2，整个塔塔底温度维持在 110～117℃，塔顶维持在 80～85℃。另外，蒸氨冷凝器的出口气体温度不宜过高，防止大量蒸汽将氨气带入吸氨塔，使得氨盐水中氨的浓度降低，但是出口气体温度过低，冷凝器和出口管内生成碳酸铵盐的结晶，堵塞设备和管道。所以，冷凝器出口气温度控制在 60～65℃；进入灰桶的液体温度控制在 99～103℃，在灰桶内反应后的溢流液体温度在 95～96℃ 范围。

② 压力　由蒸馏原理可知，减压有利于蒸氨。一般塔底下部压力和直接蒸汽压力接近，预灰桶的压力保持常压，塔顶压力保持一定的真空度，约为 0.799kPa。生产过程中防止真空度过度，以免漏入空气，降低氨的浓度，使氨的吸收效果降低。

③ 石灰乳浓度　石灰乳浓度高，石灰乳消耗量增加，但石灰乳浓度过低，母液被稀释，蒸汽消耗量增加。实际生产常采用石灰乳活性CaO浓度4.0~4.5mol/L。

2.3.3 联合制碱法制纯碱

2.3.3.1 联碱法生产基本过程及工艺流程

氨碱法制碱所用原料价廉易得，但是原料利用率不高，生产过程废液排出量较大，污染环境，而且为回收氨，消耗大量石灰和蒸汽，且生产流程长。为解决上述问题，1938年，我国著名化工专家和科学家侯德榜提出联合制碱法（简称联碱法），即侯氏制碱法，该法将纯碱和合成氨联合生产，生产过程原料一部分采用合成氨厂的氨和二氧化碳，另外需要的原料是盐和水，该法在20世纪60年代正式投产。

联碱法生产包括制纯碱（制碱）和制氯化铵（制铵）两个过程。制碱过程包括吸氨、碳酸化、过滤和煅烧工序，其原理和生产过程同氨碱法。制铵过程包括盐水制备、盐析、冷析、过滤和干燥工序，其工艺流程见图2-32。

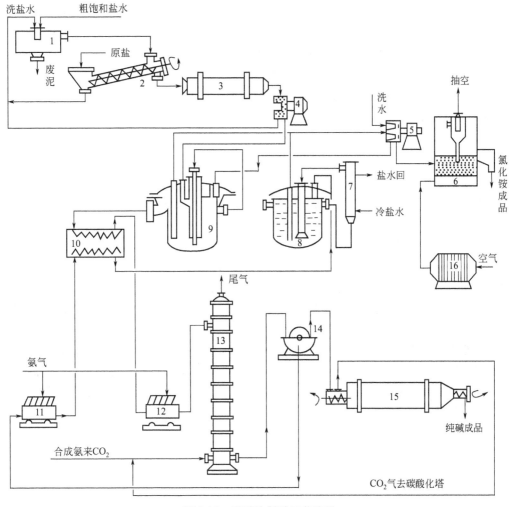

图2-32　联碱法制碱工艺流程

1—澄清桶；2—洗盐机；3—球磨机；4,5—离心机；6—沸腾干燥炉；7—氨蒸发器；8—冷析结晶器；9—盐析结晶器；10—换热器；11,12—吸氨塔；13—碳酸化塔；14—过滤机；15—重碱煅烧炉；16—空气预热器

联碱法的制碱生产过程工艺流程基本与氨碱法的相近，只是制氨过程有多种流程，这里以外冷流程为例。

原盐经洗盐机、球磨机、澄清桶、离心机，制成符合规定纯度和粒度的洗盐，送往盐析结晶器，洗涤液循环使用。在盐析结晶器制备饱和盐水，在吸氨塔中吸氨制得氨盐水，送往碳酸化塔，并采用合成氨系统提供的二氧化碳进行碳酸化，反应得到的重碱经过滤分离进入煅烧炉加热分解为纯碱和炉气，炉气经冷凝和洗涤进入二氧化碳压缩机返回碳酸化塔。

重碱过滤所得母液Ⅰ（被 $NaHCO_3$ 饱和，且 NH_4Cl 也接近饱和）先送往吸氨塔吸氨，HCO_3^- 大部分转化为 CO_3^{2-}，然后进入冷析结晶器降温，部分 NH_4Cl 析出。冷析结晶器出来的母液流入盐析结晶器，经洗盐的盐析作用，又析出部分 NH_4Cl，与冷析得的悬浮液一同经增稠、过滤和干燥制得成品氯化铵。滤液返回盐析结晶器，盐析结晶器清液送往母液换热器与母液Ⅰ换热，又经吸氨塔吸氨制成母液Ⅱ。

联碱法的突出特点是原料利用率高，且不需石灰石及焦炭，不仅节省原料，还减少运输等方面的消耗，生产成本大大降低。另外，流程缩短，设备减少，且无大量废液和废渣排放。生产纯碱的同时，还获得了氯化铵产品。但是，该法生产过程腐蚀问题较严重，影响其经济效益。

2.3.3.2 联碱法制氯化铵原理和结晶原理

联碱法制氯化铵过程中氯化铵的结晶工序至关重要，过滤重碱所得母液Ⅰ，其中包括 $NaHCO_3$、NH_4Cl、$NaCl$ 和 NH_4HCO_3。因 $NaHCO_3$ 已达到饱和，为避免 $NaHCO_3$ 和 NH_4HCO_3 与 NH_4Cl 一同析出，母液Ⅰ氨化，溶液发生下列反应：

$$NH_3 + H_2O \longrightarrow NH_4^+ + OH^- \tag{2-66}$$

$$NH_3 + HCO_3^- \longrightarrow NH_4^+ + CO_3^{2-} \tag{2-67}$$

(1) 冷析结晶原理 由上可知，母液Ⅰ经氨化后，溶解度小的碳酸氢钠和碳酸氢铵转化为溶解度大的碳酸钠和碳酸铵，在母液冷却过程中碳酸盐不会与氯化铵一同析出，保证了氯化铵的纯度。

接下来考虑氯化钠和氯化铵的溶解度特性，这两种盐各自的溶解度随温度的变化完全不同，随温度降低氯化钠溶解度变化很小，而氯化铵溶解度随温度降低显著下降。溶解度的实验数据表明，当温度低于25℃时，氯化铵溶解度随温度降低而大幅度下降，而氯化钠的溶解度随温度降低反而增加。所以，利用这一溶解度特性和区别，将母液Ⅰ冷却降温，氯化铵单独析出，其纯度可达99.5%。

(2) 盐析结晶原理 冷析后的母液为半母液Ⅱ，加入洗盐，产生同离子（Cl^-）效应，降低了氯化铵的溶解度，使得氯化铵析出，该过程为盐析结晶过程。另外，氯化铵的结晶又有利于氯化钠溶解度的增大，这一过程不仅制得了氯化铵产品，还使母液Ⅱ中氯化钠浓度增加，有利于制碱。

2.4 烧碱

2.4.1 概述

烧碱即氢氧化钠，又称苛性钠。它广泛应用于化工、轻工、纺织、印染、造纸、医药、石油化工和冶金等工业部门。

无水氢氧化钠为白色半透明羽状结晶体，易溶于水，且溶解时放出大量的热，其水溶液呈强碱性，有强烈的腐蚀性，吸湿性极强，易吸收空气中的二氧化碳变为碳酸钠。工业烧碱产品有固体和液体两种。而固体碱又有块状、片状、粒状，液体碱规格有30%、40%和50%三种。纯固碱密度为 $2.13g/cm^3$，熔点为 $138.4℃$。

烧碱的生产方法有化学法（苛化法）和电解法两种。化学法使用纯碱水溶液与石灰乳进行苛化反应生成烧碱；电解法是以食盐水为原料，通过电解得到烧碱，同时副产氯气和氢气，故常常称电解法生产烧碱为氯碱工业。

苛化法生产烧碱历史悠久，在电解法未出现前一直是烧碱的主要方法，其生产过程包括化碱、苛化、澄清和蒸发等工序，该法生产过程原料利用率低，能量消耗大。19世纪末出现电解法制烧碱，它以能耗低和原料利用率高的突出特点，基本大部分取代了苛化法生产烧碱工艺。

而电解法制烧碱工艺经历了一系列重大技术改革，呈现出许多先进技术，如金属阳极、改性隔膜、扩张阳极和离子膜技术等，其中离子膜技术对烧碱工艺影响较大。目前世界生产烧碱技术主要有离子膜法和隔膜法。

2.4.2 电解法制碱的理论基础

电解是将电能转化为化学能的过程，当电流通过电解质水溶液或熔融电解质时，溶液中的阴离子产生定向移动，向阳极迁移，阳离子产生定向移动向阴极迁移。阴阳离子分别在阳极和阴极上放电，进行氧化还原反应，也就是借助电流进行化学反应，该反应称为电化学反应。如电解食盐水溶液的化学反应为：

$$2NaCl + 2H_2O \longrightarrow H_2\uparrow + Cl_2\uparrow + 2NaOH \tag{2-68}$$

2.4.2.1 法拉第定律

法拉第定律是电解过程的基本定律，它包括第一定律和第二定律。

法拉第第一定律的内容为电解过程中，电极上所产生的物质的量与通过电解质溶液的电量成正比，即与通过的电流强度和通电时间成正比。其表达式为：

$$G = KQ$$

或

$$G = KIt \tag{2-69}$$

式中，G 为电极上析出物质的质量，g 或 kg；K 为电化当量 $g·A^{-1}·s^{-1}$ 或 $kg·A^{-1}·s^{-1}$；Q 为电量，$A·s$；I 为电流强度，A；t 为时间，s。

法拉第第二定律的内容是相同电量通过不同的电解质时，电极上析出的物质的质量与其化学当量（化学当量是指该物质的摩尔质量 M 跟它的化合价的比值），成比例。即通过1法拉第电量（F）可在电极上析出1当量电解质，$1F = 96500C$（库仑）。

$$1F = 96500C = 96500A·s = 26.8A·h$$

2.4.2.2 理论分解电压和槽电压

食盐水溶液电解生产烧碱是一个电能消耗很大的过程，电耗与电解槽的电压和通电电流有关。为使电解过程实现，并保证指定物质在电极上析出，在电解设备，即电解槽的两极要施加一定的外加电压，该电压为槽电压或分解电压。槽电压与电解槽的结构、膜材料、两极间距、电极结构等有关。另外，还与电解时的运行条件有关，包括操作温度、压力、电解液浓度和电流密度等。槽电压 $U_槽$ 应满足理论分解电压 $U_理$、气体在电极上的超电压 $U_过$、电流通过电解液和膜时的电压降 $\Delta U_液$、电流通过电极和接触点时的电压降 $\Delta U_降$，即：

$$U_槽 = U_理 + U_过 + \Delta U_液 + \Delta U_降 \tag{2-70}$$

(1) 理论分解电压 $U_理$ 是指使电解质在电极上开始发生电解反应所需外加的最低电压，其数值大小等于电极析出的电解产物所形成的原电池的电极电位（电动势），二者大小相等，方向相反。$U_理$可以根据能斯特方程计算电极电位，然后再据此计算阴阳两极理论分解电压。能斯特方程式如下：

$$E = E^\ominus - \frac{RT}{nF} \ln \frac{\alpha_{氧化态}}{\alpha_{还原态}} \tag{2-71}$$

式中，E 为电极电位，V；$E^\ominus$ 为标准电极电位，V；T 为热力学温度，K；n 为电极反应的电子得失数；F 为法拉第常数（$F=96500C$）；$\alpha_{氧化态}$、$\alpha_{还原态}$ 为电极反应中，相对氧化态物质和还原态物质的活度。

$U_理$ 也可按吉布斯-亥姆霍兹方程式计算：

$$U_理 = \frac{-\Delta H}{nF} + T \frac{dE}{dT} \tag{2-72}$$

式中，ΔH 为反应热效应，J/mol；$\frac{dE}{dT}$ 为电动势温度系数，约等于 $-0.0004 V \cdot K^{-1}$；T 为热力学温度，K；n 为电极反应的电子得失数；F 为法拉第常数（$F=96500C$）。

(2) 超电压 $U_过$（过电位） 是指在实际电解过程中，离子在电极上的实际放电电压比理论放电电压高的差值。超电压的影响因素很多，如电极材料、电极表面状态、电流密度、电解液的温度、电解时间、电解质的性质和浓度、电解质中的杂质等。一般金属离子在电极上放电的超电压不大，但电极上有气体放出时，超电压却相当的大。超电压在不同条件下的数值可查阅相关文献。尽管超电压消耗一小部分电能，但可以选择适当的电解条件，造成一定的超电压，利用超电压使得电解过程按所需进行。

(3) 电流通过电解液和膜的电压降 $\Delta U_液$（电压损失） 是由于溶液和膜本身的电阻所造成的部分电压降或电压损失。其数值采用欧姆定律计算，即电压降与电流密度和电流所通过的距离（阴极和阳极的平均距离）成正比，与溶液的电导率成反比。所以，电解槽的两个电极距离向着越来越近趋势发展，离子膜电极一体化新技术的极距几乎为零。另外，提高电解质溶液的浓度和温度，即提高了溶液的电导率，则电压降降低，故工业一般将氯化钠制成饱和溶液，温度控制在 80～90℃。

(4) 电流通过电极和接触点时的电压降 $\Delta U_降$（电路电压降） 该电压降包括导电系统的电压降、隔膜电压降和接触电压降。

2.4.2.3 电压效率和电能效率

在槽电压中，理论分解电压所占比重最大，工业生产将理论分解电压与槽电压的比称为电压效率，即：

$$电压效率 = U_理 / U_槽 \times 100\% \tag{2-73}$$

一般电压效率在 45%～60%，为提高电压效率，通常采用多种方法降低槽电压。

电流效率是衡量电流利用程度的量，定义为实际产量与理论产量的比。即：

$$\eta = \frac{m}{KIt} \times 100\% \tag{2-74}$$

式中，m 为实际产量，g。

因部分电流消耗在电极上发生副反应或漏电等问题，导致实际产量低于理论产量。

电能效率是理论消耗的电能与实际消耗的电能比值，即：

$$\frac{W_{理}}{W}\times100\%=\frac{I_{理}U_{理}}{IU}\times100\%=电流效率\times电压效率\times100\% \quad (2-75)$$

所以，提高电能效率，即依靠提高电流效率和电压效率来实现。

2.4.2.4 电极主反应和副反应

食盐水溶液中，氯化钠和少量的水电离，溶液中存在 Na^+、H^+、Cl^-、OH^- 四种离子。若电解槽的阳极采用石墨或金属涂层电极，阴极为铁，当阳极和阴极与外加直流电源相连，并通入直流电时，Na^+ 和 H^+ 向阴极迁移，在阴极区域聚积，而 Cl^- 和 OH^- 向阳极迁移，在阳极区域聚积。由于 H^+ 的电位低于 Na^+ 的，故在铁阴极的表面上，H^+ 首先放电还原为氢分子，并从阴极析出。在阴极上进行的主要电极反应为：

$$2H^+ + 2e^- \longrightarrow H_2\uparrow$$

大量的 Cl^- 和微量的 OH^-，何者在阳极上放电，取决于它们的实际电位，在铁阳极上，Cl^- 的电位低于 OH^- 的，在阳极上进行的主要电极反应为：

$$2Cl^- - 2e^- \longrightarrow Cl_2\uparrow$$

水是弱电解质，由于在阴极上逸出氢气，水的电离平衡遭到破坏，故在阴极区域有 OH^- 聚积，与 Na^+ 形成 $NaOH$，且随电解的进行，$NaOH$ 浓度逐渐增大。

电解食盐水总的反应为：

$$2NaCl + 2H_2O \longrightarrow Cl_2\uparrow + H_2\uparrow + 2NaOH$$

必须指出，在阴阳极上发生上述主要电化学反应外，还有一些副反应发生。如由于阳极产物 Cl_2 溶解于水，还可生成次氯酸和盐酸，而生成的次氯酸在酸性条件下又变成氯酸钠；另外，由于次氯酸根在阳极聚积，达到一定量，其电位可能也会低于 Cl^-，次氯酸根放电生产氧气；阳极溶液中的氯酸钠依靠扩散由阳极通过隔膜进入阴极，被阴极产生的氢还原为氯化钠等。这些副反应不但降低了产品氯气和烧碱的纯度，降低了产品的产量，还浪费了大量电能。所以，必须采取各种措施防止和减少副反应的发生。

2.4.3 隔膜法电解技术

2.4.3.1 隔膜电解槽的结构及制烧碱的原理

目前隔膜法制烧碱多采用立式隔膜电解槽，图 2-33 所示为立式隔膜电解槽示意图。

隔膜将电解槽分成阴极区和阳极区，一般采用涂膜钛基为阳极，以铁或低碳钢为阴极，电解槽中的阳极和阴极与直流电源相连形成回路。如前所述，阴极上析出氢气，阴极上因选择金属阳极材料，使得氧的过电位较高，故氯的实际放电电位较低，在阳极放电生成氯气。电解槽中可能发生一些副反应，两极析出的氢气和氯气不及时分开，两者混合可能发生爆炸。所以，阳极和阴极间设置一个多孔隔膜，将电解槽分成阴极室和阳极室。该多孔隔膜允许各种离子和水通过，但能阻止阴阳极析出产物的混合。饱和食盐水从阳极室进入，且使得阳极室液面高于阴极室液面，阳极液通过隔膜向阴极室流动，避免阴极室的 OH^- 向阳极扩散，发生较多的副反应。随着电解过程的进行，氯气和氢气析出，在阴极室过剩的 OH^- 与阳极溶液中的钠离子形成 $NaOH$。

2.4.3.2 隔膜法电解食盐水的工艺流程

工业隔膜法电解食盐水制取烧碱，同时产生氯气和氢气，其工艺流程如图 2-34 所示。首先用水溶解食盐成粗食盐水，用纯碱和氯化钡等精制剂除去其中的杂质，得到精制食盐水，送往电解工段使用。电解的电源由交流电经整流变为直流电输送到电解槽使用。精制后

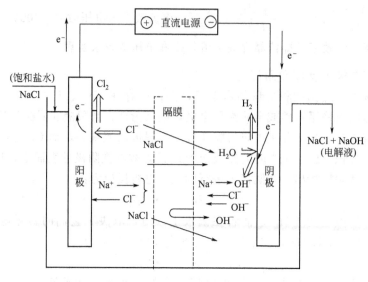

图 2-33 立式隔膜电解槽示意图

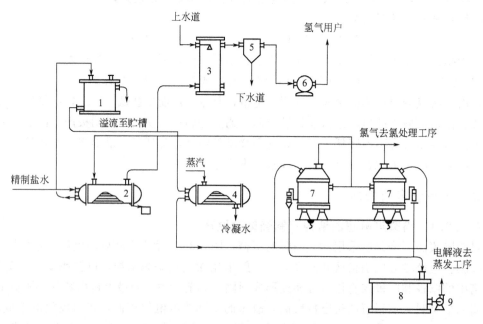

图 2-34 电解食盐水工艺流程示意图
1—盐水高位槽；2—盐水氢气热交换器；3—洗氢桶；4—盐水预热器；5—气液分离器；
6—罗茨鼓风机；7—电解槽；8—电解液贮槽；9—碱泵

的食盐水经盐水氢气热交换器升温，进入盐水高位槽，槽内液面维持恒定，利用高位槽的液位压差，使得盐水稳定流经盐水预热器，并加热到 70～80℃，由盐水总管连续均匀地分流到各个电解槽进行电解。

电解槽中产生的氯气由槽盖顶部的支管导入氯气总管，送往氯气处理工序，经冷却、干燥或洗涤，除掉水分后加压送往用户。氢气从电解槽阴极箱的上部支管导入氢气总管，经盐水氢气热交换器降温后送往氢气处理工序，再送到用户处。生成的含 NaOH 为 10%～11% 的电解碱液从电解槽下部流出，经电解液总管汇集到电解液贮槽，经泵送往蒸发工序提高碱液浓度，并从中分离出食盐，得到合格碱液产品。

2.4.4 离子膜法电解技术

离子交换膜（离子膜）法电解制烧碱技术于20世纪50年代开始研究，1966美国杜邦公司首先开发出性能稳定、电能效率高的离子交换膜，1975年日本旭化成公司第一个建成离子膜氯碱厂。目前，该技术因产品质量高、电能效率高、工艺简单、生产能力大等优势，被公认为氯碱工业发展的方向。

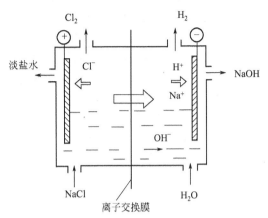

2.4.4.1 离子膜电解制烧碱的原理

离子膜电解制烧碱的工作原理如图2-35所示。离子膜电解法电解槽中，用一个具有选择性的阳离子交换膜将阳极室和阴极室隔开，替代了传统隔膜法中的石棉做隔膜，该阳离子膜的液体透过性很小，膜的两侧有电位差，只有阳离子伴有少量水透过离子膜，

图2-35 离子膜电解制碱工作原理示意图

即允许阳离子Na^+透过膜进入阴极室，阴离子Cl^-不能透过。所以，在阳极产生氯气的同时，有钠离子透过膜流向阴极室，而在阴极产生氢气的同时，氢氧根离子受到阳离子交换膜的排斥不易流向阳极室，故在阴极室产生浓度较隔膜法高得多的氢氧化钠，阴极室外部加入适量纯水调节其浓度。由于电解过程氯化钠不断被消耗，阳极液中氯离子因膜的排斥作用，

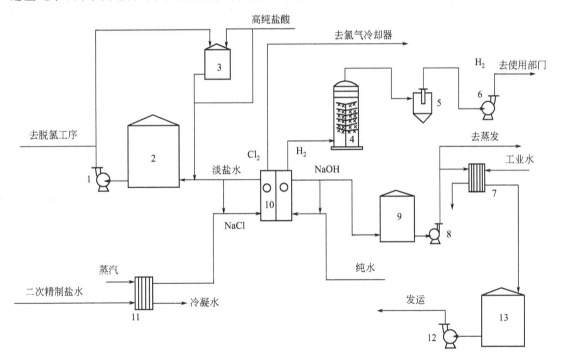

图2-36 离子膜法电解食盐水工艺流程

1—淡盐水泵；2—淡盐水贮槽；3—分解槽；4—氯气洗涤塔；
5—水雾分离器；6—氯气鼓风机；7—碱液冷却器；8—碱液泵；9—碱液受槽；
10—离子膜电解槽；11—盐水预热器；12—碱液泵；13—碱液贮槽

很难透过膜进入阴极液，导致食盐水浓度降低，故阴极液中食盐量极微量，保证了制得的碱液纯度，即质量高。

2.4.4.2 离子膜法电解食盐水的工艺流程

图 2-36 所示为离子膜法电解食盐水的工艺流程。为防止盐水中杂质增加电解过程的电阻，提高电流效率，离子膜电解食盐水制碱工艺对盐水的质量要求很高，所用盐水需要一次精制后，进一步通过过滤和离子交换等操作进行二次精制，严格控制 Ca^{2+} 和 Mg^{2+} 等金属离子的浓度，以及悬浮物和游离氯的含量。二次精制的盐水经盐水预热器升温后，送往离子膜电解槽阳极室进行电解，纯水自电解槽底部进入阴极室，通入直流电后，阳极产生氯气，并产生淡盐水。电解槽出来的氯气和氢气处理过程与隔膜法的相同。从阳极流出的淡盐水返回到电解槽阳极室补充精制盐水，另一部分用高纯盐水分解其中的氯酸盐，然后回到淡盐水贮槽，与未分解的淡盐水混合，并调节其 pH 在 2 以下，送往脱氯工序脱氯，最后回到一次盐水工序重新制成饱和食盐水。

● 思考题

2-1 硫铁矿的焙烧反应过程包括哪些步骤，哪一步是控制步骤？
2-2 提高焙烧反应速率的措施有哪些？
2-3 二氧化硫炉气净化的目的和意义是什么？
2-4 二氧化硫炉气的杂质都采用哪些方法除去的？
2-5 炉气净化有哪些工艺？绘出流程示意图。
2-6 净化工序的主要设备是什么？工作原理是什么？
2-7 转化的原理是什么？
2-8 转化催化剂种类有哪些？主要成分有哪些？它们各自的作用是什么？
2-9 影响转化率的主要因素有哪些？
2-10 一转一吸和二转二吸流程的不同点是什么？
2-11 什么是转化的最佳温度？为什么会存在最佳温度？
2-12 为什么要对转化气进行干燥？采用什么方法干燥？
2-13 如何选择干燥酸的浓度？
2-14 影响三氧化硫吸收的因素有哪些？
2-15 吸收的主要工艺条件是什么？如何确定吸收的工艺条件？
2-16 干吸流程有哪些？各自的特点是什么？
2-17 硫酸生产过程各个工序有哪些安全隐患？如何消除各种隐患？
2-18 为什么严禁用水洗涤液体三氧化硫钢罐？
2-19 硫酸生产过程中哪些工序产生废气？主要成分是什么？如何处理的？
2-20 硫酸生产过程产生的主要废液是什么？处理方法有哪些？它们的原理是什么？
2-21 硫酸生产过程采用哪些方法回收铁的？原理是什么？
2-22 简述稀硝酸生产常压、全压和综合法各自的特点。
2-23 简述氨催化氧化工艺条件，并简要说明确定工艺条件的依据。
2-24 绘出氨催化氧化工艺流程，并说明流程中核心设备及其结构特点。

2-25 如何确定硝酸生产过程中氮氧化物吸收工序的工艺条件？

2-26 工业制取纯碱的方法有哪些？这些方法的特点是什么？

2-27 氨碱法制纯碱的工序包括哪些？简述每一工序的化学反应原理。

2-28 如何确定精制盐水吸收氨的工艺条件？

2-29 简要叙述氨盐水碳酸化机理。

2-30 简述氨碱法制纯碱过程中氨回收的基本原理。

2-31 氨碱法制纯碱过程中氨回收工艺条件选择的依据是什么？

2-32 比较联碱法和氨碱法制纯碱工艺各自的特点。

2-33 阐述联碱法制氯化铵过程中氯化铵的结晶原理。

2-34 电压效率和电能效率是什么？它们各自与哪些因素有关？

2-35 简要说明离子膜电解制烧碱的工作原理。

参 考 文 献

[1] 陈五平. 无机化工工艺学. 第3版. 北京：化学工业出版社，2014.
[2] 朱志庆. 化工工艺学. 北京：化学工业出版社，2013.
[3] 谭世语. 化工工艺学. 第3版. 重庆：重庆大学出版社，2009.
[4] 徐绍平，殷德宏，仲剑初. 化工工艺学. 第2版. 大连：大连理工大学出版社，2012.
[5] 潘鸿章. 化学工艺学. 北京：高等教育出版社，2010.
[6] 周玉琴，高志正，汪满清. 硫酸生产技术. 北京：冶金工业出版社，2013.
[7] 叶树滋. 硫酸生产工艺. 北京：化学工业出版社，2012.
[8] 王全. 纯碱制造技术. 北京：化学工业出版社，2010.
[9] 叶树滋. 硫酸生产操作问答. 北京：化学工业出版社，2013.
[10] 刘少武，高庆华. 硫酸工业节能测算与技术改造. 北京：化学工业出版社，2013.
[11] 中昊（大连）化工研究设计院有限公司. 纯碱工学. 第3版. 北京：化学工业出版社，2014.
[12] 邢家悟. 离子膜法制烧碱操作问答. 北京：化学工业出版社，2009.
[13] 宗广斌. 10万t/a离子膜法烧碱装置运行情况. 氯碱工业，2012（01）.
[14] 邢家梧. 国内外离子膜法制烧碱技术装备剖析. 氯碱工业，1998（02）.
[15] 纪罗军. 我国硫酸工业现状与技术进展. 硫酸工业，2015（01）.

第3章 石油炼制过程及产品生产工艺

3.1 概述

石油炼制过程也称为石油加工过程，石油通过炼制过程得到石油产品。石油炼制工业是国民经济最重要的支柱产业之一，是提供交通运输燃料和有机化工原料的最重要的工业。据统计，全世界总能源需求的40%依赖于石油产品，汽车、飞机、轮船等交通运输工具使用的燃料几乎全部是石油产品。有机化工原料主要也是来源于石油炼制工业，世界石油总产量的10%以上用于生产有机化工原料，有机化工合成所需烯烃与芳烃的大多数来源于石油。本章讲述从石油到燃料产品、石油到基本有机化工原料的加工过程。

3.1.1 石油及其产品

3.1.1.1 石油

石油也称为原油，是一种主要由碳氢化合物组成的复杂混合物，石油中成分的相对分子量从几十到几千，相应的沸点从常温到500℃以上，分子结构也是多种多样。

石油通常是一种流动或半流动状态的黏稠液体，相对密度大多数在0.80~0.98之间；大部分石油是黑色或暗褐色；许多石油都因为含有硫化物而有程度不同的臭味。

石油主要由碳、氢、硫、氮、氧五种元素组成，最主要的是碳和氢，碳含量为83%~87%，氢含量为11%~14%，两者合计为96%~99%。碳和氢是石油产品利用的主要对象。

石油中非碳氢元素含量之和一般在1%~4%，微量的金属元素和其他非金属元素，如钒、镍、铁、铜、砷、氯、磷、硅等含量非常少，常以"ppm"（10^{-6}）计。但非碳氢元素对石油加工及产品的使用均有不利影响。

石油中烃类以烷烃、环烷烃和芳香烃为主，不饱和烃类含量很少。非烃类分子中存在大量杂质元素，这些杂质元素是石油炼制中需要去除的成分。

石油不能直接作汽车、飞机、轮船等交通运输工具发动机的燃料，也不能直接作润滑油、溶剂油、工艺用油等产品使用，必须经过各种加工过程，才能获得符合质量要求的各种石油产品。从石油到产品的加工过程，需要石油炼制来完成。

3.1.1.2 汽油

汽油主要用于点燃式发动机（简称汽油机），是汽车、摩托车、快艇、小型发电机和螺旋桨式飞机等的燃料。主要的质量要求有以下四个方面：

(1) 有良好的蒸发性 馏程和蒸气压是评价汽油蒸发性能的指标。汽油的馏程常用图 3-1 所示的恩氏蒸馏装置进行测定。要求测出汽油的初馏点、10%、50%、90% 馏出温度和干点或终馏点，从初馏点到干点这一温度范围称为馏程，代表了汽油的蒸发温度。各馏出温度与汽油使用性能关系十分密切，汽油的初馏点和 10% 馏出温度反映汽油的启动性能，此温度过高，发动机不易启动，50% 馏出温度反映发动机的加速性和平稳性，此温度过高，发动机不易加速。90% 馏出温度和干点反映汽油在气缸中蒸发的完全程度，这个温度过高，说明汽油中重组分过多，使汽油气化燃烧不完全，易结焦和积炭。因此要求汽油馏程温度不能过高。

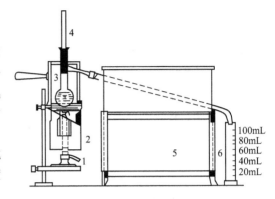

图 3-1 恩氏蒸馏装置
1—酒精喷灯；2—挡风罩；3—球形烧瓶；
4—温度计；5—冷却水槽；6—量筒

汽油标准中规定了汽油的蒸气压的最高值。蒸气压过高，轻组分太多，在输油管路中蒸发形成气阻，中断正常供油，致使发动机停止运行。因此要求汽油蒸气压不能过高。

(2) 有良好的抗爆性 汽油的抗爆性用辛烷值表示。汽油的辛烷值越高，其抗爆性越好。辛烷值分马达法和研究法两种。马达法辛烷值（MON）表示重负荷、高转速时汽油的抗爆性；研究法辛烷值（RON）表示低转速时汽油的抗爆性。同一汽油的 MON 低于 RON。除此之外，还采用抗爆指数来表示汽油的抗爆性，抗爆指数等于 MON 和 RON 的平均值。我国车用汽油的商品牌号是以辛烷值来划分的（表 3-1）。

在测定车用汽油的辛烷值时，人为选择了两种烃作为标准物：一种是异辛烷（2,2,4-三甲基戊烷），它的抗爆性好，规定其辛烷值为 100；另一种是正庚烷，它的抗爆性差，规定其辛烷值为 0。举例来说，在相同的发动机工作条件下，如果某汽油的抗爆性与含 80% 异辛烷和 20% 正庚烷的混合物的抗爆性相同，此汽油的辛烷值即为 80。汽油的辛烷值需在专门的仪器中测定。

汽油的抗爆性与其化学组成和馏分组成有关。在各类烃中，正构烷烃的辛烷值最低，环烷、烯烃次之，高度分支的异构烷烃和芳香烃的辛烷值最高。各族烃类的辛烷值随分子量增大、沸点升高而减小。

提高汽油辛烷值的途径有以下两种：

① 改变汽油的化学组成，增加异构烷烃和芳香烃的含量。这是提高汽油辛烷值的根本方法，可以采用催化裂化、催化重整、异构化等加工过程来实现。

② 调入其他的高辛烷值组分，如含氧有机化合物醚类及醇类等。这类化合物常用的有甲醇、乙醇、叔丁醇、甲基叔丁基醚（MTBE）等，其中甲基叔丁基醚（MTBE）在近些年来更加引起人们的重视。MTBE 不仅单独使用时具有很高的辛烷值（RON 为 117，MON 为 101），在掺入其他汽油中可使其辛烷值大大提高，而且在不改变汽油基本性能的前提下，改善汽油的某些性质，因而在国外发展很快，我国也已开始生产 MTBE。

(3) 有良好的安定性 汽油的安定性一般是指化学安定性，它表明汽油在储存中抵抗氧化的能力。安定性好的汽油储存几年都不会变质，安定性差的汽油储存很短的时间就会变质。

汽油的安定性与其化学组成有关，如果汽油中含有大量的不饱和烃，特别是二烯烃，在贮存和使用过程中，这些不饱和烃极易被氧化，汽油颜色变深，生成黏稠胶状沉淀物即胶质。这些胶状物沉积在发动机的油箱、滤网、汽化器等部位，会堵塞油路，影响供油；沉积在火花塞上的胶质高温下形成积炭而引起短路；沉积在汽缸盖、汽缸壁上的胶质形成积炭，使传热恶化，引起表面着火或爆震现象。总之，使用安定性差的汽油，会严重破坏发动机的正常工作。

改善汽油安定性的方法通常是在适当精制的基础上添加一些抗氧化添加剂。

(4) 无腐蚀性 汽油的腐蚀性说明汽油对金属的腐蚀能力。汽油的主要组分是烃类，任何烃对金属都无腐蚀作用。但若汽油中含有一些非烃杂质，如含硫化合物、水溶性酸碱、有机酸等，都对金属有腐蚀作用。

评定汽油腐蚀性的指标有酸度、硫含量、铜片腐蚀、水溶性酸碱等。酸度指中和100mL油品中酸性物质所需的氢氧化钾的质量，单位为mgKOH/100mL。铜片腐蚀是用铜片直接测定油品中是否存在活性硫的定性方法。水溶性酸碱是在油品用酸碱精制后，因水洗过程操作不良残留在汽油中的可溶于水的酸性或碱性物质。成品汽油中应不含水溶性酸碱。

国产车用汽油的主要质量标准见表3-1。

表3-1 国产车用汽油的主要质量标准（GB 17930—2013）

项目		车用汽油(Ⅲ)			车用汽油(Ⅳ)			车用汽油(Ⅴ)			
		90	93	97	90	93	97	89	92	95	98
抗爆性：											
研究法辛烷值(RON)	不小于	90	93	97	90	93	97	89	92	95	98
抗爆指数(RON+MON)/2	不小于	85	88	报告	85	88	报告	84	87	90	93
铅含量/(g/L)	不大于	0.005			0.005			0.005			
馏程：											
10%蒸发温度/℃	不高于	70			70			70			
50%蒸发温度/℃	不高于	120			120			120			
90%蒸发温度/℃	不高于	190			190			190			
终馏点/℃	不大于	205			205			205			
残留量(体积分数)/%	不大于	2			2			2			
蒸气压/kPa											
11月1日～4月30日	不大于	88			42～85			45～85			
5月1日～10月31日	不大于	72			40～68			40～65			
胶质含量/(mg/100mL)	不大于										
未洗胶质含量(加入清净剂前)		30			30			30			
溶剂洗胶质含量		5			5			5			
诱导期/min	不小于	480			480			480			
硫含量(质量分数)/%	不大于	0.015(150ppm)			0.005(50ppm)			0.001(10ppm)			
硫醇(需要满足下列要求之一)											
博士试验		通过			通过			通过			
硫醇硫含量(质量分数)/%	不大于	0.001			0.001			0.001			
铜片腐蚀(50℃,3h)/级	不大于	1			1			1			
水溶性酸或碱		无			无			无			
机械杂质及水分		无			无			无			

续表

项 目		质量指标								
		车用汽油(Ⅲ)			车用汽油(Ⅳ)			车用汽油(Ⅴ)			
		90	93	97	90	93	97	89	92	95	98
苯含量(体积分数)/%	不大于	1			1			1			
芳烃含量(体积分数)/%	不大于	40			40			40			
烯烃含量(体积分数)/%	不大于	30			28			24			
氧含量(质量分数)/%	不大于	2.7			2.7			2.7			
甲醇含量(质量分数)/%	不大于	0.3			0.3			0.3			
锰含量/(g/L)	不大于	0.016			0.008			0.002			
铁含量/(g/L)	不大于	0.01			0.01			0.01			
密度(20℃)/(kg/m³)								720~750			

3.1.1.3 柴油

柴油是压燃式发动机（简称柴油机）的燃料。柴油机的热功效率高，燃料比消耗低，经济性强。柴油主要用作载重汽车、大客车、拖拉机、船舶、内燃机车等的动力燃料。

柴油分为轻柴油和重柴油。前者用于1000r/min以上的高速柴油机；后者用于500~1000r/min的中速柴油机和小于500r/min的低速柴油机，由于使用条件的不同，对轻重柴油制定了不同的标准，现以轻柴油为例说明其质量指标。

(1) 抗爆性 柴油的抗爆性用十六烷值表示。十六烷值高的柴油，表明其抗爆性好。同汽油类似，在测定柴油的十六烷值时，也人为地选择了两种标准物：一种是正十六烷，它的抗爆性好，将其十六烷值定为100；另一种是α-甲基萘，它的抗爆性差，将其十六烷值定为0。举例来说，在相同的发动机工作条件下，如果某柴油的抗爆性与含45%正十六烷和55%α-甲基萘的混合物相同，此柴油的十六烷值即为45。

柴油的抗爆性与所含烃类的自燃点有关，自燃点低不易发生爆震。各族烃类的十六烷值均随着分子中碳原子数增加而增高；在各类烃中，正构烷烃的自燃点最低，十六烷值最高，烯烃、异构烷烃和环烷烃居中，芳香烃的自燃点最高，十六烷值最低。所以含烷烃多、芳烃少的柴油的抗爆性能好。

柴油的十六烷值并不是越高越好，如果柴油的十六烷值很高（如60以上），由于自燃点太低，滞燃期太短，容易发生燃烧不完全，产生黑烟，使得耗油量增加，柴油机功率下降。

(2) 蒸发性 柴油的蒸发性能影响其燃烧性能和发动机的启动性能，其重要性不亚于十六烷值。馏分轻的柴油启动性好，易于蒸发和迅速燃烧，但馏分过轻，自燃点高，滞燃期长，会发生爆震现象。馏分过重的柴油，由于蒸发慢，会造成不完全燃烧，燃料消耗量增加。

柴油的蒸发性用馏程和残炭来评定。不同转速的柴油机对柴油馏程要求不同，高转速的柴油机，对柴油馏程要求比较严格。国标中规定了50%、90%和95%的馏出温度，对低转速的柴油机没有严格规定柴油的馏程，只限制了残炭量。

(3) 低温性能 柴油的低温性能对于在低温下工作的柴油机的供油性能非常重要。当柴油的温度降到一定程度时，其流动性就会变差，可能有冰晶和蜡结晶析出，堵塞过滤器，减少供油，降低发动机功率，严重时会完全中断供油。

柴油的低温性能主要以凝点来评定，按凝点分为10、0、-10、-20、-35、-50六个牌号。例如0、-10号轻柴油，分别表示其凝点不高于0℃、-10℃。凝点低表示其低温性能好。

柴油的低温性取决于化学组成。馏分越重，其凝点越高。含环烷烃或环烷-芳香烃多的柴油，其浊点和凝点都较低，但其十六烷值也低。含烷烃特别是正构烷烃多的柴油，浊点和凝点都较高，十六烷值也高。因此从燃烧性能和低温性能上看，有人认为，柴油的理想组分是带一个或两个短烷基侧链的长链异构烷烃，它们具有较低的凝点和足够的十六烷值。

改善柴油低温性能的主要途径有三种：①脱蜡，柴油脱蜡成本高而且收率低，在特殊情况下才采用；②调入二次加工柴油；③添加低温流动改进剂。

(4) 有合适的黏度 柴油的供油量、雾化状态、燃烧情况和高压油泵的润滑等都与柴油黏度有关。柴油黏度过大，油泵抽油效率下降，减少供油量，而且雾化不良，燃烧不完全，耗油增加，发动机功率下降。黏度过小，雾化及蒸发良好，但与空气混合不均匀，同样燃烧不完全，发动机功率下降，作为输送泵和高压油泵的润滑剂，润滑效果变差，造成机件磨损。所以，要求柴油的黏度在合适的范围内。

除了上述几项质量要求外，对柴油也有安定性、腐蚀性等方面的要求，同汽油类似。

3.1.1.4 其他石油产品

(1) 润滑油 其主要作用是减轻机械设备在运转时的摩擦，这是因为它能够在两个相对运动的金属面间形成油膜，隔开接触面，使摩擦力较大的固体直接摩擦（即干摩擦）变为摩擦力小的润滑油分子间的摩擦，减轻摩擦表面的磨损，也降低了因摩擦消耗的功率损失；其次，润滑油还可以带走摩擦所产生的热量，防止机件因摩擦温度升高而发生变形甚至烧坏；再次，润滑油能冲洗掉磨损的金属碎屑以及进入摩擦表面间的灰尘、砂粒等杂质和隔绝腐蚀性气体，有保护金属表面的密封作用和减震作用。润滑油种类繁多，一些共同的特性要求包括：①合适的黏度和良好的黏温特性；②良好的抗氧化安定性；③良好的清净稳定性；④无腐蚀性。

(2) 溶剂油 是对某些物质起溶解、稀释、洗涤和抽提作用的轻质石油产品，是用石油的直馏馏分油、催化重整抽余油或其他再加工馏分油为基础油精制而成，不加任何添加剂。例如，6号抽提溶剂油主要用作植物油浸出工艺中的抽提溶剂，其馏程范围是60~90℃。根据使用条件，要求其必须对人体无害，很好地溶解油脂，方便地与抽提物分离。

(3) 石蜡 炼油工业的副产品之一。在生产润滑油过程中，为使润滑油凝点合格，需要进行脱蜡，得到的蜡膏经过进一步的脱油和精制，即得到一定熔点的成品石蜡。石蜡可用于制备蜡烛、蜡笔、蜡纸、电信绝缘材料、密封材料、凡士林等用途。另外，所有石油蜡都主要由大分子烷烃组成，是催化裂化的优良原料。

(4) 石油沥青 主要的石油产品之一。由石油蒸馏的减压渣油直接制得，也可将渣油（或经丙烷脱沥青所得的沥青质）经氧化而制得。沥青根据用途不同分为建筑沥青、道路沥青、专用沥青（如橡胶沥青、油漆沥青、电缆沥青等），其中道路沥青的用量最大。

(5) 石油焦 是各种渣油、沥青或重油在高温下（490~550℃）分解、缩合、焦化后而制得的一种固体焦炭，是焦化过程所特有的产品，可作为工业石墨电极原料或作为燃料使用。如果作为电极原料，则需对石油焦质量提出严格要求，对硫含量、挥发分、灰分等进行控制，特别是硫含量的大小直接影响着石油焦的质量。

3.1.2　原油的加工方案

石油炼制就是以原油为基本原料，通过一系列炼制过程，例如常减压蒸馏、催化裂化、催化重整、延迟焦化、炼厂气加工及产品精制等，把原油加工成各种石油产品，如各种牌号的汽油、煤油、柴油、润滑油、溶剂油、沥青和石油焦，以及生产各种石油化工基本原料。

原油通过常减压蒸馏可分割成汽油、煤油、柴油等轻质馏分油，各种润滑油馏分、裂化原料（即减压馏分油或蜡油）等重质馏分油及减压渣油。其中除渣油外，其余的称为直馏馏分油。从我国主要油田的原油中可获得20%～30%的轻质馏分油，40%～60%的直馏馏分油。从原油中直接得到的轻馏分很有限，满足不了国民经济对轻质油品的需求。因此，工业上将重质馏分和渣油馏分进一步加工，即重质油的轻质化，以得到更多的轻质油品。通常将常减压蒸馏称为原油的一次加工过程，而将以轻馏分改质与重馏分和渣油的轻质化为主的加工过程称为二次加工过程。

原油的二次加工根据生产目的的不同有许多种过程，如以重质馏分油和渣油为原料的催化裂化和加氢裂化、以直馏汽油为主要原料生产高辛烷值汽油或轻质芳烃苯、甲苯、二甲苯等的催化重整、以渣油为原料生产石油焦或燃料油的焦化或减黏裂化等。

原油加工方案与原油的特性及国民经济对石油产品的需求密切相关，尤其是原油特性对制定合理的原油加工方案起着决定性的作用。例如：属于石蜡基原油的大庆原油，其减压馏分油是催化裂化的好原料，更是生产润滑油的好原料，用其生产的润滑油质量好，收率高，同时得到的石蜡质量也很好。但是由于大庆原油中含胶质和沥青质较少，用其减压渣油很难制得高质量的沥青产品。因此，在确定这类原油的加工方案时，应首先考虑生产润滑油和石蜡，同时生产一部分轻质燃料。与此相反，用属于环烷基的胜利原油生产的润滑油，不仅质量差，而且加工十分复杂。但是利用胜利原油的减压渣油可以得到高质量的沥青产品。因此设计胜利原油的加工方案时，不考虑生产润滑油。

根据生产目的的不同，原油加工方案有以下几种基本类型。

3.1.2.1　燃料型

燃料型加工方案的原则流程见图3-2。这类加工方案的产品基本上都是燃料，如汽油、喷气燃料、柴油和重油等，还可生产燃料气、芳烃和石油焦等。燃料型炼油厂的特点是通过一次加工（即常减压蒸馏）尽可能将原油中的轻质馏分汽油、煤油和柴油分出，并利用催化裂化和焦化等二次加工工艺，将重质馏分转化为轻质油。当硫、氮等含量高时，直馏和二次加工油品都需要进行精制。

3.1.2.2　燃料-润滑油型

这种加工方案除生产各种燃料外还生产各种润滑油，其原则流程见图3-3。原油通过一次加工将其中的轻质馏分分出，剩余的重质馏分经过各种润滑油生产工艺，如溶剂脱沥青、溶剂精制、溶剂脱蜡、白土精制或加氢精制等，生产各种润滑油的基础油（将基础油与添加剂按照一定要求进行调合，即可制得各种润滑油产品）。

3.1.2.3　燃料-化工型

这种加工方案以生产燃料和化工产品或原料为主，具有燃料型炼厂的各种工艺及装置，同时还包括一些化工装置或功能，例如通过对催化裂化催化剂及运行条件的调整，提高催化裂化装置的丙烯收率，通过分离设备得到丙烯产品；调整催化重整原料来强化重整装置的芳

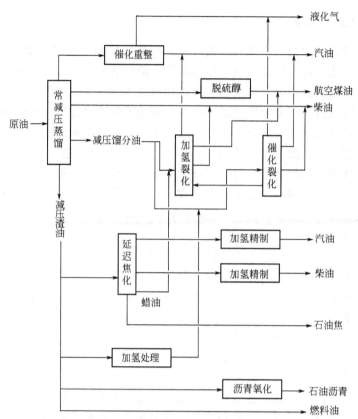

图 3-2 胜利原油燃料型加工方案

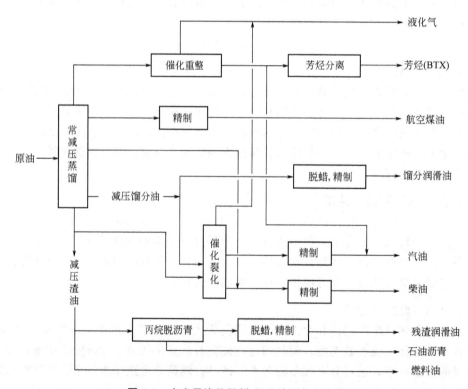

图 3-3 大庆原油的燃料-润滑油型加工方案

构化效果，以得到更多的芳烃产品。

典型的燃料-化工型加工方案的原则流程见图3-4。原油先经过一次加工分出其中的轻质馏分，其余的重质馏分再进一步通过二次加工转化为轻质油。轻质馏分一部分用作燃料，另一部分通过催化重整、裂解工艺取芳香烃和烯烃，作为有机合成的原料。

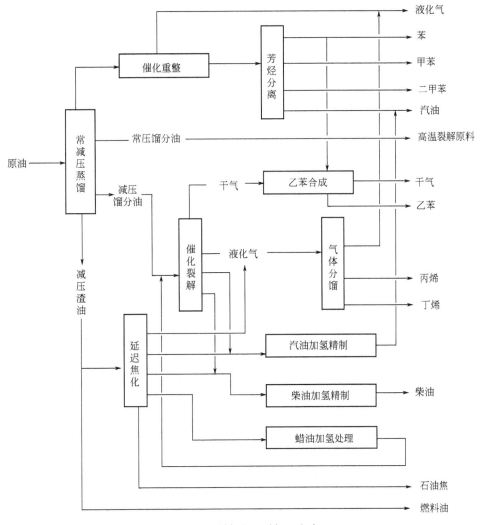

图 3-4　燃料-化工型加工方案

3.2　物理加工过程

3.2.1　脱盐和脱水

3.2.1.1　原油含盐含水的影响

原油中所含盐类除有一小部分以结晶状态悬浮于油中外，绝大部分溶于水中，并以微粒状态分散在油中，形成较稳定的油包水型乳化液，盐、水在同一相中。

原油含水、含盐给运输、贮存增加负担，也给加工过程带来不利的影响。由于水的汽化潜热很大，原油含水就会增加燃料的消耗和蒸馏塔顶冷凝冷却设备的负荷，如一个250万吨/年的常减压蒸馏装置,原油含水量增加1%,蒸馏过程增加热能消耗约7×10^8kJ/h。其次,由于水的分子量比油品的平均分子量小很多,原油中少量水汽化后,使塔内气相体积急剧增加,导致蒸馏过程波动,影响正常操作,系统压力降增大,动力消耗增加,严重时引起蒸馏塔超压或出现冲塔事故。

原油中所含的无机盐主要有氯化钠、氯化钙、氯化镁等,其中以氯化钠的含量为最多,约占75%左右。这些物质受热后易水解,生成盐酸,腐蚀设备;其次,在换热器和加热炉中,随着水分的蒸发,盐类沉积在管壁上形成盐垢,降低传热效率,增大流动压降,严重时甚至会烧穿炉管或堵塞管路;再次,由于原油中的盐类太多残留在重馏分油和渣油中,所以还会影响二次加工过程及其产品的质量。

由于上述原因,目前国内外炼油厂对原油蒸馏前脱盐脱水的要求是,含盐量小于3mg/L,含水量小于0.2%。从油井开采出来的原油大多含有水分、盐类和泥沙等,一般在油田一次脱除后外输至炼油厂。但由于一次脱盐、脱水不易彻底,因此,原油进炼厂进行蒸馏前,还需要再一次进行脱盐、脱水。

3.2.1.2 原油脱盐脱水的基本原理

原油能够形成乳化液,主要是由于油中含有环烷酸、胶质和沥青质等天然乳化剂,它们都是表面活性物质(油包水型)。在油中这些物质向水界面移动,分散在水滴的表面,引起油相表面张力降低,像一层保护膜一样使水滴稳定地分散在油中,从而阻止了水滴的聚集。因此,脱水的关键是破坏乳化剂的作用,使油水不能形成乳化液,细小的水滴就可相互聚集成大的颗粒、沉降,最终达到油水分离的目的。由于大部分盐是溶解在水中的,所以脱水的同时也就脱除了盐分。

破乳的方法是加入适当的破乳剂和利用高压电场的作用。破乳剂本身也是表面活性物质,但是它的性质与乳化剂相反,是水包油型的表面活性剂。破乳剂的破乳作用是在油水界面进行的,它能迅速浓集于界面,并与乳化剂竞争,最终占据界面的位置,使原来比较牢固的保护膜减弱甚至破坏,小水滴也就比较容易聚集,进而沉降分出。不同原油所适用的破乳剂及其加入量是不同的,应通过试验选择。

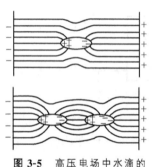

图3-5 高压电场中水滴的偶极聚结示意图

对于原油这样一种比较稳定的乳化液,单凭加破乳剂的方法往往还不能达到脱盐脱水的要求。因此,炼油厂广泛采用的是加破乳剂和高压电场联合作用的方法,即所谓电脱盐脱水。原油乳化液通过高压电场时,由于感应使水滴的两端带上不同极性的电荷。电荷按极性排列,因而水滴在电场中形成定向电偶,每两个靠近的水滴,电荷相等,极性相反,产生偶极聚结力,聚集成较大水滴(图3-5)。为了提高水滴的沉降速度,电脱盐过程是在一定的温度下进行的,通常是80~120℃甚至更高(如150℃),视原油性质而定。

3.2.1.3 原油脱盐脱水的工艺流程

图3-6所示为原油二级电脱盐脱水的原理流程。原油自油罐抽出,与破乳剂、洗涤水按比例混合,经原油预热器与装置中某热流换热达到一定的温度,再经过一个混合阀(或混合器)将原油、破乳剂和水充分混合后,送入一级电脱盐罐进行第一次脱盐、脱水。在电脱盐罐内,在破乳剂和高压电场(强电场梯度为500~1000V/cm,弱电场梯度为150~300V/cm)的共同作用下,乳化液被破坏,小水滴聚结成大水滴,通过沉降分离,排出污水(主

要是水及溶解在其中的盐，还有少量的油）。一级电脱盐的脱盐率为90%～95%。一级电脱盐后原油再与破乳剂及洗涤水混合后送入二级电脱盐罐进行第二次脱盐、脱水。通常二级电脱盐罐排出的水含盐量不高，可将它回注到一级混合阀前，这样既节省用水又减少含盐污水的排出量。在上述电脱盐过程中，注水的目的在于溶解原油中的结晶盐，也可减弱乳化剂的作用，有利于水滴的聚集。

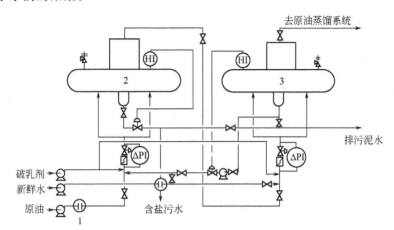

图 3-6 原油二级电脱盐脱水原理流程
1—原油预热器；2——级电脱盐罐；3—二级电脱盐罐
ΔPI—压力指示；HI—液位指示

原油经过二级电脱盐、脱水，其含盐含水量一般都能达到规定指标，然后送往后面的蒸馏装置。

3.2.1.4 电脱盐脱水的主要设备

原油电脱盐的主要设备是电脱盐罐，其他还有变压器、混合设施等。

图3-7所示为卧式脱盐罐的结构示意图。电脱盐罐主要由外壳、电极板、原油分配器等组成。外壳直径一般为3～4m，其长度视处理量而定，有的长达20～30m。电极板一般是格栅状的，有水平和垂直的两类，采用水平的较多。电极板一般是两层，下极板通电，在两层电极板之间形成一个强电场区，该区是脱盐、脱水的关键区。在下层电极板与下面的水面之间又形成一个弱电场区，这个弱电场促使下沉水滴进一步聚结，提高脱盐脱水效率。原油分配器的作用是使原油从罐底进入后能均匀垂直地向上流动，从而提高脱盐脱水效果。有两种类型的分配器：一种是带小孔的分布管；另一种是低速倒槽型分配器。

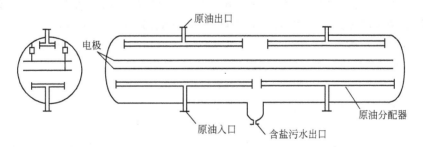

图 3-7 卧式电脱盐罐结构

变压器是电脱盐设施中最关键的设备，与电脱盐的正常操作和保证脱盐效果有直接关系。根据电脱盐的特点，采用的是防爆高阻抗变压器。

油、水和破乳剂在进脱盐罐前需借助混合设备充分混合，使水和破乳剂在原油中尽量分散。分散得细，脱盐率高。但分散过细，会形成稳定的乳化液，脱盐率反而下降，且能耗增大，故混合强度要适度。新建电脱盐装置的混合设备多采用可调压差的混合阀，可根据脱盐脱水情况来调节混合强度。有的炼油厂采用静态混合器，其混合强度好但不能调节。这两种混合设施串联使用效果会更佳。

3.2.2 原油蒸馏过程

3.2.2.1 原油蒸馏的应用

石油是极其复杂的混合物。从原油提炼出多种多样的燃料、润滑油和其他产品的基本途径是：将原油分割为不同沸程的馏分，然后按照油品的使用要求，除去这些馏分中的非理想组分，或者是经由化学转化形成所需要的组成，进而获得合格的石油产品。因此，炼油厂必须解决原油的分割和各种石油馏分在加工过程中的分离问题。蒸馏正是一种合适的手段，而且常常也是一种最经济、最容易实现的分离手段。它能够将液体混合物按其所含组分的沸点或蒸气压的不同而分离为轻重不同的各种馏分，或者是分离为近似纯的产物。

正因为这样，几乎在所有的炼油厂中，第一个加工装置就是蒸馏装置，例如拔顶蒸馏、常减压蒸馏等。所谓的原油一次加工，就是指原油蒸馏而言。借助于蒸馏过程，可以按所制定的产品方案将原油分割成相应的直馏汽油、煤油、轻柴油或重柴油馏分及各种润滑油馏分等。这些半成品经过适当的精制和调配便成为合格的产品。在蒸馏装置中，也可以按不同的生产方案分割出一些二次加工过程所用的原料，如重整原料、催化裂化原料、加氢裂化原料等，以便进一步提高轻质油的产率或改善产品质量。

在炼油厂的各种二次加工装置中，蒸馏仍然是不可缺少的组成部分。有的装置（如重整）要求将原料进一步比较精确地分割以适应其要求；有的装置（如催化裂化、焦化等）则要求将反应产物混合物中的各种产品与未转化的原料分离；也有的装置（如润滑油溶剂精制）需将工艺过程中所用的溶剂加以回收。所有这些几乎都是通过蒸馏操作来完成的。

除了工业生产过程中的应用以外，蒸馏也是实验室中常用的方法。原油评价的基本内容之一就是原油的实沸点蒸馏（一种精确的渐次汽化蒸馏方法），而恩氏蒸馏则是油品质量控制指标中的一个重要项目。

由此可见，蒸馏是炼油工业中一种最基本的分离方法。蒸馏过程和设备的设计是否合理，操作是否良好，对炼油厂生产的影响甚为重大。

3.2.2.2 原油蒸馏的类型

在炼油厂中，可以遇到多种形式的蒸馏操作，但可以把它们归纳为三种基本类型。

(1) 闪蒸-平衡汽化 原料以某种方式被加热至部分汽化，经过减压设施，在一个容器内，于一定的温度和压力下，气、液两相迅即分离，得到相应的气相和液相产物，此过程即称为闪蒸，如图 3-8 所示。例如闪蒸罐、蒸发塔、蒸馏塔的汽化段等，都可作为平衡汽化处理。

平衡汽化的逆过程称为平衡冷凝。例如催化裂化分馏塔顶气相馏出物，经过冷凝冷却，进入接受罐中进行分离，此时汽油馏分冷凝为液相，而裂化气和一部分汽油蒸气则仍为气相。平衡汽化和平衡冷凝都可以使混合物得到一定程度的分离，但气相产物中仍含有较多的高沸点重组分，而液相产物中则仍含有较多的低沸点轻组分。因此这种分离是比较粗略的。

(2) 简单蒸馏——渐次汽化 简单蒸馏是实验室或小型装置上常用于浓缩物料或粗略分割油料的一种蒸馏方法。如图 3-9 所示，液体混合物在蒸馏釜中被加热，在一定压力下，当

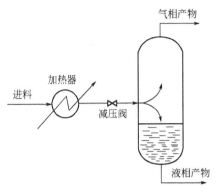

图 3-8　闪蒸过程示意图

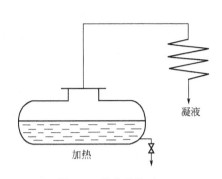

图 3-9　简单蒸馏过程

温度到达混合物的泡点温度时，液体即开始汽化，生成微量蒸气。生成的蒸气当即被引出并经冷凝冷却后收集起来，同时液体继续加热，继续生成蒸气并被引出。

最初得到的蒸气含轻组分最多。随着加热温度的升高，由于形成的蒸气不断被引出，相继形成的蒸气中轻组分的浓度逐渐降低，而残存液相中重组分的浓度则不断增大。

与平衡汽化相比较，简单蒸馏所剩下的残液是与最后一个轻组分含量不高的微量蒸气相平衡的液相，而平衡汽化时剩下的残液则是与全部气相处于平衡状态，因此简单蒸馏所得的液体中的轻组分含量会低于平衡汽化所得的液体中的轻组分含量。简单蒸馏的分离效果要优于平衡汽化。虽然如此，简单蒸馏的分离程度也还是不高的。

简单蒸馏是一种间歇过程，而且分离程度不高，一般只是在实验室中使用。广泛应用于测定油品馏程的恩氏蒸馏，可以看作是简单蒸馏。

(3) 精馏　图 3-10 所示为连续精馏塔示意图。它有两段：进料段以上是精馏段，进料段以下是提馏段，是一个完全精馏塔。精馏塔内装有提供汽、液两相接触的塔板或填料。塔顶送入轻组分浓度很高的液体，称为塔顶回流。通常是把塔顶馏出物冷凝后，取其一部分作为塔顶回流，而其余部分作为塔顶产品。塔底有再沸器，加热塔底流出的液体以产生一定量的气相回流，塔底气相回流是轻组分含量很低而温度较高的蒸气。由于塔顶液相回流和塔底气相回流的作用，沿着精馏塔高度建立了两个梯度：①温度梯度，即自塔底至塔顶温度逐级下降；②浓度梯度，即气、液相物流的轻组分浓度自塔底至塔顶逐级增大。由于这两个梯度的存在，在每一

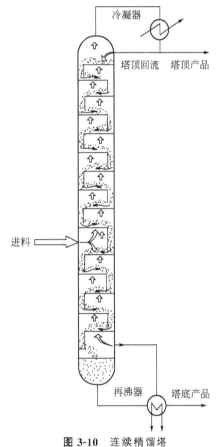

图 3-10　连续精馏塔

个汽、液接触级内，由下而上的较高温度和较低轻组分浓度的气相与由上而下的较低温度和较高轻组分浓度的液相互相接触，进行传质和传热，达到平衡而产生新的平衡的气、液两相，使气相中的轻组分和液相中的重组分分别得到提浓。如是经过多次的气、液相逆流接

触,最后在塔顶得到较纯的轻组分,而在塔底则得到较纯的重组分。这样,不仅可以得到纯度较高的产品,而且可以得到相当高的收率。

这样的分离效果显然远优于平衡汽化和简单蒸馏。由此可见,精馏塔内沿塔高的温度梯度和浓度梯度的建立以及接触设施的存在是精馏过程得以进行的必要条件。

借助于精馏过程,可以得到一定沸程的馏分,也可以得到纯度很高的产品。对于石油精馏,一般只要求其产品是有规定沸程的馏分,而不是某个组分纯度很高的产品,或者在一个精馏塔内并不要求同时在塔顶和塔底都出很纯的产品。

因此,在炼油厂中,常常有些精馏塔在精馏段还抽出一个或几个侧线产品,也有一些精馏塔只有精馏段或提馏段,前者称为复杂塔,而后者称为不完全塔。例如原油常压精馏塔,除了塔顶馏出汽油馏分外,在精馏段还抽出煤油、轻柴油和重柴油馏分(侧线产品)。原油常压精馏塔的进料段以下的塔段,与前述的提馏段不同,在塔底,它只是通入一定量的过热水蒸气,降低塔内油汽分压,使一部分带下来的轻馏分蒸发回到精馏段。由于过热水蒸气提供的热量很有限,轻馏分蒸发时所需的热量主要是依靠物流本身温度降低而得,因此,由进料段以下,塔内温度是逐步下降而不是逐步增高的。综上所述,原油常压精馏塔是一个复杂塔,同时也是一个不完全塔。对于其他的精馏塔,同样也应当从它的实际情况出发,具体地分析其过程的特点。

3.2.2.3 原油精馏塔

与二元系或多元系精馏相比较,石油精馏有它自己明显的特点。这些特点主要来源于两个方面:

① 石油是烃类和非烃类的复杂混合物,石油精馏是典型的复杂系精馏。在实际的石油精馏过程中,不可能按组分要求来分离产品,而且石油产品(例如各种燃料和润滑油等)的使用也不需要提出这样的要求。因此,石油精馏时对分馏精确度的要求一般都不如化工产品的精馏所要求的那样高。再者,精馏原料的沸程很宽,对原油来说,甚至在高真空条件下,也有许多重组分也不可能直接汽化。

② 炼油工业是个大规模生产的工业,大型炼厂的年处理量动辄以百万吨乃至千万吨计,即使所谓的小炼厂,其处理量也达几万至十几万吨,这个特点必然会反映到对石油精馏在工艺、设备、成本、安全等方面的要求。

从这些特点出发,以原油常减压精馏为典型来分析讨论石油精馏过程。

(1) 常减压精馏原理流程 图 3-11 所示为典型的原油常减压精馏原理流程。它是以精馏塔和加热炉为主体而组成精馏装置。经过脱盐、脱水的原油由泵输送,流经一系列换热器,与温度较高的精馏产品换热,再经管式加热炉被加热至370℃左右,此时原油的一部分已汽化,油气和未汽化的油一起经过转油线进入一个精馏塔。此塔在接近大气压力之下操作,故称常压塔,相应的加热炉就称作常压炉。原油在常压塔里进行精馏,从塔顶馏出汽油馏分或重整原料油,从塔侧引出煤油和轻、重柴油等侧线馏分。塔底产物称常压重油,一般是原油中沸点高于350℃的重组分,原油中的胶质、沥青质等也都集中在其中。为了取得润滑油料和催化裂化原料,需要把沸点高于350℃的馏分从重油中分离出来。如果继续在常压下进行分离,则必须将重油加热至四五百度以上,从而导致重油,特别是其中的胶质、沥青质等不安定组分发生较严重的分解、缩合等化学反应。这不仅会降低产品的质量,而且会加剧设备的结焦而缩短生产周期。为此,将常压重油在减压条件下进行蒸馏,温度条件限制在420℃以下。减压塔的残压一般在 8.0kPa 左右或更低,它是由塔顶的抽真空系统造成的。从减压塔顶逸出的主要是裂化气、水蒸气以及少量的油气,馏分油则从侧线抽出。减压塔底

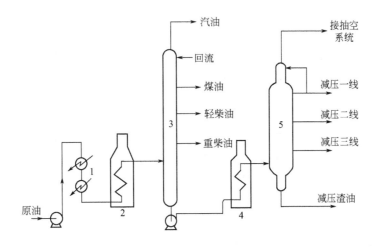

图 3-11 常减压精馏原理流程
1—换热器；2—常压炉；3—常压精馏塔；4—减压炉；5—减压精馏塔

产品是沸点很高（约500℃以上）的减压渣油，原油中绝大部分的胶质、沥青质都集中于其中。减压渣油可作锅炉燃料、焦化原料，也可以进一步加工成高黏度润滑油、沥青或催化裂化原料。

（2）原油常压塔的工艺特征 由于石油是复杂混合物及炼油工业规模巨大，必然会使石油精馏具有自己的特点。下面讨论的原油常压精馏塔的工艺特征，在其他石油精馏塔中也常具有与之相似的特征。

① 复合塔 原油通过常压精馏要切割成汽油、煤油、轻柴油、重柴油和重油等四五种产品。按照一般的多元精馏办法，需要有 $N-1$ 个精馏塔才能把原料分割成 N 个产品。但是在石油精馏中，各种产品本身也还是一种复杂混合物，它们之间的分离精确度并不高，两种产品之间需要的塔板数并不多，因此，可以把这几个塔结合成一个塔，如图3-12所示。这种塔实际上等于把几个简单精馏塔重叠起来，它的精馏段相当于原来四个简单塔的四个精馏段组合而成，而其下段则相当于第四个塔的提馏段。这样的塔称为复合塔或复杂塔。尽管这种塔的分馏精确度不会很高，例如在轻柴油侧线抽出板上除了柴油馏分以外还有较轻的煤油和汽油的蒸气通过，这必然会影响到侧线产品——轻柴油的馏分组成。但是，由于这些石油产品要求的分馏精确度不是很高，而且还可以采取一些弥补的措施，因而常压塔采用复合塔的形式在实际上是可行的。

② 有汽提塔和汽提段 在复合塔内，在汽油、煤油、柴油等产品之间只有精馏段而没有提馏段，侧线产品中必然会含有相当数量的轻馏分，这样不仅影响本侧线产品的质量，而且降低

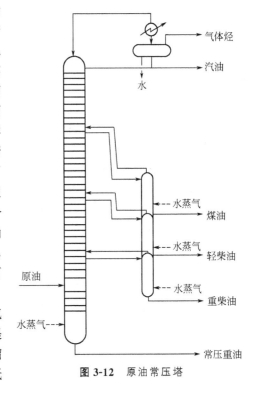

图 3-12 原油常压塔

了较轻馏分的产率。为此，在常压塔的外侧，为侧线产品设汽提塔，在汽提塔底部吹入少量过热水蒸气以降低侧线产品的油气分压，使混入产品中的较轻馏分汽化而返回常压塔。这样做既可达到分离要求，而且也很简便。显然，这种汽提塔与精馏塔的提馏段在本质上有所不同。侧线汽提用的过热水蒸气量通常为侧线产品的2%～3%（质量分数）。各侧线产品的汽提塔常常重叠起来，但相互之间是隔开的。

常压塔进料汽化段中未汽化的油料流向塔底，这部分油料中还含有相当多的<350℃轻馏分。因此，在进料段以下也要有汽提段，在塔底吹入过热水蒸气以使其中的轻馏分汽化后返回精馏段，以达到提高常压塔拔出率和减轻减压塔负荷的目的。塔底吹入的过热水蒸气的质量分数一般为2%～4%。常压塔底不可能用再沸器代替水蒸气汽提，因为常压塔底温度一般在350℃左右，如果用再沸器，很难找到合适的热源，而且再沸器也十分庞大。减压塔的情况也是如此。

由上述可见，常压塔不是一个完全精馏塔，它不具备真正的提馏段。

③ 全塔热平衡　由于常压塔塔底不用再沸器，它的热量来源几乎完全取决于经加热炉加热的进料。汽提水蒸气（一般约450℃）虽也带入一些热量，但由于只放出部分显热，而且水蒸气量不大，因而这部分热量是不大的。这种全塔热平衡的情况引出以下的结果。

a. 常压塔进料的汽化率至少应等于塔顶产品和各侧线产品的产率之和，否则不能保证要求的拔出率或轻质油收率。在实际设计和操作中，为了使常压塔精馏段最低一个侧线以下的几层塔板（在进料段之上）上有足够的液相回流，以保证最低侧线产品的质量，进塔原料的汽化率应比塔顶及各侧线产品的总收率略高。高出的部分称为过汽化。常压塔的过汽化度一般为2%～4%。只要能保证侧线产品质量，过汽化度低一些是有利的，这不仅可减轻加热炉负荷，而且由于炉出口温度降低可减少油料的裂化。

b. 常压塔的回流比是由全塔热平衡决定的。常压塔只靠进料供热，而进料的状态（温度、汽化率）又已被限定，因此塔内的回流量实际上就被全塔热平衡确定了。但是常压塔产品要求的分离精确度不太高，只要塔板数选择适当，在一般情况下，由全塔热平衡所确定的回流比已完全能满足精馏的要求。

④ 恒分子回流的假定完全不适用　在二元和多元精馏塔的设计计算中，为了简化计算，对性质及沸点相近的组分所组成的体系作出了恒分子回流的近似假设，即在塔内的气、液相的摩尔流量不随塔高而变化。这个近似假设对原油常压精馏塔是完全不能适用的。石油是复杂混合物，各组分间的性质可以有很大的差别，它们的摩尔汽化潜热可以相差很远，沸点之间的差别甚至可达几百度，例如常压塔顶和塔底之间的温差就可达250℃左右。显然，以精馏塔上、下部温差不大、塔内各组分的摩尔汽化潜热相近为基础所作出的恒分子回流这一假设对常压塔是完全不适用的。实际上，常压塔内的气/液摩尔流量沿塔高都会有很大的变化。

⑤ 石油精馏塔内气液负荷分布规律　精馏塔中的气、液相负荷是设计塔径和塔板水力学计算的依据。如前所述，石油是很复杂的混合物，其中各组分的分子结构、相对分子质量都有很大的差别，造成它们有很宽的沸程（这一点使沿塔高有较大的温度梯度）和差别很大的摩尔汽化潜热，因此，恒分子流的假设对石油精馏塔完全不适用。为此，必须对石油精馏塔内部的气、液相负荷分布规律作深入的分析，以便正确地指导设计和生产。

为了分析石油精馏塔内气、液相负荷沿塔高的分布规律，可以选择几个有代表性的截面作适当的隔离体系，然后分别作热平衡计算，求出它们的气、液负荷，从而了解石油精馏塔内气、液相负荷沿塔高的分布规律。下面以常压精馏塔为例进行分析。

通过对常压塔顶、汽化段、侧线采出塔板的热量平衡分析发现，原油进入汽化段后，其气相部分进入精馏段，自下而上，由于温度逐板下降引起液相摩尔回流量逐渐增大，因而气相体积负荷也不断增大。到塔顶第一、二层塔板之间，气相负荷达到最大值。经过第一板后，气相负荷显著减小。从塔顶送入的冷回流，经第一板后变成了热回流（即处于饱和状态），液相回流量有较大幅度的增加，达到最大值。在这以后自上而下，液相回流量逐板减小。每经过一层侧线抽出板，液相负荷均有突然的下降，其减少的量相当于侧线抽出量。到了汽化段，如果进料没有过汽化量，则从精馏段末一层塔板流向汽化段的液相回流量等于零。通常原油入精馏塔时都有一定的过汽化度，则汽化段会有少量液相回流，其数量与过汽化量相等。

进料的液相部分向下流入汽提段。如果进料有过汽化度，则相当于过汽化量的液相回流也一起流入汽提段。由塔底吹入水蒸气，自下而上地与下流的液相接触，通过降低油气分压的作用，使液相中所携带的轻质油料汽化。因此，在汽提段，由上而下，液相和气相负荷愈来愈小，其变化大小视流入的液相携带的轻组分的多寡而定。轻质油料汽化所需要的潜热主要靠液相本身来提供，因此液体向下流动时温度逐板有所下降。

图 3-13 示出常压塔精馏段的气、液相负荷分布规律。塔内的气、液相负荷分布是不均匀的，即上大下小，而塔径设计是以最大气、液相负荷来考虑的。对一定直径的塔，处理量受到最大气相负荷的限制，因此很不经济。同时，全塔的过剩热全靠塔顶冷凝器取走，一方面要庞大的冷凝设备与大量的冷却水，投资、操作费用高；另一方面低温位的热量不易回收和利用。因此采用了中段循环回流来解决以上的问题。

⑥ 回流方式　石油精馏塔处理量大，回流比是由精馏塔的热平衡确定而不是由分馏精确度确定；塔内气、液相负荷沿塔高有较大的变化幅度，沿塔高的温差也比较大。由于这些特点，石油精馏塔除了采用塔顶冷回流和塔顶热回流以外，还常常采用其他回流方式。

塔顶油汽二级冷凝冷却　原油常压精馏塔的年处理量经常以数百万吨计，其塔顶馏出物的冷凝冷却器的传热面积非常大。塔顶冷凝冷却面积如此巨大的原因，一则是负荷很大，二则是传热温差比较小。为了减少常压塔顶冷凝冷却器所需的传热面积，可采用如图 3-14 所示的二级冷凝冷却方案。首先将塔顶油气从 110℃ 基本上全部冷凝到 55℃，将回流部分泵送回塔顶，然后将出装置的产品部分进一步冷却到 40℃ 以下的安全温度。

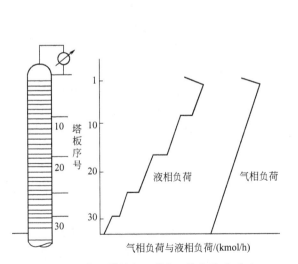

图 3-13　常压塔精馏段的气、液相负荷分布

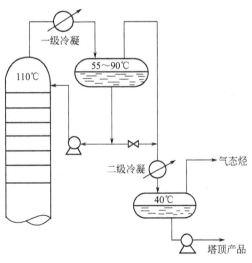

图 3-14　塔顶二级冷凝冷却

二级冷凝冷却的优点：由于油气和水蒸气在第一级基本上全部冷凝，故集中了绝大部分热负荷，而此时传热温差较大，单位传热负荷需要的传热面积可以减小。到第二级冷却时，虽然传热温差较小，但其热负荷只占总热负荷的很小一部分。因此，总的来说，二级冷凝冷却方案所需的总传热面积要比一级冷凝冷却方案小得多。

塔顶循环回流　循环回流从塔内某塔板抽出，经冷却至特定温度再送回塔中，物流在整个过程中都是处于液相，而且在塔内流动时一般也不发生相变化，它只是在塔内塔外循环流动，借助于换热器取走回流热。

循环回流返塔温度低于该塔段的塔板上温度，为了保证塔内精馏过程的正常进行，在采用循环回流时必须在循环回流的出入口之间增设2~3块换热塔板，以保证其在流入下一层塔板时能达到要求的相应的温度。

图3-15所示为塔顶循环回流，其主要用在以下几种情况：

a. 塔顶回流热较大，考虑回收这部分热量以降低装置能耗。塔顶循环回流的热量的温位（或者称能级）较塔顶冷回流的高，便于回收。

b. 塔顶馏出物中含有较多的不凝气（例如催化裂化主分馏塔），使塔顶冷凝冷却器的传热系数降低，采用塔顶循环回流可大大减少塔顶冷凝冷却器的传热负荷，避免使用庞大的塔顶冷凝冷却器群。

c. 要求尽量降低塔顶馏出线及冷凝冷却系统的流动压降，以保证塔顶压力不致过高（如催化裂化主分馏塔），或保证塔内有尽可能高的真空度（例如减压精馏塔）。

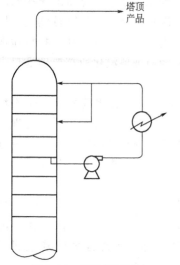

图3-15　塔顶循环回流

在某些情况下，也可以同时采用塔顶冷回流和塔顶循环回流两种形式的回流方案。

中段循环回流　循环回流如果设在精馏塔的中部，就称为中段循环回流。石油精馏塔采用中段循环回流主要出于以下两点考虑：

a. 塔内的气、液相负荷沿塔高分布不均匀，当只有塔顶冷回流时，气、液相负荷在塔顶第一、二板之间达到最高峰。在设计精馏塔时，总是根据最大气、液负荷来确定塔径的，也就是根据第一、二板间的气、液负荷来确定塔径。实际上，对于塔的其余部位并不要求有这样大的塔径。造成气、液相负荷这样分布的根本原因在于精馏塔内的独特的传热方式，即由下而上回流热逐板增加，最后全部回流热由塔顶回流取走。因此，如果在塔的中部取走一部分回流热，则其上部回流量可以减少，第一、二板之间的负荷也会相应减小，从而使全塔沿塔高的气、液相负荷分布比较均匀。这样，在设计时就可以采用较小的塔径，或者对某个生产中的精馏塔，采用中段循环回流后可以提高塔的生产能力。图3-16显示了采用中段循环回流前后塔内气、液相负荷分布的变化情况。

b. 石油精馏塔的回流热数量很大，如何合理回收利用是一个节约能量的重要问题。石油精馏塔沿塔高的温度梯度较大，从塔的中部取走的回流热的温位显然要比从塔顶取走的回流热的温位高出许多，因而是价值更高的可利用热源。

(3) 原油减压塔的工艺特征　原油在常压蒸馏的条件下，只能够得到各种轻质馏分，而各种高沸点馏分，如裂化原料和润滑油馏分等都存在于常压塔底重油之中。要想从重油中分出这些馏分，在常压条件下必须将重油加热到较高温度。因为这些馏分中所含的大分子烃类

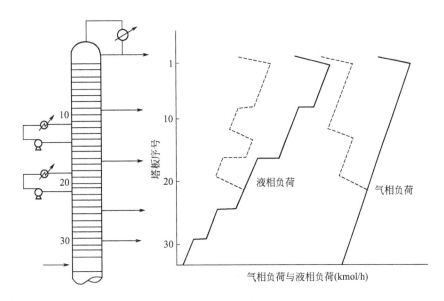

图 3-16 中段循环回流对常压精馏塔气液相负荷的改善（虚线标示）

在450℃时就可发生较严重的热裂解反应，生成较多的烯烃使馏出油品变质，同时伴随有缩合反应生成一些焦炭，影响正常生产。

减压蒸馏是在压力低于100kPa的负压状态下进行的蒸馏过程。由于物质的沸点随外压的减小而降低，因此在较低的压力下加热常压重油，上述高沸点馏分就会在较低的温度下汽化，从而避免了高沸点馏分的裂解。通过减压精馏塔可得到这些高沸点馏分，而塔底得到的是沸点在500℃以上的减压渣油。

减压蒸馏所依据的原理与常压蒸馏相同，关键是减压塔顶采用了抽真空设备，使塔顶的压力降到几千帕。减压塔的抽真空设备常用的是蒸汽喷射器（也称蒸汽喷射泵）或机械真空泵，而广泛应用的是蒸汽喷射器。

与一般的精馏塔和原油常压精馏塔相比，减压精馏塔具有如下几个特点：

① 减压精馏塔分燃料型和润滑油型两种。

燃料型减压塔 主要生产二次加工如催化裂化、加氢裂化等原料，它对分离精确度要求不高，希望在控制杂质含量的前提下，如残炭值低、重金属含量少等，尽可能提高馏分油拔出率。因此该类型减压塔塔板数少，采用压降尽量小的塔板形式［图3-17(a)］。

润滑油型减压塔 以生产润滑油馏分为主，希望得到颜色浅、残炭值低、馏程较窄、安定性好的减压馏分油，因此不仅要求拔出率高，而且具有较高的分离精确度。因此该类型减压塔一般塔板数较多，部分采用分离效率较高的填料塔形式［图3-17(b)］。为克服塔板数多导致的板压降增大、塔底真空度下降问题，可采用三级蒸汽喷射或机械式真空泵以提高塔顶的真空度。

② 减压精馏塔的塔径大、板数少、压降小、真空度高。由于对减压塔的基本要求是在尽量减少油料发生热解反应的条件下尽可能多地拔出馏分油，因此要求尽可能提高塔顶的真空度，降低塔的压降，进而提高汽化段的真空度。塔内的压力低，一方面使气体体积增大，塔径变大；另一方面由于低压下各组分之间的相对挥发度变大，易于分离，所以与常压塔相比，减压塔的塔板数有所减少。如前所述，燃料型减压塔的塔板数可进一步减少，亦利于减少压降。

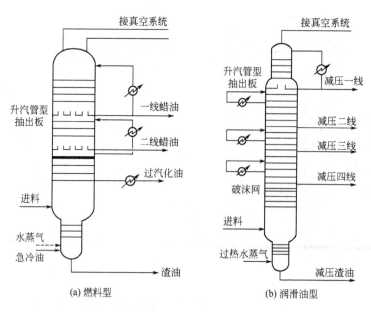

图 3-17 燃料型与润滑油型减压塔结构比较

③ 缩短渣油在减压塔内的停留时间。

减压塔底的温度一般在 390℃ 左右，减压渣油在这样高的温度下如果停留时间过长，其分解和缩合反应会显著增加，导致不凝气增加，使塔的真空度下降，塔底部结焦，影响塔的正常操作。为此，减压塔底常采用减小塔径（即缩径）的办法，以缩短渣油在塔底的停留时间。另外，由于在减压蒸馏的条件下，各馏分之间比较容易分离，分离精确度要求不高，加之一般情况下塔顶不出产品，所以中段循环回流取热量较多，减压塔的上部气相负荷较小，通常也采用缩径的办法，使减压塔成为一个中间粗、两头细的精馏塔。

3.2.2.4 原油蒸馏的工艺流程

一个炼油生产装置有各种工艺设备（如加热炉、塔、反应器）及机泵等，它们是为完成一定的生产任务，按照一定的工艺技术要求和原料的加工流向互相联系在一起，即构成一定的工艺流程。

目前炼油厂最常采用的原油蒸馏流程是双塔流程和三塔流程。双塔流程包括常压蒸馏和减压蒸馏两个部分（不包括原油的预处理）。三塔流程包括原油初馏、常压蒸馏和减压蒸馏三个部分。大型炼油厂的原油蒸馏装置多采用三塔流程，现以此为例加以介绍（图 3-18）。

(1) 原油初馏 其主要作用是拔出原油中的轻汽油馏分。从罐区来的原油先经过换热，温度达到 80~120℃ 左右进入电脱盐罐进行脱盐、脱水。脱后原油再经过换热，温度达到 210~250℃，这时较轻的组分已经汽化，气液混合物一起进入初馏塔，塔顶馏出轻汽油馏分（初顶油），塔底为拔头原油。

初馏塔顶产品轻汽油是良好的催化重整原料，其含砷量小（催化重整催化剂的有害物质），且不含烯烃。如果加工的原油含轻馏分很少，也可不设初馏塔或闪蒸塔，即采用两段汽化流程。

(2) 常压蒸馏 其主要作用是分出原油中沸点低于 350℃ 的轻质馏分油。拔头原油经换热、常压炉加热至 360~370℃，形成的气液混合物进入常压塔，塔顶压力一般为 130~170kPa。塔顶出汽油（常顶油），经冷凝冷却至 40℃ 左右，一部分作塔顶回流；另一部分作

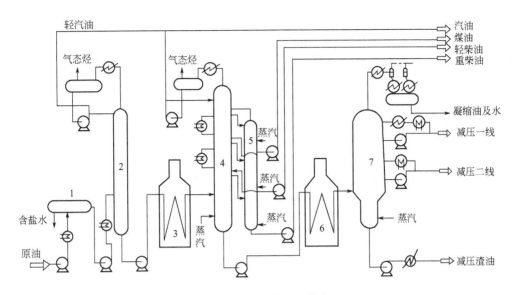

图 3-18 常减压蒸馏三塔流程
1—脱盐罐；2—初馏塔；3—常压炉；4—常压塔；5—汽提塔；6—减压炉；7—减压塔

汽油馏分。各侧线馏分油经汽提塔汽提、换热、冷却后出装置。各侧线之间一般设1~2个中段循环回流。塔底是沸点高于350℃的常压重油。

常压塔可设3~4个侧线，生产溶剂油、煤油（或喷气燃料）、轻柴油、重柴油等馏分。

(3) 减压蒸馏 其作用是从常压重油中分出沸点低于500℃的高沸点馏分油和渣油。常压重油的温度为350℃左右，用热油泵从常压塔底部抽出送到减压炉加热。温度达390~400℃进入减压塔。减压塔顶的压力一般是1~5kPa。为了减小管线压力降和提高减压塔顶的真空度，减压塔顶一般不出产品或出少量产品（减顶油），直接与抽真空设备连接，并采用顶循环回流方式（即从塔顶以下几块塔板处或减一线抽出口引出一部分热流，经换热或冷却后返回到塔顶，这种回流方式可减小塔顶冷凝冷却器负荷、降低塔顶管线压力降等）。侧线各馏分油经换热、冷却后出装置，作为二次加工的原料。各侧线之间也设1~2个中段循环回流。塔底减压渣油经换热、冷却后出装置，也可稍经换热或直接送至下道工序如焦化、溶剂脱沥青等，作为热进料。

减压塔侧线出催化裂化或加氢裂化原料，产品较简单，分馏精度要求不高，故只设2~3个侧线，不设汽提塔，如对最下一个侧线产品的残炭值和重金属含量有较高要求，需在塔进口与最下一个侧线抽出口之间设1~2个洗涤段。

从上述流程来看，在原油蒸馏工艺流程的初馏、常压蒸馏和减压蒸馏这三个部分中，油料在每一部分都经历了一次加热—汽化—冷凝过程，故为三段汽化，通常叫做三塔流程。但从过程的原理来看，初馏也属于常压蒸馏。

3.2.3 渣油的丙烷脱沥青

3.2.3.1 溶剂萃取过程

溶剂萃取也称作溶剂抽提，是炼油、化工工业中一类重要的分离过程，在炼油工业中被广泛应用。例如，生产润滑油时采用的溶剂精制和溶剂脱蜡、从渣油中取得残渣润滑油原料和催化裂化原料的溶剂脱沥青、从重整生成油或催化裂化循环油中抽取芳烃的芳烃抽提等都属溶剂萃取过程。

溶剂萃取过程有以下主要特点：

① 溶剂萃取过程之所以能分离混合液的最基本的依据是混合液中各组分在溶剂中有不同的溶解度。因此，所选用的溶剂必须对混合液中欲萃取出来的溶质有显著的溶解能力，而对其他组分则应完全不互溶或仅有部分互溶能力。由此可见，选择合适的溶剂是溶剂萃取过程成功的关键。

② 在操作条件下，溶剂和原料都应处于液相（在超临界溶剂萃取时，溶剂处于超临界流体状态），而且两者在混合后能分成两个液相层，此两个液相层应具有一定的密度差以便进行分离。

③ 在萃取过程中，溶质由原料液通过界面向萃取剂中转移，因此，萃取过程也和其他传质过程一样，是以相际平衡作为过程的极限。

④ 萃取过程中使用了大量的溶剂，为了获得溶质和回收溶剂并将其循环使用以降低成本，所选用的溶剂应当容易回收而且费用较低。一般情况下，溶剂回收部分的投资和操作费用在整个溶剂萃取过程中占有相当大的比例。

渣油的丙烷脱沥青是典型的溶剂萃取过程。该工艺不仅为高黏度润滑油生产提供基础油原料，也为将渣油处理成催化裂化原料提供重要途径。

3.2.3.2 渣油的丙烷脱沥青原理

丙烷脱沥青以液态的丙烷等小分子烃类为抽提溶剂，将渣油分离成含杂质量较少的脱沥青油，以及含油分较少的脱油沥青。其工艺概况如图 3-19 所示。

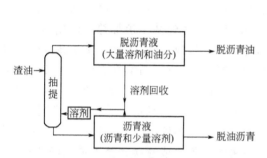

图 3-19 溶剂脱沥青方法示意

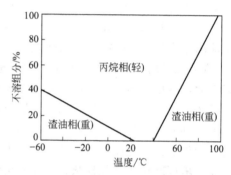

图 3-20 丙烷-渣油体系溶解度原理
丙烷：渣油＝2：1（体积）

图 3-20 表示 4.0MPa 下某残渣油在丙烷溶剂中的溶解度与温度的关系。温度＜23℃时，由于石蜡及胶质、沥青质不溶于丙烷，系统分为两相，随着温度升高，溶解能力逐渐加大。23～40℃区间，丙烷与原料互溶成为一相。但由于丙烷常温常压下呈气态，加压后才呈液态，当升到临界状态时，溶剂表现为气体性质，它将不溶解溶质，而将溶质全部析出。这种变化是逐渐形成的，即在靠近临界温度而未达到临界温度的某一区域（40～80℃）内，随着温度的升高，丙烷密度减小（液体性质减弱、气体性质增强），丙烷对渣油的溶解度降低。

低温段，溶质全部溶解于溶剂中的温度，称为第一临界溶解温度 t_1＝23℃，温度继续升高开始有溶质析出的温度，称为第二临界溶解温度 t_2＝40℃。分为两相的温度与渣油各组成在丙烷中的溶解度有关，溶解度越小，析出的温度越低。丙烷对渣油中各组分的溶解度大小的排列次序为烷烃＞环烷烃类＞高分子多环烃类＞胶质、沥青质。自丙烷临界温度以下至 40℃ 范围内，随着温度升高，最先析出的是胶质、沥青质，并按溶解度的大小，逐步析出溶在丙烷中的油分，当溶液的温度接近丙烷的临界温度（96.84℃）时，丙烷中所有渣油组分全部析出。利用这一特性，可采用不同的温度将渣油分离成密度、黏度和残炭值不同的组分。

由以上分析可知，比 t_1 低或比 t_2 高的温度范围都能形成两相。但是，在前一温度范围固体烃（蜡）会和沥青同时分出而不适宜采用。因此，工业上丙烷脱沥青装置都是在第二临界溶解温度 t_2 以上的温度下操作的，最高温度为溶剂的临界温度（丙烷的临界温度为 96.84℃）。在此温度范围内，丙烷对渣油中的饱和烃和单环芳烃等（在炼油厂把这部分称为油分）溶解能力很强，对多环和稠环芳烃溶解能力较弱，而对胶质和沥青质则很难溶解其至基本不溶，即"溶油不溶沥青"。利用这一特性，通过调节适应的温度等操作条件，将渣油分离为满足质量要求的脱沥青油和脱油沥青。所得脱沥青油的残炭值及金属含量较低、H/C 原子比较高，达到生产高黏度润滑油和改善催化裂化进料的要求。

3.2.3.3 丙烷脱沥青工艺流程

丙烷脱沥青的工艺流程包括抽提和溶剂回收两部分。

(1) 抽提部分 抽提的任务是把丙烷溶剂和原料油充分接触而将原料油的润滑油组分溶解出来，使之与胶质、沥青质分离。

图 3-21 所示为一种两段抽提流程。抽提部分的主要设备是抽提塔，工业上多采用转盘塔。抽提塔内分为两段，下段为抽提段，上段为沉降段。原料（减压渣油）经换热降温至合适的温度后进入第一抽提塔的中上部，循环溶剂（丙烷）由抽提塔的下部进入。由于两相的密度差较大（油的相对密度约 0.9~1.0，丙烷为 0.35~0.4），二者在塔内逆流流动、接触，并在转盘搅拌下进行抽提。减压渣油中的胶质、沥青质与部分溶剂形成的重液相向塔底沉降并从塔底抽出，送去溶剂回收后得到脱油沥青。脱沥青油与溶剂形成轻液相经升液管进入沉降段。沉降段中有加热管提高轻液相的温度，使溶剂的溶解能力降低，其目的是保证轻液相中的脱沥青油的质量。由第一个抽提塔来的提余液在第二抽提塔内再次用丙烷抽提，塔顶出来的称轻脱沥青液，塔底出来的称为重脱沥青液。经溶剂回收后分别得到质量不同的轻脱沥青油（残炭值一般<0.7%）和重脱沥青油（残炭值一般>0.7%）。轻脱沥青油作为润滑油料，重脱沥青油作为催化裂化原料，也可作为润滑油的调合组分。

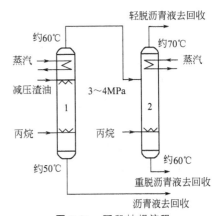

图 3-21 两段抽提流程
1—第一抽提塔；2—第二抽提塔

两段抽提流程操作比较灵活，可以同时生产出高质量的轻脱沥青油和脱油沥青。如果只用一个抽提塔（称为一段法），在生产低残炭值的脱沥青油和高标号沥青时，两者质量难以同时兼顾。两段法抽提的流程还有其他的形式，如有的是由第一抽提塔塔顶得轻脱沥青液，第二抽提塔塔顶得重脱沥青液、塔底得沥青液。

在低温下，减压渣油的黏度很大，不利于进行抽提，因此抽提塔的操作温度一般在 50~90℃。为了保证溶剂在抽提塔内为液相状态，操作压力应比抽提温度下丙烷的蒸气压高 0.3~0.4MPa，一般在 3~4MPa。溶剂比 6~8（体积）。

(2) 溶剂回收部分 溶剂回收系统的任务是将轻、重脱沥青油溶液和沥青液中含有的丙烷回收，以便循环使用，同时得到轻、重脱沥青油以及脱油沥青产品。

丙烷在常压下沸点为 -42.06℃，通过降低压力可以很容易地回收溶剂。但回收的气体溶剂又需加压液化才能循环使用，能耗高。所以，要考虑选择合适的回收条件，尽量使丙烷呈液态回收，或使蒸馏出来的气态丙烷能用冷却水冷凝成液体，减少对丙烷气的压缩，节省动力。

图 3-22 所示为一种典型的丙烷脱沥青工艺原理流程，其溶剂回收由四部分组成，即轻脱沥青液溶剂回收、重脱沥青液溶剂回收、脱油沥青液中溶剂回收、低压溶剂回收。

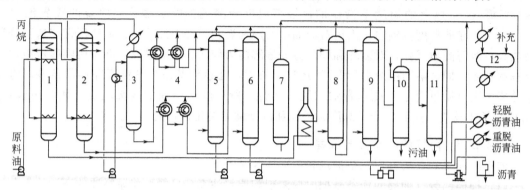

图 3-22 丙烷脱沥青工艺原理流程

1,2—轻/重脱沥青抽提塔；3—临界回收塔；4—丙烷蒸发器；5,6—轻/重脱沥青油汽提塔；
7—丙烷泡沫分离塔；8—沥青蒸发塔；9—沥青汽提塔；10—混合冷凝器；11—丙烷气中间罐；12—丙烷罐

溶剂的绝大部分（约占总溶剂量的 90%）分布于轻/重脱沥青液中。轻脱沥青液经换热、加热后进入临界回收塔。加热温度要严格控制在稍低于溶剂的临界温度 1~2℃。在临界回收塔中油相沉于塔底，大部分溶剂从塔顶（液相）出来，再用泵送回抽提塔。从临界回收塔底出来的轻脱沥青液先用水蒸气加热蒸发回收溶剂，然后再经气提以除去油中残余的溶剂。由气提塔塔顶出来的溶剂蒸气与水蒸气经冷却分离出水后，溶剂蒸气经压缩机加压，冷凝后重新使用。重脱沥青液和脱油沥青含溶剂相对少些，可直接经过蒸发和气提两步来回收其中的溶剂。

3.2.3.4 丙烷脱沥青的影响因素

(1) 温度 改变温度会改变溶剂的溶解能力，从而影响抽提过程，操作温度越靠近临界温度则温度的影响越显著。因此，调整抽提过程各部位的温度常常是调整操作的主要手段。为了保证脱沥青油的质量和收率，抽提塔内的温度是顶高、底低，形成温度梯度。

抽提塔顶部温度提高，溶剂的密度减小、溶解能力下降、选择性加强。脱沥青油中的胶质、沥青质少，残炭值低，但收率降低，抽提塔底部温度较低时，溶剂溶解能力强，沥青中大量重组分被溶解，因而沥青中含油量减少，软化点高，脱沥青油收率高。可见，适宜的温度梯度是保证产品质量和收率的重要条件，温度梯度通常为 20℃ 左右。顶部温度可通过改变顶部加热盘管蒸汽量来调节，而底部温度由溶剂进塔温度决定。

塔顶、塔底的温度高低应根据原料性质、脱沥青油及沥青质量要求而定。对胶质、沥青质含量多的原料，轻脱沥青油残炭要求不大（0.7%）时，塔顶、塔底温度都相应高些，顶部温度高以保证轻脱沥青油的质量，底部温度高主要考虑减少油品的黏度，以保证抽提效率。

(2) 压力 正常的抽提操作一般在恒定压力下进行（忽略流动压降），操作压力不作为调节手段。在选择操作压力时必须注意两个因素：①为了保证抽提操作是在双液相区内进行，对某种溶剂和某个操作温度都有一个最低限压力，此最低限压力由体系的相平衡关系确定，操作压力应高于此最低限压力；②在近临界溶剂抽提或超临界溶剂抽提的条件下，压力对溶剂的密度有较大的影响，因而对溶剂的溶解能力的影响也大。

(3) 溶剂比 溶剂比为溶剂量与原料油量之比，有体积比和质量比之分，工业上多用体积比。溶剂比的大小对脱沥青过程的经济性有重大影响,它对脱沥青油的收率、质量以及过程的能耗等都有重要影响。

当少量丙烷加入到渣油中时,两者完全互溶,这时只是降低了渣油的黏度,而无沥青析出。继续加入丙烷,渣油中油分的浓度不断降低,胶质和沥青质仍不会析出。其原因是靠渣油的油分对它们溶解,当丙烷增加到一定量时,渣油中油分的浓度更低了,以至不能溶解渣油中的全部胶质、沥青质,于是它们就从溶液中分离出来。此时溶液分成两层,上层为溶有脱沥青油的丙烷层,下层为黏度较大的溶有丙烷的沥青层。此时分出的沥青软化点较低,因为胶质、沥青质黏度很大,溶剂不能将其中油完全溶解分出。所得到的脱沥青油中也还含有少量胶质、沥青质,再继续增加丙烷达到清油体积的 3~4 倍时,沥青层中的油分更多地溶于丙烷,沥青层黏度增大,软化点升高。与此同时脱沥青油中的胶质、沥青质也进一步分离出来。对于制取润滑油原料来说,这样的溶剂比已足够了。溶剂比再加大时,丙烷层中的胶质、沥青质不会继续分出,而由于丙烷量的增加,溶进丙烷层中的胶质、沥青质增多,脱沥青油的残炭反而升高。在工业装置的抽提温度范围内(60~90℃),一定温度下,脱沥青油收率随着溶剂比的增大而提高;脱沥青油的残炭值随着溶剂比的增加而先减后增,曲线的转折点大约在溶剂比为 6∶1 左右。丙烷用量大小关系到装置设备大小和能耗,因此确定丙烷用量的原则应该是,在满足产品质量和收率的要求下,尽量降低溶剂比。在一定温度下,对于不同的原料和产品,都有一个适宜的溶剂比。丙烷脱沥青装置使用的溶剂比一般为 (6~8)∶1(体积)。

在原料油进入抽提塔之前,大多先用部分溶剂对原料油进行预稀释、以降低渣油的黏度,改善传质状况,这部分溶剂的量一般为原料量的 0.5~1.0 倍(体积)。

3.2.3.5 溶剂抽提塔

转盘抽提塔的结构如图 3-23 所示。抽提塔分隔为两段,原料入口在上段,丙烷入口在下段。下段为抽提段,装有转盘和固定环;上段为沉降段,装有加热器,使进入的提取液升温,从而使一部分胶质和高分子多环烷类从提取液中分出。我国的脱沥青抽提塔大多采用转盘,塔板数为 8~12 层。

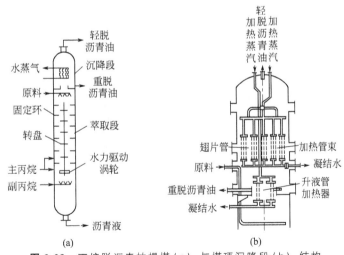

图 3-23 丙烷脱沥青抽提塔(a)与塔顶沉降段(b)结构

抽提塔上部的沉降段设计要保证一定的停留时间,并且液流应均匀加热。加热方式可采用外热式和内热式,目前最流行的是内热式,即采取在塔顶沉降区内装设加热盘管的方式。

抽提塔底部也应有足够的体积以保证足够的停留时间。此外还必须有一定的高度，否则会因为界面太低造成沥青液带走丙烷。停留时间一般可取为25～30min。

3.3 重质油裂化过程

石油炼制工艺的根本目的是提高原油加工深度，得到更多数量的轻质油产品，提高产品质量。然而原油经过一次加工（蒸馏）所能得到的轻质油品只占原油的10%～40%，其余为重质馏分和残渣油。我国国产原油普遍偏重，沸程在350℃以上的常压渣油占原油的70%～80%，沸程在500℃以上的减压渣油占原油的40%～50%，加上近年来重质原油开采量的不断增加，原油还有逐年变重的趋势，必须要有足够的二次加工能力，才能有效利用原油、最大限度获得轻质油品。

要实现重油的轻质化，必须脱碳或者增氢。属于脱碳过程的工艺主要有催化裂化、延迟焦化和溶剂脱沥青。这三个过程工艺简单、技术成熟，因操作压力不高，设备投资和操作费用均较低，原料适应范围广，是目前我国广泛采用的重油轻质化方法。属于加氢过程的工艺有馏分油加氢裂化和渣油加氢处理（脱硫、脱氮、脱金属、脱沥青），由于在高压下操作，设备投资和操作费用都比较高，但因产品质量好，灵活性大，在原油资源紧缺、质量日益变差和高硫进口油数量日增的情况下，加氢工艺更显示出它的优越性。以下将分节叙述几种重油轻质化工艺过程。

3.3.1 热裂化加工

热加工是指仅利用高温的作用、在无催化剂存在下使重油发生热转化的过程，目前主要用在对渣油的加工上。因为渣油的沸点高、密度大，含胶质、沥青质和稠环芳烃多，含硫、氮、金属杂质多，选用催化加工方法难度很大，易造成催化剂的结焦和中毒。热加工的技术成熟、工艺简单、投资费用和加工费用均较催化加工要低，而且不需要催化剂。因此，尽管催化加工已在炼油厂获得广泛应用，但热加工依旧能在现代炼油工艺中占有一定的地位。

3.3.1.1 热裂化的基本原理
(1) 热裂化的化学反应

① 烷烃　烷烃在高温下主要发生裂解反应。裂解反应实质是烃分子C—C链断裂，裂解产物是小分子的烷烃和烯烃。以十六烷为例，反应式为：

$$C_{16}H_{34} \longrightarrow C_7H_{14} + C_9H_{20}$$

生成的小分子烃还可进一步反应，生成更小的烷烃和烯烃，甚至生成低分子气态烃。在相同的反应条件下，大分子烷烃比小分子烷烃更容易裂化。

② 环烷烃　环烷烃热稳定性较高，在高温（500～600℃）下可发生下列反应。

a. 单环环烷烃断环生成两个烯烃分子。如：

$$\pentagon \longrightarrow C_2H_4 + C_3H_6$$

$$\hexagon \longrightarrow C_2H_4 + C_4H_8$$

b. 环烷烃在高温下发生脱氢反应生成芳烃。如：

$$\hexagon \xrightarrow{-H_2} \hexagon \xrightarrow{-H_2} \hexagon \xrightarrow{-H_2} \hexagon$$

双环环烷烃在高温下脱氢可生成四氢萘。带长侧链的环烷烃在裂化条件下,首先侧链断裂,然后才是开环。侧链越长越容易断裂。各类烃裂化顺序为:烷烃＞烯烃＞环烷烃。

③ 芳香烃　芳香环对热非常稳定,难以受热裂解,但在高温下芳烃可进行缩合反应生成大分子的多环或稠环烃类,最后生成焦和氢气。例如:

缩合反应主要是在芳烃、烷基芳烃、环烷芳烃以及烯烃中进行。根据大量实验结果,热反应中生焦过程大致如下:

芳烃 ↘
　　　缩合产物 → 胶质、沥青质 → 焦炭
烷烃 → 烯烃 ↗

烃类的热裂化反应是裂解与生焦同时进行的复杂平行-连串反应。反应可同时向几个方向进行,中间产物又可继续反应。如图3-24所示,原料油直接裂化为汽油或气体,属于一次反应;汽油又可进一步裂化生成气体,是二次反应。

(2) 热裂化的反应机理　烃类的热化学反应机理,目前一般都认为主要是自由基反应机理。下面通过烷烃的热化学反应来说明自由基反应机理。

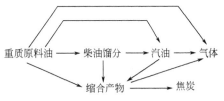

图 3-24　石油馏分裂化的平行-连串反应模型

① 大烃分子的 C—C 键断裂生成两个自由基:

$$C_{16}H_{34} \longrightarrow 2C_8H_{17}\cdot$$

② 生成的大分子自由基在 β 位的 C—C 键再继续分裂成更小的自由基和烯烃:

$$C_8H_{17}\cdot \longrightarrow C_4H_8 + C_4H_9\cdot$$
$$C_4H_9\cdot \longrightarrow C_2H_4 + C_2H_5\cdot$$
$$C_4H_9\cdot \longrightarrow C_3H_6 + CH_3\cdot$$
$$C_2H_5\cdot \longrightarrow C_2H_4 + H\cdot$$

③ 小的自由基(例如甲基自由基、氢自由基)与其他分子碰撞生成新的自由基和烃分子:

$$CH_3\cdot + C_{16}H_{34} \longrightarrow CH_4 + C_{16}H_{33}\cdot$$
$$H\cdot + C_{16}H_{34} \longrightarrow H_2 + C_{16}H_{33}\cdot$$

④ 大的自由基不稳定,再分裂生成小的自由基和烯烃:

$$C_{16}H_{33}\cdot \longrightarrow C_8H_{16} + C_8H_{17}\cdot$$

⑤ 自由基结合生成烷烃的链式反应终止:

$$H\cdot + H\cdot \longrightarrow H_2$$
$$H\cdot + CH_3\cdot \longrightarrow CH_4$$
$$CH_3\cdot + C_8H_{17}\cdot \longrightarrow C_9H_{20}$$

自由基反应机理可以解释烃类热反应的许多现象。例如,正构烷烃热分解时,裂化气中含 C_1、C_2 低分子烃较多,很难生成异构烷和异构烯等。

热裂化加工有减黏裂化、延迟焦化等多种形式。延迟焦化应用最广。下面主要介绍延迟焦化工艺过程。

3.3.1.2　延迟焦化工艺过程

焦化是以贫氢重质残油(如减压渣油、裂化渣油以及沥青等)为原料,在高温(400～

500℃）下进行深度热裂化反应，通过裂解反应，使渣油的一部分转化为气体烃和轻质油品。由于缩合反应，使渣油的另一部分转化为焦炭。一方面由于原料重，含有相当数量的芳烃；另一方面焦化的反应条件更加苛刻，因此缩合反应占很大比重，生成焦炭多。

延迟焦化的特点是，原料油在管式加热炉中被急速加热，达到约500℃高温后迅速进入焦炭塔内，停留足够的时间进行深度裂化。这样可避免炉管内结焦，这种焦化方式就叫延迟焦化。延迟焦化装置的生产工艺分焦化和除焦两部分，焦化为连续操作，除焦为间歇操作。由于整个装置设有两个或四个焦炭塔，所以整个生产过程仍为连续操作。

(1) 工艺流程 图3-25所示为典型的延迟焦化工艺流程。

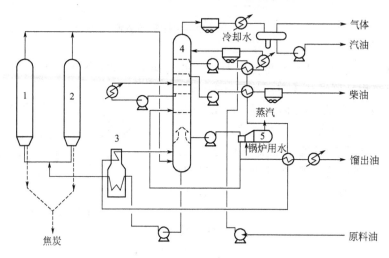

图3-25 延迟焦化工艺流程
1、2—焦化塔；3—无火焰加热炉；4—分馏塔；5—蒸汽锅炉

原料经预热后，先进入分馏塔下部，与焦化塔顶过来的焦化油气在塔内接触换热，一是使原料被加热；二是将过热的焦化油气降温到可进行分馏的温度（一般分馏塔底温度不宜超过400℃），同时把原料中的轻组分蒸发出来。焦化油气中相当于原料油沸程的部分称为循环油，随原料一起从分馏塔底抽出，打入加热炉辐射室，加热到500℃左右，通过四通阀从底部进入焦炭塔，进行焦化反应。为了防止油在炉管内反应结焦，需向炉管内注水，以加大管内流速（一般为2m/s以上），缩短油在管内的停留时间，注水量约为原料油的2%左右。

进入焦炭塔的高温渣油，需在塔内停留足够时间，以便充分进行反应，反应生成的油气从焦炭塔顶引出进分馏塔，分出焦化气体、汽油、柴油和蜡油，塔底循环油与原料一起再进行焦化反应。焦化生成的焦炭留在焦炭塔内，通过水力除焦从塔内排出。

焦炭塔采用间歇式操作，至少要有两个塔切换使用，以保证装置连续操作。每个塔的切换周期，包括生焦、除焦及各辅助操作过程所需的全部时间，对两炉四塔的焦化装置，一个周期约48h，其中生焦过程约占一半。生焦时间的长短取决于原料性质以及对焦炭质量的要求。

(2) 延迟焦化过程的主要设备

① 焦炭塔 焦炭塔是用厚锅炉钢板制成的空筒，是进行焦化反应的场所（图3-26）。塔的顶部设有除焦口、放空口、油气出口；塔侧设有液面指示计口；塔底部为锥形，锥体底端为排焦口，正常生产时用法兰盖封死，排焦时打开。

② 焦化加热炉 焦化加热炉是本装置的核心设备，其作用是将炉内迅速流动的渣油加

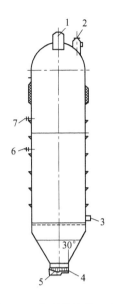
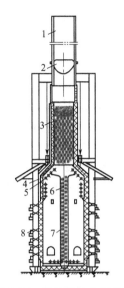

图 3-26　焦炭塔结构示意图
1—除焦口；2—泡沫塔油气出口；3—预热油气出口；
4—进料管；5—排焦口；6,7—钴60液面指示计

图 3-27　无焰炉结构示意图
1—烟囱；2—烟道挡板；3—对流管；4—炉墙；
5—吊架；6—花板；7—辐射管；8—无焰燃烧器

热至500℃左右的高温。因此，要求炉内有较高的传热速率以保证在短时间内给油提供足够的热量，同时要求提供均匀的热场，防止局部过热引起炉管结焦。为此，延迟焦化通常采用无焰炉（图3-27）。

③ 水力除焦设备　完成反应的焦炭塔，经吹气、水冷后，约2/3塔高内部充满坚硬的焦炭。目前，普遍采用水力除焦方式从塔内排出焦炭。其原理是利用10~12MPa的高压水通过水龙带从一个可以升降的焦炭切割器喷出，把焦炭切碎，使之与水一起从塔底排出（图3-28）。

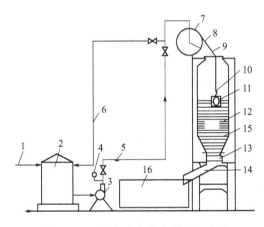

图 3-28　无井架水力除焦装置示意图
1—进水管；2—高位贮水槽；3—高压水泵；4—压力表；5—水流量表；6—回水管；7—滚筒；
8—高压水龙带；9—水龙带导向装置；10—水力涡轮旋转器；11—水力焦炭切割器；12—焦炭塔；
13—保护筒；14—280°溜槽；15—焦炭；16—贮焦场

(3) 延迟焦化过程的产品

延迟焦化过程的产品包括气体、汽油、柴油、蜡油和石油焦，产品分布与原料油的性质

有关。由于焦化属热破坏过程，其产品性质具有明显的热加工特性。

① 气体　焦化气体含有较多的甲烷、乙烷和少量烯烃。可作为燃料，也可作为制氢及其他化工过程的原料。

② 汽油　焦化汽油中不饱和烃含量较高，且含有较多的硫、氮等非烃化合物，因此其安定性较差，常需经加氢精制后，才可作为车用汽油组分。

③ 柴油　焦化柴油和焦化汽油有相同的特点，安定性差，且残炭较高，焦化柴油也需经加氢精制后才能成为合格产品。

④ 蜡油　焦化蜡油的烃类组成和直馏蜡油基本相同，重金属含量较低，硫、氮含量较高，可作为催化裂化或加氢裂化装置的原料。

⑤ 石油焦　石油焦是该过程的特有产品，经1300℃煅烧成为熟焦，挥发分可降至0.5%以下，应用于冶炼工业和化学工业。

3.3.2　催化裂化

催化裂化技术是重油轻质化的最重要手段之一，目前我国汽油产量的70%、柴油产量的33%由催化裂化装置提供。同时提供大量的液化石油气作为宝贵的化工原料和民用燃料。因此，催化裂化工艺在石油加工中占据十分重要的地位，成为当今石油炼制的核心工艺之一，并将继续发挥举足轻重的作用。

3.3.2.1　催化裂化的工艺特点

催化裂化过程是使原料在有催化剂存在下，在470～530℃温度和0.1～0.3MPa压力条件下发生一系列化学反应，转化成气体、汽油、柴油等轻质产品和焦炭的过程。

催化裂化的原料一般是重质馏分油，例如减压馏分油（减压蜡油）和焦化馏分油等；随着催化裂化技术和催化剂工艺的不断发展，进一步扩大了催化裂化原料范围，部分或全部渣油也可作催化原料。

催化裂化过程具有以下几个特点：

① 轻质油收率高，可达70%～80%。这里所说轻质油是指汽油、煤油和柴油的总和。

② 催化汽油的辛烷值较高，研究法辛烷值可达85以上，汽油的安定性也较好。

③ 催化柴油的十六烷值低，常与直馏柴油调合使用，以满足规格要求。

④ 催化裂化气体产品其中90%左右是C_3、C_4（称为液化石油气），C_3、C_4组分中含大量烯烃，因此这部分产品是优良的石油化工和生产高辛烷值汽油组分的原料。

根据原料、催化剂和操作条件不同，催化裂化各产品的产率略有不同，大体上气体产率10%～20%，汽油产率30%～50%，柴油产率不超过40%，焦炭产率5%～7%左右。

3.3.2.2　催化裂化的化学原理

(1) 催化裂化的化学反应

烷烃裂化　烷烃裂化为较小分子的烯烃和烷烃

$$\underset{\text{正庚烷}}{C-C-C-C-C-C-C} \longrightarrow \underset{\text{正丁烷}}{C-C-C-C} + \underset{\text{丙烯}}{C=C-C}$$

生成的烷烃又可继续分解成更小的分子。分解发生在最弱的C—C键上，烷烃分子中的C—C键能随着向分子中间移动而减弱，正构烷烃分解时多从中间的C—C键处断裂，异构烷烃的分解则倾向于发生在叔碳原子的β键位置上。分解的反应速率随着烷烃分子量和分子异构化程度的增加而增大。

烯烃裂化　烯烃很活泼，反应速率快，在催化裂化中占有很重要的地位。烯烃的主要反应有：

① 分解反应　分解为两个较小分子的烯烃，反应速率比烷烃高得多。例如在同样条件下，正十六烯烃的分解速率比正十六烷烃的高一倍。其他分解规律与烷烃相似。

② 异构化反应　分子量不变、只改变其分子结构的反应称异构化反应。烯烃的异构化反应有三种：

a. 骨架异构　分子中碳链重新排列，如正构烯烃变成异构烯烃，支链位置发生变化，五元环变为六元环等。

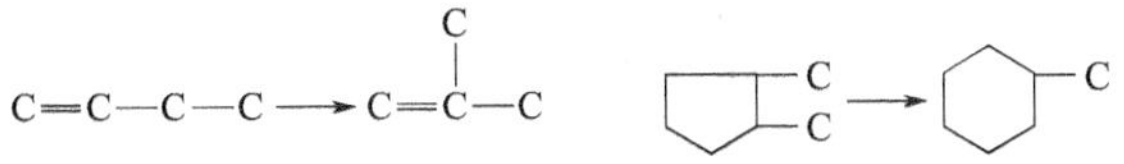

$$C=C-C-C \longrightarrow C=C-C \atop C$$
1-丁烯　　　异丁烯　　　二甲基环戊烷　　甲基环己烷

b. 双键位移异构　烯烃的双键向中间位置转移。

$$C=C-C-C-C-C \longrightarrow C-C-C=C-C-C$$
1-己烯　　　　　　　　3-己烯

c. 几何结构改变　烯烃分子空间结构改变，如顺丁烯变为反丁烯。

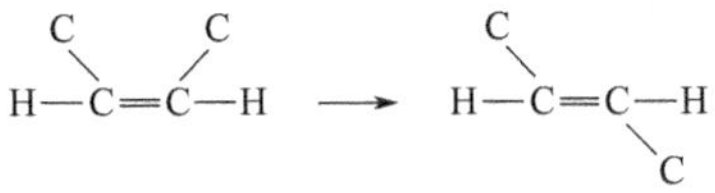

2-顺丁烯　　　　2-反丁烯

③ 氢转移反应　某烃分子上的氢脱下来后立即加到另一烯烃分子上使之饱和的反应称为氢转移反应。其结果是一方面某些烯烃转化为烷烃；另一方面，给出氢的化合物转化为多烯烃及芳烃或缩合程度更高的分子，直到缩合至焦炭。氢转移反应是造成催化裂化汽油饱和度较高及催化剂失活的主要原因。反应温度和催化剂活性对氢转移反应影响很大。在高温下（如500℃左右）分解反应速率快，所以高温时，裂化汽油的烯烃含量高。而低温下（如400~450℃），氢转移反应速率快，汽油的烯烃含量就会低些。

④ 芳构化反应　烯烃环化并脱氢生成芳烃的反应。

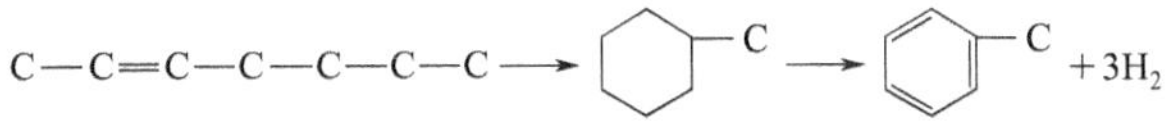

2-庚烯　　　甲基环己烷　　　甲苯

环烷烃裂化　环烷烃主要发生分解、氢转移和异构化反应。环烷烃的分解反应一种是断环裂解成烯烃；另一种是带长侧链的环烷烃断侧链。因为环烷烃的结构中有叔碳原子，因此分解反应速率较快。环烷烃可通过氢转移反应转化成芳烃。带侧链的五元环烷烃也可以异构化成六元环烷烃，再进一步脱氢生成芳烃。

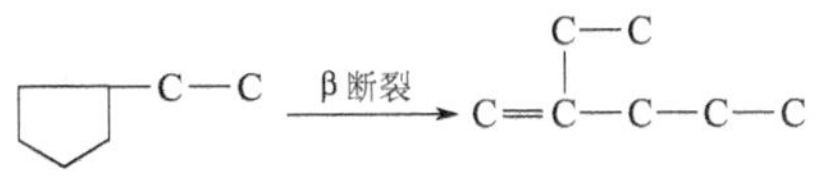

乙基环戊烷　　　　2-乙基-1-戊烯

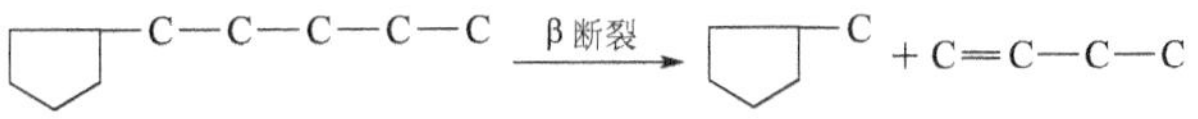

戊基环戊烷　　　　甲基环戊烷　　1-丁烯

芳香烃裂化　芳香烃的芳核在催化裂化条件下极为稳定，但连接在苯环上的烷基侧链却很容易断裂，断裂的位置主要发生在侧链与苯环相连的C—C链上，生成较小的芳烃和烯烃。侧链越长，异构程度越大，脱烷基反应越易进行。但分子中至少要有三个碳以上的侧链才易断裂，脱乙基较困难。

$$\text{Ph-C(C)(C)-C} \longrightarrow \text{Ph} + \text{C=C(C)-C}$$

多环芳香烃的裂化速率很低，它们的主要反应是缩合成稠环芳烃，最后成为焦炭，同时释放出氢使其他烯烃饱和。

综上所述，在催化裂化的条件下，原料中各种烃类进行着错综复杂的反应，不仅有大分子裂化成小分子的分解反应，也有小分子生成大分子的缩合反应（甚至缩合成焦炭）。与此同时，还进行异构化、氢转移、芳构化等反应。在这些反应中，分解反应是最主要的反应，催化裂化正是因此而得名。各类烃的分解速率为：烯烃＞环烷烃、异构烷烃＞正构烷烃＞芳香烃。

(2) 烃类催化裂化的碳正离子反应机理 碳正离子学说被公认为解释催化裂化反应机理比较好的一种学说。所谓碳正离子，是指缺少一对价电子的碳所形成的烃离子，或叫带正电荷的碳离子。碳正离子的基本来源是由一个烯烃分子获得一个氢离子 H^+（质子）而生成。例如：

$$C_nH_{2n} + H^+ \longrightarrow C_nH_{2n+1}^+$$

氢离子来源于催化剂酸性活性中心。芳烃也能接受催化剂酸性中心提供的质子生成碳正离子。烷烃的反应历程可认为是烷烃分子与已生成的碳正离子作用而生成一个新的碳正离子，然后再继续进行以后的反应。

下面通过正十六烯烃的催化裂化反应来说明碳正离子反应机理。

① 正十六烯烃从催化剂表面或已生成的碳正离子获得一个 H^+ 而生成碳正离子：

$$n\text{-}C_{16}H_{32} + H^+ \longrightarrow C_5H_{11}\text{-}\overset{H}{\underset{+}{C}}\text{-}C_{10}H_{21}$$

$$n\text{-}C_{16}H_{32} + C_3H_7^+ \longrightarrow C_3H_6 + C_5H_{11}\text{-}\overset{H}{\underset{+}{C}}\text{-}C_{10}H_{21}$$

② 大的碳正离子不稳定，容易在 β 位置上断裂：

$$C_5H_{11}\text{-}\overset{H}{\underset{+}{C}}\overset{\beta}{-}CH_2\text{-}C_9H_{19} \longrightarrow C_5H_{11}\text{-}\overset{H}{C}=CH_2 + \overset{+}{C}H_2\text{-}C_8H_{17}$$

③ 生成的碳正离子是伯碳离子，不稳定，易于变成仲碳正离子，然后又接着在 β 位置上断裂：

$$\overset{+}{C}H_2\text{-}C_8H_{17} \longrightarrow CH_3\text{-}\overset{+}{C}H\text{-}C_7H_{15}$$
$$\longrightarrow CH_3\text{-}CH=CH_2 + \overset{+}{C}H_2\text{-}C_5H_{11}$$

以上所述的伯碳正离子的异构化、大碳正离子在 β 位置上断裂、烯烃分子生成碳正离子等反应可以继续下去，直至不能再断裂的小碳正离子（即 $C_3H_7^+$、$C_4H_9^+$）为止。

④ 碳正离子的稳定程度依次是，叔碳正离子＞仲碳正离子＞伯碳正离子，因此生成的碳正离子趋向于异构叔碳正离子。例如：

$$C_5H_{11}\text{-}\overset{+}{C}H_2 \longrightarrow C_4H_9\text{-}\overset{+}{C}H\text{-}CH_3$$
$$\longrightarrow CH_3\text{-}\underset{CH_3}{\overset{+}{C}}\text{-}C_3H_7$$

⑤ 碳正离子和烯烃结合在一起生成大分子的碳正离子：

$$CH_3 - \overset{+}{C}H - CH_3 + H_2C = CH_2 - CH_2 - CH_3 \longrightarrow CH_3 - CH - CH_2 - \overset{+}{C}H - CH_2 - CH_3$$
$$\underset{CH_3}{|}$$

⑥ 各种反应最后都由碳正离子将 H^+ 还给催化剂，本身变成烯烃，反应中止。

$$C_3H_7^+ \longrightarrow C_3H_6 + H^+ (催化剂)$$

碳正离子学说可以解释烃类催化裂化反应中的许多现象。例如：由于碳正离子分解时不生成比 C_3 更小的碳正离子，因此裂化气中含 C_1、C_2 少（催化裂化条件下总会伴随有热裂化反应发生，因此会有部分 C_1、C_2 产生）；由于伯、仲碳正离子趋向于转化成叔碳正离子，因此裂化产物中含异构烃多；由于具有叔碳正离子的烃分子易于生成碳正离子，因此异构烷烃或烯烃、环烷烃和带侧链的芳烃的反应速率高，等等。碳正离子还说明了催化剂的作用，催化剂表面提供 H^+，使烃类通过生成碳正离子的途径来进行反应，而不像热裂化那样通过自由基来进行反应，从而使反应的活化能降低，提高了反应速率。

为了加深对烃类催化裂化反应特点的认识，表 3-2 根据实际现象和反应机理对烃类的催化裂化反应同热裂化反应作一比较。

表 3-2 烃类的催化裂化反应同热裂化反应的比较

项目	催化裂化	热裂化
反应机理	碳正离子反应	自由基反应
烷烃	(1)异构烷烃的反应速率比正构烷烃的高得多 (2)裂化气中的 C_3、C_4 多，$\geqslant C_4$ 的分子中含 α-烯少，异构物多	(1)异构烷烃的反应速率比正构烷烃的快得不多 (2)裂化气中 C_1、C_2 多，$\geqslant C_4$ 的分子中含 α-烯多，异构物少
烯烃	(1)反应速率比烷烃的快得多 (2)氢转移反应显著，产物中烯烃尤其是二烯烃较少	(1)反应速率与烷烃的相似 (2)氢转移反应很少，产物的不饱和度高
环烷烃	(1)反应速率与异构烷烃的相似 (2)氢转移反应显著，同时生成芳烃	(1)反应速率比正构烷烃的还要低 (2)氢转移反应不显著
带烷基侧链（$\geqslant C_3$）的芳烃	(1)反应速率比烷烃的快得多 (2)在烷基侧链与苯环连接的键上断裂	(1)反应速率比烷烃的慢 (2)烷基侧链断裂时，苯环上留有 1~2 个 C 的侧链

(3) 石油馏分的催化裂化 某种烃类的反应速率，不仅与化学反应本身的速率有关，而且与它们的吸附和脱附性能有关，烃类分子须被吸附在催化剂表面上才能进行反应。

不同烃类分子在催化剂表面上的吸附能力不同，其顺序为：稠环芳烃＞稠环环烷烃＞烯烃＞单烷基单环芳烃＞单环环烷烃＞烷烃。同类分子，分子量越大越容易被吸附。

按烃类化学反应速率顺序排列，大致为：烯烃＞大分子单烷基侧链的单环芳烃＞异构烷烃和环烷烃＞小分子单烷基侧链的单环芳烃＞正构烷烃＞稠环芳烃。

综合上述两个排列顺序可知，石油馏分中芳烃虽然吸附能力强，但反应能力弱，吸附在催化剂表面上，阻碍了其他烃类的吸附和反应，使整个石油馏分的反应速率变慢。对于烷烃，虽然反应速率快，但吸附能力弱，从而对原料反应的总效应不利。环烷烃有一定的吸附能力，又具适宜的反应速率，因此，富含环烷烃的石油馏分是催化裂化的理想原料。

石油馏分的催化裂化反应是复杂的平行-连串反应。该平行-连串反应的一个重要特点是反应深度对产品产率分布有重大影响。图 3-29 表示了某提升管反应器内原料油的转化率及各反应产物的产率沿提升管高度（也就是随着反应时间的延长）的变化情况。由图可见，随着反应时间的增长，转化率提高，气体和焦炭产率一直增加；而汽油产率开始增加，经过一

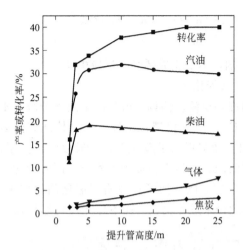

图 3-29 原料油的转化率及反应产物的产率沿提升管高度的变化

最高点后又下降。这是因为到一定反应深度后，汽油分解为气体的速率超过了汽油的生成速率，亦即二次反应速率超过了一次反应速率。因此，在催化裂化工业生产中，对二次反应进行有效的控制是重要的。另外，要根据原料的特点选择合适的转化率，这一转化率应选择在汽油产率最高点附近。如果希望有更多的原料转化成产品，则应将反应产物中的沸程与原料油沸程相似的馏分与新鲜原料混合，重新送回反应器进一步反应。这里所说的沸点范围与原料相当的那一部分馏分，工业上称为回炼油或循环油。

(4) 催化裂化催化剂　催化裂化技术的发展密切依赖于催化剂的发展。例如，有了微球催化剂，才出现了流化床催化裂化装置；有了沸石催化剂，才发展了提升管催化裂化；CO 助燃催化剂使高效再生技术得到普遍推广；抗重金属污染催化剂使用后，渣油催化裂化技术的发展才有了可靠的基础。选用适宜的催化剂对于催化裂化过程的产品产率、产品质量以及经济效益具有重大影响。

工业上广泛采用的裂化催化剂分为两大类：无定形硅酸铝催化剂和结晶形硅酸铝催化剂。前者通常叫做普通硅酸铝催化剂（简称硅酸铝催化剂），后者称沸石催化剂（通常叫分子筛催化剂）。

① 普通硅酸铝催化剂　硅酸铝催化剂的主要成分是氧化硅和氧化铝（SiO_2，Al_2O_3）。按 Al_2O_3 含量的多少又分为低铝和高铝催化剂。低铝催化剂中 Al_2O_3 含量在 12%～13% 左右；Al_2O_3 含量超过 25% 称高铝催化剂。高铝催化剂活性较高。

硅酸铝催化剂是一种多孔性物质，具有很大的表面积，每克新鲜催化剂的表面积（称比表面）可达 500～700m^2。这些表面就是进行化学反应的场所，催化剂表面具有酸性，并形成许多酸性中心，催化剂的活性来源于这些酸性中心。普通硅酸铝催化剂用于床层反应器的流化催化裂化装置。

② 沸石催化剂　沸石（又称分子筛）催化剂，是一种新型的高活性催化剂，它是一种具有结晶结构的硅铝酸盐。与无定形硅铝催化剂相似，沸石催化剂也是一种多孔性物质，具有很大的内表面积。

所不同的是它是一种具有规则晶体结构的硅铝酸盐，它的晶格结构中排列着整齐均匀、孔径大小一定的微孔，只有直径小于孔径的分子才能进入其中，而直径大于孔径的分子则无法进入。由于它能像筛子一样将不同直径的分子分开，因而形象地称为分子筛。

按其组成及晶体结构的差异，沸石催化剂可分为 A 型、X 型、Y 型和丝光沸石等几种类型。目前工业上常用的是 X 型和 Y 型。X 型和 Y 型的主要差别是硅铝比不同。

X 型和 Y 型沸石的原始形态含有钠离子，这时催化剂并不具有多少活性，必须用多价阳离子置换出钠离子后才具有很高的活性。目前催化裂化装置上常用的催化剂包括：H-Y 型、RE-Y 型和 RE-H-Y 型（分别用氢离子、稀土金属离子和二者兼用置换得到）。

沸石催化剂表面也具有酸性，单位表面上的活性中心数目约为普通硅酸铝催化剂的 100 倍，其活性也相应高出 100 倍左右。如此高的活性，在目前的生产工艺中还难以应用，因此，工业上所用的沸石催化剂实际上仅含5%～20%的沸石，其余是起稀释作用的载体（低铝或高铝硅酸铝）。

沸石催化剂与无定形硅酸铝催化剂相比，大幅度提高了汽油产率和装置处理能力。这种催化剂主要用于提升管催化裂化装置。

③ 催化剂的使用性能及要求　催化剂的活性、选择性、稳定性、抗重金属污染性能、流化性能和抗磨性能是评定催化剂性能的重要指标。

活性　活性是指催化剂促进化学反应进行的能力。对不同类型的催化剂，实验室评定和表示方法有所不同。对无定形硅酸铝催化剂，采用D+L法，它是以待定催化剂和标准原料在标准裂化条件下进行化学反应，以反应所得干点小于204℃的汽油加上蒸馏损失占原料油的质量分数，即（D+L）%来表示。工业上经常采用更为简便的间接测定方法：硅酸铝催化剂带有酸性，而酸性的强弱和活性有直接关系，因比，以过量的KOH溶液滴定，再以HCl滴定过量的KOH，根据滴定结果算出KOH指数，然后再用图表查出相应的（D+L）活性，称为KOH指数法。新鲜微球硅酸铝催化剂的活性约为55。

对沸石催化剂，由于活性很高，对吸附在催化剂上的焦炭量很敏感。在实际使用时，反应时间很短，用（D+L）试验方法的反应时间过长，会使焦炭产率增加，因此用D+L法不能显示分子筛催化剂的真实活性。目前，对分子筛催化剂，采用反应时间短、催化剂用量少的微活性测定法，所得活性称为微活性。

新鲜催化剂在开始投用时，一段时间内，活性急剧下降，降到一定程度后则缓慢下降。另外，由于生产过程中不可避免地损失一部分催化剂，而需要定期补充相应数量的新鲜催化剂，因此，在实际生产过程中，反应器内的催化剂活性可保持在一个稳定的水平上，此时催化剂的活性称为平衡活性。平衡活性的高低取决于催化剂的稳定性和新鲜剂的补充量。普通硅酸铝催化剂的平衡活性一般在20～30左右[（D+L）活性]，沸石催化剂的平衡活性约为60～70（微活性）。

选择性　将进料转化为目的产品的能力称为选择性，一般采用目的产物产率与原料转化率之比，或以目的产物与非目的产物产率之比来表示。对于以生产汽油为主要目的的裂化催化剂，常常用"汽油产率/焦炭产率"或"汽油产率/转化率"表示其选择性。选择性好的催化剂可使原料生成较多的汽油，而较少生成气体和焦炭。

沸石催化剂的选择性优于无定形硅酸铝催化剂，当焦炭产率相同时，使用分子筛催化剂可提高汽油产率15%～20%。

稳定性　催化剂在使用过程中保持其活性和选择性的性能称为稳定性。高温和水蒸气可使催化剂的孔径扩大、比表面减小而导致性能下降，活性下降的现象称为"老化"。稳定性高表示催化剂经高温和水蒸气作用时，活性下降少、催化剂使用寿命长。

抗重金属污染性能　原料中的镍、钒、铁、铜等金属的盐类，沉积或吸附在催化剂表面上，会大大降低催化剂的活性和选择性，称为催化剂"中毒"或"污染"，从而使汽油产率大大下降，气体和焦炭产率上升。为防止重金属污染，一方面应控制原料油中重金属含量；另一方面可使用金属钝化剂以抑制污染金属的活性。沸石催化剂比普通硅酸铝催化剂更具抗重金属污染能力。

流化性能和抗磨性能　为保证催化剂在流化床中有良好的流化状态，要求催化剂有适宜的粒径或筛分组成。工业用微球催化剂颗粒直径一般在20～80μm之间。粒度分布大致为：0～40μm占10%～15%，大于80μm的占15%～20%，其余是40～80μm的筛分。适当的细粉含量可改善流化质量。

为避免在运转过程中催化剂过度粉碎,以保证流化质量和减少催化剂损耗,要求催化剂具有较高机械强度。

④ **催化剂的再生**　石油馏分催化裂化过程中,由于缩合反应和氢转移反应,产生高度缩合产物——焦炭,焦炭沉积在催化剂表面上使催化剂的活性降低。为使催化剂恢复活性以重复利用,必须用空气在高温下烧去沉积的焦炭,这个用空气烧去焦炭的过程称为催化剂再生。在实际生产中,离开反应器的催化剂含碳量约为1%(质量分数),称为待再生催化剂(简称待生剂);再生后的催化剂称再生催化剂(简称再生剂)。对再生剂的含碳量有一定的要求:对普通硅酸铝催化剂要求达到0.5%以下,对沸石催化剂,要求再生剂含碳量小于0.2%。催化剂的再生过程决定着整个装置的热平衡和生产能力。

3.3.2.3　催化裂化的基本概念

(1) 转化率和回炼操作

转化率　转化率是原料转化为产品的百分率。它是衡量反应深度的综合指标。转化率又有总转化率和单程转化率之分。总转化率是对新鲜原料而言,按惯例工业上常用下式定义:

$$总转化率 = \frac{气体+汽油+焦炭}{新鲜原料油} \times 100\% \tag{3-1}$$

回炼操作　由于新鲜原料经过一次反应后不能都变成要求的产品,还有一部分和原料油馏程相近的中间馏分。把这部分中间馏分送回反应器重新进行反应就叫回炼操作。这部分中间馏分油就叫做回炼油(或称循环油)。如果这部分循环油不去回炼而作为产品送出装置,这种操作称为单程裂化。

在苛刻条件下单程裂化可以达到较高的反应深度;在缓和条件下,采用回炼操作,也可使新鲜原料达到相同的转化率。因为回炼操作条件缓和,汽油和柴油二次裂化少,所以回炼操作的产品分布好,即轻质油收率高。

总转化率是对新鲜原料而言的,总转化率高,说明新鲜原料最终反应深度大。但是反应条件的苛刻程度或总进料油裂化的难易程度,只有用单程转化率才能反映出来。单程转化率表示为:

$$单程转化率 = \frac{气体+汽油+焦炭}{总进料} \times 100\% \tag{3-2}$$

在回炼操作中,将回炼油(包括回炼油浆)量与新鲜原料量的比值称为回炼比:

$$回炼比 = \frac{回炼油}{新鲜进料油} = \frac{总转化率}{单程转化率} - 1 \tag{3-3}$$

回炼比的大小由原料性质和生产方案决定。通常,多产汽油方案采用小回炼比,多产柴油方案用大回炼比。

(2) 空速和反应时间　在床层流化催化裂化中,常用空速表示原料油与催化剂的接触时间。其定义是每小时进入反应器的原料油量与反应器内催化剂量之比,即:

$$空速 = \frac{总进料量(t/h)}{反应器内催化剂量(t)} \tag{3-4}$$

空速的单位为h^{-1},空速越高,表明催化剂与油接触时间越短,装置处理能力越大。空速只是在一定程度上反映了反应时间的长短,常用空速的倒数相对地表示反应时间,称为假反应时间。

对提升管催化裂化,由于提升管内气速很高,催化剂密度很低,因此,通常用油气在提升管内的停留时间表示反应时间,但停留时间也并非真正的反应时间。

由于提升管催化裂化采用高活性的沸石催化剂，需要的反应时间很短，油气在提升管内的停留时间一般为 1～4s，大大低于床层裂化的假反应时间。反应时间过长引起中间产物发生二次反应，副产物增加。因此，目前催化裂化特别是重油催化裂化趋向短反应时间，同时采用大剂油比和较高的反应温度。

(3) 剂油比　催化剂循环量与总进料量之比称为剂油比，用 C/O 表示：

$$C/O = \frac{催化剂循环量(t/h)}{总进料量(t/h)} \tag{3-5}$$

在同一条件下，剂油比大，表明原料油能与更多的催化剂接触，单位催化剂上的积炭少，催化剂失活程度小，从而使转化率提高。但剂油比增大会使焦炭产率增加；剂油比太小，增加热裂化反应的比例，使产品质量变差。实际生产中剂油比为 6～10。

(4) 反应温度　石油馏分的催化裂化反应总体上是强吸热反应，欲使反应过程顺利进行，必须提供热量使之在一定温度条件下进行。工业生产中石油馏分是在提升管反应器中进行的，由于反应过程中吸收热量和器壁散热，反应器进口和出口的温度不同，进口温度高于出口大约 20～30℃。所谓反应温度通常是指提升管出口温度，根据所加工的原料和生产方案的不同，反应温度在 470～520℃ 左右。通常原料越重，应采用反应温度越高。以多产柴油为目的，应采用较低的反应温度，以生产汽油和液化气为主要目的，则应采用较高的反应温度。

反应温度、反应时间和剂油比是催化裂化过程最重要的三个操作参数，无论改变其中哪一个参数，都能对反应过程的转化率和产品分布产生明显的影响。

3.3.2.4　催化裂化的工艺流程

催化裂化装置通常由三大部分组成，即反应-再生系统、分馏系统和吸收稳定系统。其中，反应-再生系统是全装置的核心部分。这里，以高低并列式提升管催化裂化为例，对几大系统分述如下。

(1) 反应-再生系统　图 3-30 所示为高低并列式提升管催化裂化装置反应-再生系统的工艺流程。

新鲜原料（减压馏分油）经过一系列换热后与回炼油混合，进入加热炉预热到 370℃ 左右（温度过高会发生热裂解），由原料油喷嘴以雾化状态喷入提升管反应器下部（油浆不经加热直接进入提升管），与来自再生器的高温（约 650～700℃）催化剂接触并立即汽化，油气与雾化蒸汽及预提升蒸汽一起携带着催化剂以 7～8m/s 的线速向上流动，边流动边进行化学反应，在 470～510℃ 的温度下停留 2～4s，然后以 13～20m/s 的高线速通过提升管出口，经快速分离器，大部分催化剂被分出落入沉降器下部，油气携带少量催化剂经两级旋风分离器分出夹带的催化剂后进入集气室，通过沉降器顶部的出口进入分馏系统。

积有焦炭的待生催化剂由沉降器进入其下面的汽提段，用过热水蒸气进行汽提以脱除吸附在催化剂表面上的少量油气，待生催化剂经待生斜管、待生单动滑阀进入再生器，与来自再生器底部的空气（由主风机提供）接触形成流化床层，进行再生反应，同时放出大量燃烧热，以维持再生器足够高的床层温度（密相段温度约为 650～680℃），再生器维持 0.15～0.25MPa（表）的顶部压力，床层线速约为 0.7～1.0m/s。再生后的催化剂含碳量小于 0.2%，经淹流管、再生斜管及再生单动滑阀返回提升管反应器循环使用。

烧焦产生的再生烟气，经再生器稀相段进入旋风分离器，经两级旋风分离器分出携带的大部分催化剂，烟气经集气室和双动滑阀排入烟囱（或去能量回收系统）。回收的催化剂经两级料腿返回床层。

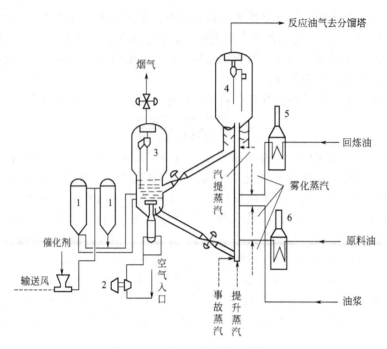

图 3-30　反应-再生系统工艺流程
1—催化剂贮罐；2—主风机；3—再生器；4—反应器；5—回炼油加热炉；6—原料油加热炉

在生产过程中，少量催化剂细粉随烟气排入大气或（和）进入分馏系统随油浆排出，造成催化剂的损耗，为了维持反应-再生系统的催化剂量，需要定期向系统补充新鲜催化剂。即使是催化剂损失很低的装置，由于催化剂老化减活或受重金属的污染，也需要放出一些催化剂，补充一些新鲜催化剂以维持系统内平衡催化剂的活性。为此，装置内通常设有两个催化剂贮罐，并配备加料和卸料系统。

保证催化剂在两器间按正常流向循环以及再生器有良好的流化状况是催化裂化装置的技术关键，除设计时准确无误外，正确操作也非常重要。催化剂在两器间循环是由两器压力平衡决定的，通常情况下，根据两器压差（0.02～0.04MPa），由双动滑阀控制再生器顶部压力；根据提升管反应器出口温度控制再生滑阀开度调节催化剂循环量；根据系统压力平衡要求由待生滑阀控制汽提段料位高度。

(2) 分馏系统　分馏系统的作用是将反应-再生系统的产物进行初步分离，得到部分产品和半成品。工艺原理流程见图 3-31。

由反应-再生系统来的高温油气进入催化裂化分馏塔下部，经装有挡板的脱过热段脱过热后进入分馏段，经分馏后得到富气、粗汽油、轻柴油、重柴油、回炼油和油浆（塔底抽出的带有催化剂细粉的渣油），富气和粗汽油去吸收稳定系统；轻、重柴油经汽提、换热或冷却后出装置；回炼油返回反应-再生系统进行回炼；油浆的一部分送反应-再生系统回炼，另一部分经换热后循环回分馏塔（也可将其中一部分冷却后送出装置）。将轻柴油的一部分经冷却后送至再吸收塔作为吸收剂（贫吸收油），吸收了 C_3、C_4 组分的轻柴油（富吸收油）再返回分馏塔。为了取走分馏塔的过剩热量以使塔内气、液负荷分布均匀，在塔的不同位置分别设有 4 个循环回流：顶循环回流、一中段回流、二中段回流和油浆循环回流。

与一般分馏塔相比，催化分馏塔有以下特点：

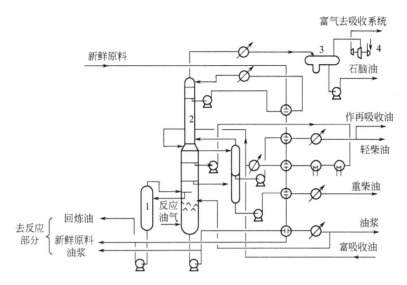

图 3-31 分馏系统工艺原理流程
1—回炼油贮罐；2—催化裂化分馏塔；3—油气分离罐；4—富气压缩机

① 过热油气进料。分馏塔的进料是由沉降器来的 460～480℃ 的过热油气，并夹带有少量催化剂细粉。为了创造分馏的条件，必须先把过热油气冷至饱和状态并洗去夹带的催化剂细粉，以免在分馏时堵塞塔盘。为此，在分馏塔下部设有脱过热段，其中装有人字挡板，由塔底抽出油浆经换热、冷却后返回挡板上方与向上的油气逆流接触换热，达到冲洗粉尘和脱过热的目的。

② 由于全塔剩余热量多（由高温油气带入），催化裂化产品的分馏精确度要求不高，因此设置 4 个循环回流分段取热。

③ 塔顶采用循环回流，而不用冷回流。其主要原因是：进入分馏塔的油气中含有大量惰性气和不凝气，若采用冷回流会影响传热效果或加大塔顶冷凝器的负荷；采用循环回流可减少塔顶流出的油气量，从而降低分馏塔顶至气压机入口的压力降，使气压机入口压力提高，可降低气压机的动力消耗；采用顶循环回流可回收一部分热量。

(3) 吸收-稳定系统 如前所述，催化裂化生产过程的主要产品是气体、汽油和柴油，其中气体产品包括干气和液化石油气，干气作为本装置燃料气烧掉，液化石油气是宝贵的石油化工原料和民用燃料。所谓吸收-稳定，目的在于将来自分馏部分的催化富气中 C_2 以下组分与 C_3 以上组分分离以便分别利用，同时将混入汽油中的少量气体烃分出，以降低汽油的蒸气压，保证符合商品规格。吸收-稳定系统包括吸收塔、解吸塔、再吸收塔、稳定塔以及相应的冷换设备（图 3-32）。

由分馏系统油气分离器来的富气经气体压缩机升压后，冷却并分出凝缩油，压缩富气进入吸收塔底部，粗汽油和稳定汽油作为吸收剂由塔顶进入，吸收了 C_3、C_4（及部分 C_2）的富吸收油由塔底抽出送至解吸塔顶部。吸收塔设有一个中段回流以维持塔内较低的温度，吸收塔顶出来的贫气中尚夹带少量汽油，经再吸收塔用轻柴油回收其中的汽油组分后成为干气送燃料气管网。吸收了汽油的轻柴油由再吸收塔底抽出返回分馏塔。解吸塔的作用是通过加热将富吸收油中 C_2 组分解吸出来，由塔顶引出进入中间平衡罐，塔底为脱乙烷汽油被送至稳定塔。稳定塔的目的是将汽油中 C_4 以下的轻烃脱除，在塔顶得到液化石油气（简称液化气），塔底得到合格的汽油——稳定汽油。

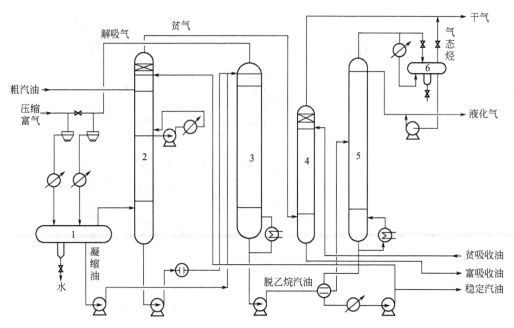

图 3-32 吸收-稳定系统工艺原理流程
1—富气分离罐；2—吸收塔；3—解吸塔；4—再吸收塔；5—稳定塔；6—干气分离罐

(4) 能量回收系统 除以上三大系统外，现代催化裂化装置（尤其是大型装置）大都设有能量回收系统，其目的是最大限度地回收能量，降低能耗。常采用的手段有：利用烟气轮机将高速烟气的动能转化为机械能；利用一氧化碳锅炉（对非完全再生装置）使烟气中 CO 燃烧回收其化学能；利用余热锅炉（对完全再生装置）回收烟气的显热，用以发生蒸汽。采用这些措施后，全装置的能耗可大大降低。

图 3-33 所示为再生烟气能量回收系统流程。来自再生器的高温烟气，首先进入高效三级旋风分离器，分出其中的催化剂，使粉尘含量降低到 $0.2g/m^3$ 烟气以下，然后经调节蝶阀进入烟机（或称烟气膨胀透平）膨胀作功，使再生烟气的压力能转化为机械能驱动主风机运转，供再生所需空气。开工时因无高温烟气，主风机由辅助电动机/发电机（或蒸汽透平）

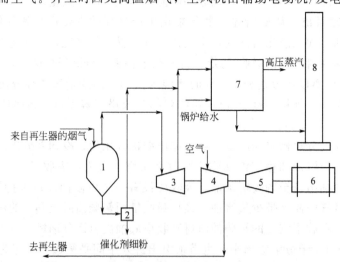

图 3-33 再生烟气能量回收系统
1,2—三、四级旋风分离器；3—烟机；4—主风机；5—蒸汽轮机；6—电动机/发电机；7—余热锅炉；8—烟囱

带动。烟气经烟机后，温度和压力都有降低，但仍含有大量的显热能，故经手动蝶阀和水封罐进入余热锅炉回收显热能，所产生的高压蒸汽供蒸汽轮机或装置内外的其他部分使用。如果装置不采用完全再生技术，这时余热锅炉则是 CO 锅炉，用以回收 CO 的化学能和烟气的显热能。

3.3.2.5 催化裂化的主要设备

(1) 提升管反应器 提升管反应器的基本形式如图 3-34 所示。按功能分段，提升管可以分为以下几段：

① 预提升段 催化剂在提升管中的流化状态和流速对于转化率和产品选择性均十分重要。设置预提升段，用蒸汽-轻烃混合物作为提升介质，一方面加速催化剂、使催化剂形成活塞流向上流动，另一方面还可使催化剂上的重金属钝化，有利于与油雾的快速混合，提高转化率和改善产品的选择性。预提升段的高度一般为 3~6m。

② 裂化反应段 进料喷嘴以上的提升管的作用是为裂化反应提供所需的停留时间。提升管顶部催化剂分离段（直连式旋风分离器）的作用是进行产品与催化剂的初步分离。催化裂化的主要产品是裂化的中间产物，它们可进一步裂化为不希望生成的小分子的轻烃，也可以缩合成焦炭，因此控制总的裂化深度、优化反应时间，并且在完成反应之后立刻进行产品-催化剂的快速分离是非常必要的。

③ 汽提段 汽提段的作用是用水蒸气脱除催化剂上吸附的油气及置换催化剂颗粒之间的油气，以免其被催化剂夹带至再生器，增加再生器的烧焦负荷。汽提效率与水蒸气用量、催化剂在汽提段的停留时间、汽提段的温度和压力，以及催化剂的表面结构有关。若汽提效率低，对装置的操作会造成以下影响：一是使再生温度升高，导致剂油比下降，造成提升管内产生局部过度裂化，使转化率和汽油选择性降低；二是为控制再生温度而加大汽提蒸汽量，因而会使主分馏塔顶负荷增大，含

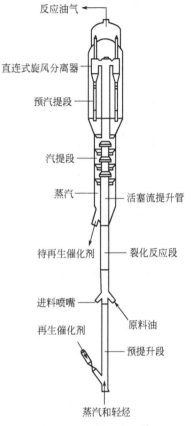

图 3-34 提升管反应器简图

硫污水量增加，三是使再生主风用量增加，对装置处理量产生影响；四是再生器发生局部过热，造成催化剂减活。

提高汽提效率的措施，一是增加汽提段的段数，使用高效的汽提塔板；二是调整催化剂的流通量，以提高催化剂与蒸汽的接触时间和改善油气的置换效果；三是增加蒸汽进口个数以改善蒸汽分布和汽提效率。

(2) 再生器 再生器的主要作用是烧去附着在催化剂上的焦炭以恢复催化剂的活性，同时也提供裂化所需的热量。再生器的基本形式如图 3-35 所示。现以此图为例说明再生器的基本工艺结构。

再生器的壳体是用普通碳素钢板焊接而成的圆筒形设备。由于再生器操作温度已超过碳钢所允许承受的温度，以及壳体受到流化催化剂的磨损，因此在壳体内壁都敷设 100mm 厚的带龟甲网的隔热耐磨衬里，使实际的壳壁温度不超过 170℃，并防止壳体的磨损。壳体内

的上部为稀相区，下部为密相区。

为了使烧焦空气（主风）进入床层时能沿整个床截面分布均匀，在再生器下部装有空气分布器，分布板可使空气得到良好的分布。

为了减少催化剂的损耗，再生器内装有两级串联的旋风分离器，其回收效率应在99.99%以上，旋风分离器的直径不能过大，以免降低分离效率。因此，在烧焦负荷大的再生器内装有几组旋风分离器，它们的升气管连接到一个集气室将烟气导出再生器。

(3) 专用设备和特殊阀门 主风机供给再生器烧焦用的空气。对于提升管装置，为了提高效率和满足压力平衡条件，通常要求主风机有较高的出口压力。目前国内所用主风机出口压力一般在300kPa（绝）以上。主风机的流量则根据装置处理量、焦炭产率和主风单耗确定。

气压机给来自分馏系统的富气升压，然后送去吸收稳定系统。气压机的型号根据富气流量和吸收塔的操作压力来选定。选择时必须考虑到富气流量和组成受处理量、反应条件、原料性质、催化剂被重金属污染程度等因素影响而变化幅度较大这一情况。

烟气轮机（简称烟机）是将再生烟气动能转变为机械能的设备。在同轴机组中，烟机的功率回收率是影响整个机组的重要因素。烟机入口参数是决定功率回收率的主要参数。目前由于广泛采用高温再生和CO完全燃

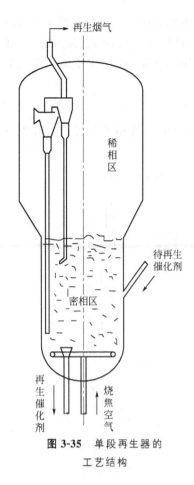

图 3-35 单段再生器的工艺结构

烧技术，使再生温度、压力和烟气流量提高，同时由于烟机设计水平的提高，使烟机回收功率也不断提高。目前烟机回收功率一般可满足主风机所需功率的80%以上，有的还有剩余。

滑阀分为单动和双动滑阀两种，是保证反应器和再生器催化剂正常流化和安全生产的关键设备。在提升管装置中，单动滑阀作调节阀使用，调节再生剂和待生剂的循环量，以控制反应温度。正常操作时，滑阀开度为40%～60%。双动滑阀装于再生器出口和放空烟囱之间。在没有烟气能量回收的装置中，双动滑阀与再生器出口和放空烟囱直接连接，其作用是控制再生器压力或两器差压，以保持两器平衡。

(4) 旋风分离器 旋风分离器的示意结构如图3-36所示。它是由内圆柱筒（升气管）、外圆柱筒和圆锥筒以及灰斗组成。灰斗下端与料腿相连，料腿出口装有翼阀。

旋风分离器的壳体由6mm钢板制作，用于沉降器内的可采用碳钢，而用于再生器内的则多采用8Cr-8Ni合金钢制作。为了防止磨损，壳体内部敷有厚20mm的耐磨衬里。

圆锥筒是气固分离的主要场所。由于圆锥段直径逐渐缩小，所以，尽管流量不断减少（由于已除尘的气体不断被分出），但固体颗粒的旋转速度仍不断增加，因而离心力增大，对提高分离效率很有利。

灰斗起脱气作用，使快速旋转流动的催化剂从旋风分离器的锥体流出后，旋转速度减慢，同时将大部分夹带的气体分出，并使其重新返回锥体，以便使催化剂顺利地经料腿连续排出，不致因气体分不出去影响排料。灰斗长度应超过锥体延线交点，并留有适当余量。

料腿的作用是保证把回收的催化剂顺利地返回床层。由于气流通过旋风分离器时产生压力降，因此，灰斗处的压力低于外部压力。要使催化剂能从料腿排出，必须在料腿内保持一定的料柱高度，即料腿长度必须满足旋风分离系统压力平衡的要求。

反应器及再生器中旋风分离器的料腿一般都用翼阀密封，翼阀的密封作用是依靠翼板本身的重量。当料腿内的催化剂积累至一定高度时，翼板受侧压力作用便突然打开，卸出催化剂后又依靠本身的重力关上。翼阀有全覆盖型和半覆盖型两种。

3.3.3 加氢裂化

重油轻质化基本原理是改变油品的相对分子质量和氢碳比，而改变相对分子质量和氢碳比往往是同时进行的。改变油品的氢碳比有两条途径：一是脱碳；二是加氢。热加工过程，如焦化和催化裂化都属于脱碳过程，它们的共同特点是要减小一部分油料的氢碳比，因此不

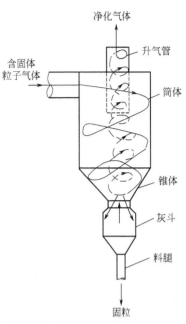

图 3-36 旋风分离器的工艺结构

可避免地要产生一部分气体烃和氢碳比较小的缩合产物——焦炭和渣油，从而使脱碳过程的轻质油收率不会太高。

为了减少轻质化过程碳损失，提高轻质油收率，可以考虑通过加氢路线提高氢碳比。加氢裂化属于石油加工过程的加氢路线，是在催化剂存在下从外界补入氢气以提高油品的氢碳比。加氢裂化实质上是加氢和催化裂化过程的有机结合，一方面能使重质油品通过裂化反应转化为汽油、煤油和柴油等轻质油品；另一方面又可防止像催化裂化那样生成大量焦炭，而且还可将原料中的硫、氮、氧化合物杂质通过加氢除去，使烯烃饱和。因此，加氢裂化具有轻质油收率高、产品质量好的突出优点。

由于加氢裂化催化剂限制，对加工原料的杂质含量特别是重金属元素含量要求较高，一般加氢裂化以常减压重馏分油、焦化蜡油为原料。但通过加氢精制预处理，可大大扩大加氢裂化的原料范围，可以处理催化裂化循环油、脱沥青油，甚至常减压渣油。通过加氢裂化加工，可得到高稳定性的汽油、柴油和气体产品。

3.3.3.1 加氢裂化的基本原理

(1) 加氢裂化过程的化学反应 石油烃类在高温、高压及催化剂存在条件下，可通过一系列化学反应，使重质油品转化为轻质油品，主要反应包括：裂化反应、加氢反应、异构化反应、环化以及脱硫、脱氮和脱金属等反应。

① 烷烃 以十六烷为例：

$$C_{16}H_{34} \xrightarrow{催化剂} C_8H_{18} + C_8H_{16} \xrightarrow{H_2} 2C_8H_{18}$$

除上述反应之外，烷烃也发生异构化反应，从而使产物中异构烷烃和正构烷烃比值增高，而且 C_3、C_4 馏分中异构物含量很高。

② 环烷烃 在加氢裂化过程中，环烷烃受环数多少、侧链长短及催化剂酸性强弱影响而反应历程各不相同。其中单环环烷烃发生异构化、断链、脱烷基侧链和不明显的脱氢反应如：

$$\bigcirc \cdots \bigcirc \xrightarrow{\text{异构化}} \bigcirc\text{—CH}_3 \xrightarrow{\text{断链}} \bigcirc + \text{CH}_4$$
$$\searrow \text{正C}_6\text{H}_{14}$$
$$\searrow \text{异C}_6\text{H}_{14}$$

双环环烷烃和多环环烷烃首先异构化生成五元环的衍生物然后再断链。反应产物主要由环戊烷、环己烷和烷烃组成。

③ 烯烃 在加氢裂化条件下，烯烃加氢变为饱和烃，反应速率最快。除此之外、还进行聚合、环化反应。如：

$$\underset{\text{烯烃}}{\text{R—CH}_2\text{CH}=\text{CH}_2} + \text{H}_2 \longrightarrow \underset{\text{烷烃}}{\text{R—CH}_2\text{CH}_2\text{CH}_3}$$

④ 芳烃 单环芳烃的加氢裂化不同于单环环烷烃，若侧链上有两个碳原子以上时，首先不是异构化而是断侧链，生成相应的烷烃和芳烃。除此之外，少部分芳烃还可能进行加氢饱和生成环烷烃，然后再按环烷烃的反应规律继续反应。

双环、多环和稠环芳烃加氢裂化是分步进行的，通常一个芳香环首先加氢变为环烷芳烃，然后环烷环断开变成单烷基芳烃，再按单环芳烃规律进行反应。

在氢气存在下，稠环芳烃的缩合反应被抑制，因此不易生成焦炭产物。

⑤ 非烃类化合物 非烃类化合物指原料油中的硫、氮、氧化合物，在加氢裂化条件下，含硫化合物进行加氢反应生成相应的烃类及硫化氢；含氧化合物加氢生成相应的烃类和水；含氮化合物加氢生成相应的烃类及氨。硫化氢、水和氨易于除去。因此，加氢产品无需另行精制。化学反应如下：

$$\underset{\text{硫醇}}{\text{R—CH—SH}} + \text{H}_2 \longrightarrow \underset{\text{烷烃}}{\text{R—CH}_2\text{—R}} + \text{H}_2\text{S}$$
$$\quad\quad\quad |$$
$$\quad\quad\quad \text{R}$$

$$\underset{\text{吡啶}}{\bigcirc_\text{N}} + 5\text{H}_2 \longrightarrow \text{C}_5\text{H}_{12} + \text{NH}_3$$

$$\underset{\text{酚}}{\bigcirc\text{—OH}} + \text{H}_2 \longrightarrow \underset{\text{苯}}{\bigcirc} + \text{H}_2\text{O}$$

上述加氢裂化反应中，加氢反应是强放热反应，而裂化反应则是吸热反应，二者部分抵销，最终结果仍为放热过程。另外，各类化学反应决定着加氢裂化产品的特点。

(2) 加氢裂化工艺的特点

① 原料范围宽。加氢裂化对原料的适应性强，可处理的原料范围很广，包括直馏柴油、焦化蜡油、催化循环油、脱沥青油、以至常压重油和减压渣油等。对于高含硫和难裂化的原料油也可加工成高质量的轻质油品。加氢裂化是重质油轻质化的重要手段。

② 生产方案灵活。加氢裂化产品方案可根据需要进行调整。既能以生产汽油为主（汽油产率最高可达75%以上），也能以生产低冰点、高烟点的喷气燃料为主（冰点低于-60℃时，喷气燃料产率最高可达85%以上），也可以生产低凝点柴油为主（冰点低于-45℃时柴油产率最高可达85%以上）。还可根据需要生产液态烃、化工原料以及润滑油等。总之，根据需要，改变催化剂和调整操作条件，即可按不同生产方案操作，得到所需要的产品。

③ 产品质量好，收率高。加氢裂化产品的主要特点是不饱和烃少，非烃杂质含量更少，

所以油品的安定性好，无腐蚀，含环烷烃多。石脑油可以直接作为汽油组分或溶剂油等石油产品，也可提供重整原料，中间馏分油如喷气燃料、柴油、取暖油和灯用煤油等，都具有良好的燃烧性能和安定性，油品中含有较多的异构烃和少量芳烃，因此喷气燃料结晶点（冰点）低，烟点高。柴油十六烷值高（>60），着火性能好，硫含量低、凝点低，因而可为喷气发动机和高速柴油机提供优质的燃料。

(3) 加氢裂化催化剂 加氢裂化化学反应是借助于催化剂的催化作用进行的，催化剂在整个过程中起着决定性的作用。

加氢裂化催化剂由活性组分和载体组成。常用的活性组分有铂、钯、钨、铝、镍和钴等金属元素，用作载体的有硅酸铝和沸石等固体载体。把活性组分高度分散在载体上并压制成片状或圆柱状。金属活性组分起促进加氢反应的作用，载体具有酸性，起促进裂化和异构化反应作用。可见，加氢裂化催化剂是双功能催化剂，根据不同原料和产品的要求，对两种组分的功能适当选择和匹配，实现不同的加工方案。

工业加氢裂化催化剂大体可分为以下三种：
① 以无定形硅酸铝为载体，以非贵金属镍、钨、钼为加氢活性组分的催化剂；
② 以硅酸铝为载体，以贵金属铂、钯为加氢活性组分的催化剂；
③ 以沸石和硅酸铝为载体，以镍、钨、铝、钴或钯为加氢活性组分的催化剂。

以沸石为载体的加氢裂化催化剂是一种新型催化剂，主要是利用沸石具有较多的酸性中心。铂和钯虽然活性高，但对硫杂质的敏感性强，只在两段加氢裂化过程中使用。

① 加氢裂化催化剂的预硫化 加氢裂化催化剂中钨、铝、镍、钴等金属组分，使用前都是以氧化物形态存在。生产经验与理论研究证明，加氢裂化催化剂的金属活性组分只有呈硫化物形态时才具有稳定的活性，因此，加氢裂化催化剂在使用之前必须进行预硫化，使金属氧化物在含硫化氢的氢气流中转化为硫化物。

② 加氢裂化催化剂的再生 加氢裂化反应过程中，催化剂活性总是随着反应时间的增长而逐渐衰退，催化剂表面被积碳覆盖是降活的主要原因。为了恢复催化剂活性，一般用低氧烟气烧焦的方法进行催化剂再生。

3.3.3.2 加氢裂化的工艺流程

加氢裂化在固定床反应器内进行。原料油和氢气经升温、升压达到反应条件后进入反应系统，先进行加氢精制以除去硫、氮、氧杂质和二烯烃，再进行加氢裂化反应，反应产物经降温、分离、降压和分馏后，目的产品送出装置，分离出含氢较高（80%～90%）的气体，作为循环氢使用。未转化油可以部分循环、全部循环或不循环一次通过。以单段加氢与两段加氢工艺为例进行流程介绍。

(1) 单段加氢裂化流程 原理流程如图3-37所示。原料油用泵升压至16MPa后与新氢及循环氢混合，再与420℃左右的加氢生成油换热至320～360℃，进入加热炉，反应器进料温度为370～450℃，原料在380～440℃，空速1.0h^{-1}，氢油体积比约2500。为了控制反应温度，向反应器分层注入冷氢。反应产物经与原料换热后温度降到200℃，再经冷却，温度降至30～40℃之后进入高压分离器。反应产物进入空气冷凝器前需注入软化水以溶解其中的NH_3、H_2S等，以防水合物析出而堵塞管道。自高压分离器顶分出循环氢，经循环氢压缩机升压后，返回反应系统循环使用。自高压分离器底分出的生成油，经减压系统减压至0.5MPa，进入低压分离器，在此将水脱出，并释放出部分溶解气体，作为富气送出装置。低压分离器流出液体经加热炉加热至320℃后送入分馏塔，分馏得轻汽油、喷气燃料、低凝柴油和塔底油（尾油），尾油可

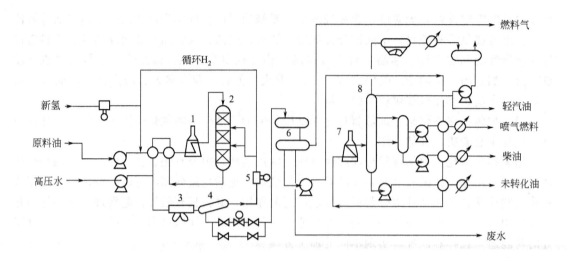

图 3-37 单段一次通过加氢裂化工艺流程示意图
1—加氢加热炉；2—反应器；3—空气冷凝器；4—高压分离器；5—循环氢压缩机；
6—低压分离器；7—分馏加热炉；8—分馏塔

一部分或全部作为循环油与原料混合再去反应系统。

(2) 两段加氢裂化流程 两段加氢裂化流程中有两个反应器，分别装有不同性能的催化剂。一段反应器中主要进行原料油的精制，二段反应器中主要进行加氢裂化反应，形成独立的两段流程体系。流程如图 3-38 所示。

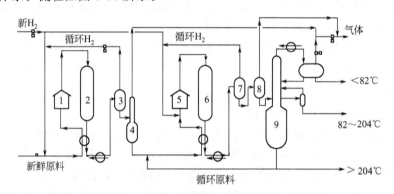

图 3-38 两段加氢裂化工艺流程示意图
1——段加热炉；2——段反应器；3,7—氢气分离器；4—汽提塔；
5—二段加热炉；6—二段反应器；8—油气分离器；9—分馏塔

原料经高压泵升压并与循环氢及新氢混合后首先与一段生成油换热，经一段加热炉加热至反应温度，进入一段加氢反应器，在高活性加氢催化剂上进行脱硫、脱氮反应，原料中的微量金属也同时被脱除，反应生成物经换热、冷却后进入一段高压分离器，分出循环氢。生成油进入汽提塔，在汽提塔中用氢气吹掉溶解气、氨和硫化氢，脱去 NH_3 和 H_2S 后作为二段进料。二段进料与循环氢混合后进入二段加热炉，加热至反应温度，在装有高酸性催化剂的二段加氢反应器内进行加氢、裂解和异构化等反应。反应生成物经换热、冷却、分离，分出循环氢和溶解气后送至分馏系统。

两段加氢裂化有两种操作方案，第一种操作方案是第一段加氢精制、第二段加氢裂化；

第二种操作方案是第一段除进行精制外还进行部分加氢裂化,第二段进行加氢裂化。第二方案的特点是第一段和第二段生成油一起进入稳定分馏系统,分出的尾油可作为第二段进料。

3.4 产品精制过程

3.4.1 催化重整

催化重整是石油加工过程中重要的二次加工方法,其目的是用以生产高辛烷值汽油或化工原料——芳香烃,同时副产大量氢气可作为加氢工艺的氢气来源。

"重整"是指对烃类分子结构的重新排列,使之变为另外一种分子结构的烃类,原料油中的正构烷烃和环烷烃在催化剂存在条件下,经重整转化为异构烷烃和芳烃,从而提高汽油的辛烷值或生产芳烃产品(苯、甲苯和二甲苯等)。这一加工过程就叫催化重整,采用铂金属催化剂叫铂重整,用铂-铼双金属催化剂叫铂-铼重整,采用多金属催化剂就称为多金属重整,总称催化重整。

3.4.1.1 催化重整的基本原理

(1) 催化重整的主要化学反应　烃类在催化剂存在及一定条件下,可发生的重整反应主要有以下几种。

六元环烷的脱氢反应,如:

$$\bigcirc \rightleftharpoons \bigcirc + 3H_2$$

五元环烷的异构脱氢反应,如:

$$\bigcirc-CH_3 \rightleftharpoons \bigcirc + 3H_2$$

烷烃环化脱氢反应,如:

$$C_6H_{14} \rightleftharpoons \bigcirc + 4H_2$$

异构化反应,如:

$$n\text{-}C_7H_{18} \rightleftharpoons i\text{-}C_7H_{18}$$
$$\text{正庚烷} \qquad\qquad \text{异庚烷}$$

加氢裂化反应,如:

$$n\text{-}C_8H_{18} + H_2 \longrightarrow 2i\text{-}C_4H_{10}$$
$$\text{正辛烷} \qquad\qquad \text{异丁烷}$$

除了以上五种主要反应之外,还有烯烃饱和以及缩合生焦的反应。烃类的裂化、缩合反应生成焦炭,沉积在催化剂表面上使催化剂失活。重整催化剂有很强的加氢活性,从而在氢压下使缩合反应受到抑制,但它对催化剂的活性总会带来影响,不容忽视。

以上反应中,前三种都是生成芳烃的反应,这无论对生产芳烃还是生产高辛烷值汽油都是有利的。这三种反应的反应速率有很大差别,六元环烷脱氢反应进行得最快;五元环烷的异构脱氢比六元环烷脱氢反应速率慢得多,通常只能一部分转化为芳烃。在重整原料中,五元环烷烃常常占环烷烃中相当大的比例,因此,如何提高这一类反应的速率是一个重要问题;烷烃脱氢环化反应速率最慢,一般在重整过程中,烷烃转化成芳烃的转化率很低。然而近期的研究和实践证明,铂-铼等双金属及多金属催化剂具有促进烷烃脱氢环化的作用,大大提高芳烃产率,扩大了重整原料来源。

异构化反应对五元环异构脱氢生成芳烃具有重要意义,对烷烃来说,异构化反应可提高汽油的辛烷值。

加氢裂化反应生成较小的烃分子，使液体产品收率下降，尽管在加氢裂化的同时伴随有异构化反应，但还是应当控制加氢裂化反应的发生。

六元环烷的脱氢、五元环烷的异构脱氢以及烷烃的环化脱氢都是强吸热反应，又是体积增大的可逆反应，因此，升高温度时，反应向吸热方向进行，转化率增大；当温度恒定，升高压力，则平衡转化率下降。

在实际生产中，为了获得较高的芳烃产率，应采用高温条件和较低的反应压力，以利于环烷烃的脱氢。

在高温条件下，加氢裂化以及缩合反应加剧，易引起催化剂积炭。为减少催化剂上的积炭，控制催化剂减活，通常要向反应系统引入氢气，使反应在氢气存在下进行。

(2) 催化重整的原料油 催化重整通常以汽油馏分为原料，根据生产目的的不同，对原料油的馏程有一定的要求，为了维持催化剂的活性，对原料油杂质含量有严格的限制。

① 原料油馏程的要求 原料油的馏程与化学组成有关，适宜的组成可以增加理想产品的收率。

以生产高辛烷值汽油为目的时，原料油初馏点不宜过低，因为小于 C_6 的馏分本身辛烷值就比较高，例如沸点71.8℃的甲基环戊烷辛烷值为107，如果将其转化为苯后，辛烷值反而下降。原料的干点也不能过高，如果干点过高，由于含有较多的环化物，使催化剂表面上的积炭迅速增加，从而使催化剂活性下降。因此，适宜的馏程是80～180℃。以生产芳烃为目的时，应根据所希望生成芳烃产品的品种来确定原料的沸点范围。例如，C_6 烷烃及环烷烃的沸点在 60.27～80.74℃之间；C_7 烷烃和环烷烃的沸点在 90.05～103.4℃之间；而 C_8 烷烃和环烷烃的沸点在 99.24～131.78℃之间。因此要根据目的芳烃产品来选择适宜的原料馏分，一般要求是：

生产苯时，采用 60～85℃的馏分；

生产甲苯时，采用 85～110℃的馏分；

生产二甲苯时，采用 110～145℃的馏分；

生产苯-甲苯-二甲苯时，采用 60～145℃的馏分；

生产轻芳烃-汽油时，采用 60～180℃的馏分。

② 对原料油杂质含量的限制 重整原料除了要有适宜的馏程之外，对原料中杂原含量也要有严格的要求，因为重整催化剂对某些杂质十分敏感，极易被砷、铅、铜、氮、氯化物、硫、水等杂质毒害而降低或失去活性。其中砷、铅、铜等重金属化合物常会使催化剂永久中毒而不能恢复活性，尤其是砷与铂可形成合金，使催化剂丧失活性。原料油中的含硫、含氮化合物和水分在重整条件下，分别生成硫化氢和氨，它们含量过高，会降低催化剂的性能。因此，为保证重整催化剂长期使用，对原料油中各种杂质的含量必须严格控制。

(3) 重整催化剂 催化剂对于重整过程的产品产率和产品质量有至关重要的影响。重整催化剂是以某些金属高度分散到氧化铝载体上构成的，重整化学反应，有的主要在金属活性中心上进行，如脱氢和氢解；有的则在酸性中心上进行，如烷烃异构化和加氢裂化等；还有的则需要在两类中心的相互配合作用下进行，如脱氢环化等。因此重整催化剂必须具有双功能，而且在反应过程中金属功能与酸性功能要有机地配合才能取得满意的反应结果。

按类别和所含金属组分的多少，可分为单金属、双金属和多金属催化剂。

① 单铂催化剂 以金属铂为活性组分，载体为 Al_2O_3，称为单铂催化剂，是我国第一代重整催化剂。单铂催化剂的铂含量为 0.1%～0.7%（质量分数），一般来讲，催化剂的脱

氢活性、稳定性和抗毒物能力随铂含量增加而增加，芳烃产率和汽油辛烷值也随之增高，焦炭量相应减少。但含铂量过高并不能继续提高芳烃产率，反而由于铂价格昂贵而提高催化剂的成本。

铂催化剂中还含有酸性组分卤素，一般含量为 0.4%～1.0%（质量分数），其作用是促进异构化和加氢裂化反应。它与金属活性组分配比适当即可得到活性高、选择性和稳定性好的催化剂。

铂催化剂的载体是 Al_2O_3，作为催化剂的骨架，提供相当大的表面积，使活性组分得到均匀分散，从而有效地发挥活性组分的催化作用。除此之外，载体还能减轻毒物对活性组分的毒害，提高催化剂的机械强度及热稳定性。铂催化剂主要适用于操作压力 2.5MPa 左右，在较低压力下，这种催化剂的稳定性较差。

② 双金属和多金属催化剂　为了提高芳烃产率或重整汽油的质量，提高催化剂的活性、选择性和稳定性，缓和操作条件，延长运转周期，同时降低催化剂造价，陆续使用双金属或多金属催化剂，例如，铂-铼、铂-铼-钛、铂-锡等催化剂，取代原来的单铂催化剂。双金属催化剂的优点是：对热稳定性好，对结焦敏感性差，对原料适应性强，使用寿命长等。多金属催化剂可使稳定性进一步改善，操作温度降低，芳烃产率和液收率较高等。

(4) 重整催化剂的失活与再生

① 催化剂的失活　重整催化剂失活的主要原因有：

a. 由于反应生成的积炭覆盖在催化剂活性组分上面，使活性组分失去作用；

b. 催化剂活性组分为杂质污染中毒；

c. 在高温作用下催化剂金属活性组分晶粒聚集变大或分散不均匀；

d. 在高温下催化剂载体的孔结构发生变化而使表面积减小。

② 催化剂的再生　重整催化剂再生包括下列几个环节：

a. 烧炭　在适当的氧浓度（0.3%～0.8%）下烧去催化剂上的积炭。既要尽量提高烧炭速度以缩短烧炭时间，又不能使温度过高，以保证催化剂结构免遭破坏。

b. 氯化更新　加入氯化物（如二氯乙烷、三氯乙烷等）使金属在高温下充分氧化，形成可以自由移动的化合物，其目的是使聚集的活性金属重新均匀分散，并补充所损失的氯组分，提高催化剂的性能。

c. 还原　将氯化更新后的氧化态催化剂还原为金属态催化剂。还原剂为氢气。除此之外，如果催化剂被硫污染，在烧炭前还要进行临氢系统脱硫。

3.4.1.2　催化重整的工艺流程

重整工业装置主要包括原料油预处理、重整反应、产品后加氢和稳定处理几个部分。生产芳烃为目的的重整装置还包括芳烃抽提和芳烃分离部分。

(1) 重整原料油预处理部分　重整原料预处理过程包括预分馏、预脱砷和预加氢等几个部分。

① 预分馏　预分馏的目的是根据目的产品要求对原料进行精馏切取适宜的馏分。例如，生产芳烃时，切除<60℃的馏分；生产高辛烷值汽油时，切除<80℃的馏分。原料油的干点一般由上游装置控制，也有的通过预分馏切除过重的组分。预分馏过程中也同时脱除原料油中的部分水分。

② 预脱砷　砷能使重整催化剂严重中毒失活，因此要求进入重整反应器的原料油中砷含量不得高于 1ppb（10^{-9}）。常压塔顶油中的砷含量较高时，仅仅依靠常规的预加氢难于达到脱砷要求，必须经过预脱砷。若从常压塔顶来的原料油含砷量较低，例如<100ppb，则

可不经预脱砷，只需经过预加氢便可达到要求。常用的预脱砷方法有：

a. 吸附预脱砷　以硅酸铝小球裂化催化剂作为吸附剂，原料油在常温常压下一次或循环通过吸附剂床层，大部分砷化合物吸附在硅酸铝小球催化剂上而被脱除，然后再进行预加氢脱砷，使砷含量达到要求的标准。

b. 加氢预脱砷　将含砷化合物加氢分解出金属砷，然后砷吸附在催化剂上被除去。预脱砷所用催化剂是钼酸镍加氢催化剂，该催化剂对有机砷具有很强的吸附力，其砷容量可达4.5%（质量分数）。

c. 化学氧化脱砷　原料油与氧化剂接触，砷化合物被氧化后经分馏或水洗被分离出去。常用的氧化剂有过氧化氢异丙苯和高锰酸钾。

③ 预加氢　预加氢的目的是脱除原料油中的杂质。其原理是在催化剂和氢的作用下，使原料油中的硫、氮和氧等杂质分解，分别生成 H_2S、NH_3 和 H_2O。烯烃加氢可生成饱和烃。砷、铅等重金属化合物在预加氢条件下进行分解，并被催化剂吸附除去。预加氢所用催化剂是钼酸钴或钼酸镍。通常原料油含砷量在 100～200ppb 时，经预加氢后砷含量可降至 1～2ppb 以下。

④ 重整原料的脱水及脱硫　预加氢过程得到的生成油中尚溶解有 H_2S、NH_3 和 H_2O 等，为了保护重整催化剂，必须除去这些杂质。脱除方法有汽提法和蒸馏脱水法，蒸馏法更常用。

⑤ 原料预处理的典型工艺流程　如图 3-39 所示。用泵将原料油抽入装置，先经换热器与预分馏塔底物料换热，随后进入预分馏塔进行预分馏。预分馏塔一般在 0.3MPa 左右的压力下操作，塔顶温度 60～75℃，塔底温度 140～180℃。

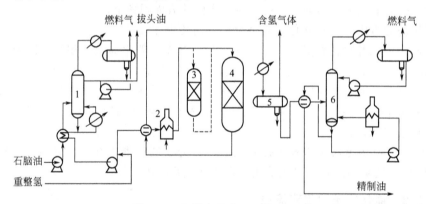

图 3-39　原料油预处理工艺流程

1—预分馏塔；2—加热炉；3—脱砷反应器；4—预加氢反应器；5—油气分离罐；6—汽提塔

预分馏塔顶产物经冷凝冷却后进入回流罐。回流罐顶部不凝气体送往燃料气管网；冷凝液体（拔头油）一部分作为塔顶回流，另一部分送出装置作为汽油调合组分或化工原料。

预分馏塔底设有再沸器，塔底物料一部分在再沸器内用蒸汽或热载体加热后部分气化，气相返回塔底，为预分馏塔提供热量；另一部分用泵从塔底抽出，经与预分馏塔进料换热后，去预加氢部分，与重整反应产生的氢气混合后与预加氢产物换热，再经加热炉加热后进入预加氢反应器（若原料油需预脱砷，则先经脱砷反应器再进预加氢反应器）。

预加氢的反应产物从反应器底流出与预加氢进料换热，再经冷却后进入油气分离罐。从油气分离罐分出的含氢气体送出装置供其他加氢装置使用。

汽提塔一般在 0.8～0.9MPa 压力下操作，塔顶温度 85～90℃，塔底温度 185～190℃，塔顶物料经冷凝冷却后进入回流罐，冷凝液体从回流罐抽出打回塔顶作回流，含 H_2S 的气体从回流罐分出送入燃料气管网。水从回流罐底部分水斗排出。

汽提塔底设再沸器。脱除硫化物、氮化物和水分的塔底物料（即精制油），与该塔进料换热后作为重整反应部分的进料。

（2）重整反应部分 图 3-40 所示为催化重整反应部分工艺流程。经预处理后的精制油，由泵抽出与循环氢混合，然后进入换热器与反应产物换热，再经加热炉加热后进入反应器。由于重整反应是吸热反应以及反应器又近似于绝热操作，物料经过反应以后温度降低，为了维持足够高的温度条件（通常是 500℃ 左右），重整反应部分一般设置 3~4 个反应器串联操作，每个反应器之前都设有加热炉，给反应系统补充热量，从而避免温降过大。最后一个反应器出来的物料，部分与原料换热，部分作为稳定塔底再沸器的热源，然后再经冷却后进入油气分离器。

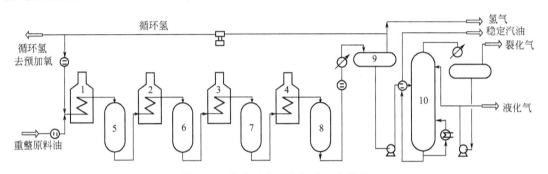

图 3-40 催化重整反应部分工艺流程
1,2,3,4—加热炉；5,6,7,8—重整反应器；9—高压分离器；10—稳定塔

从高压分离器顶分出的气体含有大量氢气 85%~95%（体积分数），经循环氢压缩机升压后，大部分作为循环氢与重整原料混合后重新进入反应器，其余部分去预加氢部分。

上述流程采用一段混氢操作，即全部循环氢与原料油一次混合进入反应系统。有的装置采用两段混氢操作，即将循环氢分为两部分，一部分循环氢直接与重整进料混合，另一部分循环氢从第二反应器出口加入，这种操作可减小反应系统压降，有利于重整反应，并可降低动力消耗。

油气分离器底分出的液体与稳定塔底液体换热后进入稳定塔。稳定塔的作用是从塔顶脱除溶于重整产物中的少量气体烃和戊烷。以生产高辛烷值汽油为目的时，重整汽油从稳定塔底抽出经冷却后送出装置。

以生产芳烃为目的时，反应部分的流程稍有不同，即在稳定塔之前增加一个后加氢反应器，先进行后加氢再去稳定塔。这是由于加氢裂化反应使重整产物中含有少量烯烃，会使芳烃产品的纯度降低。因此，将最后一台重整反应器出口的生成油和氢气经换热送入后加氢反应器，通过加氢使烯烃饱和。后加氢催化剂为钼酸钴或钼酸镍，反应温度为 330℃ 左右。

（3）芳烃抽提部分 图 3-41 所示为芳烃抽提工艺流程，抽提溶剂为二乙二醇醚或三乙二醇醚，由抽提、汽提分离、溶剂回收三部分组成。

① 抽提　重整生成油从抽提塔中部进入，与从塔顶喷淋而下的溶剂充分接触，由于二者密度相差较大，在塔内形成逆流抽提。塔下部注入从汽提塔顶抽出的芳烃（纯度 70%~80%）作为回流，以提高产品纯度。富含芳烃的溶剂沉降在塔下部，称提取物（或富溶剂），自塔底流出去汽提塔。非芳烃（称提余物）从塔顶排出去非芳烃水洗塔。塔内温度维持在 120~150℃ 左右。压力为 0.8MPa，溶剂比 12~17，回流比为 1.1~1.4。

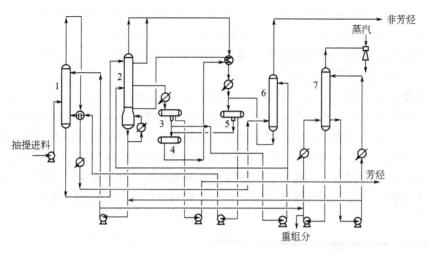

图 3-41 芳烃抽提工艺流程
1—抽提塔；2—汽提塔；3—抽出芳烃罐；4—汽提水罐；5—回流芳烃罐；6—非芳烃水洗塔；7—溶剂再生塔

② 提取物汽提　来自抽提塔底含有溶剂和芳烃的提取物，经调节阀降压后进入汽提塔顶部。从汽提塔顶蒸出的回流芳烃冷凝后进入回流芳烃罐，在罐内回流芳烃与汽提水分离，回流芳烃用泵抽出经换热后打入抽提塔底作回流，以提高芳烃提抽的选择性。

芳烃以蒸气形态从汽提塔中部流出，经冷凝后进入抽出芳烃罐，分出水后用泵送往芳烃精馏部分。

从芳烃罐分出的水，一部分打入非芳烃水洗塔顶洗涤非芳烃和作汽提塔中段回流；另一部分则与从回流芳烃罐分出的水一起进入汽提水罐，然后用泵抽出与汽提塔顶回流芳烃换热汽化后进入汽提塔底作汽提蒸汽。

汽提塔底设有再沸器，塔底出来的溶剂一部分经再沸器后返回汽提塔；另一部分用泵抽出打入抽提塔顶。

③ 溶剂回收　从抽提塔顶出来的非芳烃（抽余油），经换热冷却后进入非芳烃水洗塔，用水洗去所含溶剂，非芳烃从塔顶引出装置，水从塔底流出进汽提水罐。

为防止溶剂中老化产物的积累，从循环溶剂中引出一部分送入溶剂再生塔进行减压再生，再生后的溶剂循环使用，间断地从塔底排出一部分重组分。

(4) 芳烃精馏部分　如图 3-42 所示，来自抽提部分的芳烃先经换热和加热后进入白土吸附塔，用白土吸附法除去其中的不饱和烃，从白土吸附塔底出来的混合芳烃与进料换热后进入苯蒸馏塔。由于塔顶产物中仍可能含有少量轻质非芳烃，因此通常从塔上部侧线抽出苯，经冷却后送出装置。塔顶产物冷凝后进入回流罐，然后用泵打回塔内作回流。苯塔底用再沸器加热。从苯塔塔底流出的物料再依次进入甲苯蒸馏塔和二甲苯蒸馏塔，各塔底均设有再沸器以提供热源，从甲苯蒸馏塔顶得到甲苯，从二甲苯蒸馏塔顶得到二甲苯，重芳烃则从二甲苯蒸馏塔底流出。

3.4.1.3 催化重整反应器

催化重整反应器是催化重整装置的关键设备，按物料在反应器的流向可分为轴向和径向两种结构形式。

(1) 轴向反应器　图 3-43 所示为重整轴向反应器结构示意图。反应器为圆筒形，壳体内衬有耐热水泥层，里面另有一层合金钢衬套。两者的作用在于防止高温氢气对碳钢壳体的

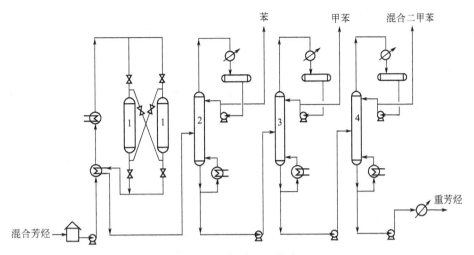

图 3-42　芳烃精馏工艺流程

1—白土吸附塔；2—苯蒸馏塔；3—甲苯蒸馏塔；4—二甲苯蒸馏塔

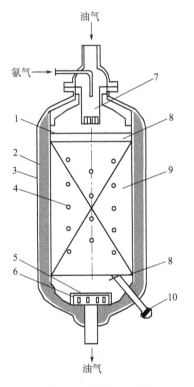

图 3-43　轴向反应器

1—合金钢衬套；2—耐火水泥层；3—碳钢壳体；
4—测温点；5—钢丝网；6—油气出口集合管；7—分配头；
8—惰性瓷球；9—催化剂；10—催化剂卸出口

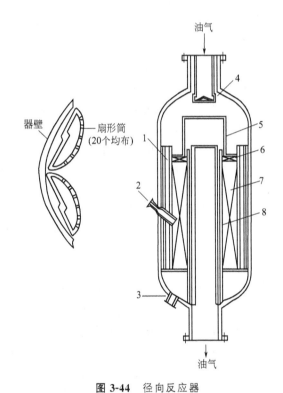

图 3-44　径向反应器

1—扇形筒；2—催化剂取样口；3—催化剂
卸料口；4—分配器；5—中心管罩帽；
6—瓷球；7—催化剂；8—中心管

腐蚀。油气进入反应器时通过一个分配头，使原料气均匀分布于整个床层截面。油气出口集合管上罩有钢丝网，以防止催化剂粉末被带入后路设备或管线中。

催化剂填满整个反应器，床层上下装有惰性瓷球以防止操作波动时床层催化剂跳动而引起催化剂破碎，同时也有利于气流均匀分布。

轴向反应器结构简单，但催化剂床层厚，物料通过时压力降比较大。

(2) 径向反应器 图 3-44 所示为径向反应器结构示意图。径向反应器是一种新型的重整反应器。与轴向反应器比较，突出的特点是床层压降低，主要是由于气流以较低的流速沿径向通过较薄的催化剂床层。

反应原料油气从顶部进入，经分配器后进入沿壳壁布满的扇形筒内，从扇形筒的小孔出来沿径向通过催化剂床层，反应产物从中心管的许多小孔进入中心管，然后从中心管下部导出。

径向反应器应用于铂-铼等双、多金属重整很有利，其缺点是结构复杂。

3.4.2 加氢精制

加氢精制工艺是在一定的温度和压力、有催化剂和氢气存在的条件下，使油品中的各类非烃化合物发生氢解反应，进而从油品中脱除，以达到精制油品的目的。

目前我国加氢精制技术主要用于二次加工汽油和柴油的精制，例如用于改善焦化柴油的颜色和安定性；提高渣油催化裂化柴油的安定性和十六烷值；从焦化汽油制取乙烯原料或催化重整原料。也用于某些原油直馏产品的改质和劣质渣油的预处理，如直馏喷气燃料通过加氢精制提高烟点；减压渣油经加氢预处理，脱除大部分的沥青质和金属，可直接作为催化裂化原料。

3.4.2.1 加氢精制的基本原理

(1) 加氢精制的主要反应 加氢精制过程中的主要化学反应是加氢脱硫、加氢脱氮、加氢脱氧、烯烃的加氢饱和以及加氢脱金属等。

含硫、含氮、含氧等非烃化合物与氢发生氢解反应，分别生成相应的烃和硫化氢、氨和水，很容易从油品中除去。这些氢解反应都是放热反应，但这几种非烃化合物的反应能力不同，其中含硫化合物的加氢分解能力最大，含氮化合物最小，含氧化合物居中，例如：在一定的条件下对焦化柴油进行加氢精制，脱硫率达90%时，脱氮率仅为40%。换句话说，要达到相同的脱硫率和脱氮率，则脱氮所要求的精制条件比脱硫要苛刻得多。

几乎所有的金属有机化合物在加氢精制条件下都被加氢和分解，生成的金属沉积在催化剂表面上，会造成催化剂的活性下降，并导致床层压降升高。所以加氢精制催化剂要周期性地进行更换。

在各类烃中，烷烃和环烷烃很少发生反应，而大部分的烯烃与氢反应生成烷烃。

加氢精制产品的特点是质量好，包括安定性好、无腐蚀性，液体收率高。

(2) 加氢精制催化剂 加氢精制催化剂的种类很多，目前广泛采用的有：氧化铝为载体的钼酸钴（Co-Mo-γAl$_2$O$_3$），氧化铝为载体的钼酸镍（Ni-Mo-γAl$_2$O$_3$），氧化铝为载体的钴酸镍（Mo-Co-Ni-γAl$_2$O$_3$），氧化铝-氧化硅为载体的钼酸镍（Ni-Mo-γAl$_2$O$_3$-SiO$_2$）。

加氢精制催化剂在使用前必须进行预硫化，以提高催化剂的活性，延长其使用寿命；在使用一段时间后要进行再生，在严格控制再生条件下，烧去催化剂表面沉积的焦炭。

(3) 氢气的质量要求 加氢精制工艺耗氢量较少，要比同样规模的加氢裂化少很多，通常采用重整副产氢气。在加氢精制装置中有大量的氢气进行循环，叫做循环氢。

氢的纯度越高，对加氢反应越有利；同时可减少催化剂上的积炭，延长催化剂的使用期限。因此，一般要求循环氢的纯度不小于65%（体积分数），新氢的纯度不小于70%（体积分数）。

氢气中常含有少量的杂质气体，如氧、氮、一氧化碳、二氧化碳以及甲烷等，它们对加氢精制反应和催化剂是不利的,必须限制其含量。

3.4.2.2 加氢精制的工艺流程

加氢精制的工艺流程因原料而异,但基本原理是相同的,如图 3-45 所示,包括反应系统、生成油换热、冷却、分离系统和循环氢系统三部分。

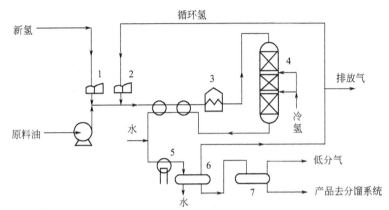

图 3-45 加氢精制典型工艺流程
1—新氢压缩机;2—循环氢压缩机;3—加热炉;4—反应器;5—冷却器;
6—高压分离器;7—低压分离器

(1) 反应系统 原料油与新氢、循环氢混合,并与反应产物换热后,以气液混相状态进入加热炉(这种方式称炉前混氢,也有在加热炉后混氢的,称为炉后混氢),加热至反应温度进入反应器。反应器进料可以是气相(精制汽油时),也可以是气液混相(精制柴油或比柴油更重的油时)。反应器内的催化剂一般是分层填装,以利于注冷氢来控制反应温度(加氢精制是放热反应)。循环氢与油料混合物通过每段催化剂床层进行加氢反应。

加氢精制反应器可以是一个,也可以是两个。前者叫一段加氢法,后者叫两段加氢法。两段加氢法适用于某些直馏煤油(如孤岛油)的精制,以生产高密度喷气燃料。此时第一段主要是加氢精制,第二段是芳烃加氢饱和。

(2) 生成油换热、冷却、分离系统 反应产物从反应器的底部出来,经过换热、冷却后,进入高压分离器。在冷却器前要向产物中注入高压洗涤水,以溶解反应生成的氨和部分硫化氢。反应产物在高压分离器中进行油气分离,分出的气体是循环氢,其中除了主要成分氢外,还有少量的气态烃(不凝气)和未溶于水的硫化氢;分出的液体产物是加氢生成油,其中也溶解有少量的气态烃和硫化氢,生成油经过减压再进入低压分离器进一步分离出气态烃等组分,产品去分馏系统分离成合格产品。

(3) 循环氢系统 从高压分离器分出的循环氢经贮罐及循环氢压缩机后,小部分(约30%)直接进入反应器作冷氢,其余大部分送去与原料油混合,在装置中循环使用。为了保证循环氢的纯度,避免硫化氢在系统中积累,常用硫化氢回收系统。一般用乙醇胺吸收除去硫化氢,富液(吸收液)再生循环使用,流程如图 3-46 所示,解吸出来的硫化氢送到制硫装置回收硫黄,净化后的氢气循环使用。

为了保证循环氢中氢的浓度,用新氢压缩机不断往系统内补充新鲜氢气。

石油馏分加氢精制的操作条件因原料不同而异。一般地讲,直馏馏分油加氢精制条件比较缓和,重馏分油和二次加工油品(如焦化柴油等)则要求比较苛刻的操作条件。

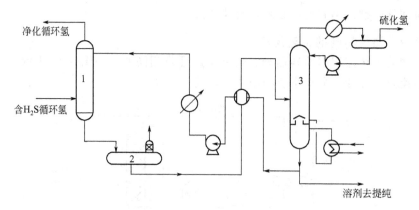

图 3-46　循环氢脱 H_2S 工艺流程
1—吸收塔；2—溶剂贮罐；3—再生塔

3.4.3　异构化、烷基化与甲基叔丁基醚生产

炼油厂汽油馏分主要来自常压直馏、催化裂化、焦化-加氢、重整汽油等。由于环保要求的提高，我国车用汽油标准对汽油产品的辛烷值、烯烃含量及苯含量都做了严格的限制（表3-1），因此对产品汽油的调和条件苛刻。另一方面，炼油厂催裂化与焦化过程产生大量气体，为降低苯生成量，重整过程也将原料油 C_5、C_6 切出，这些轻组分经过合理加工，可以合成出高辛烷值、不含苯及不饱和烃的优质汽油添加成分。

3.4.3.1　异构化

异构化过程是在有催化剂存在下，将正构烷烃转变为异构烷烃的过程。工业上主要用 C_5、C_6 烷烃为原料生产高辛烷值汽油组分。异构化可使轻直馏石脑油的辛烷值提高 10~20 个单位。

(1) 异构化的基本原理　烷烃异构化反应可以用碳正离子机理来解释。反应由催化剂金属组分的加氢脱氢活性和载体的固体酸性协同作用，进行以下反应：

$$\text{正构烷烃} \xrightleftharpoons[]{\text{金属}} \text{正构烯烃} \xrightleftharpoons[]{\text{酸性中心}} \text{异构烯烃} \xrightleftharpoons[]{\text{金属}} \text{异构烷烃}$$

正构烷烃首先靠近具有加氢脱氢活性的金属组分脱氢变为正构烯烃，生成的正构烯烃移烃向载体的固体酸性中心，按照碳正离子机理异构化变为异构烯烃，异构烯烃返回加氢脱氢活性中心加氢变为异构烷烃。

烷烃异构化是微放热反应，低温条件有利于正构体向异构体的转化，从热力学观点出发，烷烃异构化反应需要在较低的温度下进行，以便获得较高辛烷值的异构化汽油。在异构化催化剂反应活性温度条件下，原料中的环烷烃几乎不发生反应，只起稀释剂的作用；苯能很快加氢转化成环己烷；庚烷有少部分裂解为丙烷和丁烷。

(2) 异构化催化剂

① 高温型催化剂　异构化所用的催化剂和重整催化剂相似，是将镍、铂、钯等有加氢活性的金属担载在氧化铝类或泡沸石等有固体酸性的载体上，组成双功能型催化剂。这种双功能型催化剂需在较高的反应温度下使用。高温型双功能型催化剂在戊烷、己烷异构化过程中副反应少、选择性好。但因为在较高的反应温度下才有活性，平衡对异构烷烃的生成不利，单程反应时异构烷烃收率低。

② 低温型催化剂　低温双功能划催化剂是用无水三氯化铝或有机氯化物（如四氯化碳、

氯仿等）处理铂-氧化铝催化剂而制成，具有较好的活性和选择性。低温双功能催化剂具有非常强的路易士酸性中心，可以夺取正构烷烃的负氢离子而生成碳正离子，使异构化反应得以进行。而具有加氢活性的金属组分则将副反应过程中的中间体加氢除去，抑制生成聚合物的副反应，延长催化剂的寿命。

（3）异构化的工艺流程 烷烃异构化工艺流程有多种。图 3-47 所示为一种称为"完全异构化"的工艺流程。异构化是可逆反应，在工业反应条件下平衡转化率并不高。因此，该工艺将未转化的正构烷烃在吸附器中用分子筛选择性吸附分离出来，然后用氢气通过吸附器使被吸附的正构烷烃脱附与循环氢一起返回异构化反应器（两个吸附器切换吸附、脱附）。不被吸附的混合异构烷烃进稳定塔。这样正构烷烃大部分都能异构化，从而使稳定塔底得到的异构化油辛烷值可达 90 以上。完全异构化过程可使汽油前段馏分辛烷值提高约 20 个单位，比一次通过式高 7 个单位，并且受热力学平衡的限制比一次通过式宽松。完全异构化原料不需要进行干燥、脱硫等预处理，而且加工费用低。

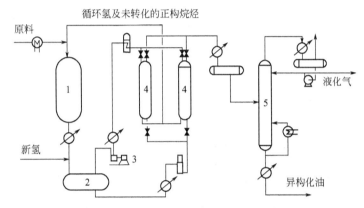

图 3-47 C_5/C_6 烷烃完全异构化工艺流程
1—反应器；2—分离器；3—压缩机；4—吸附器；5—稳定塔

3.4.3.2 烷基化

在催化剂存在下，异丁烷和烯烃的化学加成反应叫做汽油烷基化。利用烷基化工艺可以生产高辛烷值汽油组分——烷基化油，因为其主要成分是异辛烷，所以又叫工业异辛烷，不仅其辛烷值高、敏感性（研究法辛烷值与马达法辛烷值之差）小，而且具有理想的挥发性和清洁的燃烧性，是航空汽油和车用汽油的理想调合组分。近些年来，由于各国车用汽油无铅化或低铅化的进程加快，所以烷基化工艺得到了较大的发展。

（1）烷基化的基本原理 烷基化的原料是异丁烷和丁烯，在一定的温度和压力下（一般是 8～12℃，0.3～0.8MPa）用浓硫酸或氢氟酸作催化剂，异丁烷和丁烯发生加成反应生成异辛烷。在实际生产中烷基化的原料并非是纯的异丁烷和丁烯，而是异丁烷-丁烯馏分。因此反应原料和生成的产物都较复杂。

异丁烷-丁烯馏分中还可能含有少量的丙烯和戊烯，也可以与异丁烷反应。除此之外，原料和产品还可以发生分解、叠合、氢转移等副反应，生成低沸点和高沸点的副产物以及酯类和酸等。因此，烷基化油是由异辛烷与其他烃类组成的复杂混合物，如果将此混合物进行分离，沸点范围在 50～180℃的馏分叫轻烷基化油，其马达法辛烷值在 90 以上；沸点范围在 180～300℃的馏分叫重烷基化油，可作为柴油组分。

工业上广泛采用的烷基化催化剂有硫酸和氢氟酸，与之相应的工艺称为硫酸法烷基化和氢氟酸法烷基化。由于在工艺上各具特点，在基建投资、生产成本、产品收率和产品质量等方面也都很接近，因此这两种方法均被广泛采用。

(2) 烷基化的工艺流程

① 硫酸法烷基化工艺流程　硫酸法烷基化的工艺流程主要包括反应和产物分馏两大部分（图3-48）。

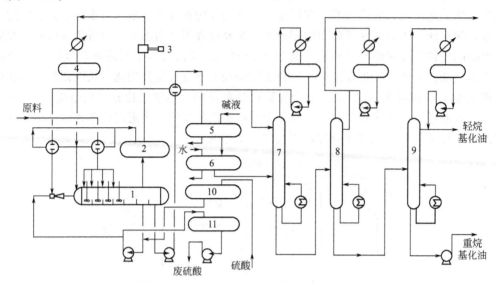

图 3-48　阶梯式反应器硫酸法烷基化工艺流程
1—阶梯式反应器；2—分液器；3—压缩机；4—循环液贮罐；5—碱洗罐；6—水洗罐；
7—反应产物分馏塔；8—正丁烷分馏塔；9—产品再蒸馏塔；10—浓硫酸贮罐；11—废硫酸贮罐

反应部分　炼厂气经气体分馏得到的异丁烷-丁烯馏分（即原料）与异丁烷致冷剂换冷后，分几路平行进入阶梯式反应器的反应段，循环异丁烷与循环酸经混合器混合后进入反应器的第一反应段。反应器由若干个反应段（一般是五个）、一个沉降段和一个产物流出段组成，各段间用溢流挡板隔开。为了保证原料与硫酸能充分混合，使反应进行完全，每一反应段均设有搅拌器。

异丁烷和丁烯在硫酸催化剂的作用下，在各反应段进行烷基化反应，硫酸与原料的体积比（酸烃比）为 (1.0～1.5):1。反应系统中循环异丁烷的作用是抑制烃的叠合等副反应，使反应向着有利于生成理想的 C_8 烷基化油的方向进行，一般反应器进料中异丁烷与烯烃之比（即烷烯比）为 (7～9):1（称为外比），而在反应器内由于有大量的异丁烷循环，此比值为 (300～1000):1（称为内比）。烷基化反应是放热反应，为了维持较低的反应温度，流程中是靠部分异丁烷在反应器中汽化以除去反应热。汽化的异丁烷分离出携带的液体后进入压缩机，压缩后的气体经冷凝后流入冷剂罐，然后再回到反应器。

在反应器内，反应产物和硫酸自流到沉降段进行液相分离，分出的硫酸用酸循环泵送入反应段循环使用。在反应过程中，硫酸浓度逐渐下降，当降到88%时，就需要排出并更换新酸，新酸的浓度为98%～99.5%。从沉降段分离出来的反应产物溢流到最后一段，由此用泵抽出并升压，经碱洗和水洗脱除酸酯和微量酸后，送至产物分馏部分。

产物分馏系统　产物分馏部分由三个塔组成，反应产物首先进入产物分馏塔（也叫脱异丁烷塔），从塔顶分出异丁烷，经冷凝冷却后部分作为塔顶冷回流，其余返回反应器循环使用；塔底物料进入正丁烷分馏塔。塔顶分出的正丁烷经冷凝冷却后部分作为塔顶回流，另一部分送出装置；塔底物料进入产品再蒸馏塔，塔顶分出的轻烷基化油经冷凝冷却后，部分作为塔顶回流，部分经碱洗、水洗后送出装置作为高辛烷值汽油的调合组分；塔底为重烷基化油。

② 氢氟酸法烷基化工艺流程　以氢氟酸作催化剂，异丁烷可与丙烯、丁烯、戊烯或沸点更高的烯烃进行烷基化反应，其中丁烯或丙烯-丁烯混合物是最常用的烯烃原料。

氢氟酸法烷基化工艺流程如图 3-49 所示。异丁烷和烯烃在反应器中与氢氟酸接触后，在沉降罐内反应产物沉降分离，氢氟酸循环回反应器，同时有一部分氢氟酸在再生塔内再生。沉降罐上部出来的产品在脱异丁烷塔内脱除异丁烷和较轻的组分。脱异丁烷塔底产品为烷基化油，脱异丁烷塔顶的气体送去脱丙烷塔，而丙烷在脱氢氟酸塔内脱除酸后送出装置。

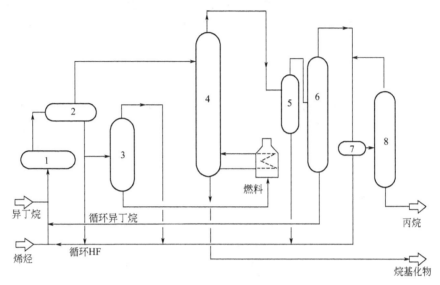

图 3-49　氢氟酸法烷基化工艺流程
1—反应器；2,5,7—HF 沉降罐；3—HF 再生塔；4—脱异丁烷塔；6—脱丙烷塔；8—脱 HF 塔

为了抑制副反应，氢氟酸法也采用大量异丁烷循环，异丁烷与烯烃的外比约 5～10，内比约 500～1000。

氢氟酸法烷基化采用的反应温度可高于室温，这是因为它的副反应不如硫酸法剧烈，而且氢氟酸对异丁烷的溶解能力也较大。由于反应温度不低于室温，因此不必像硫酸法那样要采用冷冻的办法来维持反应温度，从而大大简化了工艺流程。

3.4.3.3　甲基叔丁基醚的生产

甲基叔丁基醚（简称 MTBE）是汽油添加剂的主要产品，汽油中添加上述醚类后，不仅能提高汽油的辛烷值（MTBE 研究法辛烷值可达 118），而且还能降低发动机排气中 CO 含量。生产成本（达相同辛烷值汽油）仅为烷基化汽油的 80%。

(1) 合成 MTBE 的基本原理　MTBE 由甲醇与异丁烯在磺酸型离子交换树脂的催化作用下合成。该合成反应是一个可逆放热反应：

$$CH_3-C(CH_3)=CH_2 + CH_3OH \rightleftharpoons CH_3-C(CH_3)_2-O-CH_3$$

在实际生产中，常以混合 C_4 作烷基化剂，其中异丁烯含量在 10%～50% 之间，其余为正丁烷和正丁烯等惰性组分。这些惰性组分对主反应无不利影响，未反应的 C_4 作为下游烷基化装置进料，生产烷基化油。

除此之外，还有下列副反应发生：

$$2CH_3-C(CH_3)=CH_2 \longrightarrow CH_3-C(CH_3)_2-CH_2-C(CH_3)=CH_2$$

$$CH_3-C(CH_3)=CH_2 + H_2O \longrightarrow CH_3-C(CH_3)_2-OH$$

$$2CH_3OH \longrightarrow CH_3-O-CH_3 + H_2O$$

生成的这些副产物会影响产品的纯度和质量，因此要控制合适的反应条件，减少反应的产生。由于催化剂是强酸型阳离子交换树脂，为了维持催化剂的活性及减少副反应的发生，要求原料中的金属阳离子含量小于1ppm，且不含碱性物质及游离水等。

合成MTBE反应温度37～93℃。为求高转化率，甲醇应适当过量（$n_{甲醇}/n_{异丁烯}$＝1.05～1.2），此时异丁烯的单程转化率可达90%～97%。MTBE合成一般采用大孔磺酸树脂为催化剂。

(2) 合成MTBE的催化精馏流程 合成MTBE有多种流程。图3-50所示为利用催化反应精馏技术生产MTBE的工艺流程。原料中的异丁烯可以完全转化，其中99%转变为MTBE，产品中w_{MTBE}＝98%～99%，$w_{甲醇}$＜1%，其他杂质为叔丁醇和C_4共聚物。

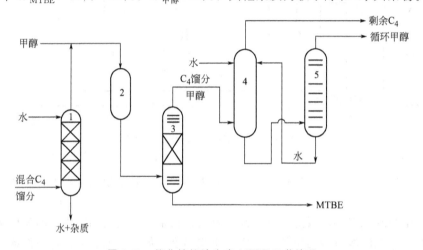

图3-50 催化精馏法生产MTBE工艺流程
1—水洗塔；2—保护塔；3—催化反应精馏塔；4—水吸收塔；5—甲醇回收塔

水洗塔和保护塔是将原料中的杂质，如金属离子、胺类等阳离子物质脱除，这些杂质会使酸性离子交换树脂中毒。

甲醇和异丁烯在催化反应精馏塔中部进行反应生成MTBE，同时通过分段控制塔内压力，使塔底部分包括反应段的操作在高于塔顶压力下进行，C_4与过量的甲醇在该塔顶部形成共沸物被蒸出，进入水吸收塔，从塔釜即可得到产品MTBE。

水吸收塔将来自催化精馏塔顶的C_4-甲醇共沸物中的甲醇用水吸收后从塔釜排出，送到甲醇回收塔，从塔顶可得到的纯甲醇循环利用。水吸收塔顶为未反应的不含甲醇的C_4，可分离出正丁烯再利用。甲醇回收塔釜的水返回到水吸收塔上部作吸收用水。

催化反应精馏塔一般可分为三部分，上部为精馏段，中部为反应段，下部为提馏段，其结构如图3-51所示。

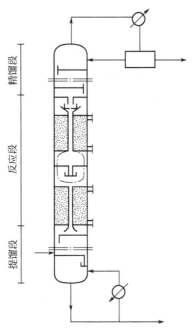

图 3-51　催化精馏塔结构

精馏段和提馏段的结构可以是普通的板式塔，也可以是填料塔，其作用是保证塔顶的 C_4 馏分中不含 MTBE，塔釜 MTBE 产品中不含甲醇、C_4 等。反应段中装有粒径为 0.3～1.0mm 的球形树脂催化剂，由于空隙率很小，如直接堆放在塔内会使物料难以穿过床层，因此通常将催化剂包装在玻璃丝布或不锈钢丝网小包中，再将小包装入反应段。

催化反应精馏工艺把筒式固定床反应器和精馏塔结合在一起，一方面反应放出的热量可以用于产物的分离，节能效果明显；另一方面，由于在反应的同时可以连续移出产品，使反应过程一直向生成 MTBE 的方向进行，最大限度地减少了逆反应和副产物的生成。

● **思考题**

3-1　汽油的馏程范围大约是多少？哪些种类的烃适合于作为汽油组成？

3-2　什么是辛烷值？提高汽油辛烷值有哪些途径？

3-3　什么是十六烷值？哪些因素影响十六烷值？十六烷值是不是越高越好？

3-4　原油中含盐含水对石油加工过程有哪些危害？

3-5　原油蒸馏为什么设置多个侧线采出？

3-6　原油加工为什么要进行减压蒸馏？

3-7　石油蒸馏塔内气液相负荷分布有哪些特点？

3-8　石油加工过程为什么要设置顶回流与中段回流？它有哪些优点？

3-9　丙烷脱沥青的目的是什么？为什么要在带压、加热下进行？

3-10　为什么要进行重质油轻质化？重质油轻质化有哪些途径？

3-11　延迟焦化在炼油工业处于什么地位？它有哪些特点？

3-12　对比研究自由基反应与碳正离子反应类型的机理，并对比分析两种不同机理主导下裂解产物的特点。

3-13 催化裂化催化剂活性成分是什么？催化剂活性的评价方法有哪些？

3-14 催化裂化为什么选择提升管反应器？为什么催化裂化要进行回炼操作？

3-15 催化裂化反应-再生系统的热量传递方式与热量平衡方式是什么？

3-16 加氢裂化催化剂与催化裂化催化剂在组成和功能上有何异同？

3-17 加氢裂化工艺及产品有哪些优点？加氢裂化的劣势在哪？

3-18 催化重整有几种化学反应类型？各反应类型对生产芳烃与提高辛烷值有何贡献？

3-19 请对比催化裂化、催化加氢与催化重整三类催化剂的活性成分及催化途径。

3-20 请整理催化重整的原料、产品、催化剂与反应器类型。

3-21 请认识异构化与催化重整的关系。

3-22 请掌握烷基化的催化剂与反应器类型。

3-23 催化蒸馏生产甲基叔丁基醚具有哪些优点？该工艺如果大型化可能会有哪些困难？

参 考 文 献

[1] 林世雄. 石油炼制工程. 第3版. 北京：石油工业出版社，2000.

[2] 沈本贤. 石油炼制工艺学. 北京：中国石化出版社，2009.

[3] 张建芳，山红红，涂永善. 炼油工艺基础知识. 北京：中国石化出版社，2009.

[4] 《石油和化工工程设计工作手册》编委会. 石油和化工工程设计工作手册：炼油装置工程设计. 东营：中国石油大学出版社，2010.

[5] 程丽华. 石油炼制工艺学. 北京：中国石化出版社，2005.

[6] 陈绍洲，常可怡. 石油加工工艺学. 上海：华东理工大学出版社；1997.

[7] 朱志庆. 化工工艺学. 北京：化学工业出版社，2011.

[8] Jacob A Moulijn, et al. Chemical Process Technology Second Edition. West Sussex：John Wiley & Sons, 2013.

[9] 中国国家标准化管理委员会. GB 17930—2006 车用汽油, 2011.

第 4 章

基本有机化工典型产品生产工艺

4.1 概述

基本有机化工即基本有机化学工业,它的任务是利用自然界中大量存在的石油、煤、天然气及生物质等资源,通过化学加工的方法生产烃、醇、醚、醛、酮、羧酸、酯、环氧化物、烃的卤素衍生物及有机含氮化合物等基本有机化工产品。其中,烃类产品主要指乙烯、丙烯、丁二烯、乙炔、苯、甲苯、二甲苯、苯乙烯和萘等,此类产品属于重要的有机化工基础原料产品,市场需求量很大。这些基础原料经过各种化学加工可以制成品种繁多、用途非常广泛的有机化工产品。基本有机化工工艺是针对这些基础原料的生产或由基础原料生产其他基本有机产品的化工生产技术。

基本有机化工最早是以煤和生石灰为原料生产电石,再由电石生产乙炔发展起来的。通过乙炔可以生产多种基本有机化工产品,如乙醛、乙酸、丙酮、氯乙烯等。随着石油和天然气的开采,出现了以石油和天然气为原料制取基本有化工产品的石油化学工业。20 世纪初,人们发现石油馏分经过高温裂解,可以制备大量的乙烯、丙烯以及相当数量的丁二烯、苯、甲苯等基础有机化工产品,从而开辟了比从乙炔出发制取更多基本有化工产品的更先进的新原料技术路线。目前,国际上 75% 的有机化工产品是以石油、天然气为原料生产的。

我国化学工业是在十分薄弱的基础上起步的,1949 年底,全国有机化工原料的总产量仅 900t。20 世纪 50 年代开始从国外引进石油化工装置,70 年代北京燕山和上海金山两个大型石化企业的建设使我国石化工业初具规模。目前,我国石油化工产业已经建立了较完整的体系,能够生产从基本化工原料直到最终商品的全过程化工产品,生产装置涵盖了基本有机化工、高分子化工、精细化工、无机化工等领域,部分化工产品的生产能力如乙烯和化肥等已经位于世界前列。以化工行业最具代表性的乙烯装置为例,我国仅次于美国,位居世界第二。预计到 2015 年乙烯年产能将达到 2700 万吨/年,丙烯产能将达到 2200 万吨,对二甲苯产能也将增至千万吨以上。

通过乙烯这一基本有机化工原料可以生产聚乙烯、聚氯乙烯、环氧乙烷/乙二醇、二氯乙烷、苯乙烯、聚苯乙烯、乙醇、醋酸乙烯等多种国民经济各个部门所需的产品,它的发展带动着整个有机化工产品的发展,因此,乙烯产量已经成为衡量一个国家石油化学工业发展水平的标志。

(1) 基本有机化学工业的特点 100多年来，随着科学技术的进步和环保意识的增强，基本有机化工形成了独立的工业部门，生产特点和技术发展主要体现在以下几个方面。

① 生产装置规模大型化，产品品种多　为了降低生产成本，提高市场竞争力，有机化工装置规模越来越大。装置大型化使公用工程费用极大地降低，设备折旧费、操作费也随之降低，从而大大降低了生产成本。当规模大到一定时，能量利用更合理，副产物也便于综合利用，并利于企业经济效益的提高。目前正在建设的乙烯装置年生产能力大多在80万吨/年或更高，新建聚丙烯装置规模已达1500~2000t/d，最大的合成氨装置规模已经达3300t/d。

② 炼油-化工一体化　炼油与石油化工的原料均是石油，炼油企业在生产燃料油的同时向工厂企业提供原料。新建的大型石油化工企业大多数均为炼油-化工一体化综合装置，包括了从炼油装置和下游化工产品的生产装置（如聚乙烯、聚丙烯、乙二醇装置等）。这种模式既优化了资源利用效率，提高了产品附加值，也大幅度降低了库存、储运、公用工程、营销等费用，有利于应对市场和原料的波动，实现企业效益最优化。

③ 加工技术综合化、先进化　生产技术的进步集中在装置大型化、能量综合利用优化、设备结构优化、运行操作参数优化和控制系统优化等领域。新的工艺技术、新的催化剂等不断出现，使得综合能耗指标降低，生产效率、原料消耗定额、工厂检修周期等不断得到优化。

④ 环境友好型石油化工装置　传统的石油化工装置存在高耗能、高污染、高风险等问题，从可持续发展、保护生态环境及消除环境污染角度出发形成了大量新理念和新技术，据此对化工装置进行全面深入分析和优化，可显著降低发生安全风险的可能性，大幅度降低污染物排放指标。环境友好型化工厂将成为今后技术发展主要方向之一，"绿色化工"将会普及。

(2) 基本有机化学工业的原料和主要产品

① 基本有机化学工业的原料　19世纪中叶以来，生产有机化工产品的原料经历了显著的变化。除最初的以动植物原料外，煤干馏的副产品焦油开始成为重要原料，并发展成为以煤为基础的一类有机化学工业。19世纪电炉法生产碳化钙工艺，开辟了以煤经乙炔生产乙醛、醋酸等化工原料及合成材料的煤化工路线，并在相当长的时间内占据有机化工的重要位置。

20世纪初，石油工业的快速发展促进了有机化工从煤化工转化为石油化工，并且很快占据了主导地位。由于高分子化学及合成化学的快速进步对原料的需求量快速提高，50年代初各国竞相发展以石油为原料的基本有机化学工业，一些重大的石油化工科学技术相继研发成功，推进了石油化学工业的迅速发展，使基本有机化学工业的原料由煤转向石油，并逐渐形成了以石油和天然气为原料，通过乙烯、丙烯等合成大多数有机化工产品的"现代石油化学工业"。在短短的20多年中，无论是产品的品种或是生产规模方面都得到了前所未有的发展。

20世纪70年代以来，受能源危机的影响，石油价格大幅上涨，除直接影响燃料消耗外，也对基本有机化工原料的结构产生了深刻影响，并在世界范围内开展了开发新原料的研究工作。随着碳一化学技术的发展，使储量巨大的煤在基本有机化学工业中的地位又一次得到提高。但是，由于存在经济性和原料输送等问题，碳一化学技术的开发和应用受到一定限制，尤其在生产大量的基本有机化工产品方面。同时受到重视的还有普遍分布的生物质，它和煤又成为了化工原料的两个重要来源。

预计未来的50年，有机化工原料将会是石油、天然气、煤炭和生物质等化工原料多元化共同发展与竞争的局面，并将大大促进化学工业科学技术的进步。随着国际上页岩气等开采和利用技术的不断提高与进步，页岩气在未来有可能成为又一新的化工原料来源。

② 基本有机化学工业的主要产品　从石油、天然气和煤等自然资源出发，经过化学加工可以得到种类繁多、用途广泛的有机化工产品，其中甲烷、乙烯、丙烯、丁二烯、苯、甲苯、二甲苯、合成气、乙炔等产品也是有机化工的基础原料，需求量大产量大。

碳一系统产品　碳一原料包括天然气和合成气两大类。图 4-1 和图 4-2 分别是以天然气和合成气为原料生产的主要化工产品，还包括以甲醇为原料生产的化工产品。

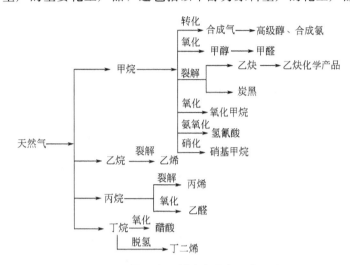

图 4-1　以天然气为原料生产的主要化工产品

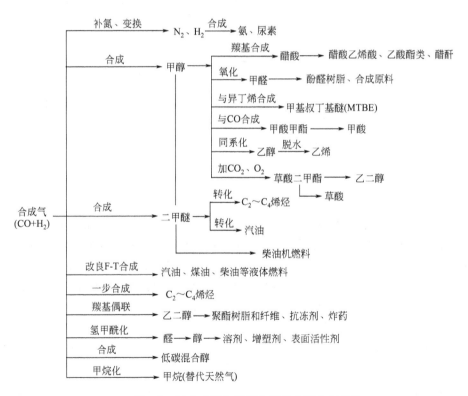

图 4-2　以合成气为原料生产的主要化工产品

乙烯系统产品　以乙烯为原料，经过化学加工可以生产多种重要的基本有机化工产品，如图 4-3 所示。几十年来，乙烯原料的用途分配发生了较大变化，20 世纪 80 年代主要产品是聚乙烯（42.5%）、环氧乙烷（16.8%）、二氯乙烷（14.4%）、苯乙烯（8.2%）、醋酸乙烯和乙醛（18.1%）等；2013 年，我国乙烯下游主要产品是聚乙烯（55.6%）、环氧乙烷/乙二醇（21.8%）、苯乙烯（10.6%）、聚氯乙烯（12%，国内基本为煤头路线）。随着我国经济的快速发展，今后国内市场由于对聚乙烯、乙二醇、聚氯乙烯、聚苯乙烯等的需求继续增长，乙烯将继续呈现供不应求的局面。

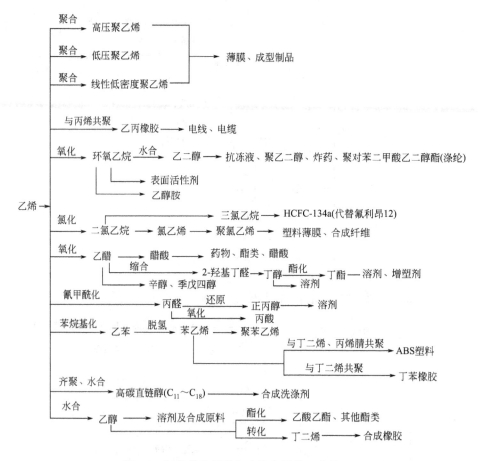

图 4-3　以乙烯为原料生产的主要化工产品

丙烯系统产品　在基本有机化学工业中，以丙烯为原料制备化工产品的重要性仅次于乙烯系统的产品，20 世纪 80 年代我国丙烯用于制备化工产品的分配比例为，聚丙烯（33%）、丙烯腈（14.5%）、环氧丙烷（14%）、异丙苯（9.5%）、异丙醇（7.7%）、氢甲酰化制醇（7.3%）、其他（14%）。2013 年，我国丙烯主要用于生产聚丙烯、丙烯腈、丁/辛醇、环氧丙烷、丙烯酸、苯酚/丙酮等，其中聚丙烯占据首位，产量达 1245 万吨，占丙烯总量的 60%。图 4-4 所示为以丙烯为原料生产的主要化工产品。

碳四烃系统产品　碳四烃中尤以正丁烯、异丁烯和丁二烯最为重要。通过碳四烃制得的主要基本有机化工产品见图 4-5。碳四烃来源丰富，但由于来源不同其组成也不尽相同，都是复杂混合物，必须经过分离才能获得单一碳四原料。从油田气、炼厂气（包括石油液化气）和烃类裂解制乙烯副产品中可以获得碳四烃的混合物，其中油田气主要含有碳四烷烃；炼厂气除碳四烷烃外，还含有大量碳四烯烃。

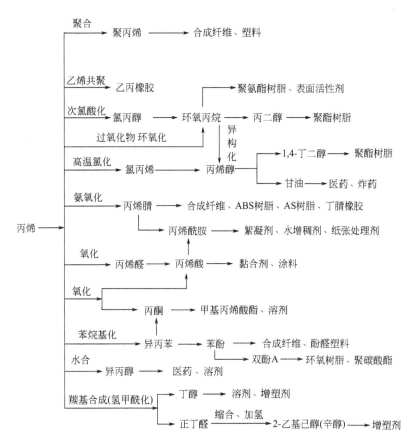

图 4-4 以丙烯为原料生产的主要化工产品

芳烃系统产品 芳烃中以苯、甲苯、二甲苯和萘最为重要。苯、甲苯和二甲苯不仅可以直接作为溶剂,而且可以进一步加工成各种基本有机化工产品。图 4-6 是以芳烃为原料生产的主要化工产品。

乙炔系统产品 乙炔以煤和生石灰为原料制取,作为化工原料在 20 世纪 50 年代以前在化学工业中占有非常重要的地位,由乙炔生产的主要产品有乙醛、醋酸、氯乙烯、醋酸乙烯(又称醋酸乙烯酯)和丙烯腈等。但是随着石油化工的兴起,这些产品逐渐转向以乙烯为原料生产。图 4-7 所示为以乙炔为原料制备的主要化工产品。

4.2 烃类热裂解

由于自然界中不存在烯烃,因此,工业上获取低级烯烃的主要方法是将烃类原料进行热裂解。烃类热裂解通常是指在高温和隔绝空气的条件下,烃类原料中的烃分子发生脱氢或碳链断裂反应,生成相对分子质量较小的乙烯、丙烯等烯烃和烷烃,还联产丁二烯和 C_5 及其以上的基本有机化工产品的反应过程。

由于乙烯、丙烯、丁烯和丁二烯等低级烯烃分子中存在双键,因此它们的化学性质活泼,能够发生加成、共聚或自聚反应,生成一系列重要的有机化工原料。工业上,以乙烯的需求量最大,它的发展带动了其他有机化工产品的生产,因此,常常将乙烯生产能力的大小作

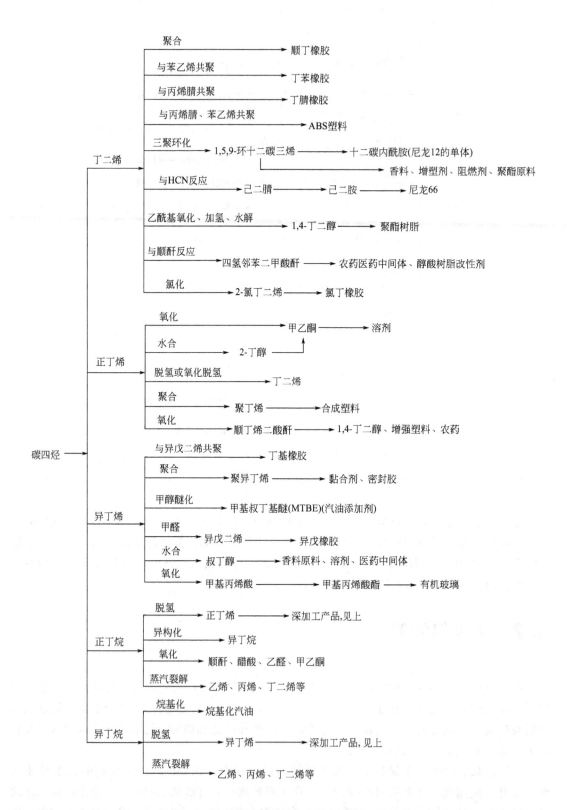

图 4-5 以碳四烃为原料生产的主要化工产品

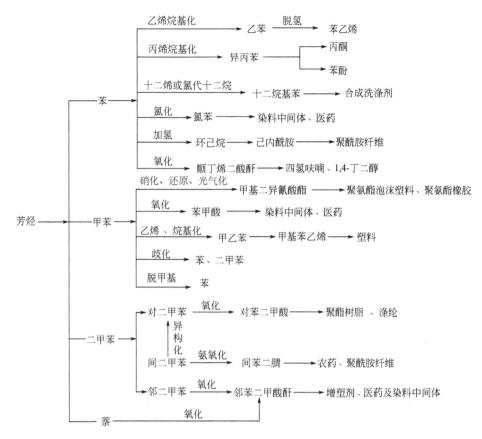

图 4-6 以芳烃为原料生产的主要化工产品

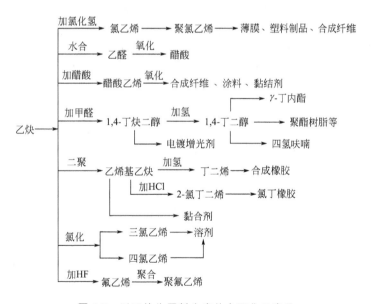

图 4-7 以乙炔为原料生产的主要化工产品

为衡量一个国家或地区石油化工发展水平的标准。

1941 年美国标准石油公司在新泽西建成了全球第一套管式裂解炉蒸汽裂解装置,开创了以乙烯装置为龙头的石油化工历史。20 世纪 60～70 年代,乙烯技术趋向成熟,乙烯产能增长率达到两位数,主要集中在北美。80年代中期至80年代末,乙烯工业发展步伐放缓,从1979年的4600万吨/年增加到1990年的5400万吨/年,北美、西欧和亚太所占比例分别为38.5%、32.2%和15.4%。从1990年开始,又兴起了"乙烯投资热",其中50%以上的新增乙烯产能来自亚太地区,90年代末全球乙烯产能增至9200万吨/年,北美、西欧和亚太所占比例分别为35.1%、23.0%和26.9%,形成了三足鼎立的格局。2000年以来,随着中东国家凭借其廉价资源优势积极发展石化工业,以及以中国、印度等为代表的发展中国家石化工业的崛起,全球乙烯工业正在改变为目前的亚太为主,北美次之,中东、西欧随后的格局,2012年全球乙烯产能约为1.45亿吨,亚太、北美、中东和西欧所占比例分别为30.7%、24.2%、18.0%和17.2%。

我国自20世纪70年代起,先后在北京、上海、辽宁、大连和天津等地建起了一批乙烯生产装置。乙烯产量逐年增加,目前已经成为仅次于美国的世界第二大乙烯生产国。2014年乙烯产量增长率虽然有所下滑,但产量仍是近五年来的最高值达到1704万吨/年。最近十多年间,中国的乙烯工业取得了显著进步,已经成为国民经济的重要产业,带动了精细化工、轻工纺织、汽车制造、机械电子、建材工业以及现代农业的发展。尽管如此,目前国内乙烯产量仍不能满足市场需求。

世界上90%以上的乙烯来自于石油烃类的热裂解,约70%丙烯、90%丁二烯和30%的芳烃均来自裂解装置。以"三烯"(乙烯、丙烯和丁二烯)和"三苯"(苯、甲苯和二甲苯)的总量计,65%的基本有机化工原料来自热裂解装置。

热裂解原料按照常温常压下的物态分为气态烃和液态烃,最早的原料是炼厂气和石脑油。随着裂解技术的不断发展,裂解原料的种类不断增多,逐步发展到馏分油,如轻柴油、重柴油和加氢裂化柴油等。裂解原料基本上是混合物,经过热裂解后的产物仍将是多组分气和液态混合物。气态产物包括乙烯、丙烯和丁二烯等,还包括H_2、甲烷、乙烷、丙烷等;液态产物包括C_5馏分、苯、甲苯和二甲苯及更高分子量的产品。

烃类裂解过程的主要任务是最大可能地生产乙烯,同时联产丙烯、丁二烯以及苯、甲苯和二甲苯等产品。乙烯生产装置的工艺流程大致可分为裂解、急冷、压缩(含净化)、冷分离(含制冷)等单元,图4-8和图4-9所示为烃类裂解生产乙烯丙烯产品的工艺流程简图

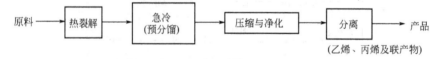

图4-8 烃类裂解生产乙烯丙烯产品的流程简图

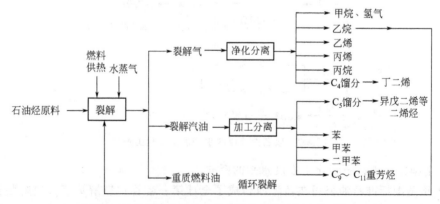

图4-9 烃类裂解工段和分离单元的主要任务和产品

以及裂解和分离单元的主要任务和产品。

4.2.1 烃类热裂解的原理

由于烃类原料是一系列烃的混合物，所以其裂解过程将是十分复杂的反应过程。为了实现乙烯、丙烯收率高，副产物生成少以及能量回收效率高等目标，首先需要了解烃类热裂解反应的规律和裂解反应机理。

烃类物质是由正构烷烃和异构烷烃分子组成的，在加热裂解过程中发生的化学反应有断链、脱氢、二烯合成、异构化、脱氢环化、叠合、歧化、聚合、脱氢交联和焦化等，除生成烯烃和芳烃产物外，还有环烷烃、二烯烃、炔烃、沥青或炭黑等副产物，裂解产物中已经鉴别出来的化合物多达百种以上。即使单一组分原料的裂解，例如乙烷热裂解，其产物中包含了氢、甲烷、乙烯、丙烯、丁烯、丁二烯、芳烃和碳五以上的组分及未反应的乙烷。为了更清楚地说明裂解过程主要中间产物及其变化过程，可以根据图 4-10 做一简要说明。

按照反应进行的先后顺序，可将裂解反应划分为两个阶段，第一阶段是一次反应，即由原料烃类热裂解生成乙烯和丙烯等低级烯烃的反应；第二阶段是二次反应，指由一次反应生成的低级烯烃继续反应生成多种产物，直至最后生成焦或炭的反应。一次反应是生成目的产物的反应，而二次反应不仅消耗原料降低烯烃收率，而且生成的焦或炭会堵塞设备及管道，影响裂解操作的稳定性。因此，在确定生产条件时，既要促进一次反应的进行，同时还应抑制二次反应的发生，确保乙烯、丙烯等目的产物有较高的收率。

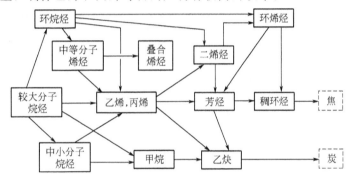

图 4-10 烃类裂解过程中一些主要产物变化示意

4.2.1.1 烃类热裂解的一次反应

烃类热裂解的一次反应产物与裂解原料有关，下面按照原料中烃的类型分别讨论烃类热裂解一次反应的规律。

(1) 烷烃裂解反应

正构烷烃　正构烷烃的裂解反应主要有断链和脱氢反应，对于 C_5 以上的烷烃还可能发生脱氢成环反应。脱氢反应是 C—H 键断裂的反应，生成碳原子数相同的烯烃和氢；断链反应是 C—C 键断裂的反应，产物是碳原子较少的烷烃和烯烃，脱氢和断链反应的通式为：

脱氢反应：　　　$R-CH_2-CH_3 \rightleftharpoons R-CH=CH_2 + H_2$

断链反应　　　$R-CH_2-CH_2-R' \longrightarrow R-CH=CH_2 + RH$

长链正构烷烃可发生环化脱氢反应生产环烷烃。

烷烃脱氢和断链的难易可以从 C—H 和 C—C 键的键能数值大小来判断，但是要知道某烃在给定条件下裂解或脱氢反应能进行到什么程度，则需要通过热力学数据来判断，即根据反应标准自由焓 $\Delta H^{\ominus}$ 和自由能的变化 $\Delta G^{\ominus}$ 作为反应进行难易和深度的判据。表 4-1 和表 4-2 给出了正、异构烷烃的键能数据和正构烷烃在 1000K 时脱氢或断链反应的 $\Delta G^{\ominus}$ 和 $\Delta H^{\ominus}$ 值。

表 4-1 各种键能的比较

碳氢键	键能/(kJ/mol)	碳碳键	键能/(kJ/mol)
H_3C—H	426.8	CH_3—CH_3	346
CH_2CH_2—H	405.8	CH_3—CH_2—CH_3	343.1
$CH_3CH_2CH_2$—H	397.5	CH_3CH_2—CH_2CH_3	338.9
$(CH_3)_2CH$—H	384.9	$CH_3CH_2CH_2$—CH_3	341.8
$CH_3CH_2CH_2CH_2$—H（伯）	393.2	H_3C—$\overset{\overset{CH_3}{\|}}{C}$—$CH_3$ $\underset{\underset{CH_3}{\|}}{}$	314.6
H_3C—$\overset{H_2}{C}$—$\overset{\underset{CH_3}{\|}}{C}H$—$H$（仲）	376.6	$CH_3CH_2CH_2$—CH_2CH_3	325.1
$(CH_3)_3C$—H（叔）	364	$CH_3CH(CH_3)$—$CH(CH_3)CH_3$	310.9
C—H（一般）	378.7		

表 4-2 1000K 时正构烷烃裂解一次反应的 $\Delta G^{\ominus}$ 值和 $\Delta H^{\ominus}$ 值

	反 应	$\Delta G^{\ominus}$(1000K)/(kJ/mol)	$\Delta H^{\ominus}$(1000K)/(kJ/mol)
脱氢	$C_nH_{2n+2} \rightleftharpoons C_nH_{2n} + H_2$		
	$C_2H_6 \rightleftharpoons C_2H_4 + H_2$	8.87	144.4
	$C_3H_8 \rightleftharpoons C_3H_6 + H_2$	−9.54	129.5
	$C_4H_{10} \rightleftharpoons C_4H_8 + H_2$	−5.94	131.0
	$C_5H_{12} \rightleftharpoons C_5H_{10} + H_2$	−8.08	130.8
	$C_6H_{14} \rightleftharpoons C_6H_{12} + H_2$	−7.41	130.8
断链	$C_{m+n}H_{2(m+n)+2} \longrightarrow C_nH_{2n} + C_mH_{2m+2}$		
	$C_3H_8 \longrightarrow C_2H_4 + CH_4$	−53.89	78.3
	$C_4H_{10} \longrightarrow C_3H_6 + CH_4$	−68.99	66.5
	$C_4H_{10} \longrightarrow C_2H_4 + C_2H_6$	−42.34	88.6
	$C_5H_{12} \longrightarrow C_4H_8 + CH_4$	−69.08	65.4
	$C_5H_{12} \longrightarrow C_3H_6 + C_2H_6$	−61.13	75.2
	$C_5H_{12} \longrightarrow C_2H_4 + C_3H_8$	−42.72	90.1
	$C_6H_{14} \longrightarrow C_5H_{10} + CH_4$	−70.08	66.6
	$C_6H_{14} \longrightarrow C_4H_8 + C_2H_6$	−60.08	75.5
	$C_6H_{14} \longrightarrow C_3H_6 + C_3H_8$	−60.38	77.0
	$C_6H_{14} \longrightarrow C_2H_4 + C_4H_{10}$	−45.27	88.8

可以看出，正构烷烃有下面的裂解反应规律。

① 同碳原子数的烷烃，C—H 键能大于 C—C 键能，断链比脱氢容易。

② 随碳链的增长，其键能数据变小，表明热稳定性下降，裂解反应越易进行。

③ 烷烃裂解（脱氢或断链）是强吸热反应，脱氢反应比断链反应吸热值更高，这是由于 C—H 键能大于 C—C 键能所致。

④ 断链反应的 $\Delta G^{\ominus}$ 有较大的负值，是不可逆过程；而脱氢反应的 $\Delta G^{\ominus}$ 是正值或为绝对值较小的负值，属于可逆过程，受化学平衡限制。

⑤ 对于断链反应，从热力学分析可知 C—C 键断裂在分子两端占优；断链所产生的分

子中较小的是烷烃,较大的是烯烃。随着烷烃链的增长,在分子中断裂的可能性有所加强。

⑥ 乙烷不发生断链反应,只发生脱氢反应,生成乙烯和氢;而甲烷在一般裂解温度下不发生变化。

异构烷烃 异构烷烃结构各异,其裂解反应差异较大,与正构烷烃相比有如下特点:
① C—C 键或 C—H 键的键能较正构烷烃的低,故容易裂解或脱氢。
② 脱氢能力与分子结构有关,难易顺序为叔碳氢＞仲碳氢＞伯碳氢。
③ 异构烷烃裂解所得乙烯和丙烯收率远较正构烷裂解所得收率低,而氢、甲烷、C_4 及 C_5 以上烯烃收率较高。
④ 随着碳原子数增加,异构烷烃与正构烷烃裂解所得乙烯和丙烯的收率差异减小。

(2) 烯烃的裂解反应 由于烯烃的化学活泼性,天然石油原料中基本不含烯烃,但是在炼厂气和二次加工油品中含有一定量烯烃。作为裂解的目的产物,烯烃也有可能进一步发生反应,所以为了能控制反应按照所需的方向进行,有必要了解烯烃在裂解过程中的反应类型和规律。烯烃可能发生的主要反应有以下几种。

断链反应 $\qquad C_{m+n}H_{2(m+n)} \longrightarrow C_mH_{2m} + C_nH_{2n}$

脱氢反应 $\qquad C_4H_8 \longrightarrow C_4H_6 + H_2$

$\qquad\qquad C_2H_4 \longrightarrow C_2H_2 + H_2$

歧化反应 $\qquad 2C_3H_6 \longrightarrow C_2H_6 + C_4H_6$

$\qquad\qquad 2C_3H_6 \longrightarrow C_2H_4 + C_4H_8$

$\qquad\qquad 2C_3H_6 \longrightarrow C_5H_8 + CH_4$

烯合成反应（Diels-Alder 反应）

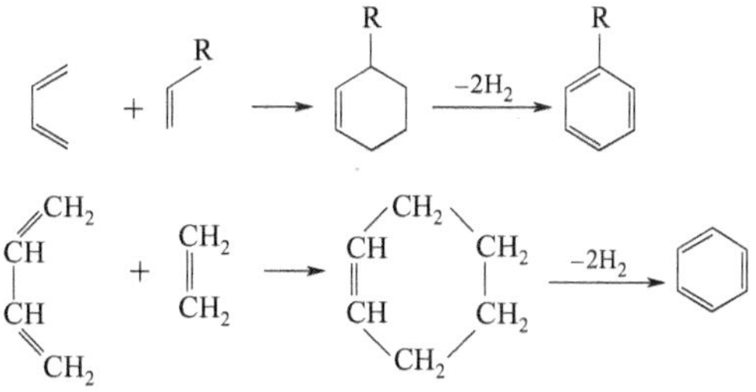

芳构化反应

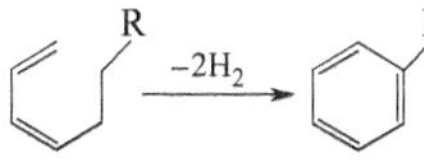

(3) 环烷烃的裂解反应 裂解原料中所含的环烷烃一般是环己烷和带侧链的环戊烷,在高沸点馏分中含有带长侧链的稠环烷烃。在裂解过程中,环烷烃可发生断链开环分解反应或脱氢反应,生成乙烯、丙烯、丁烯、丁二烯、芳烃、环烷烃、单环烯烃、单环二烯烃和 H_2 等产物。一般来说,原料中的环烷烃含量增加,乙烯产率下降,丁二烯、芳烃产率增加。

环烷烃裂解反应

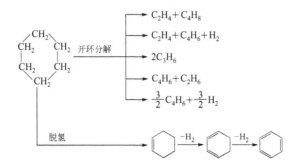

乙基环戊烷

$$\text{乙基环戊烷} \xrightarrow{\text{侧链断裂}} \text{甲基环戊烯} + C_2H_4$$

环烷烃裂解反应的规律如下：
① 环烷烃脱氢生成芳烃的反应优先于断链开环生成烯烃的反应。
② 带侧链环烷烃的裂解首先发生侧链的断链，长侧链的断裂一般从中部开始，而离环近的碳碳键不易断裂，然后发生开环和脱氢反应。带侧链环烷烃较无侧链环烷烃裂解生成的乙烯产率高。
③ 五碳环烷烃较六碳环烷烃难裂解。
④ 环烷烃比链烷烃更易于生成焦油，产生结焦。

(4) 芳烃的裂解反应 芳烃分子中苯环的热稳定性高，不易发生开环反应，而主要发生烷基芳烃的侧链断裂和脱氢反应，以及芳烃缩合生成多环芳烃并进一步成焦的反应。所以，含芳烃多的原料不仅烯烃收率低，而且结焦严重，不是理想的裂解原料。芳烃裂解的反应类型如下：

断侧链反应 $\quad C_6H_5\text{-}C_3H_7 \longrightarrow C_6H_6 + C_3H_6$
$\qquad\qquad\qquad\qquad\quad\; \longrightarrow C_6H_5\text{-}CH_3 + C_2H_4$

侧链脱氢反应 $\quad C_6H_5\text{-}C_2H_5 \longrightarrow C_6H_5\text{-}CH=CH_2 + H_2$

脱氢缩合反应 $\quad 2\,C_6H_6 \xrightarrow{-H_2} C_6H_5\text{-}C_6H_5$

$$2\,C_6H_5CH_3 \xrightarrow{-2H_2} \text{菲} \xrightarrow{-H_2} \text{蒽}$$

4.2.1.2 烃类热裂解的二次反应

烃类热裂解过程的二次反应比一次反应复杂。原料经过一次反应后生成了氢、甲烷、乙烯、丙烯、丁烯、异丁烯、戊烯等，其中的氢和甲烷在该裂解温度下很稳定，而烯烃则可继续发生反应。

(1) 烯烃的裂解 由一次反应生成的较大分子烯烃可以继续脱氢和断链反应生成乙烯、丙烯等小分子烯烃或二烯烃，例如丙烯继续裂解的主要产物是乙烯和甲烷。又例如，戊烯裂解的主要产物是乙烯、丙烯、丁二烯和甲烷。

$$C_5H_{10} \longrightarrow \begin{array}{l} C_2H_4 + C_3H_6 \\ C_4H_6 + CH_4 \end{array}$$

(2) 烯烃的聚合、环化和缩合 烯烃发生聚合、环化和缩合反应生成较大分子的烯烃、二烯烃和芳香烃。如

$$2C_2H_4 \longrightarrow C_4H_6 + H_2$$
$$C_2H_4 + C_4H_6 \longrightarrow C_6H_6 + 2H_2$$
$$C_3H_6 + C_4H_6 \xrightarrow{-H_2} \text{烷基芳烃}$$

生成的芳烃在裂解温度下很容易脱氢缩合生成多环芳烃、稠环芳烃直至转化为焦。

$$2n\,C_6H_6 \xrightarrow{-nH_2} n\,C_6H_5\text{-}C_6H_5 \xrightarrow{-mH_2} (C_6H_4)_{2n} \xrightarrow{-xH_2} \text{稠环芳烃} \xrightarrow{-yH_2} \text{焦}$$

(3) 烯烃加氢和脱氢 烯烃可以加氢生成相应的烷烃

$$C_2H_4 + H_2 \rightleftharpoons C_2H_6$$

反应温度低时,有利于加氢平衡。烯烃也可以脱氢生成二烯烃或炔烃,烯烃的脱氢反应比烷烃的脱氢反应需要更高的温度。

$$C_2H_4 \rightleftharpoons C_2H_2 + H_2$$
$$C_3H_6 \longrightarrow C_3H_4 + H_2$$
$$C_4H_8 \longrightarrow C_4H_6 + H_2$$

(4) 烃分解生炭 表4-3所列为常见烃的完全分解反应及其 $\Delta G^{\ominus}$(1000K)。各种烃分解为碳和氢的 $\Delta G^{\ominus}$(1000K)都是很大的负值,说明它们在高温下不稳定,有很强的分解为碳和氢的趋势。如,乙烯在900~1000℃或更高的温度下进行脱氢反应生成碳,其脱氢过程如下:

$$nC_2H_4 \xrightarrow{-nH_2} nCH\equiv CH \xrightarrow{-nH_2} 2nC(炭)$$

但是,由于动力学上的因素,反应进行的阻力较大,乙炔并不能一步分解为碳和氢而是经过在能量上较为有利的生成乙炔中间阶段。实际上,上述生炭反应只有在高温条件下才可能发生,并且生成的炭不是通过乙炔断键生成的单个碳原子,而是经乙炔脱氢稠合而成的几百个碳原子。

由此可知,结焦与生炭二者的过程机理不同,结焦是在较低的温度下(<1200K)通过芳烃缩合而成,生炭是在较高的温度下(>1200K)通过生成乙炔的中间阶段继续脱氢成为稠合的碳原子。

从上述讨论可知,二次反应中除了较大分子的烯烃裂解增产乙烯外,其余的反应都消耗乙烯,从而降低乙烯的收率,并且可能导致结焦和生炭。

表 4-3 常见烃的完全分解反应及其 $\Delta G^{\ominus}$

烃	烃分解为氢和碳的反应	反应的标准自由焓 $\Delta G^{\ominus}$(1000K)/(kJ/mol)	烃	烃分解为氢和碳的反应	反应的标准自由焓 $\Delta G^{\ominus}$(1000K)/(kJ/mol)
甲烷	$CH_4 \longrightarrow C + 2H_2$	-19.475	丙烯	$C_3H_6 \longrightarrow 3C + 3H_2$	-245.618
乙炔	$C_2H_2 \longrightarrow 2C + H_2$	-170.355	丙烷	$C_3H_8 \longrightarrow 3C + 4H_2$	-191.444
乙烯	$C_2H_4 \longrightarrow 2C + 2H_2$	-119.067	苯	$C_6H_6 \longrightarrow 6C + 3H_2$	-259.890
乙烷	$C_2H_6 \longrightarrow 2C + 3H_2$	-110.750	环己烷	$C_6H_{12} \longrightarrow 6C + 6H_2$	-435.92

4.2.1.3 烃类热裂解反应机理和动力学

烃类热裂解过程的反应机理就是在高温条件下原料烃进行裂解反应的具体历程。经过长期的研究,已经明确烃类热裂解反应机理属于 F.O.Pice 的自由基反应机理,反应由链引发(自由基产生)、链增长过程(或称链传递)和链终止(自由基消亡生成分子)三个基本阶段构成,为一连串反应。现以乙烷裂解为例,说明烃类热裂解反应的机理。

乙烷的裂解反应经历以下7个步骤:

链引发 $\qquad CH_3-CH_3 \rightleftharpoons 2\dot{C}H_3 \qquad\qquad (4\text{-}1)$

链传递 $\qquad \dot{C}H_3 + CH_3-CH_3 \rightleftharpoons CH_4 + CH_3-\dot{C}H_2 \qquad (4\text{-}2)$

$\qquad\qquad CH_3-\dot{C}H_2 \rightleftharpoons H\cdot + CH_2=CH_2 \qquad\qquad (4\text{-}3)$

$\qquad\qquad H\cdot + CH_3-CH_3 \rightleftharpoons H_2 + CH_3-\dot{C}H_2 \qquad (4\text{-}4)$

链终止
$$2\dot{C}H_3 \rightleftharpoons C_2H_6 \tag{4-5}$$

$$\dot{C}H_3 + CH_3\dot{-}\dot{C}H_2 \rightleftharpoons C_3H_8 \tag{4-6}$$

$$2CH_3\dot{-}\dot{C}H_2 \rightleftharpoons C_4H_{10} \tag{4-7}$$

上述反应机理得到了实验结果的支持,已经测得乙烷裂解的主要产物是氢、甲烷和乙烯。

自由基反应的三个过程有如下特点。

① 链引发 是裂解反应的初始阶段,在此阶段需要断裂分子中的化学键,它所要求的活化能与断裂化学键所需能量属同一数量级。裂解是由热能引发的,因而高温有利于反应系统产生较高浓度的自由基,使整个自由基链反应的速率加快。乙烷链引发主要是断裂 C—C 键生成 CH_3 自由基的过程,因为需要更多能量,所以 C—H 键的引发可能性较小。

② 链传递 是一种自由基转化为另一种自由基的过程。从性质上可分为两种反应,即自由基分解反应和自由基夺氢反应。这两种链传递反应的活化能比链引发的活化能小,是生成烯烃的反应,可以影响裂解反应的转化率和生成小分子烯烃的收率。

③ 链终止 是自由基之间相互结合成分子的反应,反应的活化能为零。

经研究,烃类裂解的一次反应基本符合一级反应动力学规律,其速率方程式为

$$r = \frac{-dC}{dt} = kC \tag{4-8}$$

式中,r 为反应物的消失速率,mol/(L·s);C 为反应物浓度,mol/L;t 为反应时间,s;k 为反应速率常数,s^{-1}。

当反应时间由 $0 \longrightarrow t$ 时,反应物浓度由 $C_0 \longrightarrow C$,将上式积分可得

$$\ln\frac{C_0}{C} = kt \tag{4-9}$$

以 x 表示乙烯的转化率,因裂解反应是分子数增加反应,故反应物浓度可表示为

$$C = \frac{C_0(1-x)}{\alpha_v} \tag{4-10}$$

式中,α_v 为体积增大率,它随转化率的变化而变化。

由此可将上述积分式表示为

$$\ln\frac{\alpha_v}{1-x} = kt \tag{4-11}$$

已知反应速率常数随温度的变化关系式为

$$\lg k = \lg A - \frac{E}{2.303RT} \tag{4-12}$$

因此,当反应速率常数已知,则可求出转化率 x 随反应时间的变化。

某些低分子量烷烃及烯烃裂解反应的 A 和 E 值列于表 4-4。当反应温度已知时,通过查表得到相对应的 A 和 E 值即可算出给定温度下的 k 值。

由于 C_6 以上烷烃和环烷烃的反应动力学数据比较缺乏,通常为了求取反应速率常数,可将它们与正戊烷的反应速率常数关联起来进行估算。

$$\lg\left(\frac{k_i}{k_5}\right) = 1.51\lg n_i - 1.05 \tag{4-13}$$

式中,k_5 为正戊烷的反应速率常数,s^{-1};n_i、k_i 为待测烃的碳原子数和反应速率常数。

表 4-4　几种气态烃裂解反应的 A、E 值

化合物	lg$A$	E/J·g^{-1}	E/(2.303R)	温度/℃
C_2H_6	14.1	292183	15260	550～600
C_3H_6	7.51	167440	8745	610～725
C_3H_8	13.46～13.16	264974	13839	550～600
i-C_4H_{10}	12.71～12.54	245718	12833	550～570
n-C_4H_{10}	13.92～13.62	265811	13883	550～570
n-C_5H_{12}	13.4	256183	13380	425～560

也可以利用图 4-11 估算 C_6 及其以上烃类裂解反应的速率常数。

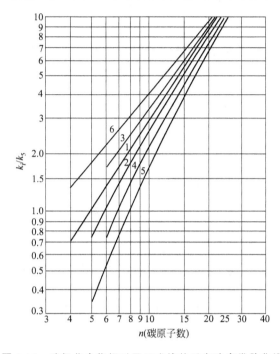

图 4-11　碳氢化合物相对于正戊烷的反应速率常数曲线
1—正烷烃；2—异构烷烃，一个甲基连在第二个碳原子上；3—异构烷烃，两个甲基连在两个碳原子上；
4—烷基环己烷；5—烷基环戊烷；6—正构伯单烯烃

【例 4-1】 正己烷在管式裂解炉裂解，炉出口温度为 760℃，停留时间为 0.5s，为简化计算，设 $\alpha_v=1$，近似求乙烯的转化率 x（注：A 和 E 的数据近似取表 4-4 数据）。

解　从图 4-11 的曲线 1 知，$n=6$ 时 $\dfrac{k_6}{k_5}=1.31$；按式(4-12)及表 4-4 数据计算 k_5。

$$\lg k_5 = 13.4 - \frac{13380}{1033} = 0.4474$$

所以

$$k_5 = 2.802\,\text{s}^{-1},\ k_6 = 1.31 \times 2.802 = 3.67\,\text{s}^{-1}$$

$$k_6 t = 3.67 \times 0.5 = 1.835$$

按式(4-11)及已知条件 $\alpha_v=1$ 有

$$2.303 \lg \frac{1}{1-x} = 1.835$$

解得，$x=84.05\%$。

混合烃在裂解炉中裂解时，虽然各个组分所处的裂解条件相同，但是由于每个组分的反应速率常数不同，故在相同的裂解时间内，各组分的转化率也不相同，热稳定性强的组分裂解转化率低，热稳定性弱的组分转化率较高。而且由于自由基的传递和消失影响各组分的裂解速率，因而也影响各组分的转化率和一次产物的分布。所以动力学方程只能用来计算原料中单一组分在不同裂解工艺条件下的转化率变化，不能确定裂解产物的组成。

对于烃类裂解的二次反应来说，已有研究结果显示，二次反应中的烯烃裂解、脱氢和生碳等反应均为一级反应，而聚合、缩合、结焦等反应过程则比较复杂，动力学规律尚未完全清楚。但是可以肯定，这些反应都是大于一级的。关于二次反应中大于一级的反应动力学方程的建立还需进行大量的研究工作。

4.2.2 管式裂解炉生产乙烯的工艺

影响烃类裂解产品的组成和收率等的因素有多种，其中，原料特性、裂解工艺条件（如裂解温度、裂解压力、停留时间等）以及炉型等都是主要因素。

4.2.2.1 裂解原料

(1) 衡量裂解结果的指标

转化率　转化率表示参加反应的原料量占通入反应器原料量的百分数，说明原料的转化程度。转化率越大，参加反应的原料越多。

参加反应的原料量＝通入反应器的原料量－未反应的原料量

$$转化率 = \frac{参加反应的原料量}{通入反应器的原料量} \times 100\%$$

动力学裂解深度函数（KSF）　KSF 从原料性质和反应条件两个方面来反映原料的裂解深度，是外部条件和内部度量相结合的一个指标。KSF 综合了原料的裂解反应动力学性质、温度和停留时间的关系，它表明了原料性质和操作条件对裂解深度的影响。

KSF 的定义是

$$\mathrm{KSF} = \int k_5 \mathrm{d}t$$

式中，k_5 为正戊烷的反应速率常数，s^{-1}；t 为反应时间，s。

选择正戊烷作为衡量裂解深度的当量组分原因是，在任何轻质油中，正戊烷总是存在，它在裂解过程中只减少不增加，且其裂解余量可以测定，所以选它作为当量组分以衡量原料的裂解深度。

裂解选择性　裂解选择性有四种含义。
① 以裂解了单位数量的原料为基准的某产物的产率，称为该产物的选择性；
② 一次反应（烯烃生成）速率与二次反应（烯烃消失）速率之比；
③ 乙烯、丙烯和丁二烯（三烯）产率之和最高即选择性好，工业上常用此三种产率之和作为裂解选择性；
④ 甲烷乙烯比，由于甲烷比较稳定，基本上不参加二次反应，只有生成没有消失，所以通常用甲烷质量产率与乙烯质量产率之比来表示选择性，简称甲烷乙烯比。甲烷乙烯比值小，表示选择性高，比值大表示选择性低。

后两种含义在工业上常用来表示裂解选择性。

当甲烷乙烯比值小时，三烯的产率高，甲烷、乙烷、丁烷、非芳烃汽油和燃料油等价值低的副产物产率低。如只追求乙烯的高产率，就要提高裂解深度，其结果将导致产气量增加，也会增大分离负荷。对含氢量较低的裂解原料如柴油等，通常的操作条件是以中等裂解深度和高选择性作为确定依据。

影响甲烷乙烯比的因素有两个，即平均停留时间和平均烃分压。当乙烯产率一定时，缩短停留时间和降低烃分压均使甲烷乙烯比减小，乙烯的选择性提高，反之情况相反。

(2) 裂解原料 裂解原料大致分为两大类：第一类是气态烃，如天然气、油田伴生气和炼厂气；第二类是液态烃，如轻油、煤油、柴油、原油闪蒸油馏分、原油等。

气态烃原料价格便宜，裂解工艺简单，烯烃收率高，尤以乙烷和丙烷为优良的裂解原料。但是，气态烃原料特别是炼厂气，由于产量少、组成不稳定、运输不便以及不能得到更多的联产品等限制，远远不能满足工业需求。

液态烃原料来源丰富，便于贮存和运输，可根据具体条件选定裂解方法和建厂规模。虽然乙烯收率比气态原料低，但是能获得较多的丙烯、丁烯及芳烃等联产品。因此，液态烃特别是轻烃是目前世界上广泛采用的裂解原料。表4-5列出了不同原料的裂解产物分布情况。表4-6列出了生产1t乙烯所需原料量及联产副产品量。

表4-5 ABB Lummus公司裂解炉典型的收率和能耗数据

原料 收率和能耗	乙烷	丙烷	正丁烷	全馏分石脑油	柴油			
					常压轻质	重质	减压	加氢裂化
乙烯/%	84.0	45.0	44.0	34.4	28.7	25.9	22.0	34.7
丙烯/%	1.4	14.0	17.3	14.4	14.8	13.6	12.1	14.2
丁二烯/%	1.4	2.0	3.0	4.9	4.8	4.9	5.0	5.2
芳烃/%	0.4	3.5	3.4	14.0	16.6	13.3	8.5	13.0
能耗/kJ·kg^{-1}乙烯	13800			21000				

注：本表中收率均指质量分数。

表4-6 生产1t乙烯所需原料量及联产副产品量

指标	乙烷	丙烷	石油脑	轻柴油
需原料量/t	1.30	2.38	3.18	3.79
联产品/t	0.2995	1.38	2.60	2.79
其中：丙烯/t	0.0374	0.386	0.47	0.538
丁二烯/t	0.0176	0.075	0.119	0.148
BTX[①]/t	—	0.095	0.49	0.50

① BTX为苯、甲苯和二甲苯的总称。

(3) 裂解温度 裂解反应是吸热反应，同时裂解过程是非等温过程，裂解炉反应管进口处的物料温度最低，出口处温度最高，为了便于测量，一般以裂解炉反应管出口的物料温度为裂解温度。

裂解温度是影响乙烯收率的一个极其重要因素。温度对裂解产物分布的影响主要有两个方面：一是影响一次反应产物分布；二是影响一次反应和二次反应的竞争。

① 温度对一次反应产物分布的影响 图4-12所示为不同原料在不同温度下裂解所得烯烃的收率。可以看出，不同原料在相同温度下进行裂解反应时，烯烃总收率相差很大，说明必须根据所用原料的特性，采用适宜于原料裂解反应的温度才能得到最佳的烯烃收率。同时还必须注意裂解产物的分布，相同原料裂解温度不同时，一次产物分布不同，提高温度有利于烷烃生成乙烯，而丙烯及丙烯以上较大分子的单烯烃收率有可能下降，H_2、甲烷、炔烃、双烯烃和芳烃等将会增加。因此，需根据目的产品的要求综合考虑选择最适宜的操作温度。

这可以由自由基反应机理来分析。温度对一次反应产物分布的影响是通过对各种链式反应相对量的影响实现的，提高裂解温度可增大链的引发速率，产生更多的自由基，有利于提高一次反应所得的乙烯和丙烯的总收率。

② 温度对一次反应和二次反应相互竞争的影响——热力学和动力学分析 烃类裂解时,影响乙烯收率的二次反应主要是烯烃继续脱氢、分解生炭和烯烃脱氢缩合结焦等反应。

热力学分析 烃分解生炭反应的 $\Delta G^{\ominus}$ 具有很大的负值,在热力学上比一次反应占绝对优势,但由于分解过程必须先经过中间产物乙炔阶段,故主要应看乙烯脱氢转化为乙炔的反应在热力学上是否有利,以乙烷裂解过程的主要反应为例进行说明。

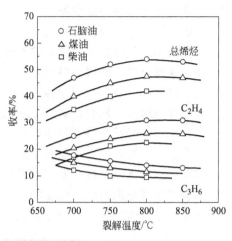

图 4-12 裂解温度对烯烃收率的影响

乙烷裂解过程主要由以下四个反应组成:

$$C_2H_6 \xrightleftharpoons{K_{p_1}} C_2H_4 + H_2$$

$$C_2H_6 \xrightleftharpoons{K_{p_{1a}}} 1/2 C_2H_4 + CH_4$$

$$C_2H_4 \xrightleftharpoons{K_{p_2}} C_2H_2 + H_2$$

$$C_2H_2 \xrightleftharpoons{K_{p_3}} 2C + H_2$$

根据热力学计算得到各反应在不同温度下的平衡常数值见表 4-7。

表 4-7 乙烷分解生碳过程各反应的平衡常数

温度 $T/℃$	K_{p_1}	K_{p_2}	K_{p_3}	$K_{p_{1a}}$
1100	1.675	0.01495	$6.556×10^7$	60.97
1200	6.234	0.08053	$8.662×10^6$	83.74
1300	18.89	0.3350	$1.570×10^6$	108.74
1400	48.86	1.134	$3.646×10^5$	136.24
1500	111.98	3.248	$1.032×10^5$	165.87

可以看出,随着温度的升高,乙烷脱氢和乙烯脱氢三个反应的平衡常数 K_{p_1}、$K_{p_{1a}}$ 和 K_{p_2} 都增大,其中 K_{p_2} 的增大幅度更大些。另一方面,乙炔分解为碳和氢的反应,其平衡常数 K_{p_3} 虽然随着温度升高而减小,但其数值仍然很大,故提高温度虽有利于乙烷脱氢平衡,但更有利于乙烯脱氢生成乙炔,过高温度更有利于碳的生成。所以应控制反应的时间,即适当缩短反应的停留时间。

动力学分析 当有几个反应在热力学上都有可能同时发生时,如果反应速率彼此相当,则热力学因素对这几个反应的相对优势将起决定作用;如果各个反应的速率相差悬殊,则动力学对其相对优势就会起重要作用。温度对反应速率的影响程度与反应活化能有关,改变反应温度除了能改变各个一次反应的相对速率,影响一次反应产物分布外,也能改变一次反应对二次反应的相对速率。故提高反应温度后,乙烯收率是否相应提高,关键在于一次反应和二次反应在动力学上的竞争。简化的动力学示意图如下所示。

$$\underset{C_2H_6}{\text{乙烷}} \xrightarrow[k_1]{\text{一次反应} \atop -H_2} \underset{C_2H_4}{\text{乙烯}} \begin{array}{c} \xrightarrow[k_2]{\text{二次反应} \atop -H_2} \underset{C_2H_2}{\text{乙炔}} \xrightarrow[k_3]{\text{分解} \atop -H_2} 2C \\ \xrightarrow[k'_2]{\text{脱氢}} \text{芳烃} \xrightarrow{-H_2} \text{焦} \\ \text{二次反应} \quad\quad \text{缩合} \end{array}$$

乙烯继续脱氢生成乙炔的二次反应与一次反应的竞争，主要决定于k_1/k_2的比值及其随温度的变化关系。

$$k_1 = 4.71 \times 10^{14} \exp(-302290/RT) \text{s}^{-1}$$

$$k_2 = 6.46 \times 10^{10} \exp(-250680/RT) \text{s}^{-1}$$

一次反应的活化能大于二次反应，所以提高温度有利于提高k_1/k_2的比值，也即有利于提高一次反应对二次反应的相对速率，提高乙烯收率，但是同时也提高了二次反应的绝对速率。因此，应选择一个最适宜的裂解温度，同时控制适宜的反应时间，这样既可以发挥一次反应在动力学上的优势，克服二次反应在热力学上的优势，又可提高转化率进而获得较高的乙烯收率。

对于另一类二次反应，即乙烯脱氢缩合反应与一次反应的竞争，也有同样的规律。

(3) 停留时间 裂解反应的停留时间是指原料从进入裂解反应管辐射段开始，到离开辐射段所经历的时间，即裂解原料在反应高温区内停留的时间。停留时间是影响裂解反应选择性、烯烃收率和结焦生炭的主要因素，并且与裂解温度有密切关系。

从动力学看，二次反应是连串副反应，所以裂解温度越高，允许停留时间则越短；反之，停留时间可以相应长一些，目的是以此控制二次反应，让裂解反应停留在适宜的裂解深度上。因此，在相同的裂解深度之下可以有各种不同的温度-停留时间组合，所得产品及收率也会有所不同。由图4-13粗柴油裂解温度和停留时间的关系曲线可见，温度和停留时间对乙烯和丙烯的收率有较大的影响。在同一停留时间下，乙烯和丙烯的收率曲线随温度的升高都有最大值，超过最大值后如果继续升温，则因为二次反应的影响其收率都会下降。而在高裂解温度下，乙烯和丙烯的收率均随停留时间缩短而增加。

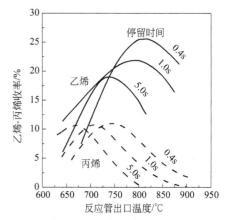

图4-13 温度和停留时间对粗柴油裂解的影响

由表4-8裂解温度与停留时间对石脑油裂解结果的影响可知，提高裂解温度，缩短停留时间，可相应提高乙烯的收率，但丙烯收率有所下降。

表4-8 石脑油裂解停留时间对裂解产物的影响

实验条件及产物产率	实验1	实验2	实验3	实验4
停留时间/s	0.70	0.5	0.45	0.4
出口温度/℃	760.0	810.0	850.0	860.0
乙烯收率/%	24.0	26.0	29.0	30.0
丙烯收率/%	20.0	17.0	16.0	15.0
w(裂解汽油)/%	24.0	24.0	21.0	19.0
汽油中w(芳烃)/%	47.0	57.0	64.0	69.0

(4) 裂解压力（烃分压） 烃类裂解反应的一次反应是分子数增加体积增大的反应，而聚合、缩合、结焦等二次反应是分子数减少的反应。压力对反应有两个方面的影响，压力在影响平衡反应转化率的同时也影响反应速率和反应选择性。

① 压力对平衡转化率的影响 由于一次反应是分子数增加的反应，所以降低压力对正反应有利，但是高温条件下，断链反应的平衡常数很大，几乎接近全部转化，反应是不可逆

的，因此改变压力对这类反应的平衡转化率影响不大，但对于脱氢反应（主要是低分子烷烃脱氢）来说，反应是可逆的，降低压力有利于提高其平衡转化率。压力对二次反应中的断链、脱氢反应的影响与上述情况相似，故降低反应压力也有利于乙烯脱氢生成乙炔的反应。至于聚合、脱氢缩合、结焦等二次反应都是分子数减少的反应，因此降低压力可抑制此类反应的发生，但这些反应在热力学上都比较有利，故压力的改变对这类反应的平衡转化率虽有影响，但影响不显著。表 4-9 列出了乙烷分压对裂解反应生成乙烯收率的影响，当反应温度和停留时间相同时，乙烷转化率和乙烯收率随乙烷分压升高而下降，所以降低压力有利于抑制二次反应。

表 4-9　乙烷分压对裂解反应生成乙烯收率的影响

乙烷分压/kPa	反应温度/K	停留时间/s	乙烷转化率/%	乙烯收率/%
49.04	1073	0.5	60	75
98.07	1073	0.5	30	70

② 压力对反应速率和反应选择性的影响　从一次和二次反应的反应速率方程式

$$r_{裂}=k_{裂}C$$

$$r_{聚}=k_{聚}C^r$$

$$r_{缩}=k_{缩}C_A C_B$$

可知，压力可以通过影响反应物浓度 C 而对速率 r 起作用。降低烃的分压对一次反应和二次反应的反应速率都不利。但是，由于反应级数不同，因改变压力而改变浓度对反应速率的影响也有所不同。压力对二级及其以上级数的反应影响要比对一级反应的影响大得多。因此，降低烃分压可增大一次反应对二次反应的相对反应速率，有利于提高乙烯收率，减少焦的生成。

故无论从热力学或动力学分析，降低分压对增产乙烯抑制二次反应产物的生成都有利。降低分压的方法是在裂解原料气中添加稀释剂以降低烃原料的分压。不采用负压操作原因有两点：a. 因为裂解是在高温下进行，如果系统采用负压操作，则容易因密封不好而渗入空气，不仅会使裂解原料或产物部分氧化造成损失，更严重的是空气与裂解气能形成爆炸混合物导致爆炸事故；b. 负压操作对后续分离部分的压缩操作也不利，需要增加更多的能耗。

③ 稀释剂的作用和用量　稀释剂可以是惰性气体（例如氮气）或水蒸气。工业上采用水蒸气作为稀释剂，其具有以下几方面的优点。

a. 水蒸气的分子量小，降低烃类分压作用显著；

b. 水蒸气的比热容大，可以稳定炉管温度，在一定程度上保护了炉管；

c. 水蒸气易从裂解产物中分离，对裂解气的质量无影响，且价格便宜；

d. 水蒸气可以抑制原料中的硫对裂解管的腐蚀作用；

e. 水蒸气在高温下能与裂解管中的积炭或焦发生氧化反应（$C+H_2O \longrightarrow H_2+CO$），起到清焦作用，保护炉管延长使用周期；

f. 水蒸气对炉管金属表面起一定的氧化作用，使表面的铁或镍形成氧化膜，削弱了铁或镍对烃类气体分解生碳的催化作用，抑制结焦速率。

水蒸气的用量以稀释比来表示，即以水蒸气与烃类原料的质量比表示。水蒸气用量不宜过大，过大会带来下列不利影响。

a. 水蒸气用量大，炉管处理原料烃的能力下降；

b. 水蒸气稀释比增大,造成炉管内流体流速增大,膜温降减小,使得管径、管长、管重、热负荷都需要增大;

c. 急冷区处理量增大。

稀释比的确定与裂解原料性质、裂解深度、产品分布、炉管出口总压力、裂解炉特性以及裂解炉后急冷系统处理能力等有关。一般来说,原料越重,稀释比越大。不同原料的稀释比见表 4-10。

表 4-10 不同原料的稀释比

裂解原料	稀释比(蒸汽/烃)	裂解原料	稀释比(蒸汽/烃)
乙烷	0.3~0.35	重石脑油	0.5~0.6
丙烷	0.3~0.4	轻柴油	0.6~0.8
丁烷	0.3~0.4	重柴油	0.8~1.0
轻石脑油	0.5	加氢尾油	0.7~0.8

注:表中稀释比是指质量比。

4.2.3 裂解炉工艺流程及管式裂解炉

(1) 裂解炉工艺系统 裂解炉工艺系统可分为原料供给与预热系统、裂解系统和高压水蒸气系统(废热锅炉)。图 4-14 所示为美国 ABB Lummus 公司 SRT-Ⅰ型立式管式裂解炉工艺流程示意图。

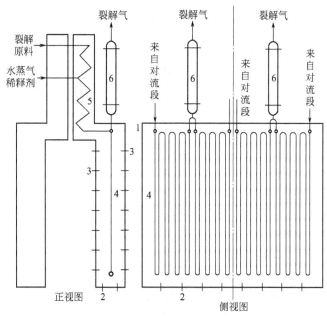

图 4-14 ABB Lummus 公司 SRT-Ⅰ型立式管式裂解炉工艺流程示意图
1—炉体;2—油气联合烧嘴;3—气体无焰烧嘴;4—辐射段炉管;5—对流段炉管;6—急冷换热器

① 原料预热 为了减少裂解炉的燃料消耗,进入裂解炉的原料经过乙烯装置内的低位能热源如急冷水和急冷油等预热后再进入裂解炉对流段预热,预热到一定温度时注入稀释蒸汽以降低烃分压,并使烃的汽化温度降低,另外,也防止原料在对流段汽化时结焦。

裂解炉的对流段用于回收烟气热量,回收的热量主要用于裂解原料和稀释蒸汽的预热、锅炉给水预热、超高压蒸汽的过热以及裂解原料和稀释蒸汽的过热。裂解原料和稀释蒸汽混合物在对流段加热至横跨温度（进入辐射段的温度）。一般认为，横跨温度与裂解原料的起始反应温度相近。裂解炉对流段热负荷在全炉中所占比例较大。最终离开对流段的烟气冷却到130℃左右，裂解炉热效率维持在93%～94%。

裂解原料在对流段加热到横跨温度后，进入辐射段进行裂解反应。提高横跨温度有利于降低辐射段热负荷，但如果横跨温度过高，原料将在对流段发生裂解反应，不仅增加反应的停留时间，而且会造成对流段结焦。另外，原料横跨温度常常受到裂解炉热平衡的限制，特别是轻质原料裂解时，受裂解炉热平衡影响难以达到期望的温度。不同裂解原料裂解时通常选用的物料横跨温度参见表4-11。

表 4-11 不同裂解原料选用的横跨温度

裂解原料	横跨温度/℃	裂解原料	横跨温度/℃
乙烷、丙烷	640～680	轻柴油	560～610
C_3、C_4液化气	610～660	减压柴油	540～590
石脑油	590～640	加氢尾油	558～585

② 裂解　在辐射段内，裂解原料在一定的裂解深度下进行裂解。为提高裂解选择性，反应应力求短停留时间和低烃分压。原料在裂解炉辐射炉管的停留时间因原料的不同有所不同，近期设计的裂解炉一般停留时间为0.1～0.2s。

③ 急冷和热量回收　从裂解炉管出来的裂解气含有烯烃和大量水蒸气，温度高达800℃以上，烯烃反应性很强，仍会继续发生二次反应引起结焦和烯烃的损失，因此需要将裂解炉出口的高温裂解气快速冷却（急冷），以终止反应。

急冷的方式有两种：一种是直接急冷；另一种是间接急冷。直接急冷的急冷剂是油或水，急冷下来的油水密度相差不大，分离困难，用水量大，不能回收高品位热能。目前，以轻烃、石脑油和柴油为原料的大型管式裂解炉都采用间接急冷方法，其目的首先是回收高品位热能，将产生的10MPa左右超高压蒸汽送入蒸汽管网用于驱动压缩机，同时终止二次反应。

急冷换热器是间接急冷的关键设备，其与汽包构成水蒸气发生系统，称为急冷废热锅炉。裂解炉的废热锅炉主要用于迅速降低裂解气温度终止二次反应，同时回收高温裂解气的热量以发生高压蒸汽。由于高温裂解气中不饱和烃和重质烃会进一步缩合和分解生成焦和炭，以及重质烃冷凝成液体附在急冷锅炉管壁上并在高温条件下分解结焦，因而对急冷锅炉的设计要求非常苛刻。急冷锅炉一般应具有如下性能：结焦少，能长周期连续运转；可回收高压蒸汽，热效率高，经济性能优良；结构简单，稳定性好。除Lummus公司的急冷锅炉采用管壳式换热结构外，其他公司的急冷锅炉多采用双套管结构。急冷锅炉出口温度因裂解原料不同差别较大，原料越重，出口温度越高；对于轻质原料，出口温度可以降低。有时为了最大限度地回收高位热量，可增加二级急冷废热锅炉。经过急冷锅炉急冷后的裂解气温度仍然很高，约为400℃左右，被送到预分馏系统进行进一步冷却并进行裂解气的后续净化处理。图4-15所示为三种裂解气冷却方案。

结焦是急冷换热器经常遇到的问题，特别是采用重质原料裂解时，常常是急冷器结焦先于炉管，故急冷器的清焦影响裂解操作周期。为减少结焦，应控制两个指标：一是停留时间，一般控制在0.04s以内；二是裂解气出口温度，要求高于裂解气的露点。

间接急冷虽然能回收高品位的能量，并减少污染，但是急冷换热器的技术要求很高，管内外必须承受很大的温差和压力差，同时为了达到急速降温的目的，急冷换热器必须有高热强度且传热性能良好、停留时间短等特性。另外，还需考虑急冷管内的结焦清焦操作和裂解

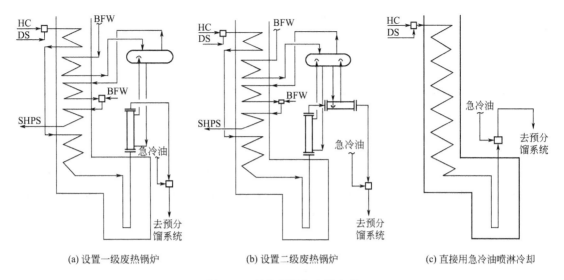

图 4-15 三种裂解气冷却方案

HC—烃原料；DS—稀释蒸汽；BFW—锅炉给水；SHPS—过热超高压蒸汽

气的压降损失等问题。

(2) 管式裂解炉 根据影响烃类裂解反应过程的因素讨论可知，烃类的热裂解有如下特点：

第一、强吸热反应，需要在高温下进行，反应温度一般在750℃以上；

第二、存在二次反应，为避免二次反应发生，停留时间应很短且烃分压要低；

第三、反应产物是复杂混合物，除氢、气态烃和液态烃外，尚有固态焦生成。

因此，烃类热裂解工艺的操作条件应满足第一和第二条件，即须在短停留时间内迅速供应大量热量和达到裂解所需的高温，因此选择合适的供热方式和裂解设备至关重要。

裂解供热方式有直接供热和间接供热两种方式。到目前为止，间接供热的管式炉裂解法仍然是世界各国广泛采用的方法。直接供热的裂解法如固体载热体法（砂子炉裂解、蓄热炉裂解等）、气体载热体法（如过热水蒸气裂解法）及氧化裂解法（部分氧化法）等，或由于工艺复杂，裂解气质量低，或由于成本等问题，都难以和管式炉裂解法相竞争。

裂解炉是乙烯装置的重要核心设备，通过裂解炉可以实现由石油馏分向单组分烃类乙烯、丙烯等转变的重要过程。由于裂解反应是强吸热反应，因此，裂解炉的能耗约占装置能耗的70%~75%。虽然生产乙烯的方法很多，但目前世界上占据产量最大（99%以上）的是管式炉裂解技术。

裂解炉的结构和类型 管式裂解炉是通过外部加热的管式反应器。其结构为立式厢式炉，由炉体和裂解炉管两大部分组成。炉体用钢构件和耐火材料砌筑，自下而上由辐射段、对流段、引风机和烟囱（图中未给出）组成，图 4-14 所示为典型的结构示意图。原料预热管和蒸汽加热管安装在对流段内，裂解炉管布置在辐射段内。辐射段的功能是进行裂解反应，对流段的功能是裂解原料预热和烟气热量回收。裂解炉其他重要设备是燃料烧嘴、废热回收锅炉和引风机。裂解炉的烧嘴用于提供蒸汽裂解炉进行裂解反应时所需的热量，管式裂解炉烧嘴有三种设置方式：全部侧壁烧嘴、侧壁和底部烧嘴联合以及全部底部烧嘴。

辐射段炉管按结构形式分，主要分为直通式和分支形式两大类。直通式是指辐射段进口和出口都只有一根辐射炉管；分支式是指辐射段进口有两根或两根以上的炉管，在辐射段内这些炉管汇总到一根管上再出辐射段。ABB Lummus、Linde 和 Technip/KTI 采用分支式，

SS&W 和 KBR 采用直通式。辐射炉管直径有大有小，有等径管和变径管。两大类炉管各有特点，分支式炉管在辐射段内有分叉结构或两程炉管间的跨接管结构，设计和操作上须注意热应力问题，炉管出口段管径较大，处理能力较大，对结焦不敏感，因此清焦周期相对较长，但设计乙烯收率稍低；直通管式炉管在辐射段内没有分支，局部热应力问题不突出，炉管出口段管径一般较小，处理能力较小，对结焦比较敏感，因此清焦周期相对较短，但设计乙烯收率稍高。

SRT 型裂解炉 表 4-12 所列为 ABB Lummus 公司的 SRT-Ⅰ、Ⅱ、Ⅲ、Ⅳ型裂解炉工艺参数。SRT 型裂解炉每经过一次改型都使乙烯收率提高 1%～2%。近几年又在 SRT-Ⅳ(HS)、SRT-Ⅴ型炉的基础上发展了 SRT-Ⅵ型炉，在炉管、炉管吊架、急冷废热锅炉烧嘴等方面都做了改进，提高了裂解炉的生产能力，减少了维修工作量。最近，正在进行 SRT-Ⅹ型裂解炉的研究开发工作。

表 4-12 SRT 型裂解炉管排布及工艺参数

型型 炉型	SRT-Ⅰ	SRT-Ⅱ(HC)	SRT-Ⅲ	SRT-Ⅳ
炉管排布形式	1P　　8～10P	1P 2P 3～6P	1P 2P 3P 4P	1P　2P 3～4P
炉管外径(内径)/mm	75～133(内径)	1P:89(63) 2P:114(95) 3～6P:168(152)	1P:89(64) 2P:114(89) 3～4P:178(146)	1P:70 2P:103 3～4P:89
炉管长度/(m/组)	73.2	60.6	48.8	38.9
炉管材质	HK-40	HK-40	HK-40, HP-40	HP-40
适用原料	乙烷-石脑油	乙烷-轻柴油	乙烷-减压柴油	轻柴油
管壁温度(初期～末期)/℃	945～1040	980～1040	1015～1100	约 1115
每台炉管组数	4	4	4	4
对流段换热管组数	3	3	4	4
停留时间/s	0.6～0.7	0.475	0.431～0.37	0.35
乙烯收率(w)/%	27(石脑油)	23(轻柴油)	23.25～24.5(轻柴油)	27.5～28(轻柴油)
炉子热效率/%	87	87～91	92～93.3	93.5～94

注：1. P 表示程，炉管内物料走向，一个方向为 1 程，如 3P，指第 3 程。
2. HC 代表高生产能力炉。

超选择性 USC 型裂解炉 图 4-16 所示为 SS&W 公司的超选择性裂解炉的结构示意图。USC 型超选择性裂解炉以其高裂解深度、短停留时间和低烃分压见长，其裂解炉管有"U"型、"W"型和"M"型三种，均为不分支变径管。USC 型裂解炉的原料为乙烷到柴油之间的各种烃类，用轻柴油做裂解原料可以 100 天不停炉清焦，乙烯收率 27.7%，丙烯收率 13.65%。

MSF 毫秒型裂解炉 是 Kellogg 公司 1978 年开发成功的。图 4-17 和图 4-18 是毫秒型裂解炉和炉管组的示意图，其特点是辐射管为单程直线型的，管内径为 24～28mm，热通量大，物料在炉管内停留时间可缩短到 0.005～0.1s，是普通裂解炉停留时间的 1/4～1/6，从而使乙烯收率显著提高。以石脑油为原料时，裂解温度为 800～900℃时，乙烯单程收率可

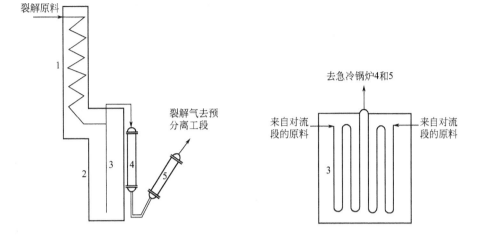

图 4-16 超选择性裂解炉的结构示意图
1—对流室；2—辐射室；3—炉管；4—第一急冷锅炉（USX，超选择性单套式换热器）；
5—第二急冷锅炉（TLX，管壳式换热器）

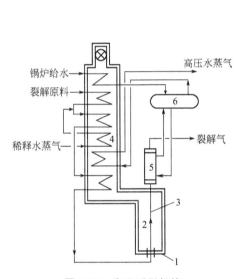

图 4-17 毫秒型裂解炉
1—烧嘴；2—辐射段；3—裂解炉管；
4—对流段；5—急冷换热器；6—汽包

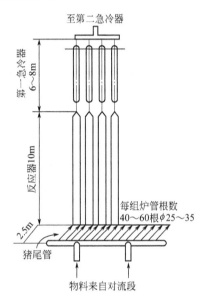

图 4-18 毫秒型裂解炉炉管组

达 32%～35%。毫秒炉的一般清焦时间为 7～15 天，而一般管式裂解炉为 40～45 天。过短的清焦周期将造成裂解炉频繁切换操作，对乙烯装置的稳定运转和提高生产率显然是不利的。表 4-13 所列为超选择性 USC 型和 MSF 毫秒型裂解炉的工艺参数对比。

GK 型裂解炉 荷兰 Technip/KTI 公司开发的各种 GK（液体炉）型裂解炉分支变径管大体上均保持沿管长截面积不变。图 4-19 所示为裂解炉分支变径管的结构示意图。随着辐射盘管结构的改进，GK 型裂解炉工艺参数和裂解选择性也随之改善。在最高管壁温度大体相同的条件下，随着管程的减少，管长的缩短，停留时间随之缩短，裂解温度相应提高，裂解产品的烯烃收率也随之提高。表 4-14 所列为不同 GK 型裂解炉特性的比较。

表 4-13 超选择性 USC 型和 MSF 毫秒型裂解炉的工艺参数对比

炉 型	USC 型	MSF 型
炉管排布形式	1～4P 4～1P	1P
炉管外径(内径)/mm	1P:74(63.5) 2P:80(69.8) 3P:88(76.2) 4P:95(82.5)	1P:40(28.6)
炉管长度	43.9m/组	10m/组
炉管材质	1～2PHK-40 3～4PHP-40	800H(或 HP)
适用原料	乙烷-轻柴油	乙烷-轻柴油
适用温度(初期～末期)/℃	1015～1110	1015～1110
每台炉管组数	16	2(每组 36 根并联)
停留时间/s	0.281～0.304	0.05～0.10
单程乙烯收率(w)/%	40/24.76	31/29.9
炉子热效率/%	91.8～92.4	93

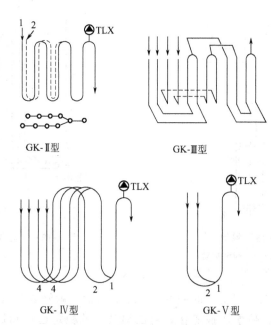

图 4-19 KTI 的 GK 型裂解炉盘管

表 4-14 不同 GK 型裂解炉特性的比较

炉型	GK-Ⅲ	GK-Ⅳ	GK-Ⅴ
炉管排列	4-4-2-2	4-4-2-1	2-1
盘管组数	8	8	32
废热锅炉台数	2	2	2

续表

炉型	GK-Ⅲ	GK-Ⅳ	GK-Ⅴ
石脑油裂解收率/%			
甲烷	16.54	16.02	15.42
乙烯	29.96	30.45	31.00
丙烯	14.96	15.20	15.54
丁二烯	5.10	5.29	5.62
烃进料量/t·h^{-1}	26.70	26.27	25.80
稀释蒸汽比	0.6	0.6	0.6
停留时间/s	0.428	0.296	0.193
炉出口温度/℃	845	845	858
压降/kPa	59	61	57
炉膛高度/℃	11.06	15.35	13.40
清洁管最高管壁温度/℃	1027	1026	1026
运转末期结焦厚度/mm	3.4	3.4	3.9
管壁温度平均温升/℃·d^{-1}	2.4	2.4	2.7
平均热通量/kJ·m^{-2}·h^{-1}	353055	373825	292920
辐射盘管总量/t	15.1	12.7	12.35

LSCC 型裂解炉 Linde AG 公司的裂解炉有 Pyrocrack4-2、Pyrocrack2-2 和 Pyrocrack1-1 型三种，辐射盘管均为分支变径管，炉管结构分别为 2W-1U、2-2-1 和 2-1，表 4-15 给出了炉管构型和性能。前两种炉型可用于气体原料，三种都可以用于裂解液体原料。在裂解重质原料方面，Linde AG 公司在 Shell 二次注汽技术的基础上开发了自己的技术，其典型的乙烯收率和能耗数据见表 4-16。

表 4-15 不同 LSCC 型裂解炉的炉管构型和性能比较

项 目	LSCC4-2	LSCC2-2	LSCC1-1
炉管构型			
炉管直径/mm	φ内65 五、六程 φ内135	一、二程 φ内78 三、四程 φ内112	一程 φ内43 二程 φ内62
炉管总长度/m	55	36~42	17~19
每台炉炉管组数	8	16	48~64
每台炉 TLX 台数	2	4	6~8
炉管内的停留时间/s	0.40	0.26~0.38	0.16~0.20
横跨温度/℃		石脑油 604 AGO 537	石脑油 611 AGO 545
炉管最高容许温度/℃		1100	1100
炉出口温度/℃		石脑油 853 AGO 824	石脑油 857 AGO 828
对炉管的评述	能力最高	高能力、高选择性	选择性最高

第 4 章 基本有机化工典型产品生产工艺

表 4-16　Linde AG 公司裂解炉典型的乙烯收率和能耗数据

乙烯收率和能耗＼原料	乙烷	LPG	石脑油	柴油
乙烯收率/%	83	45	35	25
能耗/kJ·kg^{-1}乙烯	12600	16700	21000	25100

① 裂解炉的清焦周期与清焦方法

结焦与清焦周期　在裂解过程中，除生成各种烃类产物外同时生成少量的焦，这种焦是数百个碳原子稠合形成的，其中含少量的氢。焦聚集于管壁的过程称为结焦。伴随着裂解过程生炭和结焦在裂解炉管内沿管壁积存为焦层，焦层的热阻将使炉管管壁温度随焦层厚度的增加而不断上升，因此管式裂解炉运行一定时间后就需要进行清焦处理。每清焦一次到下一次清焦所经过的时间称为清焦周期。

清焦的方法有停炉清焦、在线清焦和交替清焦。停炉清焦法是将进料及出口裂解气切断后，先用惰性气体或水蒸气吹扫管线逐渐降低炉管温度，然后通入空气和水蒸气烧焦。不停炉清焦（也称在线清焦）分交替裂解法和水蒸气、H_2 清焦法两种。交替法是当重质烃原料裂解（如柴油等）一段时间后，切换轻质烃（如乙烷）为裂解原料。水蒸气、H_2 法是定期将原料切换成水蒸气、H_2，方法同上，也达到不停炉清焦的目的。

抑制结焦延长运转周期　添加合适的结焦抑制剂可抑制结焦，如含硫化合物［元素硫、噻吩、硫醇、NaS 水溶液、$(NH_4)_2S$、$Na_2S_2O_3$、KHS_2O_4、$(C_2H_5)_2SO_2$、二苯硫醚、二苯基二硫］、聚有机硅氧烷、碱土金属氧化物（如 CH_3COOK、K_2CO_3、Na_2CO_3 等）和含磷化合物等。据报道，加入纳尔科 5211 和硫磷化合物抑制剂后，不仅抑制结焦，而且还能改变结焦形态，使焦变松软、易碎、容易除去。当裂解温度高于 850℃时，抑制剂将不起作用。

合理控制裂解炉和急冷锅炉的操作条件，如控制裂解深度也可延长运转周期。

综上所述，对给定的裂解原料，管式裂解炉辐射盘管的最佳设计就是在保证合适的裂解深度条件下，力求达到高温-短停留时间-低烃分压的最佳组合条件，由此获得最理想的裂解产品分布及产品收率，并保证合理的清焦周期。但是，提高裂解温度不能超过反应管材质所耐受的高温限制，随着裂解管材质的改进，允许裂解温度从 20 世纪 50 年代的 750℃提高到目前的 900℃，乙烯收率可从 20%左右提高到 30%。

② 管式裂解炉法生产乙烯的优点　表 4-17 给出了几种裂解炉的工艺参数对比情况。

尽管上述各种炉型结构各具特色，但其目标是相同的，都是按照高温、短停留时间、低烃分压的裂解原理进行设计制造，即都是为了提高乙烯收率同时降低原料消耗定额。各种构型裂解炉的选择可根据原料、技术条件等全面综合考虑。

管式裂解炉法生产乙烯的优点是：a. 工艺成熟，炉型结构简单，操作容易，便于控制；b. 乙烯、丙烯收率高，动力消耗少，裂解炉热效率高，裂解气和烟道气的余热大部分可以回收利用；c. 原料适应范围日益扩大，且可大规模连续化生产。缺点是：a. 管式裂解炉不能以重质烃（重柴油、重油、渣油等）为原料，主要原因是在裂解时，炉管易结焦，造成清焦操作频繁，生产周期缩短；b. 生产中稍有不慎，会堵塞炉管，酿成炉管烧裂等事故；c. 若采用高温短停留时间工艺，则要求裂解管能耐受更高的温度，目前还难以解决。

所以，管式炉裂解法还有待于不断改进和完善，但是，到目前为止仍是生产乙烯的主要方法。

裂解炉是生产乙烯装置的关键设备，裂解炉工段则是乙烯装置的核心工段。因为：

表 4-17　几种裂解炉工艺参数对比

公司	Lummus	SS&W	KTI	Kellogg
型号	SRT-Ⅳ型	W型	GK-Ⅲ型	MSF型
投料量/t·t^{-1}·台$^{-1}$	15.05	16.1	9.99	①
水蒸气比	0.75	0.7	0.75	0.60
炉管出口压力/Pa	$1.06×10^5$	$9.51×10^4$	$8.14×10^4$	$6.18×10^4$
炉管出口温度/℃	826	808	808	885
停留时间/s	0.305~0.37	0.3	0.37	0.05~0.1
原料	轻柴油	轻柴油	轻柴油	轻柴油
乙烯收率/%	29.4	27.7	28.17	29.9
丙烯收率/%	14.3	13.65	15.64	14.0
丁二烯收率/%	4.8	5.07	5.7	6.5
炉子热效率/%	94	93	93	93
运转周期/d	45	50	50	6.5②
炉管内径/mm	$\phi57,\phi89,\phi165$	$\phi70,\phi75,\phi82,\phi89$	$\phi80,\phi114.2$	$\phi27$
材质	HR-40	HP-40		800H
炉管排列方式	8-4-1-1	W型	4-4-2-2	

① 毫秒型炉产量取决于炉管组数。
② 在线水蒸气清焦12h。

a. 裂解炉的投资占乙烯装置投资的25%~30%;

b. 裂解炉出口裂解气中的烯烃收率决定了装置的烯烃产量,影响到整个生产装置的能耗和经济效益;

c. 裂解炉急冷锅炉的超高压蒸汽产量影响装置的公用工程能耗和能量消耗;

d. 裂解炉所消耗的燃料占乙烯装置能耗的70%~80%。

4.2.4　裂解气预分馏工艺流程

(1) 裂解气预分馏的目的和作用　将来自裂解炉经废热锅炉换热后的裂解气进一步冷却到常温,同时在冷却过程中将裂解气中的重组分(如燃料油、裂解汽油)和水分馏出来,这个单元称为裂解气的预分馏系统(或称为急冷单元)。

经过预分馏处理后的裂解气将被送至压缩工序,为后续的净化和深冷分离做准备。

裂解气预分馏的作用如下:

① 降低裂解气温度,以保证裂解气压缩机的正常运转并降低裂解气压缩机的功耗。

② 分馏出裂解气中的重组分,减少进入压缩分离系统的进料负荷。

③ 将裂解气中的稀释蒸汽以冷凝水的形式分离回收,用于发生稀释蒸汽,减少污水排放量。

④ 继续回收裂解气低能位热量。可由急冷油回收的热量发生稀释蒸汽,并由急冷水回收的热量进行分离系统的工艺加热。

(2) 预分馏系统设置　预分馏系统主要包括油急冷器、急冷油预分离塔(油洗塔)、急冷水塔(水洗塔)和油水分离器等设备。一般油急冷器置于油洗塔的下部。油洗塔的设计温度约为350~400℃,设计压力为0.35~0.4MPa。

① 急冷器和急冷油预分离塔　急冷器和急冷油预分离塔的作用是接受来自裂解炉的裂解气,利用循环急冷油直接换热,分离出裂解气中的燃料油组分并回收高位热能。其中油洗塔用于分离燃料油,急冷器用于回收热量。

② 急冷水塔　急冷水塔的作用是接受来自急冷油塔分离出燃料油组分后的裂解气,利

用两段循环急冷水洗涤,进一步冷却裂解气,同时最大限度地回收裂解气的热能并在塔釜分离出裂解汽油产品。水洗塔塔顶温度越低,带入裂解气压缩机的水蒸气和汽油馏分越少,而且压缩机入口温度低,吸入量增大。循环冷却水水温一般为30~32℃,塔顶温度可控制在36~40℃。

③ 典型预分馏流程　预分馏系统中油急冷器和急冷油预分离塔的设置与否和裂解原料有关。如以石脑油或柴油等作为裂解原料时,裂解气中的重质馏分较多,此时必须通过油急冷器和急冷油预分离塔先将其中的重质燃料油馏分分离出来,之后的裂解气再进一步送至急冷水塔冷却;而只使用乙烷和丙烷为裂解原料时,裂解气中的重质馏分甚微,不必设置急冷油分馏塔,只设置急冷水塔。又如以乙烷和丙烷为主并含有部分 C_4 烷烃为裂解原料时,裂解气中含有少量重质馏分,如果不设急冷油分离塔,这些重质馏分会累积在水中造成急冷水和工艺水的乳化,则使油水分离困难。此时,在工艺水汽提前设置除油系统,如采用由活性炭吸附和油水分离器组成的 DOX 系统,经除油后的工艺水在经汽提后用于发生稀释蒸汽。

馏分油装置裂解气预分馏流工艺流程　图 4-20 所示为馏分油经裂解装置裂解后所得裂解气的预分馏流程示意图。因为馏分油原料经裂解炉裂解所得裂解气中含有相当量的重质馏分,所以必须先将其中的重质燃料油馏分分馏出来,然后再送至急水洗塔冷却,再经油水分离器分离水和裂解汽油。如图所示,来自裂解炉工序废热锅炉出口的裂解气先在急冷器中用急冷油喷淋降温至220~230℃左右,进入油洗塔(急冷油预分馏塔),塔顶用裂解汽油喷淋,塔顶温度控制在100~110℃,保证裂解气中的水分从塔顶带出。塔釜温度则随裂解原料的不同而控制在不同水平。石脑油裂解时,塔釜温度大约在180~190℃,轻柴油裂解时则可控制在190~200℃。塔釜所得燃料油产品,一部分经汽提并冷却后作为裂解燃料油产品输出;另外一部分(称为急冷油)送至稀释蒸汽系统作为稀释蒸汽的热源,由此回收裂解气的热量。经稀释蒸汽发生系统冷却后的急冷油,大部分送到急冷器以喷淋高温裂解气,少部分急冷油进一步冷却后作为油洗塔中段回流液。

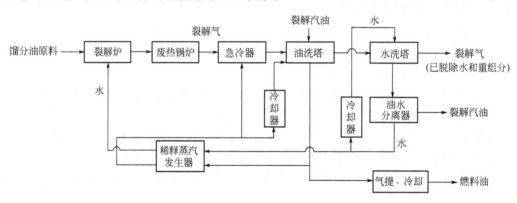

图 4-20　馏分油装置裂解气预分馏流程示意图

油洗塔顶出来的裂解气进入水洗塔,在塔顶用急冷水喷淋,使出口裂解气的温度降至40℃左右,送入裂解气压缩工序。水洗塔塔釜的温度约80℃,排出大部分水和裂解汽油混合物,经油水分离器分离后得到的大部分水(称为急冷水)经冷却后送入水洗塔用作塔顶喷淋水,另一部分水则送至稀释蒸汽发生器发生稀释蒸汽,以供裂解炉使用。油水分离所得裂解汽油馏分部分送至油洗塔作为塔顶喷淋,另一部分则作为产品送出。

轻烃裂解装置裂解气预分馏过程　轻烃裂解装置所得裂解气的重质馏分甚少,所以预分馏的任务是用急冷水直接冷却裂解气,分馏出其中的水分和裂解汽油,同时降低裂解气温度。图 4-21 所示为轻烃裂解装置裂解气预分馏流程。

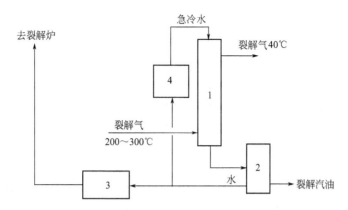

图 4-21 轻烃裂解装置裂解气预分馏流程示意图
1—水洗塔；2—油水分离器；3—稀释蒸汽发生器；4—冷却器

裂解炉出口高温裂解气经第一废热锅炉回收热量副产高压蒸汽，再经第二（和第三）废热锅炉进一步降温至200~300℃后进入水洗塔1。在水洗塔中，塔顶用急冷水喷淋冷却裂解气。塔顶裂解气冷却至40℃左右送至裂解气压缩机。塔釜的油水混合物经油水分离器2分离出裂解汽油和水，裂解汽油经汽油汽提塔汽提后送出装置。而分离出的水（约80℃）一部分经冷却器4冷却后送至水洗塔塔顶作为喷淋（称为急冷水）；另一部分则送至稀释蒸汽发生器发生稀释蒸汽。急冷水除部分用冷却水（或空冷）外，部分可用于分离系统工艺加热（如丙烯精馏塔再沸器加热），由此回收低位能热量。

(3) 轻柴油裂解与预分馏工艺 图4-22所示为轻柴油裂解与预分馏工艺流程。该流程

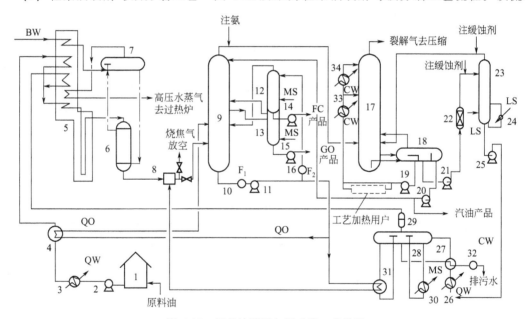

图 4-22 轻柴油裂解与预分馏工艺流程

1—原料油贮罐；2—原料油泵；3,4—原料油预热器；5—裂解炉；6—急冷换热器；7—汽包；8—急冷器；9—油洗塔（汽油初分馏塔）；10—急冷油过滤器；11—急冷油循环泵；12—燃烧油汽提塔；13—裂解轻柴油汽提塔；14—燃料油输送泵；15—裂解轻柴油输送泵；16—燃料油过滤器；17—水洗塔；18—油水分离器；19—急冷水循环泵；20—汽油回流泵；21—工艺水泵；22—工艺水过滤器；23—工艺水汽提塔；24—再沸器；25—稀释水蒸气发生器给水泵；26,27—预热器；28—稀释水蒸气发生器汽包；29—分离器；30—中压水蒸气加热器；31—急冷油加热器；32—排污水冷凝器；33,34—急冷水冷却器；QW—急冷水；CW—冷却水；MS—中压水蒸气；LS—低压水蒸气；QO—急冷油；FC—燃料油；GO—裂解轻柴油；BW—锅炉给水；F_1，F_2—流量调控器

由裂解和预分馏两个单元组成。原料油从原料油贮罐 1 经原粒油预热器 3 和 4 与过热的急冷水和急冷油热交换后加热到 100~120℃进入裂解炉 5 的预热段。预热过的原料油进入对流段初步预热后与稀释水蒸气混合,再进入裂解炉第二预热段预热到初始裂解反应温度 540℃左右,然后进入裂解炉的辐射段继续加热至 700~800℃,进行裂解反应,停留时间约为 0.3~0.8s。炉管出口的高温裂解气通过急冷换热器 6 间接换热以终止裂解反应,同时产生 11MPa 左右的高压水蒸气。为防止急冷换热器管路结焦堵塞,此换热器出口温度控制在 370~500℃。产生的高压蒸汽进裂解炉预热段过热,再送入高压水蒸气过热炉过热至 447℃后并入管网,用于驱动裂解气压缩机和制冷压缩机。

经急冷换热器 6 回收热量后的裂解气进入油急冷器 8 用急冷油直接喷淋冷却,然后与急冷油一起进入油洗塔 9(预分馏馏分塔)。塔顶出来的气体中含有氢、气态烃和裂解汽油以及稀释水蒸气和酸性气体,温度在 200~300℃之间。裂解轻柴油从油洗塔 9 的侧线采出,经汽提塔 13 脱除其中轻组分后,作为裂解轻柴油产品 GO,因它含有大量烷基萘,是制萘的好原料,常称为制萘馏分。油洗塔塔釜采出重质燃料油经汽提除去轻组分后,大部分用作循环急冷油。

裂解气在油洗塔 9 中脱除重质燃料油和裂解轻柴油后,由水洗塔顶采出进入水洗塔 17,在塔顶和中段用急冷水喷淋冷却,其中的部分稀释水蒸气和裂化汽油被冷凝。冷凝的油水混合物由塔釜引至油水分离器 18,分离出的水循环使用,而裂化汽油除了由汽油回流泵 20 送至油洗塔 9 作为塔顶回流而循环使用之外,还有一部分作为汽油产品送出。经脱除绝大部分水蒸气和少部分汽油的裂解气,温度约为 40℃,由水洗塔顶采出送至压缩与净化分离工序。

4.2.5 裂解气的压缩与净化工艺流程

(1) 裂解气的压缩 经过预分馏之后的裂解气在常压下各组分均为气态,其沸点很低,表 4-18 所列为各组分的主要物理性质。可以看出,如果在常压下进行各组分的精馏分离,则需很低的分离温度及大量冷量。为了使分离温度不太低,则需提高裂解气的分离压力。裂解气分离中温度最低的部位是甲烷塔塔顶,其分离温度与压力的关系有如下数据。

分离压力/MPa	分离温度/℃
3.0~4.0	−96
0.6~1.0	−130
0.15~0.3	−140

表 4-18 裂解气组分的主要物理性质

名称	分子式	沸点/℃	临界温度/℃	临界压力/MPa
氢气	H_2	−252.76	−240.18	1.293
一氧化碳	CO	−191.5	−140.2	3.499
甲烷	CH_4	−161.5	−82.59	4.599
乙烯	C_2H_4	−103.8	9.19	5.041
乙烷	C_2H_6	−88.6	32.17	5.028
乙炔	C_2H_2	−84.7	35.15	6.138
丙烯	C_3H_6	−47.7	91.75	4.60
丙烷	C_3H_8	−42.1	96.68	4.248
异丁烷	$i\text{-}C_4H_{10}$	−11.7	134.65	3.64
1-丁烯	C_4H_8	−6.26	146.35	4.02
异丁烯	$i\text{-}C_4H_8$	−6.9	144.7	4.00
1,3-丁二烯	C_4H_6	−4.41	152.0	4.36

续表

名称	分子式	沸点/℃	临界温度/℃	临界压力/MPa
正丁烷	n-C_4H_{10}	-0.50	152.2	3.80
顺-2-丁烯	C_4H_8	3.7	162.35	4.21
反-2-丁烯	C_4H_8	0.9	155.45	4.10

由表 4-18 中数据可见,分离压力高时,分离温度也高;反之分离压力低时,分离温度也低。分离操作压力高时,多耗压缩功,少耗冷量;分离操作压力低时,则相反。此外,压力过高时,使精馏塔塔釜温度升高,易引起重组分聚合,并使烃类的相对挥发度降低,增加分离困难。低压下则相反,塔釜温度低不易发生聚合,烃类相对挥发度大,分离较容易。现代乙烯工业生产中,为了得到高纯度乙烯,主要采用深冷分离装置并以高压法居多,压力通常为 3.6MPa 左右。

裂解气的压缩基本上是一个绝热过程,气体压力升高后,温度也上升,经压缩后的温度可通过气体绝热方程式计算出。

$$T_2 = T_1(p_2/p_1)^{(k-1)/k} \tag{4-14}$$

式中,T_1、T_2 为压缩前后的温度,K;p_1、p_2 为压缩前后的压力,MPa;k 为绝热指数,$k=c_p/c_v$。

【例 4-2】 裂解气自 20℃,p_1 为 0.105MPa,压缩到 p_2 为 3.6MPa,计算单段压缩后的出口裂解气体的温度。

取裂解气的绝热指数 $k=1.228$,代入式(4-14)得

$$T_2 = (273+20) \times \left(\frac{3.6}{0.105}\right)^{(1.228-1)/1.228}$$

$$T_2 = 565K(292℃)$$

由上例计算可知,从压缩机入口的压力 0.105MPa 直接经一段压缩到 3.6MPa 后,气体的温度能升高到 292℃,这样高的温度会导致裂解气中二烯烃发生聚合而生成树脂,严重影响压缩机操作,甚至破坏正常生产。因此需要考虑多段压缩,并在段间进行冷却。工业上一般采取五段压缩,裂解气压缩机将裂解气从 0.12MPa 分五段压缩到 4.0MPa 左右,其工艺流程如图 4-23 所示。该工艺的优点在于,一方面可以提高后续裂解气深冷分离的操作温度,节约低温能量和降低材质要求;另一方面兼顾裂解炉的压力。表 4-19 是以百万吨级乙烯装置为例,不同工艺裂解气压缩机的主要操作参数。根据工艺要求,还可在压缩机各段间安排各种操作,如酸性气体脱除、前脱丙烷工艺流程中的脱丙烷等。

裂解气压缩机组是乙烯生产工艺中输送原料的第一道过程,是整个工艺的关键机组,它限制着乙烯装置单线最大能力。加上另外的两个大型压缩机组,即乙烯压缩机组和丙烯压缩机组,构成乙烯装置的"三大机组",俗称"三机",它们是乙烯装置中最关键的三台离心压缩机组,由于没有备机,故对机组的要求非常高,必须满足安全、稳定、长周期运转(新标准要求连续运转 5 年)。目前,"三机"制造技术已经国产化。

(2) 裂解气的净化 裂解气经预分馏处理后的温度降至常温,并且从中已分馏出裂解汽油和大部分水分,表 4-20 所列为不同裂解原料经预分离后的组成。表中的 C_4S' 和 C_5S' 分别表示混合 C_4 和混合 C_5 组分。C_6(约 204℃)馏分中富含芳烃,是抽提芳烃的重要原料。由表 4-20 中数据可以看出,不同的裂解原料得到的裂解气组成不尽相同。为了获得较多的乙烯,最好的裂解原料是乙烷;为获得较多的丙烯和 C_4 混合烃,最好的原料是石脑油和轻

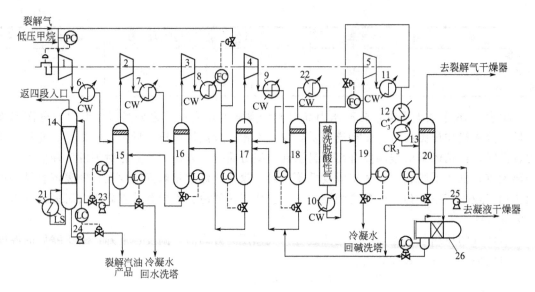

图 4-23 裂解气五段压缩工艺流程

1—压缩机一段；2—压缩机二段；3—压缩机三段；4—压缩机四段；5—压缩机五段；6~13—冷却器；
14—汽油汽提塔；15—二段吸入罐；16—三段吸入罐；17—四段吸入罐；18—四段出口分离罐；
19—五段吸入罐；20—五段出口分离罐；21—汽油汽提塔再沸器；22—急冷水加热器；
23—凝液泵；24—裂解汽油泵；25—五段凝液泵；26—凝液水分离器

表 4-19 不同流程的裂解气压缩机的主要操作参数

项目	顺序流程	前脱乙烷流程	前脱丙烷流程
缸数	3	3	3
段数	5	5	5
进口压力(绝压)/MPa	0.126	0.13	0.125
进口温度/℃	39.2	38	40
出口压力(绝压)/MPa	4.127	3.83	3.971

柴油。还可以看到，经预分馏系统处理后的裂解气是含有氢和各种烃的混合物，其中还含有一定的水分、酸性气体（CO_2、H_2S 和其他气态硫化物等）、CO、炔烃等杂质。表 4-21 和 4-22 所列分别为聚合级乙烯和丙烯的规格，可见对各类杂质限量要求很高。裂解气中这些杂质不仅降低乙烯、丙烯产品质量，还会对裂解气分离装置及乙烯、丙烯衍生物的加工装置有很大危害，所以必须在进行裂解气的深冷分离之前进行裂解气的净化和干燥。

表 4-20 典型裂解气组成（裂解压缩机进料）

裂解原料	乙烷	轻烃	石脑油	轻柴油	减压柴油
转化率/%	65	—	中深度	中深度	高深度
φ/%					
H_2	34	18.20	14.09	13.18	12.75
$CO+CO_2+H_2S$	0.19	0.33	0.32	0.27	0.36
CH_4	4.39	19.83	26.78	21.24	20.89
C_2H_2	0.19	0.46	0.41	0.37	0.46
C_2H_4	31.51	28.81	26.10	29.34	29.62
C_2H_6	24.35	9.27	5.78	7.58	7.03
C_3H_4	—	0.52	0.48	0.54	0.48
C_3H_6	0.76	7.68	10.30	11.42	10.34

续表

裂解原料	乙烷	轻烃	石脑油	轻柴油	减压柴油
C_3H_8		1.55	0.34	0.36	0.22
C_4S'	0.18	3.44	4.85	5.21	5.36
C_5S'	0.09	0.95	1.04	0.51	1.29
C_6~204℃馏分	—	2.70	4.53	4.58	5.05
H_2O	4.36	6.26	4.98	5.40	6.15
平均分子量	18.89	24.90	26.83	28.01	28.38

裂解气中杂质的脱除方法可根据所去除杂质的物理化学性质，采用相应的吸收、吸附或化学反应等方法。

表 4-21 聚合级乙烯规格

组分	数值	组分	数值
乙烯(体积分数)/%	≥99.95	N_2O(体积分数)/ppm	≤0.2
甲烷+乙烷(体积分数)/ppm	≤500	总羰基(醛,酮)(体积分数)/ppm	≤0.1
丙烯及以上组分(体积分数)/ppm	≤3	水(体积分数)/ppm	≤1
乙炔(体积分数)/ppm	≤2	甲醇+丙醇(体积分数)/ppm	≤1
氧气(体积分数)/ppm	≤0.5	氯化物(以氯计)(体积分数)/ppm	≤1
一氧化碳(体积分数)/ppm	≤0.5	砷(体积分数)/ppm	≤30
二氧化碳(体积分数)/ppm	≤3	氧化有机物(体积分数)/ppm	≤0.5
H_2(体积分数)/ppm	≤5	羰基硫化物(体积分数)/ppm	≤20
总硫(以硫计)(体积分数)/ppm	≤1	丙二烯(体积分数)/ppm	≤1
总氮(以氮计)(体积分数)/ppm	≤0.6	甲基乙炔(体积分数)/ppm	≤1

表 4-22 聚合级丙烯的规格

组分	数值	组分	数值
丙烯(体积分数)/%	≥99.95	水(体积分数)/ppm	≤1
甲烷+乙烷+丙烷(体积分数)/ppm	≤4000	甲醇(体积分数)/ppm	≤1
丙烯及以上组分(体积分数)/ppm	≤5	H_2(体积分数)/ppm	≤5
丙二烯(体积分数)/ppm	≤5	羰基硫化物(体积分数)/ppm	≤0.03
甲基乙炔(体积分数)/ppm	≤0.5	丁烷+丁烯(体积分数)/ppm	≤10
乙炔(体积分数)/ppm	≤10	丁二烯(体积分数)/ppm	≤5
乙炔+甲基乙炔+丙二烯+丁二烯(体积分数)/ppm	≤10	NH_3(体积分数)/ppm	≤5
O_2(体积分数)/ppm	≤2	绿油(体积分数)/ppm	≤20
CO(体积分数)/ppm	≤0.1	砷(体积分数)/ppm	≤0.03
CO_2(体积分数)/ppm	≤2	磷化氢(体积分数)/ppm	≤0.03
总硫(以硫计)(体积分数)/ppm	≤1	总氮(体积分数)/ppm	≤1
H_2S(体积分数)/ppm	≤1		

① 酸性气体脱除　裂解气中的酸性组分主要是指 CO_2、H_2S，以及少量的有机硫化物，如氧硫化碳（COS）、二硫化碳（CS_2）、硫醚（RSR'）、硫醇（RSH）和噻吩等，它们主要来自高温下原料与 H_2 和 H_2O 的反应。裂解气中含有的酸性组分对裂解气分离装置以及乙烯和丙烯衍生物加工装置都会有很大危害。对裂解气分离装置而言，CO_2 会在低温下结成

干冰,造成深冷分离系统设备和管道堵塞;H_2S 将使加氢脱炔催化剂和甲烷化催化剂中毒。对下游生产装置而言,当 H_2、乙烯、丙烯产品中酸性气体含量不合格时,可使下游加工装置的聚合过程或催化反应过程的催化剂中毒,也可能严重影响产品质量。因此,在裂解气精馏分离之前,应对其中的酸性气进行脱除。一般要求将裂解气中硫含量降至 1ppm 以下,CO_2 含量降至 5ppm 以下。工业上常采用碱洗或用乙醇胺吸收剂洗涤的方法来脱除酸性气体。当裂解原料硫含量过高时(如硫含量超过 0.2%),为降低碱耗量,可考虑增设可再生的溶剂吸收法(常用乙醇胺溶剂)先脱除大部分酸性气体,然后再用碱洗法做进一步精细净化。

碱洗法 反应原理是以 NaOH 溶液为吸收剂,通过化学吸收过程使 NaOH 与裂解气中的酸性气体发生化学反应,以达到脱除酸性气体的目的。其反应为:

$$CO_2 + 2NaOH \longrightarrow Na_2CO_3 + H_2O$$

$$H_2S + 2NaOH \longrightarrow Na_2S + 2H_2O$$

$$COS + 4NaOH \longrightarrow Na_2S + Na_2CO_3 + 2H_2O$$

$$RSH + NaOH \longrightarrow RSNa + H_2O$$

由于上述反应的化学平衡常数都很大,产物中 CO_2 和 H_2S 的分压几乎可降到零,因此,可以使裂解气中的 CO_2 和 H_2S 的含量降至"ppm"级以下。但是,NaOH 吸收剂为不可再生的吸收剂,吸收剂只能利用一次。此外,为保证酸性气体的精细净化,碱洗塔釜液中应保持游离碱,NaOH 含量约 2%,因此,碱耗量比较高。

为提高碱液的利用率,目前乙烯装置中碱洗塔主要为吸收塔,多数乙烯装置采用三段碱洗和一段水洗的结构,每段之间用烟囱板隔开,水洗段设置在塔的上段,目的是防止碱液带入裂解气压缩机。酸性气体的脱除需要在一定的压力下进行,碱洗塔多设置在压缩机的三段出口与四段入口之间,也有一些装置将其设置在四段出口与五段入口之间。图 4-24 所示为典型的三段碱洗工艺流程,各段循环碱液的碱质量分数分别控制为 10%~12%(Ⅰ段)、5%~7%(Ⅱ段)、2%~3%(Ⅲ段),三段碱洗均采用填料塔。

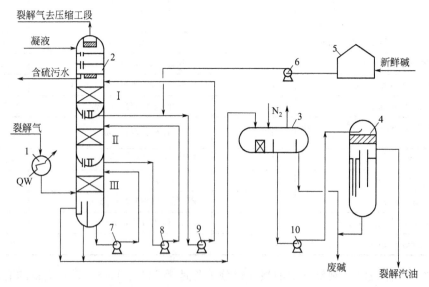

图 4-24 典型三段碱洗工艺流程
1—预热器;2—碱洗塔;3—废碱分离罐;4—裂解汽油分离罐;5—碱液槽;
6—碱液补充泵;7~9—碱液循环泵;10—废碱液泵

碱洗过程中裂解气的温度降低,会有烃类凝液冷凝于塔内,为此,一般对碱洗塔入口裂解气预热使塔釜裂解气温度为 40~50℃,以避免烃类在塔内冷凝。因为即使在常温操作条件下,在有碱液存在时,裂解气中的不饱和烃仍会发生聚合,生成的聚合物将聚积于塔釜。这些聚合物为液体,与空气接触易形成黄色固体,通常称为"黄油"。黄油的生成可能造成碱洗塔釜和废碱罐的堵塞,常常利用裂解汽油来萃取碱液中的"黄油"。塔釜采出的废碱液中除含有 Na_2S、$NaHS$、Na_2CO_3、$NaOH$ 和少量的 Na_2SO_3 和 $Na_2S_2O_3$,还含有黄油和硫醇等有机硫化物,使废碱液具有难闻的臭味,所以废碱液在进入生化处理前需进行预处理。工业上常用的预处理方法是使用裂解汽油先萃取分离黄油,再对碱液进行中和,主要中和其中的脱硫化物(Na_2S 或 $NaHS$)。目前应用最多的中和处理方法是空气湿式氧化法,该工艺过程是在装有废碱液的液相反应器内通入空气和蒸汽,使空气将废碱液中的 Na_2S 或 $NaHS$ 充分氧化生成 Na_2SO_4,通入蒸汽的目的是为了维持必要的反应温度和提供反应所需的热量。空气湿式氧化法分为低压氧化、中压氧化和高压氧化。三种碱洗方法的操作条件和处理后的碱液指标见表 4-23 和表 4-24。由表中的数据可以看出,高压空气湿式氧化法处理后的废碱液指标最好。

表 4-23　三种碱洗方法的操作条件

氧化工艺	操作温度/℃	操作压力/MPa
低压法	95	0.7
中压法	155	1.1
高压法	190	3.0

表 4-24　三种碱洗方法处理后的废碱液指标

主要指标	高压法	中压法	低压法
$COD/mg \cdot L^{-1}$	1500	2000	3200
$BOD/mg \cdot L^{-1}$	—	1200	1600

"长尾曹达"碱洗法　是为提高碱液利用率而对常规碱洗法的改进,首先由日本长尾曹达所采用。

由 $NaOH$ 与 H_2S、CO_2 的化学反应式可以看出,脱除 1mol H_2S 或 CO_2 理论上需要 2mol $NaOH$,如果能控制操作条件,使反应生成的 Na_2S 及 Na_2CO_3 继续与 H_2S 和 CO_2 反应,则碱耗量可减少一半。"长尾曹达"碱洗法正是基于这样的思路进行操作,与"常规"碱洗法相比,反应过程的差别如下:

$$NaOH \xrightarrow{H_2S, CO_2} \begin{matrix} Na_2S \\ NaCO_3 \end{matrix} \xrightarrow{H_2S, CO_2} \begin{matrix} NaHS \\ NaHCO_3 \end{matrix}$$

$$\underset{\text{"常规"碱洗法}}{\longleftrightarrow}$$
$$\underset{\text{"长尾曹达"碱洗法}}{\longleftrightarrow}$$

乙醇胺法　是一种物理吸收和化学吸收相结合的方法,用乙醇胺作吸收剂除去裂解气中的 CO_2 和 H_2S,吸收剂主要是一乙醇胺(MEA)和二乙醇胺(DEA)。

以一乙醇胺为例,在吸收过程中它能与 CO_2 和 H_2S 发生如下反应:

$$2HOC_2H_4-NH_2 \underset{-H_2S}{\overset{H_2S}{\rightleftharpoons}} (HOC_2H_4-NH_3)_2S \underset{-H_2S}{\overset{H_2S}{\rightleftharpoons}} 2HOC_2H_4NH_3HS$$

$$2HO-C_2H_4-NH_2 \underset{-(CO_2+H_2O)}{\overset{CO_2+H_2O}{\rightleftharpoons}} (HOC_2H_4NH_3)_2CO_3$$

$$(HOC_2H_4NH_3)_2CO_3 \xrightarrow[-(CO_2+H_2O)]{CO_2+H_2O} 2HOC_2H_4NH_3HCO_3$$

$$2HOC_2H_4NH_2 + CO_2 \rightleftharpoons HOC_2H_4-NHCOONH_3-C_2H_4OH$$

以上反应是可逆的,在温度低、压力高时反应向右进行并放热,在温度高、压力低时反应向左进行并吸热,因此,在常温加压条件下进行吸收,反应向右进行。吸收了 CO_2 和 H_2S 的溶剂称为富液。将富液在低压下加热,反应向左进行,富液中的反应物分解,释放出 CO_2 和 H_2S,吸收剂得到再生。再生的吸收剂称为贫液,可再作为吸收剂使用。图 4-25 所示为 Lummus 公司采用的乙醇胺法脱除酸性气的工艺流程。乙醇胺加热至 45℃后送入吸收塔的顶部。裂解气中的酸性气体大部分被乙醇胺溶液吸收后,送入碱洗塔进一步净化。吸收了 CO_2 和 H_2S 的富液,由吸收塔釜采出,在富液中注入少量洗油(裂解汽油)以溶解富液中重质烃及聚合物。富液和洗油经分离器分离洗油后,送到汽提塔进行解吸。汽提塔中解吸出的酸性气体经塔顶冷却并回收凝液后放空。解吸后的贫液再返回吸收塔进行吸收。

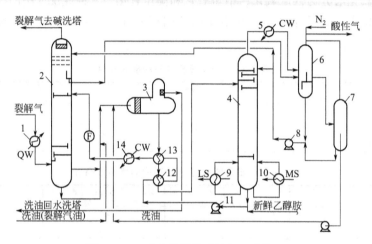

图 4-25 乙醇胺法脱除酸性气工艺流程

1—加热器;2—吸收塔;3—汽油-胺分离器;4—汽提塔;5—冷却器;6,7—分离罐;
8—回流泵;9,10—再沸器;11—胺液泵;12,13—换热器;14—冷却器

醇胺法与碱洗法的比较 醇胺法与碱洗法相比,其主要优点是吸收剂可再生循环使用,当酸性气含量较高时,不论从吸收液的消耗还是废水处理量来看,醇胺法都明显优于碱洗法。醇胺法与碱洗法相比的缺点是:a. 醇胺法对酸性气体杂质的吸收不如碱洗彻底,一般情况下,醇胺法处理后的裂解气中酸性气含量仍达 30~50ppm;b. 醇胺液吸收剂虽可再生循环使用,但由于挥发和降解,仍有一定损耗;c. 醇胺水溶液呈碱性,但当有酸性气存在时,溶液 pH 值急剧下降,从而对碳钢设备产生腐蚀,因此,醇胺法对设备材质要求高,投资相应较大;d. 醇胺溶液可吸收丁二烯和其他双烯烃,吸收双烯烃的吸收剂在高温下再生时易生成聚合物,由此既造成系统结垢,又损失了丁二烯。

因此,一般情况下,乙烯装置均采用碱洗法脱除裂解气中的酸性气,只有当酸性气体含量较高(如裂解原料硫含量超过 0.2%)时,为减少碱耗量以降低生产成本,可考虑采用醇胺法预脱裂解气中的酸性气体,但仍需用碱洗法进一步作精细脱除,以保证裂解气中 CO_2 和 H_2S 含量均小于 1ppm。

② 脱水 在乙烯生产过程中,为避免水分在低温分离系统中结冰或形成水合物堵塞管道和设备,需要对裂解气、H_2、乙烯和丙烯进行脱水处理,以保证乙烯生产装置的稳定运行,并保证产品乙烯和丙烯中的水分达到规定值。

裂解气脱水　裂解气在急冷单元经过油水预分馏系统处理后送入裂解气压缩机进行压缩,在压缩机每段入口处裂解气中的含水量为入口温度和压力条件下的饱和含水量。在裂解气压缩过程中,随着压力的升高,可在段间冷凝降温过程中分离出部分水分。通常,五段压缩后裂解气的压力达到 3.5～3.7MPa,经冷却至 15℃左右即送入深冷分离系统,此时裂解气中饱和水含量约为 600～700ppm。这些水分如果被带入深冷系统,不仅在低温下结冰造成冻堵,还会在加压和低温条件下,与烃类物质结合生成白色结晶状态的水合物,如 $CH_4 \cdot 6H_2O$、$C_2H_6 \cdot 7H_2O$、$C_3H_8 \cdot 8H_2O$。这些水合物也会在设备和管道内积累引起堵塞现象。特别是,在加压条件下形成烃类水合物的温度比水结冰的温度高得多。所以,需要对裂解气进行脱水处理。一般要求进入深冷分离系统的裂解气的水含量小于 1ppm,其对应的裂解气露点温度在-70℃以下。

裂解气脱水的方法主要是物理法,如冷凝法、吸收法、吸附法等。现在大型乙烯装置中广泛采用吸附法,在固定床吸附器中进行裂解气水的脱除,所用吸附剂是 3A 分子筛,吸附剂经再生后可反复使用。3A 分子筛是离子型极性吸附剂,对极性分子特别是水有极大的亲和性,易于吸附,而对 H_2、CH_4 和 C_3 以上烃类均不易吸附。因而用于裂解气和烃类干燥时,不仅烃的损失少,也可减少高温再生时由于形成聚合物或结焦而使吸附剂性能劣化。图 4-26 所示为裂解气脱水时,吸附剂经多次再生后的性能变化情况。导致 3A 分子筛劣化的主要原因是细孔内钾离子的入口被堵塞,循环初期劣化速度较快,慢慢趋向一个定值。其劣化度约为初始吸附量的 30% 左右。通常,乙烯装置多采用两床操作,一台床吸附脱水,一台床再生吸附剂,两床轮流进行干燥和再生。图 4-27 所示为裂解气干燥与分子筛再生工艺流程。当脱水操作时,为避免因气流过大而扰动床层,裂解气从中上部进入分子筛床层,脱水后裂解气由固定床底部送出。当进行分子筛再生时,被加热的干燥载气(甲烷或 H_2、氨气)由床层底部进入,气流向上流动,再生作用由下而上,以保证床层底部的分子筛完全再生。再生载气经冷却和分离后送到燃料系统。

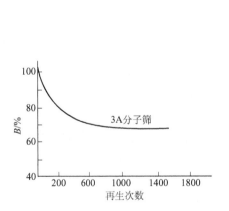

图 4-26　裂解气干燥吸附剂劣化情况

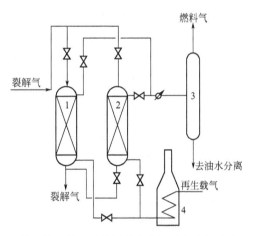

图 4-27　裂解气干燥与分子筛再生工艺流程
1—操作干燥器;2—再生干燥器;
3—气液分离器;4—加热炉

氢气脱水　裂解气中分离出的 H_2 可用作 C_2 馏分和 C_3 馏分加氢时反应的氢源,必须经过干燥脱水处理,否则影加氢效果。

裂解气中分离出的粗氢含水量很低,但在甲烷化法脱除氢中 CO 时,在催化剂的作用下烷基化反应中,生成甲烷的同时也将副产水分。

$$3H_2 + CO \Longrightarrow H_2 + H_2O$$
$$4H_2 + CO_2 \Longrightarrow CH_4 + 2H_2O$$

通常，甲烷化后 H_2 中的水分可达 600ppm 左右。生产中要求 H_2 干燥后的含水量降至 1ppm。当采用变压吸附法代替甲烷化脱除氢中的 CO 时，则无需设置 H_2 干燥系统。

液相干燥及气相干燥 乙烯装置中，裂解气、H_2 和乙烯是在气相进行干燥，C_3 馏分则在液相干燥。C_2、C_3 馏分是否需要干燥脱水处理，与分离流程的组织有关。

当采用前脱丙烷流程时，压缩机段间的凝液经干燥后即送至脱丙烷塔，则 C_3 馏分需要干燥脱水；通常，脱乙烷塔进料均为充分脱水的物料，因此，脱乙烷塔顶采出的 C_2 馏分应该是干燥的物料。C_2 馏分选择加氢时不会发生甲烷化反应，因而也不会有水生成。但实际生产过程中，即使在正常操作条件下，C_2 加氢后物料中大约含有 3ppm 的水分。由于乙烯和乙烷在乙烯塔操作条件下会生成水合物，进入乙烯塔的水分容易累积在塔内而造成冻堵，因此，通常在乙烯塔进料前设置 C_2 馏分干燥器。

前脱乙烷分离流程中除设置裂解气干燥器外，又设置压缩机凝液干燥器。为保证乙烯产品的规格，在 C_2 加氢脱炔后设置馏分干燥器。通常控制干燥后 C_2 含水量在 1ppm 以下。

前脱丙烷前加氢流程对碱洗后的裂解气首先进行干燥脱水，再进脱丙烷塔，脱丙烷塔顶 C_3 和 C_3 以下轻组分经最后一段压缩后，进行加氢脱炔，脱炔后经过裂解气第二干燥器再次干燥后进入深冷脱甲烷系统，之后的乙烯产品和丙烯产品均不再干燥。

在 C_3 馏分气相加氢时，C_3 馏分的干燥脱水设置在加氢之后、进入丙烯精馏塔之前。在 C_3 馏分液相加氢时，C_3 馏分的干燥脱水一般安排在加氢之前。也有少数装置将 C_3 馏分的干燥脱水安排在丙烯精馏塔之后，仅对丙烯产品进行干燥。

液相干燥时吸附热造成的床层温升很小，而与气相干燥相比最大差别是：液相干燥时塔内的流速比气相吸附时慢得多，液相中流体与吸附剂颗粒的接触时间有时可达气相吸附的 100~1000 倍。液相干燥时的空塔流速仅为气相干燥时的空塔流速的 1% 左右。此外，液相吸附中液体黏度远较气体的高，黏度对扩散系数的影响不能忽略不计。

③ **炔烃的脱除** 裂解气中含有少量炔烃，如乙炔、丙炔和丙二烯等。炔烃的含量与裂解原料和裂解操作条件有关，对特定裂解原料而言，炔烃的含量随裂解深度的提高而增加。在相同裂解深度下，高温短停留时间的操作条件将生成更多的炔烃。

炔烃常常对乙烯和丙烯下游产品的生产过程带来麻烦。它们可能使催化剂中毒缩短催化剂寿命，过多的乙炔积累还可能引起爆炸形成不安全因素，也可能生成一些副产物影响产品质量。因此，大多数乙烯和丙烯衍生物的生产均对原料乙烯和丙烯中的炔烃含量提出严格的要求。通常要求乙烯产品中乙炔含量低于 5ppm。而对丙烯产品来说，则要求甲基乙炔含量低于 5ppm，丙二烯含量低于 10ppm。

最常采用的脱除乙炔的方法是溶剂吸收法和催化加氢法。

溶剂吸收法是使用溶剂吸收裂解气中的乙炔以达到净化目的，同时回收一定量乙炔。催化加氢法是将裂解气中的乙炔加氢生成乙烯或乙烷，由此达到脱除乙炔的目的。溶剂吸收法与催化加氢法各有优缺点，当裂解气中炔烃含量不多且不需要回收乙炔时，一般采用选择性催化加氢法脱除乙炔；当需要回收乙炔时，则采用溶剂吸收法。实际生产装置中建有回收乙炔的溶剂吸收系统，往往同时设有催化加氢脱炔系统。两个系统并联，以具有一定的灵活性。

a. 脱除炔烃的原理 在裂解气中的乙炔进行选择催化加氢时发生如下反应：

主反应 $\quad C_2H_2 + H_2 \xrightarrow{K_1} C_2H_4 + \Delta H_1$

$\quad\quad\quad\quad C_2H_2 + 2H_2 \xrightarrow{K_2} C_2H_6 + \Delta H_2$

副反应 $\quad C_2H_4 + H_2 \rightleftharpoons C_2H_6 + (\Delta H_2 - \Delta H_1)$

$\quad\quad\quad\quad mC_2H_2 + nC_2H_4 \longrightarrow$ 低聚物（绿油）

当反应温度升高到一定程度时，还可能发生生成炭、H_2 和 CH_4 的裂解反应。

乙炔加氢转化为乙烯和乙炔加氢转化为乙烷的反应热力学数据如表 4-25 所示。从化学平衡常数可以看出，乙炔加氢转化为乙烷的反应和乙炔加氢转化为乙烯的反应都有利，且主反应不仅能脱除炔烃，又可增加乙烯收率。反应热效应数据表明，升高反应温度将有利于生成乙烯的过程。此外有研究表明，当乙炔加氢转化为乙烯和乙烯加氢转化为乙烷的反应各自单独进行时，乙烯加氢转化为乙烷的反应速率比乙炔加氢转化为乙烯的反应速率快 10～100 倍。因此，在乙炔催化加氢过程中，催化剂的选择性将是影响加氢脱炔效果的重要指标。

表 4-25　乙炔加氢反应热效应和化学平衡常数

温度/K	反应热效应 $\Delta H/(kJ/mol)$		化学平衡常数	
	$C_2H_2 + H_2 \longrightarrow C_2H_4$	$C_2H_2 + 2H_2 \longrightarrow C_2H_6$	$K_1 = \dfrac{p_{C_2H_4}}{p_{C_2H_2} p_{H_2}}$	$K_1 = \dfrac{p_{C_2H_6}}{p_{C_2H_2} p_{H_2}^2}$
300	-175.083	-311.491	3.37×10^{24}	1.19×10^{42}
400	-177.907	-316.149	7.63×10^{16}	2.65×10^{28}
500	-180.313	-320.084	1.65×10^{12}	1.31×10^{20}
600	-182.224	-323.224	1.19×10^{9}	3.31×10^{14}
700	-182.781	-325.099	6.5×10^{6}	3.10×10^{10}

对裂解气中的甲基乙炔和丙二烯进行选择性催化加氢时的反应如下：

主反反应 $\quad CH_3-C\equiv CH + H_2 \longrightarrow C_3H_6 - 165 kJ/mol$

$\quad\quad\quad\quad CH_2=C=CH_2 + H_2 \longrightarrow C_3H_6 - 173 kJ/mol$

副反应 $\quad C_3H_6 \longrightarrow C_3H_8 - 124 kJ/mol$

$\quad\quad\quad\quad nC_3H_4 \longrightarrow (C_3H_4)_n$ 低聚物（绿油）

从反应热力学来看，在 C_3 馏分中炔烃加氢转化为丙烯的反应比丙烯加氢转化为丙烷的反应更为可能。因此，C_3 炔烃加氢时比乙炔加氢更易获得较高的选择性。但是，随着温度的升高，丙烯加氢转化为丙烷的反应以及低聚物（绿油）生成的反应将加快，丙烯损失相应增加。

加氢脱炔反应的催化剂大多采用以 Co、Ni、Pd 作为活性中心，用 α-Al_2O_3 作载体，用 Fe 和 Ag 作助催化剂。

b.前加氢和后加氢工艺　根据氢的来源不同，可将选择性催化加氢工艺分为前加氢和后加氢工艺技术。

前加氢工艺　前加氢工艺过程是在裂解气未分离甲烷、氢组分之前进行（即在脱甲烷塔前），利用裂解气中的氢对炔烃进行选择加氢，所以又称为自给氢催化加氢过程。因为不用外供 H_2，所以流程简单，但 H_2 量不易控制，过量的 H_2 可使脱炔反应的选择性降低。另外，前加氢脱炔所处理的气体组成复杂，要求催化剂活性高且不易中毒。而且，催化剂用量大、反应器的体积也大、催化剂寿命短、氢炔比不易控制且操作稳定性较差。

前加氢催化剂有 Pd 系和非 Pd 系两类。使用非 Pd 系催化剂脱炔时，对进料中杂质（硫、CO、重质烃）的含量限制不严，但其反应温度高，加氢选择性不理想，加氢处理后残余乙炔一般高于10ppm，乙烯损失1%～3%。而Pd系催化剂对原料中杂质含量限制很严，通常要求硫含量低于5ppm，反应温度较低，加氢后残余乙炔可低于5ppm，乙烯损失可降至0.2%～0.5%。

目前工业上，以采用后加氢脱炔为主。

后加氢工艺　后加氢过程是指裂解气分离出C_2馏分和C_3馏分后，再分别对C_2和C_3馏分进行催化加氢，以脱除乙炔、甲基乙炔和丙二烯。由于C_2馏分和C_3馏分中均不含有氢，加氢所需H_2是根据炔烃含量定量供给，后加氢脱炔所处理的馏分组成简单，反应器体积小，而且易控制氢炔比例，使反应选择性提高，有利于提高乙烯收率，催化剂不易中毒，使用寿命长。加氢所用的氢源可以是来自裂解气中分离提纯的H_2。

后加氢脱乙炔的催化剂主要是Pd系催化剂，表4-26所列为国外几种C_2加氢催化剂及操作条件。对C_2馏分的加氢，根据后续裂解气深冷分离流程的不同，工艺也有所不同。在顺序分离流程和前脱丙烷分离流程中采用后加氢工艺过程时，加氢过程设在脱乙烷塔之后，对脱乙烷塔塔顶采出的C_2馏分进行加氢；而在前脱乙烷分离流程中采用后加氢工艺过程时，加氢过程设在脱甲烷塔之后，对脱甲烷塔塔釜的C_2馏分进行加氢。

表4-26　国外C_2加氢催化剂及操作条件

催化剂型号 项目	C31-1A		G-58B	LT-161
厂商	CCI		Girdler	Procatalyse
组成	$Pd-Al_2O_3$		$Pd-Al_2O_3$	$Pd-Al_2O_3$
反应器	单段床	双段床	单段床	双段床
进料温度/℃	27～93	27～93	40～110	60～130
反应压力/MPa	2.25	2.06	1.0～3.0	2.53
气体空速/h^{-1}	2365	2130	1500～4000	2600
原料乙炔摩尔分数	0.72%	0.92%	0.3%～0.5%	0.67%
H_2/C_2H_2（摩尔比）	1.5～2.5	第一段：1～2 第二段：1.5～2.5	2.0	第一段：1.3～2.0 第二段：3.0～5.0
残余乙炔摩尔分数	$<5\times10^{-6}$	$<5\times10^{-6}$	$<5\times10^{-6}$	$<5\times10^{-6}$
再生周期/月	6	6～12	3	6
寿命/年	3	3～5	5	2

后加氢又分全馏分加氢和产品加氢。全馏分加氢是将脱乙烷塔塔顶C_2馏分全部进行加氢，加氢后的产品一部分作为脱乙烷塔回流；另一部分送至乙烯精馏塔。产品加氢是仅对脱乙烷塔塔顶净产品进行加氢，而不对脱乙烷塔的回流进行加氢。两种加氢方案如图4-28所示。

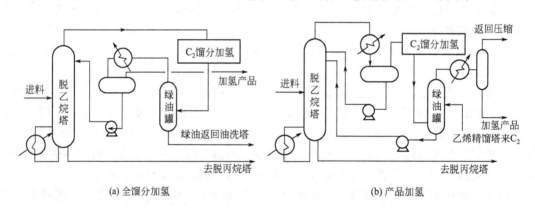

图4-28　全馏分加氢和产品加氢工艺

显然，对相同脱乙烷塔进料而言，由于回流的稀释作用，全馏分加氢进料的乙炔浓度低于产品加氢时进料的乙炔浓度。当碳二馏分中乙炔含量在 1.5%～2.0% 以下时，一般采用产品加氢流程。当碳二馏分中乙炔含量在 1.5%～2.0% 以上时，可考虑采用全馏分加氢。

脱乙烷塔回流比一般约为 0.6～1.0，因此，全馏分加氢与产品加氢相比，加氢反应进料中乙炔浓度相差 60% 以上。由于全馏分加氢时进料中乙炔浓度相对较低，一般采用单段床绝热反应器。产品加氢时，乙炔含量相对较高（高于 0.7%），一般采用多段绝热床或等温反应器。

c. 前加氢和后加氢的比较　前加氢方案的优点是工艺流程简化，可以节省投资。尤其在前脱丙烷流程中采用前加氢方案且不设 C_3 加氢系统时，节省投资的效果更为明显。

前加氢方案是利用裂解气中自身含有的氢进行加氢反应，加氢脱炔过程的运转无需等待 H_2 产品合格，因而装置开车进程较快，正常运转中脱炔过程受低温分离系统的影响也较小。

碳三气相加氢工艺流程　碳三气相加氢均采用绝热床。当 C_3 馏分中甲基乙炔和丙二烯的摩尔分数低于 1.2% 时，可选用单段床加氢工艺流程；当碳三馏分中甲基乙炔和丙二烯的摩尔分数超过 1.2% 时，多选用双段床加氢工艺流程。为避免床层温升过高，可将加氢后 C_3 馏分部分返回加氢进料，以稀释进料中的炔烃。

C_3 气相加氢也有全馏分加氢和产品加氢两种方案。当甲基乙炔和丙二烯含量较高时，采用全馏分加氢方案，则加氢进料中的甲基乙炔和丙二烯浓度可以被全馏分稀释而降低。

碳三液相加氢工艺流程　C_3 馏分液相加氢工艺流程一般采用双段床，在对加氢后产品中炔烃含量限制不严时，也采用单段床工艺流程。当有未干燥物料进入脱丙烷塔时，C_3 馏分需进行干燥。采用 C_3 气相加氢脱炔工艺技术时，C_3 馏分的干燥设在加氢脱炔之后；采用 C_3 液相加氢脱炔工艺技术时，C_3 馏分的干燥一般设在加氢脱炔之前。加氢所需 H_2 量根据进料量和进料中的炔烃量确定。采用双段床工艺流程时，通常一段床炔烃转化率约为 80%～90%，其余 10%～20% 在二段床中进行反应。一段床氢炔比大约控制在 1.0～1.2，二段床氢炔比则控制较高，通常约为 4～6。

C_3 液相加氢反应温度低，绿油生成量很少，因此一般不再设置绿油吸收塔或绿油罐。但是，当丙烷需返回裂解而 C_3 馏分中炔烃含量又较高时（裂解深度高时，C_3 馏分中炔烃含量高，最高可达 7% 左右），也常设置绿油罐或绿油吸收塔，以防止绿油进入丙烷馏分而造成丙烷裂解时结焦。

d. 溶剂吸收法脱除乙炔　溶剂吸收法使用选择性溶剂将 C_2 馏分中的少量乙炔选择性地吸收到溶剂中，从而实现脱除乙炔的方法。由于使用选择性吸收乙炔的溶剂，可以在一定条件下再把乙炔解吸出来，因此，溶剂吸收法脱除乙炔的同时，可回收到高纯度的乙炔。

溶剂吸收法在早期曾是乙烯装置脱除乙炔的主要方法，随着加氢脱炔技术的发展，逐渐被加氢脱炔法取代。然而，随着乙烯装置的大型化，尤其随着裂解技术向高温短停留间发展，裂解副产乙炔量相当可观，乙炔回收更具吸引力。因而，溶剂吸收法在近年来受到广泛重视，在已建有加氢脱炔的乙烯装置上增加溶剂吸收装置以回收乙炔。以 30 万吨/年乙烯装置为例，以石脑油为原料时，在高深度裂解条件下，常规裂解每年可回收乙炔量约 6700t，毫秒炉裂解时每年可回收乙炔量可达 11500t。

选择性溶剂应对乙炔有较高的溶解度，而对其他组分溶解度较低，常用的溶剂有二甲基甲酰胺（DMF），N-甲基吡咯烷酮（NMP）和丙酮。除溶剂吸收能力和选择性外，溶剂的沸点和熔点也是选择溶剂的重要指标。低沸点溶剂较易解吸,但损耗大,且易污染产品。高沸点溶剂解吸时需低压高温条件,但溶剂损耗小,且可获得较高纯度的产品。图 4-29 所示为 Lummus 公司 DMF 溶剂吸收法脱乙炔的工艺流程。本法乙炔纯度达 99.9% 以上,脱炔后乙烯产品中乙炔含量低达 1ppm,产品回收率 98%。

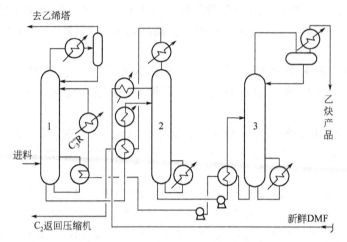

图 4-29 DMF 溶剂吸收法脱乙炔工艺流程
1—乙炔吸收塔;2—稳定塔;3—汽提塔

④ CO 的脱除 裂解气经低温分离,CO 富集于甲烷馏分和 H_2 馏分中,含量达到 5000ppm 左右。在加氢反应中,H_2 中含有的微量 CO 可使加氢反应的催化剂中毒。另外,随着烯烃聚合过程高效催化剂的发展,对乙烯和丙烯产品中 CO 含量的控制非常严格。所以,通常将 H_2 中 CO 含量脱除至 3ppm 以下。

乙烯装置中最常用脱除 CO 的方法是甲烷化法。近年来,随着变压吸附技术的发展,有的乙烯装置中也采用变压吸附法。

a. 甲烷化法 甲烷化法是在催化剂存在下,使 H_2 中的 CO 与氢反应生成甲烷,从而达到脱除 CO 的目的。其主反应方程式为:

$$CO + 3H_2 \rightleftharpoons CH_4 + H_2O \quad \Delta H = -206.3 \text{kJ/mol}$$

当 H_2 中含有烯烃时,可发生如下副反应:

$$C_2H_4 + H_2 \rightleftharpoons C_2H_6 \quad \Delta H = -136.4 \text{kJ/mol}$$

由于甲烷化反应是放热、体积减小的反应,所以加压和低温对反应有利。甲烷化反应常采用的催化剂是含镍催化剂。但是,当系统中 CO 含量高于 1% 时,在低于 150℃ 的一定温度范围内,CO 可以与镍反应生成易挥发且毒性很大的羰基镍:

$$Ni + 4CO \rightleftharpoons Ni(CO)_4$$

因此,在实际生产中应严格避免 150℃ 以下时 CO 与镍催化剂的接触。通常,反应器升温时,最好先用氮气加热催化剂床层;装置停车时,应该在催化剂床层温度降至 150℃ 之前切断含有 CO 的 H_2,改用氮气进行降温。

甲烷化反应早期使用的催化剂属于高温催化剂,其反应温度为 250～280℃。近年来,Nikki 公司开发出低温甲烷镍系催化剂,反应温度在 160～185℃ 之间。我国的乙烯装置采用的是这种催化剂。

b. 变压吸附法(PSA 法) 变压吸附法是在加压条件下进行吸附操作,在减压条件下进行解吸操作,从而达到净化气体的目的。变压吸附法已广泛用于制氢生产,近年来在乙烯装置中也越来越多地被采用。

用变压吸附法能够从原料氢中脱除甲烷、CO、CO_2 及烃类，从而得到纯度很高的氢。变压吸附工艺过程中至少有两台吸附床，一台进行吸附；另一台进行解吸，如图 4-30 所示。解吸需用部分成品气体进行。

当用变压吸附法精制 H_2 时，吸附剂通常是混装的分子筛与活性炭。分子筛主要选择吸附一氧化碳和甲烷，活性炭能选择吸附水和二氧化碳。乙烯装置中的 H_2 精制装置多选用分子筛，其 H_2 回收率一般约为 65%～75%，也可以达到 80%～90%。

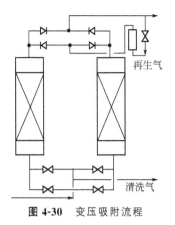

图 4-30 变压吸附流程

4.2.6 裂解气分离与精制工艺流程

(1) 裂解气分离与精制流程的组织 裂解气分离与精制流程的任务是把裂解气中含有的 H_2、C_1～C_5 馏分逐个分开，并对乙烯和丙烯进行提纯精制，得到合格产品。

裂解气分离的方法主要有两种，深冷分离法和油吸收精馏分离法。此外，还有吸附分离法、络合分离法以及膨胀机法等。现在乙烯工业生产中，为得到高纯度乙烯，主要采用深冷分离法。

工业上通常将冷冻温度低于-100℃的称为深度冷冻，简称深冷。由裂解气的压缩与净化讨论可知，裂解气中各组分的分离温度随操作压力的降低而降低，甲烷和 H_2 的分离操作温度最低。对于脱甲烷塔来说，当操作压力为 3.0MPa 时，为分离甲烷所需温度约为-90～-100℃；当压力为 0.5MPa 时，塔顶温度将下降至-130～-140℃。

裂解气的深冷分离在顺序上遵循先易后难的原则，先将来自压缩机出口的裂解气在-100℃左右的低温下，把除 H_2 和甲烷以外的烃类全部冷凝下来，然后利用各种烃的相对挥发度不同在精馏塔内进行多组分精馏，把 C_1～C_5 馏分逐个分开，最后对乙烯和丙烯进行提纯精制。H_2 和甲烷在冷箱中得到分离，H_2 可用于加氢脱炔的原料，甲烷则返回系统作为燃料气。为保证脱除后的甲烷和 H_2 达到 95% 以上的纯度，冷箱的操作温度要降至-170℃左右。因此，在深冷分离工艺流程中应设置脱甲烷、脱乙烷、脱丙烷、脱丁烷塔以及精制乙烯产品和丙烯产品的精馏塔，还应设置冷箱。

分离流程中的各种操作位置以及各种精馏塔的排列顺序均可变动，由此构成不同的深冷分离流程，但它们的共同特点是都由气体压缩、制冷系统、净化系统和低温精馏与精制系统几部分组成。

① 深冷制冷 通常选用可以降低制冷装置投资、运转效率高、来源容易、毒性小的介质作为制冷剂。对乙烯生产装置而言，产品乙烯和丙烯已有储存设施，且乙烯和丙烯具有良好的热力学特性，因而可选用乙烯和丙烯作为乙烯装置制冷系统的制冷剂。由表 4-18 的低级烃类的主要物理性质可知，丙烯常压沸点为-47.7℃，可作为-40℃温度级的制冷剂；乙烯常压沸点为-103.8℃，可作为-100℃温度级的制冷剂。采用低压脱甲烷分离流程时，可能需要更低的制冷温度，此时常采用甲烷制冷。甲烷常压沸点为-161.5℃，可作为-120～-160℃温度级的制冷剂。

不是所有制冷剂经压缩后，能用水冷却液化。例如，以丙烯为制冷剂构成的蒸气压缩制冷循环中，其冷凝温度可采用 38～42℃ 的环境温度（冷却水或空气冷却）。而在以乙烯为制冷剂构成的蒸气压缩制冷循环中，由于受乙烯临界点的限制，乙烯制冷剂不可能在环境温度下冷凝，其冷凝温度必须低于其临界温度（9.7℃），此时，可采用丙烯制冷循环为乙烯制冷循环的冷凝器提供冷量。为制取更低温度级的冷量，还需选用沸点更低的制冷剂。例如，选用甲烷作为制冷剂时，其临界温度为-82.5℃，则选用乙烯制冷循环为甲烷制冷循环的冷凝器提供冷量，如此构成图4-31所示的甲烷-乙烯-丙烯三元复叠制冷循环系统。

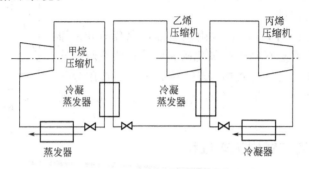

图 4-31　甲烷-乙烯-丙烯三元复叠制冷循环系统

复叠式制冷循环是能耗较低的深冷制冷循环，其主要缺陷是制冷机组多，又需要储存制冷剂的设施，相应投资较大，操作较复杂。而在乙烯装置中，之所以广泛采用复叠制冷循环，是因为所需制冷温度的等级多，所需制冷剂又是乙烯装置的产品，储存设施非常完善，同时复叠制冷循环能耗低等原因。

② 分离流程　由于裂解气中含有的炔烃需要在分离流程中脱除，因此根据加氢脱炔烃在分离流程中分离各种烃馏分的位置安排，可分为不同的裂解气分离流程，但它们的共同特点都是先分离不同碳原子数的烃，再分离相同碳原子数的烯烃和烷烃。图4-32所示为五种裂解气深冷分离工艺流程框图，其中工艺流程（a）为顺序分离流程，分离顺序是按C_1、C_2、C_3馏分进行切割的。先在脱甲烷塔塔顶分离出氢和甲烷，塔釜液则送至脱乙烷塔，在脱乙烷塔塔顶分离出乙烷和乙烯，塔釜液则送至脱丙烷塔，最终由乙烯精馏塔、丙烯精馏塔、脱丁烷塔分别得到乙烯、乙烷、丙烯、丙烷，混合C_4、裂解汽油等产品。流程（b）和（c）是从乙烷开始切割分馏，通常称为前脱乙烷分离流程。流程（d）和（e）则是从丙烷开始切割分馏，通常称为前脱丙烷流程。又因为催化加氢脱炔在流程中的位置不同，所以又进一步分为前加氢和后加氢流程。顺序分离流程一般只按后加氢的方案进行组织，而前脱乙烷和前脱丙烷流程则既有前加氢方案，也有后加氢方案。图4-33～图4-35所示分别是顺序分离、前脱乙烷前加氢和前脱丙烷前加氢的工艺流程。

③ 典型分离流程的操作条件比较　表4-27列出上述三种分离流程中各塔的操作条件。由此可见，脱甲烷塔顶温度随操作压力而改变。因为升高塔的压力可提高乙烯的露点温度，对减少乙烯随甲烷和H_2从塔顶逸出是有利的。若设定塔顶乙烯的逸出量，那么升高塔的压力，可提高塔顶温度。反之，压力降低，则塔顶温度应降低。因此，从避免采用过低制冷温度考虑，应尽量采用较高的操作压力。但是，当压力达到4.4MPa时，塔底甲烷对乙烯的相对挥发度已接近于1，难以进行甲烷和乙烯的分离。现在工业上将操作压力为3.0~3.2MPa称为高压脱甲烷；将采用1.05~1.25MPa称为中压脱甲烷；将采用0.6~0.7MPa压力称为低压脱甲烷。表4-28所列为高压和低压脱甲烷工艺条件和能耗的比较，由此可见，降低脱甲烷塔操作压力可以达到节能的目的。但是，由于操作温度较低，材质要求高，增加了甲烷制冷系统，使投资增大且操作复杂。因目前除Lummus公司采用低压脱甲烷法、KTI/TPL法和Linde公司采用中压脱甲烷法外，其余大多数生产厂家仍广泛采用高压脱甲烷法。三种分离流程中，顺序分离流程技术比较成熟，流程的效率、灵活性和运转性能都好，对裂解原料适

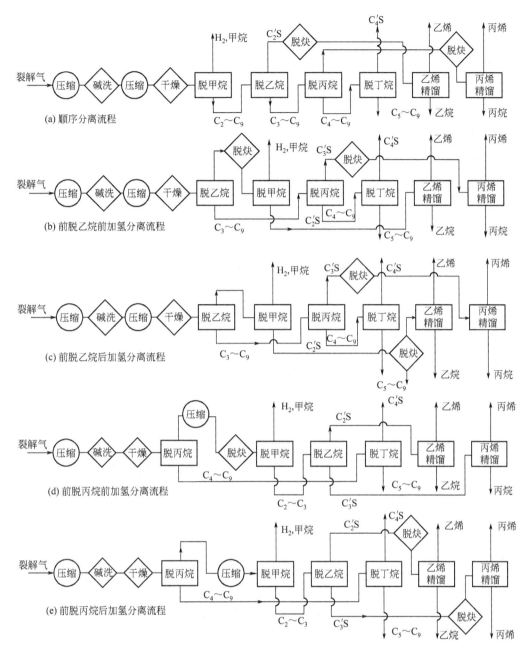

图 4-32 深冷分离工艺流程框图(包括预分馏和压缩与净化系统)

应性强,综合经济效益高。为避免丁二烯损失,一般采用后加氢,但流程较长,裂解气全部进入深冷系统,致冷量较大;前脱乙烷分离流程一般适合于分离含重组分较少的裂解气,由于脱乙烷塔的塔釜温度较高,重质不饱和烃易于聚合,故也不宜处理含丁二烯较多的裂解气。脱炔可采用后加氢,但最适宜用前加氢,因为可以减少设备。操作中的主要问题在于脱乙烷塔压力及塔釜温度较高,会引起二烯烃聚合,发生堵塞;前脱丙烷分离流程因先分去 C_4 以上馏分,使进入深冷系统物料量减少,冷冻负荷减轻,适用于分离较重裂解气或含 C_4 烃较多的裂解气。可采用前加氢或后加氢,前者所用设备较少。目前世界上乙烯生产装置基本上都采用顺序分离流程。

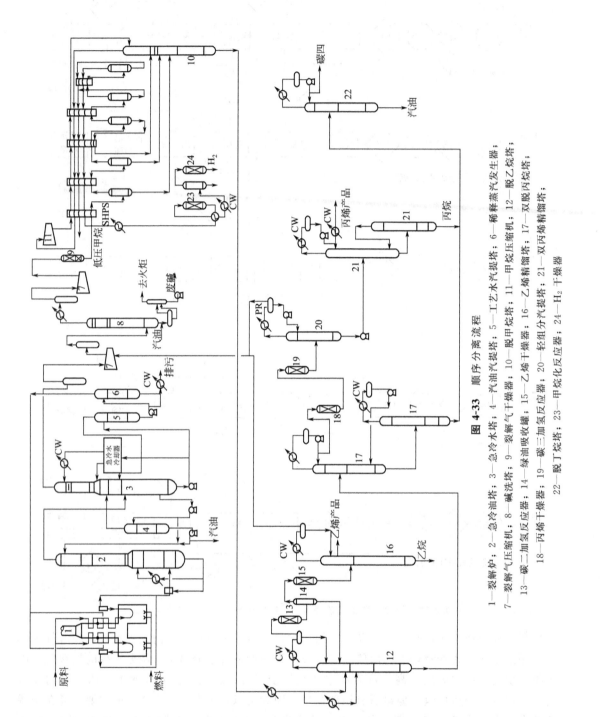

图 4-33 顺序分离流程

1—裂解炉；2—急冷油塔；3—急冷水塔；4—汽油汽提塔；5—工艺水汽提塔；6—稀释蒸汽发生器；
7—裂解气压缩机；8—碱洗塔；9—裂解气干燥器；10—脱甲烷塔；11—甲烷压缩机；12—脱乙烷塔；
13—碳二加氢反应器；14—绿油吸收塔；15—乙烯干燥器；16—乙烯精馏塔；17—双脱丙烷塔；
18—丙烯干燥器；19—碳三加氢反应器；20—轻组分汽提塔；21—双丙烯精馏塔；
22—脱丁烷塔；23—甲烷化反应器；24—H_2 干燥器

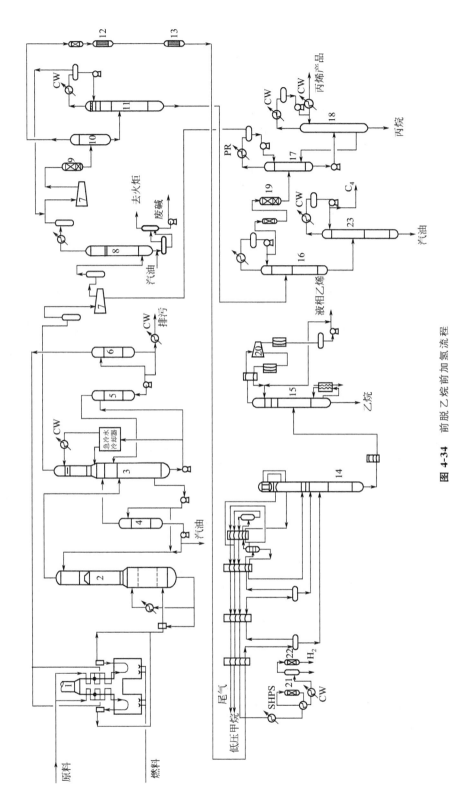

图 4-34 前脱乙烷前加氢流程

1—裂解炉；2—急冷油塔；3—急冷水塔；4—汽油汽提塔；5—工艺水汽提塔；6—稀释蒸汽发生器；7—裂解气压缩机；8—碱洗塔；9—裂解气干燥器；10—碳三吸收塔；11—脱乙烷塔；12—碳二加氢反应器；13—第二干燥器；14—脱甲烷塔；15—乙烯精馏塔；16—脱丙烷塔；17—碳三汽提塔；18—丙烯精馏塔；19—碳三加氢反应器；20—乙烯压缩机；21—甲烷化反应器；22—H_2干燥器；23—脱丁烷塔

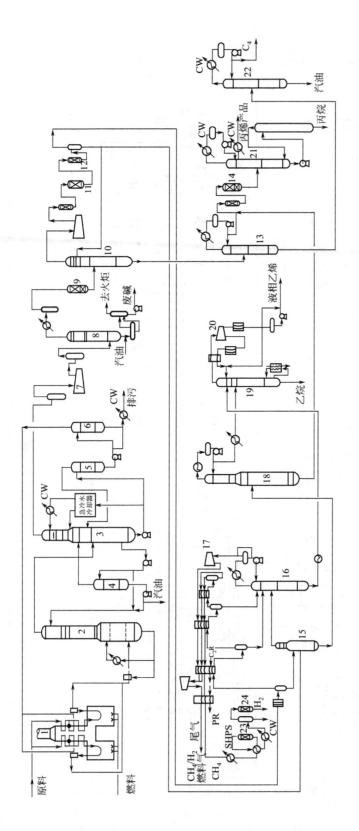

图 4-35 前脱丙烷前加氢流程

1—裂解炉；2—急冷油塔；3—急冷水塔；4—汽油汽提塔；5—工艺水汽提塔；6—稀释蒸汽发生器；7—裂解气压缩机；8—碱洗塔；9—裂解气干燥器；10—高压脱丙烷塔；11—碳二加氢反应器；12—第二干燥器；13—低压脱丙烷塔；14—碳三加氢反应器；15—脱甲烷预分馏塔；16—脱甲烷塔；17—甲烷膨胀机；18—脱乙烷塔；19—乙烯精馏塔；20—乙烯压缩机；21—丙烯精馏塔；22—脱丁烷塔；23—甲烷化反应器；24—氢气干燥器；C_2R—乙烯制冷剂

表 4-27 典型深冷分离流程工艺操作条件比较

项目	顺序流程			前脱乙烷流程			前脱丙烷流程		
代表方法	Lummus 法			Linde 法			三菱油化法		
流程顺序	压缩→脱甲烷→甲烷化→脱乙烷→加氢→乙烯塔→脱丙烷→C_3加氢→丙烯塔→脱丁烷			压缩→脱乙烷→加氢→脱甲烷→乙烯塔→脱丙烷→丙烯塔→脱丁烷			压缩→脱丙烷→脱丁烷→压缩→加氢→脱甲烷→脱乙烷→丙烯塔→乙烯塔		
操作条件	顶温/℃	釜温/℃	压力/MPa	顶温/℃	釜温/℃	压力/MPa	顶温/℃	釜温/℃	压力/MPa
脱甲烷塔	-96	7	3.04	-120		1.16	-96.2	7.4	3.15
脱乙烷塔	-11	72	2.32		10	3.11	-74	68	2.80
乙烯塔	-30	-6	1.86			2.17	-28.6	-5	2.06
脱丙烷塔	17	85	1.34			1.76	-19.5	97.8	1.00
丙烯塔	39	48	1.65			1.15	44.7	52.2	1.86
脱丁烷塔	45	112	0.44			0.24	45.6	109.1	0.53

表 4-28 高压和低压脱甲烷工艺条件和能耗的比较

	塔名 项目	高压脱甲烷塔	低压脱甲烷塔
高低压脱甲烷工艺条件	塔顶压力/MPa	3.06	0.60
	塔釜压力/MPa	3.20	0.63
	塔顶温度/℃	-98.87	-135.92
	塔釜温度/℃	5.91	-53.26
	回流比	0.87	0.0914
	理论塔板数	42	41
	釜液中甲烷含量/%	0.072	0.002
	塔顶冷剂	乙烯(-102℃)	甲烷(-140℃)
	塔釜热剂	丙烯(18℃)	裂解气
	项目	能耗/kW	
低压脱甲烷降低的能耗(450kt/a 乙烯装置)	裂解气压缩机	-400	
	丙烯制冷压缩机	-2640	
	乙烯制冷压缩机	-1920	
	甲烷制冷压缩机	1000	
	塔底泵	170	
	共计降低能耗	3790	

(2) 分离与精制流程中的关键设备

① 脱甲烷塔 甲烷的脱除有深冷分离、油吸收和吸附分离三种方法,其中广泛使用的是深冷分离法。脱甲烷塔在深冷分离法中的主要任务是将裂解气中的甲烷和 H_2 与乙烯及比乙烯更重的馏分进行冷却分离。不凝的甲烷和 H_2 从塔顶分离出,从塔釜得到的 C_2 及 C_2 以上馏分送至脱乙烷塔。分离的轻关键组分是甲烷,重关键组分为乙烯。分离过程中,脱甲烷塔塔釜中甲烷的含量应该尽可能低,以利于提高乙烯的纯度。所以,脱甲烷塔是对乙烯回收率和纯度起着决定性作用的关键设备。

因为升高塔顶的压力可提高乙烯的露点温度,对减少乙烯随甲烷和 H_2 从塔顶溢出是有利的。为避免过低的制冷温度,应尽量采用较高的操作压力,但当压力达到 4.4MPa 时,塔底甲烷对乙烯的相对挥发度接近于 1,难以进行甲烷和乙烯的分离。

脱甲烷的工艺根据脱甲烷塔压力的不同可分为高压法、中压法及低压法三种。将操作压力为 3.0～3.2MPa 的称为高压脱甲烷，1.05～1.25MPa 称为中压脱甲烷，0.6～0.7MPa 称为低压脱甲烷。低压脱甲烷可以节约能量，是发展方向，但是由于操作温度较低，对塔的材质要求高，同时会增大甲烷制冷系统的投资。所以，目前大多数生产厂家仍采用高压法脱甲烷。

脱甲烷塔是乙烯装置中温度最低的塔，塔顶操作温度接近－100℃，全塔温差大，消耗冷量也很大，其冷冻功耗约占全装置冷冻功耗的 50% 以上。如果采用高压脱甲烷工艺，脱甲烷塔又是乙烯装置中压力较高的塔，设计压力约为 4.4～4.8MPa，设计温度约为 60℃/－170℃，塔壳和内件的材料全部选用不锈钢。因此，脱甲烷塔是裂解气分离装置中投资最大、能耗最多的设备之一。

② 乙烯塔　乙烯塔的主要任务是从混合 C_2 馏分中分离出合格的乙烯产品。

C_2 馏分经过加氢脱炔之后主要含有乙烷和乙烯，在乙烯塔中进行精馏，从塔顶得到聚合级乙烯，塔釜液是乙烷，乙烷将作为原料还可以返回到裂解炉进行裂解。

乙烯塔操作的好坏直接影响着产品的纯度、收率和成本，同时由于乙烯塔的温度仅次于甲烷塔，冷量消耗也仅次于脱甲烷塔，占制冷量的比例比较大，约为 38%～44%。所以乙烯精馏塔是深冷分离装置中又一关键设备。

a. 乙烷-乙烯的相对挥发度　乙烯对乙烷的相对挥发度随压力的下降而升高。在相同压力下，乙烯对乙烷的相对挥发度将随温度升高而升高，随乙烯摩尔分数的增加而下降。压力、温度、乙烯摩尔分数和相对挥发度的关系见图 4-36。

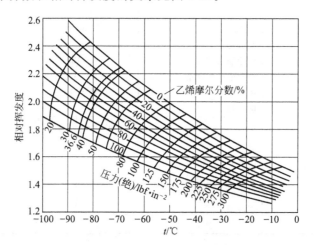

图 4-36　乙烯对乙烷的相对挥发度
$1 lbf \cdot in^{-2} = 0.0069 MPa$

b. 操作压力和操作温度　由于乙烯对乙烷的相对挥发度随操作压力的下降而升高，因此，随操作压力的下降，在相同回流比之下所需理论塔板数减少，在相同塔板数之下所需回流比下降。乙烯精馏塔压力对回流比和理论塔板数的影响如图 4-37 所示。

在相同塔板数的情况下，随着操作压力的下降，所需回流比降低，但塔顶冷凝温度也随之下降。低压乙烯精馏过程因降低回流比而节省冷冻功耗，但由于压缩功耗的增加，其总功耗仍比高压乙烯精馏过程的总功耗高。当乙烯精馏塔压力一定时，塔顶温度决定着出料组成。如操作温度升高，塔顶重组分含量相应会增加，产品纯度下降。如果温度太低，则浪费冷量，同时塔釜温度控制较低，塔釜轻组分含量升高，乙烯收率下降；如釜温太高，则会引起重组分结焦，对操作不利。需综合考虑。

c. 乙烯塔典型工艺流程

低压精馏开式热泵工艺流程 低压乙烯精馏塔操作压力一般为 0.5~0.8MPa，塔顶温度为 -60~-50℃，乙烯作为塔顶冷凝器的冷剂。

高压乙烯精馏工艺流程 高压乙烯精馏塔操作压力一般为 1.9~2.3MPa，塔顶温度为 -35~-23℃，丙烯作为塔顶冷凝器的冷剂。

由于乙烯精馏塔操作温度较低，回流比较大，因此，由再沸器和中间再沸器可回收相当量的冷量。

d. 乙烯精馏塔的节能 乙烯精馏塔与脱甲烷塔相比，前者精馏段的塔板数较多，回流比大。乙烯塔大的回流比对精馏段操作有利，可提高乙烯产品的纯度，对提馏段则不起作用。为了回收冷量，在提馏段采用中间再沸器装置，这是对乙烯塔的第一个改进。

在后加氢工艺中，乙烯精馏塔的进料还含有少量甲烷，它会带入塔顶乙烯馏分中，影响产品的纯度。因此，通常在乙烯精馏塔之前设置第二脱甲烷塔，将甲烷脱去后再作为乙烯精馏塔的进料。

③ 丙烯塔 在顺序分离流程和前脱乙烷流程中，由脱丙烷塔塔顶获得含有丙烯、丙烷、丙炔（甲基乙炔和丙二烯）的 C_3 馏分，而在前脱丙烷分离流程中则由脱乙烷塔塔釜获得这样的 C_3 馏分，其可直接送至丙烯精馏塔分离，以获得化学级或聚合级的丙烯产品。

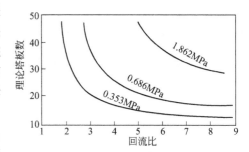

图 4-37 乙烯精馏塔压力对回流比和理论塔板数的影响

由于丙烯对丙烷相对挥发度极低，接近于 1，很难分离，所以丙烯塔需要的塔板数较多，回流比较大。早期采用高回流比和多塔板数的方式生产聚合级丙烯时，塔板数在 200~240 块左右。为了节省能耗，简化工艺流程，节省投资，广泛采用急冷水加热丙烯精馏塔再沸器技术。

丙烯精馏分为两种工艺流程：一种是低压精馏流程，多采用热泵系统；另一种是高压精馏流程，设计温度为 90℃/-15℃，设计压力为 2.15MPa。当丙烯精馏塔操作压力在 1.6MPa 以上，塔顶冷凝温度可达 40℃，塔顶冷凝器采用冷却水冷却无需耗用冷冻量，对应的塔釜温度约 50℃，可用急冷水或低压蒸汽加热。因此，用急冷水加热丙烯精馏塔再沸器，既节约热源，又节省急冷水水冷器中的冷却水用量。

4.2.7 乙烯工业的发展趋势和生产新技术

目前，工业上生产乙烯主要采用蒸汽烃类热裂解法制备，其产量超过总产量的 90%。但是蒸汽裂解工艺具有反应温度高，能耗大，需要昂贵的耐高温合金钢材料，操作周期短，炉管寿命低，工艺流程复杂，且收率较低等缺点制约了乙烯工业的进一步发展。随着石化行业竞争的加剧，各乙烯专利商在技术上不断创新。创新首先体现在改进现有乙烯的生产技术上，以提高选择性、降低投资和节能降耗为目标；其次体现为积极研究和开发乙烯生产新技术。

(1) 乙烯工业生产技术的改进

① 裂解炉抗垢剂 陶氏化学加拿大公司推出称为 CCA-500 的抗垢剂，使雪佛龙-菲利普斯化学公司蒸汽裂解的焦炭和 CO 的生成量大大减少。这种抗垢剂根据炉管的条件，可使裂解炉运转时间延长 2~8 倍，并可使裂解炉在较高进料流率下操作，提高转化率和裂解深度。

解决裂解炉管焦炭的生成会带来一系列问题，最后导致裂解炉停运和烧焦再生。解决这一问题的直接办法是尽量减少焦炭生成。CCA-500 抗垢剂可钝化焦炭的产生，并减少生成 CO。减少 CO 生成也很重要，因为 CO 会扰乱下游加氢催化剂的操作。

阿托菲纳和 Technip 公司也推出裂解炉用新型抗垢剂，称为 CLX 添加剂，可在裂解炉清焦后在现场通入蒸汽在线形成涂层。该添加剂是含硫和硅的均相有机液体，在对流段 150℃入口的蒸汽管线内注入，炉出口温度范围为 850～900℃，预处理时间为 4h。添加剂中 80%～90%的硅被固化在炉管内，并优先在炉管最热的区段形成涂层。已在一些乙烷和石脑油裂解炉上应用。使用结果表明，炉管压降降低，裂解炉运转时间延长，裂解装置的可操作性得到提高。

日本大同钢铁公司和壳牌公司联合开发了乙烯裂解装置内壁涂层的反应炉管，这种新型炉管被称为等离子电力焊接（PPW）技术管（PTT）。中试表明，该涂层可防止炉管内表面焦炭沉积，使两次清焦作业之间的运转周期延长 50%，同时使炉管寿命延长 2～3 倍。采用 PPW 技术，使反应炉管内壁生成 2～4mm 厚的涂层，无气泡或气孔，然后将其加工成光洁镜面。壳牌公司已向世界推广该技术，期望获得全部乙烯反应炉管市场份额的 15%，估计年价值 3 亿多美元。美国 Aeron 表面技术公司（AST）也开发了裂解炉管内壁改性技术，该技术采用热扩散法在炉管内壁涂上指定的金属，炉管材质与涂层元素强固结合，涂层由两层组成，一层为铬/硅涂层，然后再在其上涂上铝/硅涂层，可抑制焦炭附着和炉管脆化，从而可将耐热温度从 1000℃提高到 1200℃，提高乙烯收率。现已有 5 家以上公司采用该技术，使清焦间隔时间延长 1 倍。

SS&W 公司正在进行陶瓷材料裂解炉应用开发工作，并已取得实质性进展。陶瓷材料由于没有结焦的促进基础，未来应用前景很好。法国 IFP 和 Gaz 开发的一种高温陶瓷裂解试验炉，其操作温度可达 1000℃以上，乙烷转化率超过 95%，乙烯选择性高，副产品生成率较低。

② 烯烃分离技术　埃克森-美孚公司开发从乙烷和其他气体中分离乙烯的有潜在吸引力的新系统（世界专利 Appl 00/61527）。该公司采用有结构约束体含镍的二噻茂络合物。在常见的污染物存在时，乙烯可选择性地与其结合，并可逆向回收。乙烯与二噻茂络合剂的结合是一平衡过程，该系统可应用于 $C_2 \sim C_6$ 范围内单烯烃的分离。降低系统压力或提高其温度，可以方便地从络合物中回收乙烯。二噻茂镍铬合剂不与水、乙炔、CO 或氢反应，它们在蒸汽裂解反应产品中均存在。100%纯度的 H_2S 与该络合剂可缓慢地发生反应，但其速率比乙烯仍要慢许多倍。含摩尔分数 H_2S 的乙烯，其乙烯反应速率与纯乙烯相同，反应仍然可逆，而 8%的 H_2S 含量已经远远大于乙烯装置中的含量。采用这一高效方法，可从乙烷和其他饱和烃中回收乙烯，而络合剂不会失活。该工艺推向实用后，可望替代投资较高的深冷法精馏分离乙烷与乙烯的传统方法。

③ 油吸收分离甲烷技术　油吸收分离技术（ADEP 技术）采用前脱丙烷/前加氢双塔中压吸收脱甲烷技术，该技术适用于所有的裂解原料。裂解气经压缩、碱洗、脱丙烷和加氢后，进中压吸收脱甲烷单元，在脱甲烷塔内，热溶剂与 C_2 和 C_3 馏分逆流接触，甲烷和轻组分以及 5%～25%的乙烯从塔顶分离出去，带出去的乙烯在制冷系统内通过膨胀回收。富溶剂被送到再生塔，在塔内将 C_2、C_3 馏分从塔顶汽提出来，贫溶液经热回收后循环使用，C_2、C_3 馏分再在传统的脱乙烷塔中分离。

脱甲烷吸收塔顶的甲烷和轻组分再送到甲烷吸收塔回收 H_2，该塔底富溶剂可通过副产蒸汽回收热量。为了回收余下的 H_2，塔底富溶剂再送回脱甲烷吸收塔回收 50%的 H_2。由于不需要乙烯制冷系统,可用链烷烃和环烷烃(如环己烷、环庚烷和甲基环戊烷等)作溶剂。该工艺能耗低,塔顶乙烯损失少,H_2 纯度高。

④ 从石脑油中分离正构烷烃技术　UOP 公司开发了 MaxEne 工艺,使用 Sorex 技术将非正构烷烃从石脑油原料中分离出去,得到含正构烷烃约 90% 的裂解原料,从而使石脑油裂解的乙烯收率提高 30%。

分离出来的含大部分非正构烷烃的抽余物又是催化重整的极好原料,可提高 C_5^+ 汽油产率或提高总芳烃收率。UOP 公司将 MaxEne 工艺与普通裂解工艺做了比较,比较基础是用全馏分石脑油为原料,在中等裂解深度下进行,结果见表 4-29。可以看出,MaxEne 工艺比普通裂解工艺多用 46.7 万吨/年的石脑油和 8000 万美元投资,增加了 8.3 万吨/年的乙烯和 46.7 万吨/年的优质催化重整原料,因此可使化工和炼油双双受益。

表 4-29　MaxEne 工艺与普通裂解工艺比较

项　目		普通裂解工艺	MaxEne 工艺
原料	全馏分石脑油	86.5	133.2
产品	H_2	0.8	0.8
	甲烷	13.9	13.9
	乙烯	24.7	33
	丙烯	13.1	13
	丁烯	7.3	5.9
	苯	8.2	5
	裂解汽油	13.8	8.7
	LPG	4.7	6.2
	非正构烷烃	0	46.7
产品小计		86.5	133.2
增加投资/万美元		0	8000

(2) 乙烯生产新技术的研究进展

① 重质油催化裂解技术　Linde 公司正在开发用使用柴油和减压柴油做原料生产乙烯的热催化工艺,所用的原料关联指数 (BMCI) 可以在 60 以上,而传统的蒸汽裂解工艺原料的 BMCI 不能超过 30,否则会生成大量的焦。由于重质原料中氢含量少,热催化工艺将蒸汽裂解和汽化催化结合起来从蒸汽中提供氢。催化剂在钙镁载体上作为汽化促进剂,载体上的焦也同时发生汽化反应产生 CO_2。促进剂可根据原料范围调整。高的汽化活性只降低产品油的产率而不降低烯烃收率。有数据显示,高汽化率 H_2 产率高。热催化工艺可得到比传统裂解方法高的乙烯收率,丙烯/乙烯比比传统裂解方法低。热催化反应器类似于裂解炉,所不同的是盘管内装有催化剂。出口裂解气在对流段内进行原料预热和发生蒸汽,离开反应器的裂解气同样采用直接油急冷方式冷却,产品回收与传统裂解方法类似。由于热催化反应 CO_2 的产率大,酸性气体脱除部分要进行改进。该工艺的特点是工艺设备多于传统的液体裂解方法。经核算,多增设备的投资回收期为 3 年。如果石脑油与柴油差价大,投资回收期将会缩短。

我国原油中轻质油含量普遍低,直馏石脑油和轻柴油一般只占原油的 30% 左右,因此,在我国发展重质油裂解技术研究具有重大的现实意义。北京石油化工研究院开发了催化热裂解制取乙烯、丙烯技术。其特点是以重质油为原料，采用特制的酸性分子筛催化剂，操作条件比传统的蒸汽裂解制乙烯缓和，适合直接加工常压渣油尤其是石蜡基油，还可掺入适量的减压渣油。工业试验结果表明，以大庆减压柴油掺56%的渣油为原料，按乙烯方案操作，乙烯收率可达20.4%，丙烯收率为18.3%。洛阳石化工程公司借鉴成熟的重油催化裂化工艺技术，开发的重油直接裂解制乙烯工艺和相应的催化剂，采用提升管反应器实现了高温（660～700℃）、短停留时间（<2s）的工艺要求。30万吨/年乙烯的装置技术经济评价结果表明，以中等质量的常压渣油为原料时，其乙烯生产成本仅为同等规模的石脑油管式炉裂解乙烯的76%，具有较强的竞争力。

② 石脑油催化裂解　　LG石化公司开发出石脑油催化裂解新工艺。与传统的蒸汽裂解工艺相比，采用该工艺可大大提高烯烃产率，其中乙烯产率提高20%，丙烯产率提高10%。现有裂解装置稍加改进便可使用这一工艺。由于使用含特定金属氧化物的专用催化剂，反应温度比常规裂解低50～100℃，因此能耗大大减少，裂解炉管内结焦速率也将下降，可延长连续运行时间和炉管寿命，同时CO_2排放也较少。

③ 烯烃裂解技术　　烯烃裂解技术是将较高级烯烃转化为乙烯和丙烯等较低级烯烃的烯烃转换技术。其工艺以烯烃的热力学平衡为基础，采用一种合适的催化剂（如改性的ZSM-5或其他类型的沸石），把炼厂催化裂化装置和乙烯装置副产的C_4和C_5馏分、轻质裂解汽油或轻质催化汽油中含有的大量C_4～C_8低碳烯烃，通过催化裂解或烯烃歧化两种工艺，将高碳烯烃转换为低碳烯烃（主要是乙烯、丙烯和丁烯）。低碳烯烃的具体组成与原料烯烃中的碳原子数无关，而是由反应条件和催化剂决定。由于原料中的二烯烃易产生结焦，因此，应预先将其选择性加氢转化成单烯烃。

④ 乙烷催化氧化脱氢制乙烯　　道化学公司开发了可削减乙烯生产费用的乙烯生产新工艺（世界专利号Appl 00/14035和00/14180），采用乙烷在自热条件下进行催化氧化脱氢。乙烷/氧/氢（2.3/1/1，体积比）进料预热至275℃，通过负载在MgO上的Pt/Cu催化剂，压力为0.135MPa，空速为125752h^{-1}。与催化剂接触后，反应温度在几秒时间内上升到925℃。在自热条件下，乙烯选择性为81%，转化率为75%。虽然选择性与蒸汽裂解大致相同，但转化率大大超过通常的65%。主要副产物为甲烷（6.4%）、CO（6.0%）和CO_2（1.4%）。进料中氢的存在可提高乙烷的转化率，而深度氧化生成的CO_2量大大减少。该工艺也适用于流化床，乙烯选择性（83%）比固定床系统稍高。流化床反应器的另一优点是易于回收放热过程的热量。

⑤ C_1制乙烯技术　　随着石油资源的日益匮乏，替代石油的煤化工和C_1化学研究正方兴未艾。如天然气直接制烯烃、天然气经合成气制烯烃、甲醇制烯烃等。目前，甲醇大部分由天然气经合成气制得，开发甲醇制烯烃技术是大规模利用天然气作为化工原料的重要步骤。甲烷通过合成气进行转化，在能量利用上不经济，如果将甲烷氧化偶联制乙烯，则可以摆脱造气工序，无疑具有巨大的经济效益，此研究方向近年来一直受到国内外的重视。另外，通过CO_2加氢合成低碳烯烃的研究具有重要的意义，它不但开辟了获得低碳烯烃的新途径，某种程度上也缓解了CO_2对环境的不良影响，因此引起高度关注。

4.3　芳烃转化

4.3.1　概述

(1) 芳烃生产的意义　　芳烃是含苯环结构的碳氢化合物的总称。芳烃中的"三苯"（苯、甲苯、二甲苯，简称 BTX）以及乙苯、异丙苯、十二烷基苯、萘、苯乙烯等是重要的基本有机化工产品，也是重要的有机化工原料，广泛用于合成树脂、合成纤维、合成橡胶等工业。例如生产聚苯乙烯、酚醛树脂、醇酸树脂、聚酯、聚醚、聚酰胺和丁苯橡胶等都是以芳烃作原料的。另外，芳烃也是合成洗涤剂以及农药、医药、染料、香料、助剂和专用化学品等工业的重要原料。

（2）芳烃的来源 工业上芳烃主要来源于煤和石油，即煤高温干馏副产粗苯和煤焦油与石脑油催化重整以及烃类裂解制乙烯副产的裂解汽油。芳烃含量与组成见表 4-30。

表 4-30 不同来源的芳烃含量与组成

组　分	组成(质量分数)/%		
	催化重整油	裂解汽油	焦化芳烃
芳烃	50～72	54～73	>85
苯	6～18	19.6～36	65
甲苯	20～25	10～15.0	15
二甲苯(C_8芳烃)	21～23	8～14	5
C_9芳烃	5～9	5～15	—
苯乙烯	—	2.5～3.7	—
非芳烃	28～25	27～46	<15

随着乙烯工业的发展和乙烯原料由轻烃转向石脑油与柴油，预计国际上通过裂解汽油生产芳烃的比重将与日俱增。

（3）芳烃转化重要性 在化学工业中，苯的需要量很大，但通过上述来源提供的苯的产量不能满足要求，反而甲苯因用途较少而过剩。聚酯纤维的生产需要大量的对二甲苯（PX），但不同来源的芳烃混合物中二甲苯的含量最高达到 23%（质量分数）左右（见表 4-30）；另外，生产聚苯乙烯塑料需要乙苯原料，而上述来源中乙苯的含量非常少。因此如果仅以煤和石油烃作为各种芳烃的来源，必然产生供需不平衡的矛盾，需要开发芳烃转化工艺，并根据市场需求，调节各种芳烃的产量。

以 C_8 芳烃的异构化、甲苯的歧化和 C_9 芳烃的烷基转移、芳烃的烷基化和芳烃的脱烷基化等反应为基础的产品生产已经具有工业化规模，可根据市场需求调节产品的比例。

4.3.2 芳烃转化反应的类型

（1）主要转化反应及其反应机理 芳烃转化反应主要有异构化、歧化、烷基转移、烷基化和脱烷基化等几类反应。

异构化反应

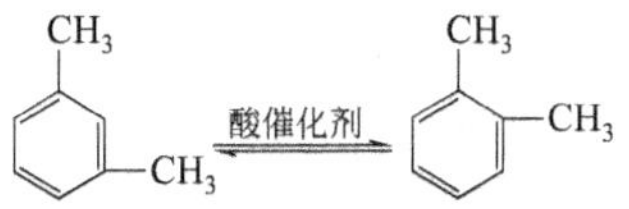

歧化反应

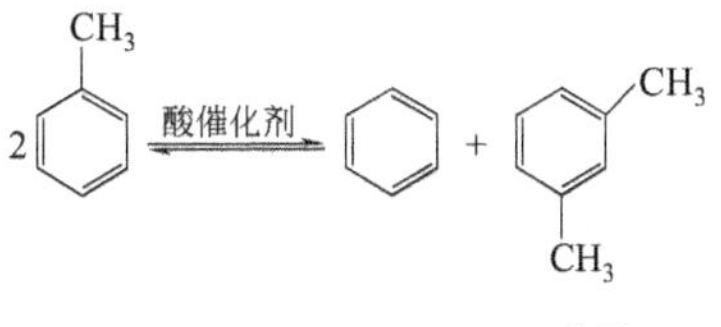

烷基化反应

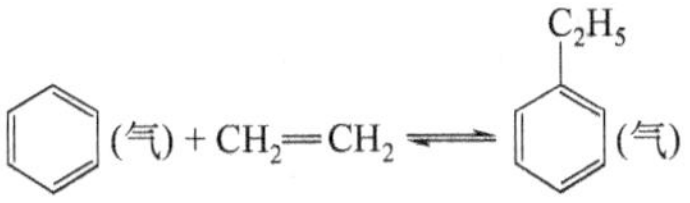

烷基转移反应

$$\text{C}_6\text{H}_5\text{-C}_2\text{H}_5 + \text{C}_6\text{H}_4(\text{C}_2\text{H}_5)_2 \rightleftharpoons 2\,\text{C}_6\text{H}_5\text{-C}_2\text{H}_5$$

脱烷基化反应

$$\text{C}_6\text{H}_5\text{-CH}_3 + \text{H}_2 \longrightarrow \text{C}_6\text{H}_6 + \text{CH}_4$$

芳烃转化反应（除脱烷基化反应外）都是在酸性催化剂作用下进行的，具有相同的离子型反应机理（但在特殊条件下，如自由基引发或在高温下也可发生自由基反应）。其反应历程包括烃正离子（R^+）的生成及烃正离子的进一步反应。烃正离子非常活泼，可以参加多方面的竞争，因此造成芳烃转化反应产物的复杂化。不同转化反应之间的竞争，主要取决于烃正离子的寿命以及它在反应中的活性。

(2) 催化剂 芳烃转化反应是酸碱型催化反应。其反应速率不仅与芳烃（和烯烃）的碱性有关，也与酸性催化剂的活性有关，而酸性催化剂的活性与其酸浓度、酸强度和酸存在的形态均有关系。

芳烃转化反应所采用的催化剂有三类。

① 无机酸 如 H_2SO_4、HF、H_3PO_4 等都是质子酸，可用作芳烃转化的催化剂。它们活性较高，在低温液相条件下即可进行反应。但由于酸的强腐蚀性，目前工业上很少直接使用。

② 酸性卤化物 如 $AlBr_3$、$AlCl_3$、BF_3 等都具有接受电子对的能力，是路易斯酸。在绝大多数场合下，这类催化剂总是与 HX（氢卤酸）共同使用，可用通式 $HX\text{-}MX_n$ 表示。这类催化剂主要应用于芳烃的烷基化和异构化等反应，反应在较低温度和液相中进行，同样其腐蚀性较大，且 HF 还有较大的毒性。

③ 固体酸 浸附在适当载体上的质子酸如负载于载体上的 H_2SO_4、HF、H_3PO_4 等，这些酸在固体表面上和在溶液中一样离解成氢离子。常用的是磷酸/硅藻土，磷酸/硅胶催化剂等，主要用于烷基化反应。但活性不如液体酸高。

浸附在适当载体上的酸性卤化物 如载于载体上的 $AlBr_3$、$AlCl_3$、$FeCl_3$、$ZnCl_2$、BF_3 和 $TiCl_4$，应用这类催化剂时也必须在催化剂中或在反应物中添加助催化剂 HX。常用的有 $BF_3/\gamma\text{-}Al_2O_3$ 催化剂，用于苯的烷基化制乙苯的反应。

混合氧化物催化剂 常用的是 $SiO_2\text{-}Al_2O_3$ 催化剂，亦称硅酸铝催化剂，主要应用于异构化和烷基化反应。在不同条件下 $SiO_2\text{-}Al_2O_3$ 催化剂表面存在有路易斯酸或（和）质子酸中心。其总酸度随 Al_2O_3 加入量的增加而增加，而其中质子酸的量有最佳值，同时这两种酸的浓度与反应温度有关。在较低温度下（<400℃）主要以质子酸的形式存在，在较高温度下（>400℃）主要以路易斯酸形式存在。这两种形式的酸中心可以相互转化，而在任何温度时的总酸量保持不变。这类催化剂价格便宜，但活性较低，需在高温下进行芳构化反应。

贵金属-氧化硅-氧化铝催化剂 主要是 $Pt/SiO_2\text{-}Al_2O_3$ 催化剂，这类催化剂不仅具有酸功能，也具有加氢脱氢功能。主要用于异构化反应。

分子筛催化剂 经改性的 Y 型分子筛、丝光沸石（亦称 M 型分子筛）和 ZSM 系列分子筛是广泛用于芳烃转化与烷基转移、异构化和烷基化等反应的催化剂。尤以 ZSM-5 分子筛催化性能最好，它不仅具有酸的功能，还具有热稳定性高和选择性好等特殊性能。

4.3.3 C_8 芳烃异构化和 C_8 混合芳烃的分离

工业上，C_8 芳烃通常是指二甲苯的三个异构体（邻、间和对二甲苯）和乙苯的混合物，

表 4-31 所列为不同来源的 C_8 芳烃组成情况。C_8 芳烃来源不同，二甲苯的含量也各不相同，但是无论哪种来源，混合物中均以间二甲苯含量最多，通常是邻、对二甲苯两者的总和。

实际生产中对三种二甲苯的需求量各异，以对二甲苯的需求量为最大，它是生产聚酯纤维工程塑料不可缺少的原料，其次是邻二甲苯的需求，目前它是苯酐生产的主要原料。间二甲苯的含量虽然在 C_8 混合物中最高，但其直接作为原料使用的需求量极少。为了实现二甲苯异构体的供需平衡，增加对二甲苯和邻二甲苯产量，目前最有效的方法是通过异构化反应，将间二甲苯转化为对位和邻位的二甲苯。

表 4-31 不同来源 C_8 芳烃混合物的组成　　　　单位（摩尔分数）：%

项　目	甲苯歧化	裂解汽油	催化重整	煤焦油
邻二甲苯	24	12	22	14~20
间二甲苯	50	25	39	42~44
对二甲苯	26	10	18	15~17
乙苯	极少	53	21	15~23

在进行异构化之前，通常先从 C_8 混合芳烃中分离出对、邻二甲苯，然后使余下的 C_8 芳烃非平衡物料通过异构化反应转化为邻、间和对二甲苯的平衡混合物，如此重复循环，以获得需要的目的产物。

4.3.3.1　C_8 芳烃异构化制备二甲苯生产工艺

（1）芳烃异构化反应

主副反应及热力学分析　进行 C_8 芳烃异构化反应时，主反应包括三种二甲苯异构体之间的相互转化，以及乙苯与二甲苯之间的转化，副反应包括芳烃歧化和加氢反应等。表 4-32 是 C_8 芳烃异构化反应的热效应及平衡常数值，表 4-33 是混合二甲苯反应的平衡组成与温度的关系。可以看出，C_8 芳烃异构化反应的热效应很小，因此温度对平衡常数的影响不明显。还可看出，平衡混合物中对二甲苯的平衡浓度最高只能达到 29.78%（摩尔分数），并随着温度升高逐渐降低；间二甲苯的含量总是最高，低温时尤为显著；邻二甲苯的含量随温度升高而增高。所以，C_8 芳烃异构化为对二甲苯的效率是受到热力学平衡所限制的。

表 4-32　C_8 芳烃异构化反应的热效应及平衡常数

反　应	$\Delta H^{\ominus}(298K)/(J/mol)$	$\Delta G^{\ominus}(298K)/(J/mol)$	$K_p(298K)$
间二甲苯(气)→对二甲苯(气)	711.6	2260	0.402
间二甲苯(气)→邻二甲苯(气)	1785	3213	0.272
乙苯(气)→对二甲苯(气)	−11846	−9460	45.42

表 4-33　C_8 芳烃平衡混合物组成与温度的关系　　　　单位（摩尔分数）：%

温度/K	邻二甲苯	间二甲苯	对二甲苯	乙苯
350	17.6	51.54	29.78	1.08
600	21.58	50.12	22.38	5.92
800	22.85	45.75	20.60	10.80

（2）反应动力学和催化剂

二甲苯的异构化过程　二甲苯异构化的反应形式可能有两种情况。

一种是三种异构体之间的相互转化

另一种是连串式异构化反应

$$\text{邻二甲苯} \rightleftharpoons \text{间二甲苯} \rightleftharpoons \text{对二甲苯}$$

通过研究 $SiO_2\text{-}Al_2O_3$ 催化剂上二甲苯异构化过程规律，发现邻二甲苯异构化的主要产物是间二甲苯；对二甲苯异构化的主要产物也是间二甲苯；而间二甲苯异构化的产物中邻二甲苯和对二甲苯的含量非常接近。因此认为二甲苯在该催化剂上异构化的反应历程是第二种串联式异构化反应。

对于间二甲苯非均相催化异构化的研究结果还表明，反应速率属于表面反应控制，其动力学规律与单分子层吸附反应机理相符合，反应速率方程式为

$$r_{\text{异构}} = \frac{k'}{1 + K_A p_A}\left(p_A - \frac{p_B}{K_p}\right)$$

式中，p_A 为间二甲苯分压，MPa；p_B 为对位或邻位二甲苯分压；K_A 为间二甲苯在催化剂表面吸附系数，1/MPa；K_p 为气相异构化平衡常数；k' 为间二甲苯异构化反应速率常数，mol/(h·MPa)。

表 4-34 列出了在 $SiO_2\text{-}Al_2O_3$ 催化剂上间二甲苯异构化的 k' 值。

表 4-34 间二甲苯异构化的 k' 值

温度/K	间→对 $k'/10^{-3}$	间→邻 $k'/10^{-3}$
644	0.0263	0.0189
700	0.118	0.089
755	0.4973	0.334

乙苯异构化过程 表 4-35 是在 Pt/Al_2O_3 催化剂上进行乙苯气相临氢异构化的实验结果。乙苯异构化速率比二甲苯慢，且受温度影响较大，温度越高，乙苯转化率愈小，二甲苯收率越小。这是因为乙苯按如下反应历程进行异构化。

表 4-35 反应温度对乙苯异构化的影响

反应温度/K	乙苯转化率(质量分数)/%	二甲苯收率(质量分数)/%
700	40.9	32.0
726	28.6	24.2
756	24.0	19.2
782	21.1	11.8

乙苯异构化过程包括了加氢、异构和脱氢等反应。而低温有利于加氢，高温有利于异构和脱氢，因此需对反应条件进行优化，以获得较高收率的二甲苯。

C_8 芳烃异构化所用的催化剂主要有：无定形 $SiO_2\text{-}Al_2O_3$、$Pt/SiO_2\text{-}Al_2O_3$、ZSM-5 分子筛和 $HF\text{-}BF_3$ 催化剂。

(3) 芳烃异构化工业方法 从催化重整油和乙烯装置中获得的 C_8 芳烃中 PX 含量仅为混合二甲苯总量的 1/4 左右。所以，为最大限度地生产 PX，需将其他 C_8 芳烃通过异构化反应生成 PX。

自 20 世纪 50 年代二甲苯异构化装置实现工业化以来，由于技术的不断发展，先后诞生了多种生产方法。目前的生产工艺主要有 UOP 公司的 Isomar 工艺、Exxon-Mobil 公司的

MHAI工艺和Engehard公司的Octafining工艺。这三种工艺流程基本相似，均采用临氢固定床反应器，不同点在于催化剂布置方式及乙苯的处理方式。按照反应方式的不同，催化剂可分为乙苯转化型异构化催化剂和乙苯脱乙基型异构化催化剂。

临氢异构在异构化过程中需加氢进行，采用的催化剂可分为贵金属与非金属两类。广泛采用贵金属催化剂。贵金属催化剂虽然成本高，但能使乙苯转化为二甲苯，对原料适应性强。异构化原料不需进行乙苯分离。

(4) C_8芳烃异构化工艺流程 图4-38所示为典型的二甲苯异构化工艺流程，主要由三个单元组成，分别是原料准备单元、反应单元和分离单元。主要工艺设备包括加热炉、换热器、反应器、气液分离罐、精馏塔、H_2压缩机等。

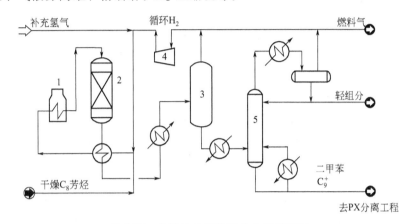

图4-38 典型的二甲苯异构化工艺流程
1—加热炉；2—异构化反应器；3—气液分离罐；4—压缩机；5—脱轻组分塔

① 原料准备部分 由于催化剂对水不稳定，当异构化原料中含有水分时，必须先进入脱水塔（图中未画出）进行脱水处理。另外，由于二甲苯与水易形成共沸混合物，故一般采用共沸蒸馏脱水，使其含水的质量分数在1×10^{-5}以下。

② 反应部分 干燥的C_8芳烃与新鲜的和系统循环的H_2混合后，经换热器、加热炉1加热到所需温度后进入异构化反应器2，反应器为绝热式径向反应器。反应条件为：反应温度390～440℃，反应压力1.26～2.06MPa，H_2的摩尔分数为70%～80%。循环氢与原料液的摩尔比为6:1，原料液空速一般为1.5～2.0h^{-1}。C_8收率>96%，异构化产物中的对二甲苯的含量为18%～20%（质量分数）。

③ 二甲苯产品分离部分 反应产物经换热后进入气液分离罐3，H_2从塔顶排出，大部分H_2经过压缩后返回异构化反应器2循环使用，为了维持系统内H_2浓度在70%（摩尔分数）以上，少部分从罐顶排出系统。气液分离罐底部排出的液相产物经换热器加热后送至脱轻组分塔5脱去反应生成的轻馏分（主要是乙基环戊烷、庚烷和少量苯、甲苯等），塔底的二甲苯和反应生成的C_9^+重组分送至二甲苯塔除去C_9^+重组分，二甲苯馏分则作为PX分离的原料。

4.3.3.2 对二甲苯分离工艺

PX分离是PX生产中难度较大的一个环节。由于二甲苯三种异构体的沸点非常接近，使分离非常困难。通常将来自三塔芳烃精馏流程（也称芳烃精馏工艺流程）的混合二甲苯作为原料，采用深冷精馏以及变压吸附和结晶分离等精确分离工艺进行对二甲苯的分离。典型的芳烃精馏工艺流程详见第3章的图3-42，表4-36所列为芳烃精馏工艺中各塔主要操作条件。本部分主要介绍其他两种分离方法。

表 4-36　芳烃精馏工艺中各塔主要操作条件

项　目	苯　塔	甲苯塔	二甲苯塔
进料温度/℃	90～100	130～140	145～155
塔顶温度/℃	80～85	110～120	137～147
侧线温度/℃	82～87	—	—
温差(间隔10块板左右)/℃	2～4	2.5～5	—
塔底温度/℃	130～140	145～155	170～190
回流比(对产品)	4～8	3～4	2～3
实际塔板数/块	44～54	40～50	10～50

(1) 模拟移动床吸附工艺　采用模拟移动床吸附技术的 Parex 工艺自 1971 年被开发使用以来，已经成为国际上生产 PX 的领先技术，到 2006 年已被 88 套装置采用。利用分子筛吸附剂对 PX 具有强亲和力而与其他 C_8 芳烃异构体具有弱吸附性的特性，从 C_8 芳烃中吸附并分离回收 PX。1987 年后设计的所有 Parex 新装置都能生产纯度达 99.9% 的 PX。

Parex 工艺采用经钡离子和钾离子交换的沸石 ADS-27 作为吸附剂，该吸附剂可以允许主要的原料成分进入其孔结构。其吸附室使用了模拟移动床的连续固定床吸附技术，通过移动吸附床的原料和解吸剂入口以及产品出口来实现。

图 4-39 所示为 UOP 公司 Parex 工艺的流程。混合二甲苯通过旋转阀的分配管线进入装填分子筛的固定床吸附塔，吸附床的移动是通过移动分配器的旋转部件而实现的物理上的模拟。分离在 120～170℃、适中压力下进行。抽出液进入抽提塔回收 PX，解吸剂从塔底流出。来自抽提塔的 PX 在精制塔中用循环甲苯洗涤纯化，由塔底得到高纯的 PX 产品。抽余液送到抽余液蒸馏塔，乙苯、间二甲苯和邻二甲苯从塔顶回收，解吸剂从塔底采出。抽余液蒸馏塔塔顶产品虽然可用做调和汽油原料，但通常是作为一套吸附/异构化一体化装置的异构化反应器的原料。解吸剂（一般是对二乙基苯）送到再处理塔，在该塔中分出一部分重组分杂质，以避免其积累。

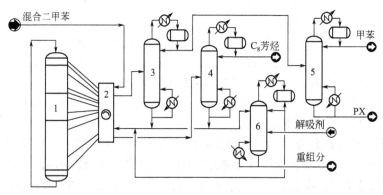

图 4-39　UOP Parex 模拟移动床吸附分离工艺流程
1—吸附塔；2—旋转阀；3—抽提塔；4—抽余液蒸馏塔；5—精制塔；6—再处理塔

(2) 结晶分离工艺　Amoco 结晶分离工艺是美国生产 PX 的主要工艺，生产的 PX 占其总生产能力的一半以上，其工艺流程见图 4-40。

Amoco 工艺的第一段结晶为两台或多台结晶器串联使用，采用乙烯作为制冷剂进行间接制冷，每台结晶器内都装有旋转刮板。在第一段的最后一台结晶器安装有微孔金属过滤器，过滤后的母液由此排出，经与原料热交换后去异构化装置；剩余的浆液经一段离心机过滤后，滤液返回一段结晶的第一台结晶器中，滤饼重新熔融后送到第二段结晶器中。第二段结晶采用丙烷制冷,第二段结晶浆液经离心后,部分母液返回第二段结晶器以调节液固比,其余进入一段结晶器。该工艺的 PX 回收率为 71%。

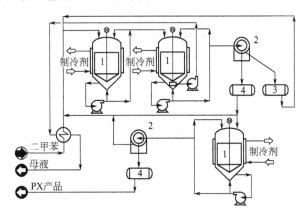

图 4-40 Amoco 结晶分离工艺流程
1—结晶器;2—离心机;3—滤液罐;4—熔化槽

4.3.3.3 对二甲苯生产技术的新进展

(1) 国外对二甲苯生产技术 近年来,PX 的生产技术主要向着拓宽原料来源、利用新技术增加 PX 产量以及提高二甲苯分离效率、降低能耗等方向发展。

① 甲苯歧化与烷基转移 对于传统的甲苯非选择性歧化与烷基转移技术,主要是开发更高性能的催化剂,以进一步提高其反应转化率和目的产物的选择性,并同时提高其反应空速,降低氢烃比,以满足装置不断扩能的要求。另外,提高 C_{10}^+ 芳烃的处理能力以充分利用重芳烃,提高非芳烃的处理能力以降低抽提单元负荷、减少能耗,也是甲苯歧化技术的发展方向。

② 二甲苯异构化 近年来,对二甲苯异构化的研究主要侧重于催化剂的性能改进方面,以进一步提高乙苯的转化率和 PX 的选择性,减少芳环的损失。在二甲苯异构化工艺方面,催化剂布置向着双层或多层发展,通常一层为乙苯转化催化剂,另一层为二甲苯异构化催化剂。

Exxon-Mobil 公司在 20 世纪 90 年代开发的 MAHI 工艺采用沸石催化剂,具有活性高、选择性好、操作条件温和、催化剂结焦速度慢、运转周期长、再生性能好的特点。工艺中采用独特的双催化剂床系统,使乙苯转化、非芳烃裂化和异构化过程得以优化。

③ PX 分离技术 在二甲苯吸附分离工艺诞生后,结晶分离法已较少使用。随着近年来甲苯择形技术的开发,使混合二甲苯溶液中 PX 含量可提高至 80% 以上,结晶分离法的优势又得以发挥。一些已工业化的新型结晶分离技术主要有熔化静态结晶工艺、降膜结晶工艺以及 Raython/Niro 的结晶工艺,这些工艺生产的 PX 产品纯度均能达到 99.9% 以上。

在吸附法分离工艺的基础上开发的吸附与结晶相结合的组合工艺已实现工业化,与单纯的吸附分离工艺相比,组合工艺投资费用少,对原料要求低,适合对现有结晶法装置的改造。

此外,利用高分子膜分离芳烃的研究日益受到重视,已经形成许多专利,其中 Exxon-Mobil 公司开发的技术在国际上处于领先地位,具有能耗低、芳烃纯度高等优点,有可能成为未来二甲苯分离的一个发展方向。

(2) 国内对二甲苯生产技术研究进展 国内芳烃及 PX 的生产起步较晚,自从 20 世纪 70 年代初以来,在消化吸收引进装置生产技术的基础上,开始了自主芳烃生产技术的迅速发展时期。从催化剂到工艺、工程再到原料油精制和分析测试技术等均取得了长足的进步。

目前,国内在甲苯歧化与烷基转移工艺和催化剂、二甲苯异构化催化剂的开发应用上已达世界先进水平,但缺乏具有自主知识产权的 PX 生产工艺。

4.3.4 苯烷基化制乙苯

芳烃的烷基化是苯环上的一个或几个氢被烷基所取代生成烷基芳烃的反应,主要用于生产乙苯、异丙苯和高级烷基苯等产品,这些产品是重要的有机化工原料。

在芳烃的烷基化反应中,以苯的乙基烷基化生产乙苯最重要。乙苯的主要用途是其经过脱氢制苯乙烯,苯乙烯是合成聚苯乙烯树脂的重要单体。苯乙烯还可与丁二烯、丙烯腈共聚制 ABS 工程塑料;与丙烯腈共聚合成 AS 树脂;与丁二烯共聚生成乳胶或合成橡胶等。此外,乙苯是生产苯乙酮、乙基蒽醌、硝基苯乙酮、甲基苯基甲酮等的有机中间体。

乙苯的工业生产方法主要是烷基化法和分离 C_8 芳烃法,工业上 90% 的乙苯通过烷基化法生产。

苯与乙烯发生的烷基化反应按反应物的状态分可分为气相法和液相法。液相法虽然反应条件温和,但因采用强酸性络合物催化剂导致设备腐蚀严重,且废水需要处理,所以目前大多采用气相烷基化工艺生产乙苯。

(1) 反应原理

主反应 $\bigcirc + CH_2 = CH_2 \xrightleftharpoons{ZSM-5} \bigcirc-C_2H_5 \quad \Delta H_{298}^{\ominus} = -106.6 \text{kJ/mol}$

副反应 $C_2H_5-\bigcirc + CH_2 = CH_2 \rightleftharpoons C_2H_5-\bigcirc-C_2H_5 ; \bigcirc + C_2H_5-\bigcirc-C_2H_5 \rightleftharpoons 2\bigcirc-C_2H_5$

乙苯连续反应生成多乙苯

$C_2H_5-\bigcirc-C_2H_5 + CH_2 = CH_2 \rightleftharpoons C_2H_5-\bigcirc-(C_2H_5)_2$

苯的烷基化反应是热效应很大的放热反应,在较宽的温度范围内反应在热力学上是有利的。只有当温度很高时,才有较明显的逆反应发生。

还应注意,副反应生成的二烷基苯和多烷基苯在热力学上也是有利的。随着苯环上烷基取代数目的增加,一方面芳烃的碱性随之增加,使烷基化速度加快;另一方面空间的位阻效应也增加,使进一步的烷基化速度减慢。故烷基苯的继续烷基化速度取决于两个效应为主的一方。所以,为了提高单烷基苯的收率,必须选择适宜的催化剂和反应条件,其中以控制原料苯和烯烃的用量比最为关键,以减少二烷基苯和多烷基苯的生成。

(2) 催化剂 气相烷基化法采用 ZSM-5 分子筛催化剂,属于中孔分子筛,因其具有独特的交叉孔道结构和催化性能、良好的热稳定性和耐酸性、极好的疏水性和水蒸气稳定性等优点广泛用于烷烃芳构化、芳烃烷基化、甲苯歧化等重要的化工过程。

(3) 工艺流程 气相烷基化法生产乙苯的工艺流程由三部分组成,原料预处理部分、烃化部分和分离部分。

由于反应放热,所以选择气-固相多段绝热式反应器作为烷基化反应器。

图 4-41 所示为典型的气相烷基化法生产乙苯的工艺流程。以苯和乙烯为原料,在气-固相三段绝热式反应器中进行反应,生产工艺条件为:反应温度 370~425℃,反应压力 1.37~2.74MPa,乙烯的质量空速 3~5 h^{-1},催化剂为 ZSM-5 分子筛。

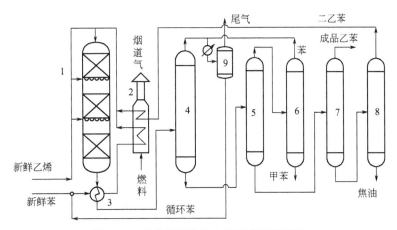

图 4-41 气相烷基化法生产乙苯工艺流程
1—多段绝热式反应器；2—加热炉；3—换热器；4—初馏塔；5—苯回收塔；
6—苯、甲苯塔；7—乙苯塔；8—多乙苯塔；9—气液分离器

新鲜苯和经苯回收塔回收的循环苯与反应产物换热后进入加热炉2汽化并预热至400～420℃，先与已被加热汽化的二乙苯混合，再与乙烯混合使苯与乙烯的分子比为6～7，进入烷基化反应器1顶部，它的压力为1.8MPa左右。反应后气体经冷却换热进入初馏塔4，塔顶蒸出轻组分和少量苯，经换热冷凝后进入气液分离器9，分离后的尾气排空，凝液为循环苯。初馏塔釜液进入苯回收塔5，塔顶馏出液进入苯、甲苯塔6，从塔顶得到的苯循环使用，甲苯作为副产品从塔釜引出。苯回收塔的塔釜物料进入乙苯塔7，在乙苯塔顶即可得到产品乙苯，塔釜液送入多乙苯塔8。多乙苯塔在减压下操作，塔顶为二乙苯返回烷基化反应器，塔釜为焦油等重组分。

该法的优点是：①反应温度和压力较低、无腐蚀、无污染；②尾气及多乙苯塔釜重组分可作燃料；③乙苯收率高达99.3%；④催化剂价廉、使用寿命超过2年；⑤生产成本低，设备投资少，不需要特殊合金钢设备，用低铬合金钢即可。

最主要的缺点是苯和乙烯的原料配比高达6～7，分子筛易结焦，须在570℃和1.05MPa下频繁再生。所以为使生产能够连续进行，烷基化反应器设置两台，一开一备，催化剂采用器外再生。

4.3.5 甲苯催化脱甲基制苯

烷基芳烃中与苯环直接相连的烷基在一定条件下可以被脱去，此类反应称为芳烃的脱烷基化。工业上脱烷基化的典型实例如甲苯脱甲基制苯、甲基萘脱甲基制萘等。

4.3.5.1 烷基苯脱烷基化方法

(1) 催化脱烷基 烷基苯在催化剂的作用下可以发生脱烷基的反应生成苯和烯烃。此反应是苯烷基化的逆反应，是一强吸热反应。例如异丙苯在硅酸铝催化剂作用下于350～550℃催化脱烷基生成苯和丙烯。

$$C_6H_5CH(CH_3)_2 \rightleftharpoons C_6H_6 + CH_3CH=CH_2$$

烷基苯脱烷基反应进行的难易程度与烷基的结构有关。不同烷基苯脱烷基的次序为：叔丁基＞异丙基＞乙基＞甲基。烷基愈大愈容易脱去。甲苯最难脱甲基，所以这种方法不适合甲苯脱甲基制苯。

(2) 催化氧化脱烷基 烷基芳烃在某些氧化催化剂作用下用空气氧化可发生氧化脱烷基

生成芳烃母体及二氧化碳和水。其反应通式可表示如下。

$$\text{C}_6\text{H}_5\text{-C}_n\text{H}_{2n+1} + \frac{3n}{2}\text{O}_2 \longrightarrow \text{C}_6\text{H}_6 + n\text{CO}_2 + n\text{H}_2\text{O}$$

例如，甲苯在400～500℃，在铀酸铋催化剂存在下，用空气氧化脱去甲基而生成苯，选择性可达70%。

(3) 加氢脱烷基　在大量H_2和加压条件下，芳烃发生氢解反应脱去烷基生成母体芳烃和烷烃。

$$\text{C}_6\text{H}_5\text{-R} + \text{H}_2 \longrightarrow \text{C}_6\text{H}_6 + \text{RH}$$

工业上广泛采用甲苯脱甲基制苯，是近年来扩大苯来源的重要途径之一，也用于从甲基萘脱甲基制萘。由于大量H_2存在，有利于抑制焦炭生成副反应。

$$\text{C}_6\text{H}_5\text{-CH}_3 + \text{H}_2 \longrightarrow \text{C}_6\text{H}_6 + \text{CH}_4$$

$$\text{C}_{10}\text{H}_7\text{-CH}_3 + \text{H}_2 \longrightarrow \text{C}_{10}\text{H}_8 + \text{CH}_4$$

但在临氢脱烷基条件下也会发生深度加氢裂解副反应。

$$\text{C}_6\text{H}_5\text{-CH}_3 + 10\text{H}_2 \longrightarrow 7\text{CH}_4$$

(4) 水蒸气脱烷基　在与加氢脱烷基同样的反应条件下，用水蒸气代替H_2进行的脱烷基反应。通常认为这两种脱烷基方法具有相同的反应历程。

$$\text{C}_6\text{H}_5\text{-CH}_3 + \text{H}_2\text{O} \longrightarrow \text{C}_6\text{H}_6 + \text{CO} + 2\text{H}_2$$

$$\text{C}_6\text{H}_5\text{-CH}_3 + 2\text{H}_2\text{O} \longrightarrow \text{C}_6\text{H}_6 + \text{CO}_2 + 3\text{H}_2$$

甲苯还可以与反应中生成的氢作用进行脱烷基化反应，同样在脱烷基的同时也伴随发生苯环的如下开环裂解反应。

$$\text{C}_6\text{H}_5\text{-CH}_3 + 14\text{H}_2\text{O} \longrightarrow 7\text{CO}_2 + 18\text{H}_2$$

$$\text{C}_6\text{H}_5\text{-CH}_3 + 10\text{H}_2 \longrightarrow 7\text{CH}_4$$

水蒸气脱烷基化反应的突出优点是廉价的水蒸气代替H_2，反应过程不但不消耗H_2，还副产大量的含H_2气体。但此法与加氢法相比，苯收率较低，一般为90%～97%；需用贵金属铑作催化剂，成本较高。

4.3.5.2　甲苯催化脱甲基制苯工业生产方法

(1) 甲苯催化脱甲基制苯的工艺流程　以氧化铬-氧化铝为催化剂的甲苯催化脱甲基制苯的工艺流程如图4-42所示。

新鲜原料甲苯与循环甲苯、新鲜H_2与循环H_2经加热炉1加热到所需温度后进入反应器2，从反应器出来的气体产物经冷却、冷凝，气液混合物一起进入闪蒸分离器3，分出的H_2一部分直接返回反应器，另一部分中除一小部分排出作燃料外，其余送到H_2提浓装置8除去轻质烃，提高浓度后再返回到反应器使用。液体芳烃经稳定塔4去除轻质烃和在白土塔5脱去烯烃后送至苯精馏塔6，塔顶得产品苯，塔釜重馏分送再循环塔7，塔顶蒸出未转化的甲苯再返回反应器，塔釜的重质芳烃排出系统。采用绝热式反应器，为了保持一定的反应温度也有采用两支反应器串联的。

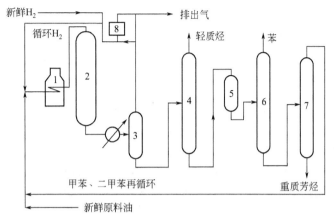

图 4-42　甲苯催化加氢脱甲基制苯工艺流程

1—加热炉；2—反应器；3—闪蒸分离器；4—稳定塔；5—白土塔；
6—苯精馏塔；7—再循环塔；8—H_2提浓装置

（2）甲苯加氢热脱甲基制苯工艺流程　甲苯在600℃以上，氢压在4MPa以上时，可以发生加氢热脱甲基反应，其工艺流程如图4-43所示。反应条件为：反应温度700～800℃，液空速3～6h^{-1}，氢/甲苯（物质的量比）3～5，压力3.98～5.0MPa，接触时间60s。原料甲苯、循环芳烃和H_2混合，经换热后进入加热炉，加热至接近热脱烷基所需温度后进入反应器，由于加氢及氢解副反应的发生，反应热很大，为了控制所需反应温度，可向反应区喷入冷氢和甲苯。反应产物经废热锅炉、换热器进行能量回收后，再经冷却、分离、稳定和白土处理，最后分馏得到产品苯，纯度大于99.9%（质量分数），苯收率为理论值的96%～100%。未转化的甲苯和其他芳烃经再循环塔分出后循环回反应器。典型的物料平衡见表4-37。本工艺具有副反应少、重芳烃（蒽等）收率低等特点。

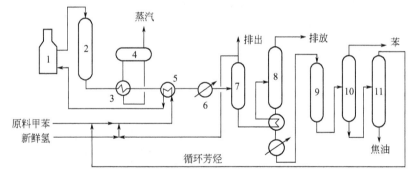

图 4-43　甲苯加氢热脱甲基制苯工艺流程

1—加热炉；2—反应器；3—废热锅炉；4—汽包；5—换热器；6—冷却器；
7—分离器；8—稳定塔；9—白土塔；10—苯精馏塔；11—再循环塔

表 4-37　典型甲苯脱甲基物料平衡

原料	原料量/kg	产品	产品量/kg
甲苯	100	甲烷	18.6
H_2	2.5	乙烷	0.4
		丙烷	0.6
		丁烷以上	0.6
		苯	82.0
		聚合物	0.3
合计	102.5	合计	102.5

4.4 加氢和脱氢

4.4.1 概述

加氢系指化合物分子与氢气发生反应,而生成有机化工产品的过程,是一种还原反应;脱氢系指从化合物中除去部分氢原子的过程,是一种氧化反应。两类反应都需在既加热又使用催化剂的情况下进行,因此又称为催化加氢或催化脱氢。

加氢和脱氢是一对可逆反应,在进行加氢的同时,也进行着脱氢反应。究竟在什么条件下有利于加氢或脱氢,则由热力学平衡决定。一般而言,加压和低温对加氢有利,减压和高温对脱氢有利。

4.4.1.1 加氢反应的应用范围

(1) 合成有机产品 将有机化合物进行催化加氢,能获得许多很有价值的基本有机化学工业产品,催化加氢反应在基本有机化学工业中应用较广。

加氢的重要反应有,苯催化加氢制环己烷,一氧化碳催化加氢制甲醇。环己烷是生产聚酰胺纤维和尼龙 66 的原料,甲醇是多种化工合成的重要原料。

此外,苯酚加氢可以得到环己醇,硝基苯加氢得到苯胺,丙酮加氢可以生产异丙醇,丁醛加氢可制得丁醇,羧酸或酯加氢生产高级伯醇,己二腈加氢合成己二胺等。

(2) 加氢精制

① 裂解气精制 烃类裂解气中含有少量乙炔、丙炔和丙二烯等有害杂质,利用催化加氢方法进行选择加氢,使炔烃和二烯烃转化为相应的烯烃。

② 石油产品精制 汽油、柴油中含有烯烃、硫、重金属等有害成分,通过加氢精制可将有害成分去除或转化。加氢精制也用于润滑油加氢精制、劣质原油加氢预处理等。

4.4.1.2 脱氢反应的应用范围

烃类的催化脱氢是生产烯烃单体的重要途径,在化学工业中占有重要地位。工业上应用的催化脱氢反应主要有烃类脱氢、含氧化合物脱氢和含氮化合物脱氢等几类,而其中尤以烃类脱氢最为重要。

利用催化脱氢反应,可将低级烷烃、烯烃和烷基芳烃转化为相应的烯烃、二烯烃和烯基芳烃,将醇类脱氢转化为醛和酮,为生产合成橡胶、合成树脂、化工溶剂等重要化工产品提供原料。其中产量最大和最重要的产品是苯乙烯和丁二烯的脱氢制备。

4.4.2 加氢与脱氢的机理分析

4.4.2.1 加氢反应热力学分析

(1) 温度的影响 加氢反应都是放热反应,但是由于被加氢的官能团的结构不同,放出的热量也不同,表 4-38 给出部分加氢反应的热效应。在温度低于 100℃ 时,绝大多数加氢反应的平衡常数值都非常大,可视为不可逆反应。

表 4-38 部分加氢反应的热效应

反 应 式	$\Delta H^{\ominus}/(kJ/mol)$
$CH{\equiv}CH + H_2 \longrightarrow CH_2{=}CH_2$	−174.3
$CH_2{=}CH_2 + H_2 \longrightarrow CH_3{-}CH_3$	−132.7

续表

反 应 式	$\Delta H^{\ominus}/(kJ/mol)$
$CO + 2H_2 \longrightarrow CH_3OH(g)$	-90.8
$CO + 3H_2 \longrightarrow CH_4 + H_2O$	-176.9
苯(g) + $3H_2 \longrightarrow$ 环己烷(g)	-208.1
甲苯 + $H_2 \longrightarrow$ 苯 + CH_4	-42.0

由热力学方法推导得到的平衡常数 K_p、温度 T 和热效应 $\Delta H^{\ominus}$ 之间的关系为：

$$\left(\frac{\partial \ln K_p}{\partial T}\right)_p = \frac{\Delta H^{\ominus}}{RT^2} \tag{4-15}$$

从热力学分析，加氢反应是放热反应，$\Delta H^{\ominus} < 0$，平衡常数 K_p 随温度的升高而减小。加氢反应在热力学上表现为三种类型。

第一类加氢反应在热力学上非常有利的，即使在较高温度条件下，平衡常数仍很大。例如乙炔加氢，一氧化碳的甲烷化反应，有机硫化物的氢解等。这类加氢反应在较宽的温度范围内热力学上几乎可进行到底，关键是反应速率问题。

第二类加氢反应在低温时平衡常数很大，但是随着温度升高平衡常数显著变小，例如苯加氢合成环己烷。这类反应在不太高的温度条件下加氢，对平衡很有利，可以接近全部转化。但是在温度较高时，要达到较高平衡转化率，就必须加压或采用氢过量。

第三类加氢反应在热力学上不利。例如一氧化碳加氢合成甲醇，只有在低温时具有较大的平衡常数值，在温度不太高时，平衡常数已很小。对于这类加氢反应，化学平衡就成为关键问题，为了提高平衡转化率，反应必须在高压下进行。

(2) 压力的影响 反应压力对加氢反应影响显著。加氢反应是分子数减少的反应，反应过程体积变化 ΔV 为负值，从 K_p 与摩尔平衡常数 K_n 的关系式：

$$K_p = K_n p^{\Delta V} \tag{4-16}$$

可知增大反应压力，可以提高 K_n 值，从而提高加氢产物的平衡产率。

(3) 氢量比 从化学平衡分析，提高 H_2 的用量，反应物浓度增加，可提高平衡转化率。但是氢量比越大，产物浓度越小，大量氢气需要循环，并给产物分离增加困难。

4.4.2.2 加氢反应动力学分析

(1) 温度影响 平衡常数非常大的加氢反应，可视为不可逆反应，此类反应温度升高，反应速率常数 k 也升高，反应速率加快。但温度过高，会影响选择性而增加副产物生成，加重产物分离难度，甚至导致催化剂表面积炭，活性下降。平衡常数较低的可逆加氢反应，反应速率常数 k 随温度升高而升高，但平衡常数则随温度的升高而下降，其反应速率与温度的变化是：当温度较低时，反应速率随温度的升高而加快，而在温度较高时，反应速率随温度的升高反而下降，故有一个最适宜温度，在该温度下反应速率最大。

(2) 反应压力影响 对气相加氢反应，提高氢分压和被加氢物质的分压均有利于反应速率的增加。而对液相加氢反应，反应速率与液相中氢的浓度成正比，故增加氢的分压，有利于增大液相中氢的浓度，提高加氢反应速率。

如果产物在催化剂上强吸附，就会占据一部分催化剂的活性中心，抑制加氢反应的进行。产物分压越高，加氢反应速率就越慢，此时就必须尽快将产物移除降低产物分压。

(3) 氢量比影响 氢过量不仅可以提高被加氢物质的平衡转化率和加快反应速率，且可提高传热系数，有利于导出反应热和延长催化剂的寿命。但若氢过量太多，导致产物浓度下降，增加分离难度。

(4) 溶剂影响 在液相加氢时，溶剂首先可作为稀释剂，并带走反应热；其次，原料或产物是固体时，采用溶剂可将固体物料溶解在溶剂中，以利于反应的进行和产物的分离。不同的溶剂对加氢反应速率和选择性的影响也是不同的，烷烃类比醇类溶剂加氢效果好。

(5) 被加氢物质结构影响 被加氢物质在催化剂表面的吸附能力不同，活化难易程度不同，加氢时受到空间障碍的影响以及催化剂活性组分的不同，影响到加氢反应速率。

① 烯烃加氢，乙烯加氢反应速率最快，丙烯次之，随着取代基的增加反应速率下降，烯烃加氢反应速率顺序如下：

$$R-CH=CH_2 > \underset{R}{\underset{|}{R}}C=CH_2 > R-CH=CH-R' > \underset{R}{\underset{|}{R}}C=C-R'' > \underset{R}{\underset{|}{R}}C=C\underset{R}{\underset{|}{R'}}$$

② 芳烃加氢，苯环上取代烃越多，加氢反应速率越慢。苯及甲基苯的加氢反应顺序如下：

$$\bigcirc > \bigcirc\!-\!CH_3 > \underset{CH_3}{\bigcirc\!-\!CH_3} > \underset{CH_3}{\bigcirc\!-\!(CH_3)_2}$$

③ 不同烃类加氢速率快慢比较。当在同一催化剂上单独加氢时不同烃类反应速率快慢大致为：

$$烯烃 > 炔烃，烯烃 > 芳烃，二烯烃 > 烯烃$$

而当这些化合物同时在一块加氢时，其反应速率顺序为：

$$炔烃 > 二烯烃 > 烯烃 > 芳烃$$

④ 含氧化合物的加氢。醛、酮、酸、酯的加氢产物都是醇，但其加氢难易程度不同，通常醛比酮易加氢，酯类比酸类易加氢。而醇和酚加氢生成烃类和水则较难，需要更高的反应温度才能满足要求。

⑤ 有机硫化物的氢解。研究表明有机硫化物在钼酸钴催化剂作用下因其硫化物的结构不同，其氢解速率具有显著的差异，其顺序为：

$$R-S-S-R > R-S-H > R-S-R > C_4H_8S > C_4H_4S$$

4.4.2.3 加氢反应催化剂

加氢反应从化学平衡分析是可能进行的。但要使加氢反应具有足够快的反应速率，一般都使用催化剂。不同的加氢反应选用的催化剂也不一样，同一反应则因选用催化剂的不同而决定着反应条件不同。催化反应应尽量避开高温、高压，催化剂寿命要长，并且价格要便宜。加氢催化剂分为以下几种类型。

(1) 金属负载型催化剂 加氢常用的金属催化剂有 Ni、Pd、Pt 等，使用量最大的是 Ni。金属负载型催化剂的载体是多孔性惰性物质，常用的载体有氧化铝、硅胶和硅藻土等。这种催化剂的特点是活性高，在低温下即可以进行加氢反应，几乎可以用于所有官能团的加氢反应。该催化剂的缺点是容易中毒，含有 S、N、As、P、Cl 等化合物都能使金属催化剂中毒，因此对原料杂质的预处理要求较严。

(2) 金属骨架型催化剂 将具有催化活性的金属和铝或硅制成合金，再用氢氧化钠溶液浸渍合金，除去其中的部分铝或硅，即得到活性金属的骨架，骨架催化剂。最常用的骨架催化剂是骨架镍，其中镍占 40%~50%，可应用于各种类型的加氢反应。骨架镍活性很高，有足够的机械强度。骨架镍非常活泼，置于空气中能自燃，因此需要在还原性液体中密闭贮存。其他的骨架催化剂有骨架铜、骨架钴等。由于碱溶液浸渍不可能全部除去可溶组分，杂质金属或多或少残留于催化剂中，所以骨架催化剂不是纯金属催化剂。

(3) 金属氧化物催化剂 主要有 MoO_3、Cr_2O_3、ZnO、CuO 和 NiO 等，可以单独使用，也可以是混合氧化物。这类催化剂的加氢活性比金属催化剂差，因此要求的加氢反应温度和压力较高。但其抗毒性较强，适用于一氧化碳加氢等反应。常在氧化物催化剂中加入高熔点组分（如 MoO_3、Cr_2O_3 等），以提高其耐高温性能。

(4) 金属硫化物催化剂 主要是 MoS_2、WS_2、Ni_2S_3、Co-Mo-S、Fe-Mo-S 等。含硫化合物抗毒性强，可用于含硫化合物氢解，主要用于加氢精制。Ni_2S_3 可用于共轭双键的选择加氢。这类催化剂活性也较低，所需反应温度也较高。

(5) 金属络合物催化剂 这类加氢催化剂的中心原子多是贵金属，如 Ru、Rh、Pd 等的络合物，也有 Ni、Co、Fe、Cu 等络合物。其特点是活性较高，选择性好，反应条件缓和，可以用于共轭双键的选择加氢为单烯烃。由于催化剂溶于加氢产物中，难于分离，而这类催化剂又多含贵金属，所以催化剂的分离与回收是关键问题。

加氢反应用的催化剂，一般活性高的容易中毒，热稳定性较差，因此在有些场合下会选用稳定性好而活性低的催化剂。通常反应温度在 150℃ 以下，多用 Pt、Pd 等贵金属催化剂，以及用活性很高的骨架镍催化剂；而在 150~200℃ 的反应温度区间，多用 Ni、Cu 合金催化剂；在温度高于 250℃ 时，多用金属及其氧化物催化剂。为防止硫中毒，则用金属硫化物催化剂，在高温下进行加氢。

4.4.2.4 脱氢反应热力学分析

(1) 温度影响 与烃类加氢反应相反，烃类脱氢反应是吸热反应，其吸热量与烃类的结构有关，脱去 1mol 氢所需吸收的热量因烃的结构不同而有差异。大多数脱氢反应在低温下平衡常数很小。部分脱氢反应在 800K 下的热效应见表 4-39。

表 4-39　部分脱氢反应在 800K 下的热效应

反 应 式	$\Delta H^{\ominus}/(kJ/mol)$
$n\text{-}C_4H_{10} \longrightarrow n\text{-}C_4H_8 + H_2$	128
$CH_3\text{-}CH=CH\text{-}CH_3 \longrightarrow CH_2=CH\text{-}CH=CH_2 + H_2$	123
$CH_3\text{-}CH(CH_3)\text{-}CH=CH_2 \longrightarrow CH_2=C(CH_3)\text{-}CH=CH_2 + H_2$	117
$C_6H_5\text{-}CH_2\text{-}CH_3 \longrightarrow C_6H_5\text{-}CH=CH_2 + H_2$	115

从平衡常数与温度的关系式可知，因为 $\Delta H^{\ominus} > 0$，从公式(4-15)可知，提高反应温度可以增大平衡常数，来提高脱氢反应的平衡转化率。

(2) 压力影响 脱氢反应是分子数增加的反应，即 $\Delta v > 0$，从公式(4-16)可知，降低反应压力，可使产物的平衡浓度增大，即增大了反应的平衡转化率。

(3) 稀释剂 虽然脱氢反应减压操作，可获得较高的平衡转化率，但工业上在高温下对烃类进行减压操作是不安全的。为此常采用惰性气体作稀释剂以降低烃的分压。工业上常用的惰性稀释剂是水蒸气，它具有许多优点，与产物易分离，热容量大，不仅提高了脱氢反应的平衡转化率，而且有利于消除催化剂表面上沉积的焦。

4.4.2.5 脱氢反应动力学分析

(1) 温度与压力 提高温度有利于脱氢反应的进行,既可加快脱氢反应速率,又可提高转化率。但是,温度较高则副反应必然加快,导致选择性下降;同时催化剂表面聚合生焦,使催化剂的失活速度加快。故脱氢反应有一个较为适宜的温度。从热力学因素考虑,降低操作压力和减小压力降对脱氢反应有利。大部分脱氢反应采用水蒸气稀释,以达到低压操作目的。

(2) 催化剂 脱氢反应时,催化剂颗粒内扩散是影响反应速率和选择性的主要因素之一,小颗粒催化剂不仅可以提高脱氢反应速率,而且还可以提高选择性。

(3) 空速 空速减小,转化率提高,但也有利于连串副反应,选择性下降,催化剂表面结焦增加,再生周期缩短;空速增大,则转化率减小,产物收率也降低,原料循环量增加,能耗加大,操作费用加大。故最佳空速的选择必须综合考虑各方面因素而定。

(4) 被脱氢物结构 对于烃类脱氢反应,正丁烯脱氢速率大于正丁烷;烷基芳烃一般随侧链上α碳原子上的取代基增多、链的增长或苯环上的甲基数目增多,其脱氢速率加快。

4.4.2.6 脱氢反应催化剂

一般加氢催化剂可作为脱氢催化剂,但烃类的脱氢反应由于受到热力学限制,必须在较高的温度条件下进行,故使用的催化剂需能耐受高温。通常金属氧化物比金属具有更高的热稳定性,故烃类脱氢反应均采用金属氧化物作催化剂。

对于烃类脱氢催化剂,需具有良好的活性、选择性、热稳定性、化学稳定性、抗结焦性和容易再生等特性。工业上常用的脱氢催化剂有氧化铬-氧化铝、氧化铁系、磷酸钙镍系等。

(1) 氧化铬-氧化铝催化剂 活性组分是氧化铬,载体是氧化铝。通常还添加少量碱金属或碱土金属氧化物作为助催化剂以提高其活性。典型组成如:

$$Cr_2O_3\ 18\%\sim 20\%\text{-}Al_2O_3\ 80\%\sim 82\%$$

这类催化剂适用于丁烷脱氢制丁烯和丁二烯,异戊烷脱氢制异戊烯和异戊二烯等。水分对催化剂有毒化作用,故不能用水蒸气作稀释剂,也不宜用水蒸气再生。用这类催化剂脱氢,一般不用稀释剂,而采用减压方式。这类催化剂在脱氢反应条件下,容易结焦,需要频繁地用含氧的烟道气进行再生。

(2) 氧化铁系催化剂 在氧化铁系催化剂中,氧化铁是活性组分,具有较高的活性和选择性,对脱氢反应起催化作用的是 Fe_3O_4。可用于烯烃和烷基芳烃脱氢。

但这类催化剂在还原气氛中脱氢,其选择性很快下降,这可能是由于氧化铁系统存在着下列平衡。

$$FeO \underset{H_2}{\overset{H_2O}{\rightleftharpoons}} Fe_3O_4 \underset{H_2}{\overset{H_2O}{\rightleftharpoons}} Fe_2O_3$$

脱氢反应有氢生成,在氢气等还原气氛中使高价氧化铁还原成低价氧化铁其至金属态铁,金属态铁能催化烃类的完全分解反应,从而使选择性下降。为了防止氧化铁被过度还原,要求脱氢反应必须在适当氧化气氛中进行。水蒸气是氧化性气体,在大量水蒸气存在下,可以阻止氧化铁的过度还原,而获得高的选择性。故采用氧化铁系催化剂脱氢,总是以水蒸气作稀释剂。

工业上在氧化铁系催化剂中还加入氧化钼或稀土氧化物等,以提高催化剂的热稳定性。例如 $Fe_2O_3\text{-}Mo_2O_3\text{-}CeO\text{-}K_2O$ 脱氢催化剂。

(3) 磷酸钙镍系催化剂 这类催化剂对烯烃脱氢制二烯烃具有良好的选择性,但抗结焦性能差,再生周期短,再生时必须用水蒸气和空气的混合物。

4.4.3 苯加氢制环己烷

环己烷是制造尼龙66单体的起始原料,用量较大。汽油馏分中一般含有环己烷,但它与苯、二甲基戊烷及三甲基丁烷等组分的沸点非常接近,分离既困难,也不经济,因此,环己烷的主要来源仍从苯加氢反应中制取。

4.4.3.1 反应原理及热力学分析

苯加氢制环己烷的主反应为:

$$\bigcirc + 3H_2 \longrightarrow \bigcirc$$

两个副反应为:

$$\bigcirc \longrightarrow \bigcirc\!\!-\!CH_3$$

$$\bigcirc + 6H_2 \longrightarrow 6CH_4$$

主反应为强放热反应,异构化反应为弱吸热、苯分解反应为弱放热反应。表 4-40 中给出这三个反应在不同温度下的平衡常数,从表中可见,根据主反应平衡常数判断,其反应温度不能太高,反应温度的上限在 500K 以下,在此范围内根据平衡常数判断,两个副反应在热力学上都可以发生,因此只能从动力学来抑制副反应。

表 4-40 苯加氢主、副反应的平衡常数

T/K	$\lg K_p$		
	主反应	异构化反应	分解反应
300	16.932	−0.686	53.629
400	7.842	0.036	44.296
500	2.259	0.472	35.485
600	−1.527	0.759	29.458
700	−4.257	0.957	25.050
800	−6.311	1.097	21.669
900	−7.910	1.198	18.976
1000	−9.183	1.270	16.785

由于环己烷与苯的沸点极为接近,分离很困难。为摆脱分离问题,需要反应物达到 99.9% 以上的转化率。为了保证反应的选择性,必须采用催化剂来加速主反应,抑制副反应。苯的环上加氢可以用金属镍或金属铂来提高主反应速率,这些催化剂在加速主反应时,并不使副反应得到明显加速,因此可依此实现环己烷的合成。

苯加氢反应可以在气相中进行,也可以在液相中进行。若为气相固定床法加氢,一般用负载金属镍的载体催化剂,反应温度较高而压力较低;若为液相鼓泡塔加氢,则采用骨架镍催化剂,反应温度较低而压力较高。

烃类异构化反应往往被酸催化,并且高温有利异构化。因此要避免反应温度过高,并避免催化剂载体有酸性。在镍金属载体催化剂上,250℃以上时异构化开始明显。

苯加氢裂解反应在 250℃以下都不显著,但该反应容易被酸催化。酸中心都处于载体,因此对加氢催化剂载体进行纯化,可以避免加氢裂解发生。

苯加氢生成环己烷是放热、体积缩小的可逆反应,低温和高压对生成环己烷有利。相

反,低温则在热力学、动力学两方面对异构化构成抑制;对另一个加氢分解副反应,高压从热力学上抑制,低温从动力学上抑制。

4.4.3.2 反应动力学

苯在金属 Ni 表面的气相加氢有如下动力学方程:

$$r = k p_{H_2}^{0.5} \quad (\text{反应温度} < 100℃) \tag{4-17}$$

$$r = k p_B^{0.5} p_{H_2}^3 \quad (\text{反应温度} > 200℃) \tag{4-18}$$

式中,p_B 为苯蒸气分压;p_{H_2} 为氢分压

当反应温度小于 100℃时,反应速率只受氢分压影响,且随氢分压变化较缓;而当反应温度大于 200℃时,苯蒸气分压也有影响,且氢分压对反应速率影响十分敏感。

液相苯在骨架镍催化下加氢,当温度低于 200℃,转化率小于 90%时,对苯为零级反应;当转化率大于 95%以上时,对苯的反应级数接近于 1。在所有范围内对氢均为零级反应。速率方程式如下:

$$r = \frac{k b_B c_B}{1 + b_B c_B + b_C c_C} p_{H_2}^{\ominus} \tag{4-19}$$

式中,b_B 为苯的吸附系数;b_C 为环己烷的吸附系数;c_B 为苯浓度;c_C 为环己烷浓度。

4.4.3.3 工艺条件与工艺流程

工业上苯加氢生产环己烷有气相法和液相法两种。

液相法以环己烷为溶剂,液相苯与气相氢在鼓泡塔中以骨架镍为催化剂进行气液加氢反应。该方法反应条件温和,温度控制容易,转化率和收率也很高,但需要设置环己烷高压循环泵来移走反应热,动力能耗较高。

气相法以载体负载的金属镍为催化剂,气相苯与氢在固定床中进行加氢反应。该方法优点是所需反应压力较低,气相苯与氢混合均匀,催化剂与产品分离容易,转化率和收率均很高。反应激烈,易出现"飞温"现象,操作上不易控制,因此对设备及控制技术要求高。随着设备制造与控制技术的发展,气相法的不足得到弥补,技术优势逐渐显现,代表了苯加氢技术的发展方向。下面针对气相法苯加氢制备环己烷工艺进行介绍。

(1) 气相法苯加氢制备环己烷的工艺条件

① 原料的精制 原料氢气可来源于合成气、石脑油催化重整气、石油烃蒸气热裂解气以及甲苯烷基化装置,其中的氢含量可在 57%~96%之间。原料氢气中水和 CO 会使催化剂中毒,可通过甲烷化使 CO 转变为对催化剂无毒害的甲烷。接着进行干燥以除去由甲烷化产生的水分,要求水分不得超过反应温度下水在环己烷中的溶解度。原料中的硫对催化剂毒害严重,其硫含量要严格控制,需通过碱液吸收精制到 5ppm 以下。

② 反应温度 苯加氢反应是强放热可逆反应,平衡常数随反应温度的升高而减小,当反应温度超过 250℃时,转化率降低,导致大量未反应的苯很难与环己烷分离。而且高温下产物环己烷会发生裂解生成甲烷和炭,使催化剂失活。因此,苯加氢反应温度一般为 130~180℃。工业上采用列管式固定床反应器,不仅在反应器轴向上存在热点,而且在径向上也存在很大的温差。因此,应及时、迅速地移出反应热,降低热点温度,防止反应器飞温。

③ 反应压力 提高反应压力有利于正反应发生,也有利于后续冷凝分离,减少环己烷的排放损失。但压力提高需压缩机能耗增加,因此气相法操作压力一般为 0.6~1.0MPa。

④ 氢/苯比 苯与氢的理论摩尔比是 3:1。增加氢气用量可以提高平衡转化率,还有利于带走反应热。但是,氢气过量太多,使产物环己烷浓度过低,不利于分离,而且循环气量

增加,能耗增加。因此,气相法适宜的氢/苯比为3.5∶1。

(2)气相法苯加氢制备环己烷流程 由于苯加氢是强放热反应,而气相的比热容相对较小,反应热极易导致反应体系快速升温("飞温"),因此苯加氢气相反应在带换热的列管式固定床反应器中进行,并采用两段反应器以便于控制反应进程进而控制温度。

图4-44所示为气相法苯加氢制环己烷的工艺流程。苯由贮罐泵入预热器,预热后送入汽化器,原料H_2与循环H_2分别经压缩后进入氢气缓冲罐,混合氢气经换热器预热后由底部进入汽化器。苯与氢混合进入汽化器上部的换热器,用水蒸气过热至120℃进入第一反应器,列管内装填以Al_2O_3为载体的金属Ni催化剂,通过壳程的加压热水的汽化移走反应热,同时副产低压水蒸气。由第一反应器底部流出的反应气直接进入第二反应器继续反应,反应气体经换热、冷却和低温冷凝,冷凝液中w(环己烷)>99%输入环己烷贮罐,未凝尾气除少量放空外,大部分作为循环气返回反应器。

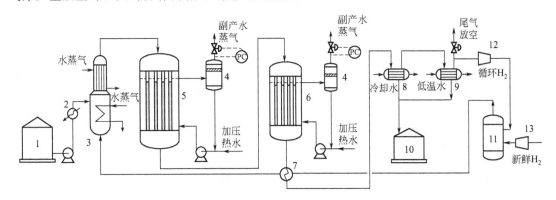

图4-44 苯气相加氢制环己烷工艺流程
1—液苯贮罐;2—苯预热器;3—苯汽化器;4—汽水分离器;5,6—列管式反应器;7—换热器;
8,9—冷凝器;10—环己烷贮罐;11—氢气缓冲罐;12—循环氢压缩机;13—新氢压缩机

4.4.4 乙苯脱氢制苯乙烯

苯乙烯是用量最大的苯系衍生物,是最基本的芳烃化学品,也是一种重要的基本有机化工原料,主要用于生产树脂、橡胶、药品、染料、农药等,用途十分广泛。

工业上生产苯乙烯主要有乙苯脱氢法和乙苯与丙烯共氧化法两种,其中乙苯脱氢法制苯乙烯占世界苯乙烯产量的90%以上。

4.4.4.1 反应原理及影响因素分析

乙苯脱氢是一个吸热可逆反应。在通常的铁系或锌系催化剂作用下,苯环比较稳定不会进行脱氢反应,脱氢反应只发生在侧链上。乙苯脱氢制苯乙烯的主反应为:

$$C_6H_5CH_2CH_3 \xrightarrow{Fe_2O_3, 600℃} C_6H_5CH=CH_2 + H_2$$

乙苯脱氢副反应主要有裂解和加氢裂解两类,这些副反应主要包括:

$$C_6H_5CH_2CH_3 \longrightarrow C_6H_6 + CH_2=CH_2;\quad C_6H_5CH_2CH_3 + H_2 \longrightarrow C_6H_5CH_3 + CH_4;\quad C_6H_5CH_2CH_3 + H_2 \longrightarrow C_6H_6 + CH_3CH_3$$

有水蒸气存在时,还存在下列副反应:

$$\text{C}_6\text{H}_5\text{CH}_2\text{CH}_3 + 2\text{H}_2\text{O} \longrightarrow \text{C}_6\text{H}_5\text{CH}_3 + \text{CO}_2 + 3\text{H}_2$$

另外苯乙烯和乙烯等不饱和化合物在高温下会聚合、缩合产生焦油和焦，覆盖在催化剂表面会使催化剂活性下降。

(1) 反应温度影响 由于乙苯脱氢是强吸热反应，提高反应温度对热力学平衡和反应速率都有利。但温度过高会使反应选择性下降；温度过高也将导致催化剂表面结焦，再生周期缩短。当反应温度超过 600℃ 时，选择性明显下降，因此工业上一般控制在 580~600℃。

(2) 反应压力影响 乙苯脱氢是分子数增加的可逆反应，降低反应压力有利于提高平衡转化率。因为副产物浓度很小且不受反应平衡限制，故降低压力还可以提高选择性。但是，压力过低会使反应物浓度下降，对反应速率不利。在工业生产上，乙苯脱氢反应除采用低压或负压外，还采用水蒸气作稀释剂来降低烃的分压，以提高平衡转化率。

(3) 水蒸气用量影响 高温水蒸气在乙苯脱氢反应中主要起到三个作用：降低产物平衡分压，提高平衡转化率及选择性；热载体为反应提供热量；高温下与结焦发生水煤气反应，避免催化剂结焦。因此，增加水蒸气用量有利于乙苯脱氢反应。但是，水蒸气用量过大，将增加能耗和操作费用。根据工业经验，绝热反应器的 $n(水蒸气)/n(乙苯)=14:1$，等温多管反应器因为靠管外烟道气供热，所需水蒸气量可减少一半。

(4) 空速影响 空速小，在催化剂床层停留时间长，转化率高。但是，由于烯烃结焦反应竞争，催化剂表面结焦量增加，催化剂再生周期缩短；空速过大，转化率低，未转化的原料回收循环量大；若是采用绝热式反应器，水蒸气的消耗也将明显增加。工业上一般采用的乙苯液空速为 $0.4 \sim 0.6 \text{h}^{-1}$。

4.4.4.2 催化剂和催化机理

工业上广泛采用氧化铁系催化剂，其活性成分是 KFeO_2，它是助催化剂钾与氧化铁发生相互作用的产物。K_2O 除与氧化铁生成活性相外，还能中和催化剂表面的强酸中心，以减少裂解副反应的发生，因此，K_2O 是氧化铁系催化剂中必要的成分。氧化铬是高熔点的金属氧化物，它可以提高催化剂的热稳定性，还可能起着稳定铁的价态的作用。在氧化铁系催化剂中加入氧化铈，它以微晶状态分布在活性相表面，氧化铈有很强的储放氧能力，晶格氧活性高。同时，在脱氢反应条件下可被部分还原产生 $\text{Ce}^{3+}/\text{Ce}^{2+}$ 离子偶，并通过氧化还原反应过程，不断由水蒸气向活性相输送晶格氧，加强活性相 KFeO_2 促进氧转移脱氢的能力。

乙苯气相脱氢反应可在多管等温反应器或绝热反应器中进行。研究发现，催化剂的内扩散阻力不容忽略，采用小颗粒催化剂不仅可以提高脱氢反应速率，也有利于选择性的提高。工业上脱氢催化剂一般是直径为 3.0~5.0mm 的条形催化剂。

4.4.4.3 工艺流程

乙苯脱氢生产苯乙烯的工艺流程主要包括乙苯脱氢、苯乙烯精制与回收两大部分。

(1) 乙苯脱氢部分 乙苯脱氢反应是强吸热反应，反应不仅要在高温下进行，而且需在高温条件下向反应系统供给大量的热量。根据供热方式及所采用的脱氢反应器形式的不同，相应的生产工艺流程也有差异。目前工业上采用的反应器形式主要有两种：一是美国 DOW 公司的绝热式脱氢反应器；二是德国 BASF 公司等温式脱氢反应器。这两种不同形式反应器的工艺流程的主要差别在于脱氢部分的水蒸气用量不同，热量的供给和回收利用不同。

① 绝热式反应器脱氢部分工艺流程　绝热式乙苯脱氢工艺流程如图 4-45 所示。循环乙苯和新鲜乙苯与约总量的 10% 的水蒸气混合后,与高温脱氢产物进行热交换被加热至 520～550℃,再与过热到 720℃ 的其余 90% 的过热水蒸气混合,然后进入绝热反应器,脱氢产物离开反应器时的温度为 585℃ 左右,经热交换利用其热量后,再进一步冷却冷凝,凝液分离去水后,进粗苯乙烯贮槽,尾气 90% 左右是氢,可作燃料用或可用以制氢。

绝热反应器脱氢,反应所需热量是由过热水蒸气带入,故水蒸气用量要比等温式大一倍左右。绝热反应器脱氢的工艺条件为:操作压力 138kPa 左右,H_2O/乙苯=14/1(摩尔比),乙苯液空速 $0.4～0.6h^{-1}$。由于脱氢反应需吸收大量热量,故反应器的进口温度必然比出口温度高,单段绝热反应器的进出口温差可大至 65℃。这样的温度分布对脱氢反应速率和反应选择性都会产生不利的影响。由于反应器进口处乙苯浓度最高,温度高就有较多平行副反应发生,而使选择性下降。出口温度低,对平衡不利,使反应速率减慢,限制了转化率的提高,故单段绝热反应器脱氢,不仅转化率较低(35%～40%),选择性也较低(约90%)。为克服上述缺点,后来发展了多段反应-加热的绝热反应器流程。

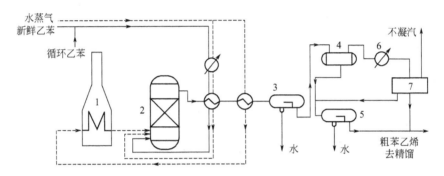

图 4-45　绝热式乙苯脱氢工艺流程

1—蒸汽过热炉;2—绝热反应器;3,5—油水分离器;4—液气分离器;6—冷凝器;7—回收器

绝热反应器脱氢,由于采用大量的过热水蒸气,凝液中分出的过程水量甚大,此过程水中含有少量芳烃和焦油,需经处理后,回用于产生水蒸气,既节约工业用水,又能满足环保要求。

② 等温式反应器脱氢部分工艺流程　等温脱氢工艺流程可用图 4-46 的 BASF 的流程作代表。等温脱氢过程中反应产物与原料气进行热交换,用烟道气直接加热的方法提供反应热,这是与绝热反应最大的不同。其优点是进料水蒸气比例减小,反应在 580～610℃ 进行,处于乙苯热裂解温度之下,有利于提高苯乙烯收率。

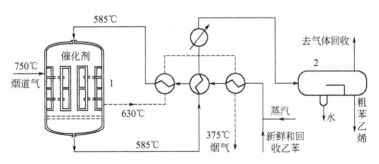

图 4-46　乙苯等温脱氢生产苯乙烯工艺流程

1—乙苯脱氢反应器;2—气液/油水分离罐

在相同转化率情况下，绝热反应收率为88%～91%，而等温反应收率可提高到为92%～94%。但是等温脱氢过程也有其缺点，如受管式反应器催化剂床层的压降限制，要求同时采用几个大型反应器并联操作，投资费用必然增加。

(2) 苯乙烯精制与回收部分 粗苯乙烯需精制才能得到聚合级苯乙烯，同时回收副产品。其工艺流程如图4-47所示。粗苯乙烯进入乙苯蒸出塔1，将未反应的乙苯及比乙苯轻的组分如苯、甲苯等与苯乙烯分离。塔顶分出的苯、甲苯、乙苯经冷凝冷却后部分回流入塔，其余部分送入苯-甲苯回收塔2，在此塔中将乙苯与苯和甲苯分离，塔釜得到的乙苯循环进入反应器脱氢，塔顶得到的苯、甲苯经冷凝冷却后，部分回流，其余部分送入苯-甲苯分离塔3，在此塔中将苯和甲苯分离。乙苯蒸出塔1中的塔釜液主要是苯乙烯，含有少量的焦油，将其送入苯乙烯精馏塔4中进行精馏，塔顶获得纯度在99%以上的苯乙烯单体。塔釜的焦油中含有一定量的苯乙烯，可进行回收。上述流程中乙苯蒸出塔和

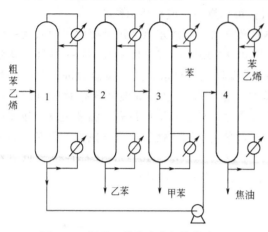

图4-47 粗苯乙烯的分离与精制流程
1—乙苯蒸出塔；2—苯-甲苯回收塔；
3—苯-甲苯分离塔；4—苯乙烯精馏塔

苯乙烯精馏塔均需在减压下操作，为了防止苯乙烯的聚合，这两个塔的塔釜需加阻聚剂（如二硝基苯酚、叔丁基邻苯二酚）。

精制苯乙烯关键生产技术有两个：一是采用高效阻聚剂以减少苯乙烯的损失；二是对沸点接近的乙苯、苯乙烯分离塔的改进。作为工业用高效阻聚剂，对乙苯和苯乙烯应只有良好的溶解性和热稳定性，在80～130℃下具有高的阻聚能力，此外还应具有用量少、性质稳定、易于脱除、价廉、易得、无毒无污染等特点。苯乙烯工业生产初期，乙苯-苯乙烯精馏采用金属丝网填料塔。随着生产规模的扩大，出现了板式塔工艺。近年来，国外又开发出板效高、阻力小的新型填料，各生产厂均相继改用新型填料塔，塔压降降低，聚合减少。

4.5 烃类的催化氧化

4.5.1 概述

烃类氧化反应是化学工业中一大类重要反应，它是生产化工原料和中间体的重要反应过程。其氧化产品除了各类有机含氧化合物，如醇、醛、酸、酯、环氧化合物和过氧化物等外，还包括有机腈和二烯烃等。这些产品大多是有机化工的重要原料和中间体，有些是三大合成材料的单体，有些是用途广泛的溶剂，在化学工业中占有重要的地位。

4.5.1.1 氧化反应的特点

(1) 氧化剂 在烃类或其他有机化合物分子中引入氧化剂的种类很多。对于产量大的化工生产而言，具有重要价值的氧化剂是气态氧，可以是空气或纯氧。以来源丰富的气态氧作为氧化剂时，无腐蚀性，但氧化能力较低，一般采用催化剂，有的还须同时采用高温。以空气为氧化剂的优点是氧化剂容易获得，但动力消耗大，废气排放量大。用纯氧作氧化剂的优点，反应设备体积小，但需空分装置。以气态氧为氧化剂，无论是"物料-氧"或"物料-空

气"体系，都在很广的浓度范围内易燃易爆，故在工艺条件的选择与控制方面必须注意爆炸极限的问题。表 4-41 所列为某些烃类物质与空气混合物的爆炸极限。氧化反应的这一特点，在设计反应器时必须特别重视，设备上须开设防爆口，设置安全阀或防爆膜，每年必须定期校验。其他的安全措施有，物料配比必须避开爆炸极限，严格控制产物浓度、降低转化率以避开爆炸极限，车间环境设置自动报警系统，禁止明火。

表 4-41 某些烃类物质与空气混合物的爆炸极限

化合物	氨气	H_2	乙炔	乙烯	丙烯	环氧乙烷
与空气混合(下限~上限)体积/%	16~27	4.5~74.5	2.3~82	3.05~28.6	2.0~11.1	3~80
化合物	丙烯腈	二氯乙烷	环己烷	苯	甲醇	乙醛
与空气混合(下限~上限)体积/%	3~17	6.2~15.9	1.3~8.4	1.4~9.5	6.72~36.5	4~57

(2) 强放热反应 氧化反应是强放热反应，尤其是完全氧化反应，其释放的热量要比部分氧化反应大 8~10 倍。故在氧化反应过程中，反应热的移走非常关键。如反应热不能及时移走，将会使反应温度迅速上升，必然会导致大量完全氧化反应发生，选择性显著下降，致使反应温度无法控制，甚至发生爆炸。

(3) 氧化途径复杂 烃类及其绝大多数衍生物均可发生氧化反应，且多由串联、并联或两者组合而形成复杂的反应体系网络，由于催化剂和反应条件的不同，氧化反应可经过不同的反应途径，转化为不同的反应产物。而且这些产物往往比原料的反应性更强，更不稳定，易于发生深度氧化，最终生成 CO_2 和水。以丙烯氧化为例：

$$CH_2=CHCH_3 + O_2 \xrightarrow{\begin{array}{l}\text{催化剂1}\\ \text{催化剂2}\\ \text{催化剂3}\\ \text{催化剂4}\end{array}} \begin{array}{l} CH_3CH=CHOH \\ CH_3CCH_3 \\ \parallel \\ O \\ CH_2=CHCOOH \\ CH_2=CHCHO \end{array} \longrightarrow CO_2 + H_2O$$

采用不同的催化剂可以得到不同的产物，因此反应条件和催化剂的选择非常重要，其中催化剂的选择是决定氧化路径的关键。

(4) 反应不可逆 对于烃类和其他有机化合物而言，氧化反应的 $\Delta G^{\ominus} \ll 0$，因此反应为热力学不可逆的，不受化学平衡限制，理论上单程转化率可达 100%。但对许多反应，为了保证较高的选择性，转化率须控制在一定范围内，否则会造成深度氧化而降低目的产物的产率。如丁烷氧化制顺酐，一般控制丁烷转化率为 85%~90%，以保证生成的顺酐不继续深度氧化。

4.5.1.2 催化氧化反应的主要类型

按反应物的相态来说，氧化反应可分为均相催化氧化和非均相催化氧化反应。均相催化反应体系中反应组分与催化剂的相态相同，而非均相催化氧化体系中反应组分与催化剂以不同相态存在。目前，化学工业中采用的主要是非均相催化氧化过程，均相催化氧化过程工业上较少。

(1) 均相催化氧化反应

① 反应特点 均相催化氧化反应通常为气-液相氧化反应，习惯上称为液相催化氧化反应。工业上常用催化自氧化和配位催化氧化两类反应。乙醛氧化制醋酸，高级烷烃氧化制脂肪酸等氧化技术在工业上应用较早，这类氧化反应常用过渡金属离子为催化剂，具有自由基链式反应特点，是典型的催化自氧化反应。表 4-42 列出了常见的催化自氧化反应实例。这

类反应的特征是，反应初期属于非催化氧化反应，由于没有足够浓度的自由基诱发反应，因此反应具有较长的诱导期。催化剂能加速链的引发，促进反应物引发生成自由基，缩短或消除反应诱导期，因此可大大加速氧化反应。已经实现工业化的乙烯均相催化氧化制乙醛的瓦克（Wacker）法是均相配位催化氧化反应的典型实例。所用催化剂是 $PdCl_2$-$CuCl_2$-HCl 水溶液，在反应过程中，烯烃与 Pd^{2+} 先形成活性配位化合物，然后转化为产物。这类反应中，除乙烯氧化生成乙醛外，其他烯烃氧化后均生成相应的酮。

表 4-42 常见的催化自氧化反应实例

原 料	主要产品	催化剂	反应条件
乙醛	醋酸	醋酸锰	50～60℃，常压
乙醛	醋酸、醋酐	醋酸钴、醋酸锰	45℃左右，醋酸乙酯溶剂
丙醛	丙酸	丙酸钴	100℃，7～0.8MPa
丁烷	醋酸、甲乙酮	醋酸钴或醋酸锰	160～180℃，5～6MPa，醋酸作溶剂
轻油	醋酸	丁酸钴或环烷酸钴	147～200℃，5MPa
环己烷	环己醇和环己酮	环烷酸钴	150～170℃，0.8～1.3MPa
环己烷	环己醇	偏硼酸	167～177℃
环己烷	己二酸	醋酸钴，引发剂甲乙酮	90～100℃，醋酸作溶剂
甲苯	苯甲酸	环烷酸钴	140～170℃，0.4～0.3MPa
对二甲苯	对苯二甲酸	醋酸钴和醋酸锰，溴化物作助催化剂	217℃，2～3MPa，醋酸作溶剂
		醋酸钴，乙醛、甲乙酮或三聚乙醛作助催化剂	120～130℃，0.3～3MPa，醋酸作溶剂
偏三甲苯	偏苯三酸	醋酸钴和醋酸锰，溴化物作助催化剂	200℃，2MPa，醋酸作溶剂
高级烷烃	高级脂肪酸	高锰酸钾	105～130℃
高级烷烃	高级醇	硼酸	150～190℃
异丁烷	叔丁基过氧化氢		125～140℃，0.5～4MPa
乙苯	过氧化氢乙苯		135～150℃
异丙苯	过氧化氢异丙苯（分解制苯酚、丙酮）		107℃，0.5～1MPa
对二异丙苯	过氧化氢对二异丙苯（分解制对苯二酚、丙酮）		80～100℃，0.1MPa
间或对甲基异丙苯	过氧化氢甲基异丙苯（分解制间或对甲酚）		110℃，0.1MPa
烷基氢蒽醌	过氧化氢		40～50℃，0.15～0.3MPa

② 均相催化氧化反应器　均相催化氧化反应大多采用搅拌鼓泡釜式反应器和各种形式的鼓泡反应器。以空气或氧气作为氧源，氧气通过气液相界面进行传质，进入液相后发生氧化反应。通常液相一侧的传质阻力较大，为减少该部分阻力，常用的方法是让液相在反应器内呈连续相，同时反应器必须能提供充分的氧接触表面，并具有较大的持液量。根据反应热的大小，可设置内冷却管或外循环冷却器等来除去反应热；对于反应速率较快的体系，为避免在入口附近发生"飞温"，还可采用加入循环导流筒等措施来快速移走反应热。

对于搅拌鼓泡反应器，在搅拌的作用下，气泡被破碎和分散，液体高度湍动，有利于反应与传热，缺点是机械搅拌的耗能和动密封问题。

而连续鼓泡床塔式反应器不采用机械搅拌，气体由分布器以鼓泡的方式通过液层，使液体处于湍动状态，从而达到强化相间传质和传热的目的，反应器结构比较简单。

(2) 非均相催化氧化反应 通常的非均相催化氧化反应是指以原料为气态有机物、气态氧作为氧化剂，在固体催化剂存在的条件下，发生氧化反应生产有机化工产品的过程，即气-固相催化氧化，反应在固体催化剂表面发生。非均相催化氧化反应所用原料主要有两类：一类是具有 π-电子的化合物，如烯烃和芳烃，其氧化产品占总氧化产品的 80% 以上；另一类是不具有 π-电子的化合物，如烷烃和醇类等。其中，工业化的乙烯环氧化制环氧乙烷、丙烯氨氧化制丙烯腈、正丁烷催化氧化制顺丁二酸酐（简称顺酐）等都是典型的烃类非均相催化氧化反应的实例。近年来，液-固相催化反应也有所发展。

① 反应特点　与均相催化氧化相比，非均相催化氧化过程具有以下特点。

第一、固体催化剂的活性温度较高，因此气-固相催化氧化反应通常在较高的反应温度下进行，一般高于 150℃，这有利于能量的回收和节能。

第二、反应物料在反应器中流速快，停留时间短，单位体积反应器的生产能力高，适于大规模连续生产。

第三、由于物料要经历扩散、吸附、表面反应、脱附和扩散等多个步骤，因此，反应过程的影响因素较多，反应不仅与催化剂组成有关，还与催化剂的结构如比表面、孔结构等因素有关；同时，催化剂床层间传热、传质过程复杂，对目标产物的选择性和设备的正常操作有着不可忽略的影响。

第四、由于这类反应属于强放热反应，催化剂的载体往往是导热欠佳的物质，所以有效移走热量是反应器设计的关键，工业上一般采用固定床或流化床反应器。

第五、反应物料与空气或氧的混合物存在爆炸极限问题，因此，在工艺条件的选择与控制以及生产操作上必须特别关注生产安全。

② 非均相催化氧化反应器

列管式固定床反应器　如图 4-48 所示，列管一般采用 $\phi 38 \sim 42$mm 的无缝钢管，管数视生产能力而定，可以是数百根至数万根，列管长度为 $3 \sim 6$m，每根列管均装有催化剂。当列管长度增加时，气体通过催化床层的阻力增加，动力消耗增大，对催化剂的粒径有一定要求，不宜采用粒径太小的催化剂。

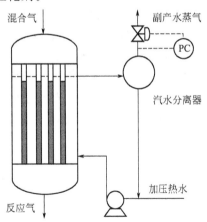

图 4-48　以加压热水作载热体的反应装置示意图

反应温度由插在列管中的热电偶测量。反应器的上部设置气体分布板，使气体分布均匀，底部设有催化剂支撑板。列管间流通载热体，便于及时移走反应产生的热量。反应温度不同，所用的载热体也不同，对其温度的控制方法也不同。一般反应温度在240℃以下，宜采用加压热水作载热体，借水的汽化移走反应热，同时产生高压水蒸气。因为水的汽化潜热远远大于它的显热，传热效率高，有利于催化剂床层温度的控制。加压热水的进出口温差一般只有2℃左右。值得注意的是管内催化剂的装填不能高于汽水分离出口管，否则因反应放热不能及时移走导致催化剂烧结甚至飞温等现象发生。

对于强放热催化氧化反应，轴向和径向都存在温差。轴向温度分布均出现一个峰值，称为热点。如图4-49所示，热点温度和位置取决于沿轴向各点的放热速率（$Q_放$）和管外载热体的除热速率（$Q_除$）。

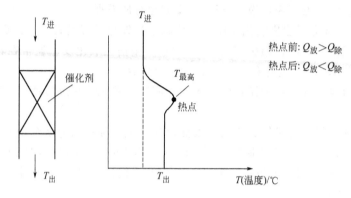

图 4-49 放热反应时列管式反应器轴向温度分布

在热点前，放热速率大于除热速率，因此出现轴向床层温度逐渐升高；热点后，除热速率不变，放热速率降低，所以床层温度逐渐降低。热点温度的控制非常关键。热点温度过高，会使反应选择性降低，副反应增加，继而放热量增大，导致局部温度过高，甚至出现飞温，温度无法控制，催化剂烧结而无法装卸。

热点出现的位置与反应条件控制、传热情况、催化剂的活性等有关。随着催化剂的老化，热点温度会逐渐下降，其高度也逐渐降低，此现象也可作为判断催化剂是否失活的依据之一。

为了降低热点温度减少轴向温差，使沿轴向大部分催化剂床层能在适宜温度范围内操作，工业生产上采取的措施有：

第一、在原料气中加入微量的抑制剂，使催化剂部分毒化，减缓反应程度；

第二、在装入催化剂的列管上层装填惰性填料（铝粒或废旧催化剂），以降低入口处附近的反应速率，从而降低反应放热速率，使之与除热速率尽可能平衡；

第三、采用分段冷却法，改变除热速率，此法须改变反应器壳程结构；

第四、避开操作敏感区。对于强放热氧化反应，热点温度对过程参数，如原料气入口的温度、浓度、壁温等的少量变化非常敏感，稍有变化即会导致热点温度发生显著提高，甚至造成飞温。

对于此类强放热氧化反应而言，采用固定床列管式反应器，以加压热水为热载体时，其反应温度的控制可通过汽水分离器后产生的副产蒸汽压力的大小来调节，饱和蒸汽的压力与温度是一一对应的。温度过高，自动薄膜调节阀开大，降低了副产蒸汽压力，壳程中的水温度也相应降低，反之亦同。

流化床反应器 如图4-50所示，流化床由下、中、上三部分组成。下部为原料气和氧化剂空气入口，两者分别进料比较安全。一般空气从底部进入便于在开车时先将催化剂流化起来，并加热到一定温度后再通入原料气进行反应；中部为反应段，是关键部分，在催化剂支撑板上装填一定粒度的催化剂，并设置有一定传热面积的U形或直形盘管，通过管内加压热水汽化产生副产蒸汽而移走反应热量；反应器上部是扩大段，由于床径扩大，气体流速减慢，有利于沉降气流所夹带的催化剂。为了进一步回收催化剂，设有二至三级旋风分离器若干组，由旋风分离器捕集回收的催化剂，通过沉降管返回至反应器中下部。

下列是列管式固定床反应器与流化床反应器的特点比较。

列管式固定床反应器特点：

a. 催化剂磨损少，流体在管内接近活塞流，推动力大，催化剂的生产能力高。

b. 传热效果比较差，需要比流化床反应器大约10倍的换热面积。

c. 沿轴向温差较大，且有热点出现；反应热由管内催化剂中心向外传递，存在径向温差。因此，热稳定性较差，反应温度不易控制，容易发生飞温现象。

d. 制造反应器所需合金钢材耗量大。

e. 催化剂装卸不方便，要求每根管子的催化剂床层阻力相同，否则会造成各管间的气体流量分布不均匀，影响反应结果。

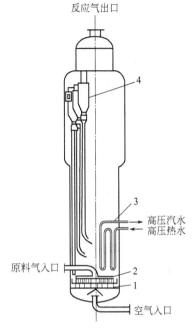

图4-50　流化床反应器
1—空气分配器；2—原料气分配管；
3—U形冷却管；4—旋风分离器

f. 原料气在进入反应器前必须充分混合，其配比必须严格控制，以避开爆炸极限。

流化床反应器特点：

a. 由于催化剂颗粒之间和催化剂与气体之间的摩擦，造成催化剂破损被气流带出反应器外，致使催化剂磨损大，消耗多。因此催化剂必须具有高强度和高耐磨性能，旋风分离器的效率也要高。

b. 在流化床内气流易返混，反应推动力小，影响反应速率，使转化率下降，返混会导致连串副反应发生，选择性下降。

c. 传热效果好，床层温度分布均匀，反应温度易于控制，不会发生飞温现象，操作稳定性好。

d. 制造流化床反应器所需合金钢材耗量少。

e. 催化剂装卸方便，只需采用真空吸入方法即可。

f. 原料气和空气可分开进入反应器，比较安全

4.5.2　乙烯配位催化氧化制乙醛

乙醛是重要的有机合成中间体，大量用来制造氯乙酸、醋酐和过氧乙酸，还可用来制造乳酸、季戊四醇、1,3-丁二醇、丁烯醛、正丁醇、2-乙基己醇、三氯乙醛、三羧甲基丙烷等。1960年以前，乙醛生产以乙炔水合法为主。1959年成功开发了乙烯配位催化氧化制乙醛新工艺，即瓦克（Wacker制乙醛）法，70年代末该法成为工业上生产乙醛的主要方法。这是典型的液相均相反应实例。

(1) 反应原理　以乙烯、氧气（或空气）为原料，在催化剂氯化钯、氯化铜的盐酸水溶

液中进行气液相反应生产乙醛,副反应主要是乙烯的深度氧化及加成反应。总化学反应式为:

$$H_2C=CH_2+1/2O_2 \longrightarrow CH_3CHO \quad \Delta H=-234kJ/mol$$

反应过程分为下列三个基本反应。

① 乙烯的羰基化反应

$$H_2C=CH_2+PdCl_2+H_2O \longrightarrow CH_3CHO+Pd+2HCl \tag{4-20}$$

② Pd 的氧化和 CuCl 的氧化反应

$$Pd+2CuCl_2 \longrightarrow PdCl_2+2CuCl \tag{4-21}$$

$$2CuCl+1/2O_2+2HCl \longrightarrow 2CuCl_2+H_2O \tag{4-22}$$

当乙烯氧化生成乙醛时,如式(4-20)所示,Pd^{2+} 被还原成 Pd 而从催化剂溶液中析出失去催化活性;经 Cu^{2+} 氧化后生成 Pd^{2+},则 Cu^{2+} 被还原成 Cu^+,如反应式(4-21)所示;而 Cu^+ 又可被通入的 O_2 氧化为 Cu^{2+},如式(4-22)所示,如此构成了催化循环。氯化铜是乙烯氧化成乙醛的氧化剂,氯化钯则是催化剂。该反应机理是通过乙烯与钯盐形成 σ-π 络合物而进行的。

在反应过程中,由于生成一些含氯副产物消耗氯离子,因此,必须补加适量的盐酸溶液。氯化钯浓度必须控制在一定范围内,浓度过高,将有金属钯析出。为了节约贵金属钯,在溶液中加入大量氯化铜,一般控制铜盐与钯盐之比在 100 以上。氯化铜是氧化剂,一般常用二价铜离子与总铜离子(一价与二价铜离子总和)的比例,即 $Cu^{2+}/(Cu^++Cu^{2+})$ 的比值来表示催化剂溶液的氧化度。氧化度太高,会使氧化副产物增多;氧化度太低,会有较多的金属钯析出。

(2) 一步法生产乙醛工艺 乙烯液相氧化法有一步法和两步法两种生产工艺。下面介绍一步法生产乙醛的工程流程。

所谓一步法是指上述三步基本反应在同一反应器中进行,用氧气作氧化剂,此法又称为氧气法。用此法生产乙醛时,要求羰基化速率与氧化速率相同,而这两个反应都与催化剂溶液的氧化度有关,因此,一步法工艺特点是催化剂溶液具有恒定的氧化度。

① 工艺参数对反应过程的影响 影响乙烯氧化速率的主要因素是催化剂溶液的组成,但工艺条件的控制对反应速率和选择性也有很重要的影响。下面分别对原料纯度、原料配比、反应温度及压力等参数对反应的影响进行讨论。

原料纯度 原料乙烯中炔烃、硫化氢和 CO 等杂质的存在,危害很大,易使催化剂中毒,降低反应速率。乙炔能和亚铜盐或钯盐反应,生成相应的易爆炸的乙炔铜或乙炔钯化合物,同时使催化剂溶液的组成发生变化,并引起发泡。硫化氢与氯化钯在酸性溶液中能生成硫化物沉淀。CO 的存在,能将钯盐还原为钯。因此,原料纯度必须严格控制,一般要求乙烯纯度大于 99.5%,乙炔含量小于 $3\mu L/L$,硫化物含量小于 $3\mu L/L$,氧的纯度在 99.5% 以上。

原料配比 从乙烯氧化制乙醛的化学反应式来看,原料气中乙烯与氧气的摩尔比是 2:1。在一步法工艺中,乙烯与氧气是同时进入反应器进行反应的,2:1 的配比正好处在乙烯-氧气的爆炸范围之内(常温常压下,乙烯在氧气中的爆炸范围是 3.0%~80%,并随压力和温度的升高而扩大),有可能引起爆炸。因此,工业上采用乙烯大大过量的方法,使混合物的组成处在爆炸范围之外,这样乙烯转化率会相应降到 30%~35%,大量未转化的乙烯循环使用。随反应气体的循环使用,惰性气体将逐渐积累,为使循环乙烯组成稳定,必须将循环气体排走一部分,这样必然会损失部分乙烯。实际操作中,为保证安全,必须控制循环乙烯中氧的含量在8%左右,乙烯的含量在65%左右。若氧含量达到9%,或乙烯含量降至60%时,必须立即停车,并用氮气置换系统中的气体,排入火炬烧掉。

反应温度及压力 乙烯氧化生成乙醛的反应是在液相中反应,增加压力虽有利于提高乙烯和氧气的溶解而加速反应,但从能量消耗、设备防腐和副产物生成等方面综合考虑,反应压力不宜过高,一般控制在0.3~0.35MPa。乙烯氧化生成乙醛的反应是放热量较大的反应,降低温度,对反应平衡有利。为使反应能在一定的温度下进行,必须及时引出过量的热量。在生产中,反应热由乙醛与水的汽化而带走,从而保证反应在沸腾状况下进行。

空速 生产中常采用提高空速的办法来提高催化剂的生产能力,但空速选择要适宜。空速过大,原料气与催化剂溶液的接触时间过短,乙烯尚未反应就离开了反应区,从而使乙烯转化率下降。反之,空速太小,原料气与催化剂溶液的接触时间增加,乙烯的转化率可以提高,但由于反应物有充足的时间继续参与反应,增加了副产物的生成,结果使产率下降,因此,必须选择适当的空速。

催化剂组成 乙烯氧化生产乙醛的催化剂是液体,其中含有氯化钯、氯化铜、氯化亚铜、盐酸和水等,这些物质在溶液中能解离成Cu^{2+}、Cu^+、Cl^-、H^+等离子,使催化剂溶液呈较强的酸性。在反应过程中,这些离子的浓度会随着化学反应的进行而发生变化。因此,工业生产中必须选择适宜的催化剂溶液组成,并控制其钯含量、铜含量、氧化度和pH值等,从而保持催化剂活性的稳定。

② **反应器和设备的防腐** 一步乙烯液相氧化制取乙醛所采用的反应器是带有循环管的鼓泡床塔式反应器,其构造如图4-51所示。原料乙烯和循环气与氧气分别进入反应器,两种气体很容易分布在催化剂溶液中进行反应,生成乙醛。生成的乙醛和水被反应放出的热量所汽化,所以反应器被密度较低的气-液混合物所充满。此混合物经过反应器上部的两根导管进入除沫分离器,催化剂溶液自除沫分离器沉降下来。催化剂溶液在反应器和除沫分离器之间不断地快速循环,从而保证催化剂分布的均匀性。

由于在催化剂溶液中含有盐酸,对设备腐蚀极为严重,所以反应器必须具有良好的耐腐蚀性能。反应器外壳一般用碳钢制成,内衬用耐酸橡胶,因为橡胶层不耐高温,在耐酸橡胶层上再衬耐酸砖,这样可以保证橡胶层的温度不超过80℃,同时也大大改善了橡胶层的工作条件。各法兰的连接和氧气管采用钛钢金属,在乙醛精制部分,因副产物中含有少量乙酸及其一氯化物,对设备均有腐蚀,需采用含钼不锈钢。

③ **工艺流程** 工业上采用具有循环管的鼓泡床塔式反应器,催化剂的装量约为反应器的1/2~1/3体积,反应工艺流程如图4-52所示。原料乙烯和循环乙烯混合后从反应器3底部进入,氧气从反应器下部侧线进入,氧化反应在125℃、0.3MPa左右的条件下进行。为了有效地进行传质,气体的空塔线速很高。反应生成热由乙醛和部分水汽化带出。反应器上部充满密度较低

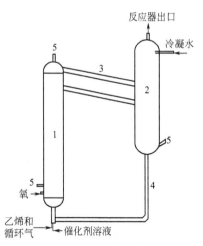

图 4-51 带有循环管的鼓泡床塔式反应器
1—反应器;2—除沫分离器;
3—连接管;4—循环管;5—测温口

的气液混合物,这种混合物经过反应器上部的导管流入除沫器4,在此,气体流速减小,使气体从除沫器顶部脱去,催化剂溶液沉淀在除沫器中,由于脱去了气体,催化剂溶液密度大

于气液混合物密度，借此密度差，大部分催化剂溶液循环回反应器。这样，催化剂溶液在反应器和除沫器之间不断进行着快速循环，使催化剂溶液的性能均匀一致，温度分布也较均匀。

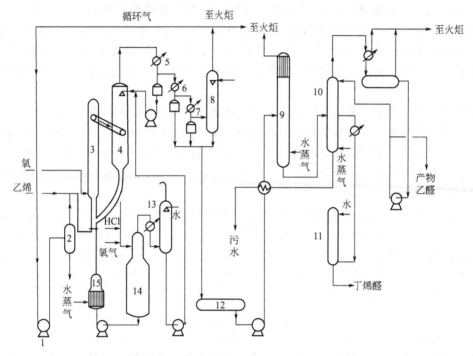

图 4-52　乙烯液相一步氧化法制乙醛工艺流程

1—水环泵；2—气液分离器；3—反应器；4—除沫器；5，6，7—第一、二、三冷凝器；8—水吸收塔；
9—脱氢组分塔；10—精馏塔；11—丁烯醛提取塔；12—粗乙醛贮槽；13—水洗涤塔；14—分离器；15—分解器

从分离器上部出来的反应气体进入第一冷凝器，大部分水被冷凝下来，凝液全部返回到除沫器中，以维持催化剂溶液的浓度恒定。然后气体进入第二、第三冷凝器，将乙醛和高沸点副产物冷凝下来。未凝气体再经冷却进入水吸收塔 8 的下部，用水吸收未凝乙醛，吸收液和第二、第三冷凝器出来凝液汇合，一起经过滤、冷却进入粗乙醛贮槽 12。

水吸收塔 8 顶部排出的气体，含乙烯约 65%，其他为惰性气体和氯甲烷、氯乙烷以及 CO_2 等副产物，乙醛在 1×10^{-4} 左右。为了避免惰性气体在系统内积累，将其小部分排至火炬烧掉，绝大部分作循环气，由水环泵压缩返回反应器。

得到的粗乙醛水溶液采用两个精馏塔精制，脱轻组分塔 9 的作用是将低沸点物氯甲烷、氯乙烷及溶解的乙烯和 CO_2 等从乙醛水溶液中除去。由于氯乙烷和乙醛的沸点比较接近，为了减少低沸物带走乙醛量，在塔的上部加入吸收水，利用乙醛易溶于水而氯乙烷不溶于水的特性，把部分乙醛吸收下来，并降低塔釜氯乙烷的含量。脱轻组分塔 9 在加压下操作，塔底部直接通入水蒸气加热，塔顶蒸出的低沸物很少，排至火炬烧掉。从脱轻组分塔 9 塔底排出的粗乙醛，送入精馏塔 10，将产品纯乙醛从水溶液中蒸出。在精馏塔侧线分离出丁烯醛馏分，经冷却进入丁烯醛提取塔 11，含醛水溶液从塔上流至粗乙醛贮槽 12，底部流出含丁烯醛 60% 左右的溶液。

在反应中生成的一些含氯副产物随产物一起蒸发离开催化剂溶液，而不溶的树脂和固体草酸铜等副产物仍留在催化剂溶液中。这些不溶物不仅污染催化剂溶液，还会使铜离子浓度下降，使催化剂活性降低。因此，需连续从装置中引出部分催化剂溶液进行再生。从除沫器连续引出的部分催化剂溶液,加入盐酸和氧,把 CuCl 氧化为 $CuCl_2$ 时,然后减压并降温,在分离器中把催化剂溶液与逸出的气体分离。从分离器底部引出的催化剂溶液,用泵加压送入分解器,用蒸汽直接加热,在 $CuCl_2$ 还原为 CuCl 时,草酸铜便分解成 CO_2。排除了 CO_2 的催化剂溶液送回反应器继续使用。顶部蒸汽混合物,经水洗涤塔 13 吸收其中的乙醛,洗液返回除沫器,废气排入火炬。

4.5.3 环氧乙烷/乙二醇

乙烯氧气直接氧化法生产环氧乙烷的反应属于典型的非均相催化氧化反应。

工业上几乎 70% 以上的环氧乙烷用于生产乙二醇,因而环氧乙烷与乙二醇的生产装置通常建设在一个工厂。

4.5.3.1 环氧乙烷与乙二醇的性质和用途

(1) 环氧乙烷 环氧乙烷(EO)是最简单的环醚,在常温下是无色透明的气体,沸点 10.7℃,易溶于水、醇、醚及大多数有机溶剂,与水、乙醇、乙醚相互混溶;环氧乙烷在空气中的爆炸极限为 2.6%~100%(体积分数),属于高毒性物质,吸入后能引起麻醉中毒。

特殊的三元环结构决定了环氧乙烷具有极易与许多含有活泼氢的化合物进行开环加成反应的特殊化学活性,由此得到的乙氧基化物几乎都是工业上重要的化工中间体和精细化工产品,并且成为当今世界上不可缺少的重要精细化工原料。环氧乙烷容易自聚并放出大量的热,尤其在有铁、酸、碱、醛等杂质或高温下情况更严重,甚至发生爆炸,因此存放环氧乙烷时贮槽必须清洁并保持在 0℃ 以下。

(2) 乙二醇 乙二醇(MEG)是最简单的二元醇,在大多数情况下,它的化学性质与通常的醇类没有差别。乙二醇也是最重要的脂肪族二元醇并且是重要的有机化工原料,可以生产聚酯单体和汽车防冻剂(与水混合后的冰点可降至 −70℃),80% 以上聚酯单体用于制造纤维、薄膜和聚对苯二甲酸乙二醇酯树脂。

4.5.3.2 乙烯氧气直接氧化法生产环氧乙烷的原理

环氧乙烷的生产方法主要有氯醇法与乙烯直接氧化法。氯醇法最大的缺点是,虽然产品中没有氯元素,但生产过程却要浪费大量的氯气资源,且产生的氯化物会造成严重的环境污染与设备腐蚀,因此氯醇法逐渐为乙烯直接氧化法所取代。

根据氧气的来源不同又分为乙烯空气直接氧化法与乙烯氧气直接氧化法。两种方法的共同特点是反应部分均采用大气量循环操作,保持较低的乙烯单程转化率,以取得高选择性。但前者由于进料空气中含有 79% 的氮气和其他杂质,导致反应进料气中乙烯、氧气浓度低,反应器体积大,催化剂寿命短,工艺排放气量大,反应选择性低,产品质量较差等缺点,而与之相比的乙烯氧气直接氧化法具有催化剂选择性高,反应温度低,工艺流程短,产品纯度高,投资成本相对较低等优势。

(1) 反应原理 在银催化剂上,利用空气或纯氧氧化乙烯,除得到环氧乙烷外,主要副产物是 CO_2 和水,并有少量甲醛、乙醛生成。

主反应

$$C_2H_4 + \frac{1}{2}O_2 \longrightarrow C_2H_4O \qquad \Delta H_{298K}^{\ominus} = -103.4 \text{kJ/mol}$$

平行反应:

$$C_2H_4 + 3O_2 \longrightarrow 2CO_2 + 2H_2O(g) \qquad \Delta H_{298K}^{\ominus} = -1324.6 \text{kJ/mol}$$

串联副反应：

$$C_2H_4O + \frac{5}{2}O_2 \longrightarrow 2CO_2 + 2H_2O \qquad \Delta H^{\ominus}_{298K} = -1221.2 \text{kJ/mol}$$

研究表明，CO_2 和水主要由乙烯直接氧化生成，因此反应的选择性取决于平行副反应。环氧乙烷的氧化可能是先进行异构化生成乙醛，再氧化为 CO_2 和水，而乙醛在此反应条件下也易氧化，故反应产物中有少量乙醛存在。由于这些氧化反应都是强放热反应，且平衡常数较大，反应不可逆，特别是深度氧化反应，其反应热效应比乙烯环氧化反应大十多倍。因此，为减少副反应的发生，提高选择性，催化剂的选择特别重要。否则会因副反应的发生而引起操作条件的恶化，甚至会变得无法控制，造成反应器内发生飞温事故。

(2) 催化剂与反应机理

① **催化剂** 工业上所用的催化剂由活性组分银、载体和助催化剂及抑制剂所组成。

银含量 增加银含量可提高催化剂的活性，但会降低选择性。一般控制在 20%～30%（质量分数）。

载体 主要功能是分散活性组分银和防止银微晶的半熔和烧结，以使催化活性保持稳定。由于乙烯环氧化过程是一强放热反应，故载体表面结构和孔结构及其导热性能对环氧化反应都有较大的影响，要求载体必须先经高温处理，消除细孔结构和增加热稳定性。常用的载体有碳化硅、$\alpha\text{-}Al_2O_3$ 和含有少量 SiO_2 的 $\alpha\text{-}Al_2O_3$ 等。一般比表面在 $1\text{m}^2/\text{g}$ 左右，孔隙率 50% 左右，平均孔径 $4.4\mu\text{m}$ 左右，也有采用较大孔径的。

助催化剂 可以是碱金属类、碱土金属类和稀土元素化合物等，应用最广泛的是钡盐，其可增加催化剂的热稳定性，延长寿命。此外，添加两种或两种以上的碱金属或碱土金属所起的协同作用比单一碱金属更为显著。

抑制剂 在银催化剂中添加少量的硒、碲、氯、溴等对抑制 CO_2 的生成，提高环氧乙烷的选择性有较好的效果，但会降低催化剂的活性。这类物质称调节剂，也称抑制剂。工业生产中常添加微量的有机氯，如二氯乙烷，以提高催化剂的选择性，调节反应温度。

② **反应机理** 普遍接受的机理是 Kilty P. A. 等提出的分子氧机理。Kilty 基于银在催化剂表面的吸附、乙烯和吸附氧的作用以及选择性氧化反应，提出氧在银催化剂表面上存在两种吸附态，即原子吸附态和分子吸附态。当有四个相邻的银原子簇存在时，氧便解离形成原子吸附态 O^{2-}，这种吸附的活化能低，在任何温度下都有较高的吸附速率，O^{2-} 易与乙烯发生深度氧化。

$$O_2 + 4Ag(\text{相邻}) \longrightarrow 2O^{2-}(\text{吸附态}) + 4Ag^+$$
$$12Ag^+ + 6O^{2-}(\text{吸附态}) + C_2H_4 \longrightarrow 2CO_2 + 12Ag + 2H_2O$$

当有二氯乙烷等抑制剂存在时，可覆盖银的部分表面。若有 1/4 的银表面被覆盖时，则无法形成四个相邻银原子簇组成的吸附位，从而抑制 O^{2-} 的形成，进而减少深度氧化。

虽然在较高温度下在不相邻的银原子上也可发生氧的解离形成吸附态的 O^{2-}，但这种吸附需要较高的活化能。

在没有四个相邻的银原子簇吸附位时，可发生氧的分子态吸附，即氧的非解离吸附，形成活化的离子化氧分子 $O_2^{\delta-}$，乙烯与此种分子氧反应生成环氧乙烷，同时产生一个吸附的原子态 $O^{\delta-}$。此原子态氧与乙烯反应则生成 CO_2 和水。

$$O_2 + Ag \longrightarrow Ag^{\delta+} - O_2^{\delta-}(\text{分子氧吸附态})$$
$$C_2H_4 + Ag^{\delta+} - O_2^{\delta-}(\text{分子氧吸附态}) \longrightarrow C_2H_4O + Ag^{\delta+} - O^{\delta-}(\text{原子氧吸附态})$$
$$C_2H_4 + 6Ag^{\delta+} - O^{\delta-}(\text{原子氧吸附态}) \longrightarrow 2CO_2 + 6Ag + 2H_2O$$

总反应式为 $7C_2H_4 + 6Ag^{\delta+} - O_2^{\delta-}$（分子氧吸附态）$\longrightarrow 6C_2H_4O + 2CO_2 + 6Ag + 2H_2O$

(3) 反应器 乙烯环氧化反应是一强放热反应，而且伴随有完全氧化副反应的发生，放热更为剧烈，故要求采用的氧化反应器能及时移走反应热。同时，为发挥催化剂最大效能和获得高的选择性，要求反应器内反应温度分布均匀，避免局部过热。对乙烯催化氧化制环氧乙烷的反应体系，由于单程转化率较低（10%～30%），理论上采用流化床反应器更为合适，但是因为银催化剂的耐磨性差、容易结块以及由此而引起的流化质量差等问题难以解决，直到现在还没有实现工业化。到目前为止，国内外乙烯环氧化反应器全部采用列管式固定床反应器，管内放置催化剂，管间走冷介质。催化剂被磨损不仅造成催化剂的损失，而且会造成"尾烧"，即出口尾气在催化剂粉末催化下继续进行催化氧化反应，由于反应器出口处没有冷却设施，反应温度自动迅速升至460℃以上，流程中一般多用出口气体来加热进口气体，此时进口气体有可能被加热到自燃温度，有发生爆炸的危险。

(4) 操作条件对乙烯环氧化反应的影响

① 反应温度 反应温度首先影响化学反应速率，同时由于副反应的存在还影响反应的选择性。尽管催化氧化反应的机理尚未取得一致认识，但是研究表明在银催化剂上进行的主反应的活化能较主要副反应（乙烯完全氧化反应）的活化能低，故提高反应温度，这两个反应的速率增长不同，副反应的速率增长更快，因此选择性必然随温度的升高而下降。在温度较低时（如100℃），反应产物几乎全部是环氧乙烷，选择性接近100%，但此时反应速率较慢，转化率很低，不适合工业生产。随着反应温度的提高，转化率增加，选择性降低，当温度超过300℃时，反应产物几乎全部为 CO_2 和水，同时还导致催化剂寿命缩短。工业上，通过权衡转化率与选择性两个因素来确定合适的反应温度，一般选择乙烯环氧化反应的温度为216～260℃。

考虑到乙烯环氧化过程的反应均为强放热反应，而且副反应的反应热是主反应的10倍以上，如果不能很好地控制反应温度，将导致反应选择性下降，副反应加剧，床层温度急剧上升，形成恶性循环，进而出现飞温，甚至反应失控，所以反应温度的控制是极为重要的。

② 反应压力 乙烯直接环氧化反应的主反应是体积减小的反应，副反应则体积不变，但由于反应基本上是不可逆的，所以，采用加压操作基本上对主、副反应的平衡没有影响，但压力增加可提高乙烯、氧气的分压，加快反应速率，提高单位体积反应器的生产能力，同时也有利于后续的环氧乙烷吸收。但是压力也不宜太高，过高的压力（高于2.5MPa）将产生环氧乙烷聚合及催化剂表面积炭与磨损，使催化剂的寿命大为降低，而且设备投资与操作成本也会大大提高。因此，操作压力的选取需综合考虑。目前乙烯环氧化的操作压力一般在2.0MPa左右。生产实践表明，当反应压力由2.0MPa左右提高至2.3MPa时，生产能力约提高10%。

③ 空速 乙烯直接氧化过程中，主要竞争反应是平行副反应，而不是连串副反应，所以提高空速，转化率会略有下降，而选择性会有所增加，在一定范围内提高空速可提高设备的生产能力。对这类强放热反应，空速高还有利于迅速移走大量的反应热，使操作安全稳定。所以，从总体上说，适当提高空速对环氧乙烷生产是有利的。但空速过高，虽然提高了生产能力，而反应气中环氧乙烷含量却很低，导致大循环比，使得后续分离部分的负荷增大，从而消耗大量的动力；空速过低，生产能力不仅降低，反应的选择性也会下降。另外，空速的选取与催化剂的活性、稳定性等有关。目前，氧气直接氧化法空速一般采用2800～4000h^{-1}，乙烯单程转化率约为9%～12%。

④ 调节剂 目前工业上生产环氧乙烷所采用的调节剂有1,2-二氯乙烷、一氯乙烷等。其在催化剂表面分解生成吸附态氯，改变了银催化剂的表面吸附性能，有利于吸附氧与乙烯

发生选择性氧化，并有助于反应产物环氧乙烷更快地脱附，抑制了氧在催化剂表面与乙烯发生深度氧化反应，也能抑制环氧乙烷的异构化等。同时，调节剂对 CO_2 与环氧乙烷的生成的抑制作用也造成了催化剂活性的下降，但对 CO_2 生成的抑制作用要大于对环氧乙烷生成的抑制作用。因此，在反应原料气中添加适量的调节剂可有效地抑制副反应，大幅提高反应的选择性。另外，1,2-二氯乙烷浓度过高虽会使催化剂中毒，但这种中毒基本是可逆的。

⑤ 原料纯度与乙烯氧气配比

原料纯度 通常环氧乙烷原料中含有一定量的杂质，如饱和烃、乙炔、硫化物等，其中一部分杂质会影响催化剂的选择性和活性，必须除去。

乙烷及以上组分可影响催化剂表面调节剂的浓度，从而导致催化剂性能未达到最优状态，饱和烃相对分子质量越大，对调节剂和催化剂的性能影响也越大；另外，乙炔能与银生成有爆炸危险的乙炔银；丙烯及 C_3 以上烯烃易在催化剂表面积炭，抑制反应的转化率，影响环氧乙烷的选择性；当进料中硫含量为 1ppm 时，一天内反应器的"热点"会漂移，当短时间内硫含量回到合理水平时，催化剂床层的温度分布可以缓慢恢复正常，如果持续保持高含硫量时，会对催化剂性能造成永久的损害；其他杂质如硒、碲和砷化物对催化剂的普遍影响是降低催化剂的活性。

乙烯氧气配比 原料气中乙烯与氧气的浓度对反应速率有较大影响，同时乙烯与氧气易于形成爆炸性气体，两者的配比受到乙烯爆炸极限的限制。随着氧气浓度的提高，反应速率加快，乙烯转化率提高，设备生产能力也提高；反之，则乙烯转化率下降，设备生产能力也下降，循环气的排放气中乙烯的含量升高，乙烯的放空损失将增大。通常，氧浓度增加，反应温度可下降，选择性增大，因而生产中尽量采用高氧、低温操作。乙烯浓度不仅与氧气存在比例关系，而且也影响转化率、选择性、收率与生产能力。另外，较高的乙烯与氧气浓度可以在较低温度下达到相同的生产负荷，延长催化剂的使用寿命。因而乙烯与氧气的配比直接影响生产的效益。在乙烯氧气直接氧化法中，原料气中氧气体积分数一般为 8% 左右，乙烯体积分数约为 25%。

⑥ 致稳气 原料气加入一些惰性气体（如甲烷、氮气等）能显著提高乙烯和氧气的爆炸极限，并带走大量的反应热，有利于反应安全平稳进行，通常将称这些惰性气体为致稳气。另外，致稳气还可影响反应的选择性以及设备的生产能力。当前乙烯氧气直接氧化法生产环氧乙烷的生产装置中几乎都采用甲烷作为致稳气。由于氮气是不可燃的惰性气体，装置开车时一般都采用氮气作为致稳气。

4.5.3.3 环氧乙烷加压水合法生产乙二醇的原理

(1) 反应原理

$$C_2H_4O + H_2O \longrightarrow CH_2OH-CH_2OH$$

反应为液相无催化剂水合放热反应。当进料中含有乙二醇，或当反应器内物料返混时，乙二醇可继续与环氧乙烷反应生成二乙二醇、三乙二醇等多乙二醇，且副反应较主反应的生成速率快。其副反应如下：

$$C_2H_4O + CH_2OH-CH_2OH \longrightarrow CH_2OH-CH_2OCH_2-CH_2OH$$

$$C_2H_4O + CH_2OH-CH_2OCH_2-CH_2OH \longrightarrow$$
$$CH_2OH-CH_2OCH_2-CH_2OCH_2-CH_2OH$$

以上副反应也是放热反应。此外，环氧乙烷在高温下也可能发生异构化生成乙醛，碱金属或碱土金属氧化物会催化加速副反应，生成的乙醛易氧化生成醋酸而腐蚀设备。

(2) 影响反应的因素

① 环氧乙烷浓度 原料中环氧乙烷的浓度越低，乙二醇产品的收率越高，但水量过大，

后续蒸发工段的能耗将会增高，同时设备体积也会增大，进而导致投资成本增加。通常，水比（水∶环氧乙烷）控制在 8～12（质量比）。实际生产中常按乙二醇及多乙二醇的比例来确定水与环氧乙烷的比例。环氧乙烷加压水合反应产品分布与进料环氧乙烷质量分数的关系如图 4-53 所示。

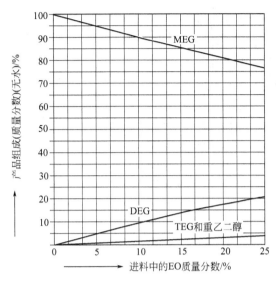

图 4-53　环氧乙烷加压水合反应产品分布与进料环氧乙烷质量分数的关系
MEG—单乙二醇；DEG—二乙二醇；TEG—三乙二醇；EO—环氧乙烷

② 反应温度与反应压力　加压水合反应为液相反应，环氧乙烷蒸气在反应器中不发生反应，应避免反应器中产生气相环氧乙烷。由于提高反应温度，物料的蒸气压也会随之上升，所以当物料配比一定时，为维持反应为液相反应，则需提高反应压力，但是，压力过高则对设备材质要求更高，反应压力需综合考虑。图 4-54 所示为环氧乙烷加压水合反应转化率、停留时间与反应温度的关系，图 4-55 所示为乙二醇反应器最小操作压力。

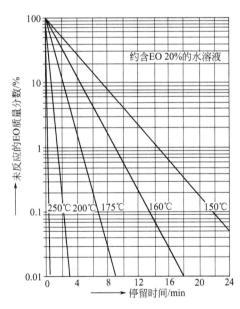

图 4-54　环氧乙烷加压水合反应转化率、停留时间与反应温度的关系

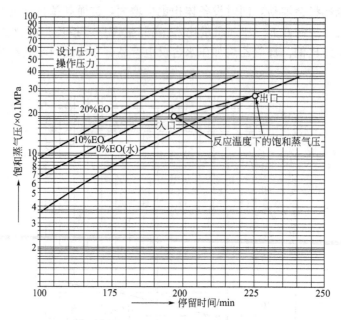

图 4-55　乙二醇反应器最小操作压力

③ 反应器　在环氧乙烷水合的同时还易发生复杂的连串反应生成高碳链二元醇，因此，物料的返混影响产品分布并导致乙二醇产率下降。为了减少环氧乙烷与产物乙二醇的接触减少返混，需采用接近理想平推流的反应器来保持较高的反应选择性。工业生产采用绝热长管式反应器，反应为非催化反应。

4.5.3.4　环氧乙烷/乙二醇生产工艺流程

目前世界上环氧乙烷/乙二醇生产都采用乙烯氧气直接氧化技术生产环氧乙烷，环氧乙烷加压直接水合法生产乙二醇。SD 公司、Shell 公司、DOW 公司等拥有这两项技术，流程基本相同。环氧乙烷/乙二醇生产流程的基本单元组成如图 4-56 所示，其中环氧乙烷生产工艺主要包括 4 部分，乙二醇生产工艺包括 3 部分。

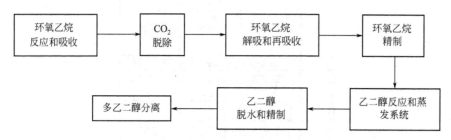

图 4-56　环氧乙烷/乙二醇生产流程基本单元

(1) 乙烯氧气直接氧化生产环氧乙烷工艺流程　图 4-57 所示为乙烯氧气直接氧化生产环氧乙烷工艺流程示意图。

① 环氧乙烷反应和吸收　原料氧气和乙烯、含抑制剂的致稳气以及循环气在混合器中混合后，经热交换器与反应后的气体进行热交换，预热至 190～200℃，从列管式反应器 4 上部进入催化剂床层。在配制混合气时，由于是纯氧加入到循环气和新鲜乙烯的混合气中，必须使氧和循环气迅速混合达到安全组成，避开爆炸极限，如果混合不好很可能形成氧浓度局部超过极限浓度，进入热交换器时，由于反应出口气体温度较高容易引起爆炸危险。为

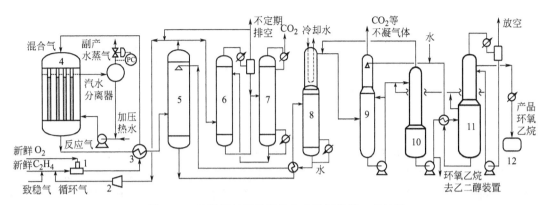

图 4-57 乙烯氧气直接氧化生产环氧乙烷工艺流程
1—混合器;2—循环压缩机;3—热交换器;4—反应器;5—环氧乙烷吸收塔;6—CO_2 吸收塔;7—CO_2 解吸塔;
8—环氧乙烷解吸塔;9—环氧乙烷再吸收塔;10—脱气塔;11—精馏塔;12—环氧乙烷贮槽

此,混合器的设计极为重要,工业上是借助多孔喷射器对着混合气流的下游将氧气高速喷射入循环气和乙烯混合气中,使它们迅速混合均匀,以减少混合气返混入混合器的可能性。为确保安全,需要装配自动分析仪监测各组成,并配制自动报警连锁切断系统,热交换器安装需有防爆措施,如放置在防爆墙内等。列管式反应器管内装填催化剂,管间走加压热水移出反应所放出的热量,通过调节副产蒸汽压力,达到控制反应器温度的目的。原料中氧的含量一般控制在 8.0% 以下,乙烯含量约为 20%~30%,为防止催化剂中毒,原料气中硫含量应降至 0.01mg/kg 以下。反应器内温度控制在 235~275℃,压力 2.02MPa,混合气空速一般为 4300h^{-1} 左右,部分乙烯被氧化生成环氧乙烷和副产物 CO_2 和水,反应进料气单程转化率约为 9%~12%,选择性可达 75%~80% 或更高,同时还产生微量的乙醛和乙酸。

反应器采用加压沸水撤热,并设置高压蒸汽发生系统。在反应器出口端,如果催化剂粉末随气体带出,也会有"尾燃"现象发生,从而导致爆炸事故的发生。为此工业上要求催化剂必须具备足够的强度,在长期运转中不易粉化;在反应器出口处采取冷却措施或改进下封头;采用自上向下的反应气流向,以减小气流对催化剂的冲刷;另外,还需严格控制反应器管间加压热水的液位,以保证处在反应管所装填的催化剂之上,防止催化剂烧结。

来自反应器底部的反应气体中环氧乙烷的含量<3%,经热交换器 3 气-气换热降温后进入环氧乙烷吸收塔 5。因为环氧乙烷能以任何比例与水互溶,故采用水作吸收剂。吸收塔顶部用来自环氧乙烷解吸塔的循环水喷淋,以吸收反应气中的环氧乙烷,并从塔顶排出未反应的乙烯、氧气、惰性气体以及产生的 CO_2。虽然原料乙烯和氧的纯度很高,带入反应系统的杂质很少,但反应过程中产生的 CO_2 如全部循环至反应器中,必然造成循环气中 CO_2 积累。为防止系统中 CO_2 的积累,从吸收塔排出的气体约 90% 循环至循环压缩机 2 中,与新鲜乙烯混合进入混合器 1,另约 10% 送至 CO_2 脱除系统处理,脱除 CO_2 后再返回循环气系统。

② CO_2 脱除 该系统由 CO_2 吸收塔 6 与 CO_2 解吸塔 7 组成。采用 100℃ 及系统压力下,浓度为 30%(质量分数)以上的碳酸钾溶液为吸收剂,吸收 CO_2。CO_2 吸收塔釜液进入 CO_2 解吸塔,在 0.2MPa 的压力下操作,将碳酸钾中的 CO_2 汽提出来,在塔顶放空排放。再生后的碳酸钾溶液用泵循环回 CO_2 吸收塔。该过程的反应式如下:

$$CO_2 + K_2CO_3 + H_2O \rightleftharpoons 2KHCO_3$$

为提高 CO_2 的吸收效果，需向碳酸盐溶液中加入活化剂（硼酸、五氧化二钒）促进 CO_2 的吸收，硼酸、五氧化二钒与碳酸钾反应，生成 KBO_2、KVO_3。

$$K_2CO_3 + 2H_3BO_3 \longrightarrow 2KBO_2 + 3H_2O + CO_2$$

$$K_2CO_3 + V_2O_5 \longrightarrow 2KVO_3 + CO_2$$

含有少量 CO_2 的气体（含量约 1.05%）在吸收塔顶部洗涤段与来自洗涤水冷却器的冷却水直接进行热交换冷却。此水洗过程可使反应器进料气中的水含量降到不会抑催化剂活性的水平，同时也可确保气体在返回反应器前完全除去气体中夹带的碳酸盐、硼酸和矾酸。来自吸收塔顶部的贫 CO_2 循环气流经脱液罐，除去夹带的雾沫，然后送至循环气压缩机增压，补偿在循环过程中的压力损失。为了控制反应器进料中乙烷、氩气（乙烯、氧气原料带入杂质）的积累，小股循环气排放至废热锅炉焚烧。

③ 环氧乙烷解吸和再吸收　环氧乙烷吸收塔5塔釜排出的含有 w（质量分数）≤3%的环氧乙烷、少量副产物甲醛、乙醛以及 CO_2 的吸收液，经热交换减压闪蒸后，进入环氧乙烷解吸塔8顶部，在此环氧乙烷和其他组分被解吸，解吸塔顶部设有分凝器，其作用是冷凝与环氧乙烷一起蒸出的大部分水和重组分杂质。解吸出来的环氧乙烷进入环氧乙烷再吸收塔9，用水再吸收后，塔顶为 CO_2 和其他不凝气体，塔釜得到 w（环氧乙烷质量分数）=8.8%～10%的水溶液，进入脱气塔10，在脱气塔顶除了脱除 CO_2 外，还含有一定量的环氧乙烷蒸气，这部分气体返回至环氧乙烷再吸收塔9，塔釜排出的环氧乙烷水溶液一部分直接送至乙二醇装置生产乙二醇，其余部分进入精馏塔11。

④ 环氧乙烷精制　环氧乙烷精馏塔以蒸汽直接加热，上部塔板用来脱除甲醛，中部用来脱除乙醛，下部用来脱除水。精馏塔具有95块塔板，在87块塔板处采出纯度大于99.99%的产品环氧乙烷，塔釜液返回精馏塔中部，塔顶馏出的含有环氧乙烷的甲醛溶液一部分作为塔顶回流，另一部分与中部侧线采出的含有少量乙醛的环氧乙烷溶液返回脱气塔10，以回收环氧乙烷。环氧乙烷解吸塔8塔釜排出的水经热交换利用其热量后，循环回环氧乙烷吸收塔5作吸收水用；精馏塔11塔釜排出的水则循环回环氧乙烷再吸收塔9作吸收水用，这些吸收水是闭路循环，可以减少污水的排放量。

(2) 环氧乙烷加压水合法生产乙二醇　图4-58所示为环氧乙烷加压水合法生产乙二醇的工艺流程。

从生产环氧乙烷的脱气塔（图4-57中的10）的塔釜采来的含85%～90%环氧乙烷液体不需精馏，直接与去离子循环水在混合器1中进行混合，经预热后送至长管式水合反应器2，在190～200℃、2.2MPa压力下，进行水合反应，反应时间30～40min。由于反应放出热量被进料液所吸收，因而整个工艺过程热量可以自给。

反应生成的乙二醇溶液，经换热器换热后，送至一效、二效蒸发器3和4，进行减压浓缩，蒸发出来的水循环到水合反应器循环使用。乙二醇浓缩液中主要含有乙二醇，还含有一缩、二缩及多缩乙二醇等副产物和少量水分，将乙二醇浓缩液再送去减压蒸馏，对各种反应产物进行分离。浓缩液先进脱水塔5蒸出残留水分，塔底釜液送至乙二醇精馏塔6进行精馏，在塔顶可得到纯度为99.8%的乙二醇产品，塔釜馏分再送到一缩乙二醇精馏塔7，塔顶得到一缩乙二醇，塔釜得到多缩乙二醇。

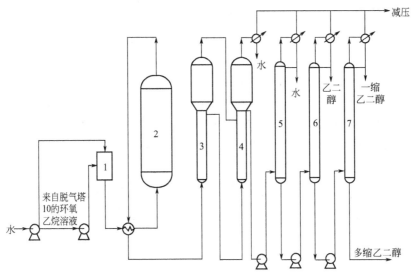

图 4-58 环氧乙烷加压水合法生产乙二醇工艺流程

1—混合器；2—水合反应器；3——效蒸发器；4—二效蒸发器；5—脱水塔；
6—乙二醇精馏塔；7——缩乙二醇精馏塔

4.5.3.5 环氧乙烷/乙二醇工艺技术进展

目前工业生产中，为得到最大量的环氧乙烷/乙二醇，除了不断改进已有工艺在能耗大、投资较高的缺点外，正在积极开展乙二醇新工艺技术的研究。

(1) 环氧乙烷工艺技术进展

① 环氧乙烷反应器的大型化与新型化　在追求装置规模效应的前提下，环氧乙烷/乙二醇生产规模不断扩大，近期 Dow 化学公司已达到 38.5×10^4 tEOE/a。在反应器的形式上，SD 公司的反应器与气体冷却器的一体化设计能快速冷却反应产品，可有效控制环氧乙烷的异构化与"尾烧"的出现。

② 乙烯回收技术　目前回收方法主要有膜分离、吸附分离、变压吸附分离等。SD 公司提出了乙烯回收技术，利用半渗透膜从循环气体中选择抽出氩气，然后把分出氩气后的富乙烯气体循环回反应器，减少乙烯损失。我国上海石化、吉林石化乙二醇装置已成功应用膜分离技术回收排放气中的乙烯，其中上海石化乙二醇装置的乙烯回收率达到了 88%。

(2) 乙二醇工艺技术进展　工业生产乙二醇的方法主要是环氧乙烷直接水合法，虽然工艺成熟，但水比大，能耗高，为此，人们相继开发出环氧乙烷催化水合法、碳酸乙烯酯法等新型生产方法。合成气合成乙二醇工艺以其原料的资源丰富、价格低廉、技术经济性高等众多优点被认为是今后乙二醇最有发展前景的工业化生产方法。

针对环氧乙烷直接水合法生产乙二醇工艺中存在的不足，为了提高选择性，降低用水量，降低反应温度和能耗等问题，催化剂也在不断开发中，目前存在的问题是催化剂稳定性不够，制备复杂，难以回收利用，有的还会在产品中残留一定量的金属阳离子，需要增加相应的设备来分离等，工业应用正在研究开发。

4.6 羰基化反应

4.6.1 概述

羰基化反应即羰基合成（OXO），泛指有 CO 参与的并在催化剂存在下，有机化合物分子中引入羰基的反应,也称为羰基合成反应。

$$2RCH=CH_2 + 2H_2 + 2CO \xrightarrow{催化剂} RCH_2CH_2CHO + R-\underset{\underset{CHO}{|}}{CH}-CH_3$$

羰基化反应主要分为不饱和化合物的羰化反应和甲醇的羰化反应两大类。

反应的初级产品是醛,而醛基是最活泼的基团之一,进一步加氢可生成醇,氧化可生成酸,氨化可生成胺,还可进行歧化、缩合、缩醛等一系列反应,加之原料烯烃的种类繁多,由此构成以羰基合成为核心的众多化工产品,其应用领域非常广泛。下列反应是一些羰基化反应及产品的实例。

$$C_3H_6 + 3CO + 2H_2O \xrightarrow{Fe(CO)_5} CH_3(CH_2)_2CH_2OH + 2CO_2$$

$$C_2H_2 + CO + H_2O \xrightarrow[150℃,30MPa]{Ni(CO)_4} CH_2=CHCOOH$$

$$C_2H_2 + CO + ROH \xrightarrow{Ni(CO)_4} CH_2=CHCOOR$$

$$C_2H_4 + CO + H_2O \xrightarrow{Ni(CO)_4} CH_3CH_2COOH$$

$$(CH_3)_2NH + CO \xrightarrow[15MPa,(100±5)℃]{CH_3ONa} (CH_3)_2N-\underset{\underset{H}{|}}{\overset{\overset{O}{\|}}{C}}$$

$$C_2H_4 + CO + ROH \xrightarrow{钯络合物} CH_3CH_2COOR$$

$$CH_2=CH-CH=CH_2 + 2H_2O + 2CO \xrightarrow[220℃,7.5MPa]{RuCl_2+PPh_2+甲苯}$$

$$HOOC(CH_2)_4COOH \text{ 或 } HOOCH_2-\underset{\underset{CH_3}{|}}{CH}-CH_2COOH$$

$$CH_3OH + CO \xrightarrow[175℃,3.0MPa]{RuCl(CO)PPh_3+HI} CH_3COOH$$

$$CH_3COOCH_3 + CO \longrightarrow (CH_3CO)_2O$$

$$2CH_3OH + 2CO + \frac{1}{2}O_2 \longrightarrow \underset{\underset{COOCH_3}{|}}{COOCH_3} + H_2O$$

$$\underset{\underset{COOCH_3}{|}}{COOCH_3} \xrightarrow{+H_2O} \underset{\underset{COOH}{|}}{COOH} + 2CH_3OH$$

$$\xrightarrow{+H_2} \underset{\underset{CH_2OH}{|}}{CH_2OH} + 2CH_3OH$$

以不饱和烃进行羰基化核心反应的典型生产工艺是以丙烯为原料进行丁醇和辛醇的生产,被认为是工业上最经济的生产方法。而以甲醇为原料经羰基化反应合成醋酸的工业生产,则是以煤为基础原料路线与石油路线相互竞争并占有绝对优势的唯一大宗化工产品的生产。同时由甲醇羰化氧化合成草酸二甲酯、再加氢制乙二醇,也将成为极具竞争力的下一个产品。

4.6.2 丙烯羰基合成制丁醇和辛醇

丁、辛醇生产装置的主要产品为正丁醇、辛醇,副产品为异丁醛和异丁醇。丁、辛醇是重要的有机化工、精细化工原料,用途十分广泛。

正丁醇主要用于生产邻苯二甲酸二丁酯(DBP)、邻苯二甲酸丁苄酯(BBP)等增塑剂及醋酸丁酯、丙烯酸丁酯、甲基丙烯酸丁酯、丁胺、丁酸等化学品。辛醇主要用于生产邻苯二甲酸二辛酯（DOP）、己二酸二辛酯（DOA）及对苯二甲酸二辛酯（DOTP）等增塑剂。辛醇生产的丙烯酸辛酯可用于胶黏剂和表面涂料材料。辛醇的其他用途包括合成硝酸酯、石油添加剂、表面活性剂和溶剂、纺织和化妆品工业的溶剂和消泡剂等。DOP的最大用途是PVC的增塑剂。异丁醛主要用于生产异丁醇，也可以用于生产新戊二醇、亚异丁基二脲、2,2,4-三甲基-1,3-戊二醇、单异丁酸酯、醋酸异丁酯、甲基异戊酮、甲基丙烯酸甲酯、甲基丙烯腈、丙酮、甲乙酮、异丁腈、合成香料及泛酸钙等。异丁醇可以部分替代正丁醇的用途，用于生产石油添加剂、抗氧剂、醋酸异丁酯等有机产品。

4.6.2.1 丁醇和辛醇的生产原理

目前全球丁、辛醇的主要生产方法是丙烯羰基合成法，或称氢甲酰化合成法。丙烯羰基化法生产丁醇和辛醇的主要反应涉及三个过程，在金属羰基络合物催化剂存在下，丙烯经羰基化反应首先得到丁醛，丁醛加氢合成丁醇以及丁醛缩合后加氢制辛醇。

根据所采用的操作压力和催化剂的不同，羰基合成法有高压钴法、中压法（改性钴法、改性铑法）和低压法（低压铑法）。

(1) 丁醛羰基合成反应和催化剂

① 主反应

$$CH_3CH=CH_2 + CO + H_2 \longrightarrow CH_3CH_2CH_2CHO \quad \Delta H_{298K}^{\ominus} = -123.8 \text{kJ/mol} \tag{4-23}$$

② 主要副反应　由于原料丙烯和产物丁醛都具有较高的反应活性，故反应体系存在着平行和连串副反应，主要产物分别为异丁醛和丙烷，这两个副反应都影响反应的选择性。

平行副反应

$$CH_3CH=CH_2 + CO + H_2 \longrightarrow (CH_3)_2CHCHO \quad \Delta H_{298K}^{\ominus} = -130 \text{kJ/mol} \tag{4-24}$$

$$CH_3CH=CH_2 + H_2 \longrightarrow C_3H_8 \quad \Delta H_{298K}^{\ominus} = -124.5 \text{kJ/mol} \tag{4-25}$$

连串副反应

$$CH_3CH_2CH_2CHO + H_2 \longrightarrow CH_3CH_2CH_2CH_2OH \quad \Delta H_{298K}^{\ominus} = -61.6 \text{kJ/mol} \tag{4-26}$$

$$CH_3CH_2CH_2CHO + CO + H_2 \longrightarrow C_4H_9COOH \tag{4-27}$$

此外，当丁醛过量时丁醛可以发生缩合反应生成二聚物、三聚物及四聚物等重组分。

从上述反应热效应数据首先得知，主、副反应均为放热反应，且反应热效应较大。

从表4-43可知，在常温常压下的主、副反应的平衡常数值都很大，即使在150℃仍较大，所以生产丁醛的主反应在热力学上是有利的，反应主要受动力学因素控制。

表 4-43　丙烯羰基化主反应和副反应的 $\Delta G^{\ominus}$ 和 K_p

反应	25℃		150℃	
	$\Delta G^{\ominus}$ kJ/mol	K_p	$\Delta G^{\ominus}$ kJ/mol	K_p
主反应(4-23)	−59.16	2.32×10^9	−16.9	1.05×10^2
副反应(4-24)	−53.7	2.52×10^9	−21.5	2.40×10^2
副反应(4-25)	−87.27	1.95×10^9		
副反应(4-26)	−94.8	3.90×10^9		

副反应在热力学上也很有利。从表4-43中所列数据可以看出，影响主反应产物丁醛选择性的两个主要副反应[反应(4-24)，反应(4-26)]在热力学上都比较有利，所以，要使反应向生成正丁醛的方向进行，必须使主反应在动力学上占有绝对优势，关键在于催化剂的

选择和反应条件的控制。

④ 催化剂　工业上经常采用的丙烯羰基合成催化剂有羰基钴和羰基铑两类催化剂。

a. 羰基钴和膦羰基钴催化剂　各种形态的钴如粉状金属钴、氧化钴、氢氧化钴和钴盐均可使用，以油溶性钴盐和水溶性钴盐用得最多，例如环烷酸钴、油酸钴、硬脂酸钴和醋酸钴等。

研究认为羰基合成反应的催化活性物质是 $HCo(CO)_4$，但 $HCo(CO)_4$ 不稳定，容易分解，所以一般都是在生产过程中，在羰基合成反应器中使用金属钴粉或各类钴盐直接制备。钴粉于 3~4MPa 和 135~150℃ 下迅速与 CO 反应，得到 $Co_2(CO)_8$，其进一步与氢作用转化为 $HCo(CO)_4$。

羰基钴催化剂的主要缺点是热稳定性差，容易分解析出钴而失去活性，因而要求反应在高的 CO 分压下操作，且产品中正/异醛比例较低。

膦羰基钴催化剂是一种羰基钴的改进型催化剂。膦的配位体主要是三烷基膦、三芳基膦、环烷基或杂烷基。一方面可增强催化剂的热稳定性，提高正构醛的选择性，同时还具有加氢活性高、醛缩合及醇醛缩合等连串副反应少等优点，但适应性较差。其中最有效的是以正三丁基膦为配位体的改性钴催化剂，活性组分是 $HCo(CO)_3[P(n\text{-}C_4H_{10})_3]$。

b. 膦羰基铑催化剂　1952年席勒首次报道羰基铑 $HRh(CO)_4$ 催化剂可用于羰基合成反应。其主要优点是选择性好，产品主要是醛，副反应少，醛醛缩合和醇醛缩合等连串副反应很少发生或者根本不发生，活性也比羰基钴高 10^2~10^4 倍，可在较低的操作压力下进行反应。羰基铑催化剂的主要缺点是异构化活性很高，所得产品正/异醛比例低。经过用有机膦配位基取代部分羰基，如 $HRh(CO)[P(C_6H_5)_3]_3$，异构化反应可大大被抑制，正/异醛比例达到 (12~15):1，催化剂性能稳定，反应可以在较低压力下操作，能耐受 150℃ 高温和 $1.87×10^3$ kPa 真空蒸馏，并能反复循环使用。此催化剂母体商品名叫 ROPAC。

(2) 丁醇和辛醇的加氢合成反应和催化剂

① 主反应

丁醛与氢反应生成丁醇

$$CH_3CH_2CH_2CHO + H_2 \longrightarrow CH_3CH_2CH_2CH_2OH$$

丁醛缩合和加氢生成辛醇

$$2CH_3CH_2CH_2CHO \xrightarrow{OH^-} CH_3CH_2CH_2CH=\underset{\underset{CH_2CH_3}{|}}{C}-CHO$$

$$CH_3CH_2CH_2CH=\underset{\underset{CH_2CH_3}{|}}{C}-CHO + 2H_2 \xrightarrow{Ni或Cu} CH_3CH_2CH_2CH_2\underset{\underset{CH_2CH_3}{|}}{CH}CH_2OH$$

反应为均为放热反应，且反应条件随催化剂种类的不同有所不同。在进行上述反应的同时还伴随着一些副反应，另外，在反应器中温度升高会生成酯。因此，为减少副反应的发生，加氢反应过程也需采用适宜的催化剂。

② 催化剂　加氢催化剂有多种，所用催化剂不同，其操作条件也不同。当采用镍基催化剂时，操作条件为，压力 3.9MPa、温度 100~170℃、反应液相加氢；当采用铜基催化剂时，反应为气相加氢，压力为 0.6MPa，温度为 155℃。后者具有一定的优越性。铜基催化剂的主要成分是 CuO 和 ZnO，在使用前被还原为 Cu 和 Zn。使用该催化剂的优点在于加氢选择性好，副反应少，不需要往体系中补水，生产能力高；不足之处在于，催化剂力学性能差，如有液体进入时易破碎等。

4.6.2.2 丁、辛醇生产的影响因素

(1) 羰基合成过程

① 反应温度 反应温度对反应速率以及正/异丁醛比的影响如图4-59所示。可见随着温度的升高，反应速率增加很快而温度对正/异丁醛比的影响极小。所以，在较高温度下反应有利于提高设备的生产能力，但温度过高，催化剂失活速率加快。鉴于以上原因，在使用新鲜催化剂时，应控制较低的反应温度，而在催化剂使用的末期，可以提高反应温度以提高反应活性。在工业生产中，适宜的温度范围在100～115℃之间。

② 丙烯分压 由实验可知，反应速率与丙烯分压的一次方成正比，正/异丁醛比随丙烯分压增高而略增。因此，提高丙烯分压可提高羰基合成的反应速率，并提高反应过程的选择性。但是，过高的丙烯分压将导致尾气中丙烯含量增加，使丙烯的损失加大。因而，为在整个反应过程中保持均恒速率，对新催化剂采用较低的丙烯分压，随着催化剂的老化，为保持收率不变，丙烯分压可逐步提高。生产中，丙烯分压控制在0.17～0.38MPa之间。丙烯分压对反应速率及正/异丁醛比的影响如图4-60所示。

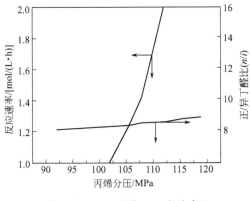

图4-59 反应温度对反应速率及正/异丁醛比的影响

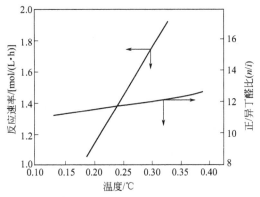

图4-60 丙烯分压对反应速率及正/异丁醛比的影响

③ 氢气分压 H_2分压对反应速率及正/异丁醛比的影响如图4-61所示。随着反应体系中氢分压的升高反应速率略有增加，但在氢分压较高区域，对反应速率影响不如氢分压较低时明显。正/异丁醛比与氢分压的关系较复杂，出现一最高点。氢分压对反应速率及正/异丁醛比的影响均不太大，但氢分压高时，丙烷生成量增多。一般氢分压控制在0.27～0.7MPa之间。

④ 一氧化碳分压 CO分压对反应速率及正/异丁醛比的影响如图4-62所示。由图可知，反应气中CO分压增高时，总反应速率增高，但分压较高时对反应速率影响不如分压低时明显。

⑤ 铑浓度及三苯基膦含量 铑浓度与反应速率及正/异丁醛比的关系如图4-63所示。由图可见，随着铑浓度的升高，总反应速率升高，生产能力增加，而且铑浓度升高，正/异丁醛比增大，反应选择性提高。但是，铑浓度的增加，给铑的回收分离造成困难，导致铑的损失增大。因此，应该选择适宜的浓度，通常新鲜催化剂应采用较低的铑浓度。

三苯基膦是反应的抑制剂，因此随着反应液中三苯基膦含量增大，总反应速率减小，三苯基膦主要作用是改进正/异丁醛的比例。随着三苯基膦含量增加，正/异丁醛之比呈线性提高，如图4-64所示。反应液中三苯基膦含量一般控制在8%～12%（质量分数）的范围内。

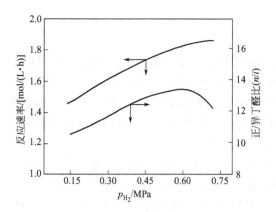

图 4-61　氢分压对反应速率及正/异丁醛比的影响

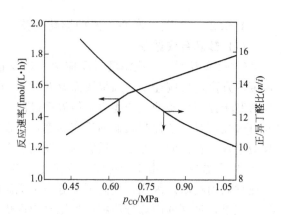

图 4-62　一氧化碳分压对反应速率及正/异丁醛比的影响

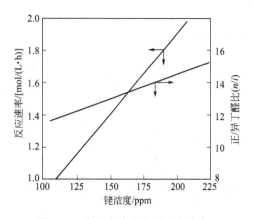

图 4-63　液相中铑浓度对反应速率及正/异丁醛比的影响

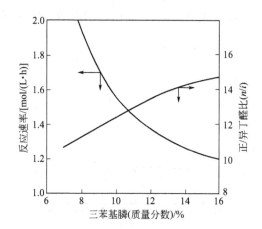

图 4-64　液相中三苯基膦对反应速率及正/异丁醛比的影响

(2) 加氢反应过程　影响加氢反应过程的主要因素有浓度、系统的氢分压以及温度。据研究，加氢反应的动力学方程可由下式表示：

$$r = 2.8 \times 10^8 \left[\exp\left(-\frac{51600}{T}\right) \right] p_{丁醛}^{0.6} p_{H_2}^{0.4}$$

式中，T 为反应温度，K；p_{H_2} 和 $p_{丁醛}$ 为 H_2 和丁醛的分压，Pa；r 为丁醛消失的反应速率，kg/(m^3 催化剂·h)。

由动力学方程可知，温度升高，反应速率增加；压力升高，则丁醛和 H_2 的分压相应提高，有利于加氢的反应速率的提高。另外，H_2 浓度高时，总压可适当降低，如 H_2 浓度低，则需要在较高的总压下进行。另外，从动力学方程式可知，H_2 的浓度对加氢反应速率影响不大，因为反应速率仅与氢分压的 0.4 次方成正比，只有在催化剂活性下降较大时，才有可能出现转化率下降的问题。但是，H_2 浓度提高，可以降低动力消耗，减少排放量，降低成本。

另外，对 H_2 中的杂质应严格控制，如甲烷、硫、氯、CO、氧气等均对反应有不利影响。如甲烷的存在会使催化剂中毒，CO 的存在会使双键加氢受到阻碍，氧的存在会使金属型催化剂氧化而失去活性，并且在催化剂作用下与氢反应生成水，导致催化剂强度下降。在生产过程中，一般控制硫、氯的含量在 1ppm 以下，CO 含量在 10ppm 以下，氧含量要严格控制在5ppm以下。

4.6.2.3 丁、辛醇生产工艺流程

丁、辛醇的生产工艺由丁醛合成、丁醇合成和辛醇合成三个工序组成。

(1) UCC/Davy/JMC低压气相法生产丁醛工艺 丁醛的生产方法主要有两种，以羰基钴为催化剂的高压法和以膦三苯基羰基铑为催化剂的低压法。本节主要介绍低压羰化法合成丁醛工艺。

采用三苯基膦改性的羰基铑为催化剂的丙烯羰化合成丁醛的工艺，是由美国UCC、英国Davy及Johnson Matthey Company（JMC）三家公司于20世纪70年代中期首先开发成功。与传统高压羰基化法相比较具有许多优点，如反应条件温和，即操作压力低（1.7~1.8MPa）、反应温度90~110℃，反应选择性好、副产物少；正/异丁醛比达10:1以上；催化剂稳定且寿命长、流失少，每吨醛的铑损失小于50mg。此外还有操作简易、安全稳定、生产效率高、腐蚀性小、环境污染小等特点。

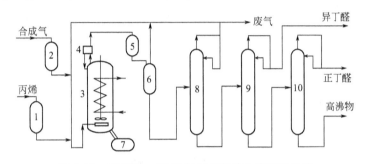

图 4-65 UCC/Davy/JMC低压气相法生产丁醛工艺
1—丙烯净化器；2—合成气净化器；3—羰基合成反应器；4—雾沫分离器；5—冷凝器；6—分离器；
7—催化剂处理装置；8—汽提塔；9—异丁醛塔；10—正丁醛塔

丙烯羰基合成丁醛的工艺流程见图4-65。在投料前，先将三苯基膦和羰基铑催化剂、无铁丁醛配制成催化剂溶液加入反应器中，溶剂为Texanol®（丁醛的三聚物），也可用正丁醛作溶剂，经一段时间后被副反应所产生的丁醛三聚物所置换。原料丙烯和合成气分别经过净化除去微量毒物，包括硫化物、氯化物、氰化物、氧气、羰基铁等。净化后的气体与循环气混合并由反应器底部进入气体分布器，以小气泡的形式进入催化剂溶液，反应器内设有冷却盘管，控制反应温度90~110℃，反应后气体从反应器顶部出来进入雾沫分离器，防止铑催化剂因夹带而损失，分离下来的液体返回反应器，气体则经冷凝器冷凝分离后经循环压缩机循环使用，少量排空。液体进入汽提塔回收丙烯，塔顶气并入循环气，液相依次进入异丁醛塔和正丁醛塔，最后分别得到异丁醛和正丁醛及少量高沸物。生产过程中根据催化剂活性的变化，补加部分新鲜催化剂，最终将全部催化剂溶液排出处理回收。

(2) 丁醛加氢合成丁醇工艺 将丁醛直接送至加氢反应器，在115℃、0.5MPa压力下加入H_2反应即可得到粗丁醇，再经精制可得纯丁醇。具体工艺流程如图4-66所示，其中通入蒸发器4中的辛烯醛改为丁醛即可。

(3) 丁醛经缩合加氢合成辛醇生产工艺 由丁醛生产辛醇的工艺流程见图4-66。丁醛缩合脱水生成辛烯醛是在2个串联的反应器中进行的。在以2%NaOH溶液为催化剂、反应温度120℃、0.5MPa压力下，纯度为99.86%的丁醛缩合成丁醇醛，同时脱水得辛烯醛。两个反应器之间由循环泵输送物料并保证每个反应器内各物料均匀混合，使反应在接近等温下进行。辛烯醛水溶液进入层析器，在此分为有机相和水相。有机相是辛烯醛的饱和水溶

液,进入蒸发器蒸发(160℃),气态辛烯醛与 H_2 混合后进入列管式加氢反应器,管内装填铜基催化剂,在180℃和0.5MPa压力下反应生成的粗辛醇经冷却后送到贮槽。粗辛醇泵入预精馏塔,塔顶馏出轻组分(含水、少量辛烯醛、副产物和辛醇),送到间歇蒸馏塔以回收有用组分,塔釜的辛醇和重组分送精馏塔,从塔顶得到高纯度产品辛醇,塔釜则为重组分和少量辛醇的混合物分批进入间歇蒸馏塔。根据进料组分的不同,可分别回收丁醇、水、辛烯醛、辛醇,剩下的重组分定期排放并可作燃料。预精馏塔、精馏塔、间歇蒸馏塔都在真空下操作。

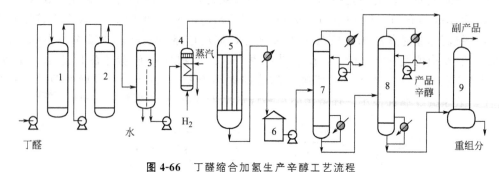

图 4-66 丁醛缩合加氢生产辛醇工艺流程
1,2—缩合反应器;3—层析器;4—蒸发器;5—加氢反应器;6—粗辛醇贮槽;
7—预精馏塔;8—精馏塔;9—间歇蒸馏塔

4.6.3 甲醇低压羰基化制醋酸

醋酸的合成方法很多,以石油、煤、天然气等为起始原料都可以进行合成。就目前的生产工艺来说,主要有三种,即乙醛氧化法、丁烷或石脑油氧化法和甲醇羰基化法。乙醛氧化法是较为传统的工艺方法,以乙醛为原料,在醋酸锰、醋酸汞或醋酸铜催化剂的存在下,液相氧化为醋酸。当用空气为氧化剂时,反应温度为 55~60℃,反应压力为 800kPa。反应原料乙醛一般是通过乙醇氧化法或乙烯氧化法制备,而乙醇和乙烯都是重要的化工原料,所以这种生产方法正在被原料丰富、价廉易得的甲醇羰基化法所取代,目前,甲醇羰基化法生产的醋酸占世界醋酸产量的60%。表4-44所列为几种醋酸生产方法技术经济比较。

表 4-44 几种醋酸生产方法技术经济比较

项目	乙醛氧化法		低碳烷烃液相氧化法		甲醇羰基化法	
	乙烯→乙醛	乙醛→醋酸	正丁烷液相氧化	轻油液相氧化	孟山都法	
催化剂	钯/铜盐	醋酸锰	醋酸钴	醋酸锰	铑碘络合物	
温度/℃	125~130	66	150~225	200	175~245	
压力/MPa	1.1	1.0	5.6	5.3	≤4.0	
原料	乙烯	乙醛	正丁烷	石脑油	甲醇	CO
收率/%	95	95	57	40	99	90
原料消耗/kg·t^{-1}	670	770	1076	1450	540	530
副产物	醋酸甲酯		甲酸、丙酮等	甲酸、丙酸		

(1) 合成醋酸的工艺原理

① 化学反应

主反应(甲醇羰基化)

$$CH_3OH + CO \xrightarrow[175℃, 3.0, Pa]{RhCl(CO)PPh_3 + HI} CH_3COOH \qquad \Delta H^\ominus(298K) = -141.25 kJ/mol$$

HI（或 CH_3I）为助催化剂。

副反应

$$CH_3COOH + CH_3OH \rightleftharpoons CH_3COOCH_3 + H_2O$$
$$2CH_3OH \rightleftharpoons CH_3OCH_3 + H_2O$$
$$CO + H_2O \longrightarrow CO_2 + H_2$$

此外，还有甲烷、丙酸（由原料甲醇中含的乙醇羰基化生成）等副产物。由于上述副反应中的前两个反应为可逆反应，如果在低压下将生成的副产物醋酸甲酯和二甲醚循环回反应器，其可进行羰基化反应生成醋酸，所以按甲醇计，生成的醋酸选择性可高达99%。另一方，在羰化条件下，尤其是在温度高、催化剂浓度高、甲醇浓度降低时，部分CO会与副产物 H_2O 发生变换反应生成 CO_2，所以按CO计，生成醋酸的选择性仅为90%。

② 催化剂和反应机理　甲醇低压羰基化制醋酸所用的催化剂是可溶性的铑络合物，助催化剂是碘化物。红外光谱和元素分析证实 $[Rh^+(CO)_2I_2]^-$ 存在于反应溶液中，是羰基化反应催化剂的活性物种（Ⅰ），其在反应系统中由 Rh_2O_3 和 $RhCl_3$ 等铑化合物与CO和碘化物（如HI、CH_3I 或 I_2，常用的是HI）作用得到。具体催化反应过程可用下列方程式表示：

$$CH_3OH + HI \rightleftharpoons CH_3I + H_2O \tag{4-28}$$
$$CH_3I + [Rh^+(CO)_2I_2]^-(Ⅰ) \rightleftharpoons [CH_3Rh^+(CO)_2I_3]^-(Ⅱ) \tag{4-29}$$
$$[CH_3Rh^+(CO)_2I_3]^-(Ⅱ) \rightleftharpoons [CH_3CORh^+(CO)I_3]^-(Ⅲ) \tag{4-30}$$
$$[CH_3CORh^+(CO)I_3]^-(Ⅲ) + CO \rightleftharpoons [CH_3CORh^+(CO)_2I_3]^-(Ⅳ) \tag{4-31}$$
$$[CH_3CORh^+(CO)_2I_3]^-(Ⅳ) \rightleftharpoons CH_3COI + [Rh^+(CO)_2I_2]^-(Ⅰ) \tag{4-32}$$
$$CH_3COI + H_2O \rightleftharpoons CH_3COOH + HI \tag{4-33}$$

反应机理如图4-67所示。式(4-29)是 CH_3I 与铑络合物 $[Rh^+(CO)_2I_2]^-$ 氧化加成反应生产络合物（Ⅱ）的反应，这一步的反应速率很慢，属于反应控制步骤，此时甲醇羰化反应的动力学方程为：

$$r = -\frac{dC_{CH_3COOH}}{dt} = kC_{CH_3I}C_{Rh络合物}$$

反应速率常数 $k = 3.5 \times 10^6 e^{-14.7/RT}$ L/(mol·s)，式中活化能的单位是 kJ/mol。

式(4-30)表示CO嵌入到 Rh—CH_3 键之间生成乙酰基络合物。式(4-31)是气相CO与Rh络合物进行配位生成络合物（Ⅳ）的过程，此负络合物通过还原消除反应(4-32)生成 CH_3COI 和催化剂活性物种（Ⅰ），CH_3COI 则与反应系统中 H_2O 作用得到产物醋酸，同时助催化剂HI可再生出来进而完成催化循环。

研究发现，外界条件影响反应的控制步骤。若反应过程中缺少水，则式(4-32)是反应的控制步骤；若CO分压不足，则第式(4-31)CO的嵌入是反应的控制步骤；甲醇转化率高，式(4-28)是控制步骤；甲醇转化率低于90%，CO分压高且过程中有足够的水，则总反应的控制步骤是式(4-29)。图4-67所示为相应的反应机理示意图。

一般采用的催化剂体系是 $RhCl_3$-HI-H_2O/醋酸，其中 φ（铑化合物）=0.5%，φ（碘化合物）=0.05%，n（醋酸）：n（甲醇）=1.44：1。若不添加醋酸，则生成大量二甲醚；若配比小于1，则生成醋酸的收率不高。目前对铑系、铱系、钴系和镍系的各种甲醇羰基化制醋酸的催化体系还在不断进行研究和探索中。

(2) 工艺流程　甲醇低压羰基化合成醋酸的工艺流程主要包括反应、精制、轻组分回收、催化剂制备及再生等单元。其工艺流程如图4-68所示。

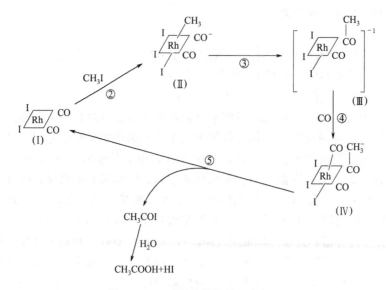

图 4-67　甲醇羰基化催化反应机理

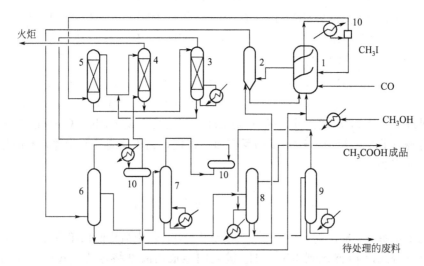

图 4-68　甲醇低压羰基化合成醋酸流程示意图
1—反应器；2—闪蒸罐；3—解析塔；4—低压吸收塔；5—高压吸收塔；
6—轻组分塔；7—脱水塔；8—重组分塔；9—废酸汽提塔；10—分离塔

① 反应单元　反应在搅拌式反应器或鼓泡塔中进行。事先加入催化剂溶液。将甲醇加热到185℃后从反应器底部喷入，CO用压缩机加压至2.74MPa后从反应器下部喷入。反应后的物料从塔侧进入闪蒸罐，含有催化剂的溶液从闪蒸罐底流回反应器。含有醋酸、水、碘甲烷和碘化氢的蒸气从闪蒸罐顶部出来进入精制工序。反应器顶部排放出来的CO_2、H_2、CO和碘甲烷作为弛放气进入冷凝器，凝液重新返回反应器，不凝性气体送轻组分回收工序。反应温度130～180℃，以175℃为最佳。温度过高，副产物甲烷和二氧化碳增多。

② 精制单元　由闪蒸罐来的气流进入轻组分塔，塔顶蒸出物经冷凝，凝液碘甲烷返回反应器，不凝性尾气送往低压吸收塔；碘化氢、水和醋酸等高沸物和少量铑催化剂从轻组分塔塔底排出再返回闪蒸罐；含水醋酸由轻组分塔侧线出料进入脱水塔上部。

脱水塔塔顶馏出的水中含有碘甲烷、轻质烃和少量醋酸，将返回低压吸收塔；脱水塔底主要是含有重组分的醋酸,送往重组分塔。重组分塔塔顶馏出轻质烃;含有丙酸和重质烃的物料从塔底送入废酸汽提塔;重组分塔侧线馏出成品醋酸。其中丙酸和水的含量分别小于50ppm和1500ppm,总碘含量小于40ppm,可供食用。重组分塔塔底物料进入废酸汽提塔,从重组分中蒸出的醋酸返回重组分塔底部,汽提塔底排出的是废料,内含丙酸和重质烃,需作进一步处理。

③ 轻组分回收 从反应器顶部出来的弛放气进入高压和低压吸收塔,用醋酸吸收其中的碘甲烷。吸收在加压下进行,压力2.74MPa,未被吸收的废气主要含CO、CO_2及H_2,送往火炬焚烧。

从高压吸收塔和低压吸收塔吸收了碘甲烷的两股醋酸富液,进入解吸塔汽提解吸,解吸出来的碘甲烷蒸气进到精制工序的轻组分冷却器,分离后再返回反应工序。汽提解吸后的醋酸作为吸收循环液,再用作高压和低压吸收塔的吸收液。

④ 催化剂制备及再生单元 由于贵金属铑的稀缺及其络合物在溶液中的不稳定性,铑催化剂的配制、合理使用与再生回收是生产过程的主要部分。

三碘化铑在含CH_3I的醋酸水溶液中,在80～150℃和0.2～1MPa下与CO反应逐步转化而溶解,生成二碘二羰基铑络合物,以$[Rh^+(CO)_2I_2]^-$阴离子形式存在于此溶液中。氧、光照或过热都能促使其分解为碘化铑而沉淀析出,造成生产系统中铑的严重流失。故催化剂循环系统内必须经常保持足够的CO分压与适宜的温度,保持反应液中的铑浓度在10^{-4}～10^{-2}mol/L。正常操作下每吨产品醋酸的铑消耗量为170mg以下。

一般催化剂使用一年后其活性下降,必须进行再生处理。方法是用离子交换树脂脱除其他金属离子,或使铑络合物受热分解沉淀而回收铑。铑的回收率极高,故生产成本和经济效益得以保证。助催化剂CH_3I的制备方法是先将碘溶于HI水溶液中,通入CO作还原剂,在一定压力、温度下使碘还原为HI,然后在常温下与甲醇反应而得到CH_3I。

4.6.4 羰基化技术新进展

甲醇低压羰基化制醋酸催化剂的研究已经取得很大进展,一大批非铑羰基化催化剂已研究出来,有些已投入工业应用,表4-45所列为催化剂的性能比较。

表 4-45 甲醇低压羰基化制醋酸催化剂的性能比较

催化体系	反应相系	催化剂	反应条件 温度/℃	压力/MPa	醋酸收率/%	催化剂特点及副产物
Co系	均相	CoI-CH_3I	200～250	50～70	87	乙醛、乙醇、甲烷
Rh系	均相 非均相	$RhCl_3$-CH_3I Rh/C-CH_3I	150～220 170～250	0.1～3.0 0.1～3.0	99 30～95	活性高,副产CO_2 活性不稳定,副产少
Ir系	均相	$IrCl_3$-CH_3I	150～200	1.0～7.0	99	活性与Rh相似
Ni系	均相 非均相	Ni化合物-CH_3I Ni/C-CH_3I	150～330 180～300	3.0～30 0.1～30	50～95 40～98	CH_3I用量多副产CH_4、CO_2

4.7 烃类氯化

4.7.1 概述

以烃类(如甲烷、乙烯、乙炔、丙烯和苯等)为原料,加入氯化剂(输送氯元素的试剂），经氯化反应，即烃类化合物中引入氯元素，合成得到多种含氯的衍生物，它们可作为聚合物单体、有机合成中间体、有机溶剂、萃取剂和基本有机化工产品合成的主要原料，广泛应用于制药、染料、精细化学品制造等行业和部门，表 4-46 所列为部分烃类原料氯化产品及其主要用途。

表 4-46 部分烃类原料氯化的产品及其主要用途

烃类原料	氯化剂	氯化产物	主要用途
CH_4	Cl_2	CH_3Cl	溶剂、合成硅橡胶
	$3Cl_2$	$CHCl_3$	溶剂、麻醉剂、氟塑料单体
	$4Cl_2$	CCl_4	溶剂、灭火剂、干洗剂
$CH_2=CH_2$	HOCl	$HOCH_2CH_2Cl$	合成乙二醇、聚硫橡胶
	HCl	CH_3CH_2Cl	溶剂、麻醉剂、乙基化剂
	Cl_2	$ClCH_2CH_2Cl$	溶剂、萃取剂、洗涤剂、合成乙二胺
$CH\equiv CH$	HCl	$CH_2=CHCl$	合成聚氯乙烯
	Cl_2	$ClCH=CCl_2$	溶剂、洗涤剂、杀虫剂、萃取剂
$CH_3CH=CH_2$	HOCl	C_3H_6OHCl	合成环氧丙烷、丙二醇
	Cl_2	$ClCH_2CH=CH_2$	合成甘油
C_6H_6	Cl_2	C_6H_5Cl	溶剂和染料中间体
	$3Cl_2$	$C_6H_6Cl_6$	农药

4.7.1.1 氯化方法和氯化反应类型

有机化工工业常采用的氯化剂有 Cl_2、HCl、HOCl、$COCl_2$、SO_2Cl_2、PCl_3、PCl_5 等。最为常用的是 Cl_2 和 HCl。烃类物与氯化剂在某方法的促进下，发生氯化反应，常用的促进氯化方法如下。

(1) 热氯化法 以热能激发氯分子，使其分解为活泼的氯自由基，进而取代烃类分子中的氢原子，生成各种氯的衍生物。以低级烷烃氯化的产品在有机化工工业中更有实际应用价值，如甲烷氯化获得各种氯的衍生物，丙烯氯化制取氯丙烯。它们的产品可作为溶剂、麻醉剂、制冷剂和合成原料等。热氯化反应常在气相中进行，所需反应温度视烷烃结构而定，其活化能较高，故热氯化反应一般在高温下进行。由此也使得热氯化反应常伴随烃类分子结构的破坏，产生一系列副反应。

(2) 光氯化法 以光能激发氯分子，使其分解为氯自由基，与烃类分子发生反应，生成各种氯的衍生物，实现氯化反应。光氯化反应大多在液相中进行，反应条件比较温和。例如，二氯甲烷在紫外光线的照射下，生成三氯甲烷和四氯化碳，苯在紫外线照射下生产六氯化苯。由于光氯化反应所需活化能较小，所以光源采用水银灯、石英灯和日光灯即可。

(3) 催化氯化 该法在催化剂的作用下，发生氯化反应，催化剂所起的作用是降低氯化反应的活化能。催化剂成分为金属卤化物，如 $FeCl_3$、$CuCl_2$、$AlCl_3$、$TiCl_3$、$TiCl_5$、$HgCl_2$ 等。催化氯化分为均相催化氯化和非均相催化氯化，均相催化氯化反应是将催化剂溶于溶剂中，然后进行氯化反应，如乙烯加氯制备二氯乙烷。非均相催化氯化是将催化剂的催化活性成分负载于活性炭、沸石、硅胶、氧化铝等载体上，形成固体催化剂，然后进行氯化反应，该类反应多在气相中进行，如乙炔与氯化氢加成制备氯乙烯和乙烯氧氯化制备二氯乙烷等。

烃类化合物氯化反应，按烃类物质与氯化剂的反应形式分为四种反应类型。

(1) 烃的取代（置换）氯化 脂肪烃发生取代的位置在氢原子上，例如：

$$CH_4 + Cl_2 \longrightarrow CH_3Cl + HCl$$

$$CH_2=CH_2+Cl_2 \longrightarrow CH_2=CH-Cl+HCl$$

芳香烃取代氯化发生在苯环和侧链的氢原子上，例如：

$$C_6H_6+Cl_2 \longrightarrow C_6H_5Cl+HCl$$

$$C_6H_5CH_3+Cl_2 \longrightarrow C_6H_5CH_2Cl+HCl$$

值得注意的是，氯化反应时间长、反应温度高、通入的氯量大，氯化反应深度强，氯化产物除一氯产物外，会生成多氯化物，这一反应特点在气相反应中尤为明显。

(2) 烃的加成氯化 氯加成到脂肪烃和芳香烃的不饱和双键和三键上的反应。如以乙烯为原料生产氯乙烯过程中，二氯乙烷中间体的生产：

$$CH_2=CH_2+Cl_2 \longrightarrow Cl-CH_2-CH_2-Cl$$

该反应放出大量的热，故工业上在液相中实现这一加成氯化反应，有利于散热，乙烯液相氯化常采用氯化铁作催化剂，产物二氯乙烷本身为溶剂。

也可用乙炔与氯化氢加成氯化得到氯乙烯，反应如下：

$$CH \equiv CH+HCl \longrightarrow CH_2=CH-Cl$$

此加成氯化反应在气相中进行，由于反应速率慢，工业上采用以活性炭为载体的氯化汞为催化剂，因反应是放热反应，催化剂容易升华，造成管路堵塞，且放热造成温度过高，催化剂寿命缩短。故现多采用氯化汞-氯化钡作催化剂，这种复合催化剂的活性和选择性都大大提高，且减少了催化剂升华现象。

(3) 烃的氧氯化 取代反应中，每取代一个氢原子，就消耗一分子的氯气，同时释放一分子氯化氢，而氯化氢难于直接经济有效利用。有人发现在氯化铜的催化下，氯化氢被空气中的氧氧化为氯气和水。在反应系统中，能同时进行氯化氢的氧化和烃的氯化，反应不但完全可以进行，而且氯化氢几乎全部转化，该反应类型为氧氯化反应。

工业上首先应用此反应类型于苯酚的生产，在氯化铜催化下合成中间体氯苯。

$$\text{C}_6\text{H}_6+HCl+\frac{1}{2}O_2 \longrightarrow \text{C}_6\text{H}_5\text{Cl}+H_2O \longrightarrow \text{C}_6\text{H}_5\text{OH}+HCl$$

氧氯化反应在工业上应用最有意义的是由乙烯氧氯化合成二氯乙烷，再裂解制氯乙烯。反应如下：

$$CH_2=CH_2+2HCl+0.5O_2 \longrightarrow Cl-CH_2-CH_2-Cl+H_2O \tag{4-34}$$

$$Cl-CH_2-CH_2-Cl \longrightarrow CH_2=CH-Cl+HCl \tag{4-35}$$

总反应：$\quad CH_2=CH_2+HCl+0.5O_2 \longrightarrow CH_2=CH-Cl+H_2O \tag{4-36}$

需要指出的是苯氧氯化过程，氯化氢在系统中进行循环，需要的量和循环的量处于平衡。而乙烯氧氯化制氯乙烯，氯化氢消耗的量大于循环的量，需要另行补充，具体工艺如何平衡见后续论述。

另外，从前面涉及的两个氧氯化例子可知，氧氯化有取代氧氯化和加成氧氯化两种类型。乙烯氧氯化制二氯乙烷为加成氧氯化，丙烯和丁二烯等不饱和烯烃也可进行加成氧氯化反应。苯制氯苯为取代氧氯化，甲烷、乙烷等烷烃都可发生氧氯化反应生成一氯或多氯化合物。

(4) 氯化物裂解 氯化物裂解反应包括脱氯反应、脱氯化氢反应、氯解反应和高温裂解反应，相应的反应式如下：

$$Cl_3C-CCl_3 \longrightarrow Cl_2C=CCl_2+Cl_2$$

$$ClCH_2-CH_2Cl \longrightarrow CH_2=CHCl+HCl$$

$$Cl_3C-CCl_3+Cl_2 \longrightarrow 2CCl_4$$

$$Cl_3C-CCl_2-CCl_3 \longrightarrow CCl_4+Cl_2C=CCl_2$$

4.7.1.2 氯化反应机理

氯化反应机理分为自由基型链锁反应机理和离子型反应机理两种。

(1) 自由基型链锁反应机理 热氯化和光氯化法的氯化过程属于自由基型链锁反应机理，反应过程包括链引发、链增长和链终止3个阶段，且3个阶段是串联过程。

脂肪烃的取代氯化反应机理如下：

链引发过程 $\quad Cl_2 \xrightarrow{h\nu} 2Cl\cdot$

链增长 $\quad Cl\cdot + RH \longrightarrow R\cdot + HCl$

$\quad\quad\quad R\cdot + Cl_2 \longrightarrow RCl\cdot + Cl\cdot$

链终止 $\quad 2R\cdot \longrightarrow R-R$

$\quad\quad\quad R\cdot + Cl\cdot \longrightarrow RCl$

$\quad\quad\quad 2Cl\cdot \longrightarrow Cl_2$

$\quad\quad\quad R\cdot + 器壁 \longrightarrow 非自由基产物$

注意氯化反应不只停留在一次氯化阶段，生成的一氯烷烃还会继续氯化下去，最终产物是混合物，产物的组成与烃/Cl_2比值和反应温度有关，主要取决于前者。

脂肪烃的加成氯化反应机理如下：

链引发过程 $\quad Cl_2 \longrightarrow 2Cl\cdot$

链增长 $\quad Cl\cdot + CH_2=CH_2 \longrightarrow ClCH_2CH_2\cdot$

$\quad\quad\quad ClCH_2CH_2\cdot + Cl_2 \longrightarrow ClCH_2CH_2Cl + Cl\cdot$

链终止 $\quad 2R\cdot \longrightarrow R-R$

$\quad\quad\quad R\cdot + Cl\cdot \longrightarrow RCl$

$\quad\quad\quad 2Cl\cdot \longrightarrow Cl_2$

$\quad\quad\quad R\cdot + 器壁 \longrightarrow 非自由基产物$

(2) 离子基型反应机理 催化氯化大都属于离子基型反应机理，常用的催化剂有$FeCl_3$、$AlCl_3$、$ZnCl_2$等非质子酸催化剂。不饱和烃的加成氯化、氯化氢和氯原子取代苯环上的氢的催化氯化都属于离子基型反应机理。下面以乙烯液相催化加成氯化为例，乙烯液相催化氯化反应采用$FeCl_3$作催化剂，产物二氯乙烷本身为溶剂，首先催化剂使得氯分子发生极化，成为亲电试剂氯正离子，然后对乙烯分子进行亲电攻击，生成中间络合物，再脱去质子得到氯化产物，其反应机理如下：

$$Cl_2 + FeCl_3 \rightleftharpoons [Cl^+ FeCl_4^-]$$

$$CH_2=CH_2 + [Cl^+ FeCl_4^-] \xrightleftharpoons{慢} [ClCH_2-CH_2]^+ + FeCl_4^-$$

$$[ClCH_2-CH_2]^+ + FeCl_4^- \longrightarrow ClCH_2-CH_2Cl + FeCl_3$$

必须指出的是，到目前为止，关于苯的取代氯化反应机理一致认为是离子基反应机理，但对其过程的认识没有统一。有两种观点：一种观点认为催化剂使氯分子极化为亲电试剂正离子，它对芳核亲电攻击生成中间络合物，然后脱质子得到苯环上取代的氯化物；另一种观点认为首先是氯分子进攻苯环形成中间络合物，然后是催化剂作用脱去氯离子。

4.7.2 乙烯氧氯化制氯乙烯

氯乙烯作为合成聚氯乙烯塑料的单体，其研究和生产技术备受关注。目前世界上氯乙烯的生产方法有多种，包括电石乙炔法、裂解乙炔法、联合法、烯炔法、乙烷一步氧氯化法、石油乙烯法和乙烯氧氯化法等。

电石乙炔法是用电石产生的乙炔，经精制后与氯化氢混合，在催化剂作用下生成氯乙烯，尽管工艺流程简单、产品纯度高，但电石生产耗能高，所以产品成本高，而且催化剂毒性大。随后开发了从石油或天然气热裂解制取乙炔的裂解乙炔法，但裂解生产乙炔浓度低，而提浓的投资费用高。后来出现一部分电石乙炔和一部分乙烯为原料的联合法，但该法仍然未能完全摆脱电石能耗高的问题。再后来发展起来的烯炔法是对联合法的重要改进，采用裂解气中的乙烯和乙炔直接制备氯乙烯，但裂解石油时需用纯氧，且裂解时对乙烯、乙炔的比例要求控制严格，而且氯乙烯的浓度低，后续提纯费用高，因而该法也未被广泛采用。石油乙烯法是以乙烯和氯气为原料，经催化加成氯化，得到二氯乙烷，又经热裂解得到氯乙烯，该法使原料来源问题得到完全解决，然而副产的HCl未能得到综合利用，氯的利用率仅为50%。另外，氯乙烯联产有机氯溶剂法和乙烷一步氧氯化法及乙烯液相氧氯化法，在生产上都有一定的局限性。

乙烯氧氯化法采用原料乙烯和氧，氯化剂为氯化氢或氯气，催化氯化得到二氯乙烷，经裂解为氯乙烯和氯化氢。该工艺路线合理，其原料来源广，价格低廉，物料在生产过程中能完全平衡，生产成本低，并且有利于大型化生产。所以，目前全世界用乙烯氧氯化法生产的氯乙烯占生产总量的90%以上。

4.7.2.1 平衡型氧氯化法工艺原理

由前介绍乙烯氧氯化反应式(4-34)～式(4-36)可知，生产1mol二氯乙烷，需要2mol氯化氢，而1mol二氯乙烷裂解只放出1mol氯化氢，工业上为平衡氯化氢，多数采用另设乙烯氯化装置的方案，加成氯化得到二氯乙烷，将这部分裂解为氯乙烯放出的氯化氢补充到氧氯化过程所缺的氯化氢，其生产方案见图4-69。平衡型氧氯化法制氯乙烯包括乙烯氯化、乙烯氧氯化和二氯乙烷裂解三个工序。乙烯氯化和二氯乙烷裂解见前面简介的加成氯化和裂解氯化反应类型，整个生产过程乙烯氧氯化反应是过程的核心，氧氯化使得氯乙烯单体生产中裂解过程产生的氯化氢与消耗的氯化氢得以平衡，故该生产工艺也称平衡型氧氯化法工艺。此节主要介绍乙烯氧氯化工序涉及其工艺原理。

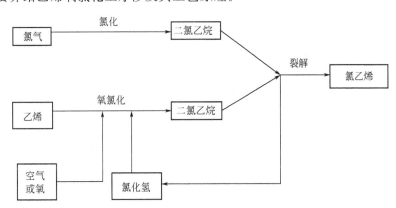

图4-69 平衡型氧氯化法生产氯乙烯生产组织示意图

(1) 氧氯化化学反应和催化剂 乙烯氧氯化的主反应为：

$$CH_2=CH_2 + 2HCl + 0.5O_2 \xrightarrow[250\sim 350℃]{CuCl_2/KCl} ClCH_2-CH_2Cl + H_2O$$

乙烯氧氯化的主要副反应为：

燃烧反应
$$CH_2=CH_2 + 2O_2 \longrightarrow 2CO + 2H_2O$$
$$CH_2=CH_2 + 3O_2 \longrightarrow 2CO_2 + 2H_2O$$

副产物为气体,与液体容易分离,对液体二氯乙烷的质量不产生影响。

液相产品可能裂解为氯乙烯,然后又氧氯化反应生成三氯乙烷,反应如下:

$$ClCH_2-CH_2Cl \longrightarrow CH_2=CHCl+HCl$$

$$CH_2=CHCl+2HCl+0.5O_2 \longrightarrow ClCH_2-CHCl_2+H_2O$$

副反应的产物还可能有各种饱和的和不饱和的一氯和多氯衍生物,如三氯甲烷、四氯化碳等,但是副产物的总量不多。

乙烯氧氯化反应的催化剂为金属氯化物和部分氧化物,金属包括 Cu、Fe、Cr、Mg、Ag、Au、Ni、Co、V、Pd 等,其中以 $CuCl_2$ 的活性最高,选择性最好,反应条件适宜。目前工业大都采用 $CuCl_2$ 为主要活性组分,γ-Al_2O_3 为载体的催化剂。催化剂按组分数又分单组分催化剂、双组分和多组分催化剂。单组分催化剂的活性组分仅为 $CuCl_2$,为改善单组分催化剂的热稳定性和使用寿命,在催化剂中添加第二组分,常用的为碱土金属的氯化物,主要是 KCl,但加入之后发现催化剂的活性略有下降。多组分催化剂的产生是为了追求低温高活性,如 Shell 公司提出"$CuCl_2$—碱金属氯化物—稀土金属氯化物"型催化剂,活性高,热稳定性得到了提高。

(2) 氧氯化反应机理及动力学 乙烯氧氯化反应机理目前有多种观点,主要归纳为以下两种。

① 氧化还原机理 日本的藤堂、宫内健等人认为,首先是催化剂中的 Cu^{2+} 被吸附的 C_2H_4 还原成为 Cu^+,同时生成二氯乙烷,并且该步骤最慢,为过程的控制步骤,反应如下:

$$CH_2=CH_2+2CuCl_2 \longrightarrow ClCH_2-CH_2Cl+Cu_2Cl_2$$

然后是 O_2 把 Cu^+ 氧化为 Cu^{2+},HCl 则补偿催化剂中的 Cl 原子,使之还原为 $CuCl_2$,反应如下:

$$Cu_2Cl_2+0.5O_2 \longrightarrow CuCl_2 \cdot CuO$$

$$CuCl_2 \cdot CuO+2HCl \longrightarrow 2CuCl_2+H_2O$$

氧氯化反应就是这样通过还原—氧化—还原循环进行的。

② 乙烯氧化机理 美国学者 R.V.Carrubba 等人考虑了催化剂的吸附特性,针对氧氯化反应速率随乙烯和氧的分压增大而加快,且与氯化氢的分压几乎无关的实验现象,提出机理如下:

$$HCl+\sigma' \rightleftharpoons HCl(\sigma')$$

$$\frac{1}{2}O_2+\sigma \rightleftharpoons O(\sigma)$$

$$C_2H_4+\sigma \rightleftharpoons C_2H_4(\sigma)$$

$$C_2H_4(\sigma)+O(\sigma) \rightleftharpoons C_2H_4O(\sigma)+\sigma$$

$$C_2H_4O(\sigma)+2HCl(\sigma') \rightleftharpoons C_2H_4Cl+H_2O(\sigma)+2\sigma'$$

$$H_2O(\sigma) \rightleftharpoons H_2O+\sigma$$

式中,σ,σ' 分别为催化剂表面吸附氯化氢和氧的吸附中心。

反应的控制步骤为吸附乙烯和吸附氧的反应。

对于氧氯化反应还有人提出络合-氧化还原机理,迄今对乙烯氧氯化过程的反应机理尚无定论,但多数研究人员倾向于氧化还原机理。

关于乙烯氧氯化反应动力学,由于研究所用催化剂的组成、表面结构不同,所选择的反应程度范围不同,反应条件不同,因此导致反应的氧氯化程度不同。故现已报道的动力学方程式各有不同，如下列动力学方程式：

$$r = k p_e^{0.66} p_o^{0.27}$$
$$r = k p_e^{0.73} p_o^{0.34} p_w^{-0.18}$$
$$r = k p_e^{0.6} p_h^{0.2} p_o^{0.5}$$

式中，p_e、p_h、p_o、p_w 分别为乙烯、氯化氢、氧气和水蒸气的分压。

尽管上述动力学方程式不同，但共同点是乙烯浓度对氧氯化反应速率的影响最大，且其浓度增大，反应速率增加。

4.7.2.2 平衡型氧氯化法工艺条件

影响氧氯化反应的主要因素有反应温度、反应压力、物料配比、原料气的纯度和接触时间。

(1) 反应温度 乙烯氧氯化反应是放热的催化反应，除主反应外，还有多个副反应，催化剂的活性和选择性与温度密切相关，而反应又是放热反应，故存在适宜的反应温度。针对 $CuCl_2/\gamma$-Al_2O_3 催化剂（Cu 质量含量为 12%），实验考察了乙烯氧氯化反应的温度特性，图 4-70 所示为温度对反应速率的影响、图 4-71 所示为温度对产物二氯乙烷选择性的影响、图 4-72 所示为温度对乙烯燃烧副反应的影响。

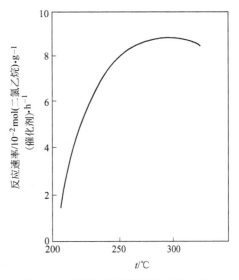

图 4-70 温度对反应速率影响的曲线

图 4-70 所示的结果说明，在低于 250℃ 范围，温度提高，反应速率迅速加快；250～300℃ 范围，反应速率随温度的提高逐渐减慢，高于 300℃，反应速率开始下降。图 4-71 所示的规律表明，250℃ 下反应的选择性最大。图 4-72 的曲线反映出，270℃ 以内，温度提高，乙烯燃烧反应缓慢，但高于 270℃ 后，乙烯燃烧反应加剧。此外，温度过高，催化剂的活性成分会流失，催化剂的使用寿命缩短。同时考虑到该反应是放热的反应，从安全的角度，温度不宜过高。所以，在保证反应物转化率达到要求的前提下，反应温度应尽可能低为好。适宜的反应温度主要根

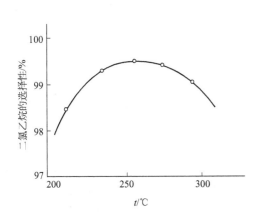

图 4-71 温度对产物二氯乙烷选择性的影响

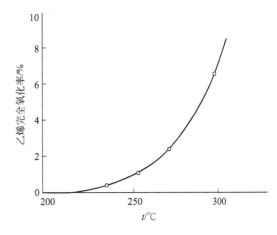

图 4-72 温度对乙烯燃烧副反应的影响

据催化剂的活性决定，对于 $CuCl_2$-KCl/γ-Al_2O_3 催化剂，流化床反应器反应温度为 205～235℃，固定床反应器反应温度为 230～290℃。

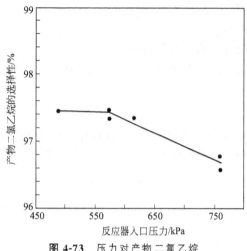

图 4-73　压力对产物二氯乙烷选择性的影响曲线

(2) 反应压力　增高压力可提高反应速率，而选择性则下降。如图 4-73 所示，压力提高，生成二氯乙烷的选择性下降，但选择性下降的幅度很小。压力的选择主要根据反应的设备类型，如流化床反应器的压力稍低于固定床的压力，同时考虑到加压可提高设备利用率及对后续的吸收和分离操作有利，故工业上一般都采用常压或低压操作。

(3) 物料配比　当催化剂和反应温度一定时，原料配比对乙烯氧氯化生成速率和选择性有较大的影响。由前面讨论动力学方程可知，提高乙烯分压或比例，反应速率大大加快，另外还可提高氯化氢的转化率。但乙烯过量，乙烯燃烧副反应加剧；氧气含量过量，也会产生同样的结果。操作中必须注意，若氯化氢过量则会吸附在催化剂表面上，导致催化剂颗粒胀大，床层密度减小，若采用的是流化床反应器，其床层急剧升高，甚至发生节涌现象，不能正常操作。乙烯：氯化氢：氧理论配比为 1∶2∶0.5（摩尔比）。在正常操作情况下，采用乙烯和氧过量，使氯化氢接近全部转化，工业上采用的原料配比为乙烯：氯化氢：氧为 1.05∶2∶0.75（摩尔比）。

(4) 原料气的纯度　由于烯烃和炔烃可进行氧氯化反应，故在乙烯原料气中要严格控制乙烯气中的乙炔、丙烯和丁烯等不饱和烃的含量。避免乙炔等氧氯化生成四氯乙烯、三氯乙烯等，或者在二氯乙烷成品裂解时产生结焦现象。当用二氯乙烷裂解产生的氯化氢时，原料气中氯化氢的纯度也非常重要，防止裂解产生乙炔，这时必须将氯化氢和氢气混合经过加氢反应器加氢精制，使得乙炔含量低于 20ppm。实验结果表明原料气中的氮气、一氧化碳、二氧化碳和烷烃等惰性气体无论浓度高低，它们对乙烯氧氯化反应无影响，且能带走一定的热量，使得温度容易控制，但工业生产中惰性气体含量一般不超过 30%。

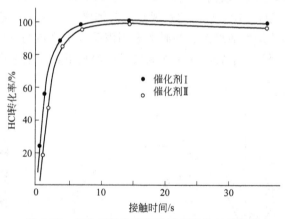

图 4-74　氯化氢转化率与接触时间的关系曲线

(5) 接触时间　对于单一的气固催化反应，接触时间越长，反应物转化率越高，但是当产物可能发生进一步的串联副反应时，必定存在一适宜的接触时间，图 4-74 所示为氯化氢转化率与接触时间关系曲线。由此可见，不同催化剂，适宜的接触时间也不同，活性高的催化剂，适宜的接触时间较短，而活性较低的催化剂，一般采用较长的接触时间。图 4-74 结果表明，当接触时间 10s 时，氯化氢的转化率接近 100%，接触时间过长，产物二氯乙烷裂解产生氯化氢了，氯化氢的转化率反而下降。

4.7.2.3 平衡型氧氯化法工艺流程及主要设备

平衡型氧氯化法制氯乙烯工艺流程由3部分构成，乙烯液相直接加成氯化制备1,2-二氯乙烷，乙烯气相氧氯化制备1,2-二氯乙烷，1,2-二氯乙烷热裂解制备氯乙烯，整个生产过程工艺流程见图4-75。

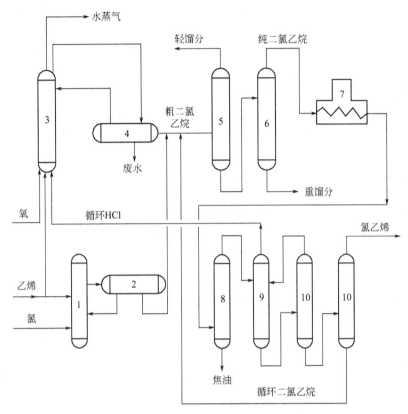

图 4-75 某化学工业公司氧氯化法生产氯乙烯的工艺流程
1—直接氯化反应器；2—气液分离器；3—氧氯化反应器；4—分离器；
5—脱轻馏分塔；6—脱重馏分塔；7—裂解炉；8—急冷塔；
9—氯化氢回收塔；10—氯乙烯精馏塔

(1) 乙烯直接氯化制备二氯乙烷工序 乙烯液相直接加成氯化制二氯乙烷工艺有低温、中温和高温工艺技术，主要是产物的出料方式不同。以低温技术为例，反应温度为50℃，采用三氯化铁催化剂，原料乙烯和氯气摩尔配比为1.1:1（乙烯过量）进入直接氯化反应器，产物经气液分离器得到液相粗二氯乙烷，然后去往脱轻馏分塔精制，气体返回直接氯化反应器。

(2) 乙烯气相氧氯化制备二氯乙烷工序 该工序由氧氯化制备二氯乙烷和二氯乙烷精制两个单元组成。生产所需原料是乙烯、氧气（也可以是空气）和来自裂解部分的氯化氢，本流程以氧气为例。原料乙烯与裂解来的氯化氢混合后进入氧氯化反应器，氧气从底部进入氧氯化反应器，在反应器内气体通过气体分配器和挡板，进入 $CuCl_2$-KCl/γ-Al_2O_3 催化剂床层，发生氧氯化反应，反应温度225～290℃，压力1.0MPa，乙烯:氯化氢:氧的摩尔比为1:2:0.5。乙烯氧氯化反应放出大量的热，通过内置的冷却器回收热量，副产水蒸气，通过调节蒸汽的压力而控制反应的温度。含有二氯乙烷、水、一氧化碳、二氧化碳和少量其他氯代烃类，以及未转化的原料等气体从反应器顶部流出，经分离器分离后，与乙烯直接氯化得到的粗二氯乙烷汇聚，进入二氯乙烷精制单元，废水排到废水处理单元。乙烯直接氯化和氧氯化得到的粗二氯乙烷混合的气体从塔底进入脱轻馏分塔，将二氯乙烷中的水和轻组分脱除，又经脱重馏分塔脱除二氯乙烷中的重组分，塔顶得到高纯度的二氯乙烷（可达99%）进入裂解工序。

(3) 二氯乙烷热裂解制备氯乙烯工序 这一部分由裂解制氯乙烯和氯乙烯精制2个单元组成。精制后的二氯乙烷进入管式裂解炉，其裂解温度为430～530℃，压力2.7MPa，催化剂为沸石或活性炭，也可无催化剂，为减少裂解产生的副产物（主要为乙烯、氯丁二烯、氯甲烷、氯丙烯和焦炭等），控制裂解反应的转化率为50%～60%，氯乙烯的选择性为95%。二氯乙烷裂解反应为强吸热反应，裂解温度由管外燃烧的流量和压力控制。大约500℃左右的高温裂解气进入急冷塔，降温到70℃左右，急冷塔（急冷剂一般为液态二氯乙烷）塔顶流出氯乙烯、氯化氢和少量二氯乙烷，经氯化氢回收塔分离，塔顶出纯度为99.8%的氯化氢作为氧氯化原料，塔底物料（主要为氯乙烯和二氯乙烷）进入氯乙烯精馏塔，塔顶得到纯度为99.9%的成品氯乙烯，釜液主要为二氯乙烷和少量裂解产生的重组分，返回上部分的二氯乙烷精制单元。

氧氯化反应器是平衡法氧氯化制氯乙烯生产过程的核心设备，无论是采用氧气，还是用空气，氧氯化反应可采用固定床或流化床。

(1) 固定床氧氯化反应器 该种反应器与普通的固定床反应器一样，器内设置多根列管，管内装有催化剂颗粒，原料气自下而上流经催化剂床层，管间走冷却介质，通常为加压热水，靠氧氯化反应放出的热量副产一定压力的水蒸气。固定床反应器具有转化率高的特点，但是其传热效果差，反应器局部容易过热，造成局部温度过高而使得催化剂的反应选择性下降和寿命缩短。

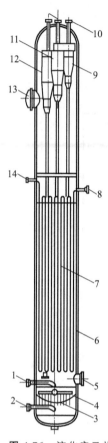

图4-76 流化床乙烯
氧氯化反应器
结构示意图

1—乙烯和氯化氢入口；
2—氧气入口；3—板式分布器；4—管式分布器；
5—催化剂入口；6—反应器外壳；7—冷却管组；
8—加压热水入口；9,11,12—旋风分离器；10—反应气出口；13—人孔；
14—高压水蒸气出口

(2) 流化床氧氯化反应器 这是目前氧氯化较为常用的反应器类型，其结构如图4-76所示。设备主体为不锈钢圆柱形筒体，氧气或空气从反应器底部水平插入的进气管进入，经多喷嘴板式分布器均匀分布，板式分布器上方设置乙烯-氯化氢混合气体进口管，该进口管与多喷嘴管式分布器相连，该喷嘴数与分布板的相等且刚好插入板式分布器的喷嘴内，乙烯-氯化氢和氧气分别进料，防止因操作失误而发生爆炸。反应器内还设有一定数量的立式冷却管，通入加压热水，移出反应热，并副产水蒸气。反应器上部设置3个串联的旋风分离器，分离和回收反应气夹带的催化剂，补充催化剂时用压缩空气自气体分布器送入。

流化床反应器具有传质传热效率高，温度分布均匀，不产生热点，温度控制容易等优点。但催化剂磨损大，物料返混较重，初期使用时，转化率不如固定床的。

4.7.3 丙烯氯化制环氧氯丙烷

环氧氯丙烷是一种重要的有机化工原料，用途十分广泛。主要用于生产甘油、环氧树脂、氯醇橡胶、聚醚多元醇等。另外，氧氯丙烷是杀鼠剂鼠甘伏的中间体，也是其他化工产品的中间体，并用作纤维素酯、树脂和纤维素醚的混剂。同时它也是制备表面活性剂、医药、农药、涂料、胶黏剂、离子交换树脂、增塑剂、甘油衍生物以及缩水甘油衍生物等的原料。环氧氯丙烷（ECH）别名表氯醇，化学名称为1-氯-2,3-环氧丙烷，分子式C_3H_5OCl，分子量92.85，是一种易挥发、不稳定的无色油状液体，有与氯仿、醚相似的刺激性气味，密度$1.1806g/cm^3$，沸点115.2℃，凝固点-57.2℃，自燃点415℃，微溶于水，能与多种有机溶剂混溶，可与多种有机液体形成共沸物。

工业上环氧氯丙烷的生产方法主要有丙烯高温氯化法和醋酸丙烯酯法。丙烯氯化法由美国Shell公司于1948年首次开发成功并应用于工业化生产。醋酸丙烯酯法由前苏联科学院以及日本昭和电工公司于20世纪80年代分别开发成功。此外，还有丙烯醛法、丙酮法、有机过氧化氢法和氯丙烯直接氧化法等。丙烯氯化法技术成熟，生产过程灵活性大，操作稳定，所以至今世界上90%以上的环氧氯丙烷采用该方法进行生产。

4.7.3.1 丙烯氯化制环氧氯丙烷反应原理

丙烯氯化制环氧氯丙烷所用主要原料包括丙烯、氯气和石灰，其生产过程主要包括丙烯高温取代制氯丙烯，氯丙烯次氯酸化制二氯丙醇，二氯丙醇皂化制环氧氯丙烷3个反应单元。

(1) 丙烯高温取代制氯丙烯

$$CH_2=CHCH_3 + Cl_2 \xrightarrow{470℃} CH_2=CHCH_2Cl + HCl$$

实验研究结果表明，高温丙烯与氯气发生α氢原子取代反应，该反应为放热反应。同时可能发生下列副反应，生成1-氯丙烯和2-氯丙烯：

$$CH_2=CHCH_3 + Cl_2 \longrightarrow ClCH=CHCH_3 + HCl$$

$$CH_2=CHCH_3 + Cl_2 \longrightarrow CH_2=CClCH_3 + HCl$$

温度较低时，可能发生加成氯化反应，生成1,2-二氯丙烷：

$$CH_2=CHCH_3 + Cl_2 \longrightarrow ClCH_2CHClCH_3$$

当温度过高或氯气过量时，丙烯可能分解为炭和氯化氢。温度过高时，还可能发生丙烯聚合和缩合反应生成高沸物和焦油等。

(2) 氯丙烯次氯酸化制二氯丙醇 低温下，氯丙烯与氯气和水（次氯酸）发生加成反应：

$$2CH_2=CHCH_2Cl + 2HOCl \longrightarrow \underset{2,3\text{-二氯丙醇（70\%）}}{ClCH_2CHClCH_2OH} + \underset{1,3\text{-二氯丙醇（30\%）}}{ClCH_2CHOHCH_2Cl}$$

主要副反应是氯气直接与氯丙烯反应生成三氯丙烷、四氯丙醚（对称和非对称两种结构）等。

(3) 二氯丙醇皂化制环氧氯丙烷

二氯丙醇（两个异构体）水溶液与$Ca(OH)_2$或NaOH反应生成环氧氯丙烷：

$$\left.\begin{array}{r}ClCH_2CHClCH_2OH\\ClCH_2CHOHCH_2Cl\end{array}\right\} + 0.5Ca(OH)_2 \longrightarrow \underset{O}{CH_2CH-CH_2Cl} + 0.5CaCl_2 + H_2O$$

副反应（环氧氯丙烷进一步水解）：

$$\underset{O}{CH_2CH-CH_2Cl} + 0.5Ca(OH)_2 + H_2O \longrightarrow 0.5CaCl_2 + \underset{OH\ OH\ OH}{CH_2CHCH_2}$$

上述两个反应均为放热反应。

4.7.3.2 丙烯氯化制环氧氯丙烷工艺条件

(1) 高温氯化工艺条件 因低温丙烯容易发生加成氯化生成二氯丙烷，又因温度过高丙烯聚合或缩合和分解，所以丙烯氯化必须严格控制温度为470~500℃。

由于氯气过量，丙烯易发生炭化，但丙烯过量太多，易生成多氯化物。工业生产通常采用丙烯与氯气的摩尔比为(4~5):1。

丙烯与氯气在高温氯化前需要在适当的温度下适度地混合。若丙烯与氯气混合不均，高温下可能在丙烯量少的局部地方发生炭化反应，丙烯量多的地方发生部分聚合或缩合；若先混合，加热温度较低，可能加成氯化反应占主导，副产物增多，低于300℃时，产生的1,2-二氯丙烷量大。所以，工业上一般先将丙烯预热到380~400℃，然后在喷射式混合器中与氯气混合。

丙烯和氯气在反应器中的停留时间过短，反应没完全完成；停留时间过长反应目标产物容易发生进一步的反应。两种情况均使丙烯转化率降低。当然，停留时间的确定还要考虑反应温度，温度高，停留时间适当缩短。一般停留时间为2~5s。

(2) 次氯酸化工艺条件 氯丙烯次氯酸化反应只在液相中生成二氯丙醇，气相和液相中生成三氯丙烷。所以，降低反应温度，提高氯气在液相中的溶解度，减少氯丙烯的挥发量，即减少了气相反应的机会，减少了副产物。通常反应温度应低于50℃。

考虑到氯气和氯丙烯在溶液中溶解度很低，工业生产采用反应液多次循环操作，液相中次氯酸化产物二氯丙醇浓度增加，但是二氯丙醇浓度高，气相反应增加，副产物增加，且反应选择性又降低了。故一般生产过程控制二氯丙醇质量浓度为4.0%~4.4%。

次氯酸化反应中氯丙烯与氯气的比例对二氯丙醇收率影响很大。无论是氯丙烯还是氯气过量都导致二氯丙醇收率下降，工业生产采用氯丙烯与氯气的摩尔比为1.003:1。

除上述温度、产物浓度和物料配比工艺条件外，溶液的pH影响游离氯含量，也就影响氯丙烯与游离氯的副反应，即影响二氯丙醇的产率，研究表明溶液pH在4.8~5.2范围，二氯丙醇收率较高。

(3) 皂化工艺条件 皂化过程主要副反应是环氧氯丙烷的水解和缩合。所以，提高环氧氯丙烷产量，应采用高温和气提的措施，使得环氧氯丙烷以气态尽快离开反应器。皂化反应一般控制在98~100℃范围。

皂化反应物料配比应采取皂化液过量，它既要满足环化的需要，又要中和溶液中的盐酸，以保证碱性条件下皂化反应完全。但是皂化液过量太多，环氧氯丙烷会水解生成丙三醇。理论上碱液量由反应液中氯化氢和二氯丙醇的量决定，生产过程控制氢氧化钙:(二氯丙醇+盐酸)的摩尔比为(1.10~1.15):1。

4.7.3.3 丙烯氯化制环氧氯丙烷工艺流程

图4-77所示为氯丙烯法制环氧氯丙烷工艺流程。因丙烯氯化制环氧氯丙烷反应过程多步，且每一步都涉及多个副反应，故生产过程除主要产物外，副产物较多，故整个生产过程包括反应和分离。其流程分为3个生产工序，包括丙烯高温氯化制氯丙烯与精制、氯丙烯次氯酸化制二氯丙醇、二氯丙醇皂化制环氧氯丙烷与产品精制。

(1) 丙烯高温氯化制氯丙烯与精制 纯度大于98%的液态丙烯经蒸发器汽化并与氯化反应产物换热，过热到350~380℃，与氯气按4:1的摩尔比配料送入混合器，然后进入氯化反应器，在470℃左右和常压下进行反应，反应物与丙烯换热，冷却后的产物粗氯丙烯进入预分馏塔分离出氯化氢和未反应的丙烯，反应器塔顶气相中的氯化氢和丙烯经水洗塔和碱洗塔除去氯化氢，未反应的丙烯与预分馏塔塔顶的丙烯经冷却和干燥后循环返回反应器再利用。经预分馏塔分离后纯度为80%左右的粗氯丙烯送入D-D分馏塔，塔底获得粗的D-D馏分（顺-1,2-二氯丙烯、反-1,3-二氯丙烯、1,2-二氯丙烷混合物）作为粗副产品D-D混剂，塔顶为纯度为98%的氯丙烯和少量低沸物。

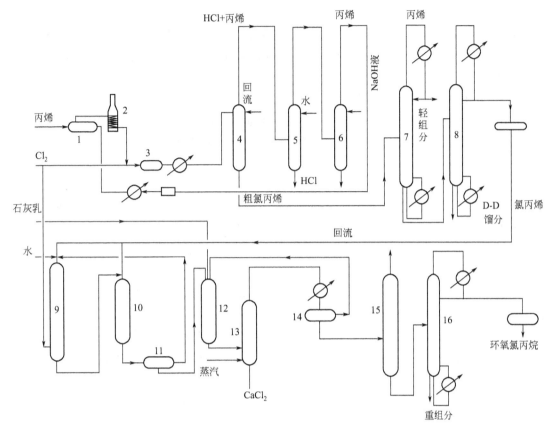

图 4-77　氯丙烯法制环氧氯丙烷工艺流程
1—缓冲罐；2—过热器；3,9—混合器；4—氯化反应器；5—水洗塔；
6—碱洗塔；7,15—预分馏塔；8—D-D分馏塔；10—次氯酸化反应器；
11—二氯丙醇贮槽；12—皂化反应器；13—皂化反应蒸出塔；
14—分相器；16—环氧氯丙烷塔

（2）氯丙烯次氯酸化制二氯丙醇　用泵将氯丙烯强制溶解在循环水溶液中，用喷射器将氯气经喷嘴加入到氯丙烯的循环水溶液中，并使氯气快速与循环水混合，进入次氯酸化反应器反应，反应温度控制在40℃，反应液中二氯丙醇浓度为4.2%。反应物进入二氯丙醇贮槽供皂化反应。

（3）二氯丙醇皂化制环氧氯丙烷与产品精制　二氯丙醇溶液经预热后，与含20%～25%氯化钙的石灰乳充分混合，然后送入皂化反应器进行皂化反应，并在皂化反应蒸出塔内继续反应，皂化反应蒸出塔底部通入水蒸气，将环氧氯丙烷迅速气提出塔，防止进一步水解。蒸出物经冷凝和冷却达到50℃，进入到分相器，上部水层返回到皂化反应器，下部含大约82%环氧氯丙烷的油层进入预分馏塔，塔顶分离出低沸物，塔底为环氧氯丙烷和高沸物。釜液经冷却后进到环氧氯丙烷塔精馏，塔底分离出高沸物，塔顶得到精制的环氧氯丙烷产品。

思考题

4-1 烃类裂解的目的及所用原料是什么？烃类裂解过程中有哪些类型的化学反应发生？

4-2 为什么说乙烯是基本有机化学工业最重要的产品？乙烯、丙烯、丁烯各自有什么主要用途？

4-3 什么是烃类裂解的一次反应和二次反应？二次反应对烃类裂解有何危害和影响？

4-4 烃类裂解过程中生炭和生焦的反应规律是什么？管式炉结焦的原因和危害有哪些？如何清焦？

4-5 烃类裂解反应的特点是什么？

4-6 根据裂解反应原理可知：低压有利于裂解反应的进行，但是裂解又需要高温，为了解决这对矛盾，生产实际过程中均采用稀释剂降低烃分压来达到低压的作用。目前工业上均采用水蒸气作稀释剂，为什么？

4-7 什么是横跨温度？如何选定横跨温度？提高横跨温度有何利弊？

4-8 试述裂解气为什么要进行急冷？急冷方式有哪几种？对急冷换热器有哪些要求？

4-9 裂解工艺流程由几部分组成？各部分的作用是什么？

4-10 裂解气组成中哪些成分要净化？净化的方法是什么？

4-11 裂解气为什么要进行压缩？

4-12 为什么要进行裂解气的分离？工业上主要有哪些方法？深冷分离法的分离原理是什么？三种典型分离流程有何异同？

4-13 脱甲烷塔、乙烯塔和丙烯塔的作用和特点分别是什么？

4-14 加氢和脱氢反应在热效应、反应温度、反应压力等方面各有什么特点？

4-15 加氢和脱氢反应的催化剂种类有哪些？

4-16 苯加氢制环己烷的主、副反应有哪些？如何抑制副反应发生？

4-17 影响乙苯脱氢的工艺条件有哪些？如何选择？

4-18 氧化反应的共同特点是什么？为什么氧化反应极易发生爆炸？何种反应器可以用于氧化反应？

4-19 制取环氧乙烷和乙二醇的方法是什么？简述各自的反应原理。

4-20 直接氧化法生产环氧乙烷的工艺过程中，哪些主要工艺条件要严格控制？为什么？如何选择合适的催化剂？

4-21 在石油化工领域中用量最大的芳烃都是哪三种？简述其下游产品的用途。

4-22 非均相催化氧化反应的特点是什么？

4-23 乙烯环氧化生产环氧乙烷过程中有大量的反应热放出，反应器为何种类型？如何移走这些热量以保证反应的正常进行？

4-24 列管式换热器中的热点温度是如何产生的？有什么危害？用什么方法可以减小热点的产生和轴向温差？

4-25 致稳气及抑制剂的主要作用是什么？尾烧是怎样发生的？有何危害？

4-26 乙烯配位催化氧化制乙醛的反应中所采用的催化剂是什么？其反应机理是什么？采用的反应器形式是什么？反应温度是如何控制的？

4-27 工业用氢气的主要来源有几种？举例说明以烃和煤为原料制取氢工艺有何异同点？

4-28 简述苯的烷基化生产乙苯的反应原理、特点、常用催化剂和反应器。

4-29 甲烷化反应指的是什么？怎样去除氢气中含有的 CO 杂质？

4-30 什么叫羰基化反应？醋酸的合成方法有哪些？甲醇羰基化制醋酸的优势是什么？

4-31 简述丙烯羰基合成法制丁辛醇的反应原理、所用催化剂、反应器形式以及工艺条件的确定。

4-32 氯化反应的类型？反应机理有哪些？具体内容是什么？

4-33 乙烯氧氯化反应的催化剂是什么？特点是什么？使用条件如何？

4-34 乙烯氧氯化反应的反应器有哪些类型？各自的结构特点是什么？工业常用哪种？为什么？

4-35 平衡型氧氯化法制氯乙烯的出发点是什么？其生产过程包括几部分？各部分的作用和主反应是什么？副反应是什么？

4-36 简述平衡型氧氯化法主要工艺条件，以及选择的原因。

4-37 简述丙烯氯化制环氧氯丙烷的生产工艺流程。

4-38 简述丙烯氯化制环氧氯丙烷的工序包括哪些？各个工序的主要工艺条件有哪些？

4-39 丙烯氯化制环氧氯丙烷生产过程中次氯酸化工艺条件中为什么温度要低于50℃？

参 考 文 献

[1] 朱志庆. 化学工程与工艺. 北京：化学工业出版社，2011.
[2] 吴指南. 基本有机化工工艺学. 修订版. 北京：化学工业出版社，2009.
[3] David R Lide, Ph D. Handbook of chemistry and physics. Boca Raton：Taylor & Francis Group, 2009-2010.
[4] John A Dean. Handbook of origanic chemistry. New York：McGraw-Hill Book Company, 1987.
[5] Howard J Strauss, Milton Kaufman. Handbook for Chemical Technicians. New York：McGraw-Hill Book Company, 1976.
[6] 黄仲九，房鼎业. 化学工艺学. 精编版. 北京：高等教育出版社，2011.
[7] 徐绍平，殷德宏，仲剑初. 化工工艺学. 第2版. 大连：大连理工大学出版社，2012.
[8] 《石油和化工工程设计工作手册》编委会. 石油和化工工程设计工作手册：第十一册. 化工装置工程设计. 东营：中国石油大学出版社，2010.
[9] 邹长军. 石油化工工艺学. 北京：化学工业出版社，2010.
[10] 化学工业出版社组织编写. 化工生产流程图解. 第2版. 北京：化学工业出版社，1997.
[11] 《己内酰胺生产及应用》编写组. 己内酰胺生产及应用. 北京：烃加工出版社，1988.
[12] 唐有祺编著. 相平衡、化学平衡和热力学. 北京：科学出版社，1984.
[13] 谢克昌，房鼎业. 甲醇工艺学. 北京：化学工业出版社，2010.
[14] 米镇涛. 化学工艺学. 第2版. 北京：化学工业出版社，2006.
[15] 张受谦. 化工手册. 济南：山东科学技术出版社，1984.
[16] Jacob A Moulijn, Michiel Makkee, Annelies E Van Diepen. Chemical Process Technology. 2nd Edition. West Sussex：John Wiley & Sms, 2013
[17] 陈丰秋. 乙烯氧氯化反应过程的技术基础及其工程分析 [学位论文] 杭州：浙江大学，1992.
[18] 山东化学石油研究所. 国外乙烯氧氯化催化剂. 聚氯乙烯，1976（02）.
[19] 中国科学院甘肃化学物理研究所 氯乙烯组. 乙烯氧氯化制氯乙烯. 石油化工，1973（02）.
[20] 王松权. 乙烯工艺与技术（精华本）. 北京：中国石化出版社，2012.

第 5 章

煤化工工艺

5.1 概述

5.1.1 煤炭资源与煤的性质

5.1.1.1 煤炭资源

煤是植物遗体在覆盖地层下，经复杂的生物化学和物理化学作用，转化而成的固体有机可燃沉积岩，也叫煤炭（coal）（GB/T 3715—2007）。煤是地球上能得到的最丰富的化石燃料。根据《BP世界能源统计》数据，2012年年底世界煤炭探明储量为8009.38亿吨。按目前的开采速率，可满足109年的全球生产需要，是目前为止化石燃料中储产比最高的燃料。世界各国和地区煤的探明储量分布情况如表5-1所示。我国煤炭探明储量为1145.00亿吨，占世界煤炭储量总量的13.3%，位居世界第三，仅次于美国和俄罗斯。我国煤炭资源主要分布在华北、西北地区，分别占全国储量的50%和30%左右，集中在昆仑山-秦岭-大别山以北的地区，以山西、内蒙古和陕西三个省份最为丰富。

表 5-1 世界各国和地区煤的探明储量分布情况

项目	煤炭探明储量/亿吨	占世界总储量比例/%	储采比
主要国家			
美国	2372.95	27.6	257
俄罗斯	1570.10	18.2	443
中国	1145.00	13.3	31
澳大利亚	764.00	8.9	177
印度	606.00	7.0	100
乌克兰	338.73	3.9	384
哈萨克斯坦	336.00	3.9	289
南非	301.56	3.5	116
按地区分布			
北美洲	2450.88	28.5	244
中南美洲	125.08	1.5	129
欧洲及欧亚大陆	3346.04	35.4	238
中东国家及非洲	328.95	3.8	124
亚太地区	2658.43	30.9	51

5.1.1.2 煤的形成

煤的形成主要包括五大条件：①物质条件，即成煤的原始植物；②沉积条件，即植物死亡后的沉积环境；③温度和压力条件，主要取决于埋藏深度；④时间条件，即漫长的形成过程；⑤地质条件，即不断的地壳运动。人类探明的煤炭大约形成于 2.9 亿~3.6 亿年前的石炭纪时期。该时期的植物死亡后，落入缺氧的沼泽或泥浆地带，或被沉积物掩埋。植物遗体与氧气呈半隔绝状态，不至于完全氧化分解，经生物化学作用形成泥炭。泥炭在地热和地质压力共同作用下逐渐硬化成煤炭，这一变化过程称为"煤化过程"。煤化阶段首先形成泥炭，然后褐煤，随之烟煤，最后是无烟煤，如图 5-1 所示。植物的主要化学组成是多环高氧含量的纤维素和木质素。在煤化过程中，纤维素与木质素中的氧转化为 CO_2 和水而被排出，同时残余物中的碳浓度不断增大，发热量不断提高，植物的碳成分以及植物在光合作用下所获得的太阳能最终汇集于煤炭燃料中。

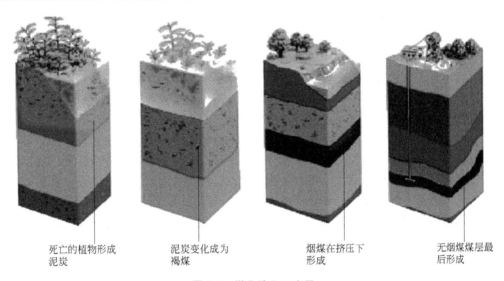

死亡的植物形成　　泥炭变化成为　　烟煤在挤压下　　无烟煤煤层最
泥炭　　　　　　褐煤　　　　　　形成　　　　　　后形成

图 5-1 煤化阶段示意图

5.1.1.3 煤的组成

煤主要由有机质、矿物质和水组成。有机质主要包括碳、氢、氧、氮和硫等元素，其中碳、氢和氧元素的总占煤中有机质的 95% 以上。碳是煤中有机质的最主要组成元素。在结构上，煤主要由带脂肪侧链的大芳环和稠环等组成，而大芳环和稠环的骨架主要是由碳元素构成的。有机质中碳元素的含量随着煤化度的升高而增大，我国的泥炭中碳含量为 55%~62%，褐煤中碳含量增加为 60%~76.5%，烟煤中碳含量变为 77%~92.7%，无烟煤中碳含量多在 90% 以上。因此，碳含量可以作为煤化度的表征指标。氢是煤中有机质的第二个重要组成元素。氢是组成煤大芳环和稠环骨架以及侧链的重要元素，在腐殖煤中氢的原子百分数与碳为同一数量级。与碳相比，氢元素具有更强的反应活性。在煤化过程中，氢含量随着煤化度的升高而减小。氧是煤中有机质的第三个重要组成元素。氧在有机质中主要以羧基（—COOH）、羟基（—OH）、羰基（ $\diagdown$ C=O）、甲氧基（—OCH$_3$）和醚（—C—O—C—）等官能团存在，也有少量氧与碳骨架形成杂环结构。煤中有机质的氧随煤化度的加深而减少，甚至趋于消失。氧的反应活性很高，在煤的加工利用过程中起较大的作用。煤中有机质的氮和硫元素含量相对碳、氢和氧而言要少得多，但是在煤燃烧过程中，这两种元素分

别转化为 NO_x 和 SO_2 等气体，对环境造成严重污染，因此煤中氮和硫含量是评价煤质的重要指标之一。煤中的氮含量一般约为 0.5%～3.0%，氮是煤中唯一完全以有机状态存在的元素。煤中的氮主要存在于比较稳定的杂环和复杂的非环结构中，很可能源自动、植物的脂肪、蛋白质等成分。煤中氮含量随煤化度的加深而趋于减小，但规律性到烟煤阶段才较为明显。煤中有机质的硫主要以噻吩、硫醇和硫醚等形态存在，主要来自成煤植物和微生物的蛋白质等成分，其含量一般小于 0.5%。煤中有机质的硫含量与煤化度关系不大，主要与成煤时的沉积环境相关。在我国，北部产的煤硫含量较低，往南则逐渐增高。

煤中的矿物质主要包括碱金属、碱土金属、铁、铝等的碳酸盐、硅酸盐、硫酸盐、磷酸盐以及硫化物。其中，硫化物是可燃的，其余矿物质则随着煤的燃烧转变为灰分。煤中的水主要存在于煤的孔隙结构中。水本身不可燃，在煤的燃烧过程中还将吸收热量汽化为水蒸气，因而会影响燃烧的稳定性与热传导。

5.1.1.4 煤的性质

煤的化学组成和结构形态决定煤的性质。煤的性质主要包括物理性质、化学性质和工艺性质。物理性质是对煤质进行初步评价的基础，化学性质则为煤炭转化和直接化学加工技术的发展提供指导，工艺性质决定煤的工业转化技术的重要参数。

煤的物理性质具体为煤的颜色、光泽、密度、导电性、硬度、脆度等。其中，煤的颜色和光泽可以通过肉眼观察，其他物理性质则需要通过科学实验测定。煤呈棕色—黑色，具有沥青、玻璃和金属光泽。煤的色泽一般随煤化度的加深而增强。煤的密度是指单位体积煤的质量。根据研究和应用的需要，煤的密度分为真密度、视密度（或假密度）和堆密度。学术上一般使用绝对密度，而工业上习惯使用相对密度。煤的相对真密度是不包括孔隙在内的一定体积的煤的质量与同温度、同体积的水的质量之比。它是计算煤层平均质量的重要指标。煤的相对视密度是包括孔隙在内的一定体积的煤的质量与同温度、同体积的水的质量之比。它是计算煤层储量的重要指标。煤的堆密度是指用自由堆积方法装满容器的煤的总质量与容器容积之比。它是设计煤仓，估计煤堆质量和计算炼焦炉装煤量等的重要参数。煤的真密度和视密度主要受煤岩组成、煤化度、煤中矿物质的组成和含量等因素影响，煤的堆密度还受煤的堆积方式影响。煤的导电性是指煤传导电流的能力，通常用电阻率表示。煤的导电性主要取决于煤化程度，煤化程度越高，煤的导电性越好。煤的硬度是指煤抵抗外来机械作用的能力，主要与煤化程度相关。煤的脆度是煤受外力作用而破碎的程度，受成煤的原始物质、煤岩成分和煤化程度等多因素影响。

煤的化学性质是指煤在一定条件下与其他化学物质发生反应的性能。煤发生的化学反应主要包括氧化、加氢、卤化、磺化和水解等反应。煤的燃烧，煤与硝酸、双氧水等氧化剂的反应是典型的氧化反应。煤的加氢液化则是重要的加氢反应。煤的磺化反应是指煤与浓硫酸反应，将磺基（—SO_3H）引入到煤的缩合芳香环和侧链上，生成磺化煤的过程。煤与氯气发生取代或加成反应的过程属于煤的卤化反应。煤的水解反应通常是指煤在碱性介质下水解生成苯酚类、醇类和羧酸类产物的过程。煤的化学性质研究为煤的结构分析提供了依据，也为煤的加工利用提供了实验基础。

煤的工艺性质包括煤的黏结性和结焦性、发热量、反应性和煤灰熔融性等。煤的黏结性是指煤粒（$d<0.2mm$）在隔绝空气受热后能否黏结其本身或惰性物质（即无黏结力的物质）成焦块的性质。煤的结焦性是煤粒隔绝空气受热后能否生成优质焦炭的性质。煤的黏结性和结焦性是炼焦用煤的重要工艺性质指标。煤的发热量是指单位质量的煤完全燃烧时产生的热量，又称为热值，用 Q 表示，单位为 J/g。发热量是供热用煤的主要工艺性质指标。煤

的反应性又叫反应活性,是指在一定温度条件下,煤与不同的气体介质(CO_2、O_2 和水蒸气)相互作用的反应能力。我国测定煤的反应性的方法是测定高温下煤还原 CO_2 的性能,以 CO_2 的还原率表示。图 5-2 所示为 CO_2 的还原率($\alpha/\%$)与相应的测定温度($T/℃$)的关系。从图中可知,各自煤的反应性随反应温度的升高而增强,随煤化程度的加深而减弱。反应性强的煤,在气化和燃烧过程中反应速率快、效率高。因而,煤的反应性是选择合理工艺过程及操作条件的主要依据之一。煤灰熔融性又称灰熔点,是动力和气化用煤的重要指标。煤灰是由煤中矿物质燃烧生成的各种金属和非金属氧化物以及硫酸盐等组成的复杂混合物,没有固定的熔点,只有一个相当宽的融化温度。根据国家标准(GB/T 219—2008)规定,煤灰熔融性的测定采用角锥法。将煤灰和糊精混合,制成一定规格的三角锥体,放入特制的灰熔点测定炉中,在一定的气体介质中,以一定的升温速率加热,根据灰锥在受热过程中的形态变化确定四个特征温度。如图 5-3 所示,当灰锥受热后尖端或棱开始融化,弯曲或者变圆的温度,称为变形温度(deformation temperature,DT);继续加热灰锥弯曲至触及托板或灰锥变形成球形的温度,称为软化温度(sphere temperature,ST);灰锥形变至近似半球形,即高约等于底长的一半时的温度,称为半球温度(hemisphere temperature,HT);灰锥熔化展开成高度在 1.5mm 以下的薄层时的温度,称为流动温度(flow temperature,FT)。工业上一般选软化温度(ST)作为衡量煤灰熔融性的主要指标。

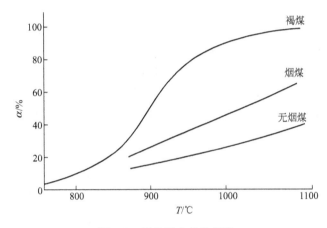

图 5-2 煤的反应性的测定

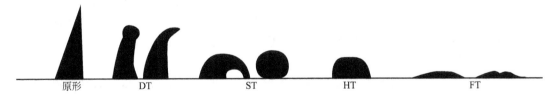

图 5-3 煤灰熔融性的测定

5.1.1.5 煤的分类

从不同的角度,煤主要有以下三种分类方法:①成因分类,即按照成煤的原始物料和堆积环境分类;②科学分类,即按照煤的元素组成等基本性质分类;③实用分类,即按照煤的工艺性质和用途分类。煤的实用分类在工业上被广泛使用,因而又被称为煤的工业分类。

根据最新的国家标准(GB/T 5751—2009)规定,采用煤化程度参数(主要是干燥无灰基挥发分)将煤炭划分为无烟煤、烟煤和褐煤;再根据干燥无灰基挥发分及黏结指数等指标，将烟煤划分为贫煤、贫瘦煤、瘦煤、焦煤、肥煤、1/3焦煤、气肥煤、气煤、1/2中黏煤、弱黏煤、不黏煤及长焰煤。各类煤的名称可用相应汉语拼音字母为代号表示。各类煤的特性及用途如下。

(1) 无烟煤（WY） 无烟煤是煤化程度最高的一类煤，其挥发分低，固定碳高，密度大，硬度大，燃点高，燃烧时不冒烟。无烟煤主要用作民用燃料、合成煤气的原料和高炉喷吹及烧结铁矿石用的燃料。山西晋城和阳泉矿区是典型的无烟煤产地。

(2) 贫煤（PM） 贫煤是煤化程度最高的一类烟煤，其不黏结或微具黏结性，在层状炼焦炉中不烧结，燃烧时火焰短，耐烧。贫煤主要用作发电燃料，也可作民用和工业锅炉的掺烧煤。山西潞安矿区是典型的贫煤产地。

(3) 贫瘦煤（PS） 贫瘦煤是高变质、低挥发分、弱黏结性的一类烟煤，其性质介于贫煤和瘦煤之间。贫瘦煤主要用作动力或民用燃料，少量用于生产煤气。山西西山矿区是典型的贫瘦煤产地。

(4) 瘦煤（SM） 瘦煤是低挥发分及中等黏结性的一类烟煤，其在焦化过程中能产生一定数量的胶质体。单独炼焦时，可以得到块度大、裂纹少、抗碎强度高的焦炭，但这种焦炭的耐磨强度稍差，因而瘦煤主要用于配煤炼焦。河北邯郸峰峰四矿是典型的瘦煤产地。

(5) 焦煤（JM） 焦煤是中等或低挥发分以及中等黏结或强黏结性的一类烟煤，其在加热过程中能产生热稳定性很高的胶质体。单独炼焦时，可以得到块度大、裂纹少、抗碎强度高的焦炭，且这种焦炭的耐磨强度也很高，但膨胀压力大易导致推焦困难，因而焦煤主要用于配煤炼焦。河北邯郸峰峰五矿、安徽淮北后石台和山西古交矿区是典型的焦煤产地。

(6) 肥煤（FM） 肥煤是中等及中高挥发分及强黏结性的一类烟煤，其在加热过程中能产生大量的胶质体。单独炼焦时，可以得到熔融性好、强度高的焦炭，且这种焦炭的耐磨强度优于焦煤炼出的焦炭，因而肥煤是配煤炼焦的基础煤。但单独炼焦时，焦炭上有较多的横裂纹，而且焦根部分常有蜂焦，所以不宜单独使用。河北开滦和山东枣庄矿区是典型的肥煤产地。

(7) 1/3焦煤（1/3JM） 1/3焦煤是中高挥发分及强黏结性的一类烟煤，是介于焦煤、肥煤和气煤之间的过渡煤种。单独炼焦时，可以得到熔融性较好、强度较高的焦炭，因而1/3焦煤既可单独炼焦供中型高炉使用，也可作为配煤炼焦的基础煤。安徽淮南和四川永荣矿区是典型的1/3焦煤产地。

(8) 气肥煤（QF） 气肥煤是挥发分和胶质体厚度都很高且黏结性很强的一类烟煤，有人称之为"液肥煤"，其结焦性介于肥煤和气煤之间。单独炼焦时，产生大量的气体和液体产品，因而气肥煤最适于高温干馏制煤气，也可用于配煤炼焦以增加化学产品产率。江西乐平和浙江长广矿区是典型的肥煤产地。

(9) 气煤（QM） 气煤是煤化度较浅、挥发分较高的一类烟煤，其在加热过程中能产生较多的挥发分和较多的焦油。能够单独炼焦，但焦炭多呈细长条而易碎，有较多的纵裂纹，因而焦炭的抗碎强度和耐磨强度均较差。多作为配煤炼焦使用，可增加气化率和化学产品回收率。辽宁抚顺老虎台和山西平朔矿区是典型的肥煤产地。

(10) 1/2中黏煤（1/2ZN） 1/2中黏煤是中高挥发分及中等黏结性的一类烟煤。一部分1/2中黏煤黏结性稍好，在单独炼焦时能形成一定强度的焦炭，可用于配煤炼焦；另一部分则黏结性较差，在单独炼焦时，形成的焦炭强度差，粉焦率高。因而1/2中黏煤主要用作气化原料或动力燃料。目前我国1/2中黏煤的开采量很少。

(11) 弱黏煤（RN） 弱黏煤是黏结性较弱、从低变质到中等变质程度的一类烟煤，其在加热过程中产生较少的胶质体。单独炼焦时，有的能结成强度很差的小焦块，有的则只有少部分凝结成碎焦屑，粉焦率很高。弱黏煤一般用作气化原料或动力燃料。山西大同矿区是典型的弱黏煤产地。

(12) 不黏煤（BN） 不黏煤是在成煤初期已经受到相当程度氧化作用的低变质程度到中等变质程度的一类烟煤，其在加热过程中基本不产生胶质体。不黏煤的水分大，有的还含一定的次生腐殖酸，氧含量较多，有的高达10%以上。不黏煤主要用作发电和气化用煤，也可用作动力用煤和民用燃料。内蒙古东胜、陕西神府、甘肃靖远和新疆哈密矿区是典型的不黏煤产地。

(13) 长焰煤（CY） 长焰煤是变质程度最低的一类烟煤，从无黏结性到弱黏结性的都有，因其燃烧时火焰较长而得名。最年轻的长焰煤含有一定数量的腐殖酸，储存时易风化碎裂。年老的长焰煤加热时能产生一定数量的胶质体，形成细小的长条形焦炭，但焦炭强度极差，粉焦率很高。因而，长焰煤一般用作气化、发电和机车等燃料用煤，也可用作气化用煤。辽宁阜新和内蒙古准格尔矿区是典型的长焰煤产地。

(14) 褐煤（HM） 褐煤是煤化程度最低的一类煤，其外观呈褐色到黑色，光泽暗淡或呈沥青光泽。褐煤的特点为水分大、密度较小、无黏结性、含有不同数量的腐殖酸，氧含量高达15%~30%。化学反应性强、热稳定性差、块煤加热时破碎严重，存放在空气中易风化变质，破碎成小块甚至粉末状。发热量低、煤灰熔点也低、煤灰中含较多的CaO，较少的Al_2O_3。褐煤大多用作发电厂锅炉的燃料，也可用作化工原料。有些褐煤可用于制造磺化煤或活性炭，有些褐煤可用作提取褐煤蜡的原料，腐殖酸含量高的年轻褐煤可用于提取腐殖酸，生产腐殖酸铵等有机肥料。内蒙古霍林河及云南小龙潭矿区是典型的褐煤产地。

5.1.2 煤化工分类及其主要产品

煤化工是以煤为原料经过化学加工实现煤综合利用的工业，又称煤化学工业。如图5-4所示，从煤的加工过程区分，煤化工主要包括煤的燃烧和发电、煤的干馏、煤的气化和煤的液化等过程。

5.1.2.1 煤的燃烧和发电

煤的燃烧过程将煤中的化学能转换成热能，是煤作为能源使用最早和应用最广的工业技术。目前中国煤炭的84%直接用作工业和民用燃料。

煤燃烧发电是历史最为悠久，且最为重要的一种发电方式。中国50%的煤炭用于燃煤发电。燃煤发电系统主要由燃烧系统（以锅炉为核心）、汽水系统（主要由各类泵、给水加热器、凝汽器、管道、水冷壁等组成）、电气系统（以汽轮发电机、主变压器为主）和控制系统组成。前二者产生高压蒸汽，电气系统将机械能转变为电能，控制系统则保证各系统安全、合理、经济运行。从世界范围看，煤基发电有直接燃烧发电和气化发电两大技术路线。

5.1.2.2 煤的干馏

煤的干馏是指煤在隔绝空气条件下受热分解生成煤气、焦油和半焦或焦炭的过程。按照加热终温不同，煤的干馏分为低温干馏、中温干馏和高温干馏。低温干馏的加热终温为500~600℃，主要产品为煤气、低温煤焦油和半焦。高温干馏的加热终温为900~1100℃，主要产品为焦炭、高温煤焦油和焦炉煤气。中温干馏的加热终温介于低温干馏和高温干馏之间，为600~900℃，应用相对较少。

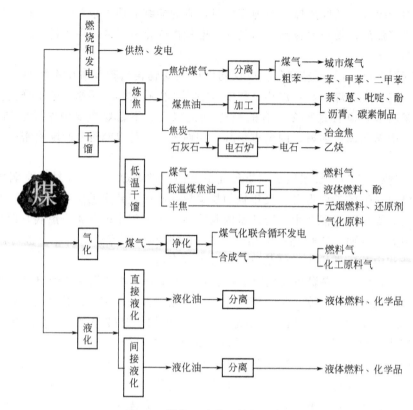

图 5-4 煤化工分类及其主要产品

煤的高温干馏又称炼焦或者煤炭焦化过程。炼焦是传统煤化工的主要组成，该过程消费的煤仅次于煤的燃烧消费。炼焦主要产品焦炭是钢铁生产的主要原料。

5.1.2.3 煤的气化

煤的气化是通过化学反应将固体物质直接转化为以气体物质为主的过程。气化过程发生的化学反应包括煤的热解、气化和燃烧反应。煤的热解是指煤从固相变为气、固、液三相产物的过程。煤的气化和燃烧反应则包括多相的气-固反应和均相的气相反应。

煤的气化在煤化工中占有重要地位，用于生产各种燃料气和清洁能源原料。煤气化生产的合成气是合成液体燃料、甲醇、乙酸酐（醋酐）等多种产品的原料。煤的气化是实现煤炭高效清洁利用的核心技术之一。

5.1.2.4 煤的液化

煤的液化是将固态煤经过一定的物理、化学作用转化为液态产物的过程。根据化学加工路线的不同，煤的液化可分为直接液化和间接液化两大类。直接液化是把固体状态的煤炭在高压和一定温度下直接与氢气反应，使煤炭直接转化成液体油品的工艺技术，又称加氢液化。间接液化是先把煤气化成合成气（$CO+H_2$），通过水汽变换反应转化为一定 CO/H_2 比的合成气，再在催化剂的作用下合成为液体燃料的工艺技术。

煤的间接液化比直接液化的工艺条件相对温和，但增加了煤气化过程，且合成的产物分离提纯成本较高。不管是间接液化还是直接液化，投资规模都较大。煤液化是提高煤炭资源的利用率，减轻燃煤污染的有效途径，是洁净能源技术之一。另一方面，煤的液化具有寻找石油替代能源的重大意义，对于石油资源匮乏的国家尤为重要。

5.1.3 煤化工发展简史及煤化工在中国的发展

5.1.3.1 煤化工发展简史

煤化工始于18世纪中叶，随着工业革命的进展，钢铁需求不断增加，进而对钢铁冶炼所需的原料——焦炭的需求量大增，炼焦化学工业应运而生。炼焦作为煤炭加工过程中最为古老的工艺之一，为冶金工业提供了焦炭这一特殊的燃料和还原剂。18世纪末，欧洲国家开始由煤生产民用煤气，用于城市街道照明。1840年，法国用焦炭制备的发生炉煤气用于炼钢。19世纪70年代德国建成了配有有机化学品回收的炼焦工厂，从煤焦油中提取大量芳烃作为重要的工业原料。

20世纪初，以煤为原料生产有机化学品工业不断发展，煤化工成为化学工业的重要组成部分。20世纪二三十年代，煤的低温干馏发展迅速，所得的半焦主要用作民用无烟燃料，液体副产物煤焦油则进一步加氢转化为液体燃料。

第二次世界大战前夕和战期，煤化工尤其是煤的液化技术取得全面迅速发展。德国为了战争需要，开展了由煤制液体燃料的研究和工业生产。1913年，贝吉乌斯（F.Bergius）发明了褐煤加氢专利，并于1919年成功实现以煤为原料制备液体燃料，即煤的直接液化过程，且于1927年建成第一座工业化装置。贝吉乌斯因该技术在高压化学反应研究领域的贡献荣获1931年诺贝尔化学奖。1932年费歇尔（F.Fischer）和托罗普施（H.Tropsch）发明了由煤气化得到的合成气催化合成液体燃料的费托合成法，该方法为最早的煤的间接液化技术，也是最早的碳一化工技术。费托合成法于1933年实现工业化。德国在第二次世界大战期间建立了大型的低温煤干馏工厂，生产半焦用于造气，经过费托合成制取液体燃料，同时将低温煤焦油简单处理用作海军船用燃料或经过高压加氢制取汽油和柴油等燃料。第二次世界大战末期，德国由煤化工生产的液体燃料总量达到480万吨。

第二次世界大战后，由于大量廉价石油和天然气的开采，除了炼焦化学工业随钢铁工业继续发展外，煤液化工业失去了经济竞争力，大规模的工业生产趋于停滞，能源化工由煤化工转为石油化工，煤在世界能源中的构成由65%～70%降至25%～30%。南非因其所处的特殊地理和政治环境以及资源组成特点，煤液化工业得以持续发展。

20世纪70年代初，由于中东战争以及随之而来的石油危机，以煤为原料生产液体燃料及化学品的方法重新受到重视。欧美等国家加强了煤化工的研究开发工作，并取得了新的进展，如成功开发了多种新的直接液化技术和由合成气制甲醇、再由甲醇转化制汽油的工业技术。

20世纪80年代，煤化工有了新的突破。美国伊士曼-柯达公司于1983年建成首个以煤化工路线合成醋酸和乙酐的工艺。该工艺首先采用水煤浆气化法制合成气，再合成醋酸甲酯，最后通过羰化反应制得乙酐。乙酐是重要的乙酰化试剂，可用于制造不燃性电影胶片、纤维素乙酸酯、乙酸塑料等。

进入21世纪后，由于石油储量的不断减小和液体燃料需求量的逐年增加，石油价格持续上涨，煤在世界能源中的构成不断回升。各国出于经济成本和能源安全的考虑，越来越重视煤化工的战略发展，尤其是由煤生产气体燃料、液体燃料和化学品的工业应用。

5.1.3.2 煤化工在中国的发展

煤化工在我国的起步较晚，直到20世纪初才有较大规模的煤炭加工利用工厂出现。1925，我国在石家庄建成了第一座炼焦化工厂，满足了汉冶萍炼钢厂对焦炭的需求。1934年，在上海建成了立式炉和增热水煤气炉的煤气厂，用于生产城市煤气。40年代，在南京和大连分别建成了以煤为原料的化工基地，生产合成氨、化肥、焦炭、苯、萘、沥青、炸药等产品。50年代建成了吉林、兰州、太原三大煤化工基地，生产合成氨、甲醇、化肥、电石、染料、酒精、合成橡胶等产品。60～70年代，随着化肥工业的发展，在全国各地建成了一批以煤为原料的中型氮肥厂，生产化肥和其他化工产品，初步形成了我国的煤化工生产基础。80～90年代，随着我国石油产量的大幅增长，以石油为原料的石油化学工业得到快速发展，石油化工成为我国能源的支柱产业。进入21世纪后，随着我国石油对外依存度的不断增长和石油价格的不断攀升，以煤代油为主的煤化工产业开始兴起，随之掀起了新一轮煤化工热潮。除了煤制焦和煤制化肥外，煤制油、煤制甲醇、煤制烯烃等煤化工技术取得突破，我国煤化工产业已逐步由以焦炭、电石、煤制化肥为主的传统产业向以石油替代产品为主的现代产业转变。目前，以煤为原料生产燃料和化学品的煤化工技术在我国得到了迅速发展，常规的来自石油的化学产品，通过煤化工路线基本都得以实现。综合我国富煤、贫油、少气的资源特点，煤化工在我国具有良好的发展前景。

5.2 煤的热分解

5.2.1 煤的热解过程

将煤在隔绝空气条件下加热至较高温度时发生的一系列物理化学反应的过程称为煤的热分解，简称煤的热解。煤在工业规模条件下发生的热分解通常称为炭化或干馏。煤的热解在煤科学和煤的利用技术中是至关重要的研究对象。煤的热解及其分析技术是重要的煤结构探测工具，同时煤的热解是煤的干馏、气化和液化等热化学转化过程的基础。

将煤在隔绝空气条件下加热时，煤的有机质随温度升高发生一系列变化，形成气态（煤气）、液态（焦油）和固态（半焦或焦炭）产物。典型黏结性烟煤受热分解时发生的变化如图5-5所示，煤的热解过程大致分为三个阶段。

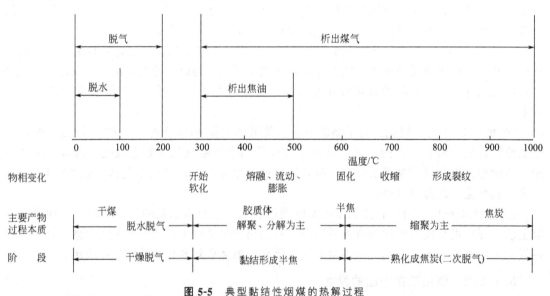

图5-5 典型黏结性烟煤的热解过程

第一阶段（室温～300℃）为干燥脱气阶段。这一阶段煤的外形基本无变化。析出的物质有H_2O（包括化学结合的）、CO、CO_2、H_2S（少量）、甲酸（痕量）、草酸（痕量）和烷基苯类（少量）。在120℃前主要发生脱水，200℃左右完成脱气（CH_4、CO_2和N_2），200℃以上发生脱羧基反应。

第二阶段（300～600℃）为活泼分解阶段。这一阶段以解聚和分解反应为主，生成和排出大量挥发物（焦油和煤气），在450℃左右焦油量最大，在450～550℃气体析出量最多。焦油的主要成分为复杂的芳香和稠环芳香化合物，煤气的主要成分为CO、CO_2和气态烃。烟煤在350℃左右开始软化，随后是熔融、黏结，到600℃结成半焦。半焦与原煤相比，芳香层片的平均尺寸和真密度等物理指标变化不大，说明半焦生成过程中缩聚反应并不明显。烟煤（尤其是中等变质程度的烟煤）在这个阶段经历软化、熔融、流动和膨胀直到再固化，形成气、液、固三相共存的胶质体。胶质体的数量和质量决定煤的黏结性和结焦性。

第三阶段（600～1000℃）为二次脱气阶段。这一阶段以缩聚反应为主，半焦随着温度的不断升高逐渐变成焦炭。析出的焦油量极少，挥发分主要为煤气。煤气的主要成分为H_2和少量CH_4。从半焦到焦炭，一方面析出大量煤气；另一方面焦炭本身的密度增大，体积收缩，导致生成许多裂纹，形成碎块。焦炭的块度和强度与收缩情况有直接关系。

5.2.2 煤在热解过程中的化学反应

由于煤的不均一性和复杂的分子结构，加之其他作用（如矿物质对热解的催化作用），使得煤在热解过程中发生的化学反应非常复杂，无法彻底了解反应的所有细节。基于煤的热解进程中不同分解阶段的元素组成、化学特征和物理性质的变化，煤热解中的化学反应总体上可分为裂解和缩聚两大类。煤中典型有机化合物化学键能热稳定性的一般规律为：缩合芳烃＞芳香烃＞环烷烃＞烯烃＞烷烃；芳环上侧链越长，侧链越不稳定；芳环数越多，无共轭结构的侧链越不稳定；缩合多芳环烃的环数越多，其热稳定性越好。按照反应特点和在热解过程中所处的阶段，一般将煤的热解过程划分为煤的裂解反应、二次反应和缩聚反应。

5.2.2.1 煤热解中的裂解反应

煤在受热温度升高到一定程度时其结构中相应的化学键会发生断裂，这种直接发生的煤中有机物分子的分解反应称为煤热解中的裂解反应，主要包括以下4种裂解反应。

(1) 桥键断裂生成自由基 煤的结构单元中桥键是最薄弱的环节，受热很容易裂解生成自由基碎片。煤受热升温时自由基的浓度逐渐升高。

(2) 脂肪侧链裂解 煤中的脂肪侧链受热容易裂解生成气态烃，如CH_4、C_2H_6和C_2H_4等。

(3) 含氧官能团裂解 煤中含氧官能团的热稳定顺序为：羟基＞羰基＞羧基＞甲氧基。羟基不易脱除，在700～800℃以上且有大量氢气存在时方可生成H_2O。羰基可在400℃左右裂解生成CO。羧基在温度高于200℃即可分解生成CO_2。甲氧基的热分解温度更低。另外，含氧杂环在500℃以上也可能开环裂解，放出CO。

(4) 低分子化合物裂解 煤中的脂肪结构的低分子化合物在受热时会分解生成气态烃。

5.2.2.2 煤热解中的二次反应

一次热解产物的挥发性成分在析出过程中如果受到更高温度的作用（如在焦炉车中），将会继续发生裂解、芳构化、加氢和缩合等反应，这些反应称为煤热解中的二次反应。主要的4种反应对应的具体实例为：

① 直接裂解反应 $$C_2H_6 \xrightarrow{-H_2} C_2H_4 \xrightarrow{-CH_4} C$$

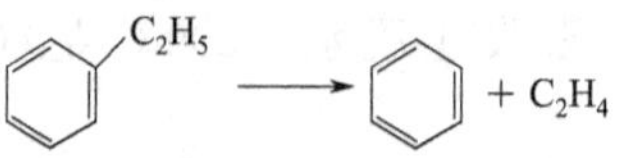

② 芳构化反应

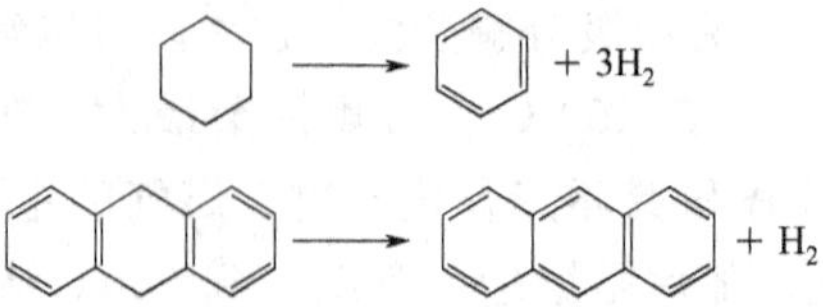

$C_6H_5-C_2H_5 \longrightarrow C_6H_6 + C_2H_4$

$C_6H_{12} \longrightarrow C_6H_6 + 3H_2$

③ 加氢反应

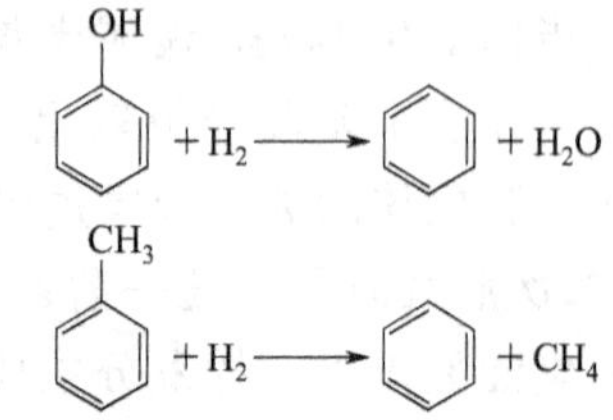

蒽 $\longrightarrow$ 菲 $+ H_2$

$C_6H_5OH + H_2 \longrightarrow C_6H_6 + H_2O$

$C_6H_5CH_3 + H_2 \longrightarrow C_6H_6 + CH_4$

④ 缩合反应

$C_6H_6 + C_4H_6 \longrightarrow C_{10}H_8 + 2H_2$

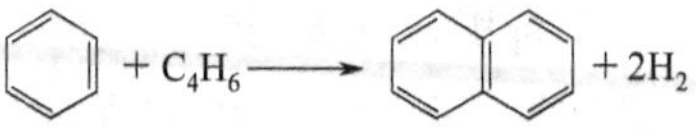

5.2.2.3 煤热解中的缩聚反应

煤热解的前期以裂解反应为主,后期则以缩聚反应为主。首先是胶质体固化过程的缩聚反应,主要包括热解生成的自由基之间的结合、液相产物分子之间的缩聚、液相与固相之间的缩聚和固相内部的缩聚等,这些反应基本在 550~600℃ 前完成,生成半焦。然后是从半焦到焦炭的缩聚反应,主要为芳香结构脱氢缩聚,包括苯、萘、联苯和乙烯等小分子与稠环芳香结构的缩合,也可能包括多环芳烃之间的缩合,这些反应在 600~1000℃ 逐步完成,生成焦炭。生成半焦后,煤的各项物理性质指标如真密度、反射率、电导率、特征 X-射线衍射峰强度和芳香晶核尺寸等有所增加但变化都不大;生成焦炭后,以上物理指标发生明显跳跃,且随温度升高持续变化。

5.2.3 影响煤热解的因素

5.2.3.1 煤化程度

煤的煤化程度是影响煤热解的主要因素之一。从表 5-2 可以看出,随着煤化程度的增加,煤热解中的裂解反应的开始温度逐渐升高。另外,热解产物的组成和热解反应活性也与煤化程度相关。一般而言,年轻煤热解产物中煤气和焦油产率及热解反应活性都要比年老煤高。

表 5-2 不同煤种在煤热解中的裂解反应开始温度

煤种	泥炭	褐煤	烟煤	无烟煤
裂解反应开始温度/℃	190~200	230~260	300~390	390~400

5.2.3.2 最终温度

煤热解终温是产品产率和组成的重要影响因素,也是区别炭化或干馏类型的标志。升高温度,使具有较高活化能的热解反应得以进行,生成具有较高热稳定性的多环芳烃化合物,如图 5-6 所示。在工业干馏中,随着最终温度的升高,焦炭和焦油产率下降,煤气产率增加,焦油中芳烃与沥青增加,酚类和脂肪烃含量降低,煤气中氢气成分增加而烃类减少。

5.2.3.3 加热速率

加热速率对煤热解的温度-时间历程有明显的影响。图 5-7 所示为煤失重,即挥发物脱

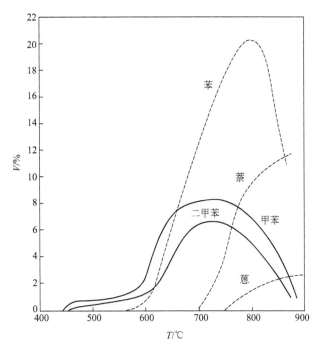

图 5-6 不同最终温度下芳烃产物的体积分布

除的速率与加热速率的典型关系。挥发物脱除速率呈现最大值时的温度及挥发物脱除的最大速率随加热速率的增大而增高。

5.2.3.4 压力和粒度

压力和粒度都是影响挥发分在煤的内部传递的参数，它们对失重速率和最终失重都有影响，具体取决于有效气孔率（与煤化程度和煤岩组成相关）和释放出的物质的性质（随温度而变化）。

煤的失重与煤裂解的压力成反比，其原因在于较低的压力减小了挥发物逸出的阻力，缩短了它们在煤中的停留时间。煤的粒度对煤失重率的影响为：粒度越大，失重率越低，主要是因为在大粒度的煤中挥发分的逸出受到阻碍。

5.2.4 热解过程中煤表面结构的变化

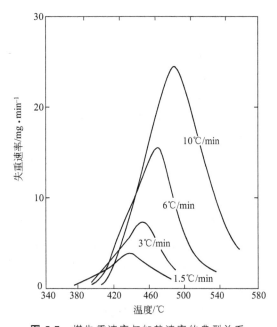

图 5-7 煤失重速率与加热速率的典型关系

煤的热解在煤着火之前发生，热解过程中煤表面结构的变化直接影响煤的燃烧状况。表 5-3 所示为烟煤在较低温度下热解过程中比表面积的变化结果。N_2 吸附主要探测煤中的中孔和大孔结构，CO_2 吸附则还可探测到煤中的微孔结构。表中 N_2 吸附和 CO_2 吸附比表面积都随裂解温度的升高和裂解的不断进行而在不同程度地增加，但 CO_2 吸附比表面积增加的幅度远远大于 N_2 吸附比表面积。在 500℃ 以前 CO_2 吸附比表面积不断增加而 N_2 吸附比表面积几乎没有变化。这些结果表明,开始升温热解时由于挥发分的析出,煤中形成了大量的微孔结构,大孔及中孔却没有太大的变化;温度进一步升高后,挥发分的析出更为剧烈,不但开辟了新的微孔结构,同时将原来的微孔扩展为中孔及大孔。热解过程中,随着挥发分的不断析出,煤中孔隙不断发达,尤其形成了大量的微孔结构。微孔形成的同时,煤的内表面和粗糙度增加。

表 5-3 热解过程中煤比表面积的变化

温度/℃	失重率/%	比表面积/(m²/g)		
		N_2(77K)	CO(195K)	CO_2(298K)
原始样品	—	1.8	12.5	90
350	4.6	<1	21	118
375	8.2	<1	22	127
400	13.0	<1	27	147
500	22.4	2.4	233	304
600	24.9	10	206	383

5.3 煤的干馏

5.3.1 煤的低温干馏

5.3.1.1 概述

将煤在隔绝空气条件下加热到 500~600℃,煤经过热分解生成煤气、焦油和半焦的过程称为煤的低温干馏。煤低温干馏始于 19 世纪,当时主要用于制取灯油和蜡。19 世纪末因电灯的发明,煤低温干馏趋于衰落。第二次世界大战前夕及战期,德国基于战争需要,建立了大型低温干馏厂,用褐煤为原料生产低温干馏煤焦油,再高压加氢制取汽油和柴油。战后,由于大量廉价石油的开采,使低温干馏工业趋于停滞状态。

煤的低温干馏是一个热加工过程,常压生产,不用添加氢气或氧气即可制得煤气和焦油,实现了煤的部分气化和液化。煤低温干馏比煤的气化和液化工艺过程简单,操作条件温和,投资少,生产成本低。从煤的有效利用角度考虑,可以通过煤低温干馏将煤中易挥发组分转化为气态和部分液体,然后以半焦为原料进行煤的进一步加工转化,从而提高煤的利用效率。褐煤、长焰煤和高挥发分的不黏煤等低阶煤适于低温干馏加工。

5.3.1.2 低温干馏产品

煤低温干馏产品的产率和组成取决于原料煤性质、干馏炉结构和加热条件。一般半焦产率为 50%~70%,煤焦油产率为 6%~25%,煤气产率为 80~200m³/t(原料干煤)。

(1) 半焦 低温干馏的固体产品,其孔隙率为 30%~50%,反应性和比电阻都比高温焦炭高得多。半焦强度一般不高,低于高温焦炭。半焦块度与原料煤的块度、强度和热稳定性相关,也与低温干馏炉的结构、加热速率及温度梯度相关。半焦应用较广,其燃烧时无烟、加热时不形成焦油,因而可用作优质的民用和动力燃料。此外,半焦是铁合金生产的优质炭料。

(2) 煤焦油 低温煤焦油是黑褐色液体,其密度一般小于 $1g/cm^3$。低温煤焦油中含酚类可达 35%,有机碱为 1%~2%,烷烃为 2%~10%,烯烃为 3%~5%,环烷烃可达 10%,芳烃为 15%~25%,中性含氧化合物(酮、酯和杂环化合物)为 20%~25%,中性含氮化合物(主要为五元杂环化合物)为 2%~3%,沥青可达 10%。低温煤焦油适于深度加工,经催化加氢可获得发动机燃料和其他产品。

(3) 煤气 低温干馏煤气的密度为 $0.9\sim1.2kg/m^3$,含有较多甲烷及其他烃类,煤气组成因原料煤性质不同而呈现较大差异。低温干馏煤气主要用作本企业的加热燃料和其他用途,多余的煤气可用作民用煤气,也可作为化学合成原料气。

5.3.1.3 低温干馏的主要炉型

干馏炉是低温干馏生产工艺中的主要设备,它应保证过程效率高、操作方便可靠。它主要要求干馏物料加热均匀,干馏过程易控制,原料煤适应性广,原料煤粒尺寸范围大,导出的挥发物二次热解作用小等。

干馏炉按照供热方式不同,可分为外热式和内热式。外热式炉供给煤料的热量是由炉墙外部传入的,设备的原理示意图见图 5-8(a)。一般外热式干馏炉的煤气燃烧加热是在燃烧室内进行的,燃烧室由火道构成,燃烧室位于干馏室两侧,供入煤气和空气于火道中燃烧。内热式炉借助热载体把热量传给煤料,热载体可以是气体或者固体,气体热载体内热炉的原理示意图见图 5-8(b)。气体热载体一般是燃料煤气燃烧的烟气,烟气直接进入干馏室,穿过块粒状干馏料层,把热量传给料层。

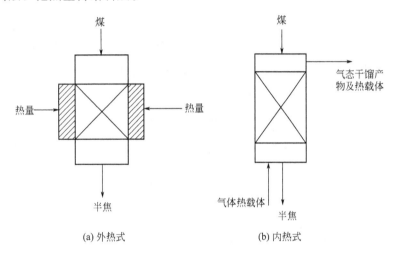

图 5-8 干馏炉供热方式

内热式低温干馏与外热式相比,有以下优点:
① 热载体向煤料直接传热,热效率高,低温干馏耗热量低;
② 所有装入料在干馏不同阶段加热均匀,消除了部分料块过热现象;
③ 内热炉没有加热的燃烧室或火道,简化了干馏炉结构,没有复杂的加热调节设备。

气流内热式炉的主要缺点如下:
① 装入煤料必须是块状的,并希望粒度范围窄,也可以使用块状型煤,但要增加原煤粉碎和筛分工序,带来额外费用;
② 气体热载体稀释了干馏气态产物,煤气热值降低,体积量增大,增大了处理设备的容积和输送动力;

③ 内热式干馏炉不适合处理黏结性较高的煤，因为它们在干馏过程中容易结块而使下料通气不畅。

低温干馏炉因加煤和煤料移动方向不同，还可分为立式炉、水平炉、斜炉和转炉等。

5.3.1.4 低温干馏典型工艺

(1) 外热立式炉工艺 利用外热立式炉进行低温煤干馏，产生煤气热值较高，可供城市煤气之用。其生产工艺流程如图 5-9 所示。图中的立式炉为连续操作的外热式低温干馏炉，典型炉型为考伯斯（Koppers）炉。煤料由上部加入干馏室，干馏所需的热量主要由炉墙传入，火道加热用燃料为发生炉煤气或回炉的干馏气。干馏室下部半焦被吹入的冷气流冷至 150～200℃，落入收集槽并喷水冷却，然后排出。干馏煤气经集气管去热焦油分离器，经鼓风机升压送去煤气冷却器，在轻油洗涤塔把煤中的轻油吸收下来。部分煤气回炉作为干馏室下部吹入气，其余部分煤气净化后作为城市煤气外送。

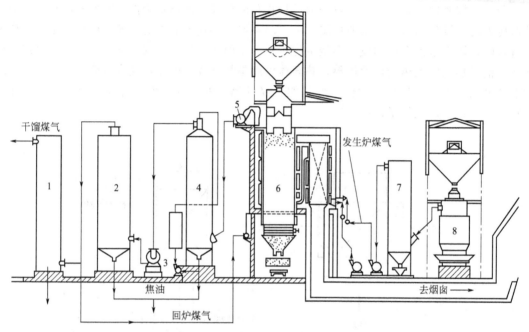

图 5-9 外热立式炉生产城市煤气工艺流程
1—轻油洗涤塔；2—煤气冷却器；3—鼓风机；4—热焦油分离器；5—集气管；
6—立式炉；7—发生炉煤气洗涤塔；8—发生炉

(2) 气流内热立式炉工艺 气流内热立式炉低温干馏是褐煤块或型煤低温干馏的主要方法，其生产工艺流程如图 5-10 所示。图中立式炉为连续操作的气流内热式低温干馏炉，典型炉型为鲁奇（Lurgi）炉。煤料在立式炉中下行，热气流逆向通入进行加热。煤在由炉上部向下移动过程中分为三段：干燥段、干馏段和冷却段，故名鲁奇三段炉。在上段，循环热气流把煤干燥并预热到 150℃；在中段，热气流把煤加热到 500～850℃；在下段，半焦被冷循环气流冷却至 100～150℃，最后排出。上部循环气流温度保持在 280℃。循环气和干馏煤气混合物由干馏段引出，其中液态产物在后续冷凝冷却系统中分出。大部分的净化煤气送到干燥段和干馏段燃烧炉，有一部分直接送入冷却段。剩余煤气外送，可以用作加热用燃料。冷凝冷却系统包括初冷器、电捕焦油器、冷却器和分离器。

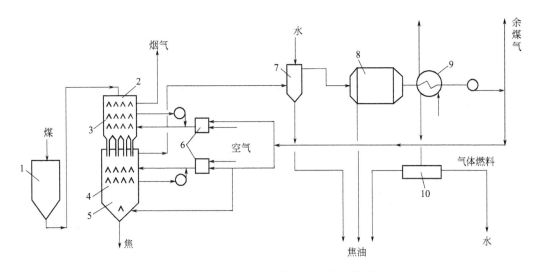

图 5-10 气流内热立式炉低温干馏工艺流程

1—煤槽；2—气流内热式低温干馏炉；3—干燥段；4—干馏段；5—冷却段；6—燃烧室；
7—初冷器；8—电捕焦油器；9—冷却器；10—分离器

5.3.2 煤的高温干馏

5.3.2.1 概述

将煤在隔绝空气条件下加热到900~1100℃，煤经过热分解生成煤气、焦油和焦炭的过程称为煤的高温干馏或高温炼焦，简称炼焦。1735年，英国第一次采用焦炭还原铁矿石获得成功，因而通常把1735年作为炼焦工业的起点，近300年来，炼焦工业随冶金工业的发展不断改进，成为煤化工最为成熟的工艺。

我国于1914年在石家庄开办第一座炼焦厂，至今我国焦化工业已伴随钢铁工业发展为煤化工领域中较大的部门，达到了较高水平。现在中国是世界第一大焦炭生产国、消费国和出口国，2014年焦炭产量达4.77亿吨，约占世界焦炭产量的60%，出口占全球贸易量的一半左右。

5.3.2.2 炼焦产品

炼焦的主要产品是焦炭，约占78%（质量分数，下同），另外还有焦炉煤气（15%~18%）和煤焦油（2.5%~4.5%）。两种副产品中含大量的化工原料，可广泛用于医药、燃料、化肥、合成纤维、橡胶等生产工业。副产品中化工原料的回收不仅能实现煤的综合利用，而且可减轻环境污染。

(1) 焦炭 90%以上用于冶金工业的高炉炼铁，其余的用于机械制造、铸造、电石生产、气化及有色金属冶炼等。

(2) 焦炉煤气 煤在焦炉中受热分解析出的大量气态物质即为焦炉煤气。焦炉煤气热值高，是冶金工业的重要燃料。经过净化后，可用作工业燃料和民用煤气。从焦炉煤气中提取的物质主要有氨（产率为0.25%~0.4%，可生产硫铵和无水氨等）、硫化物（产率为0.2%~1.5%，可生产硫黄和吡啶等）和粗苯及酚类产品。

(3) 煤焦油 粗煤气经过冷却析出的煤焦油，分两步处理。首先用蒸馏的方法，将沸点相近的组分集中在各种混合馏分中，再对各混合馏分精制得到纯产品，焦油蒸馏所得馏分主要包括轻油馏分（可提取苯、甲苯、二甲苯和重苯等）、酚油馏分（可提取酚、甲酚和二甲酚等)、萘油馏分(生产萘、精萘和工业喹啉等)、洗油馏分(主要用作苯类吸收剂)、蒽油馏分(提取蒽、菲、咔唑等)和沥青(用于铺路、生产沥青焦和电极沥青等)。

5.3.2.3 焦炭的性质及用途

焦炭的性质主要包括物理性质、机械强度、化学组成和反应性。

(1) 物理性质 焦炭是一种质地坚硬、含有裂纹和缺陷的不规则多孔体，呈银灰色。用肉眼观察焦炭可看到纵横裂纹，沿纵横裂纹分开即为焦块；焦块含有微裂纹，沿微裂纹分开即为焦体；焦体由气孔和气孔壁组成，气孔壁即为焦质。焦炭的裂纹多少直接影响其粒度和抗碎强度；焦块微裂纹的多少和焦体的气泡结构则与焦炭的耐磨强度和高温反应性能密切相关。焦炭的孔结构通常用气孔率表示，指的是气孔体积占总体积的分数，通常为20%~60%，其值与原料煤的性质及炼焦工艺相关。

(2) 机械强度 焦炭机械强度是指在机械力和热应力作用下，抵抗碎裂和耐磨的能力，通常包括耐磨强度和抗碎强度两个指标，我国采用米贡转鼓法测定：取>60mm的焦炭样品50kg置于直径和长度均为1m的转鼓内，以25r/min转动4min。收集的样品中小于10mm的焦炭所占的质量分数为耐磨强度，用M_{10}表示；大于40mm的焦炭所占的质量分数为抗碎强度，用M_{40}表示。M_{10}越小，耐磨强度越高；M_{40}越大，抗碎强度越高。

(3) 化学组成 焦炭的化学组成主要包括水分、灰分、挥发分和硫分。其中，水分一般为2%~6%，水分要稳定，否则引起高炉的炉温波动并给焦炭转鼓指标带来误差。灰分是焦炭中的有害杂质，主要成分为高熔点的SiO_2和Al_2O_3，灰分越低越好。挥发分是焦炭成熟的标志，一般成熟焦炭的挥发分为1%左右，当挥发分>1.9%，则为生焦。硫分在冶炼过程中会转入生铁中，降低生铁的质量，因而越低越好。

(4) 反应性 焦炭与CO_2、O_2和水蒸气等进行化学反应的性质，称为焦炭的反应性。大多数国家都用焦炭与CO_2的反应特性来评定焦炭的反应性。我国对冶金焦反应性的评价方法为：用200g粒度为20mm的焦炭，在1100℃下通入5L/min的CO_2，反应2h后，焦炭质量损失的百分数就是其反应性指标。

根据原料煤的性质、干馏条件等不同，可形成不同规格和质量的焦炭。其中，用于高炉炼铁的称为高炉焦，用于冲天炉炼铁的称为铸造焦，用于铁合金生产的称为铁合金用焦，还有非铁金属冶炼用焦，以上焦炭统称冶金焦。此外，还有用于气化原料的气化焦和电石生产的电石焦。

(1) 高炉焦 高炉铁用焦炭主要为供热燃料和还原剂。焦炭燃烧产生的热能是高炉炼铁过程中的主要供热热能，反应生成的CO作为高炉冶炼过程的主要还原剂。高炉内，焦炭燃烧生成CO_2并放出大量的热，温度可达1500~1800℃，使铁、渣完全熔化而分离，$C+O_2 =\!=\!= CO_2$；煤气的CO_2与焦炭作用，生成CO，$CO_2+C =\!=\!= 2CO$；高炉内的还原反应有直接还原和间接还原两类，分别为$C+FeO =\!=\!= Fe+CO$和$CO+FeO =\!=\!= Fe+CO_2$。一般要求高炉焦强度高，反应性小(与CO_2的碳溶反应会使焦炭降解)，灰分和硫分尽可能低。

(2) 铸造焦 铸造焦是冲天炉熔铁的主要燃料，用于熔化炉料，同时起支撑作用以保证良好的透气性能。一般要求铸造焦粒度适宜(50~100mm)，硫分较低(<0.1%)，强度较高，灰分和挥发分尽可能低，气孔率小，反应性低。

(3) 气化焦 气化焦是用于发生炉煤气或水煤气生产的焦炭。气化的基本反应为：$2C+O_2 =\!=\!= 2CO$和$C+H_2O =\!=\!= CO+H_2$。为提高气化效率，气化焦应尽量减少杂质以提高有效成分含量，因此灰分要低。焦炭灰分应有较高的灰熔点，一般在1300℃以上，以免造成煤气发生炉内形成液态炉渣而使气流难以分布均匀。气化焦还要求粒度尽可能均匀以改善料层的透气性；挥发分可以高些；硫含量要低，因为煤气中的硫含量正比于焦炭硫分。

(4) 电石焦 电石焦是生产电石（CaC_2）的原料。电石生产过程是在电炉内将生石灰熔融，并在小于1200℃下，将其与电石焦中的C发生如下反应：$CaO+3C = CaC_2+CO$。电石焦的质量要求不太严格，主要为含碳量要高（>80%），灰分要低（<9%）；水分应控制在6%以下以免生石灰消化；硫分<1.5%，磷分<0.04%，因为焦炭中的硫和磷在电炉中与生石灰作用，会生成硫化钙和磷化钙混入电石中。

5.3.2.4 室内成焦过程

(1) 成焦过程基本概念 如图5-11所示，煤的成焦过程可分为煤的干燥预热阶段、胶质体形成阶段、半焦形成阶段和焦炭形成阶段。煤由常温开始受热，温度逐渐上升，煤料中水分首先析出，然后发生裂解反应，形成气、液、固三相共存的胶质体状态。当受热温度超过胶质体固化温度时，发生黏结现象并产生半焦。继续升温后半焦收缩形成焦炭。

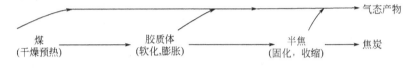

图 5-11 煤成焦过程

(2) 炭化室内的成焦特征 炭化室由两侧炉墙供热，所以结焦过程的特点是单向供热，成层结焦，而且成焦过程中的传热性能随炉料状态和温度而变化。图5-12给出了成层结焦过程的示意图。从左图可以清楚地看出同一时间不同部位煤料的温度分布。当装煤加热约7h后，水分蒸发完全，中心面温度上升；当加热时间达到15h，炭化室内部温度均接近1000℃，焦炭成熟。炭化室中煤料的温度与其成焦过程的状态、位置和加热时间密切相关。如右图所示，各层处于结焦过程的不同阶段。在炉墙附近最先结成焦炭，而后逐层向炭化室中心推移，这就是所谓的成层结焦。

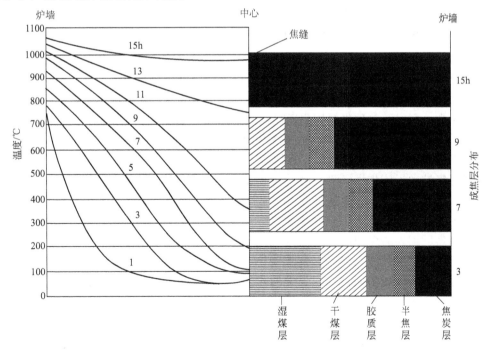

图 5-12 不同结焦时间炭化室各层煤料的温度与状态

炭化室内同时进行着成焦的各个阶段，由于五层共存，因此半焦收缩时相邻层存在着收缩梯度，即相邻层温度高低不等，收缩程度不同，所以有收缩应力产生，导致裂纹出现。炉墙附近加热速率快，收缩应力大，产生的焦炭裂纹多且深，形状像菜花，有焦花之称；距炉墙较远的内层，由于升温速率慢，收缩应力小，产生的焦炭裂纹较少，也较浅。

成熟的焦饼在中心面有一条缝，称为焦缝。其形成原因在于当两个胶质层在中心汇合后，由于热分解的气态产物不能通过被胶质体浸润的半焦层顺利析出而产生膨胀，将焦饼压向炉墙两侧，形成与炭化室中心面重合的上下直通的焦饼中心裂纹。

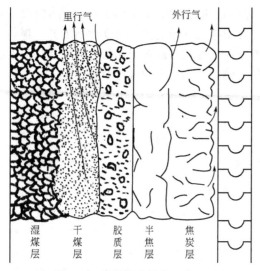

图 5-13　化学产品析出示意图

(3) 气体析出途径　在胶质体生成、固化和半焦缩聚为焦炭的过程中，都有大量气态产物析出。由于炭化室内成层结焦，且胶质层透气性较差，在两胶质层之间形成的气体不能横穿胶质层，只能上行进入炉顶空间，这部分气体称为里行气，见图 5-13。里行气中含有大量水蒸气，是煤带入的水分蒸发产生的。里行气中的煤热解产物，是煤经裂解产生的，因其产生于进入炉顶空间之前，未经过高温区，所以没有经过二次反应。煤的裂解产物主要为 CH_4 及其同系物，还有少量的 H_2、CO_2、CO 及不饱和烃。在胶质层外侧，由于胶质体固化和半焦热解产生大量气态产物。这些气态产物沿着焦饼裂纹以及炉墙和焦饼之间的空隙，进入炉顶空间。此部分气态产物称为外行气。外行气经过高温区进入炉顶空间，因而经历了二次反应。煤热解二次反应的产物主要为 H_2 和少量的 CH_4。

里行气气体量较少，只占 10% 左右。外行气气体量大，占 90% 左右。

5.3.2.5　配煤

(1) 配煤的目的和意义　配煤就是将两种以上的单种煤料，按适当比例均匀配合，以求制得各种用途所要求的焦炭质量。早期，炼焦只用单种焦煤。随着炼焦工业的发展，焦煤的储量越来越少。同时，单种焦煤炼焦还存在以下问题：焦煤炼得的焦饼收缩小，推焦困难；焦煤膨胀压力大，容易胀坏炉体；焦煤挥发分少，炼焦化学产品产率低。为了克服以上问题，后来发展了以多种煤为原料的配煤技术。

配煤炼焦扩大了炼焦煤资源，把不能单独炼成合格冶金焦的煤，经与其他煤配合可炼出优质焦炭，还可降低煤料的膨胀压力，增加收缩，利于推焦，并可提高化学产品产率。配煤炼焦可以少用好焦煤，多用结焦性差的煤，不仅合理利用煤炭资源，还能获得优质焦炭产品。中国炼焦厂配煤的煤种数一般为 4~6 种。

炼焦用煤主要有瘦煤（SM）、焦煤（JM）、肥煤（FM）和气煤（QM）以及中间过渡性煤种。各类煤的性质不同，在配煤中的作用也不同，合理配用才可获得结焦特性好的配煤，炼得优质焦炭。

(2) 配煤的质量指标　配煤质量是决定焦炭质量的重要因素。衡量配煤质量的指标大体分为两类，即化学成分，如水分、灰分、挥发分、硫分和矿物质组成等；工艺性质，如黏结性、膨胀压力和粒度等。

工业分析中所测水分是煤的内在和外在水分之和，即全水分。湿煤失去外在水分后称为风干煤，进一步失去内在水分后称为干煤。配煤中水分大时，会对炼焦过程带来一系列不利影响：水的蒸发要吸收大量热，使焦炉升温速率减慢；装煤时使炭化室砌体骤冷，内应力负荷增大，影响炉体寿命；降低煤料堆密度；使焦炭强度降低。配煤水分太低时，在破碎和装煤时煤尘飞扬，操作条件恶化，还会使焦油中的游离碳增加。通常焦化厂把水分控制在 8%～10%。

配煤的灰分是以干煤为基准，炼焦时配煤中的灰分几乎全部转入焦炭，一般配煤成焦率为 70%～80%，焦炭的灰分即为配煤灰分的 1.3～1.4 倍。焦炭灰分的害处前文已叙述，因而必须严格控制配煤灰分。根据我国煤的实际情况，结焦性好的煤往往是难选煤。因此，一般规定焦炭灰分小于 15%，配煤灰分小于 12%。

配煤挥发分是煤中有机质热分解的产物。配煤挥发分的高低，决定煤气和化学产品的产率，同时对焦炭强度也有影响。若挥发分过高，焦炭的平均粒度小，抗碎强度低，气孔率高，各向异性程度低，对焦炭质量不利；若挥发分过低，尽管各向异性程度高，但煤料的黏结性变差，熔融性变低，耐磨强度降低，可能导致推焦困难。一般把配煤的挥发分控制在 25%～32%。

我国不同地区产的煤硫含量不同，东北、华北地区的煤硫含量低，中南、西南地区的煤硫含量高。硫是高炉炼铁的有害成分，配煤中的硫分约 80% 转入焦炭，因此要求越低越好。一般要求配煤的硫分控制在 1% 以下。

黏结性是煤在炼焦时形成熔融焦炭的性能，配煤的黏结性指标是影响焦炭强度的重要因素，因此黏结性是配煤炼焦中首要考虑的指标。煤的黏结性的大小可用多种指标表示，我国常用的是胶质层最大厚度 Y 和黏结指数 G，它们的数值越大，煤的黏结性越好。为了获得熔融性良好、耐磨性强的焦炭，配煤应有足够好的黏结性，其适宜的范围为 $Y=16\sim18\text{mm}$，$G=58\sim72$。

膨胀压力是配煤的另一重要指标。膨胀压力是黏结性煤的炼焦特征，不黏结的煤没有膨胀压力。膨胀压力的大小与煤热解时形成的胶质体性质有关。煤热解形成的胶质体的透气性差，膨胀压力就大。一般挥发分高的弱黏性新煤，膨胀压力小，可通过提高堆密度的办法来增大膨胀压力。膨胀压力可促进胶质体均匀化，有助于加强煤的黏结，但膨胀压力过大，会损坏炉墙。安全膨胀压力应小于 $10\sim15\text{kPa}$。

粒度是指配煤中小于 3mm 粒级的煤占全部配煤的质量分数。配煤粒度也是保证配煤质量的重要因素。由于配煤中各单种煤的性质不同，同一种煤的不同岩相组分的性质也不同，所以配煤炼焦应将煤粉碎均匀，才能炼出熔融性好、质量均一的焦炭。我国常规炼焦（顶装煤）时，配煤的粒度要求为 72%～80%，配型煤炼焦时约为 85%，捣固炼焦时为 90% 以上。近年来我国多数焦化厂采用 80% 左右的粒度配煤。

5.3.2.6 现代焦炉

(1) 现代焦炉概述 现代焦炉有多种形式，各不相同。焦炉主要由炭化室、蓄热室和燃烧室三个部分构成，此外附有装煤车、推焦车、导焦车和熄焦车等焦炉机械，见图 5-14。炭化室的两侧是燃烧室，两者是并列的，下部是蓄热室。

煤由装煤车从炉顶加入炭化室，炭化室两端有炉门。一座现代焦炉可达 100 多孔炭化室。炼好的焦炭用推焦车推出，焦炭沿导焦车落入熄焦车中。赤热焦炭用水熄火，然后放至焦台上。当用干法熄焦时，赤热焦炭用惰性气体冷却，并回收热能。焦炉各部位的构造及其工作状况简介如下。

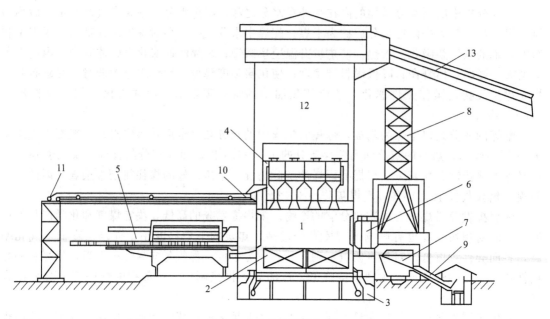

图 5-14　焦炉及附属机械

1—焦炉；2—蓄热室；3—烟道；4—装煤车；5—推焦车；6—导焦车；7—熄焦车；
8—熄焦塔；9—焦台；10—煤气集气管；11—煤气吸气管；
12—贮煤塔；13—煤料带运机

炭化室是接收煤料，并对其隔绝空气干馏，生产焦炭的炉室（见图 5-15），一般由硅质耐火材料砌筑而成。炭化室位于两侧燃烧室之间，顶部有 3~4 个加煤孔，并有 1~2 个导出干馏煤气的上升管。炭化室的两端为内衬耐火材料的铸铁炉门。整座焦炉靠推焦车的一侧称为机侧，另一侧称为焦侧。炭化室的特征尺寸为平均宽度、高度、长度和有效容积。炭化室的有效容积小于全室容积，需要留有顶部空间，高约 0.3m，以便导出炼焦产生的粗煤气。现代焦炉炭化室尺寸如下：宽度 0.35~0.60m，全长 1.1~2.0m，全高 3.0~8.0m，有效容积 14~93m^3。

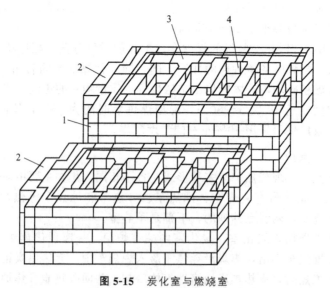

图 5-15　炭化室与燃烧室

1—炭化室；2—炉头；3—隔墙；4—立火道

燃烧室位于炭化室两侧（见图 5-15），其中分为许多火道，煤气和空气在其中混合燃烧，产生的热量传给炉墙，焦炉生产时，燃烧室墙面平均温度为 1300℃，间接加热炭化室中煤料，对其进行高温干馏。一般大型焦炉的燃烧室有 22～36 个立火道。

从燃烧室排出的废气温度通常高达 1300℃左右，这部分热量必须予以利用，蓄热室的作用就是利用蓄热废气的热量来预热燃烧所需的空气和贫煤气。蓄热室通常位于炭化室正下方，其上经斜道同燃烧室相连，其下经废气盘分别与分烟道、贫煤气管道及大气相通。当下降废气通过蓄热室时，将热量传递给蓄热室中的格子砖，废气温度由 1200～1300℃降至 300～400℃，然后，经小烟道、分烟道、总烟道至烟囱排出。换向后，冷空气或贫煤气进入蓄热室，吸收格子砖蓄积的热量，并被预热至 1000～1100℃后进入燃烧室燃烧。由于蓄热室的作用，有效地利用了废气显热，减少了煤气消耗量，提高了焦炉的热工作效率。

连通蓄热室和燃烧室的通道称为斜道。它位于蓄热室顶部和燃烧室底部之间，用于导入空气和煤气，并将其分配到每个火道中，同时排出废气。每个立火道底部有两条斜道，一条通空气蓄热室，另一条通贫煤气蓄热室。斜道内各走不同压力的气体，不许窜漏。斜道区倾斜角应该大于 30°，以免积灰堵塞。不同类型的焦炉，斜道区的结构不同，图 5-16 所示为 JN 型焦炉斜道区的结构。

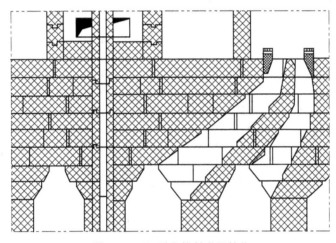

图 5-16　JN 型焦炉斜道区结构

(2) 焦炉结构类型　现代焦炉可按装煤方式、加热煤气和空气供入方式、燃烧室火道形式、实现高向加热均匀的方式以及气流调节方式等进行分类。每一种焦炉形式均由以上分类的合理组合构成。

① 装煤方式有顶装（散装）焦炉和侧装（捣固）焦炉之分。

② 焦炉加热煤气和空气供入方式有侧入式和下喷式两类。侧入式焦炉，加热焦炉的富煤气由焦炉机、焦侧位于斜道区的水平砖煤气道引入炉内，空气和贫煤气从废气盘和小烟道由焦炉侧面进入炉内。下喷式焦炉加热用的煤气（或空气）由焦炉下部垂直进入炉内。

③ 燃烧室火道形式有水平火道和直立火道两大类。水平式火道已很少采用，直立式火道按上升气流和下降气流的组合方式可分为两分式、四分式、过顶式和双联式(图 5-17)。

④ 焦炉高向加热均匀方式主要有高低灯头、不同炉墙厚度、分段加热和废气循环四种方式(图 5-18)。高低灯头采用相邻火道不同高度的煤气灯头（灯头为焦炉煤气燃烧喷嘴），以改变火道内燃烧点的高度，从而使高向加热均匀。不同厚度炉墙，即沿炭化室的不同高度上，底部炉墙加厚，向上炉墙减薄，以实现高向加热的均匀性，但加厚的炉墙易加大传热阻

力，延长结焦时间，此法现已不用。分段加热是将空气和贫煤气沿立火道隔墙的通道，在不同高度处进入火道，实现燃烧分段，以改善高向加热的均匀性，但炉墙结构复杂。废气循环是将下降火道的部分燃烧废气，通过立火道隔墙下部的循环孔，抽回上升立火道，形成炉内循环，以稀释煤气和降低氧的浓度，从而减缓燃烧速度，拉长火焰。废气循环是实现高向加热均匀最简单而有效的方法，现已广泛使用。现代大容积焦炉常同时采用几种实现高向加热均匀的方法。

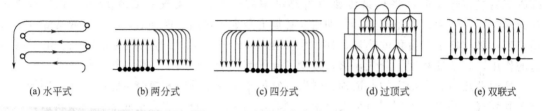

图 5-17 焦炉燃烧室火道形式

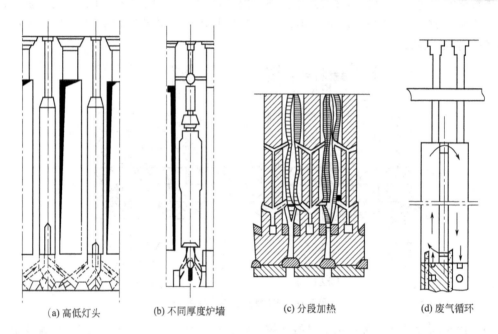

图 5-18 焦炉实现高向加热均匀的方式

⑤ 焦炉加热气流的调节方式有上部调节式和下部调节式两类。下部调节方便，且操作环境好。

(3) 焦炉机械 炼焦生产中的焦炉机械包括顶装焦炉用装煤车、推焦车、拦焦车和熄焦车；侧装（捣固）焦炉用装煤推焦车代替装煤车和推焦车，增加了捣固机和消烟车，用以完成炼焦炉的装煤出焦任务。这里主要介绍顶装焦炉的"四车"。

装煤车设在炉顶，其作用是从煤塔取出一定重量的煤料，通过炭化室顶部装煤孔卸入炭化室内。推焦车的作用包括用平煤杆将炭化室内的煤推平；启闭和清扫机侧炉门；将成熟的焦炭从炭化室的机侧推到焦侧的拦焦车上。拦焦车的作用是启闭和清扫焦侧炉门，将炭化室推出的焦饼通过导焦槽导入熄焦车中，以完成出焦操作。熄焦车用以接收由炭化室推出的赤热焦炭，并运到熄焦塔内通过水喷洒而将其熄灭，然后再把焦炭卸至凉焦台上冷却。

5.3.2.7 炼焦化学产品的回收与精制

炼焦过程析出的挥发性产物称为粗煤气，约占炼焦产品的 20%～25%。粗煤气中含有许多化合物，包括常温下的气态物质，如 H_2、CH_4、CO 和 CO_2 等；烃类；含氧化合物，如酚类；含氮化合物，如氨、氰化氢、吡啶类和喹啉类等；含硫化合物，如硫化氢、二硫化碳和噻吩等。粗煤气中还含有水蒸气。

自焦炉导出的粗煤气温度为 650～800℃。按一定顺序进行处理，以便回收和精制焦油、粗苯、氨等化学产品，并得到净化的煤气，即焦炉煤气（常用作城市燃气）。粗煤气中含有少量杂质，对煤气输送和利用有害。萘会以固态析出，堵塞管路。少量焦油蒸汽不利于氨的回收和粗苯精制。硫化物会腐蚀设备，且不利于煤气的后续加工利用。氨会腐蚀输送设备，燃烧时生成污染大气的氮氧化物。不饱和烃类会形成聚合物，引起管路堵塞和设备故障。

多数焦化厂以粗煤气回收化学品的方式对煤气进行净化。采用冷却冷凝的方式析出焦油和水。用鼓风机抽吸和加压以便输送煤气。回收氨和吡啶碱，既得到了有用产品，又防止了氨的危害。回收硫化氢和氰化氢变害为利。回收煤气中的粗苯，获得有用产品。在一般钢铁公司中的焦化厂，炼焦化学产品的回收与精制流程见图 5-19。

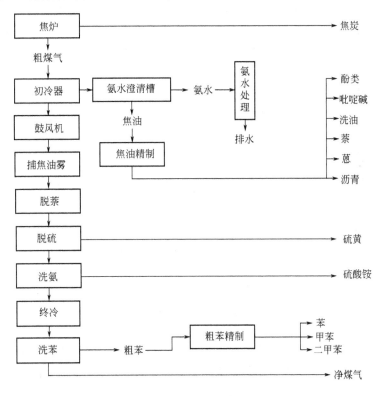

图 5-19 炼焦化学产品的回收与精制流程

煤气中所含物质在回收和净化前后的含量见表 5-4。

表 5-4 回收与净化前后煤气中各物质组分的含量

分段＼物质组分	氨	吡啶碱	粗苯	硫化氢	氰化氢
回收前/(g/m³)	8～12	0.45～0.55	30～40	4～20	1.0～2.5
回收后/(g/m³)	0.03～0.3	0.05	2～5	0.2～2.0	0.05～0.50

为了简化工艺和降低能量消耗，法国和德国采用了全负压炼焦化学产品回收与净化工艺（见图 5-20）。对比图 5-19 可见全负压工艺省去了终冷工序，流程变短，煤气系统阻力变小。此外，鼓风机置于整个流程的最后，机前处负压，避免了冷却后又加热、加热后又冷却造成的温度起伏。减少低温水用量，总能耗亦有所降低。

图 5-20　全负压炼焦化学产品回收与净化工艺流程

5.4　煤的气化

5.4.1　概述

5.4.1.1　煤气化的概念

煤的气化是指在特定的设备内，在一定温度及压力下使煤中有机质与气化剂发生一系列化学反应，将固体煤转化为含有 H_2、CO、CH_4 等可燃气体和 CO_2、N_2 等非可燃气体的过程。煤的气化必须具备三个条件：气化炉、气化剂和热量供给。气化剂通常为氧气（空气）、水蒸气或氢气。

煤的气化是热化学过程，主要包括煤的热解、气化和燃烧反应。煤在热解过程中析出部分挥发物，在气化和燃烧过程中发生多相的气-固相反应和均相的气相反应，产生气化过程所需的热量并完成气化过程。

5.4.1.2　煤气的种类

所使用气化剂的不同，煤气的成分与发热量也各不相同，据此可分为空气煤气、混合煤气、水煤气和半水煤气等。

(1) 空气煤气　空气煤气是以空气为气化剂与煤进行反应的产物，生成的煤气中可燃组分（H_2、CO）很少，不可燃组分（CO_2、N_2）很多。因此，这种煤气的发热量很低，用途不广。随着气化技术的不断提高，目前已不采用生产空气煤气的气化工艺。

(2) 混合煤气　为了提高煤气发热量，可以采用空气和水蒸气的混合物作为气化剂，所生成的煤气称为混合煤气。通常人们所说的发生炉煤气就是这种煤气。混合煤气适用于作燃料气使用，广泛用于冶金、机械、玻璃、建筑等工业部门的熔炉和热炉。

(3) 水煤气　水煤气是以水蒸气作为气化剂的煤气。由于水煤气中含有大量的 H_2 和 CO，所以发热量较高，可以作为燃料，更适合作为基本有机合成的原料。但水煤气的生产过程复杂，生产成本较高，一般很少用作燃料，主要用作化工原料。

(4) 半水煤气　半水煤气是水煤气与空气煤气的混合气，是合成氨的原料气。

5.4.1.3　发展煤气化的意义

煤的气化是现代煤化工的核心，煤气是洁净的燃料且是化学合成工业的重要原料。煤转化为煤气后成为理想的二次能源，可用于发电、工业锅炉和窑炉的燃料、城市民用燃料等。通过气化，可以得到合成气（CO 和 H_2），进一步生产各种基本有机化工产品和精细化学品。因而，煤的气化是煤炭清洁高效转化的核心技术，大力发展煤的气化具有重要的意义。

煤的气化是最有应用前景的煤技术之一。不仅因为煤气化的技术相对较为成熟，而且煤转化为煤气之后,通过成熟的气体净化技术处理,对环境污染可减少到最低程度。其中,煤炭多联产、煤气化联合循环发电等技术都是高效低污染的洁净煤技术。所以,煤的气化技术具有很好的发展前景。

5.4.1.4 煤气化发展简史

煤气的使用始于18世纪末,19世纪后期出现了直立干馏炉和水煤气生产技术,当时的煤气主要用作燃料气。20世纪以来煤气化技术有了快速的发展,到50年代前后,已逐渐形成了移动床(固定床)、流化床和气流床三种主要技术方向。20世纪70年代石油危机出现后,西方工业国家大量投资开发煤气化新技术。至今,大型高效煤气化技术的研发一直是煤化工领域的热点。

中国于1885年在上海杨浦建成了第一座煤制气厂用于供应城市煤气。新中国成立后,煤气化及其应用逐渐普及并提高。20世纪80年代起,中国政府开始重视煤气化工业的发展与规划,与西方工业国家的国际交流合作也日益增多,中国的煤气化工业进入快速发展期,先后引进了一批先进的煤气化技术。同时,在国家科技计划的支持下通过科研单位、高校和企业的联合攻关,开发出了具有自主知识产权的加压气流床气化和灰融聚流化床等气化技术,其中多种技术已实现商业化运行。

5.4.2 煤气化原理

5.4.2.1 煤气化过程

在不同的气化方法中,原料煤与气化剂的相对运动及接触方式有所不同,但煤由受热至最终完全气化转化所发生化学反应的类型及所经历的过程相似,原料煤通常经历干燥、热解、燃烧和气化过程。图5-21所示为固定床气化过程示意图。气化原料由上部加料装置装入炉膛,原料层及灰渣层由下部炉栅支撑,空气中通入一定量的水蒸气所形成的气化剂由下部送风口进入,与原料层接触发生气化反应。反应生成的气化煤气由原料层上方引出,气化反应后残存的灰渣由下部的灰盘排出。

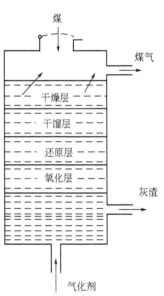

图 5-21 固定床气化过程示意图

在气化炉中,原料与气化剂逆向流动,气化剂由炉栅缝隙进入灰渣层,接触热灰渣后被预热,然后进入灰渣层上面的氧化层(又称燃烧层)。在这里,气化剂中的 O_2 与原料中的 C 作用,生成 CO_2,生成的气体与未反应的气化剂一起上升,与上面炽热的原料接触,被 C 还原,CO_2 与水蒸气被还原为 CO 和 H_2,该层称为还原层。还原层生成的气体和剩余未分解的水蒸气一起继续上升,加热上面的原料层,使原料进行热解,该层称为干馏层或热解层。该层下部的原料即为干馏产物半焦或焦炭。干馏气与上升的气体混合即为发生炉煤气。煤气经过最上面的原料层将原料预热并干燥后,进入炉上部空间由煤气出口引出。

综上所述,在发生炉中的原料层自下而上可分为灰渣层、氧化层、还原层、干馏层和干燥层。灰渣层可预热气化剂并保护炉栅不受高温。氧化层主要进行碳的氧化反应。碳的氧化反应速率很快,故氧化层高度很小。由于氧化反应为放热反应,氧化层的温度最高。在还原层中，所发生的反应为吸热反应，所需热量由氧化层供给。由于还原层温度逐渐下降，反应速率逐渐减慢，还原层高度超过氧化层。制造煤气的反应主要在氧化层和还原层中进行，所以称氧化层和还原层为气化区，上部的干燥层和干馏层进行原料的预热、干燥和干馏。

实际操作中，发生炉内进行的气化反应并不是在几个截然分开的区域中进行，各区域并无明显的分界线，在原料层中进行着错综复杂的氧化还原反应。现代大型煤流化床和气流床气化工艺中原料煤与气化剂大都采用富氧/水蒸气气化剂，以提高煤气中的有效组分和热值，气化程度也在不断提高。

5.4.2.2 煤气化的基本化学反应

煤的"分子"结构很复杂，其中含有碳、氢、氧和其他多种元素，但在讨论基本化学反应时，只考虑煤中的主要元素碳。表5-5列出了气化过程中发生的多相反应、均相反应和煤热裂解反应以及它们的热效应。参与反应的物质可能是最初的气化剂，也可能是气化过程的中间产物。其中，R_3即水蒸气与碳的反应意义最大，它参与各种煤气化过程，此反应为强吸热过程。R_4为重要的CO_2还原反应。R_5对制取合成天然气很重要。氢或合成气的制造由反应R_1、R_2和R_3的组合来实现。

表5-5 煤气化的基本化学反应

反应类型	反应		$\Delta H/(kJ/mol)$
多相反应(气-固)	R_1 部分燃烧	$C+0.5O_2 \Longrightarrow CO$	−110.4
	R_2 燃烧	$C+O_2 \Longrightarrow CO_2$	−394.1
	R_3 碳与水蒸气反应	$C+H_2O \Longrightarrow CO+H_2$	135.0
	R_4 Boudouard反应	$C+CO_2 \Longrightarrow 2CO$	173.3
	R_5 加氢气化	$C+2H_2 \Longrightarrow CH_4$	−84.3
气相燃烧反应	R_6	$H_2+0.5O_2 \Longrightarrow H_2O$	−245.3
	R_7	$CO+0.5O_2 \Longrightarrow CO_2$	−283.7
均相反应(气-气)	R_8 水煤气变换反应	$CO+H_2O \Longrightarrow CO_2+H_2$	−38.4
	R_9 甲烷化	$CO+3H_2 \Longrightarrow CH_4+H_2O$	−219.3
热裂解反应	R_{10}	$CH_xO_y \Longrightarrow (1-y)C+yCO+x/2H_2$	17.4①
	R_{11}	$CH_xO_y \Longrightarrow (1-y-x/8)C+yCO+x/4H_2+x/8CH_4$	8.1①

① 气焰煤 $x=0.847$，$y=0.0794$。

煤中的少量元素氮和硫在气化过程中生成含氮和含硫的产物，硫化物主要是H_2S，COS，CS_2等，含氮化合物是NH_3，HCN，NO等。表5-6列出了相关的化学反应。

表5-6 煤气化时发生的硫和氮的基本化学反应

元素	反应	元素	反应
S	$S+O_2 \Longrightarrow SO_2$	N	$N_2+3H_2 \Longrightarrow 2NH_3$
	$SO_2+3H_2 \Longrightarrow H_2S+2H_2O$		
	$SO_2+2CO \Longrightarrow S+2CO_2$		$N_2+H_2O+2CO \Longrightarrow 2HCN+1.5O_2$
	$2H_2S+SO_2 \Longrightarrow 3S+2H_2O$		
	$C+2S \Longrightarrow CS_2$		$N_2+xO_2 \Longrightarrow 2NO_x$
	$CO+S \Longrightarrow COS$		

上述反应对能量平衡不起重要作用，但这些反应产物对评价气化工艺过程中可能产生的腐蚀和污染，以及进一步对煤气精制所需的基本数据都具有重要意义。

5.4.2.3 气化反应热力学

在煤的气化过程中，很多反应是可逆的，存在平衡常数，根据勒沙特列原理，可以对气化反应的热力学进行分析。

(1) 温度的影响 从表 5-5 可知，在煤气化的基本化学反应中，R_3 和 R_4 这两个重要的气化反应都是强吸热过程。升高温度，平衡将向吸热反应方向移动，即升高温度对制气的主反应是有利的。

(2) 压力的影响 从表 5-5 可知，在煤气化的基本化学反应中，$R_1 \sim R_4$ 这四个制气主反应均为体积不变或者增大的反应。因而，降低压力，有利于平衡向制气方向移动。

5.4.2.4 气化反应动力学

气化反应速率既取决于化学因素，也取决于物理——扩散和传热等因素。气化反应既有气相反应物之间的均相反应，也有气-固相之间的多相反应。在固体表面进行的多相气化反应经历以下几个阶段：

① 气体反应物向固体（碳）表面转移或扩散；
② 气体反应物被吸附在固体（碳）表面；
③ 被吸附的气体反应物在固体（碳）表面起反应并形成中间络合物；
④ 中间络合物的分解或与气相中到达固体（碳）表面的气体分子反应；
⑤ 产物从固体（碳）表面解析并扩散到气流主体。

上述历程中既有化学反应过程，也有物理扩散过程。气化反应总速率取决于历程中最慢阶段的速率。如果气化总速率受化学反应速率的限制，称为化学动力学控制；如果受物理过程速率控制，称为扩散控制。温度是判断是否处于动力学控制区域的最为重要的因素，一般温度高于 1100℃时，扩散影响变得突出。

5.4.3 煤气化方法

随着煤气化技术的发展，迄今为止已开发的煤气化方法有很多种，相关气化技术的分类方法也较多。例如，按制取煤气的热值分为制取低热值煤气方法（热值低于 $8.4MJ/m^3$）、制取中热值煤气方法（热值 $16.7 \sim 33.5MJ/m^3$）和制取高热值煤气方法（热值高于 $33.5MJ/m^3$）；按供热方式分为内热式气化方法和外热式气化方法；按气化炉操作压力分为常压气化方法、中压气化方法（压力 3.0MPa）和高压气化方法（压力 $7.0 \sim 10.0MPa$）。目前最通用的分类方法是按反应器类型分为固定床（移动床）、流化床、气流床和熔融床气化方法。以上四种反应器的主要区别在于原料煤与气化剂的相对运动及床内反应温度的分布不同。考虑到熔融床至今仍处于中试阶段，下文中将介绍已经工业化的其他三种气化炉。

(1) 固定床（移动床）气化炉 在气化过程中，煤料由气化炉顶部加入，气化剂由底部通入，煤料与气化剂逆向接触。相对于气体的上升速率，煤料下降速率很慢，甚至可视为固定不动，所以称为固定床气化炉。实际上煤料在气化过程中是以很慢的速度向下移动的，比较准确的名称应该为移动床气化炉。固定床气化炉的设备及炉内温度分布曲线见图 5-22。床层最高温度在氧化层，即氧开始燃烧至含量接近为零的区域。固定床气化炉一般使用块煤或煤焦为原料，筛分范围为 $6 \sim 50mm$，对细料或黏结性燃煤需进行专门的处理。如使用含有挥发分的燃料，则产生的煤气中含有烃类及焦油等。固定床气化炉的优点为产生的低温煤

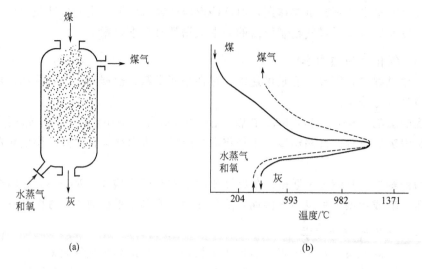

图 5-22 固定床（移动床）气化炉（a）及炉内温度分布曲线（b）

气易于净化，缺点为不适用于结焦性强的煤。

（2）流化床气化炉 流化床气化炉是用流态化技术来生产煤气的一种气化装置，也称沸腾床气化炉。流化床气化炉的设备及炉内温度分布曲线见图 5-23。气化剂通过粉煤层，使燃料处于悬浮状态，固体颗粒的运动如沸腾的液体一样，气固相运动剧烈，整个床层温度和组成分布均匀，所产生的煤气和灰渣都在炉温下排出，导出的煤气中基本不含焦油类物质。流化床气化炉一般使用反应性高的煤（如褐煤）为原料，筛分范围为 3~5mm，对黏结性煤需进行预氧化等处理。流化床气化炉的优点为具有流体那样的流动性，向气化炉加料或从气化炉出灰都比较方便。缺点为床内的反应温度不能太高。

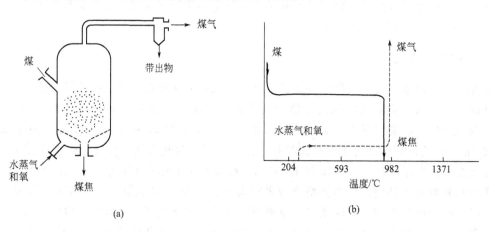

图 5-23 流化床气化炉（a）及炉内温度分布曲线（b）

（3）气流床气化炉 将粒度为 100μm 以下的粉煤用气化剂输送到气化炉中，以并流方式在高温火焰中进行反应，其中部分灰分可以以熔渣方式分离出来，反应可在所提供的空间连续进行，炉内的温度很高。气流床气化炉的设备及炉内温度分布示意图见图 5-24。所产生的煤气和熔渣在接近炉温的条件下排出，煤气中不含焦油等物质，部分灰分与未反应的燃料结合，可能被产生的煤气所携带并分离出来。气流床在加压下操作，其突出的优点是生产能力大。缺点是对设备要求高，尤其对耐火炉衬要求高。

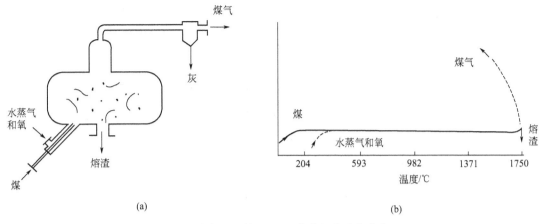

图 5-24 气流床气化炉（a）及炉内温度分布曲线（b）

5.4.4 煤气化工艺

5.4.4.1 固定床气化工艺

常压固定床气化炉生产的煤气热值低，煤气中 CO 含量高，气化强度低，生产能力有限，煤气不宜远距离输送，同时不能满足城市煤气的质量要求。为解决上述问题，人们研究发展了加压固定床气化技术。在加压固定床气化技术中，最著名的为鲁奇加压气化技术。自 1936 年建立第一个加压气化装置至今，已经历四代改进，改进的主导思想为扩大气化煤种和提高气化强度。第四代加压气化炉仅在南非萨索尔（Sasol）公司投入运行，第三代加压气化炉是世界上使用最为广泛的一种炉型。

图 5-25 所示为第三代鲁奇加压气化炉示意图，由加煤箱、炉体和灰箱三部分组成。氧与水蒸气组成的气化剂通过空心轴经炉箅分布，自下而上经过煤层，水煤气由上部引出，煤料在炉中由上向下移动 1~3h，炉灰在下部由机械炉箅定期排除。为防止灰分熔融，炉内最高温度应控制在灰熔点以下，一般为 1200℃，由 H_2O/O_2 比来调控，压力 3MPa，出口煤气温度 500℃，单台气化炉的煤气生产能力为 75000~10000m³/h。图 5-26 所示为有废热回收的固定床加压气化工艺流程，该流程中煤气经喷冷器喷淋冷却，除去煤气中的焦油及煤尘，再经废热锅炉回收其显热

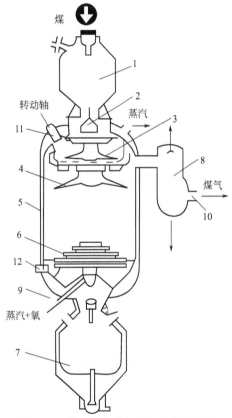

图 5-25 第三代鲁奇加压气化炉示意图
1—加煤箱；2—钟罩阀；3—煤分布器；4—搅拌器；5—夹套锅炉；6—塔节型炉箅；7—灰箱；8—洗涤冷却器；9—气化剂入口；10—煤气出口；11—布煤器传动装置；12—炉箅传动装置

后，按不同情况经过洗涤和变换工艺用于后续生产。鲁奇加压气化工艺的优点为：原料适应范围广，单炉生产能力大；缺点为蒸汽分解率低，蒸汽消耗大，废水处理工序长；投资高；

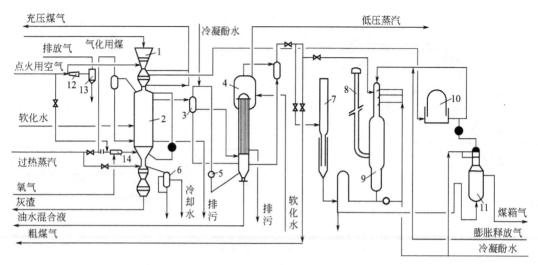

图 5-26 有废热回收的固定床加压气化工艺流程

1—储煤仓；2—气化炉；3—喷冷器；4—废热锅炉；5—循环泵；6—膨胀冷凝器；
7—放散烟囱；8—火炬烟囱；9—洗涤器；10—储气柜；11—煤箱气洗涤器；
12—引射器；13—旋风分离器；14—混合器

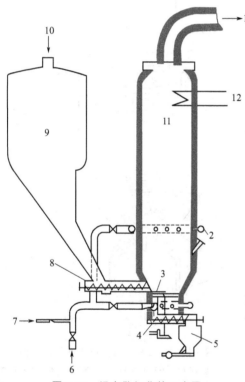

图 5-27 温克勒气化炉示意图

1—煤气出口；2—二次气化剂入口；3—灰刮板；4—除灰螺旋；5—灰斗；6—空气入口；7—蒸汽入口；8—供料螺旋；9—煤仓；10—加煤口；11—气化层；12—散热锅炉

需配套的制氧装置。制得的煤气中 CH_4 和 CO_2 含量较高，CO 含量较低，适用于工业燃气和城市煤气，在碳一化工中的应用受到限制。

5.4.4.2 流化床气化工艺

1913 年化学工程中出现了流化床理论，德国人温克勒（F. Winkler）首次用流化床理论研究煤气化，并于 1922 年申请了专利，1925 年实现工业化，温克勒粉煤气化是流化床的首次大规模工业化应用。此后约有 70 余台温克勒气化炉在世界各地运转，但由于各种原因，大多数都先后停产。从现代技术的观点看，流化床气化工艺已逐渐被淘汰，但在当时，它开创了流化床技术的工业应用，也使煤炭气化技术进入新的发展阶段。

图 5-27 所示为温克勒气化炉的示意图。该炉是一个高大的圆筒形容器，在结构和功能上可分为两大部分：下部的圆锥部分为流化床，上部的圆筒部分为悬浮床，上部高度约为下部高度的 6~10 倍。将原料煤由螺旋加料器加入圆锥部分的腰部。炉箅安装在圆锥体部分，鼓风气流沿垂直于炉箅的平面进入炉内。氧气（空气）和水蒸气作为气化剂自炉箅下部供入。为提高气化效率和适应气化活性较低的煤，在气化炉中部适当的高度引入二次气化

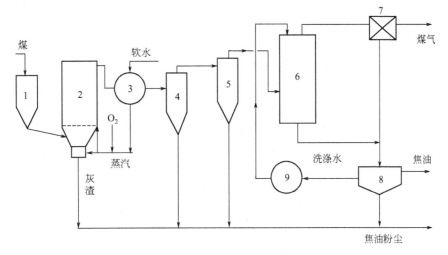

图 5-28 温克勒气化生产工艺流程

1—料斗；2—气化炉；3—废热锅炉；4,5—旋风除尘器；6—洗涤塔；
7—煤气净化装置；8—焦油水分离器；9—泵

剂。散热锅炉安装在气化炉顶部附近，使产品气中的熔融灰粒重新固化。温克勒气化生产工艺流程如图 5-28 所示。经预处理的原料进入料斗，料斗中充以 N_2 或 CO_2 气体，用螺旋加料器将原料送入炉内。气化剂的 60%～70% 由炉底经炉箅送入炉内，调节流速使料层全部流化，剩余的气化剂由炉筒中部送入。生成的煤气由气化炉顶引出，经过废热锅炉回收显热，再经两级旋风除尘器及洗涤塔除去煤气中大部分粉尘和水汽。温克勒气化法的优点为：单炉生产能力大，最高可达 100000 m^3/h；气化炉结构较简单；出炉煤气基本不含焦油。缺点为气化温度低；气化设备庞大；热损失大；带出物损失较多。制得的煤气中 CO_2 含量偏高，可燃组分含量偏低，因此为净化压缩煤气耗能较多。

5.4.4.3 气流床气化工艺

气流床气化技术是最为清洁、高效的煤气化技术，代表着当今煤气化工艺的发展方向。气流床气化工艺最早由德国 Koppers 公司的 Totzek

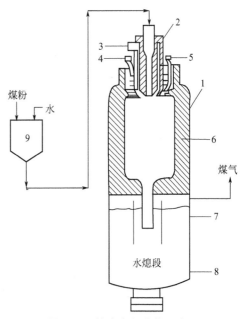

图 5-29 德士古气化炉示意图

1—气化炉；2—喷嘴；3—氧气入口；4—冷却水入口；5—冷却水出口；6—耐火砖衬；7—水入口；8—渣出口；9—水煤浆槽

工程师开发成功，气化设备被称为 K-T 炉，气化过程在常压下进行。现代气流床通常在加压（3.0～6.5MPa）下进行，目前最具代表性的气流床气化技术有美国的德士古（Texaco）水煤浆气化法和荷兰的壳牌（Shell）干煤粉气化技术。德士古气化法通常被称为第二代气流床气化方法。

图 5-29 为德士古气化炉的示意图。气化炉为一直立圆筒形钢制耐压容器，炉膛内壁衬以高质量的耐火材料，以防止热渣和粗煤气的侵蚀。水煤浆通过喷嘴在高速氧气气流作用下

破碎、雾化喷入气化炉，气化得到的湿煤气和熔渣并流而下离开反应区，进入炉子底部进行冷却。按冷却方式不同，德士古气化法可以分为激冷流程和废热锅炉流程。图 5-30 所示为德士古激冷法气化生产工艺流程。气化过程从煤输送系统送来原料煤，经过称重后加入磨煤机，在磨煤机与定量的水和添加剂混合制成一定浓度的煤浆。煤浆经滚筒筛筛去大颗粒后流入磨煤机出口槽，然后用低压煤浆泵送入煤浆槽，再经高压煤浆泵送入气化喷嘴。通过喷嘴煤浆与空分装置送来的氧气一起混合雾化喷入气化炉，在燃烧室中发生气化反应。气化炉燃烧室排出的高温气体和熔渣经激冷环被水激冷后，沿下降管导入激冷室进行水浴，熔渣迅速固化，粗煤气被水饱和。生成的灰渣留在水中，绝大部分迅速沉淀并通过排渣系统定期排出。出气化炉的粗煤气再经文丘里喷射器和炭黑洗涤塔用水进一步润湿洗涤，除去残余的飞灰。激冷室和洗涤塔排出的水中的细灰，通过灰水处理系统经沉降槽沉降除去，澄清的水返回工艺系统循环使用，废水进入生化处理装置处理后排放。德士古气化法的优点为：单炉生产能力大；气化用煤范围广；工艺流程简单；过程产生的"三废"少且易处理；制得的煤气中甲烷和烃类含量极低，适宜用作合成气。缺点为：炉内耐火砖寿命短，更换费用大；喷嘴需要频繁更换，影响连续运行；氧耗量相对干法加料气化法更高。

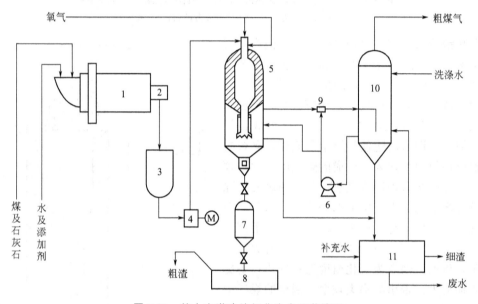

图 5-30 德士古激冷法气化生产工艺流程

1—磨煤机；2—低压煤浆泵；3—煤浆槽；4—高压煤浆泵；5—气化炉；6—激冷水泵；
7—锁渣罐；8—渣池；9—文丘里喷射器；10—炭黑洗涤塔；11—灰水处理系统

5.4.5 煤气化联合循环发电

煤气化联合循环发电（integrated gasification combined cycle，IGCC）是煤气化、燃气净化、燃气和余热做功的工艺集成，其工艺方块流程见图 5-31。

将煤加入气化炉内与蒸汽和氧气（或空气）反应，产生热粗燃气，经冷却和洗涤脱除尘粒并脱去酸性气体，同时回收得到元素硫。洁净燃料气在燃气轮机（turbine，又译作透平）中燃烧，温度为 1090℃ 左右，离开燃气轮机 482~538℃ 的热烟气经废热锅炉回收热量产生过热蒸汽，然后经蒸汽轮机产生电能，这样，燃气轮机和蒸汽轮机皆可产生电能。

IGCC 工艺把高效的燃气-蒸汽发电系统与洁净的煤气化技术结合起来，既有高于传统燃煤蒸汽轮机的发电效率，又有良好的环保性能，是一种极具发展前景的洁净煤发电技术。IGCC工艺中设置了硫回收工序，脱硫效率可达99%。60%的电量由燃气轮机产生，这部分发电不需要冷却水，IGCC装置的耗水量只有常规燃煤蒸汽发电装置的1/2～1/3。IGCC工艺中煤气化和脱硫都在高压（2～4MPa）下进行，装置占地比常规燃煤电站要少。

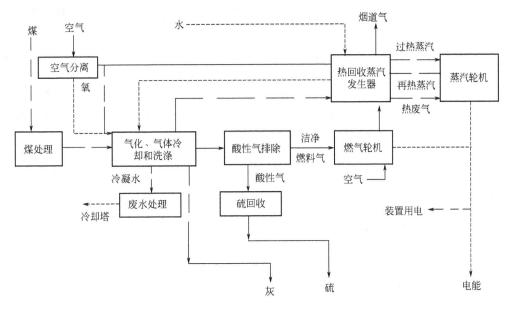

图 5-31　IGCC工艺方块流程

1973年德国建成第一套IGCC示范装置（170MW，鲁奇法），1984年美国建成世界上第一个商业规模的IGCC装置（120MW，德士古法），此后美国、西班牙、荷兰等国相继建成了一批300MW级IGCC工程。至今世界已建成IGCC电站20余座。我国IGCC技术从20世纪70年代末立项至今，历经坎坷。2012年12月，由华能联合国内多家大型国有企业和美国博地能源公司共同建设的华能天津IGCC电站示范工程（250MW）正式投产，标志着我国的"绿色煤电"技术取得重大突破。该电站采用具有华能自主知识产权的世界首台两段式干煤粉加压纯氧燃烧气化炉。

5.5　煤的液化

5.5.1　煤的直接液化

5.5.1.1　概述

煤的直接液化是指在较高温度、压力下，煤和溶剂与氢气反应使其降解、加氢，从而转化为液体油类的过程，又称为加氢液化。通过煤的直接液化，不仅可以生成汽油、柴油、煤油、液化石油气，还可以提取苯、二甲苯混合物，生成乙烯、丙烯等重要烯烃的原料。煤直接液化的优点是热效率较高、液体产品收率高，缺点为煤浆加氢工艺条件相对苛刻，反应设备需要承受高温、高压和氢腐蚀。

煤直接液化早在1927年就已工业化（年产合成油10万吨），采用的是德国科学家贝吉乌斯于1913年发明的褐煤加氢专利。此后德国又有11套煤直接液化装置建成投产，到

1944年，总年产达到400万吨，为德国发动第二次世界大战提供2/3的航空煤油、1/2的汽油和装甲车用油。20世纪50年代，由于中东地区大量廉价石油的开采，煤直接液化失去经济竞争力，工厂相继停产。美国取代德国成为研究和开发煤直接液化的主要国家，在50～60年代开展了大量的基础研究。1973年石油危机爆发，煤直接液化技术重新获得重视。70年代至今，德国、美国和日本等发达国家相继开发了煤直接液化新工艺，具有代表性的有德国液化新工艺（IGOR）、美国的氢煤法（H-COAL）和溶剂精炼法（SRCⅠ、SRCⅡ）及日本的NEDOL工艺。这些工艺均已完成大型中试，技术上具备建厂条件，但由于在经济上建设投资大，煤液化油生产成本高，目前尚未工业化。我国从事煤直接液化研究起步较晚。20世纪70～90年代，煤炭科学研究院北京煤化学研究所在对国外技术跟踪研究、液化用煤筛选评价及产业化的实施准备等方面做了大量工作。1997～2000年，煤炭科学研究总院分别同德国、美国以及日本公司合作，完成了云南先锋煤、陕西神木煤和黑龙江依兰煤在国外已有中试装置上的放大试验以及这3种煤直接液化示范厂的可行性研究。2008年12月，神华煤直接液化百万吨级示范工程试车成功，该工程采用具有自主知识产权的工艺技术和催化剂，我国成为世界上唯一掌握百万吨级煤直接液化关键技术的国家。

5.5.1.2 煤直接液化原理

煤与石油在化学组成上最明显的差别是煤的氢含量（H/C原子比）低、氧含量（O/C原子比）高；分子结构不同，煤有机质是由2～4个或更多的芳香环构成、呈空间立体结构的高分子缩聚物，石油分子则主要由烷烃、芳烃和环烷烃等组成；且煤中存在大量无机矿物。因此，要将煤转化为液体产物，首先要将煤的大分子裂解为较小的分子，提高H/C原子比，降低O/C原子比，并脱除矿物。

(1) 煤直接液化过程中的反应　煤在溶剂中的加氢液化反应极其复杂，是一系列顺序反应和平行反应的综合，可归纳如下：

① 煤的热解　煤被加热到一定温度，煤结构中键能最弱的部位开始断裂为自由基碎片：

$$煤 \xrightarrow{热裂解} 自由基碎片 \sum RH \cdot$$

② 对自由基碎片的供氢　热解自由基碎片是不稳定的，只有与氢结合后才能稳定，其反应为：$\sum RH \cdot + H \longrightarrow \sum RH$

供给自由基的氢源主要有溶解于溶剂中的氢在催化剂的作用下变为活性氢、溶剂油和煤本身可供应的氢和化学反应生成的氢。

③ 脱氧、硫、氮杂原子的反应　加氢液化过程中，煤结构中的一些氧、硫、氮相连的化学键发生断裂，分别生成H_2O（或CO_2、CO）、H_2S和NH_3等气体而被脱除。

④ 缩合反应　在加氢液化过程中，由于温度过高或供氢不足，煤热解的自由基碎片彼此会发生缩合反应，生成半焦和焦炭。这个反应是煤直接液化不希望发生的。

(2) 煤直接液化的产物　煤直接液化的产物包括气、液、固三相的混合物，组成十分复杂，其分离流程如图5-32所示。液固相产物通常用溶剂分离：可溶于正己烷的物质称为油，是轻质产物（分子量M小于300）；不溶于正己烷而溶于甲苯的物质称为沥青烯，是类似于石油沥青质的重质产物（M约为500）；不溶于甲苯而溶于四氢呋喃（或吡啶）的物质称为前沥青烯，属重质产品（M约为1000）；不溶于四氢呋喃的物质称为残渣，由未反应煤、矿物质和外加催化剂组成，也包括液化缩聚产物半焦。

(3) 煤直接液化的反应历程　煤直接液化如何用化学反应方程式表示至今尚未达成共识，通常认为：煤不是组成均一的反应物；反应以顺序进行为主；前沥青烯和沥青烯是液化

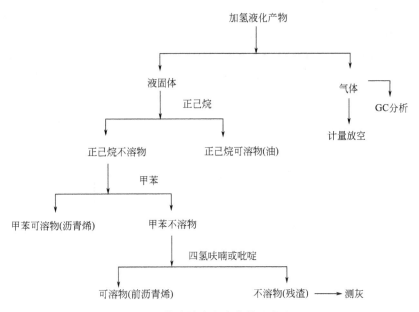

图 5-32　煤直接液化产物的分离流程

反应的中间产物,在不同反应阶段其结构与组成不同;逆反应(即结焦反应)也可能发生。总体上,煤直接液化的主要反应历程可描述如下:

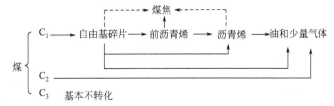

其中 C_1 表示煤有机质的主体,C_2 表示煤中的低分子化合物,C_3 表示惰性成分。

(4) 煤直接液化的影响因素　煤直接液化的影响因素很多,主要有原料煤、溶剂、气氛、催化剂与操作参数等因素。煤中有机质元素组成是评价原料煤加氢液化性能的重要指标,一般认为含碳量低于 85% 的煤几乎都可以液化。溶剂的主要作用为热溶解煤和氢气及供氢和传递氢。气氛主要包括合成气和纯氢气氛,根据煤质的不同进行选择。催化剂的作用为活化反应物,促进氢传递,提高产物的选择性。操作参数包括反应温度和压力及液固分离的参数等。

5.5.1.3　煤直接液化工艺

(1) 基本工艺过程　煤直接液化一般包括煤浆制备、液化反应、产品分离和提质加工 4 个主要单元,如图 5-33 所示。

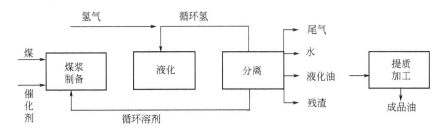

图 5-33　煤直接液化基本工艺过程

(2) 中国神华煤直接液化工艺 中国神华集团在吸收煤炭液化研究成果的基础上，根据煤液化单项技术的成熟程度，综合并优化了国内外开发的液化工艺技术，提出如图 5-34 所示的工艺流程。该工艺的主要特点为采用两段反应，反应温度为 455℃，压力为 19MPa，提高了煤浆空速；循环溶剂采用部分加氢，提高溶剂的供氢能力；液化粗油精制采用离线加氢方案。

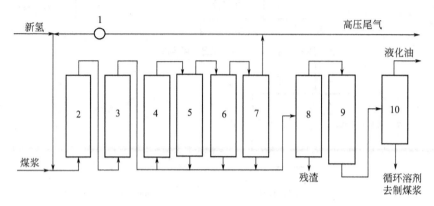

图 5-34 中国神华煤直接液化工艺流程示意图
1—循环压缩机；2—煤浆预热器；3—第一反应器；4—第二反应器；5—高温分离器；
6—中温分离器；7—低温分离器；8—常减压蒸馏；9—加氢反应装置；10—常压蒸馏

5.5.2 煤的间接液化

5.5.2.1 概述

煤的间接液化是指煤经气化生产合成气，再以合成气为原料合成液体燃料或化学品的过程。费托合成是最早实现工业化的煤间接液化技术，是目前煤间接液化的主要工艺路线之一。费托合成是以合成气为原料，在催化剂和适当反应条件下，合成以石蜡烃为主的液体燃料的工艺过程，其合成流程框图见图 5-35。

费托合成技术由德国科学家费舍尔和托罗普施于 1923 年发明并于 1934 年在德国实现工业化，年产量为 7 万吨。到 1945 年，德国共有 9 套装置年总产 57 万吨。同一时期，日本有 4 套，法国和中国各 1 套，世界总年产达 100 万吨。20 世纪 50 年代，廉价石油的开采使费托合成技术陷入低潮。南非是个例外。南非因其推行种族隔离政策遭到石油禁运，考虑到南非的煤质较差，不适宜直接液化，南非选择了费托合成技术生产燃料和化学品。南非在 1955 年建成 SASOL-Ⅰ厂，1980 年和 1982 年分别建成 SASOL-Ⅱ和 SASOL-Ⅲ厂。

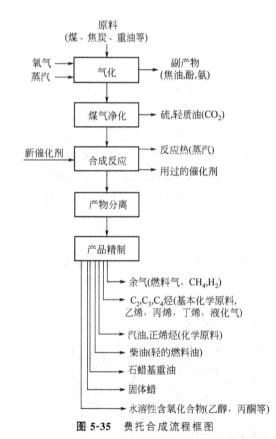

图 5-35 费托合成流程框图

目前萨索尔是世界上最大的综合性煤化工企业,年耗煤 5000 万吨以上,年产油品和化学品 850 万吨,其中油品 600 万吨。我国曾是世界上较早拥有费托合成工厂的国家之一。1937 年日军在锦州引进德国费托合成技术建厂,1943 年运行并年产油品 100t,1945 年日本战败后停产。新中国成立后,50~60 年代恢复和扩建锦州费托合成装置,最大规模达 4.7 万吨。1959 年大庆油田的发现,影响了费托合成事业的发展,锦州工厂于 1967 年停产。20 世纪 80 年代,基于能源安全与技术储备的考虑,我国恢复了费托合成研究,以中国科学院山西煤炭化学研究所为代表的科研院所对费托合成催化剂、反应器设计和工艺优化等方面开展了大量的工作,取得了重要成果,为工业化示范奠定了基础。2006 年开始,潞安、伊泰和神华等煤炭企业开始实施 10 万吨级规模工业示范。2012 年 6 月,兖矿集团的 100 万吨煤间接液化示范项目在榆林开工建设,预计于 2015 年 6 月建成投产。2013 年 9 月,神华宁煤集团 400 万吨/年煤间接液化示范项目开工建设,预计于 2016 年建成投产。以上两个项目分别采用兖矿集团和中科合成油技术有限公司自主研发、具有我国自主知识产权的煤间接液化技术。

5.5.2.2 费托合成原理

(1) 化学反应 费托合成反应是一个非常复杂的反应体系,CO 加氢除了生成饱和烃与不饱和烃外,还生成含氧化合物,如醇类、酸、醛、酮及酯等。另外,在费托合成体系中,还伴随水煤气变换、CO 歧化等反应。在实际应用中,由于含氧化合物的生成反应及 CO 歧化反应等反应程度较低,同时,反应生成的烃类产物的平均碳原子数较大,按水煤气变换反应是否容易发生可将费托合成反应分别简化为以下两个基本反应:

$$CO + 2H_2 \longrightarrow (-CH_2-) + H_2O \quad \Delta H = -165 \text{kJ/mol}(227℃)$$

$$2CO + H_2 \longrightarrow (-CH_2-) + CO_2 \quad \Delta H = -204.7 \text{kJ/mol}(227℃)$$

第二个基本反应实际上是第一个基本反应和水煤气变换反应的组合,适用于水煤气变换反应较易发生的催化剂体系,如 Fe 基催化剂。

(2) 热力学分析 在反应温度下,产物生成的概率依次为 CH_4>饱和烃>烯烃>含氧化合物。过程操作因素对反应的影响为:随温度的升高,饱和烃含量降低,烯烃和醛的含量增加;增加压力有利于饱和烃生成,长链产物量增加;合成气富 H_2 有利于饱和烃的生成,富 CO 则更利于烯烃和醛的生成。

(3) 催化剂 费托合成用的催化剂主要有 Fe、Co、Ni 和 Ru。这些金属具有加氢活性,能形成金属羰基复合物。它们对硫敏感,易中毒。不同催化剂适宜的操作温度和压力为:

Fe 催化剂 1~3MPa,200~350℃;
Co 催化剂 0.1~3MPa,170~190℃;
Ni 催化剂 0.1MPa,170~190℃;
Ru 催化剂 10~100MPa,110~150℃。

尽管 Ni 和 Ru 催化剂具有很好的活性,但是 Ni 催化剂主要生成甲烷,Ru 催化剂价格太贵,因而目前为止工业上应用的催化剂只有 Fe 和 Co。由于 Co 比 Fe 贵得多,且只能用于低空速的固定床,工业上应用的主要是 Fe 催化剂,分沉淀铁和熔铁两种。

5.5.2.3 费托合成工艺

目前国际上费托合成工业化最成功的是南非的萨索尔公司,萨索尔公司主要采用气流床反应器的高温费托合成工艺。图 5-36 所示为 SASOL-Ⅱ厂的 Synthol 气流床费托合成工艺。

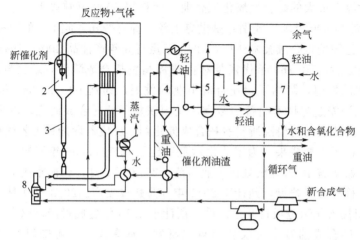

图 5-36　SASOL-Ⅱ 厂的 Synthol 气流床费托合成工艺
1—反应器；2—催化剂沉降室；3—竖管；4—洗油塔；5—气体洗涤分离塔；
6—分离器；7—水洗涤塔；8—开工炉

新鲜原料与循环气混合预热到 160～220℃ 后，进入反应器反应，反应温度为 300～340℃，压力为 2.0～2.3MPa。反应产物气体和催化剂一起离开反应器去沉降室，在沉降室内两者分离，热催化剂经竖管与预热合成气汇合，由气流带入反应区。产物气体通过热油洗涤塔（简称洗油塔），析出重油，部分热的洗油经换热器将热量传给新鲜合成气，再回到洗油塔，其余部分作为重油产物。在热油洗涤塔顶出来的蒸汽在气体洗涤分离塔中冷凝成轻油和水，部分轻油回流到热油洗涤塔。余气通过分离器脱除液雾，再经压缩机作为循环气与新合成气相混合。轻油在水洗涤塔中洗涤后得到轻油产品。

5.6　煤化工发展趋势

5.6.1　煤化工发展存在的问题

与国外相比，我国煤化工产业起步较晚，但发展迅速。煤化工的发展对缓解我国石油、天然气等优质能源供需矛盾，促进钢铁等工农业的发展，发挥了重要作用。但是，煤化工产业对煤炭资源、水资源、生态、环境、技术、资金和社会配套条件等要求较高，煤化工快速发展的同时也带来了一系列的问题与挑战。

5.6.1.1　以牺牲资源为代价盲目发展煤化工

部分地方政府为加快经济发展，以资源为手段，盲目发展煤化工，导致资源配置和开发利用不合理。我国煤炭资源相对丰富，但优质、清洁和炼焦煤资源相对较少。以牺牲资源为代价盲目发展煤化工将加速优质煤炭资源的过度消费，不利于煤化工的可持续发展，同时影响电力等煤化工相关行业的平稳发展。

5.6.1.2　环境污染严重

煤化工是一个高污染、高安全要求的行业，其运行周期长、工艺流程多且复杂，每个环节都会产生各种污染物，严重的污染问题给我国的环境带来了很大的压力，影响居民的日常生活。同时，煤化工产业耗水量较大，而我国水资源极为紧缺，煤化工的快速发展给当地的生态平衡带来极大的压力。

5.6.1.3 炼焦等传统煤化工产业产能严重过剩

2004年以来，国家加大了对煤化工产业的宏观调控力度，炼焦等高能耗传统煤化工行业盲目发展的势头得到初步抑制，但相关产业的产能仍大大高于市场需求。同时，现有的焦炭生成中，很多属于不符合环保要求、无副产品回收装置、污染严重的小型炼焦工厂。规模小、重复建设和产品低端现象较为严重。

5.6.1.4 煤制油等新兴煤化工产业风险较高

基于能源安全的考虑，我国在煤制油领域方面进行了大量的研究开发工作。目前，年产百万吨级煤直接液化及间接液化都处于示范项目阶段，仍需继续完善各项技术以实现最终的商业化运行。另一方面，煤制油等技术投资成本都比较高，受煤及石油价格影响较大，盈利风险较高。

5.6.2 煤的清洁高效利用

为了有效解决目前煤化工发展存在的问题，我国将来必须以煤的合理、清洁、高效转化为基础，以多联产体系为手段，以建立循环经济、改善环境和降低消耗为目标，向大型化、规模化和集约化发展。

(1) 项目大型化 随着国家对煤化工产业宏观调控的不断升级以及人们环保意识的不断加强，现有的小型落后煤化工工艺必将遭到淘汰，炼焦等传统行业将进行结构调整与产业升级。同时，依托我国科技领域的不断发展，煤化工技术将得到持续革新，最终实现项目大型化，以提高资源利用率和经济竞争力。

(2) 产品高端化 现代煤化工发展的前途在于产品的高端化，主要包括提高煤化工产业链的附加值和开发煤炭深加工技术两个方面。二烯烃、芳烃、含氧化合物及高端合成材料这些精细化工产品应该成为现代煤化工的发展方向。同时，煤化工企业应该与下游相关企业加强协作，生产高端产品，提高深煤炭利用率，最大限度地发挥煤化工的价值。

(3) 能效最优化 能效最优化一方面要积极发展低阶煤分质清洁高效利用技术。我国低阶煤储量占煤炭总储量的50%以上，这部分煤的分质清洁利用将促进煤化工的节能减排。另一方面，应该打破煤化工、石油化工与热电等行业独立发展的思路，实现煤油化热电多联产。煤的成分十分复杂，单一产品利用难以取得最好效果，如能实现多联产，煤化工的综合能效将得到大幅度提高。

(4) 洁净煤技术 通过洁净煤技术，减少煤炭开发和利用过程中的污染并提高煤炭加工、燃烧、转化和污染控制等过程的效率，使煤作为能源达到最大限度的利用，且将释放的污染物控制在最低水平，从而实现煤的高效洁净利用。洁净煤技术涵盖了煤炭从开采到利用的清洁生产和洁净消费的全过程。

● 思考题

5-1 什么是煤？煤由哪些物质组成？
5-2 煤的性质包括哪些内容？
5-3 简述煤化工的主要范畴。
5-4 简述煤的低温干馏的主要产品及其用途。
5-5 简述焦炭的性质与用途。

5-6　配煤的意义及其要求分别是什么？
5-7　现代焦炉主要由哪些部分组成？各组成部分的主要作用是什么？
5-8　从焦炉炭化室出来的粗煤气主要包含哪些物质？
5-9　根据所使用的气化剂的不同，煤气主要分为哪些种类？简述不同煤气的主要成分。
5-10　简述煤气化过程中的主要化学反应。
5-11　按反应器类型，煤的气化分为哪些方法？简述不同反应器类型煤气化方法的特点。
5-12　什么是煤气化联合循环发电技术？其与常规燃煤发电相比有哪些优点？
5-13　什么是煤的直接液化与间接液化？
5-14　煤的直接液化过程中发生哪四类化学反应？
5-15　什么是费托合成技术？
5-16　什么是洁净煤技术？

参 考 文 献

[1] 谢克昌，赵炜. 煤化工概论. 北京：化学工业出版社，2012.
[2] BP世界能源统计年鉴，2013 [2015-5-18]. http：//www.bp.com/zh cn/china/reports-and-publications/bp 2013.html.
[3] 2013 年统计年鉴 [2015-5-18]. http：//www.stats.gov.cn/tjsj/ndsj/2013/indexch.htm.
[4] 袁权. 能源化学进展. 第 3 版. 北京：化学工业出版社，2005.
[5] 郭树才，胡浩权. 煤化工工艺学. 第 3 版. 北京：化学工业出版社，2012.
[6] 王永刚，周国江. 煤化工工艺学. 北京：中国矿业大学出版社，2014.
[7] 孙鸿，张子峰，黄健. 煤化工工艺学. 北京：化学工业出版社，2012.
[8] 高晋生. 煤的热解、炼焦和煤焦油加工. 北京：化学工业出版社，2010.
[9] 于遵宏，王辅臣. 煤炭气化技术. 北京：化学工业出版社，2010.
[10] 吴国光，张荣光. 煤炭气化工艺学. 北京：中国矿业大学出版社，2013.
[11] 吴春来. 煤炭直接液化. 北京：化学工业出版社，2010.
[12] 孙启文. 煤炭直接液化. 北京：化学工业出版社，2010.
[13] 李文英，冯杰，谢克昌. 煤基多联产系统技术及工艺过程分析. 北京：化学工业出版社，2011.
[14] 徐绍平，殷德宏，仲剑初. 化工工艺学. 第 2 版. 大连：大连理工大学出版社，2012.
[15] 黄仲九，房鼎业. 化工工艺学. 北京：高等教育出版社，2012.
[16] 廖巧丽，米镇涛. 化学工艺学. 北京：化学工业出版社，2001.

第6章

合成气及其重要衍生物的生产工艺

6.1 概述

6.1.1 合成气与碳一化工

合成气指的是 H_2 和 CO 的混合物,其英文为 synthesis gas,常缩写为 syngas。合成气中 H_2/CO（体积比）随原料和生产方法不同而异,一般在 $0.5\sim3.0$ 范围内变化。合成气是有机合成的重要原料之一,也是纯净 H_2 或 CO 气体的来源,在化学工业中具有重要作用。制造合成气的原料非常丰富,许多含碳资源如天然气、煤、石油馏分、农林废料和城市垃圾等均可用于制造合成气,所以发展合成气有利于资源优化利用和化学工业向原料路线和产品结构的多元化方向发展。

利用合成气转化为液体和气体燃料、大吨位化工产品和高附加值的精细有机合成产品的过程,是碳一化工（C_1 化工）的重要组成部分。碳一化工主要包括甲烷转化和合成气转化等化工过程。图 6-1 所示为典型的合成气转化过程及其主要产品,具体应用途径如下。

(1) 合成氨 将合成气通过 CO 变换反应调节为富含 H_2,补充 N_2 后,得到 H_2/N_2 = 3/1（体积比,下同）的合成氨原料气,使其在高温高压及催化剂作用下合成氨。氨的最大用途为制氮肥,氨还是重要的化工原料。

(2) 费托合成 费托合成（F-T 合成）为 $H_2/CO=2.0\sim2.5$ 的合成气在一定压力和温度下,经催化作用生产液体烃类燃料的过程。烃类燃料经分离加工可获得汽油、柴油和蜡等化工产品。该过程在 5.5 节进行了介绍。

(3) 合成甲醇和二甲醚 将合成气中 H_2/CO 调节为 2.2 左右,在一定压力和温度下,经催化剂作用可合成甲醇。甲醇是重要的化工产品和原料,可用于制醋酸、甲醛、甲基叔丁基醚（MTBE）、甲酸甲酯等产品;由甲醇脱水或由 $H_2/CO=2.0$ 的合成气在催化剂作用下直接合成可制得二甲醚。二甲醚的十六烷值高达 60,是优质的柴油机燃料,燃烧时无烟,NO_x 排放量极低,因此被认为是 21 世纪新燃料之一。

(4) 一步法合成乙烯等低碳烯烃 近年来的研究致力于将 H_2/CO 调节为 2.0 左右的合成气在催化剂的作用下一步法转化为乙烯等低碳烯烃。因副反应多,尚未达到工业化要求,仍需研制活性和选择性都高的催化剂以提高低碳烯烃的收率。

(5) 合成乙二醇 合成气法合成乙二醇可分为直接法和间接法。直接法是指 CO 和 H_2

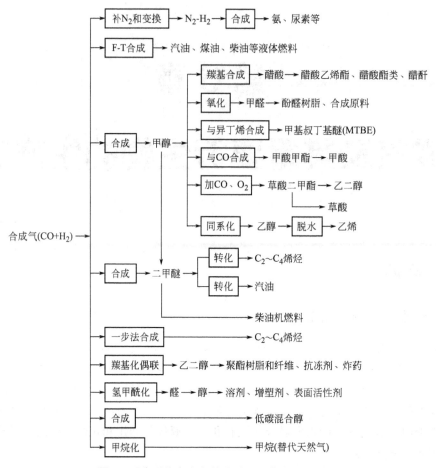

图 6-1 典型的合成气转化过程及其主要产品

在催化剂的作用下直接反应生成乙二醇，该方法符合原子经济性的要求，但合成压力过高（50MPa），且所用催化剂在高温下（230~260℃）稳定性较差，目前仍处于研究阶段。间接法主要分为草酸酯合成法和甲醇甲醛合成法，其中草酸酯合成法反应条件温和、选择性高，已建有工业示范装置。草酸酯合成法通过 CO 气相催化合成草酸酯，草酸酯催化加氢合成乙二醇。乙二醇是重要的化工基础原料，广泛应用于聚酯树脂、表面活性剂、增塑剂、聚乙二醇、乙醇胺等的生产。乙二醇也是一种抗冻剂。乙二醇的衍生物二硝酸酯是炸药。

（6）**烯烃的氢甲酰化产品** 合成气与不同烯烃可以通过氢甲酰化合成不同产品。例如，丙烯与合成气反应生成正丁醛。正丁醛除可做溶剂外，大部分用于醇醛缩合和加氢生产 2-乙基己醇，后者用来制造聚乙烯的增塑剂邻苯二甲酸酯。烯烃氢甲酰化反应需采用过渡金属的羰基配合物作催化剂，过渡金属一般使用 Co 和 Ru，反应在液相中进行，属于均相催化反应。

（7）**合成低碳混合醇** 将合成甲醇的铜基催化剂加钾盐及助催化剂进行改性后，可于 250℃和 6MPa 下将合成气转化为 C_1~C_4 单醇，称为低碳混合醇。低碳混合醇可作汽油的掺烧燃料，也可经脱水生成低碳烯烃。

（8）**甲烷化** 在 Ni 催化剂作用下 CO 和 H_2 进行甲烷化反应，生成甲烷，称为合成天然气（synthetic natural gas，SNG），其热值比 CO 和 H_2 高。缺乏天然气的地区，可以以煤为原料用甲烷化法生产高热值的合成天然气用作城市煤气。

6.1.2 合成气的生产方法

如图 6-2 所示，根据原料不同，目前工业化的合成气生产方法分为以天然气、煤或重油为原料三种。合成气具体生产方法的选择主要取决于原料是否易得、整体生产成本以及下游生产对合成气的要求。

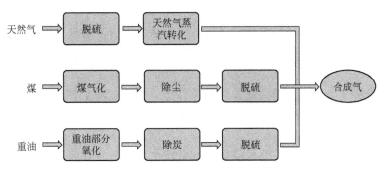

图 6-2 合成气生产方法示意图

(1) 以天然气为原料的生产方法 天然气的主要成分为甲烷，另外含有少量的其他烷烃、烯烃以及氮气等。目前，工业上由天然气制合成气的主要技术有蒸汽转化法、部分氧化法和自热转化法。其中，蒸汽转化法是最早开发的天然气转化工艺，目前在全世界天然气制合成气工艺中占 80% 以上。该法制得的合成气中 H_2/CO 比值理论上为 3，有利于制造合成氨或氢气；用来制造其他有机化合物（如甲醇、醋酸、乙二醇等）时，此比值需要通过 CO 变换反应进行调节。另外，该法需要对天然气进行预脱硫，因为天然气中的含硫化合物会使蒸汽转化和下游加工中使用的金属催化剂中毒。

(2) 以煤为原料的生产方法 煤主要通过煤气化过程制备合成气。煤气化是煤的热加工过程之一，是指煤在气化炉中，在气化剂存在下，于一定的温度和压力下，把煤转化为可燃气体的过程。根据所用的气化剂和气化工艺的不同，可制得各种不同成分的可燃气体——煤气。因为煤中氢含量较低，煤制合成气中 H_2/CO 的比值较低，适合于合成有机化合物。以煤为原料制合成气的生产方法中，通常将除尘和脱硫工序置于煤气化工序之后。煤气化的相关内容在 5.4 节有详细的介绍。

(3) 以重油为原料的生产方法 重油是石油炼制过程中的一种产品。以重油为原料制合成气主要采用部分氧化法，即在反应器中通入适量的 O_2 和水蒸气，使 O_2 与原料油中的部分烃类燃烧，放出热量并产生高温；另一部分烃类则与水蒸气发生吸热反应而生成 H_2 和 CO。调节原料中油、H_2O 与 O_2 的相互比例，可达到自热平衡。以重油为原料制合成气的生产方法中，通常将除炭黑和脱硫工序置于重油部分氧化工序之后。

其他含碳原料（包括各种含碳废料）制合成气在工业上尚未实现大规模生产，随着生物质等可再生资源的开发、二次原料的广泛利用，今后有望发展更多制备合成气的方法。

现有的三种主要制备方法中，以天然气为原料制合成气的成本最低；煤与重油制合成气的成本相当。重油制合成气可以使石油资源得到综合利用；轻质油价格很贵，用于制造合成气成本较高，且轻质油可以通过其他成熟工业方法加工成液体燃料和化工原料，不必选择合成气路线。

6.2 天然气转化制合成气

6.2.1 天然气制合成气概述

根据天然气的矿藏情况，可将其分为气田气和油田气。通常所说的天然气是指气田气，其甲烷含量一般大于90%，其余为少量的乙烷、丙烷等气体烷烃，有些还含少量的氮和硫化物。其他富含甲烷等气态烃的气体，如炼厂气、焦炉气、油田气和煤层气等均可用于制造合成气。目前，工业上由天然气制合成气的技术主要有蒸汽转化法、部分氧化法和自热转化法。

(1) 蒸汽转化法 在催化剂存在及高温条件下，使甲烷等烃类与水蒸气反应，生成 H_2 和 CO 等混合气的技术称为蒸汽转化法，其主反应为：

$$CH_4 + H_2O \rightleftharpoons CO + 3H_2 \quad \Delta H_{298K} = 206.4 \text{kJ/mol} \qquad (6-1)$$

该反应为强吸热过程，需要外界供热。此法技术成熟，是目前应用最广泛的天然气制合成气方法。本章主要介绍此种天然气制合成气技术。早在1913年，德国BASF公司就已提出蒸汽转化催化剂的专利。20世纪30年代初期，工业上已实现以甲烷为原料与蒸汽进行催化转化反应制取氢气。第二次世界大战期间，合成氨工业开始采用天然气为原料制取原料气，与焦炭、煤等原料相比，天然气原料显示出明显的优越性。

(2) 部分氧化法 甲烷等烃类与氧气进行不完全氧化生成合成气的技术称为部分氧化法，其主反应为：

$$CH_4 + 0.5O_2 \rightleftharpoons CO + 2H_2 \quad \Delta H_{298K} = -35.7 \text{kJ/mol} \qquad (6-2)$$

该过程可自热进行，热效率较高。但若用传统的空气液化分离法制取 O_2，则能耗太高，最近国外开发出用空气代替 O_2 的工艺，实践证明合成气中 N_2 的存在对后续合成气转化为液体燃料无太大影响，整个工艺的成本和能耗则得到极大降低。部分氧化法根据是否采用催化剂分为非催化部分氧化和催化部分氧化，前者已经工业化，后者仍在研究开发中。为节约后续加工过程的压缩机能量，非催化部分氧化工艺都以高压气化为目标。

(3) 自热转化法 将非催化部分氧化和蒸汽转化法相结合的自热转化技术称为自热转化法。在一个反应炉内，以甲烷、氧气和水蒸气为原料，首先在反应器顶部混合并在燃烧段发生非催化部分氧化反应，得到富含CO的高温混合气体，高温混合气再与转化炉下部转化段中的催化剂接触发生蒸汽转化反应生成合成气。该过程中蒸汽转化所需的热量由部分氧化反应放出的热量提供，无需外部加热，因而能够降低操作费用并节约燃料。另一方面，由于燃烧段产生了富含CO高温混合气，可以有效调节合成气中 H_2/CO 的比值。自热转化法开发于20世纪50年代中期，主要用于生产合成氨和甲醇。

除以上三种已经工业化的技术外，甲烷二氧化碳重整技术在近年来受到广泛关注，其主反应为：

$$CH_4 + CO_2 \rightleftharpoons 2CO + 2H_2 \quad \Delta H_{298K} = 247 \text{kJ/mol} \qquad (6-3)$$

该反应可生产 H_2/CO 理论值为1的合成气，适合用作费托合成、甲醇合成和羰基合成的原料气。同时，该反应有效地将甲烷利用和 CO_2 减排结合在一起，能同时减少温室气体排放并缓解能源危机。目前，甲烷二氧化碳重整技术尚未工业化，其主要原因为在反应条件下催化剂积碳严重，稳定性较差。因而开发活性高、抗积碳性能佳、稳定性好的催化剂是甲烷二氧化碳重整研究的关键。

6.2.2 天然气蒸汽转化的基本原理

天然气中甲烷含量在90%以上,而且甲烷在烷烃中是热力学最稳定的,其他烃类较易反应,因此在讨论天然气蒸汽转化过程时,只需考虑甲烷与水蒸气的反应。

6.2.2.1 主要化学反应

甲烷水蒸气转换过程的主要反应有:

$$CH_4 + H_2O \rightleftharpoons CO + 3H_2 \qquad \Delta H_{298K} = 206.4 \text{kJ/mol} \tag{6-1}$$

$$CH_4 + 2H_2O \rightleftharpoons CO_2 + 4H_2 \qquad \Delta H_{298K} = 165.1 \text{kJ/mol} \tag{6-4}$$

$$CO + H_2O \rightleftharpoons CO_2 + H_2 \qquad \Delta H_{298K} = -41.2 \text{kJ/mol} \tag{6-5}$$

可能发生的副反应主要是析炭反应,具体为:

$$CH_4 \rightleftharpoons C + 2H_2 \qquad \Delta H_{298K} = 74.9 \text{kJ/mol} \tag{6-6}$$

$$2CO \rightleftharpoons C + CO_2 \qquad \Delta H_{298K} = -172.5 \text{kJ/mol} \tag{6-7}$$

$$CO + H_2 \rightleftharpoons C + H_2O \qquad \Delta H_{298K} = -131.4 \text{kJ/mol} \tag{6-8}$$

以上列举的主反应和副反应皆为可逆反应。其中甲烷蒸汽转化的主反应式(6-1)和式(6-4)是强烈吸热的,副反应甲烷裂解式(6-6)也是吸热的,其余反应是放热的。

甲烷蒸汽转化反应必须在催化剂存在时才能有足够的反应速率。倘若操作条件不适当,析炭反应严重,生成的碳会覆盖在催化剂表面,致使催化剂失活,反应速率下降。析炭更严重时,会堵塞床层,增加阻力,且催化剂毛细孔内炭遇水蒸气会剧烈汽化,致使催化剂崩裂或粉化,迫使非正常停工,造成经济损失。所以,对甲烷蒸汽转化过程要特别防止析炭。

6.2.2.2 热力学分析

(1) 主反应的化学平衡 三个主反应中任意两个是独立的,通常认为反应式(6-1)和式(6-5)是独立反应,式(6-4)是这两个反应加和的结果。列出这两个独立反应的化学平衡常数式再加上物料衡算式,联立求解可计算出各组分的平衡组成(一般用摩尔分数表示)。

反应式(6-1)的平衡常数式为

$$K_{p_1} = \frac{p(CO)p^3(H_2)}{p(CH_4)p(H_2O)} \tag{6-9}$$

式中,K_{p_1}为甲烷与水蒸气转化生成CO和H_2的平衡常数;$p(CO)$、$p(H_2)$、$p(CH_4)$、$p(H_2O)$分别为CO、H_2、CH_4和H_2O的平衡分压。

反应式(6-5)的平衡常数式为

$$K_{p_2} = \frac{p(CO_2)p(H_2)}{p(CO)p(H_2O)} \tag{6-10}$$

式中,K_{p_2}为CO变换反应的平衡常数;$p(CO_2)$为CO_2的平衡分压。

在压力不大时,K_p仅是温度的函数。表6-1列出了不同温度时上述两个反应的平衡常数。

表6-1 甲烷水蒸气反应和一氧化碳变换反应的平衡常数

温度/℃	$CH_4 + H_2O \rightleftharpoons CO + 3H_2$ $K_{p_1} = \dfrac{p(CO)p^3(H_2)}{p(CH_4)p(H_2O)}$	$CO + H_2O \rightleftharpoons CO_2 + H_2$ $K_{p_2} = \dfrac{p(CO_2)p(H_2)}{p(CO)p(H_2O)}$
200	4.614×10^{-12}	227.9
220	—	150.9
250	8.397×10^{-10}	86.5

续表

温度/℃	$CH_4+H_2O \rightleftharpoons CO+3H_2$ $K_{p_1}=\dfrac{p(CO)p^3(H_2)}{p(CH_4)p(H_2O)}$	$CO+H_2O \rightleftharpoons CO_2+H_2$ $K_{p_2}=\dfrac{p(CO_2)p(H_2)}{p(CO)p(H_2O)}$
270	—	61.9
300	6.378×10^{-8}	39.22
350	2.483×10^{-6}	20.34
450	8.714×10^{-4}	7.31
550	7.741×10^{-2}	3.434
650	2.686	1.923
700	1.214×10	1.519
800	1.664×10^2	1.015
900	1.440×10^3	0.733
1000	9.100×10^3	0.542

有时平衡常数与温度的关系也可用公式表达，由此可求出某温度下的平衡常数。例如，反应式(6-1) 的 K_{p_1} 和反应式(6-5) 的 K_{p_2} 的公式分别为：

$$\lg K_{p_1}=-\left(\frac{9874}{T}\right)+7.1411\lg T-0.00188T+9.4\times10^3 T^2-8.64 \tag{6-11}$$

$$\lg K_{p_2}=\left(\frac{2059}{T}\right)-1.5904\lg T+1.817\times10^3 T-5.65\times10^{-7}T^2+8.24\times10^{-11}T^3+1.5313 \tag{6-12}$$

各组分的平衡分压和平衡组成要用平衡状态的物料衡算计算。若反应前体系中组分 CH_4、CO、CO_2、H_2O、H_2、N_2 的物质的量分别为 $n(CH_4)$、$n(CO)$、$n(CO_2)$、$n(H_2O)$、$n(H_2)$、$n(N_2)$。设平衡时 CH_4 参加反应式(6-1) 的转化量为 n_x mol，CO 参加反应式(6-5) 的转化量为 n_y mol，总压（绝对压力）为 p。组分 i 的摩尔分数 y_i 和分压 p_i 分别为：

$$y_i=\frac{n_i}{\sum n_i} \tag{6-13}$$

$$p_i=y_i p=\left(\frac{n_i}{\sum n_i}\right)p \tag{6-14}$$

式中，n_i 为组分 i 的物质的量；p 为总压。

根据物料衡算可计算出反应后各组分的组成和分压，如表 6-2 所列。若反应达到平衡，该表中各项则代表各对应的平衡值，可将有关组分的分压代入式(6-9) 和式(6-10)，整理后得到：

$$K_{p_1}=\frac{[n(CO)+n_x-n_y][n(H_2)+3n_x+n_y]^3}{[n(CH_4)-n_x][n(H_2O)-n_x-n_y]}\times\frac{p^2}{(\sum n_x+2n_x)^2} \tag{6-15}$$

$$K_{p_2}=\frac{[n(CO_2)+n_y][n(H_2)+3n_x+n_y]}{[n(CO)+n_x-n_y][n(H_2O)-n_x-n_y]} \tag{6-16}$$

表 6-2　气体在反应后各组分的组成和分压

组分	反应前物质的量/mol	反应后		
		物质的量/mol	摩尔分数	分压
CH_4	$n(CH_4)$	$n(CH_4)-n_x$	$\dfrac{n(CH_4)-n_x}{(\sum n_i)+2n_x}$	$\dfrac{n(CH_4)-n_x}{(\sum n_i)+2n_x}p$
CO	$n(CO)$	$n(CO)+n_x-n_y$	$\dfrac{n(CO)+n_x-n_y}{(\sum n_i)+2n_x}$	$\dfrac{n(CO)+n_x-n_y}{(\sum n_i)+2n_x}p$

续表

组分	反应前物质的量/mol	反应后		
		物质的量/mol	摩尔分数	分压
CO_2	$n(CO_2)$	$n(CO_2)+n_y$	$\dfrac{n(CO_2)+n_y}{(\sum n_i)+2n_x}$	$\dfrac{n(CO_2)+n_y}{(\sum n_i)+2n_x}p$
H_2O	$n(H_2O)$	$n(H_2O)-n_x-n_y$	$\dfrac{n(H_2O)-n_x-n_y}{(\sum n_i)+2n_x}$	$\dfrac{n(H_2O)-n_x-n_y}{(\sum n_i)+2n_x}p$
H_2	$n(H_2)$	$n(H_2)+3n_x+n_y$	$\dfrac{n(H_2)+3n_x+n_y}{(\sum n_i)+2n_x}$	$\dfrac{n(H_2)+3n_x+n_y}{(\sum n_i)+2n_x}p$
N_2	$n(N_2)$	$n(N_2)$	$\dfrac{n(N_2)}{(\sum n_i)+2n_x}$	$\dfrac{n(N_2)}{(\sum n_i)+2n_x}p$
总计	$\sum n_i$	$(\sum n_i)+2n_x$	1	p

根据反应温度查出或求出 K_{p_1} 和 K_{p_2}，再将总压和气体的初始组成代入式(6-15) 和式(6-16)，解出 n_x 和 n_y，即可求出平衡组成和平衡分压。平衡组成是反应达到的极限，实际反应离平衡总是有一定的距离，通过对同一条件下实际组成与平衡组成的比较，可以判断反应的快慢或催化剂活性的高低。在相同反应时间内，催化剂的活性越高，实际组成越接近平衡组成。

平衡组成与温度、压力及初始组成有关，图 6-3 显示了 CH_4、CO 及 CO_2 的平衡组成与温度、压力及水碳比（H_2O/CH_4 摩尔比）的关系，H_2 的平衡组成可根据组成约束关系式（$\sum y_i =1$）求出。

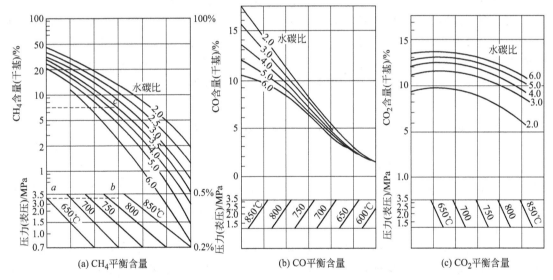

图 6-3　甲烷（100%）水蒸气转化反应的平衡组成曲线

（2）析炭反应的化学平衡　三个析炭反应都是可逆的。从反应式（6-6）可知，高温有利于甲烷裂解析炭；从反应式（6-7）和式（6-8）可知，高温不利于 CO 歧化析炭和还原析炭。甲烷水蒸气转化体系中，水蒸气是一个重要组分，通过反应式（6-8）达到化学平衡。总体而言，温度越高、水蒸气比例越大，越有利于消炭；气相中 H_2 和 CO_2 的分压增大，有利于抑制析炭。

（3）化学平衡的影响因素　基于主反应和析炭副反应的化学平衡分析可知，影响甲烷蒸汽转化反应平衡的主要因素有温度、压力和水碳比。

① 温度 甲烷与水蒸气反应生成CO和H_2是吸热可逆过程，高温对平衡有利，即CO及H_2的平衡产率高，CH_4平衡含量低。一般情况下，温度每提高10℃，甲烷的平衡含量可降低1%～1.3%。高温对CO变换反应的平衡不利，可以少生成CO_2，且高温能抑制CO歧化和还原析炭的副反应。但是温度过高将促进甲烷裂解，温度高于700℃时，甲烷均相裂解速率很快，会大量析出炭，沉积在催化剂和器壁上。

② 压力 甲烷水蒸气转化反应是体积增大的反应，低压有利于平衡。在温度为800℃、水碳比为4条件下，当压力由2MPa降低至1MPa时，甲烷平衡含量由5%降至2.5%。低压也可抑制CO的两个析炭反应。但是低压对甲烷裂解析炭反应的平衡有利，适当加压可抑制甲烷裂解。压力对CO变换反应的平衡无影响。

③ 水碳比（H_2O/CH_4） 水碳比对甲烷转化影响重大。高的水碳比有利于转化反应[式(6-1)]，在800℃、2MPa条件下，当水碳比由3提高到4时，甲烷平衡含量由8%降至5%。同时，高的水碳比有利于析炭副反应。

综上所述，单从反应平衡考虑，甲烷蒸汽转化过程应该采用适当的高温、稍低的压力和高的水碳比。

6.2.2.3 催化剂

在无催化剂时甲烷水蒸气转化反应速率很慢，在1300℃以上才有满意的速率，然而在此高温下大量甲烷裂解，没有工业生产价值，所以必须采用催化剂。

目前，工业上采用的转化催化剂有两大类。一类是以高温烧结$\alpha\text{-}Al_2O_3$或$MgAl_2O_4$尖晶石等材料为载体，用浸渍法将含有镍盐和促进剂的溶液负载到预先成型的载体上，再加热分解和煅烧，称为负载型催化剂。其活性组分集中于载体表层，所以镍在催化剂中的含量相对较低，一般为10%～15%（按NiO计）。另一类是以硅铝酸钙水泥作为黏结剂，与用沉淀法制得的活性组分细晶混合均匀，成型后用水蒸气养护，使水泥固化而成，称为黏结型催化剂。其活性组分分散在水泥中，所以需要的镍含量相对高些，一般为20%～30%（按NiO计）。

一般固体催化剂为多孔材料，催化剂颗粒内部毛细孔的表面称为内表面，催化剂颗粒外部的表面称为外表面。催化剂的内表面积比外表面积大得多，所以内表面对反应起着非常重要的作用。为了提高内表面利用率，可以减小催化剂成型颗粒的尺寸，但是颗粒太细会增大催化剂床层阻力。改善颗粒外形也可有效减小颗粒壁厚、缩短毛细孔长度、提高内表面利用率，而且床层阻力小、机械强度高。转化催化剂发展几十年来，外形从块状、圆柱状演变到现在的环状和各种异型形状（车轮形、多孔形等）。

转化催化剂价格较贵，用量又大，使用时要经过严格的活化，生产操作时必须防止烧结、中毒或严重积炭。转化催化剂在使用前是氧化态，装入反应器后先进行严格的还原操作，将氧化镍还原为金属镍才有活性。催化剂活化完成后转入正常运转。转化催化剂在使用中会逐渐失活，失活的原因主要有老化、中毒和积炭。催化剂在长期使用过程中，由于经受高温和气流作用，镍晶粒逐渐长大、聚集甚至烧结，致使活性表面积降低，或某些促进剂流失，导致活性下降的现象为老化。许多物质，如硫、砷、氯、溴、铅、钒、铜等的化合物，都是转化催化剂的毒物。最重要、最常见的毒物是硫化物，极少量的硫化物就会使催化剂中毒，导致活性明显降低，时间不长催化剂就完全失活。前已述及甲烷蒸汽转化过程伴随析炭副反应，同时也有水蒸气消炭反应。当析炭速率大于消炭速率时，析出的炭会在催化剂表面积累，即发生积炭。

6.2.2.4 反应动力学分析

甲烷水蒸气转化[式(6-1)]的反应机理很复杂,从 20 世纪 30 年代开始研究,至今仍未达成共识。不同研究者采用各自的催化剂和实验条件,提出了各自的反应机理和动力学方程式,下面举例 3 种。

$$r = kp(CH_4) \tag{6-17}$$

$$r = kp(CH_4)p(H_2O)p^{-0.5}(H_2) \tag{6-18}$$

$$r = kp(CH_4)\left[1 - \frac{p(CO)p^3(H_2)}{K_{p_1}p(CH_4)p(H_2O)}\right] \tag{6-19}$$

式中,r 为反应速率;k 为反应速率常数,通常为温度的函数(如 $k = 7.8 \times 10^9 e^{-22700/RT}$)。

由以上方程式可知,对特定催化剂而言,影响反应速率的主要因素有温度、压力和组成。

(1) 温度 温度升高,反应速率常数 k 增大,由式(6-17)和式(6-18)可知,反应速率也增大。在式(6-19)中还有一项 K_{p_1} 也和温度有关,其随温度升高而增大,反应速率也相应增大。

(2) 压力 总压增高,各组分的分压也增高,对反应初期的速率提高有利。此外,加压可使反应体积减小。

(3) 组成 原料的组成由水碳比(H_2O/CH_4)决定。水碳比过高时,甲烷分压过低,反应速率不一定高;反之,水碳比过低时反应速率也不高。因此,水碳比要适当。在反应初期,反应物 CH_4 和 H_2O 的浓度高,反应速率高。到反应后期,反应物浓度降低,产物浓度增高,反应速率减慢,需要提高温度来补偿。

另外,上述动力学方程是消除了内、外扩散等传质过程对反应速率的影响的本征动力学方程。在工业生产中,反应器内气流速度较快,外扩散影响可忽略。但为了减小床层阻力,所用催化剂颗粒较大(直径>2mm),内扩散阻力较大。因而,工业生产中的表观反应速率低于实验测得的本征动力学速率。

6.2.3 天然气蒸汽转化的工艺条件

在选择工艺条件时,理论依据是热力学和动力学分析以及化学工程原理。此外,还需结合技术经济、生产安全等因素综合优化。转化过程的主要工艺条件有压力、温度、水碳比和空速,这几个条件之间互有关系,要恰当匹配。

(1) 压力 从热力学分析看,低压有利于转化反应。从动力学分析看,在反应初期,增加系统压力,相当于增加了反应物分压,反应速率加快。但到反应后期,反应接近平衡,反应物浓度很低,而产物浓度高,加压反而降低反应速率。所以从反应角度看,压力不宜过高。但从工程角度考虑,适当提高压力对传热有利,可增大床层压降使气流均匀分布于各并联的反应管。虽然提高压力会增加能耗,但若合成气是作为高压合成过程(如合成氨、甲醇等)的原料时,在制造合成气时将压力提高到一定水平能降低后续工段的气体压缩功,使全厂总能耗降低。加压还可减小设备、管道的体积,提高设备生产强度、减少占地面积。综上所述,甲烷蒸汽转化过程一般在 3MPa 左右操作。

(2) 温度 从热力学角度看,高温下甲烷平衡浓度低,从动力学角度看,高温使反应速率加快。加压对平衡的不利影响,更要通过提高温度来弥补。在 3MPa 压力下,为使残余甲烷含量降至 0.3%(干基),必须使温度达到 1000℃,反应管的材质无法耐受。以耐高温的 HK-40 合金钢为例,在 3MPa 压力下,要使反应炉管寿命达 10 年,管壁温度不得超过

920℃，其管内介质温度相应为 800～820℃。因此，为满足残余甲烷≤0.3％的要求，需要将转化过程分两段进行。第一段转化在多管反应器中进行，管间供热，反应器称为一段转化炉，最高温度（出口处）控制在 800℃左右，出口残余甲烷 10％（干基）左右。第二段转化反应器为大直径的钢制圆筒，内衬耐火材料，可耐 1000℃以上高温。此结构的反应器不能再用外加热方法供热。温度在 800℃左右的一段转化气绝热进入二段转化炉，同时补入 O_2，O_2 与转化气中的残余甲烷燃烧放热，温度升至 1000℃，转化反应继续进行，使二段出口甲烷降至 0.3％。若补入空气则有氮气带入，这对合成氨是必要的，对合成甲醇等产品则不应有氮。

一段转化炉温度沿炉管轴向的分布很重要，在入口端，甲烷含量最高，应着重降低裂解速率，故温度应低些，一般不超过 500℃，因有催化剂，转化反应速率不会太低，析出的少量炭也能及时气化，不会积炭。在离入口 1/3 处，温度应严格控制不超过 650℃，只要催化剂活性好，此时大量甲烷都能转化掉。在 1/3 处以后，温度高于 650℃，此时 H_2 已增多，同时水碳比相对变大，可抑制裂解，温度又高，消炭速率大增，因此不可能积炭，之后继续增高温度，直到出口处达到 800℃左右，以保证低的甲烷残余量。二段转化炉中温度虽更高，但甲烷含量很低，又有氧存在，不会积炭。

(3) 水碳比 水碳比是操作变量中最便于调节的，也是对一段转化过程影响较大的条件。水碳比高，有利于防止积炭，残余甲烷含量也低。实验表明，当原料气中无不饱和烃时，水碳比若小于 2，温度升高到 400℃就析炭；若有较多不饱和烃存在，即便水碳比大于 2，当温度≥400℃时，也会发生析炭。为了防止积炭，操作中一般控制水碳比在 3.5 左右。近年来，基于节能的考虑倾向于降低水碳比。防止积炭可采取的措施有三个：①研制、开发新型的高活性、高抗积炭性的低水碳比催化剂；②开发新的耐高温炉管材料，进而提高一段炉出口温度；③提高进二段炉的空气量，以保证降低水碳比后一段出口气中较高含量的残余甲烷在二段炉中能耗尽。目前，水碳比通常降至 3.0，最低可降至 2.5。

(4) 空速 空速的定义为单位时间通过单位体积催化剂的气体体积。高空速有利于传热，降低炉管外壁温度，延长炉管寿命。当催化剂活性足够高时，高空速可强化生产，提高生产能力。但空速不宜过高，否则床层阻力过大，能耗增加。根据工业催化剂的活性，加压下进炉甲烷的空速（碳空速）一般控制在 1000～2000h^{-1}。

6.2.4 天然气蒸汽转化的工艺流程

天然气蒸汽转化制合成气的基本步骤如图 6-4 所示。图中虚线框中的变换过程要看合成气的使用目的来决定取舍。变换是 CO 和 H_2O 反应生产 H_2 和 CO_2 的过程，可增加 H_2 量，降低 CO 量。当需要 CO 含量高时，应取消变换过程；当需要 CO 含量低时，则应设置变换过程。如果只需要 H_2 而不需要 CO，则需设置高温变换和低温变换以及脱除微量 CO 的过程。图中脱硫过程是脱除天然气中的硫化物，以防止转化催化剂中毒。脱碳过程是脱除 CO_2，使成品气中只含有 CO 和 H_2，回收的高纯度 CO_2 可用来制造尿素、纯碱和干冰等化工产品。合成气的净化与调控将在 6.5 节中具体介绍。

图 6-4 天然气蒸汽转化制合成气过程方框图

图 6-5 所示为以天然气为原料日产千吨氨的大型合成氨厂的转化工段流程。合成氨的原

料之一是 H_2，应将甲烷尽可能地转化，设置两段转化可使残余甲烷含量<0.3%（体积分数），在二段转化炉中补入空气，其中的 O_2 与一段转化气中残余甲烷燃烧产生高温，使剩余甲烷进一步转化为 CO 和 H_2，空气中的 N_2 作为合成氨的 N_2 原料。

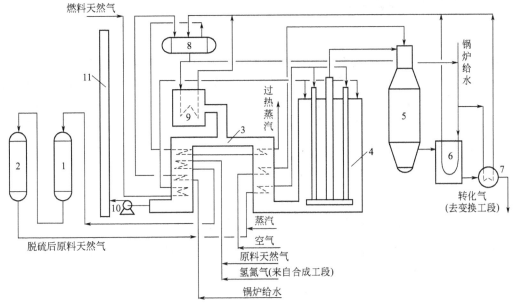

图 6-5 天然气蒸汽转化制合成气工艺流程示意图
1—钴钼加氢脱硫器；2—氧化锌脱硫罐；3——段炉对流段；4——段炉辐射段；5—二段转化炉；
6—第一废热锅炉；7—第二废热锅炉；8—汽包；9—辅助锅炉；10—排风机；11—烟囱

天然气被压缩到 3.6MPa 并配入一定量氢氮混合气，送到一段炉对流段 3 预热至 380~400℃，热源是由一段炉辐射段 4 来的高温烟道气。预热后气体进入钴钼加氢脱硫器 1，使有机硫加氢变成硫化氢，再到氧化锌脱硫罐 2 脱除硫化氢，使天然气中总含硫量降至<0.5ppm（质量分数）。脱硫后天然气与中压蒸汽混合，再送至对流段加热到 500~520℃，然后分流进入位于一段炉辐射段 4 的各转化管，自上而下经过管内催化剂层进行吸热的转化反应，热量由管外燃烧天然气提供。由反应管底部出来的转化气温度为 800~820℃，甲烷含量约 9.5%（干基），各管气体汇合于集气管并沿中心管上升，由炉顶出来送往二段转化炉 5。在二段转化炉入口处引入经预热到 450℃左右的空气，与一段转化气中的部分甲烷在炉顶部燃烧，使温度升至 1200℃左右，然后经过催化剂床层继续转化，离开二段炉的转化气温度约 1000℃，压力 3.0MPa，残余甲烷低于 0.3%（干基），$n(H_2+CO)/n(N_2)=$ 3.1~3.2。从二段转化炉出来的高温转化气先后经第一废热锅炉 6 和第二废热锅炉 7，回收高温气的显热产生蒸汽，此蒸汽再经过对流段加热成为高压过热蒸汽，可作为工厂动力和工艺蒸汽。转化气本身温度降至 370℃左右，送往变换工段。

燃料天然气先经一段炉对流段预热后，进入到辐射段的烧嘴，助燃空气由鼓风机送预热器后也送至烧嘴（图中未画），在喷射过程中混匀并在一段炉内燃烧，产生的热量通过反应管壁传递给催化剂和反应气体。离开辐射段的烟道气温度高于 1000℃，在炉内流至对流段，依次流经排列在此段的天然气-水蒸气混合原料气的预热器、二段转化工艺空气的预热器、蒸汽过热器、原料天然气预热器、锅炉给水预热器、燃料天然气预热器和助燃空气预热器（后者未画出），温度降至 150~200℃，由排风机送往烟囱放空。

该流程充分合理地利用不同温位的余热（二次能源）加热各种物料并产生动力及工艺蒸

汽。由转化系统回收的余热约占合成氨厂总需热量的 50%，因而大大降低了合成氨的能耗和生产成本。

6.3 煤气化制合成气

煤气化与天然气蒸汽转化都可以制得合成气，但是这两个技术最初发展的动机是不同的。天然气蒸汽转化的目标是制备 CO 和 H_2，用于化学品生产；煤气化起初主要是将煤炭转化为气体，巧合的是在特定条件下得到的煤气中含大量的 CO 和 H_2。煤气化的原理、方法和工艺在 5.4 节已有详细介绍，此节将针对煤气化制合成气这一具体技术的基本原理、工艺条件和工艺流程进行补充介绍。

6.3.1 煤气化制合成气的基本原理

煤气化制合成气通常采用水蒸气作为气化剂，主要包括以下几个步骤：

煤 + 水蒸气 ⟶ 气化 ⟶ 水煤气 ⟶ 脱硫 ⟶ 变换 ⟶ 脱碳 ⟶ 合成气

煤和水蒸气气化的产物称为水煤气。煤在气化之前无法进行脱硫，所以煤气化制合成气技术中，脱硫工序放在气化之后，再经过变换与脱碳等工序得到合成气。

煤气化制合成气过程的反应主要有：

$$C + H_2O \rightleftharpoons CO + H_2 \quad \Delta H_{298K} = 131.4 \text{kJ/mol} \quad (6\text{-}20)$$

$$C + 2H_2O \rightleftharpoons CO_2 + 2H_2 \quad \Delta H_{298K} = 90.3 \text{kJ/mol} \quad (6\text{-}21)$$

$$C + CO_2 \rightleftharpoons 2CO \quad \Delta H_{298K} = 172.5 \text{kJ/mol} \quad (6\text{-}22)$$

$$C + H_2 \rightleftharpoons CH_4 \quad \Delta H_{298K} = -74.9 \text{kJ/mol} \quad (6\text{-}23)$$

以上反应均为可逆反应，总过程是强吸热的。高温对煤气化有利，但不利于甲烷的生成。当温度高于 900℃时，CH_4 和 CO_2 的平衡浓度接近零。低压有利于 CO 和 H_2 的生成，反之，高压有利于 CH_4 生成。

从动力学角度看，气化过程总速率取决于速率控制步骤，只有提高控制步骤的速率，才能有效地提高总过程速率。对于泥煤、褐煤，当温度低于 900℃时，反应速率慢，处于动力学控制区，提高温度是加快总速率的关键。当温度高于 900℃时，反应速率已相当快，过程进入内、外扩散控制区，升温对总速率的加速效果不明显，应减小颗粒度和提高气流速度分别减小内外扩散阻力。对于焦炭，在 1200℃以上才为扩散控制区。无烟煤在 900~1200℃范围是动力学控制区；在 1200~1500℃范围为过渡控制区，此时应同时提高扩散和反应速率；当温度高于 1500℃时才转入扩散控制区。

6.3.2 煤气化制合成气的工艺条件

影响煤气化制合成气的工艺条件主要有温度、压力、水蒸气和氧气的比例以及煤气化的煤种条件。

(1) 温度 从热力学和动力学分析可知，温度对煤气化影响最大，至少要在 900℃以上才有满意的气化速率，一般操作温度在 1100℃以上。近年来新工艺采用 1500~1600℃进行气化，极大地提高了生产强度。

(2) 压力 降低压力有利于提高 CO 和 H_2 的平衡浓度，但加压有利于提高反应速率并减小反应体积，目前一般采用 2.5~3.2MPa。

(3) 水蒸气和氧气的比例 氧气的作用是与煤燃烧放热,此热供给水蒸气与煤的气化反应,H_2O/O_2 比值对温度和煤气组成均有影响。具体的 H_2O/O_2 比值要视采用的煤气化生产方法来定。

(4) 煤气化的煤种条件 气化用煤的性质(包括反应活性、黏结性、结渣性、热稳定性、机械强度、粒度组成以及煤的水分、灰分和硫分等)对煤气化具有极为重要的影响。若煤的性质不适合煤的气化工艺,将导致气化炉生产指标下降,甚至恶化。

6.3.3 煤气化制合成气的工艺流程

煤气化制合成气过程需要吸热和高温,工业上采用燃烧煤来实现。按操作方式,气化过程可分为交替用空气和水蒸气为气化剂的间歇式气化法和同时用氧和水蒸气为气化剂的连续气化法。间歇法使用至今,历史悠久,缺点是生产必须间歇操作。连续法主要包括固定床(移动床)、流化床、气流床气化法,是当前主流的气化方法。5.4 节已对连续法进行了系统的介绍,此处补充介绍固定床间歇式气化法。

固定床间歇式气化法的操作方式为燃烧与制气分阶段进行,所用设备称为煤气发生炉。炉中填满块状煤或焦炭,首先吹入空气使煤完全燃烧生产 CO_2 并放出大量热量,使煤层升温,烟道气放空。待煤层温度达 1200℃ 左右,停止吹风,转换吹入水蒸气,与高温煤层反应,产生 CO 和 H_2 等气体,即水煤气,送入气柜。气化吸热使温度下降,当降至 950℃ 时,停止送蒸汽,重新进行燃烧阶段。如此交替操作,故制水煤气是间歇的。在实际生产中,为了防止空气在高温下接触水煤气而发生爆炸,同时保证水煤气质量,一个工作循环通常由以下 6 步组成:

由热能分析可知,吹风中的显热与潜热(含 CO 可燃气体)和水煤气的显热在总热量中占相当大的比例,必须加以回收。图 6-6 所示为回收这些热能的流程。燃料煤或焦炭由加料机从炉顶间歇地加入炉内,吹风阶段,空气由鼓风机从炉底送入煤层,从炉顶出来的燃烧气,经燃烧室及废热锅炉回收热量后,从烟囱放空。吹风气送入燃烧室时引入二次空气,继续将吹风气中未燃气体进行燃烧,以加热室内的格子耐火砖而得以蓄热。燃烧室顶盖设置了防爆装置,一旦系统发生爆炸立即自行卸开,可减轻设备损坏。蒸汽吹净阶段水蒸气由炉底吹入,把炉上部及管道中残存的吹风废气排出,避免影响水煤气的质量。一次上吹制气阶段,水蒸气由炉底吹入,利用床内蓄积的热量制取水煤气,水煤气依次经过燃烧室、废热锅炉回收热量,而后经洗气箱、洗涤塔去气柜。下吹制气阶段,水蒸气先从燃烧室顶部导入,自上而下通过燃烧室预热,再从气化炉顶部送入燃料层而由炉底引出。由于煤气温度较低,直接经洗气箱、洗涤塔去气柜。二次上吹制气阶段,气流同一次上吹制气阶段。空气吹净阶段,空气由炉底吹入,依次经发生炉、燃烧室、废热锅炉、洗气箱、洗涤塔,把残留在炉上部及管道中的水煤气送入气柜,燃烧室无需加二次空气。蒸汽上吹和下吹制气时,可以配入加氮空气,制得含氮的水煤气,通常称为半水煤气。

为了保证温度波动不致过大,各步经历的时间应尽量缩短,一般 3 分钟完成一个工作循环。非制气时间较多,生产强度低,而且,阀门开关频繁,阀件易损坏,因而工艺较落后。其优点为只用空气而不用纯氧,投资费用和生产成本较低。

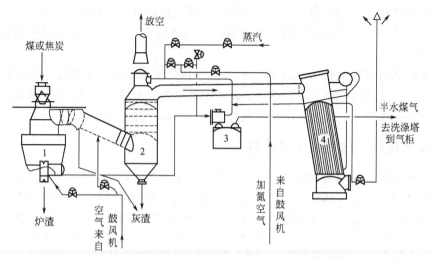

图 6-6 带有燃烧室的间歇式煤气化工艺流程
1—煤气发生炉；2—燃烧室；3—洗气箱；4—废热锅炉

6.4 重油部分氧化制合成气

6.4.1 重油部分氧化制合成气概述

重油是石油炼制过程中的一种产品，根据炼制方法不同分为常压重油、减压重油和裂化重油。常压重油是原料在接近大气压下蒸馏时的塔底产品，馏分沸点在350℃以上。减压重油是常压重油在减压下进行再蒸馏的塔底产品，馏分沸点在520℃以上，也称为渣油。裂化重油是减压蒸馏的某些馏分裂化加工，在塔底所得的一种产品。重油、渣油和各种深度加工所得残油，习惯上都称为"重油"。原油产地及炼制方法不同，重油的组成与性质有所差别，但均以烷烃、环烷烃和芳香烃为主，其虚拟分子式可写为 C_mH_n。除碳、氢以外，重油中还有少量的硫、氧、氮和微量的钠、镁、钒、镍和铁等。

重油部分氧化法是指重质烃类和氧气进行部分燃烧，反应放出热量，部分碳氢化合物发生热裂解及裂解产物的转化反应，最终获得以 H_2 和 CO 为主要成分，并含有少量 CO_2 和 CH_4 的合成气。1946～1954年间科研人员进行了重油部分氧化的研究工作。1956年美国建成世界上第一座以重油为原料的部分氧化工业装置。目前全世界已有数百套重油部分氧化装置投产。中国重油气化制合成气技术起始于20世纪60年代初，相继有多套中、小型常压、加压装置投产。近年引进了7套以重油为原料的日产1000t氨的大型装置，使中国重油部分氧化制合成气技术提高到一个新的水平。

6.4.2 重油部分氧化制合成气的基本原理

重油与氧气、水蒸气经喷嘴加入气化炉中，首先重油被雾化，并与氧气、水蒸气均匀混合，在炉内高温辐射下，立即同时进行十分复杂的气化反应。

重油雾滴气化：

$$C_mH_n(液) \longrightarrow C_mH_n(气) \tag{6-24}$$

气态烃的氧化燃烧：

$$C_mH_n + \left(m+\frac{n}{4}\right)O_2 \Longrightarrow mCO_2 + \frac{n}{2}H_2O \tag{6-25}$$

$$C_m + H_n + \left(\frac{m}{2}+\frac{n}{4}\right)O_2 \Longrightarrow mCO + \frac{n}{2}H_2O \tag{6-26}$$

$$C_mH_n + \frac{m}{2}O_2 \Longrightarrow mCO + \frac{n}{2}H_2 \tag{6-27}$$

气体烃高温热裂解：

$$C_mH_n \Longrightarrow \left(m-\frac{n}{4}\right)C + \frac{n}{4}CH_4 \tag{6-28}$$

$$CH_4 \Longrightarrow C + 2H_2 \tag{6-6}$$

气态烃与水蒸气反应：

$$C_mH_n + mH_2O \Longrightarrow mCO + \left(\frac{n}{2}+m\right)H_2 \tag{6-29}$$

$$C_mH_n + 2mH_2O \Longrightarrow mCO_2 + \left(\frac{n}{2}+2m\right)H_2 \tag{6-30}$$

其他反应：

$$C_mH_n + mCO_2 \Longrightarrow 2mCO + \frac{n}{2}H_2 \tag{6-31}$$

$$C + H_2O \Longrightarrow CO + H_2 \tag{6-20}$$

$$C + CO_2 \Longrightarrow 2CO \tag{6-22}$$

$$CO + H_2O \Longrightarrow CO_2 + H_2 \tag{6-5}$$

当油和氧混合不均匀，或油滴过大时，处于高温的油会发生烃类热裂解，最终导致结焦。所以重油部分氧化过程中总有炭黑生成，炭黑的一般质量组成为：C 92%～94%，H 0.3%～1%，S 0.1%～0.4%，其余为水分。为了降低炭黑和甲烷的生成，以提高原料油的利用率和合成气产率，一般要向反应系统添加水蒸气，因此在重油部分氧化的同时，还有烃类的水蒸气转化和焦炭的气化反应，可生成更多的 CO 和 H_2。氧化反应放出的热量正好提供给吸热的转化和气化反应。含有的少量硫、氧、氮等化合物反应后生成 H_2S、COS、CO_2、H_2O、HCN、NH_3 等副产物。最终生成的气体产物中 4 种主要组分 CO、H_2O、CO_2、H_2 之间存在的浓度关系由 CO 变换反应［式(6-5)］的平衡来决定。

6.4.3 重油部分氧化制合成气的工艺条件

重油部分氧化制合成气工艺的优化目标为在尽可能低的氧耗量和蒸汽耗量条件下，碳的转化率要高，且将重油转化为更多的有效成分 CO 和 H_2。因而，其主要工艺条件包括温度、压力、氧油比和蒸汽油比。

(1) 温度 烃类的氧化燃烧和高温热裂解反应为不可逆反应，不存在平衡限制问题。温度越高，反应速率越快。烃类与蒸汽的转化反应和焦炭的气化反应是吸热可逆过程，高温对反应平衡和速率均有利。所以重油部分氧化制合成气的温度应尽可能高，但是，操作温度还受反应器材质的耐热性约束，一般控制反应器出口温度为 1300～1400℃，在反应器内温度最高的燃烧区估计达 1800～2000℃。

(2) 压力 重油部分氧化过程总结果是体积增大的，从平衡角度看，低压有利。但加压可缩小设备尺寸并降低后续工段的气体输送和压缩动力消耗，有利于消除炭黑、脱除硫化物和二氧化碳。工业上一般控制操作压力为 2.0～4.0MPa。加压对平衡不利的影响可用提高温度的措施来补偿。

(3) 氧油比 氧油比（$m^3 O_2/kg$ 重油）对重油部分氧化有决定性影响，氧耗又是主要经济指标之一。因此，氧油比是控制生产的主要条件之一。式(6-27)为重油部分氧化生成合成气最主要的反应，对应的理论原子比 O/C=1，其氧油比与重油组成相关（若重油中碳含量为 84.6%，则氧油比为 $0.8 m^3 O_2/kg$ 重油）。实际生产中，氧油比一般低于理论值，因为添加了水蒸气，水蒸气中含有氧。

(4) 蒸汽油比 加入水蒸气不仅可抑制烃类热裂解，加快消炭速率，还可与烃类发生转化反应提高 CO 和 H_2 的含量。所以，蒸汽油比高一些好。但是水蒸气参与反应会降低温度，因此蒸汽油比不能过高，一般控制在 0.3～0.6kg 蒸汽/kg 重油。

6.4.4 重油部分氧化制合成气的工艺流程

重油部分氧化法制合成气的工艺流程主要由四个部分组成：原料油和气化剂（O_2 和水蒸气）的预热、油的气化、出口高温合成气的热能回收和炭黑清除与回收。按照热能回收方式的不同，分为德士古（Texaco）公司开发的激冷工艺与壳牌（Shell）公司开发的废热锅炉工艺。这两种工艺能量利用率差不多，但是激冷工艺更简便可靠，故多采用。

图 6-7 所示为典型的德士古重油部分氧化激冷工艺流程。原料重油及由空分装置来的 O_2 与水蒸气经预热后进入气化炉燃烧室，油通过喷嘴雾化后，在燃烧室发生剧烈的燃烧反应，火焰中心温度可达 1600～1700℃。由于燃烧反应与甲烷蒸汽转化等吸热反应的调节，出燃烧室气体温度为 1300～1350℃，仍有一些未转化的碳和原料油中的灰分。在气化炉底部激冷室与一定温度的炭黑水接触，在此达到激冷和洗涤的双重作用。然后通过各洗涤器进一步清除微量的炭黑到 1mg/kg，最终前往后续工序。洗涤下来的炭黑水送至石脑油萃取工序，使未转化的碳循环回到原料油中以实现碳接近 100% 的转化。

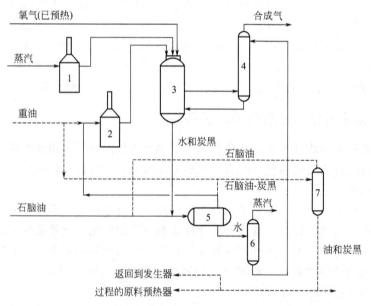

图 6-7 德士古重油部分氧化激冷工艺流程
1—蒸汽预热器；2—重油预热器；3—气化炉；4—水洗塔；
5—石脑油分离器；6—气提塔；7—油分离器

6.5 合成气的净化与调控

6.5.1 酸性气体的脱除

6.5.1.1 概述

在制造合成气时,无论使用哪种原料,均含有一定数量的硫化物。天然气中的硫化物主要是H_2S,其次是硫醇(RSH)、硫醚(RSR'),一般噻吩(C_4H_4S)含量较少。煤中常含有羰基硫(COS)和硫铁矿。重油中含有硫醇、硫醚、二硫化碳(CS_2)、噻吩等。这些原料制造合成气时,其中的硫化物转化为H_2S和有机硫气体,它们会使催化剂中毒,腐蚀金属管道和设备,危害很大,必须脱除,并回收利用这些硫资源。

将气、液、固原料经转化或气化制造合成气过程中会生成一定量的CO_2,尤其当有CO变换过程时,生成更多的CO_2,其含量可高达28%~30%。因此需要脱除CO_2,回收的CO_2可加以利用。例如,可供合成氨厂合成尿素;可供制碱厂生产纯碱;还可加工成干冰等化学品。CO_2的回收利用不仅增加了经济效益,还缓解了温室气体效应。脱除CO_2的过程简称为脱碳。脱硫和脱碳过程统称为酸性气体的脱除。

6.5.1.2 脱硫

粗合成气中所含硫化物的种类和含量与所用原料的种类、硫含量以及加工方法有关。用天然气或轻烃制合成气时,为避免蒸汽转化催化剂中毒,已预先将原料彻底脱硫,生成的合成气中无硫化物;用煤或重质油制合成气时,原料脱硫困难,且气化过程不用催化剂,产生的合成气中含H_2S和有机硫化物,在下一步加工之前,必须脱硫。含硫量高的无烟煤气化生成的气体(标准状态)中,H_2S可达4~6g/m³,有机硫总量为0.5~0.8g/m³。重油中若含硫0.3%~1.5%,气化后的气体(标准状态)中含H_2S为1.1~2.0g/m³,有机硫总量为0.03~0.4g/m³。一般情况,气体中H_2S的含量为有机硫总量的10~20倍。

不同用途或不同加工过程对脱硫净化度要求不同。例如天然气蒸汽转化过程对原料气的脱硫要求是总硫的体积分数小于0.1ppm;CO高温变换要求原料气中H_2S少于500ppm,有机硫少于150ppm;合成甲醇时用的铜基催化剂则要求总硫体积分数少于0.5ppm;合成氨的铁催化剂则要求原料气中不含硫。

脱硫的方法很多,要根据硫化物的含量、种类和目标净化度来选定,还要考虑具体的技术条件和经济性,有时需要多种方法组合。按脱硫剂的状态,脱硫主要分为干法和湿法两大类。

(1) 干法脱硫 此类方法又分为吸附法和催化转化法。

吸附法是采用对硫化物有强吸附能力的固体来脱硫,吸附剂主要有氧化锌、活性炭、氧化铁、分子筛等。催化转化法通常指的是钴钼加氢脱硫法。干法脱硫一般在硫含量较低的场合使用,如果硫含量较高,会造成再生频繁和费用大增的不良后果。

① 氧化锌法 氧化锌脱硫剂以ZnO为主组分,添加少量CuO、MnO_2和MgO等作促进剂,以钒土水泥作黏结剂,制成直径3.5~4.5mm的球形或4mm×(4~10)mm的条形。在一定条件下H_2S、RSH与ZnO反应生成稳定的ZnS固体,并放出热量。当有H_2存在时,COS、CS_2也转化为H_2S,进而被ZnO吸收变为ZnS。由于ZnS难离解,净化气总硫含量可降至0.1ppm以下。该脱硫剂的质量硫容量高达25%以上,但它不能再生,一般只

用于低含硫气体的精脱硫。而且，它不能脱除硫醚和噻吩。对含有硫醚和噻吩等有机硫的气体，需要用催化加氢方法将其转化为 H_2S 后，再用氧化锌法脱除。

② 活性炭法　活性炭常用于脱除天然气、油田气以及经湿法脱硫后的气体的微量硫。活性炭吸附 H_2S 和 O_2，两者在其表面反应，生成元素硫，即：

$$H_2S + 0.5O_2 \Longrightarrow S + H_2O \tag{6-32}$$

活性炭也能脱除有机硫，有吸附、氧化和催化三种方式。吸附方式是利用活性炭选择性吸附的特性进行脱硫，对噻吩最有效，CS_2 次之，COS 最差。催化方式是在活性炭中浸渍铜、铁等金属，使有机硫被催化转化成 H_2S，H_2S 再被活性炭吸附。例如：

$$COS + H_2O \Longrightarrow H_2S + CO_2 \tag{6-33}$$

$$CS_2 + 2H_2O \Longrightarrow 2H_2S + CO_2 \tag{6-34}$$

氧化方式脱除有机硫是在有 O_2 和 NH_3 存在下进行的，该方式对脱除 COS 最为有效，具体反应为：

$$COS + 2O_2 + 2NH_3 + H_2O \Longrightarrow (NH_4)_2SO_4 + CO_2 \tag{6-35}$$

部分转化为硫脲

$$COS + 2NH_3 \Longrightarrow (NH_2)_2CS + H_2O \tag{6-36}$$

活性炭吸附法可在常压或加压下使用，温度不宜超过 50℃，属于常温精脱硫方法。活性炭的重量硫容量高达 20% 以上，可定期再生。

③ 氧化铁法　氧化铁法是一种古老的脱硫方法，近年来做了大量改进，在许多场合使用。脱硫温度有常温、中温和高温。Fe_2O_3 吸收 H_2S 后生成 Fe_2S_3，再生时用氧化法使 Fe_2S_3 转化为 Fe_2O_3 和 S。近年研制出铁锰脱硫剂，主要成分是 Fe_2O_3 和 MnO，添加 ZnO 等促进剂，具有转化和吸收双功能，可使 RSH、RSR′、COS 和 CS_2 等有机物发生氢解作用，转化成 H_2S 后被吸附，分别生成 Fe_2S_3、MnS 和 ZnS，使气体得到净化，净化温度为 380～400℃。

④ 钴钼加氢脱硫法　钴钼加氢脱硫的基本原理是在 300～400℃ 和 3.0～4.0MPa 下，采用钴钼催化剂，使有机硫与 H_2 反应生成容易脱除的 H_2S，再用其他方法脱除。钴钼催化剂是以 Al_2O_3 为载体负载的 CoO 和 MoO_3，使用时需预先用 H_2S 或 CS_2 硫化才有活性。有机硫的氢解反应举例如下：

$$COS + H_2 \Longrightarrow H_2S + CO \tag{6-37}$$

$$C_2H_5SH + H_2 \Longrightarrow H_2S + C_2H_6 \tag{6-38}$$

$$CH_3SC_2H_5 + 2H_2 \Longrightarrow H_2S + CH_4 + C_2H_6 \tag{6-39}$$

$$C_4H_4S + 4H_2 \Longrightarrow H_2S + C_4H_{10} \tag{6-40}$$

以上反应都是可逆的。钴钼加氢脱硫法可将有机硫从 100～200ppm 脱除至 ≤0.1ppm。因此，可用氧化锌法-钴钼加氢脱硫法-氧化锌法组合以达到精脱硫的目的。

(2) 湿法脱硫　干法脱硫净化度高，但其操作间歇、设备庞大且再生费用昂贵，仅适用于硫含量较低的场合。对含大量 H_2S 的气体，通常采用溶液吸收法脱除，即湿法脱硫。按脱硫机理不同，湿法脱硫分为化学吸收法、物理吸收法、物理-化学吸收法和湿式氧化法。

① 化学吸收法　化学吸收法是常用的湿法脱硫工艺。有一乙醇胺法（MEA）、二乙醇胺法（DEA）、二甘醇胺法（DGA）、二异丙醇胺法（DIPA）和近年来发展很快的改良甲基二乙醇胺法（MDEA）。以上几种统称为烷醇胺法或醇胺法。醇胺吸收剂与 H_2S 反应并放出热量，例如一乙醇胺和二乙醇胺吸收 H_2S 的反应分别为：

$$HO-CH_2-CH_2-NH_2 + H_2S \Longrightarrow (HO-CH_2-CH_2-NH_3) \cdot HS \tag{6-41}$$

$$(HO-CH_2-CH_2)_2NH + H_2S \Longleftrightarrow [(HO-CH_2-CH_2)_2NH_2] \cdot HS \qquad (6-42)$$

低温有利于吸收，吸收温度一般为 20~40℃。因上述反应是可逆的，将吸收液加热至 105℃，生成的化合物分解析出 H_2S 气体。利用此特性可将吸收剂再生，循环使用。

如果待净化的气体含有 COS 和 CS_2，它们与醇胺生成降解产物，不能再生，所以必须预先将 COS 和 CS_2 转化为 H_2S 后，才能用醇胺法脱除。氧的存在也会引起醇胺的降解，故含氧气体的脱硫不宜用醇胺法。

② 物理吸收法　物理吸收法是利用有机溶剂在一定压力下进行物理吸收脱硫，然后减压释放出硫化物气体，溶剂得以再生。主要有冷甲醇法（Rectisol），此外还有碳酸丙烯酯法（Fluar）和 N-甲基吡啶烷酮法（Purisol）等。

冷甲醇法可以同时或分段脱除 H_2S、CO_2 和各种有机硫，还可脱除 HCN、C_2H_2、C_3 及 C_3 以上气态烃和水蒸气等，能达到很高的净化度，总硫的体积分数可降低至<0.2ppm，CO_2 可降至 10~20ppm。甲醇对 H_2、CO 和 N_2 等气体的溶解度相当低，所以在净化过程中有效成分损失少，是一种经济优良的净化方法。其工业装置最初由德国的林德（Linde）公司和鲁奇（Lurgi）公司研究开发，现在常用于以煤或重烃为原料制得的合成气的净化过程。甲醇吸收硫化物和 CO_2 的温度为 -40~-54℃，压力为 5.3~5.4MPa，吸收后，甲醇经减压放出 H_2S 和 CO_2，再生甲醇经加压循环使用。

③ 物理-化学吸收法　物理-化学吸收法是将具有物理吸收性能和化学吸收性能的两类溶液混合在一起，脱硫效果较高。常用的吸收剂为环丁砜-烷醇胺混合液，前者是物理吸收，后者是化学吸收，能同时脱硫和脱碳。

④ 湿式氧化法　湿式氧化法的基本原理是利用含催化剂的碱性溶液吸收 H_2S，以催化剂作为载氧体，使 H_2S 氧化成单质硫，催化剂本身被还原。在再生时通入空气将还原态的催化剂氧化复原，如此循环使用。湿式氧化法一般只能脱除 H_2S，不能或只能少量脱除有机硫。最常见的湿式氧化法有蒽醌法（ADA 法），吸收剂为碳酸钠水溶液并添加蒽醌二磺酸钠（催化剂）和适量的偏钒酸钠及酒石酸钾钠（助剂）。

(3) H_2S 的回收　湿法脱硫后，在吸收剂再生时释放的气体中含有大量 H_2S，为了保护环境和充分利用硫资源，应予以回收。工业上已成熟的技术是克劳斯工艺，其基本原理是首先在燃烧炉内使 1/3 的 H_2S 与 O_2 反应，生成 SO_2，剩余 2/3 的 H_2S 与生成的 SO_2 在催化剂作用下发生克劳斯反应，生成单质硫。反应式为：

$$H_2S + \frac{3}{2}O_2 \Longleftrightarrow SO_2 + H_2O \qquad (6-43)$$

$$2H_2S + SO_2 \Longleftrightarrow 3S + 2H_2O \qquad (6-44)$$

燃烧炉内温度为 1200~1250℃，克劳斯催化反应器内温度为 200~350℃，操作压力 0.1~0.2MPa。近年来出现了许多改进的克劳斯工艺，硫的回收率可提高至 99% 或更高。

6.5.1.3　脱碳

脱碳方法很多，要根据不同的具体情况来选择适宜的方法。目前国内外的各种脱碳方法多采用溶剂吸收 CO_2。根据吸收机理可分为化学吸收和物理吸收两大类。近年来出现了变压吸附固体脱除 CO_2 法和生成产品法等新技术。

(1) 化学吸收法　目前常用的化学吸收法是改良的热钾碱法，即在碳酸钾溶液中添加少量活化剂，以加快 CO_2 的吸收速率和解吸速率，活化剂作用类似于催化剂。在吸收阶段，碳酸钾与 CO_2 生成碳酸氢钾；在再生阶段，碳酸氢钾受热分解，析出 CO_2，溶液复原并循环使用。根据活化剂种类不同，改良热钾碱法又分为以下几种：

① 本菲尔法（Benfild）法　吸收剂为 25%~40%（质量）碳酸钾溶液中添加二乙醇胺活化剂（含量 2.5%~3.0%），还有缓蚀剂（偏钒酸钾，含量 0.6%~0.7%）、消泡剂（聚醚或硅酮乳状液等，浓度为每千克几十毫克）。该工艺是国外专利，技术成熟，应用广泛。

② 复合催化法　实际上是在碳酸钾溶液中加入了双活性剂，这是我国的专利，其催化吸收速率、吸收能力和能耗等性能与改进的本菲尔法相近，且再生速率更快，已在国内推广。

③ 空间位阻胺促进法　在碳酸钾溶液中添加有侧基的胺化合物（空间位阻胺），例如：

$$HO-CH_2-\underset{\underset{CH_3}{|}}{\overset{\overset{CH_3}{|}}{C}}-NH_2 \qquad CH_3-\underset{\underset{CH_3}{|}}{\overset{\overset{CH_3}{|}}{C}}-\text{〈Ph〉}-\underset{\underset{CH_3}{|}}{\overset{\overset{NH_2}{|}}{C}}-CH_3$$

它们在溶液中可促进吸收和再生速率，吸收能力和净化度高，且再生能耗较低，是一种较优的脱碳工艺，但溶剂价格稍贵。

④ 氨基乙酸法　在碳酸钾溶液中添加氨基乙酸，溶液价格较便宜，但吸收能力较差，净化度不够高，CO_2 净化指标达不到低于 0.1% 的指标。

(2) 物理吸收法　物理吸收法在加压（2~5MPa）和较低温度条件下吸收 CO_2，溶液的再生靠减压解吸，而不是加热分解，属于冷法，能耗较低。目前国内外使用的物理吸收法主要有冷甲醇法、聚乙二醇二甲醚法和碳酸丙烯酯法。

① 冷甲醇法（Rectisol）　该法同脱硫部分（6.5.1.2 节）中的冷甲醇法。

② 聚乙二醇二甲醚法（Selexol）　聚乙二醇二甲醚能选择性脱除气体中的 CO_2 和 H_2S，无毒，能耗较低。美国于 20 世纪 80 年代初将此法用于以天然气为原料的大型合成氨厂，至今世界上有许多工厂采用。我国原南化公司研究院开发出同类脱碳工艺，称为 NHD 净化技术，在中型氨厂试验成功。NHD 溶液吸收 CO_2 和 H_2S 的能力优于国外的 Selexol 溶液，价格却较之便宜，技术与设备全部国产化，在国内已推广应用。

图 6-8 所示为聚乙二醇二甲醚法脱碳工艺流程。粗合成气进入吸收塔 1 下部，由塔顶出来的净化气中 $CO_2 \leqslant 0.1\%$。从吸收塔底流出的富液先经过低温冷却器 2 降至低温，接着通过水力涡轮机 3 回收动力，再进入多级闪蒸罐 5 逐级减压，首先析出的是 H_2、CO、N_2 等气体，将其送回吸收塔。后几级解吸出来的是 CO_2，其纯度达 99%。从最后一级闪蒸罐流出的聚乙二醇二甲醚溶液送至 CO_2 气提塔 8 顶部，在塔底部通入空气以吹出溶液中的 CO_2，贫液由 CO_2 气提塔 8 底部流出。贫液温度为 2℃，吸收能力 22.4m³CO_2/m³（溶液），通过泵打至吸收塔顶部入塔。

③ 碳酸丙烯酯法（PC）　该法适用于气体中 CO_2 分压高于 0.5MPa，温度较低，同时对净化度要求不高的场合。吸收温度低于 38℃，出口气中 CO_2 体积浓度大于 1%。

(3) 物理-化学吸收法　该法同脱硫部分（6.5.1.2 节）中的物理-化学吸收法。

(4) 变压吸附法（PSA）　利用固体吸附剂在加压下吸附 CO_2，使气体得到净化，吸附剂再生通过减压脱附实现。一般在常温下进行，能耗小、操作简便、无环境污染，PSA 法还可用于分离提纯 H_2、N_2、CH_4、CO、C_2H_4 等气体。我国已有国产化的 PSA 装置，规模和技术均达到国际化先进水平。

(5) 生成产品法　除上述方法外，还可考虑脱碳与 CO_2 再利用相结合，即生成产品脱碳法，此法已推广应用的主要有联产碳铵法和联产纯碱法。

① 联产碳铵法　联产碳铵法是将合成所得气氨制成浓氨水，吸收原料气中的 CO_2 并制成产品碳酸氢铵，即在合成氨原料气 CO_2 脱除过程中直接制得碳酸氢铵肥料产品。

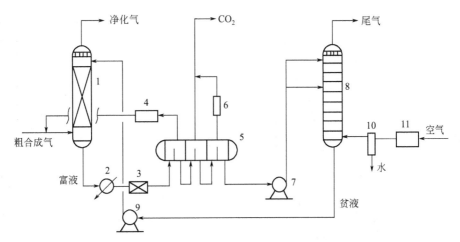

图 6-8 聚乙二醇二甲醚法脱碳工艺流程
1—吸收塔；2—低温冷却器；3—水力涡轮机；4—循环压缩机；5—多级闪蒸罐；
6—真空泵；7—气提塔给料泵；8—CO_2气提塔；9—贫液泵；10—分离器；11—鼓风机

② 联产纯碱法　联产纯碱法是采用氨盐（食盐）水进行碳化获得氯化铵和碳酸氢钠，氯化铵可作肥料，碳酸氢钠经煅烧后得到纯碱（Na_2CO_3）。

6.5.2　一氧化碳变换反应

6.5.2.1　变换反应基本原理

CO 与水蒸气反应生成 H_2 和 CO_2 的过程，称为 CO 变换或水煤气变换（water gas shift）。通过变换反应可产生更多 H_2 并降低 CO 含量，对合成气的组成进行调变。

(1) 热力学分析　CO 变换反应的方程式为：

$$CO + H_2O \rightleftharpoons CO_2 + H_2 \quad \Delta H_{298K} = -41.2 \text{kJ/mol} \quad (6\text{-}5)$$

该反应是可逆放热的，而且反应热随温度升高而减少。反应平衡受温度、水碳比（即原料气中 H_2O/CO 的摩尔比，亦称蒸汽比）、原料气中 CO_2 含量等因素影响，低温和高水碳比有利于平衡右移，压力对平衡无影响。图 6-9(a) 和图 6-9(b) 分别给出了两种原料组成的 CO 平衡转化率与温度及水碳比的关系曲线。

变换反应可能发生的副反应主要有：

$$2CO \rightleftharpoons C + CO_2 \quad \Delta H_{298K} = -172.5 \text{kJ/mol} \quad (6\text{-}7)$$

$$CO + 3H_2 \rightleftharpoons CH_4 + H_2O \quad \Delta H_{298K} = -206.4 \text{kJ/mol} \quad (6\text{-}45)$$

$$CO_2 + 4H_2 \rightleftharpoons CH_4 + 2H_2O \quad \Delta H_{298K} = -165.1 \text{kJ/mol} \quad (6\text{-}46)$$

当 H_2O/CO 比低时，更有利于这些副反应。CO 歧化反应会使催化剂积炭；后两个反应是甲烷化过程，消耗 H_2，所以都要抑制。

(2) 催化剂　无催化剂存在时变换反应速率极慢，即使温度升到 700℃ 以上反应仍不明显，而在此高温下，CO 平衡转化率已非常低。因此，必须采用催化剂，使反应在不太高的温度下就有足够高的反应速率，才能获得较高的转化率。目前工业上采用的变换催化剂主要有 3 类。

① 铁铬系催化剂　其化学组成以 Fe_2O_3 为主，促进剂有 Cr_2O_3 和 K_2CO_3，反应前要还原成 Fe_3O_4 才有活性。适用温度范围为 300～530℃。该类催化剂称为中温或高温变换催化剂。因温度较高，反应后气体中残余 CO 含量最低为 3%～4%。

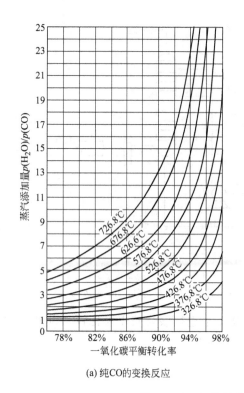
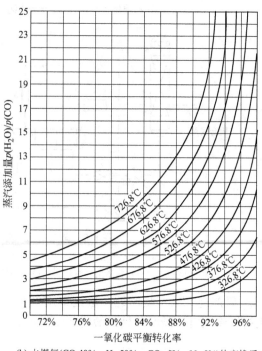

(a) 纯CO的变换反应　　　　(b) 水煤气(CO 40%、H_2 50%、CO_2 5%、N_2 5%)的变换反应

图 6-9　CO平衡转化率与温度和水碳比的关系曲线

② 铜基催化剂　其化学组成以 CuO 为主，ZnO 和 Al_2O_3 分别为促进剂和稳定剂，反应前要还原成具有活性的细小铜晶粒。还原操作或正常运行中超温，均会造成铜晶粒烧结而失活。该类催化剂另一弱点是易中毒，所以原料气中硫化物的总体积分数不得超过 0.1ppm，氯化物应在 0.01ppm 以下。铜基催化剂适用温度范围为 180～260℃，称为低温变换催化剂，反应后 CO 可降至 0.2%～0.3%。铜基催化剂活性很高，若原料气中 CO 含量高时，应先经高温变换，将 CO 降至 3% 左右，再接低温变换，以防剧烈放热而烧坏低温变换催化剂。

③ 钴钼系耐硫催化剂　其化学组成是负载在氧化铝上的钴、钼氧化物，反应前将钴、钼氧化物转变成硫化物（预硫化）才有活性，反应中原料气必须含硫化物。适用温度范围为 160～500℃，属宽温变换催化剂。其特点是耐硫抗毒，使用寿命长。

(3) 动力学分析

① 反应机理和动力学方程　目前关于变换反应机理的观点很多，较为认可的有两种：一种观点认为 CO 和 H_2O 分子先吸附到催化剂表面上，两者在表面进行反应，然后生成物脱附；另一种观点认为是被催化剂活性位吸附的 CO 与晶格氧结合形成 CO_2 并脱附，被吸附的 H_2O 解离脱附释放 H_2，而氧则补充到晶格中。由不同机理推导出的动力学方程不同；不同催化剂，其动力学方程亦不同。例如：

铁铬系中温变换催化剂的本征动力学方程

$$r = k_1 p^{0.5} \left[y(CO)y(H_2O) - \frac{y(CO_2)y(H_2)}{K_p} \right] \quad (6\text{-}47)$$

铜基低温变换催化剂的本征动力学方程

$$r = k_1 p \left[y(CO)y(H_2O) - \frac{y(CO_2)y(H_2)}{K_p} \right] \quad (6\text{-}48)$$

式中，r 为瞬时反应速率；k_1 为正反应速率常数；p 为总压；K_p 为平衡常数；$y(CO)$、$y(H_2O)$、$y(CO_2)$、$y(H_2)$ 分别为 CO、H_2O、CO_2、H_2 的摩尔分数。

② 反应条件对变换反应速率的影响　从动力学方程可看出，变换反应速率主要受压力、水碳比和温度等反应条件的影响。压力越高，反应速率越大，但是太高的压力下内扩散阻力增大。高水碳比有利于反应速率，但水碳比太高会造成催化剂床层阻力增加。从前面动力学方程可以看出，式中包含速率常数 k_1 和平衡常数 K_p。温度升高，k_1 增大而 K_p 减小，因而，对特定的催化剂和一定的气体组成而言，必将出现最大的反应速率值，与其对应的温度称为最佳反应温度（T_{OP}），图 6-10 中曲线显示了这种关系。当催化剂与原料气组成一定时，T_{OP} 随转化率（X）的升高而降低，如图 6-11 所示。若操作温度随着反应进程能沿最佳温度曲线由高温向低温变化，则整个过程反应速率最快，即当催化剂用量一定时，可以在最短时间内达到较高的转化率；或者说达到规定的最终转化率所需催化剂用量最少，反应器的生产强度最高。

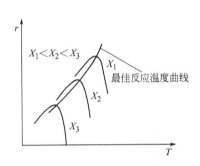

图 6-10　放热可逆反应速率与温度关系

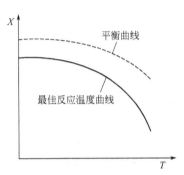

图 6-11　放热可逆反应的 T-X 关系

6.5.2.2　变换反应工艺条件

(1) 压力　压力对平衡无影响，加压对反应速率有利，但太高时效果已不明显。一般中、小型厂用常压或 2MPa，大型厂多采用 3MPa。

(2) 水碳比　高水碳比对反应平衡和速率都有利，但太高时效果已不明显，且能耗过高。现常用水碳比为 4。近年来工艺节能很受重视，水碳比趋于降到 3 以下，关键是变换催化剂的选择性要高，能有效抑制 CO 甲烷化副反应。

(3) 温度　变换反应的温度最好沿最佳反应温度曲线变化。反应初期，转化率低，最佳温度高；反应后期，转化率高，最佳温度低，但是变换反应是放热的，需要不断地将此热量排出体系才可使温度下降。在工程实际中，降温措施不可能完全符合最佳温度曲线，变换过程采用分段冷却来降温。应特别注意的是，各类催化剂均有其活性温度范围，操作温度只能在该范围内尽可能地接近最佳反应温度曲线。

6.5.2.3　变换反应器类型

(1) 中间间接冷却式多段绝热反应器　这是一种反应时与外界无热交换，冷却时将反应气体引至热交换器进行间接换热降温的反应器，如图 6-12 所示。在实际操作温度变化线 $EFGH$ 中，E 点是入口温度，一般比催化剂起始活性温度高 20℃，在第Ⅰ段反应器中绝热反应，温度直线上升，但穿过最佳反应温度曲线后，离平衡曲线越来越近，反应速率明显下降，若继续反应到接近平衡（F'），需要很长时间，且此时的平衡转化率并不高。所以当反应进行到 F 点（不超过催化剂活性温度上限）时，将反应气体引至热交换器进行冷却，反应暂停,冷却线为 FG,转化率不变,FG 为水平线,G 点温度不低于催化剂活性温度下限,然后再进入第Ⅱ段反应器,可以接近最佳反应温度曲线,以较高的反应速率达到较高的转化率。当段数增多时,操作温度更接近最佳反应温度曲线,如图 6-12(b) 中虚线所示。

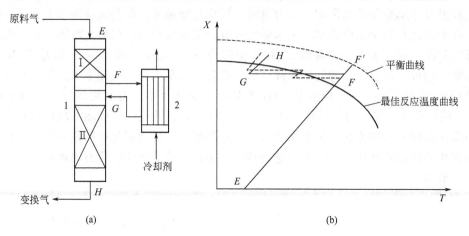

图 6-12　中间间接冷却式两段绝热反应器(a)及操作温度线(b)示意图
1—反应器;2—热交换器;$EFGH$—操作温度线

反应器分段太多,流程和设备复杂,工程上并不合理,也不经济。具体段数由原料气中 CO 含量、要达到的转化率、催化剂活性温度范围等因素决定,一般 2~3 段即可满足要求。

(2) 原料气冷激式多段绝热反应器　这是一种向反应器中添加冷原料气进行直接冷却的方式,其反应器和操作温度线如图 6-13 所示。在操作温度变化线 $EFGH$ 中,FG 是冷激线,冷激过程虽无反应,但因添加了原料气,反应物 CO 的初始量增加,根据转化率定义可知,CO 转化率降低。为了达到相同的终转化率,冷激式所用催化剂量要比中间冷却式多些。不过冷激式的流程简单,省去热交换器,原料气也有一部分不需预热。

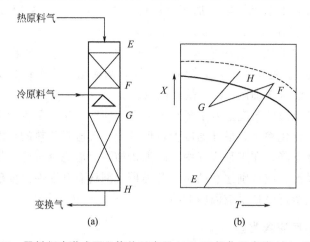

图 6-13　原料气冷激式两段绝热反应器(a)及操作温度线(b)示意图

(3) 水蒸气或冷凝水冷激式多段绝热反应器　变换反应需要水蒸气参加,故可利用水蒸气作冷激剂,因其热容大,降温效果好,若用系统中的冷凝水来冷激,由于气化吸热更多,降温效果更好,其反应器和操作温度线如图 6-14 所示。用水蒸气或水冷激使水碳比增高,对反应平衡和速率均有影响,故第一段和第二段的平衡曲线和最佳反应温度曲线是不连续的。因为冷激前后即无反应又没添加 CO 原料,CO 转化率不变,所以冷激线(FG)是一水平线。

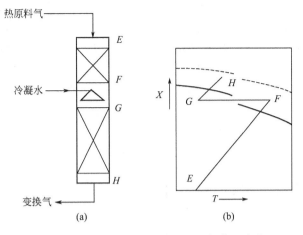

图 6-14 冷凝水冷激式两段绝热反应器(a) 及操作温度线(b) 示意图

6.5.2.4 变换反应工艺流程

变换反应工艺流程有许多种，包括常压、加压；两段中温变换、三段中温变换、中-低变串联等，主要根据制造合成气的生产方法、合成气中 CO 含量、对残余 CO 含量的要求等因素来选取。

当以天然气为原料制合成气时，合成气中 CO 体积含量仅为 10%～13%，只需一段中变和一段低变的串联流程，就能将 CO 含量降至 0.3%，图 6-15 所示为该流程的示意图。天然气与水蒸气转化生成的高温转化气进入转化气废热锅炉 1 回收热量产生高压蒸汽，可作动力，降温后的转化气再与水蒸气混合达到水碳比 3.5，温度 370℃，进入到装填有铁铬系中温变换催化剂的中变炉 2 进行绝热反应，中变炉出口气中 CO 含量降至 3%，温度 430℃，送入中变废热锅炉 3 和热交换器 4 进行降温，使温度降至 220℃左右，送入装填有铜基低温变换催化剂的低变炉 5 进行绝热反应。中变废热锅炉产生的水蒸气可供反应所需。通过热交换器可利用中变气余热来预热后续甲烷化工段的进气。出低变炉的气体中，CO 含量只有约 0.3%，温度 240～250℃。最后经热交换器 6 回收余热，使其降温后送脱碳工段。

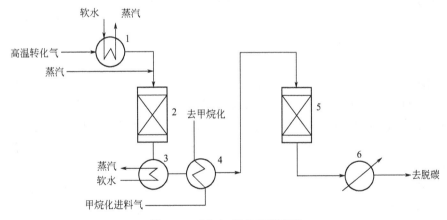

图 6-15 CO 中-低变串联流程

1—转化气废热锅炉；2—中变炉；3—中变废热锅炉；4，6—热交换器；5—低变炉

以煤为原料制合成气时，合成气中 CO 含量较高（达 30%），需采用多段中温变换，且由于进入系统的原料气温度与湿度较低，流程中设有原料气预热及增湿装置。

以重油为原料制合成气时，合成气中 CO 含量＞40%，需要分三段进行变换。图 6-16 是该流程示意图。自重油部分氧化工段来的合成气（水煤气），先经换热器 1 和 2 预热，然后进入装填有耐硫的钴钼系中温变换催化剂的变换反应器 3，经第一段变换后，引出到换热器 2 和 4 间接换热降温，再进入第二段变换。反应后再引出到换热器 1 降温，再进入第三段变换，最后变换气经换热器 5 和 6 降温，经冷凝分离器 7 脱除水，即可送至脱碳工段。

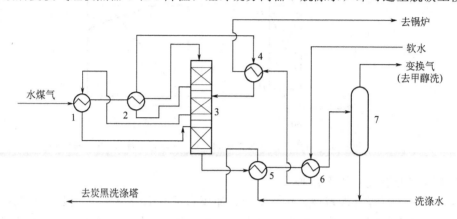

图 6-16 CO 三段中温变换流程

1,2,4,5,6—换热器；3—变换反应器；7—冷凝分离器

6.5.3 合成气的精制方法

6.5.3.1 概述

经酸性气体脱除和 CO 变换后的合成气中尚残余少量的 CO 和 CO_2。为了防止它们对后续工段（如合成氨）催化剂的毒害，合成气还需经过精制。由于 CO 不是酸性，也不是碱性气体，在各种无机、有机液体中的溶解度又很小，所以要脱除 CO 并不容易。这个问题的解决，最初是借鉴气体分析中以铜氨溶液测定 CO 的方法，之后又开发了深冷分离法和甲烷化法。

(1) 铜氨溶液法 这是在高压和低温下用铜盐的氨溶液吸收 CO 的方法。通常是先吸收 CO 并生成新的络合物，然后将已吸收 CO 的溶液在减压和加热条件下再生。通常把铜氨溶液吸收 CO 的操作称为"铜洗"，铜盐氨溶液称为"铜氨液"或简称"铜液"，净化后的气体称为"铜洗气"或"精炼气"。

(2) 深冷分离法 20 世纪 20 年代以后，制氨原料扩大到焦炉气。在空气液化分离技术的基础上，在低温下逐级冷凝焦炉气中各高沸点组分，最后用液体氮把少量 CO 和 CH_4 脱除。这是一个典型的物理方法，可以净化制得比铜洗法纯度更高的合成气。通常把用液体氮洗涤 CO 的操作称为"氮洗"。现在，此法主要用在焦炉气分离以及重油部分氧化、煤纯氧气化的制氨流程中。

(3) 甲烷化法 这是 20 世纪 60 年代开发的新方法。虽然在催化剂上用 H_2 把 CO 还原成甲烷的研究工作早已完成，但因反应中要消耗 H_2，生成无用的甲烷，所以此法只能适用于 CO 含量甚少的原料气，直到实现低温变换工艺以后，才为 CO 的甲烷化提供了条件。甲烷化法具有工艺简单、操作方便和费用低廉等优点。

1965 年以后，各国以天然气、石脑油为原料的新建氨厂几乎全用甲烷化法和深冷分离法代替铜氨溶液法。深冷分离是物理过程，原理较为简单。此处将具体介绍甲烷化法。

6.5.3.2 甲烷化法

甲烷化法是在催化剂存在下使少量CO、CO_2与氢气反应生成CH_4和H_2O的一种净化工艺。甲烷化法可将气体中碳的氧化物（$CO+CO_2$）的体积含量脱除到10ppm以下。根据所用催化剂的不同，受床层绝热温升的限制，入口原料气中碳的氧化物的体积含量一般要求<0.7%。20世纪60年代初开发了低温变换催化剂后，为操作方便、费用低廉的甲烷化工艺提供了应用条件。

(1) 基本原理 碳的氧化物与H_2的反应如下：

$$CO+3H_2 \rightleftharpoons CH_4+H_2O \quad \Delta H_{298K}=-206.4 \text{kJ/mol} \tag{6-45}$$

$$CO_2+4H_2 \rightleftharpoons CH_4+2H_2O \quad \Delta H_{298K}=-165.1 \text{kJ/mol} \tag{6-46}$$

主要的副反应为：

$$2CO \rightleftharpoons C+CO_2 \quad \Delta H_{298K}=-172.5 \text{kJ/mol} \tag{6-7}$$

主副反应都是强放热可逆过程，反应过程中催化剂床层会产生显著的绝热温升。从化学平衡的角度看，甲烷化反应的平衡常数随温度的降低而迅速增大。甲烷化主反应是体积减小的过程，加压对平衡有利。动力学研究表明，提高温度和压力将加快反应速率。

(2) 催化剂 甲烷化反应（6-45）和反应（6-46）分别是甲烷蒸汽转化反应（6-1）和反应（6-4）的逆反应，因而，以Ni作为活性组分用于甲烷蒸汽转化的催化剂，对甲烷化反应也有好的催化活性。这两种Ni催化剂的区别在于：甲烷化催化剂在更低的温度下进行；甲烷化反应是强放热过程，要求催化剂能承受很大的温升。

现在的甲烷化催化剂都是由耐火材料载体负载的Ni组成，Ni含量要比甲烷转化催化剂高，一般为25%~30%（以Ni计）。由于上游工段对原料气进行了严格的净化，以及对进口气体中碳的氧化物含量进行了限制，在正常情况下，不会发生甲烷化催化剂的中毒和烧结，而且催化剂本身强度较高，其寿命可达3~5年。

(3) 工艺条件

① 压力　因与上下游工序压力关系密切，通常随变换、脱碳压力而定。常用的操作压力为2.0~2.5MPa。

② 温度　甲烷化Ni催化剂在200℃已有活性，能承受800℃的高温，但是太低的温度会导致羰基镍的形成，太高的温度则使甲烷平衡含量降低。常用的温度范围为280~450℃。

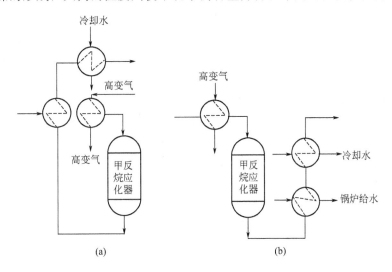

图6-17 甲烷化工艺流程

(4) 工艺流程 根据计算,只需原料气中碳氧化物的含量在 0.5%~0.7%,甲烷化反应放出的热量即足够将进口气体预热至所需温度。因此,流程中只有甲烷化反应器、进出气体换热器和水冷却器。考虑到催化剂升温还原以及原料气中碳氧化物含量的波动,尚需其他热源补充,按外加热量多少而分为两种流程,如图 6-17(a) 和 (b) 所示。

图 6-17(a) 所示流程中原料气预热部分系由进出气换热器与外加热源(例如烃类转化流程用高变气或回收余热后的二段转化气)的换热器串联组成,该流程的缺点是开车时进出气换热器不能一开始就发挥作用,升温比较困难。图 6-17(b) 所示流程则全部利用外加热源预热原料气,此反应器的出口气体用来预热锅炉给水。

6.6 合成氨与尿素

6.6.1 合成氨概述

(1) 氨的性质与用途 氨分子式为 NH_3,在标准状态下是无色气体,比空气轻,具有特殊的刺激性臭味。人们在体积含量大于 100ppm 的氨环境中,每天接触 8h 会引起慢性中毒。氨极易溶于水,溶解时放出大量的热,可生产 NH_3 质量含量 15%~30% 的氨水,氨水溶液呈碱性,易挥发。液氨或干燥的氨气对大部分物质没有腐蚀性,但在有水的条件下,对铜、银、锌等金属有腐蚀性。

氨在常温时相当稳定,在高温、电火花或紫外光的作用下可分解为 N_2 和 H_2。氨与空气或氧气的混合物在一定范围内会发生爆炸。常压、常温下的爆炸范围分别为 15.5%~28%(空气)和 13.5%~82%(氧气)。氨易与许多物质反应,如在 Pt 催化剂作用下能与 O_2 反应生成 NO。氨还可与各种无机酸反应生成盐。氨可以与 CO_2 反应生成氨基甲酸铵,脱水即为尿素。利用氨与各种无机酸反应可制取磷酸铵、硝酸铵和硫酸铵。

氨在国民经济中占有重要地位。现在约有 80% 的氨用于制造化学肥料,其余作为生成其他化工产品的原料。除液氨可直接作肥料外,农业上使用的氮肥,如尿素、硝酸铵、磷酸铵、硫酸铵、氯化铵、氨水以及各种含氮混肥和复肥,都是以氨为原料的。氨在工业上主要用来制造炸药和各种化学纤维及塑料。从氨可制得硝酸,进而制造硝化甘油、三硝基甲苯(TNT)、三硝基苯酚等炸药。在化纤和塑料工业中,则以氨、硝酸和尿素等作为氮源,生产己内酰胺、尼龙 6 单体、己二胺、人造丝、丙烯腈、酚醛树脂和脲醛树脂等产品。此外,氨是常用的冷冻剂之一,在医药和生物化学方面可用于生产磺胺类药物、维生素和蛋氨酸等产品。

(2) 氨的发现与制取 氨是 1754 年由普利斯特利(J. Priestley)在加热氯化铵和石灰混合物时发现的,1784 年伯托利(C. L. Berthollet)确定氨由氮和氢元素组成。

19 世纪中叶,炼焦工业兴起,生产焦炭过程中制得了氨。但是焦炉煤气中回收的氨量不能满足需要,人们研究将空气中的游离态氮变成氨的方法,20 世纪初先后实现了氰化法和直接合成法制氨的工业生产。

氰化法制氨在 1905 年于德国实现工业化,第一次世界大战期间德国和美国主要用此法制氨,用于制造炸药,其化学反应包括:

$$CaC_2 + N_2 \xrightarrow{1000℃} CaCN_2 + C \qquad (6\text{-}49)$$

$$CaCN_2 + 3H_2O \xrightarrow{200℃} CaCO_3 + 2NH_3 \qquad (6\text{-}50)$$

氰化法能量利用率非常低，与后来开发的直接合成法相比，很不经济。

直接合成法制氨的化学方程式为：

$$N_2 + 3H_2 \rightleftharpoons 2NH_3 \tag{6-51}$$

1902 年德国化学家哈伯（F. Haber）开始了 N_2 和 H_2 合成氨的研究，1909 年发明了锇催化剂，利用高压循环法在 17.5～20MPa 和 500～600℃ 条件下合成达到了 6% 的出口氨含量并建成了一个 80g/h 的合成氨试验装置。此研究工作引起了工业界的浓厚兴趣，BASF 公司决定采用，并聘请德国工业化学家博施（C. Bosch）参与推进工业化。在德国化学家米塔施（A. Mittasch）的协助下，BASF 公司开发出了铁催化剂，并于 1913 年建成第一套日产 30t 的合成氨装置。哈伯因发明直接合成氨法，博施因在合成氨法中高压反应的研究以及此后埃特尔（G. Ertl）因对以合成氨铁催化剂为代表的表面化学研究分别荣获 1918 年、1931 年和 2007 年的诺贝尔化学奖。

直接合成法制氨的能耗仅为氰化法的一半，在 30 年代后即成为制取氨的主要方法。直接合成法制氨技术自诞生以来先后经历了发明阶段（1902～1913 年）、推广阶段（1914～1945 年）、原料结构变迁阶段（1946～20 世纪 60 年代初）、大型化阶段（20 世纪 60 年代初～1973 年左右）和节能降耗阶段（1974 年至今）。

(3) 我国合成氨工业发展历程　中国合成氨生产始于 20 世纪 30 年代，当时仅在南京、大连建有两家小型氨厂，最高年产量不超过 5 万吨（1941 年）。50 年代，在恢复与扩建老厂的同时，从苏联引进以煤为原料、年产 5 万吨的三套合成氨装置。60 年代，随着石油、天然气资源的开采，又从英国引进一套以天然气为原料、年产 10 万吨的合成氨装置。50 年代～60 年代期间，陆续自行设计和建设了一批中小型氨厂。70 年代是世界合成氨工业大发展时期，我国陆续引进 17 套年产 30 万吨的大型合成氨装置。80 年代至今，又先后引进了 14 套具有 20 世纪 90 年代初期世界先进水平的年产 30 万吨的合成氨成套装置。通过对引进技术的消化吸收和改造创新，不但使我国合成氨的技术水平跟上了世界的步伐，而且促进了国内中小型氨厂的技术发展。1999 年，我国氨总产量达 34.52Mt，自此氨总产量排名世界第一。

(4) 合成氨生产的典型流程　合成氨生产包括原料气制取、原料气净化和氨的合成 3 个基本生产过程，如图 6-18 所示。原料气 H_2 和 N_2 可分别制得，也可同时制得其混合气。

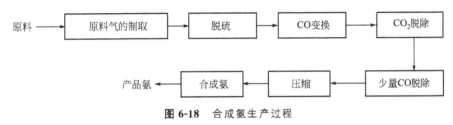

图 6-18　合成氨生产过程

在实际合成氨生产中，因原料的不同生产流程会有所不同。以天然气、煤和重油为原料合成氨的生产总流程分别见图 6-19～图 6-21。

6.6.2　合成氨的基本原理

6.6.2.1　热力学分析

合成氨反应是放热和物质的量（mol）减小的可逆反应，反应式为

$$N_2 + 3H_2 \rightleftharpoons 2NH_3 \quad \Delta H_{298K} = -92.4 \text{kJ/mol} \tag{6-51}$$

其反应热与温度、压力有关，温度和压力越高，反应热量值越大。

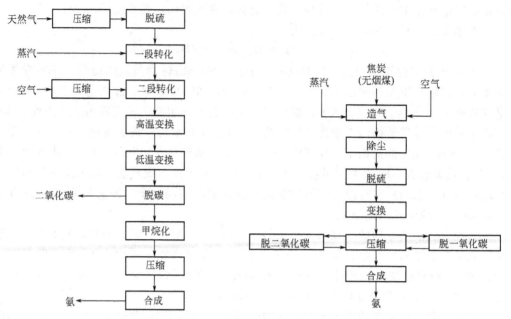

图 6-19 以天然气为原料生产合成氨总流程　　图 6-20 以煤为原料生产合成氨总流程

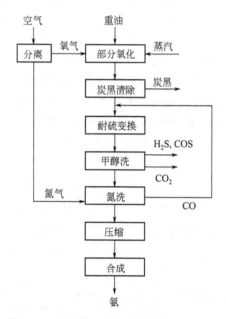

图 6-21 以重油为原料生产合成氨总流程

合成氨反应一般在高压下进行，H_2-N_2-NH_3 体系是非理想气体体系，可以按真实气体的理想溶液处理，即用各组分的逸度代替其分压，可得用逸度表示的平衡常数式

$$K_f = \frac{f(NH_3)}{f^{0.5}(N_2) f^{1.5}(H_2)} \tag{6-52}$$

式中，K_f 为用逸度表示的平衡常数；$f(NH_3)$、$f(N_2)$、$f(H_2)$ 分别为 NH_3、N_2、H_2 的逸度。组分的逸度 f_i 与其分压 p_i 的关系为

$$f_i = \gamma_i p_i \tag{6-53}$$

式中，γ_i 为气体组分的逸度系数，在理想溶液中可取纯组分在相同温度及总压下的 γ_i 值

(可由普遍化逸度系数图查得或实验测得)。将式(6-53)代入式(6-52)可得

$$K_f = \frac{\gamma(NH_3)}{\gamma^{0.5}(N_2)\gamma^{1.5}(H_2)} \times \frac{p(NH_3)}{p^{0.5}(N_2)p^{1.5}(H_2)} = K_\gamma K_p \tag{6-54}$$

K_f 仅是温度的函数,随温度升高而减小,其函数关系式为

$$\lg K_f = \frac{2250.322}{T} - 0.8534 - 1.5105\lg T - 25.8987 \times 10^{-5}T + 14.8961 \times 10^{-8}T^2 \tag{6-55}$$

K_γ 与温度和压力有关,其具体数据如图 6-22 所示。

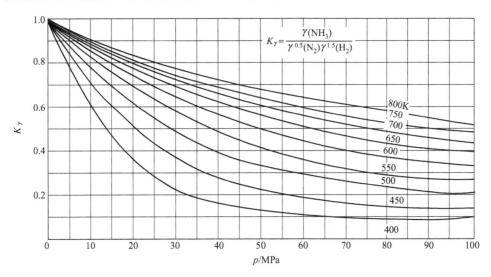

图 6-22 合成氨反应在不同温度、压力下的 K_γ 值

K_f 和 K_γ 都已知的条件下,可以通过式(6-54)求得对应的 K_p,继而求出各组分的平衡分压或平衡浓度。

合成氨反应达到平衡时,混合气中 H_2、N_2、NH_3 及惰性气体(CH_4 和 Ar)的摩尔分数分别为 $y^*(H_2)$、$y^*(N_2)$、$y^*(NH_3)$ 和 $y^*(惰)$,则有

$$y^*(H_2) + y^*(N_2) + y^*(NH_3) + y^*(惰) = 1 \tag{6-56}$$

设 $y^*(H_2)/y^*(N_2) = m^*$,当总压为 p 时,各分压为

$$p^*(NH_3) = y^*(NH_3)p$$

$$p^*(H_2) = y^*(H_2)p = \frac{m^*}{1+m^*}[1 - y^*(NH_3) - y^*(惰)]p$$

$$p^*(N_2) = y^*(N_2)p = \frac{1}{1+m^*}[1 - y^*(NH_3) - y^*(惰)]p$$

将以上平衡分压代入式(6-54)的第二项,即

$$\frac{p(NH_3)}{p^{0.5}(N_2)p^{1.5}(H_2)} = K_p$$

整理后得到

$$\frac{y^*(NH_3)}{[1 - y^*(NH_3) - y^*(惰)]} = K_p p \frac{m^{*1.5}}{(1+m^*)^2} \tag{6-57}$$

由此式即可求得平衡氨浓度 $y^*(NH_3)$。式中 K_p 在高压下与压力和温度有关。当温度

降低或压力增高时，K_p 增大，因而 $y^*(NH_3)$ 增大。惰性气体的存在，会使平衡氨浓度明显下降，见图 6-23。

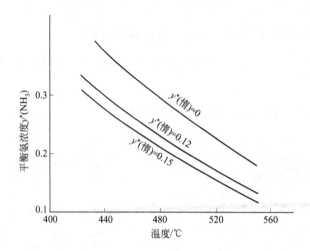

图 6-23 30.4MPa 及不同温度下惰性气体对平衡氨浓度的影响

当温度、压力和惰性气体一定，求 $y^*(NH_3)$ 的最大值时，可将式（6-57）对求 m^* 导并令导数等于零。当忽略 m^* 对 K_p 的影响，则可解出 $m^* = 3$，即平衡状态下，当氢氮比为 3 时 $y^*(NH_3)$ 最大。实际上因气体在高压下的非理想性质，K_p 受氢氮比影响，所以随着压力的变化，最佳 m^* 在 2.96～2.68 之间变动。

6.6.2.2 催化剂

自 20 世纪初以来，人们对合成氨催化剂开展了大量的研究工作，发现对合成氨有活性的一系列金属为 Os、U、Fe、Ru 等，其中铁系催化剂因其价廉易得、活性良好、使用寿命长而获得广泛应用。

目前，大多数铁系催化剂都是用经过精选的天然磁铁矿通过熔融法制备的，通常称为熔铁催化剂。熔铁催化剂活性组分为金属铁。未还原前主要成分为 FeO 和 Fe_2O_3，其中 FeO 质量分数为 24%～38%，Fe^{2+}/Fe^{3+} 约为 0.5，一般在 0.47～0.57 之间，成分可视为 Fe_3O_4，具有尖晶石结构。作为促进剂的成分有 Al_2O_3、K_2O、SiO_2、CaO、MgO 等。

活性组分 Fe_3O_4 经还原后生成 α-Fe，活性中心的功能是化学吸附氮分子，使 N≡N 削弱，以利于加氢形成氨。

Al_2O_3 是结构型助剂，它均匀地分散在 α-Fe 晶格内和晶格间，能增加催化剂的比表面，并防止还原后的铁微晶长大，从而提高催化剂的活性和稳定性。

K_2O 是电子型助剂，能促进电子转移过程，有利于氮分子的吸附和活化，也促进生成物氨的脱附。

SiO_2 助剂的添加可以起到稳定铁晶粒的作用，增加催化剂的抗毒性。此外加入 MgO 能提高耐热性和耐硫性；加入 CaO 则起助熔作用，使催化剂各组分易于熔融而形成均匀分布的高活性状态。

20 世纪 80 年代左右，英国 ICI 公司受铁催化剂中加入钴可增加活性的启示，开发了铁-钴系的 ICI74-1 型合成氨催化剂，其特点是低温、低压活性好。该催化剂的组成如表 6-3 所示。

表 6-3　ICI 公司铁-钴系的 ICI74-1 型合成氨催化剂的组成

组成	Fe_3O_4	CoO	Al_2O_3	K_2O	SiO_2	MgO	CaO
$w/\%$	余额	5.2	2.5	0.8	0.5	0.2	1.9

1986 年，浙江工业大学突破母体定型论的观点，发明了 $Fe_{1-x}O$ 基催化剂新体系，于 1992 年研制成功第一个 $Fe_{1-x}O$ 基 301 型低温低压合成氨催化剂，超过国外同类催化剂技术水平，并在工业上得到应用。近年来，日本、英国、美国和意大利等国家开发成功在低温、低压下活性高的 Ru 基合成氨催化剂，载体为含石墨的碳、Al_2O_3 或 SiO_2。Ru 基催化剂在 7.0MPa、350～470℃条件下已实现工业规模运行。

6.6.2.3　动力学分析

合成氨反应过程由气固相催化反应过程的外扩散、内扩散和化学反应动力学等一系列连续步骤组成。

有关铁催化剂上的合成氨反应机理，存在不同的假设。一般认为，氮在催化剂表面活化吸附、解离为氮原子，然后逐步加氢，连续生成 NH、NH_2 和 NH_3。研究表明，氮的活化吸附是反应速率的控制步骤，对应的本征反应动力学方程可表达为：

$$r(NH_3)=k_1 p(N_2)\left[\frac{p^3(H_2)}{p^2(NH_3)}\right]^{\alpha}-k_2\left[\frac{p^2(NH_3)}{p^3(H_2)}\right]^{1-\alpha} \tag{6-58}$$

式中，$r(NH_3)$ 为合成氨反应速率；k_1 和 k_2 分别为正逆反应的速率常数；$p(N_2)$、$p(H_2)$、$p(NH_3)$ 分别为 N_2、H_2、NH_3 的分压；α 为常数，视催化剂性质及反应条件而异，可由实验确定（对于一般工业铁催化剂，$\alpha=0.5$）。上式适用压力范围为 1.0～50MPa。

在工业反应器中的实际合成氨速率尚需考虑扩散的阻滞作用。研究表明，工业反应器的气流条件足以保证气流与催化剂颗粒外表面的传递过程能强烈地进行，外扩散的阻力可略而不计，但内扩散的阻力却不容忽略，内扩散对反应速率有影响。图 6-24 所示为 30.4MPa 下对不同温度及不同粒度的催化剂所测得的出口氨含量。温度低于 380℃时，出口氨含量受催化剂粒度影响较小，超过 380℃时，出口氨含量受催化剂粒度影响显著。

6.6.3　合成氨的工艺条件

合成氨的工艺条件主要包括压力、温度、空速和进口气体组成等。

(1) 压力　从化学平衡和反应速率两个方面考虑，提高操作压力对反应都是有利的。提高压力不仅能提高设备的生产能力，

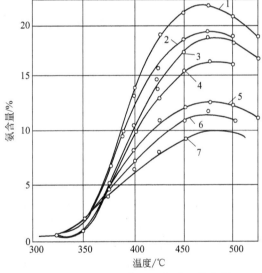

图 6-24　30.4MPa 与不同温度下催化剂粒度对出口氨含量的影响

1—0.6mm；2—2.5mm；3—3.75mm；4—6.24mm；5—8.03mm；6—10.02mm；7—16.25mm

还可简化氨的分离流程，但对设备的材质和加工提出了更高的要求，操作中催化剂易碎，这会增大反应气体的流动阻力和影响催化剂的使用寿命，操作安全性亦差。因此，目前在设法降低操作压力，通常采用 15～30MPa。

(2) 温度 作为可逆放热反应，合成氨反应存在最佳反应温度。从理论上看，合成氨过程按最佳反应温度曲线进行时，催化剂用量最少、合成效率最高。但在实际工业生产中，不可能完全按这个曲线操作。大型合成氨厂，常采用冷激式反应器，将催化剂床分成数段，段与段之间用冷原料气和反应气混合以降低反应温度，使反应尽可能按最佳温度曲线进行。合成氨反应一般控制在 400~500℃。

(3) 空速 空速的选择涉及氨净值（进出合成氨塔氨含量之差）、合成氨塔生产强度、循环气量、系统压力降和反应热的合理利用等方面。当操作压力及初始原料气组成一定时，对既定结构的合成氨塔，提高空速，催化剂的生产强度（单位时间、单位体积催化剂生成氨的量）提高，但是氨净值降低，系统阻力增大，循环功耗增加，氨分离所需的冷冻负荷加大。一般操作压力为 30MPa 的中压法合成氨，空速在 20000~30000h^{-1} 之间，氨净值为 10%~15%。大型合成氨厂为充分利用反应热，降低功耗并延长催化剂使用寿命，通常采用较低的空速，如操作压力为 15MPa 的轴向冷激式合成氨塔，空速为 10000h^{-1}，氨净值为 10%；而操作压力 26.9MPa 的径向冷激式合成氨塔，空速为 16200h^{-1}，氨净值为 12.4%。

(4) 进口气体组成 合成氨塔进口气体组成包括氢氮比、惰性气体含量和氨含量。热力学和动力学分析对氢氮比的要求是不一致的。热力学分析要求最佳氢氮比略低于 3；从动力学方程 (6-57) 可知，最佳氢氮比随氨含量而变化（氨含量接近平衡值时，最佳氢氮比趋近于 3）。生产实践表明，控制进口气体中氢氮比略低于 3，在 2.8~2.9 范围比较合适。如果略去 H_2 和 N_2 在液体中溶解损失的少量差异，氨合成反应中 H_2 和 N_2 总是按 3∶1 消耗，新鲜气氢氮比应控制为 3，否则循环系统中多余的 H_2 或 N_2 就会积累，造成循环气中氢氮比失调。惰性气体来源于新鲜原料气，它们不参与反应，因而在系统中积累。惰性气体的存在无论从化学平衡还是动力学上考虑均属不利。但是，维持过低的惰性气体含量需大量排放循环气，导致原料气和氨的损失。若以增产氨为主要目的，惰性气体含量应控制得低一些，一般为 10%~14%，此时造成原料气和氨的损失较大；若以降低原料损失为主要目的，惰性气体含量可控制在 16%~20%，对应的原料气和氨的损失较小，但生产能力下降。进口氨含量，来源于循环气，取决于氨的分离方法。进口氨含量越低，氨净值越高，生产能力越高，但是氨分离负荷越大，经济上不见得可取。操作压力 30MPa 时，一般进塔氨含量控制在 3.2%~3.8%；15MPa 时为 2.0%~3.2%。

6.6.4 合成氨塔

大型合成氨厂通常使用冷激式合成氨塔，按气流方向可分为轴向冷激和径向冷激。

图 6-25 所示为凯洛格（Kellogg）型立式轴向四段冷激式合成氨塔。该塔外筒形状为上小下大的瓶式，在缩口部位密封，以解决大塔径造成的密封困难。内件包括四层催化剂、层间气体混合装置（冷激管和挡板）以及列管式换热器。气体由塔底封头接管进入塔内，向上流经内外筒之环隙以冷却外筒，气体穿过催化剂筐缩口分别向上流过换热器 11 与上筒体 12 的环形空间，折流向下穿过换热器 11 的壳程，被加热到 400℃ 左右进入第一层催化剂，经反应后温度升到 500℃ 左右，在第一、二层间反应气与来自冷激点接管 5 的冷激气混合降温，然后进入第二层催化剂。以此类推，最后气体由第四层催化剂底部排出，折流向上穿过中心管 9 和换热器 11 的管程，换热后经波纹连接管 13 流出塔外。该塔的优点为用冷激气调节反应温度，操作方便、结构简单，筒体上开设人孔，装卸催化剂方便；缺点为瓶式结构虽有利于密封，但在焊接合成塔封头前，必须将内件装妥，塔体较重，运输和安装均较困难。

图 6-26 所示为托普索（Topsøe）公司的径向冷激式合成氨塔。反应气体从塔顶接口进

入向下流经内外筒之间的环隙,再进入换热器的壳程,冷副线由塔底封头接口进入,二者混合后沿中心管进入第一段催化剂床层,气体沿径向呈辐射状流经催化剂床层后进入环形通道并在此与塔顶接口来的冷激气混合,再进入第二段催化剂床层,从外部径向向内流动,最后由中心管外面的环形通道下流,经换热器管程从塔底接口流出塔外。与轴向冷激式合成氨塔比较,其优点是气体呈径向流动,流速低,即使采用小颗粒催化剂,压力降仍然较小(只有轴向的 10%~30%),因而可允许高空速,增加塔的生产能力。该塔存在的问题是如何有效地保证气体均匀流经催化剂床层而不会偏流,更不允许短路,因为这将使催化剂利用效率降低。

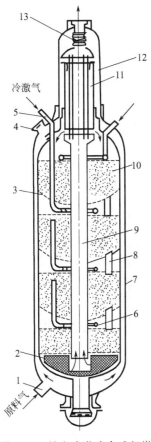
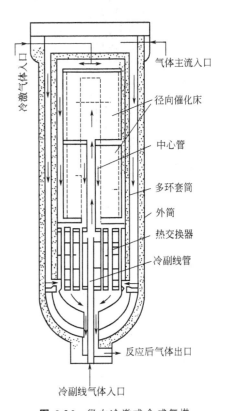

图 6-25 轴向冷激式合成氨塔
1—塔底封头接管;2—氧化铝球;3—筛板;4—人孔;
5—冷激气接管;6—冷激管;7—下筒体;8—冷激管;
9—中心管;10—催化剂筐;11—换热器;
12—上筒体;13—波纹连接管

图 6-26 径向冷激式合成氨塔

瑞士卡萨里(Casale)制氨公司针对凯洛格轴向合成氨塔存在的缺点,开发了轴-径向混流型或称混合流动型合成氨塔,如图 6-27 所示。该塔取消了传统的径向催化剂床层密封装置,采用上端不开孔的中心集气管,以迫使气体在顶部处于轴-径向混合流动的状态,下部为纯径向流动的状态。主体反应气体由外壳底部进入合成塔,由内外筒环隙向上流动冷却壳体,在内筒的顶部进入中心集气管往下输送,从中心集气管出来的原料气进入到第二催化剂床中间的换热器管程,冷却第二床出口气体并自身加热,然后与进路 1 来的冷激气混合,流过第一床中间的换热器管程,冷却第一床出口气体并自身加热,出换热管后与进路 2 来的冷激气混合，该混合气继而经过催化剂床层向内流动，每一床的出口气体经换热器冷却后进入下一床。出第三催化剂床的气体通过下端开孔的中心集气管进行收集。

此外，比较先进的合成氨塔还有布朗绝热式合成氨塔，如图 6-28 所示。这种塔的优点是塔径小，制造方便，每塔只有一个催化剂床，床中无冷激管，内件结构简单，不易损坏。因此，不设置敞开大盖，仅设检修入孔，密封易保证。

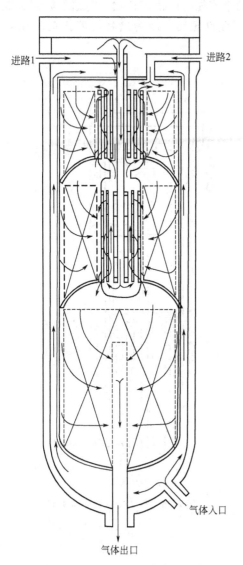

图 6-27　轴-径向冷激式合成氨塔

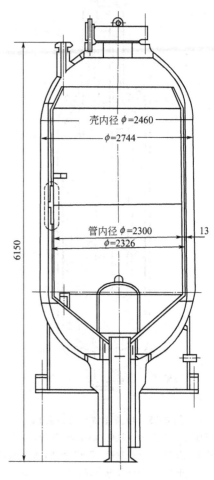

图 6-28　布朗绝热式合成氨塔

6.6.5　合成氨的工艺流程

现在世界上比较先进的合成氨工艺主要有布朗三塔三废锅、伍德两塔三床两废锅、托普索两塔两废锅和卡萨里轴-径向合成氨工艺四种，此处以布朗三塔三废锅和卡萨里轴-径向合成氨工艺为例进行介绍。

（1）布朗三塔三废锅合成氨工艺流程　该工艺流程见图 6-29。图上详细标注了各设备的温度和压力等操作参数，主要由 3 个绝热合成氨塔和 3 个废热锅炉组成。塔内有催化剂筐套，气体由外壳体与筐体间环隙从底部向上流过，再由上向下轴向流过催化剂床。该流程以天然气为原料，生产能力1000t氨/d，合成压力15MPa，最终出口气氨含量为21%，副产12.5MPa高压水蒸气。

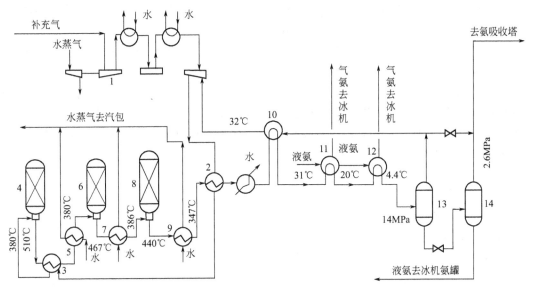

图 6-29 布朗三塔三废锅合成氨工艺流程

1—合成气压缩机；2—换热器；3—预热器；4—合成氨塔Ⅰ；5—废热锅炉Ⅰ；6—合成氨塔Ⅱ；7—废热锅炉Ⅱ；
8—合成氨塔Ⅲ；9—废热锅炉Ⅲ；10—冷交换器；11，12—氨冷器；13—分离器；14—减压器

（2）卡萨里轴-径向合成氨工艺流程 该工艺流程见图6-30。来自循环压缩机的原料气进入换热器E-3，被来自锅炉给水预热器E-2的气体加热至180～240℃，进入合成塔R-1，在催化剂作用下反应，出口处氨含量为19%～22%。出合成塔的气体温度为400～450℃，

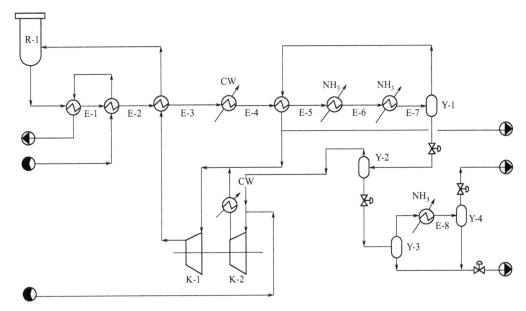

图 6-30 卡萨里轴-径向合成氨工艺流程

R-1—合成塔；E-1—废热锅炉；E-2—锅炉给水预热器；E-3，E-5—换热器；E-4—水冷器；E-6，E-7，E-8—氨冷器；
K-1—循环气压缩机；K-2—原料气压缩机；Y-1，Y-2，Y-3，Y-4—氨分离器

经废热锅炉 E-1 和锅炉给水预热器 E-2 回收热量，产生 10MPa 高压水蒸气（≥1t 高压水蒸气/t 氨）。由 E-2 流出的气体进入换热器 E-3 的壳程，被管程的循环气冷却，再送往水冷器 E-4，部分氨被冷凝下来，气-液混合物进入换热器 E-5，被来自氨分离器 Y-1 的冷循环气冷却，然后进入两级氨冷器 E-6 和 E-7，在 E-7 中，液氨在 -10℃下蒸发，将气-液混合物冷却冷凝至 0℃，采用两级氨冷的目的是为了降低氨压缩的能耗。液氨在氨分离器 Y-1 中被分离，气-液混合物变成冷循环气，它经 E-5 升温至 30℃后进入循环气压缩机。液氨经减压后送往氨库或生产装置，弛放气由 E-5 出口引出送往氢回收装置，用低温冷冻法或膜分离法进行分离，回收其中的氢。合成塔为叠合式催化剂床的立式合成塔，上部催化剂床内气体基本上以轴向方式流动，下部床内是以径向流动。塔内操作压力 14.78MPa。卡萨里技术已在中国 10 多个中型合成氨厂应用，该技术具有催化剂和热能利用率高，节能效果好，操作、安装、维修简单，安全可靠等优点。

6.6.6 尿素的合成

6.6.6.1 概述

尿素的化学名称为碳酰二胺，分子式为 NH_2CONH_2 或 $CO(NH_2)_2$，在人类及哺乳动物的尿液中含有这种物质，故称尿素，是蛋白质新陈代谢后氮元素的最终产物。纯尿素呈白色、无臭、无味，结晶为针状或棱柱状，熔点 132.7℃。尿素易溶于水和液氨，其溶解度随温度的升高而增大，也能溶于醇类。

尿素在水中缓慢水解，变为氨基甲酸铵，再变为碳酸铵，最终转化为氨和 CO_2：

$$NH_2CONH_2 + H_2O \Longleftrightarrow NH_4COONH_2 \tag{6-59}$$

$$NH_4COONH_2 + H_2O \Longleftrightarrow NH_4COOONH_4 \tag{6-60}$$

$$NH_4COOONH_4 \Longleftrightarrow 2NH_3 + CO_2 + H_2O \tag{6-61}$$

在常温下，水解速度缓慢，当温度超过 100℃时明显加快。常温下尿素水溶液在一种生物酶（尿素酶）的作用下，水解反应显著加速。尿素水溶液呈微碱性，与强酸作用生成盐。尿素能与多种有机化合物发生化学反应，几乎能与所有的直链有机化合物（如烃类、醇类、酸类、醛类等）作用。

尿素存在于人类和哺乳动物的尿液中，人体每天排出尿素 20~30g。1773 年，法国化学家罗埃尔（H. Rouelle）从人尿中发现了尿素。1828 年，德国化学家维勒（F. Wöhler）本打算将氰酸与氨的水溶液反应合成氰酸铵，却获得了尿素。这是人类历史上第一次从无机物制得有机化合物，成为现代有机化学兴起的标志。1922 年，第一座以氨和 CO_2 为原料生成尿素的工业装置建成于德国法本工业公司的 Oppau 工厂。

尿素在农业和工业上都有广泛用途。尿素总含量中有 90% 用作化学肥料。目前，尿素是第一大氮肥。尿素施于土壤后，在水分和微生物作用下，分解为 NH_3 和 CO_2，NH_3 在细菌的作用下硝化为硝酸盐而被植物吸收，CO_2 也能被植物吸收，因此在土壤中不留下无用物，也不会酸化土壤。尿素还可作为牛、羊等反刍动物的辅助饲料。尿素的工业用途主要作为高聚物合成材料，用于合成脲醛树脂和三聚氰胺等。

6.6.6.2 合成原理

合成尿素的反应在液相中分两步进行。第一步，液氨和 CO_2 反应生成中间化合物液相氨基甲酸铵（简称甲铵）

$$2NH_3 + CO_2 \Longleftrightarrow NH_4COONH_2 \tag{6-62}$$

该反应是快速、强放热可逆过程，且平衡转化率很高，实验测得在165～195℃温度范围内，液态反应热为86.93kJ/mol。

第二步，甲铵脱水生成尿素

$$NH_4COONH_2 \rightleftharpoons NH_2CONH_2 + H_2O \tag{6-63}$$

该反应是慢速、温和吸热可逆过程，且需在液相中进行，实验测得在165～195℃温度范围内，液态反应热为-20.16kJ/mol。因此，甲铵脱水是反应的控制步骤，其转化率一般为50%～70%。

合成尿素的总反应式为

$$2NH_3 + CO_2 \rightleftharpoons NH_2CONH_2 + H_2O \tag{6-64}$$

合成尿素的副反应主要是缩合和水解反应。工业生产中通常采用过量氨的方法，尿素合成体系为氨、CO_2、尿素、水等多组分多相的复杂混合体系。其主要影响因素为温度、压力、氨碳比、水碳比以及惰性气体含量等。合成尿素的逆反应，即甲铵的热分解的存在使得温度存在一个适宜值；提高压力有利于CO_2的溶解；氨过量可促进CO_2转化并抑制甲铵的水解；水是合成尿素的产物，水的存在使转化率下降；惰性气体的存在会降低气相中NH_3和CO_2的浓度。

6.6.6.3 工业合成方法

目前，尿素工业合成主要采用气提法。所谓气提法就是用气提剂如CO_2、氨气、变换气或其他惰性气体，在一定压力下加热，通过降低任一产物组分的分压，促进未转化为尿素的甲铵分解和液氨气化，并重新返回合成塔。气提法采用二段合成原理，即液氨和气体

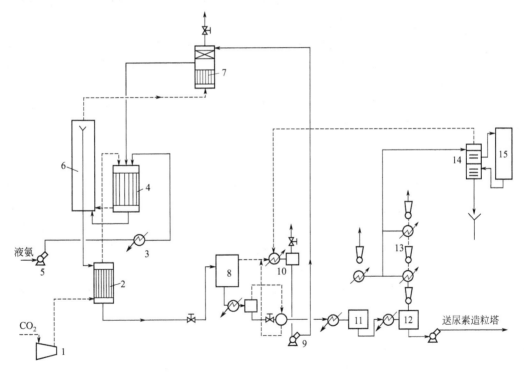

图 6-31　斯塔米卡本 CO_2 气提法尿素生产工艺流程

1—CO_2压缩机；2—CO_2气提塔；3—氨换热器；4—高压甲铵冷凝器；5—高压氨泵；6—尿素合成塔；
7—高压洗涤塔；8—低压分解塔；9—高压甲铵泵；10—低压甲铵冷凝器；11—一段蒸发器；
12—二段蒸发器；13—真空冷凝装置；14—解吸塔；15—水解塔

CO_2 在高压冷凝器内反应生成甲铵,甲铵的脱水反应则在尿素合成塔中进行。实际上,为了维持尿素合成塔中甲铵脱水所需的热量,部分甲铵的生成反应留在合成塔中,而不是全部都在高压冷凝器内完成。

图 6-31 所示为荷兰斯塔米卡本(Stamicarbon)CO_2 气提法尿素生产工艺流程。合成尿素的原料气 CO_2 加压后(其压力与合成塔相同),首先进入 CO_2 气提塔,将大部分未转化成尿素的甲铵分解随 CO_2 逸出,CO_2 气提塔塔顶出口气流进高压甲铵冷凝器,同时还有加压后的原料液氨和经高压洗涤后的循环甲铵液流入此冷凝器。液氨在高压冷凝器吸收 CO_2 进行甲铵反应。高压甲铵冷凝器流出的气液混合物进入尿素合成塔。尿素合成塔塔底流出的反应混合液进入 CO_2 气提塔,从 CO_2 气提塔流出的反应混合液进入低压分解塔,在此进一步加热将残留的甲铵和氨分解并逸出。塔底尿素溶液经闪蒸后,送至两段真空蒸发器,浓缩为 99.7%(质量分数)的熔融尿素,最后送至尿素造粒塔制得颗粒状产品。低压分解塔顶流出的混合气体经低压甲铵冷凝器后,生成的甲铵溶液经泵送至高压洗涤塔。从尿素合成塔塔顶出来的混合气也进入高压洗涤塔进行回收。

6.7 甲醇及其利用

6.7.1 概述

甲醇又称木醇,是最简单的饱和醇,分子式为 CH_3OH。常温常压下,甲醇是无色透明、易流动、易挥发、可燃、略带醇香味的液体。甲醇属于强极性有机化合物,可以和水以及乙醇、乙醚等许多有机液体无限互溶,但不能与脂肪烃类化合物互溶。此外,甲醇对 CO_2 和 H_2S 的溶解能力很强。甲醇具有毒性,口服 10mL 有失明的危险,30mL 可致人死亡,空气中允许甲醇蒸气浓度为 0.05mg/L。甲醇蒸气与空气能形成爆炸性混合物,其爆炸极限为 6%~34.8%。

甲醇的化学性质很活泼,化学反应主要发生在羟基上,典型的化学反应包括裂解生成 CO 和 H_2;氧化生成甲醛;脱水生成二甲醚;与酸发生酯化反应;与 CO 发生羰基化反应生成醋酸或醋酐等、与氨发生胺化反应生成甲胺等;与 HCl 发生氯化反应生成氯化甲烷等。

1861 年,英国人波意耳(R.Boyle)在木材干馏的液体中首先发现甲醇,木材干馏成为工业上最古老的甲醇制取方法。合成甲醇的工业方法始于 1923 年,德国 BASF 公司首先开发出以合成气为原料的高压法(温度 300~400℃,压力 30MPa),一直沿用至 20 世纪 60 年代中期。1966 年英国开发了 ICI 低压法(温度 230~270℃,压力 5~10MPa),1971 年德国开发了鲁奇低压法,1973 年意大利开发成功氨-甲醇联合生产方法(联醇法)。自 20 世纪 70 年代中期以来,世界上新建和扩建的甲醇厂均采用低压法。

甲醇是重要的基础化工原料,在世界范围内的化工产品中,其产量仅次于乙烯、丙烯和苯,居第四位,其传统用途主要为制备甲醛、对苯二甲酸二酯、卤代甲烷、医药、农药、染料、塑料、合成纤维、合成橡胶等化工产品。随着世界能源消耗的日益增加,石油和天然气资源日趋紧张,在甲醇的应用方面开发了许多新途径,如甲醇作为非石油基燃料迅速进入燃料市场,成为汽油的代用燃料或与汽油混合燃烧;甲醇直接合成汽油(MTG)或烯烃(MTO);甲醇也可合成 MTBE 作为无铅汽油的优质添加剂。煤化工可通过气化制得合成气进而获得甲醇,甲醇转化可制得汽油、烯烃和二甲醚等石油化工产品,因而,甲醇被称为是连接煤化工与石油化工的桥梁,具有重要的社会经济效益。

6.7.2 合成甲醇的基本原理

6.7.2.1 化学反应

合成气合成甲醇的反应是放热和物质的量（mol）减小的可逆反应，反应式为

$$CO + 2H_2 \rightleftharpoons CH_3OH \qquad \Delta H_{298K} = -90.84 \text{kJ/mol} \tag{6-65}$$

其反应热与温度、压力有关，其关系如图 6-32 所示。温度越低、压力越高时，反应热量值越大。

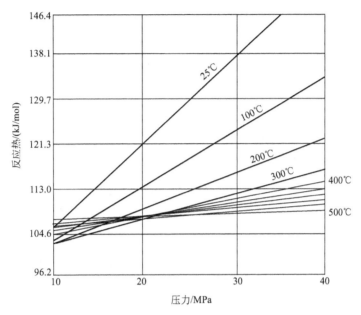

图 6-32　甲醇合成反应反应热量值与温度和压力的关系曲线

当反应物中有 CO_2 存在时，还发生下述反应：

$$CO_2 + 3H_2 \rightleftharpoons CH_3OH + H_2O \qquad \Delta H_{298K} = -49.57 \text{kJ/mol} \tag{6-66}$$

主要副反应有：

$$2CO + 4H_2 \rightleftharpoons (CH_3)_2O + H_2O \tag{6-67}$$

$$CO + 3H_2 \rightleftharpoons CH_4 + H_2O \tag{6-45}$$

$$4CO + 8H_2 \rightleftharpoons C_4H_9OH + 3H_2O \tag{6-68}$$

$$CO_2 + 4H_2 \rightleftharpoons CH_4 + 2H_2O \tag{6-46}$$

生成的副产物主要是二甲醚、甲烷和异丁醇，此外有少量的乙醇及微量的醛、酮、醚及酯等。因此，冷凝得到的产物是含有杂质的粗甲醇，需有精制过程。

6.7.2.2 热力学分析

由主要化学反应可知，甲醇合成反应特别适合在高压和低温条件下进行，由化学计算得出的平衡常数见图 6-33。计算用的合成气混合物组成为 H_2 64%；CO 29%；CO_2 2%；惰性物质 5%。计算按理想气体状态进行，与实际有偏差。但图示结果可足够准确地说明甲醇合成过程强烈的热力学限定条件。工业上选用合适催化剂，在较低温度和较低压力下进行甲醇合成是可行的。

6.7.2.3 催化剂

合成甲醇工业的发展，很大程度上取决于新型催化剂的开发及其性能的提高。最早用的

催化剂为 $Zn_2O_3\text{-}Cr_2O_3$，因其活性温度较高，为了提高平衡转化率，反应必须在高压下进行。1960 年后，开发了活性高的铜系催化剂，适宜温度较低，使反应可在较低压力下进行，形成了目前广泛使用的低压法合成甲醇工艺。表 6-4 为两种低压法合成甲醇的 Cu-Zn-Al 催化剂及其组成。

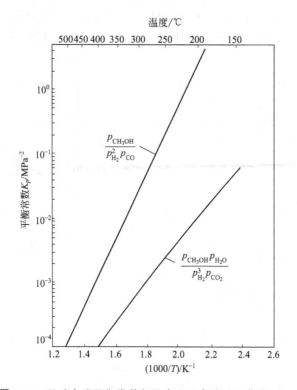

图 6-33　甲醇合成平衡常数与温度和压力的关系曲线

表 6-4　低压法合成甲醇催化剂及其组成

组成	Cu	Zn	Al	Mg	V
ICI 催化剂	56.4%	24.4%	16.3%	2.9%	—
鲁奇催化剂	51.0%	32.0%	4.0%	—	5.0%

6.7.3　合成甲醇的工艺条件

合成甲醇是多个反应同时进行的，除了主反应外，还有生成二甲醚、甲烷和异丁醇等的副反应。因此，提高合成甲醇反应的选择性，提高甲醇的收率是核心问题，工艺条件的选择主要包括反应温度、压力、空速及原料气配比等。

(1) 温度　主反应是可逆放热反应，存在最佳反应温度，催化剂床层温度分布要尽可能接近最佳反应温度曲线。为及时移出反应热，反应器内部结构比较复杂。按冷却方式区分，有直接冷激式和间接换热式两类反应器。另一方面，反应温度也与选用的催化剂有关，Cu-Zn-Al 催化剂的活性温度为 230～270℃。在催化剂运转初期，由于活性高，应用活性温度的下限，随着催化剂的老化，相应地提高反应温度，才能充分发挥催化剂的效能，同时提高催化剂的寿命。

(2) 压力　与副反应相比，合成甲醇的主反应是物质的量（mol）减小最多的反应，因而增加压力有利于甲醇平衡产率的提高,但增加能耗,而且还受设备强度限制。因此,需要综合各项因素确定合理的操作压力。用 Zn_2O_3-Cr_2O_3 催化剂时,反应温度高,受平衡限制,必须采用高压,而采用 Cu-Zn-Al 催化剂时,其活性高,反应温度较低,反应压力也相应降至 5~10MPa。

(3) 空速 从理论上讲,空速高时反应气体与催化剂的接触时间短,转化率相应降低,而空速低,转化率相应提高。对合成甲醇来说,由于副反应多,空速过低,副反应增加,降低合成甲醇的选择性和生产能力。空速过高,则甲醇含量太低,增加产品分离的成本。因此,需要选择适当的空速。工业上 Cu-Zn-Al 催化剂的空速以 10000h^{-1} 为宜。

(4) 原料气配比 甲醇合成反应原料气的化学计量比为 $H_2/CO=2/1$,但生产实践表明,CO 含量高不好,不仅对温度控制不利,还会引起羰基铁在催化剂上的积聚,导致催化剂失活,故一般采用 H_2 过量。工业上低压合成甲醇一般控制 $H_2/CO=(2.2~3.0)/1$。与 CO 相比,CO_2 的比热容更高,加氢反应热效应更小,因此,原料气中有一定含量的 CO_2 时,可降低反应峰值温度。工业上低压合成甲醇 CO_2 体积含量一般控制在 5% 左右。原料气中有 N_2 及 CH_4 等惰性物的存在,使 H_2 和 CO 的分压降低,反应转化率减小。由于合成甲醇空速大,接触时间短,单程转化率低,反应气体中仍含大量未转化的 H_2 和 CO,必须循环使用。为了避免惰性气体的积累,必须将部分循环气从反应系统排出。工业生产上一般控制循环气量为新鲜原料气量的 3.5~6 倍。

6.7.4 合成甲醇的工艺流程

典型的低压法合成甲醇工艺流程如图 6-34 所示。该工艺采用三段冷激式绝热反应器,催化剂床层与外界无热交换,反应放热由催化剂段间喷入的低温原料气吸收降温,喷嘴分布在整个反应器的横截面上。

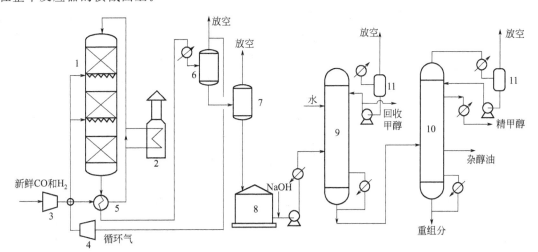

图 6-34 低压法合成甲醇工艺流程
1—冷激式绝热反应器;2—加热炉;3—压缩机;4—循环气体压缩机;
5—换热器;6—气液分离器;7—闪蒸罐;8—粗甲醇贮槽;
9—脱轻组分塔;10—甲醇精馏塔;11—气液分离器

合成气经离心压缩机加压至 5.0MPa,与压缩后的循环气混合,经换热器预热至 230~245℃进入合成塔,另一股混合气直接作为合成塔冷激气,以控制催化剂床层的反应温度在 230~270℃。合成塔出口反应气含 6%~8% 的甲醇经换热器换热,再经冷凝后进入气液分离器，未凝气体中含有大量未反应的 CO 和 H_2，进入循环压缩机加压后作为循环气，少量放空以维持系统内惰性气体含量平衡。被冷凝的粗甲醇进入闪蒸罐，闪蒸除去溶解的气体后贮于粗甲醇贮槽。

粗甲醇中含有两类杂质：一类是溶于其中的气体和易挥发的轻组分，如 H_2、CO、CO_2、二甲醚、乙醛、丙酮、甲酸甲酯和羰基铁等；另一类是难挥发的重组分，如乙醇、高级醇和水分等。因此，通过双塔精馏方法，可制得不同纯度的甲醇产品。

在粗甲醇贮槽出口管处加入质量分数为 8%～10% 的 NaOH 溶液，使粗甲醇中的羰基化合物分解，防止粗甲醇中的有机酸对设备的腐蚀。加碱后的粗甲醇预热至 60～70℃ 后进入轻组分塔，在该塔上部加入萃取水，脱除甲醇-烷烃共沸物，甲醇、水及多种轻组分从塔顶馏出。冷凝液经气液分离回收甲醇，不凝气排空。塔釜的粗甲醇泵入甲醇精馏塔，塔顶馏出少量甲醇与轻组分经冷凝及气液分离后，不凝气排空，冷凝液回流，在塔的上部侧线采出高纯度甲醇送至成品槽，通过调节采出口位置可控制甲醇质量。从塔下部侧线采出甲醇质量分数<1% 的杂醇油，塔釜液主要是水及少量高碳烷烃等重组分，送至废液处理系统。

6.7.5 甲醇制汽油（MTG）技术

20 世纪 70 年代两次严重的石油危机，使以煤为原料合成石油代用品的技术重新得到重视，除由合成气通过费托合成获得液体燃料外，由甲醇间接合成液体烃类化合物也得到极大的关注。

甲醇虽然能直接掺和到汽油中形成甲醇汽油，但甲醇存在能量密度低、溶水能力大、对金属有腐蚀和对人体有毒害等问题，因此将甲醇转化为汽油更具吸引力。甲醇制汽油（methanol to gasoline，MTG）技术是指以甲醇为原料，在一定温度、压力和催化剂条件下，经脱水、低聚、异构等步骤转化为 C_{10} 以下烃类油的过程。

MTG 技术以 Mobil 公司开发的采用 ZSM-5 型合成沸石催化剂的方法最为引人注目。这种方法制得的汽油抗爆震性能好，不像常规汽油存在硫、氯等组分，而有用组分与常规汽油很相似。Mobil 法 MTG 技术于 1976 年问世，其总流程是首先以煤或天然气为原料生产合成气，再用合成气制甲醇，最后将甲醇转化为高辛烷值汽油。Mobil 法 MTG 技术的反应历程公认包括两个阶段：①甲醇脱水转化为二甲醚和水；②二甲醚和水再转化为轻烯烃，轻烯烃低聚为重烯烃，最后重整为脂肪烃、环烷烃和芳香烃。合成沸石分子筛 ZSM-5 催化剂是 Mobil 法的关键。ZSM-5 是立体晶型结构，具有规则的孔道，孔道尺寸为 0.5～0.6nm，正好与 C_{10} 分子直径相当，C_{10} 以下的分子能通过 ZSM-5 催化剂。这样，催化反应产物主要为 C_5～C_{10} 烃，对应沸点范围恰为汽油馏分。

1984 年，Mobil 公司与新西兰合作，建立一座年产 57 万吨汽油的工业装置并于 1985 年投产。在成功运行 10 年以后，因经济性原因，改为甲醇生产装置。近年来，随着原油价格的持续上涨，MTG 技术再次获得重视。美国埃克森美孚（Exxon Mobil）公司于 20 世纪 90 年代后期通过更好的热联合和过程优化，推出了第二代 MTG 技术。国内中国科学院山西煤炭化学研究所与赛鼎工程有限公司共同研发的一步法 MTG 技术也已完成工业示范装置建设。一步法与 Mobil 法 MTG 技术的区别在于，一步法技术省略了甲醇制二甲醚的步骤，甲醇在 ZSM-5 分子筛催化剂的作用下一步转化为汽油和少量液化石油气产品。目前，以上两种 MTG 技术在国内都建有多个工业示范装置。

Mobil 公司在新西兰的 MTG 工业化装置采用固定床反应器，其工艺流程如图 6-35 所示。来自甲醇厂的粗甲醇经汽化并加热到 300℃ 后进入脱水反应器，部分甲醇在 ZSM-5（或

α-Al_2O_3）催化剂的作用下转化为二甲醚和水；离开脱水反应器的物料与来自产品分离器的轻质循环气混合后进入转化反应器，在 ZSM-5 催化剂的作用下转化为烯烃、芳烃和烷烃。总反应热的 20% 在脱水反应器中释放，其余部分在转化反应器中释放。转化反应器的温升取决于循环比，通常可维持在<95℃。

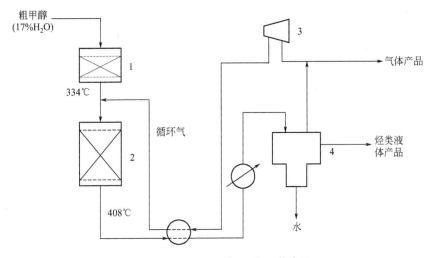

图 6-35 Mobil 法 MTG 工艺流程
1—脱水反应器；2—转化反应器；3—压缩机；4—产品分离器

6.7.6 甲醇制烯烃（MTO）技术

乙烯、丙烯等低碳烯烃是重要的基本有机化工原料，传统上乙烯和丙烯的来源为烃类蒸汽裂解，原料主要为石脑油。近年来，随着国际原油价格不断上涨，烯烃的生产成本持续攀升。在此背景下，开发非石油路线生产烯烃的技术变得日益紧迫。甲醇制烯烃（methanol to olefin, MTO）技术是指以甲醇为原料，在一定温度、压力和催化剂条件下，经过烯烃制取和产品分离等步骤获得以乙烯和丙烯为主的（低碳）烯烃的过程。MTO 技术是从非石油资源出发制取化工产品的全新工艺路线。

目前主要有 3 条 MTG 技术路线，即 UOP/Hydro 公司 MTO 技术、德国鲁奇 MTP 技术和中国科学院大连化学物理研究所 DMTO 技术。其中，我国的 DMTO 技术是世界上首个实现工业化的 MTO 技术。

由美国 UOP 公司和挪威 Norsk Hydro 公司合作开发的 MTO 技术，是以粗甲醇或精制甲醇为原料，采用 UOP 公司开发的新催化剂，选择性生产乙烯和丙烯的技术。以天然气为原料，粗甲醇加工能力为 0.75t/d 的 UOP/HydroMTO 流化床工艺示范装置于 1995 年 6 月开始在挪威 NorskHydro 公司连续运转 90 多天。该示范装置是较早的 MTO 工业化尝试，但其真正的工业化应用却经历了较长的等待。直到 2013 年 9 月，UOP/HydroMTO 技术才在惠生（南京）清洁能源股份有限公司旗下南京工厂实现工业应用，该工厂年产乙烯和丙烯 30 万吨。

20 世纪 90 年代，德国鲁奇公司与南方化学公司合作，成功开发甲醇制丙烯（methanol to propylene, MTP）技术。鲁奇公司是目前世界上从事 MTP 技术开发的主要公司。2001 年，鲁奇公司在挪威建成 MTP 工业示范装置且运行平稳。2006 年 8 月，鲁奇公司与中国神华宁煤集团合作，开始建设年产 50 万吨的 MTP 装置，该装置于 2011 年 4 月实现工业化运行。

中国科学院大连化学物理研究所从 1982 年开始 MTO 技术研究，研制出了既可用于甲醇制低碳烯烃又可用于二甲醚制低碳烯烃的 DMTO 技术。2004 年，中国科学院大连化学物理研究所、陕西新兴煤化工科技发展有限公司和洛阳石化工程公司合作，进行甲醇制取低碳烯烃成套工业技术（DMTO）的开发，建成了世界第一套万吨级甲醇制烯烃工业性试验装置，并于 2006 年完成工业性试验。2010 年 8 月，神华包头年产 60 万吨煤制烯烃工业示范装置建成投产，2011 年 1 月正式进入商业化运营阶段。该项目是世界上对煤制烯烃工业路线进行工业化运营的首次成功实践，核心技术为具有中国自主知识产权的 DMTO 工艺及催化剂，标志着我国 MTO 技术处于国际领先水平。

● 思考题

6-1 根据原料不同，目前工业化的合成气生成方法主要有哪些？

6-2 什么是碳一化工？以合成气为原料的碳一化工过程主要有哪些？

6-3 简述天然气蒸汽转化制合成气的基本原理。

6-4 天然气蒸汽转化工艺为何要分两段进行？简述一段转化和二段转化过程发生的主要反应及对应的反应器特点。

6-5 简述固定床间歇式气化制水煤气法的工艺流程。

6-6 简述重油部分氧化制合成气的基本原理。

6-7 在合成气制造过程中，为什么要对酸性气体进行脱除？

6-8 工业上合成气脱硫的方法主要有哪些？各适用于哪些场合？

6-9 工业上合成气脱碳的方法主要有哪些？各适用于哪些场合？

6-10 CO 变换反应指的是什么？为什么要进行 CO 变换反应？

6-11 影响 CO 变换反应的平衡和速率的主要因素有哪些？

6-12 为什么可逆放热反应存在最佳反应温度？最佳反应温度与哪些因素有关？

6-13 CO 变换反应的反应器类型有哪些？

6-14 简述甲烷化法在合成气精制中的应用原理。

6-15 以天然气为原料和以煤为原料合成氨生产过程有何不同？

6-16 如何计算合成氨的平衡常数 K_p？

6-17 影响平衡氨浓度的因素主要有哪些？

6-18 合成氨工业生产的催化剂主要有哪些？其主要活性组分分别是什么？

6-19 合成氨塔主要有哪些类型？简述各合成氨塔的特点。

6-20 简述尿素合成原理。

6-21 什么是气提法？简述其在尿素工业生产中的应用。

6-22 简述合成甲醇的基本原理。

6-23 低压法合成甲醇工艺的催化剂主要包括哪些组分？

6-24 什么是 MTG 技术？

6-25 什么是 MTO 技术？

参 考 文 献

[1] Moulijn J A, Makkee M, Van Diepen A E. Chemical Process Technology. 2nd Ed. West Sussex: John Wiley & Sons, 2013.
[2] 陈五平. 无机化学工艺学（上册）：合成氨、尿素、硝酸、硝酸铵. 第 3 版. 北京：化学工业出版社，2012.
[3] 廖巧丽，米镇涛. 化学工艺学. 北京：化学工业出版社，2001.
[4] 米镇涛. 化学工艺学. 第 2 版. 北京：化学工业出版社，2006.
[5] 朱志庆. 化工工艺学. 第 3 版. 北京：化学工业出版社，2005.
[6] 李忠，谢克昌. 煤基醇醚燃料. 北京：化学工业出版社，2011.
[7] 郭树才，胡浩权. 煤化工工艺学. 第 3 版. 北京：化学工业出版社，2012.
[8] 刘晓勤. 化学工艺学. 北京：化学工业出版社，2010.
[9] 王永刚，周国江. 煤化工工艺学. 北京：中国矿业大学出版社，2014.
[10] 孙鸿，张子峰，黄健. 煤化工工艺学. 北京：化学工业出版社，2012.
[11] 于遵宏，王辅臣. 煤炭气化技术. 北京：化学工业出版社，2010.
[12] 吴国光，张荣光. 煤炭气化工艺学. 北京：中国矿业大学出版社，2013.
[13] 李文英，冯杰，谢克昌. 煤基多联产系统技术及工艺过程分析. 北京：化学工业出版社，2011.
[14] 徐绍平，殷德宏，仲剑初. 化工工艺学. 第 2 版. 大连：大连理工大学出版社，2012.
[15] 黄仲九，房鼎业. 化学工艺学. 北京：高等教育出版社，2012.
[16] Tian P, Wei Y, Ye M, Liu Z. Methanol to olefins (MTO): From fundamentals to commercialization. ACS Catalysis, 2015 (5): 1922-1938.

第7章

典型聚合物产品生产工艺

7.1 概述

7.1.1 高分子的基本概念

高分子化合物通常是指分子量高达 $10^4 \sim 10^6$ 的化合物，简称高分子。高分子是由碳、氢、氧、硅、硫等元素组成的有机化合物。棉花、丝麻、皮革、羊毛、木材、植物纤维素、蛋白质等为天然高分子；塑料、合成纤维、合成橡胶、涂料、黏合剂、油漆等为合成高分子。以合成高分子为基础制成的材料称为高分子材料，其中以塑料、合成纤维和合成橡胶的产量最大，被称为三大合成材料。高分子材料广泛应用于国防建设、国民经济各领域，与金属材料、无机材料一起被称为新技术革命的三大材料。合成高分子通常由小分子化合物通过聚合反应制得，所以又被称为高聚物或聚合物。由此形成了以研究高聚物合成与化学反应为主的"高分子化学"学科和以研究高分子合成工艺与生产过程为主的"高分子合成工艺学"学科。

一个高分子往往由许多相同的、简单的小分子通过共价键连接而成，像一条链子，故称为大分子链。组成大分子链的那些最简单的基本结构称作结构单元，因它们在大分子链中是重复出现的，也称为重复结构单元，简称重复单元。重复单元数或链节数称为聚合度，以 DP 表示。

例如，聚乙烯是由许多乙烯为结构单元重复连接而成的。

聚乙烯 $\quad$ —CH_2—CH_2—CH_2—CH_2—CH_2—CH_2—……—CH_2—CH_2—… $\qquad$ (7-1a)

为方便起见，上式可缩写成

$$\begin{array}{c} +CH_2-CH_2\,\overline{}_n \\ \scriptsize{\leftarrow \text{结构单元} \rightarrow} \\ \scriptsize{\leftarrow \text{重复单元} \rightarrow} \end{array} \qquad (7\text{-}1b)$$

上述缩写形式为聚乙烯的结构式，因端基只占大分子中的很少比例，故略去不计。括号表示重复连接。对烯烃类聚合物，结构单元与重复单元是相同的。

由能够形成结构单元的分子所组成的化合物称作单体，也就是聚合物的原料。聚乙烯、聚氯乙烯的结构单元与乙烯、氯乙烯单体相比较，除了电子结构改变外，原子种类和个数完全相同，这种单体称为单体单元。n 表示重复单元数，也就是聚合度（DP）。聚合度是衡量高分子大小的重要指标。

由式(7-1b)可知，聚合物的分子量 M 是重复单元分子量 M_0 与聚合度 DP 的乘积。

$$M = M_0 \times \text{DP} \tag{7-2}$$

另一种通过官能团间的化学反应生成的高分子，如聚酯、聚酰胺类的结构式则与烯烃类聚合物有所不同。如聚酯纤维：

$$\underset{\substack{\longleftarrow \text{结构单元} \longrightarrow \longleftarrow \text{结构单元} \longrightarrow \\ \longleftarrow \text{重复单元} \longrightarrow}}{-[\text{OCH}_2\text{CH}_2\text{O}-\text{CO}-\text{C}_6\text{H}_4-\text{CO}]_n-} \tag{7-3}$$

其重复单元是由 —OCH_2CH_2O— 和 —CO—⟨⟩—CO— 两种结构单元组成。这两种结构单元比其单体 $HOCH_2CH_2OH$ 和 HOOC—⟨⟩—COOH 要少一些原子，是聚合反应过程中失去水分子的结果。这类结构单元不能称作单体单元。

7.1.2 聚合物的命名与分类

7.1.2.1 聚合物的命名

长期以来，聚合物的命名法很多，有按照习惯根据所用单体或聚合物结构来命名的，还有商品名或俗名，直到1972年国际纯粹与应用化学联合会（IUPAC）才对线型有机聚合物提出结构系统命名法。

(1) 习惯命名法 最常用的简单命名法系参照单体名称命名。常以单体名为基础，前面冠以"聚"字作为聚合物的名称。如乙烯的聚合物称为聚乙烯，氯乙烯的聚合物称为聚氯乙烯。聚乙烯醇则是其假想单体"乙烯醇"的聚合物。

由两种不同单体聚合成的产物，常摘取两种单体的简名，后缀"树脂"两字来命名。例如苯酚和甲醛的聚合产物称作酚醛树脂，尿素和甲醛聚合得到脲醛树脂。

也有以聚合物的结构特征命名的，如聚酰胺、聚酯、聚碳酸酯、聚砜等。己二胺和己二酸的聚合产物学名为聚己二酰己二胺，商业上称作尼龙-66。尼龙代表聚酰胺。尼龙后的第一个数字表示二元胺的碳原子数，第二个数字则代表二元酸的碳原子数。

我国习惯以"纶"字作为合成纤维商品名的后缀字，如涤纶、锦纶、腈纶等。

许多合成橡胶是共聚物，往往从共聚单体中各取一字，后连"橡胶"二字来命名，如丁（二烯）苯（乙烯）橡胶、丁（二烯）（丙烯）腈橡胶、乙（烯）丙（烯）橡胶等。

(2) 系统命名法 习惯命名法在科学上并不严格，有时会引起混乱。为此，IUPAC 提出以结构为基础的系统命名法。具体为，首先确定重复单元结构，再排好重复单元中次级单元的次序，给重复单元命名。最后在重复单元名称前加一个"聚"字。

根据系统命名法原则，对于乙烯基聚合物，书写重复单元时，应先写有取代基的部分，如聚氯乙烯重复单元应写成：

$$-\underset{\underset{Cl}{|}}{CH}-CH_2-$$

命名为聚（1-氯代乙烯）。同理，聚苯乙烯命名为聚（1-苯基乙烯）。

7.1.2.2 聚合物的分类

聚合物可以按单体来源、聚合物结构、用途、合成方法和加热行为等多角度进行分类。其中，最常见的分类方法为按主链结构和性能用途分类。

(1) 按主链结构分类 从高分子化学角度来看，一般以有机化合物分类为基础，根据主链结构将聚合物分为碳链聚合物、杂链聚合物和元素有机聚合物三类。

大分子主链完全由碳原子组成的聚合物称为碳链聚合物，大部分烯类和双烯类聚合物为碳链聚合物。

大分子主链除碳原子外，还有氧、硫、氮等杂原子的聚合物称为杂链聚合物，如聚醚、聚氨酯、聚硫橡胶等。

大分子主链中没有碳原子，主要由硅、硼、铝和氧、氮、硫、磷等原子组成，但侧基却由甲基、乙基、乙烯基、芳基等有机基团组成的聚合物称为元素有机聚合物。有机硅橡胶是典型的元素有机聚合物。

(2) 按性能用途分类 聚合物主要用作合成材料，根据合成材料的性能与用途，可分为塑料、纤维、橡胶、涂料、黏合剂等。

① 塑料 塑料是以合成树脂为基本成分，加入填充剂等助剂后，可做成各种"可塑性"的材料。它具有质轻、绝缘、耐腐蚀、美观、制品形式多样化等特点。

根据受热时行为的不同，可将塑料分为热塑性塑料和热固性塑料。热塑性塑料可反复受热软化或熔化，冷却时则凝固成型，加入溶剂能溶解，具有可溶性和可熔性，如聚乙烯塑料和聚苯乙烯塑料等。热固性塑料经固化成型后，再受热不能熔化，加入溶剂也不能溶解，具有不溶性和不熔性，如酚醛塑料和脲醛塑料等。

根据生产量与使用情况，可分为量大面广的通用塑料和作为工程材料使用的工程塑料以及性能优异的特种塑料。典型的通用塑料有聚乙烯塑料和酚醛塑料等；工程塑料有聚酰胺塑料和聚碳酸酯塑料等；特种塑料有氟塑料和聚砜塑料等。

② 橡胶 橡胶是一种高弹性的高分子化合物，在外力作用下能发生较大的形变，在外力消除后能迅速恢复其原状。

合成橡胶有通用橡胶和特种橡胶两类。凡性能与天然橡胶相同或接近，物理性能和加工性能较好的是通用橡胶，如丁苯橡胶和顺丁橡胶等。特种橡胶主要制造耐热、耐油、耐老化或耐腐蚀等特殊用途的橡胶制品，如氟橡胶、氯丁橡胶、丁腈橡胶和丁基橡胶等。

③ 纤维 线型结构的高分子量合成树脂，经过牵引、拉伸、定型得到纤维，它弹性较小。合成纤维是聚合物加工纺制成的纤维，有聚酯纤维（涤纶）、聚酰胺纤维（尼龙或锦纶）、聚丙烯腈纤维（腈纶）、聚丙烯纤维（丙纶）等。合成纤维与天然纤维相比具有强度高、耐摩擦、不被虫蛀、耐化学腐蚀等优点。

一般来说，塑料、橡胶、纤维是很难严格区分的，如聚氯乙烯是典型的塑料，但也可纺丝成纤维，又可在加入适量的增塑剂后加工成类橡胶制品。又如聚酰胺产品既可纺制成纤维，也可加工为工程塑料。

④ 涂料 涂料是能涂覆于底材表面并形成坚韧连续膜的液体或固体物料的总称，主要对被涂表面起装饰或保护作用，通常是天然树脂与合成树脂。作为涂料的合成树脂要具有反应活性，同时是线型聚合物。它们大多采用溶液、乳液聚合得到可流动的聚合物溶液或乳液。

涂料的种类很多，有溶剂涂料、水性涂料、粉末涂料和光固化涂料等。溶剂涂料由于溶剂挥发造成环境污染，其生产和使用正受到越来越大的限制。从环境保护出发，绿色化、节能化涂料及其涂装工艺是目前国内外涂料及涂装工艺发展所追求的目标。

⑤ 黏合剂 通过表面黏结力和内聚力把各种材料黏合在一起，并且在结合处有足够强度的物质叫黏合剂，又称胶黏剂。通常是高分子合成树脂或具有反应性的低分子量合成树脂。

黏合剂主要用于包装工业，其次是建筑和木材制品，在机械、电子、电器、交通运输、轻工、纺织等行业和家庭亦有广泛应用。按外观形态可分为溶液型、乳液型、膏糊型、粉末型和胶带型。其发展趋势是逐步减少或取消溶液型，开发高性能、低成本、无污染、节能好的新型黏合剂。

7.1.3 高分子材料的制备

由最基本的原料——石油、天然气和煤炭等制造高分子合成材料制品的主要过程见图 7-1。由图可知，由天然气和石油为原料到制成高分子合成材料制品，需要经过石油开

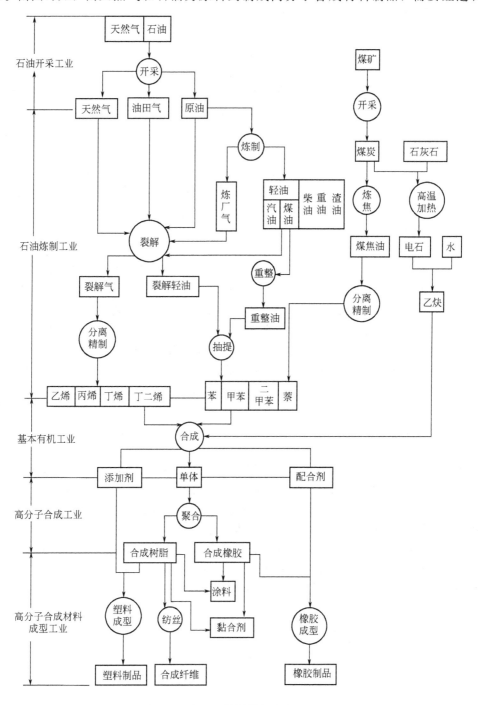

图 7-1 高分子材料制备的主要过程

采、石油炼制、基本有机合成、高分子合成、高分子合成材料成型等工业部门，基本有机合成工业不仅为高分子合成工业提供最主要的原料——单体，而且提供溶剂、塑料添加剂以及橡胶配合剂等辅助原料。

高分子合成工业的任务是将单体经过聚合反应合成高分子化合物，从而为高分子合成材料成型工业提供基本原料。因此，基本有机合成工业、高分子合成工业和高分子合成材料成型工业是密切相联系的三个工业部门。高分子合成工业生产的合成树脂和合成橡胶不仅用作三大合成材料的原料，而且还可用来生产涂料和黏合剂等。

7.1.4 高分子材料的发展

自古以来，人类就与高分子密切相关。远在几千年前，人们就使用棉、麻、木、丝绸等天然高分子。19世纪中期，人们开始通过化学反应对天然高分子材料进行改性。1839年，美国人发明了天然橡胶的硫化；1855年英国人通过硝酸处理纤维素制得硝化纤维素塑料（赛璐珞），以后相继制成人造纤维和汽车涂料；1883年法国人发明了用乙酸酐与纤维素作用制得人造丝（黏胶纤维）。

人们利用改性天然高分子的同时，随着19世纪后期工业的发展，开始合成新的高分子化合物。1910年，美国正式工业化生产酚醛树脂。1920年，德国化学家施陶丁格（H. Staudinger）提出了"高分子化合物是由以共价键连接的长链分子所组成，而不是简单的物理聚集"的概念，并创立了高分子链学说，为此他获得了1953年诺贝尔化学奖。1925~1935年期间，明确了有关高分子化合物的基本概念与聚合反应原理，诞生了"高分子化学"这一新兴学科。40年代初，由于橡胶是第二次世界大战所需的战略性物资，合成橡胶得到大力发展，并且着眼于石油化工以解决原料问题，从而发展了由石油裂解气生产丁二烯、乙烯与苯乙烯的工业生产方法，奠定了石油化学工业的基础。50年代，德国化学家齐格勒（K. Ziegler）和意大利化学家纳塔（G. Natta）等发现了有机金属络合物引发体系，制得了高密度聚乙烯和等规聚丙烯，使高分子合成进入新的领域，为此他们分享了1963年诺贝尔化学奖。同时，随着石油工业的建立与发展，许多高分子合成的原料路线由煤和粮食转向石油。高分子合成材料的产量激增，生产技术水平和产品性能达到新的高度。60~80年代工程塑料、精细高分子、功能高分子和生物高分子蓬勃发展。90年代高分子化学学科更趋成熟，茂金属引发剂的开发及工业化应用，加速了聚烯烃工业的变革。进入21世纪后，新聚合方法和新聚合产品不断涌现，高分子材料朝高性能、精细化、智能化等方向发展。

新中国成立前，我国只有少数关于天然橡胶、皮革、赛璐珞、酚醛塑料、脲醛塑料、油漆等高分子加工企业。新中国成立后，逐渐建立了化学纤维工业、合成橡胶工业和塑料工业。1970年前后建成北京燕山石油化工基地，其自行设计安装的年产万吨以上的顺丁橡胶装置投产。此后，相继建成若干大型石油化工基地，如兰州、吉林、大庆、齐鲁、金山等，以石油裂解气为原料，我国高分子合成工业迅速发展。1990年燕山石化研究院开发了万吨级的苯乙烯-丁二烯-苯乙烯嵌段共聚物（SBS）工业生产技术。进入21世纪，我国高分子材料合成工业进入了崭新的时期，在超分子组装、有机-无机杂化材料、纳米高分子材料等领域都进入了世界先进行列。

7.2 聚合反应的理论基础

7.2.1 聚合原理

由低分子单体合成聚合物的反应称作聚合反应。在高分子化学发展早期，按单体与聚合物的组成和结构不同,将聚合反应分为加聚反应和缩聚反应。加聚反应是由烯烃单体通过双键加成得到聚合物的反应,所得聚合物称为加聚物。加聚物的元素组成与单体相同,仅是电子结构有所不同。缩聚反应是官能团之间的反应,主要聚合产物称为缩聚物,此外还有小分子副产物。缩聚物的结构单元在组成上要比单体少若干原子。

随着高分子的发展,又出现了环化聚合、开环聚合、转移聚合、异构化聚合、消去聚合等新的聚合反应。在20世纪50年代,根据聚合反应机理和动力学,将聚合反应分为连锁聚合和逐步聚合。单体被引发形成反应的活性中心,再将分子一个一个引发激活并连接成大分子,这种激发和连接的速率很快,如连锁爆炸一样,因而称为连锁聚合反应,如图7-2曲线1所示。烃类单体的加聚反应大部分是连锁聚合。逐步聚合的特征是在低分子转变成高分子的过程中,反应是逐步进行的,分子量缓慢增加,直至基团反应程度很高(>98%)时,分子量才达到

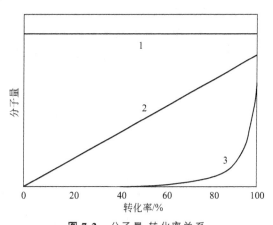

图 7-2　分子量-转化率关系
1—自由基聚合;2—活性阴离子聚合;3—缩聚反应

较高的数值,如图7-2中的曲线3所示。绝大多数的缩聚反应属于逐步聚合反应。

7.2.1.1 连锁聚合

连锁聚合反应可分为链引发、链增长、链终止等步骤。按活性中心的不同,连锁聚合分为自由基聚合和离子聚合。

(1) 自由基聚合　活性中心是自由基的连锁聚合称为自由基聚合。自由基聚合产物约占聚合物总量的60%以上,低密度聚乙烯、聚氯乙烯、聚苯乙烯、聚四氟乙烯、聚醋酸乙烯酯、聚丙烯酸酯类、聚丙烯腈、丁苯橡胶、丁腈橡胶、氯丁橡胶、丙烯腈-丁二烯-苯乙烯共聚物(ABS)树脂等聚合物都是通过自由基聚合生产的。

自由基聚合是在引发剂的引发下,产生单体活性种,按连锁聚合机理反应,直到活性种终止,反应停止。自由基聚合反应历程除链引发、链增长、链终止3个主要基元反应外,还有链转移反应。其中,链引发速率最小,是聚合速率控制步骤。

(2) 离子聚合　活性中心是离子的连锁聚合称为离子聚合。根据中心离子的电荷性质又可分为阳离子聚合和阴离子聚合。

离子聚合具有实验条件苛刻、聚合速率快、实验的重现性相对差等特点,因此虽然采用离子聚合制得高分子的研究开展得较早,但在聚合机理和动力学研究方面远不如自由基聚合。工业上,用阳离子聚合开发了丁基橡胶、聚异丁烯、聚甲醛、氯化聚醚等产品,用阴离子聚合方法生产出三嵌段热塑性弹性体如SBS和苯乙烯-异戊二烯-苯乙烯(SIS)等产品。

7.2.1.2 逐步聚合

逐步聚合的最大特点是在反应中逐步形成大分子链。反应是通过官能团之间进行的,可以分离出中间产物。大多数缩聚反应都属于逐步聚合反应。

分子中能参加反应的官能团称为官能度,根据参加反应的官能度数量,可将反应分为1-1、2-2、2-3、3-3等官能度体系。缩聚反应按生成聚合物大分子的结构可分为线型缩聚和体型缩聚两大类。由2官能度、2-2官能度体系的单体进行缩聚反应,生成的大分子可向两

个方向发展,所得的聚合物是线型结构,该反应称为线型缩聚。采用 2-3、2-4 等多官能度体系的单体进行反应,生成的大分子可向 3 个方向进行,得到的是体型、支链型结构的聚合物,该反应称为体型缩聚。

7.2.2 聚合物的改性

7.2.2.1 聚合物的结构与性能

聚合物的结构是多层次的,有大分子链结构和聚集态结构,如图 7-3 所示。

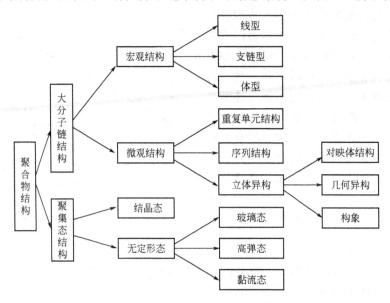

图 7-3 聚合物的结构

(1) 链结构 链结构是指一条大分子的结构,有宏观和微观之分。

宏观结构是由许多相同的结构单元重复连接而成的大分子的结构形态,分为线型、支链型和体型。线型或支链型大分子彼此以物理力聚集,加热可熔化,并能溶于适当溶剂。体型大分子是由许多线型或支链型大分子通过化学键连接而成的交联聚合物。交联程度浅的体型大分子,受热可软化,但不熔化,适当的溶剂只能使之溶胀;交联程度深的体型大分子,加热不软化,加溶剂也不溶胀。一般 α-烯烃、双官能团单体形成的聚合物大多呈线型或支链型,2 官能度以上的单体形成的聚合物以体型结构为主。

大分子的微观结构又称近程结构,包括结构单元的化学组成(重复单元结构)、结构单元之间的连接方式(序列结构),结构单元在空间的排列(立体异构)等。

(2) 聚集态结构 许多大分子通过分子间力聚集在一起,高分子链之间的排列和堆砌结构称为高分子的聚集态结构。聚集态结构分为无定形态和结晶态。

无定形态是指聚合物各大分子之间的排列或堆砌是不规整的,也称非晶态。无定形态聚合物根据其热行为可分为玻璃态、高弹态和黏流态。在低温时都呈玻璃态,受热至某一温度,则转变为高弹态,这一转变温度称为玻璃化温度(T_g),而从高弹态转变为黏流态的温度称作黏流温度(T_f)。T_g 高于室温的聚合物在室温下作为塑料使用,T_g 低于室温的聚合物在室温下作为橡胶使用。

结晶态是指聚合物各大分子之间的排列是规整有序的。聚合物的结晶能力与大分子结构的规整性、分子间力、分子链的柔性有关。结晶使聚合物密度、硬度、熔点、抗溶剂性能、耐腐蚀性能等提高，但也使得高弹性、断裂伸长率、抗冲击强度等性能下降。熔点（T_m）是结晶聚合物的主要热转变温度，也是结晶聚合物的使用上限温度。大部分合成纤维是结晶聚合物。

7.2.2.2 聚合物改性方法

聚合物改性的主要目的，就是对原有的用途单一或性能不够完善的聚合物进行改性，使其成为多功能、性能优越的新型聚合物材料，或具有特殊性能的复合型工程塑料。聚合物材料的改性，通常有化学改性和物理改性两类方法。

（1）化学改性法 共聚反应是化学改性常用的一种方法，具体为两种或两种以上单体共同参加聚合反应。所形成的聚合物含有两种或多种单体单元，称为共聚物。共聚反应的机理大多为连锁聚合。通过共聚反应，可以改变大分子的结构与性能，增加品种，扩大应用范围。

将已有的聚合物经化学反应使之转变为新品种或新性能材料，是化学改性的另一方法。聚合物化学反应种类很多，根据聚合度和基团的变化（侧基与端基）分为聚合度基本不变、聚合度提高和聚合度降低3类。工业上可根据改性目的选取化学反应类型。

（2）物理改性法 物理改性是将化学结构不同的两种或两种以上的均聚物或共聚物共混得到聚合物共混物，又称共混改性法。共混改性法依靠物理作用，即不同组分间依靠分子间力（包括范德华力、偶极力、氢键等）实现聚合物共混，是一种不同聚合物相互取长补短、获得新性能聚合物的方便而又经济的改性方法。

7.2.3 聚合反应实施方法

聚合物生产的实施方法，称为聚合方法。按反应体系的物理状态，自由基聚合有本体、溶液、悬浮、乳液4种方法。离子聚合则有溶液、淤浆和气相等方法。逐步聚合多采用熔融、溶液和界面等缩聚方法。离子聚合工业应用相对较少，此处不作具体介绍。

7.2.3.1 自由基聚合方法

不加任何其他介质，只有单体在引发剂、热、光、辐射能等引发下进行的聚合叫本体聚合。有时需要加入少量色料、增塑剂、润滑剂、分子量调节剂等助剂。单体和引发剂溶于适当溶剂中进行的聚合称作溶液聚合。单体以小液滴状悬浮于水中进行的聚合叫悬浮聚合。单体在乳化剂和机械搅拌作用下，在分散介质中分散成乳状液而进行的聚合叫乳液聚合。这4种自由基聚合方法的特点见表7-1。

表7-1 四种自由基聚合方法的特点

聚合方法	本体聚合	溶液聚合	悬浮聚合	乳液聚合
配方	单体、引发剂	单体、引发剂、溶剂	单体、引发剂、水、分散剂	单体、水溶性引发剂、水、乳化剂
聚合场所	本体内	溶液内	单体液滴内	胶束和乳胶粒内
聚合机理	遵循自由基聚合一般规律,提高速率的因素往往使分子量下降			能同时提高反应速率和分子量
生产特征	散热难,加速显著,宜制板材	散热易,反应平稳,产物直接使用	散热易,产物需后处理,增加工序	散热易,产物呈固态时需后处理
产品特征	纯度高,分子量分布宽	纯度、分子量较低	比较纯,有分散剂	含少量乳化剂
操作方式	间歇、连续	连续	间歇	连续

7.2.3.2 缩聚方法

与本体聚合相似,在反应中不加溶剂,使反应温度在原料单体和缩聚产物熔化温度以上(一般高于熔点10~25℃)进行的缩聚反应叫熔融缩聚。当单体或缩聚产物在熔融温度下不够稳定而易分解变质时,为了降低反应温度,可使缩聚反应在某种适当的溶剂中进行,这就是溶液缩聚。界面缩聚又称相间缩聚,是在多相(一般为两相)体系中,在相的界面处进行的缩聚反应。这三种缩聚方法的实施工艺比较见表7-2。

表7-2 三种缩聚方法的实施工艺比较

方法	熔融缩聚	溶液缩聚	界面缩聚
优点	生产工艺过程简单,生产成本较低。可采用连续法直接纺丝生产。聚合设备的生产能力高	溶剂存在下可降低反应温度避免单体和产物分解,反应平稳易控制。溶剂可与小分子产物共沸而带走小分子。聚合物溶液可直接用作产品	反应条件缓和,反应是不可逆的。对两种单体的配比要求不严格
缺点	反应温度高,要求单体和缩聚物在反应温度下不分解,单体配比要求严格,反应物料黏度高,小分子不易脱除。局部过热可能产生副反应,聚合设备密封性要求高	溶剂可能有毒、易燃,提高了成本。增加了缩聚物的分离、精制、溶剂回收等工序。生产高分子量产品时需将溶剂蒸出后进行熔融缩聚	必须使用高活性单体,如酰氯。需要大量溶剂,产品不易精制
适用范围	广泛用于大品种缩聚物,如聚酯、聚酰胺的生产	适用于生产单体或缩聚物熔融后易分解的产品,主要包括芳香族聚合物、芳杂环聚合物等的生产	适用于气-液相、液-液相界面缩聚和芳香族酰氯生产芳酰胺等特种性能聚合物

7.3 聚合物的生产过程

7.3.1 聚合物生产的特点

高分子材料合成的生产不同于一般化工产品如酸、碱、盐以及有机化合物的生产,具有以下特性:

① 要求单体具有双键或有活性的官能团,且单体的结构很大程度上决定生成的聚合物的结构与性能。例如,双官能团或单个双键的单体通常生成线型的合成树脂,可加工成纤维和塑料,两个双键的单体主要生成线型结构的弹性体,三官能团的化合物可制成热固性的合成树脂。

② 由低分子单体生成高分子的分子量呈现多分散性,分子量大的几千、几万,甚至几十万到百万,分子量小的不到1000。分子量的分布会影响产品的性能,所以生产中必须控制好工艺过程的配方及聚合操作条件,以有效地控制分子量。

③ 生产过程中聚合反应的热力学和动力学不同于一般有机反应,不同的聚合反应过程中传质传热情况也不同。例如,连锁聚合反应经过链引发、链增长、链终止及链转移等反应步骤,每步反应的动力学是不同的,直接影响原料的转化率和高分子的分子量及分子结构。

④ 高分子合成生产的品种多,有的品种是固体,有的是液体,有的品种生产规模大,有的品种生产规模小,有的品种连续生产,有的是间歇生产。所以,不同品种的产品生产工艺流程差别很大,反应器及辅助设备的要求也差别很大。

⑤ 尽管聚合物的生产过程具有多样性和复杂性等特点,通常聚合物的整个生产过程包括:原材料的准备和精制、聚合反应过程、聚合物生产中的分离过程和聚合物后处理等工艺

步骤。每一步工艺过程,都对产品的质量有影响,且每一步工艺技术及设备的先进性与创造性都会降低生产成本和投资费用。

7.3.2 聚合物的生产过程

7.3.2.1 原材料的准备和精制

高分子材料合成工业的主要原料为单体和溶剂。单体品种很多,有烯烃和二烯烃化合物、二元酸、二元醇、二元胺、苯酚、甲醛、己内酰胺等数十种。溶剂主要有苯、甲苯、庚烷、己烷、丙酮等。其他原料还有助剂,如引发剂、催化剂、乳化剂、分子量调节剂、络合剂、抗冻剂等。

合成高分子的生产中要求单体中杂质很少,纯度达到99%。有害杂质不仅影响聚合物的分子量,还会影响引发剂和催化剂的活性。另外,为了防止单体在储存时自聚,通常加入一定的阻聚剂,在聚合前需通过蒸馏或用碱液洗涤除去阻聚剂。但多数单体为有机化合物,有毒、易燃、易爆,在储存时要注意和考虑安全问题。除单体和溶剂外,所用水及助剂的配制都应达到聚合要求。

自由基聚合体系需要引发剂,通常有两类:一是水溶性引发剂,主要为过硫酸盐和氧化还原引发体系,使用前用水配成一定浓度后备用;二是油溶性引发剂,多为有机过氧化物和偶氮化合物,使用前加入单体中溶解后混合均匀备用。

离子聚合体系需要催化剂,包括阳离子催化剂(BF_3、$TiCl_4$、$AlCl_4$、$SnCl_4$、$VOCl_3$等)、阴离子催化剂(烷基锂、钾的化合物、钠的化合物等)及配位络合催化剂体系(TiAl、Ni-Al-B、V-Al等金属烷基化合物或金属氯化物)。这些催化剂的特点是不能同水及空气中的氧、醇、醛、酮等极性化合物接触,否则,催化剂失活,甚至爆炸分解。催化剂用量很少,配制时一定要严格按规定的方法操作,才能保证活性。

逐步聚合是官能团之间的反应,所用催化剂多为酸、碱和金属盐类化合物,对人体有一定的伤害作用,要注意生产安全,但一般不属易燃易爆化合物。

7.3.2.2 聚合反应过程

聚合反应是高分子生产过程中起决定性作用的步骤,相关理论基础在7.2节已有阐述。反应过程对原料配制提出了要求,对聚合物合成及后处理也提出了工艺及设备要求。

在聚合物的生产过程中,需要考虑以下几个问题:①聚合的物系组成,包括主要原料及各种助剂的用量与比例;②各组分加入的顺序和方式;③聚合反应过程中对反应热力学及动力学的控制,具体为操作条件的控制;④反应设备及辅助设备的设计。

7.3.2.3 聚合物生产中的分离过程

聚合反应后所得物料中除高分子化合物外还有未反应的单体、反应用的介质水或溶剂、残留的引发剂或催化剂以及其他未参加反应的助剂,必须对聚合后的物料进行分离。一方面可使合成的聚合物产品有更高的纯度,以合乎规定的质量指标;另一方面可回收未反应的单体及溶剂等原料,降低生产成本,减少环境污染。聚合反应方法多,所得产品品种丰富,聚合后的物料组成差别大,分离方法也不同。

7.3.2.4 聚合物后处理

经过分离过程得到的聚合物,通常需要进行后处理。例如,对于合成树脂和合成橡胶,需要对分离获得的聚合物进行干燥,以除去残留的少量水分或溶剂,对应的生产设备为干燥器、造粒机和包装机等。对于合成纤维,后处理主要是纤维纺丝的处理。一些精细化工产品如油漆涂料、黏合剂等，其产品为液体或胶乳液，后处理过程相对简单。

7.4 典型聚合物产品的合成工艺

7.4.1 聚乙烯

7.4.1.1 概述

聚乙烯（PE）的分子结构通式为 $\text{-CH}_2\text{---CH}_2\text{-}_n$，是通用合成树脂中产量最大的品种，其特点是价格便宜、性能较好，可广泛应用于工业、农业、包装以及日常工业中，在塑料工业中占有举足轻重的地位。

PE 是稍具柔软性的部分结晶固体物，其结晶度不同导致其密度有差异，并对产品性能产生影响。目前工业生产的 PE 可分为低密度聚乙烯（LDPE）、线型低密度聚乙烯（LLDPE）、高密度聚乙烯（HDPE）以及一些具有特殊性能的产品。LDPE、LLDPE 和 HDPE 的主要性能与用途比较见表 7-3。

表 7-3 三种 PE 产品的主要性能与用途比较

PE 种类 项目	LDPE	LLDPE	HDPE
密度/g·cm^{-3}	0.910～0.940	0.915～0.935	0.940～0.970
分子量/万	10～50	5～20	4～30
熔点/℃	108～125	120～125	126～135
结晶度/%	55～65	50～70	80～95
拉伸强度/MPa	7～15	15～25	21～40
断裂伸长率/%	>650	>800	>500
最高使用温度/℃	80～100	95～105	110～130
主要用途	薄膜	薄膜	塑料制品

7.4.1.2 合成工艺

LDPE 是由乙烯在高温、高压条件下由过氧化物或微量氧引发经自由基本体聚合反应合成的。由于在高温下聚合，易发生链转移反应，形成支链，使分子链不易密集。因此，密度、结晶度、熔点较低，但熔体流动性好，适于制造薄膜。

单体：质量分数>99.95%的乙烯，且只允许含有微量的甲烷和乙烷。乙烯高压聚合过程中单程转化率仅为 15%～30%，大量的单体乙烯要循环使用。

引发剂：过氧化二叔丁基、过氧化十二烷酰、过氧化苯甲酸叔丁酯等。

分子量调节剂：常用烷烃、烯烃、氢、丙酮等。

其他助剂：包括抗氧剂、润滑剂、开口剂、抗静电剂等。

聚合反应条件：温度为 130～350℃，压力为 122～320MPa，停留时间为 15～120s。

LDPE 的合成工艺流程如图 7-4 所示，目前工业生产上采用的反应器有管式和釜式两种类型。新鲜原料乙烯（通常压力为 3.0MPa）与来自低压分离器 9（a）的循环乙烯（压力<0.1MPa）进入一段压缩机 1 入口，被压缩至 25MPa，然后与来自高压分离器 7 的循环乙烯混合后进入二次高压压缩机 3，压缩至反应压力后进入反应器 4（a）或 4（b）发生聚合，引发剂溶

液通过高压催化剂泵 5 送入聚合反应器内，聚合反应随即开始。当聚合物的分子量达到要求时，反应物料经适当冷却后经过减压阀 6 进入高压分离器 7，将未反应的单体与聚合物分离，并循环使用。乙烯的单程转化率为 15%～30%，大部分的乙烯循环使用。PE 树脂再经减压后进低压分离器 9 (a) 中与抗氧剂、润滑剂、防静电剂等混合后，经挤出切粒机 9 (b) 造粒后得到粒状的 PE 树脂，之后被送往离心干燥机 10 经热干燥成一次产品，再经密炼机 11、混合机 12、混合物造粒机 13 得到二次产品，经包装出厂即为 LDPE 商品。

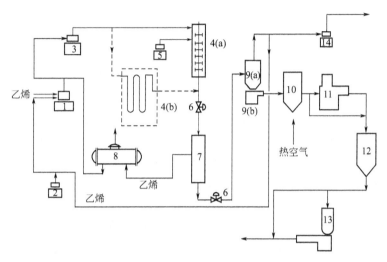

图 7-4　LDPE 合成工艺流程

1——次压缩机；2—分子量调节剂泵；3—二次高压压缩机；4 (a)—釜式聚合反应器；
4 (b)—管式聚合反应器；5—催化剂泵；6—减压阀；7—高压分离器；8—废热锅炉；
9 (a)—低压分离器；9 (b)—挤出切粒机；10—离心干燥机；11—密炼机；
12—混合机；13—混合物造粒机；14—压缩机

LLDPE 是以乙烯和 α-烯烃为原料，以配合聚合反应或阴离子聚合反应机理生产的，实际上它是乙烯和 α-烯烃的共聚物。共聚合的 α-烯烃有丙烯、1-丁烯、1-己烯、1-辛烯，常用的是 1-丁烯。所用的催化剂体系主要为 Ziegler 催化剂（$TiCl_4+R_3Al$）；其次为 Phillips 催化剂（CrO_3/SiO_2）。

HDPE 是由乙烯在常压或几兆帕压力和一定的温度下，以配合聚合反应或阴离子聚合反应机理生产的。有时加入少量的 α-烯烃为共聚单体，调节 HDPE 的密度与活性。常用的 α-烯烃为 1-丁烯和 1-己烯。所用的催化剂体系为 Phillips 催化剂和 Ziegler-Natta 催化剂。生产 HDPE 的流程与 LLDPE 的相似，区别在于操作条件及催化剂不同。

7.4.2　聚酯纤维

7.4.2.1　概述

聚酯是主链上有—C(O)O—酯基团的杂链化合物。聚酯纤维是以聚酯为原料制得的合成纤维的总称，聚酯纤维于 1953 年实现工业化，目前是合成纤维中产量最大的品种，在我国的商品名称为"涤纶"。目前聚酯纤维主要由聚对苯二甲酸乙二醇酯（PET）制成，故聚酯纤维通常即指 PET 纤维。

PET 纤维具有强度高、耐热性好、弹性耐皱性好、良好的耐光性、耐腐蚀性、耐磨性及吸水性低等优点，纤维柔软有弹性、织物耐穿、保形性好、易洗易干，是理想的纺织材料。可作为纯织物，或与羊毛、棉花等纤维混纺，大量应用于衣用织物；也可作电绝缘材料、轮胎帘子线、渔网、绳索等应用于工农业生产。PET 纤维存在染色性与吸湿性差等不足，可通过共聚改性或合成新单体的方法加以改善。

7.4.2.2 合成工艺

PET 可由单体对苯二甲酸（PTA）和乙二醇（EG）经缩聚反应而成，其结构式可表示为：

$$H-\left[OCH_2CH_2O-C(=O)-C_6H_4-C(=O)\right]_n-OCH_2CH_2OH$$

由于分子中 C—C 的内旋转，PET 分子中可有两种构象，即顺式（无定形）和反式（结晶态），其晶态可通过加热处理进行调变。工业生产按其合成路线可分为 3 种。

(1) 酯交换法 这是传统生产方法。以前生产的对苯二甲酸（PTA）纯度不高，又不易提纯，不能直接缩聚合成 PET。生产中，将 PTA 先与甲醇反应，生成对苯二甲酸二甲酯（DMT），再与乙二醇（EG）进行酯交换反应，生成对苯二甲酸乙二醇酯（BHET），随后缩聚成 PET。因整个过程必须经过酯交换反应，因此称为酯交换法。

酯交换法采用熔融缩聚，是应用最早、比较成熟的生产方法，至今仍有相当数量的 PET 生产采用此法。其缺点为工艺流程长、成本较高。常用的酯交换催化剂为 Zn、Co、Mn 等的醋酸盐；缩聚催化剂用 Sb_2O_3。

聚合条件：酯交换阶段反应温度控制在 180℃，酯交换结束温度可达 200℃ 以上。缩聚反应温度在 270~280℃。反应温度高、反应速率快、达到高分子量的时间较短，但高温下热降解比较严重，因此在生产中必须根据具体的工艺条件和要求的分子量来确定最合适的反应温度和反应时间。

由于缩聚反应是可逆的，平衡常数又小，为了使反应向生成产物 PET 方向进行，必须尽量除去小分子副产物 EG，因此在反应过程中采用抽真空的操作方式，一般在缩聚反应的后端，要求反应压力降至 0.1kPa。

(2) 直接酯化法 PTA 的精制问题得到解决后，以高纯度的 PTA 与 EG 进行酯化获得 BHET，再经缩聚反应制得 PET，故称直接酯化法。该法省去了 DMT 的合成工序，原料较省、设备能力高，因此具有投资少、成本低等优点，是目前工业上 PET 生产的主要方法。

最具代表性的是吉玛 PTA 连续直缩工艺，该工艺过程按所发生的化学反应一般分为三个工艺段：酯化段、预缩聚段和后缩聚段。具体工艺流程如图 7-5 所示。EG/PTA 按摩尔比 1.138 打入浆料制备器（打浆罐）D-13，同时计量加入催化剂 Sb(OAc)$_3$ 及酯化和缩聚过程回收精制后的 EG。配制好的浆料以螺杆泵连续计量送入第一酯化反应器 R-21，在压力 0.11MPa、温度 257℃ 和搅拌下进行酯化，酯化率为 93%。以压差送入第二酯化反应器 R-22，在压力 0.1~0.105MPa、温度 265℃ 和搅拌下继续酯化，酯化率可提高到 97% 左右。然后将酯化物以压差送入预缩聚釜 R-31，在压力 0.025MPa、温度 273℃ 下进行预缩聚。预缩聚物再送入缩聚釜 R-32，在压力 0.01MPa、温度 278℃ 和搅拌下继续缩聚。缩聚产物经齿轮泵送入圆盘反应器 R-33，在压力 100Pa、温度 285℃ 和搅拌下，进行到缩聚终点（通常聚合度为 100 左右）。PET 熔体可直接纺丝或铸条冷却切粒。预缩聚采用水环泵抽真空，缩聚和终缩聚采用 EG 蒸气喷射泵抽真空。为防止排气系统被低聚物堵塞，各段 EG 喷淋中均采用自动刮板冷凝器。

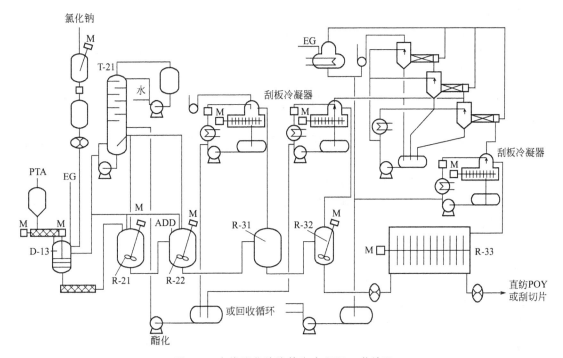

图 7-5　直接酯化法连续生产 PET 工艺流程
D-13—浆料制备器；R-21,R-22—酯化反应器；R-31—预缩聚釜；
R-32—缩聚釜；R-33—圆盘反应器；T-21—EG（乙二醇）回收塔

(3) 环氧乙烷（EO）法　该法是 20 世纪 70 年代开发的一条新工艺路线，是 PTA 与 EO 直接酯化制得 BHET，再缩聚成 PET 的方法。因 EO 易于开环生成聚醚，反应热大（约为 100kJ/mol），EO 易燃、易爆，EO 常温下为气体，运输及储存都比较困难，故此法只在日本少数公司实现工业化应用。

7.4.3　丁苯橡胶

7.4.3.1　概述

丁苯橡胶（SBR）是由丁二烯与苯乙烯两种单体共聚而得到的弹性体，其结构式为：

$$\mathrm{[CH_2-CH=CH-CH_2]_m[CH_2-CH(C_6H_5)]_n}$$

SBR 中含丁二烯链节，根据其结构形式有顺式-1,4-丁二烯、反式-1,4-丁二烯和 1,2-丁二烯三种。SBR 的主体结构不规整，不易结晶，是无定形聚合物。

SBR 是最早工业化的合成橡胶之一。1933 年德国首先用乙炔为原料制得 SBR，1942 年美国以石油为原料生产丁苯橡胶。上述两种 SBR，均采用 50℃下乳液聚合方法合成，故称为高温 SBR。1945 年后，发展了氧化-还原引发体系的低温乳液聚合方法，50 年代生产了 5℃下聚合的低温 SBR，性能得以改善。目前，低温合成法已成为乳液法合成 SBR 的主要方法。乳液法聚合获得的 SBR 称为乳聚 SBR（E-SBR）。

随着对离子聚合反应的深入研究，20 世纪 60 年代初以烷基锂为引发剂的溶液聚合法合成 SBR 开始工业化。通过调节反应条件，可以合成无规、星形支化及嵌段型等不同结构的 SBR，供不同应用的需要，这种橡胶称为溶聚 SBR（S-SBR）。

SBR可替代天然橡胶，应用于汽车轮胎、制鞋和工业橡胶制品，是一种综合性能较好的通用型合成橡胶，也是合成橡胶中产量最大的一个品种，约占合成橡胶的60%。S-SBR的弹性、耐磨性、耐寒性、永久变形和动态性能等都优于E-SBR，但是成本更高。

7.4.3.2 合成工艺

(1) E-SBR合成 E-SBR的聚合机理为自由基聚合，采用乳液聚合的实施方式。E-SBR合成目前主要采用低温法，即通过氧化还原引发体系在5℃下进行。

单体：质量分数>99%的丁二烯和质量分数>99.6%的苯乙烯，且丁二烯与苯乙烯的质量比为(72/28)~(70/30)。

反应介质：水，要求水中钙、镁离子含量<10mg·L^{-1}。

引发体系：氧化还原体系，常用有机过氧化物如过氧化氢二异丙苯、过氧化氢对孟烷为氧化剂，亚铁盐为还原剂，甲醛合次硫酸氢钠（俗称雕白块）为助还原剂，再加入乙二胺四乙酸（EDTA）钠盐为络合剂。

乳化剂：油酸皂和歧化松香皂。

分子量调节剂：正十二烷基硫醇或叔十二烷基硫醇。

终止剂：二硫代氨基甲酸钠及多硫化钠

其他：pH调节剂、乳液稳定剂等。

聚合反应条件：温度为5~7℃，压力为0.2~0.5MPa，转化率为60%。

E-SBR低温合成的工艺流程如图7-6所示，生产工艺大体上分为：单体贮存与混合、助剂配制、聚合，未反应单体的回收，乳胶的掺混、凝聚及后处理。

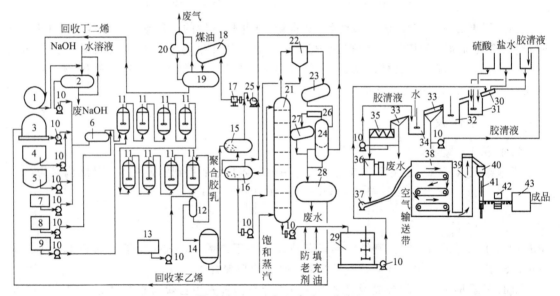

图7-6 E-SBR低温合成工艺流程

1—丁二烯原料贮槽；2—阻聚剂（TBC）除去槽；3—苯乙烯原料贮槽；4—调节剂计量槽；5—乳化剂混合液贮槽；
6—冷却器；7—水罐；8—活化剂计量罐；9—氧化剂计量罐；10—泵；11—聚合釜；12—转化率调节器；
13—终止剂计量罐；14—卸料罐；15—第一闪蒸槽；16—第二闪蒸槽；17—压缩机；
18—冷凝器；19—丁二烯贮罐；20—洗气罐；21—苯乙烯脱气塔；22—气体分离器；
23—冷凝器；24—升压分离器；25—真空泵；26—喷射泵；27—冷凝器；28—苯乙烯倾析槽；
29—混合槽；30—絮凝槽；31—胶粒化槽；32—转化槽；33—振动筛；34—胶粒洗涤槽；
35—挤压脱水机；36—粉碎机；37—鼓风机；38—干燥箱；39—输送器；
40—自动计量器；41—压胶机；42—金属检测器；43—包装机

原料丁二烯和一定量的回收丁二烯混合后，用浓度为10%～15%的NaOH水溶液于30℃进行喷淋以脱除所含阻聚剂，再与溶有规定数量调节剂的苯乙烯在管线中混合，然后与乳化剂混合液和去离子水在管线混合后进入冷却器，冷至10℃。然后与活化剂溶液（包括还原剂、络合剂）混合，从第一聚合釜的底部进入聚合系统，氧化剂则直接从釜底进入。聚合系统由8～12个聚合釜串联组成，反应温度5～7℃，操作压力0.25MPa，平均停留时间8～10h，控制末釜聚合转化率（60±2）%。由最后一台聚合釜流出的胶乳进入串联的5台终止釜，根据转化率测定数据向其中一台注入终止剂溶液。从终止釜流出的胶乳被卸入缓冲罐，然后送入单体回收系统。

胶乳经过两个不同真空度的闪蒸槽回收绝大部分未反应的丁二烯，闪蒸出的丁二烯经压缩机分段压缩后送到冷凝器冷却，冷凝的丁二烯液体收集于丁二烯贮槽，与新鲜丁二烯混合后重新使用。冷凝器中的不凝气送至洗气罐，用煤油作吸收剂，进一步吸收丁二烯，剩余废气仅含小于2%的丁二烯，排入大气。闪蒸除去丁二烯的胶乳送入脱气塔上部，自塔底通入饱和的湿润蒸汽，胶乳和蒸汽逆流换热，并使塔内保持一定的真空度。由脱气塔脱出的气体含有苯乙烯、水、少量丁二烯和夹带的胶乳。经气体分离器把胶乳捕集下来送至第二闪蒸槽，气体进入三级冷凝器，大部分苯乙烯和水被冷凝。经升压分离器，液体流至苯乙烯罐，待分层后将上层苯乙烯回收利用，未被冷凝的气体和第二闪蒸槽蒸出的丁二烯一同送至回收丁二烯的加压段。

脱除单体后的胶乳进入掺混工序。将防老剂乳液和填充油乳液按配方规定量与胶乳掺混并搅拌均匀，然后送入胶乳后处理工序。为得到固体聚合物，在絮凝槽中使胶乳与一定浓度的食盐溶液混合，使胶乳离子凝集增大，此时胶乳变成浓厚的浆状物。然后，与稀硫酸混合后连续流入胶粒化槽。在剧烈搅拌下，增大的胶乳离子聚集为多孔形颗粒，溢流到转化槽以完成乳化剂转化为游离酸的过程。从转化槽溢流出来的胶粒和胶清液经振动筛进行过滤分离后，湿胶粒进入胶粒洗涤槽用胶清液和工业软水洗涤。含水量为50%～60%的物料再经挤压脱水机处理后，含水量可降至10%～18%。经粉碎，再经箱式干燥或挤压膨胀干燥，使胶粒含水量达到指标要求，然后由自动计量器计量，由油压机（压胶机）系统压块成型。胶块通过金属检测器后包装入库。

（2）S-SBR合成 S-SBR的聚合机理为阴离子聚合，具有活性聚合的特点。

单体：质量分数＞99.5%的丁二烯和质量分数＞99.6%的苯乙烯，且丁二烯与苯乙烯的质量比为（85/15）～（75/25）。

引发剂：烷基锂，如加入少量烷氧基碱金属化合物，能使苯乙烯的相对活性增加，同时得到无规共聚物。

溶剂：烃类溶剂，一般是环己烷。

终止剂：醇、胺类化合物。

无规剂：添加四氢呋喃、醚类、叔丁基钾和亚磷酸酯等，可得到无规共聚物。

聚合反应条件：调节聚合反应条件，主要是反应温度（40～120℃）的不同，可以合成无规、星形支化及嵌段型S-SBR。反应压力为0.3～1.0MPa，转化率为80%～100%。

典型的S-SBR合成工艺流程如图7-7所示。精制后的丁二烯、苯乙烯进入聚合釜，加入配制好的引发剂、无规剂后在聚合釜内进行聚合。反应是放热的，同时在聚合过程中黏度急剧上升，因此传热和搅拌是聚合反应的关键。调节催化剂用量和配比可以控制产品的门尼黏度和原料的转化率。离开聚合釜的胶液进入闪蒸塔，除去未反应单体和部分溶剂，使胶液浓度提高到25%，再进入掺混罐掺混以获得产品所需的门尼黏度。掺混好的胶液进入凝聚塔，在热水中同时进行凝聚和脱除溶剂。回收溶剂经过分层罐除去大量的水后,返回溶剂精制工序。凝聚后的胶粒进入振动筛除去水分,并经机械干燥机除去余下的水分。干燥后的胶粒经提升机提升到达称重压块机,经称重、压块后由自动线送去包装即得成品。

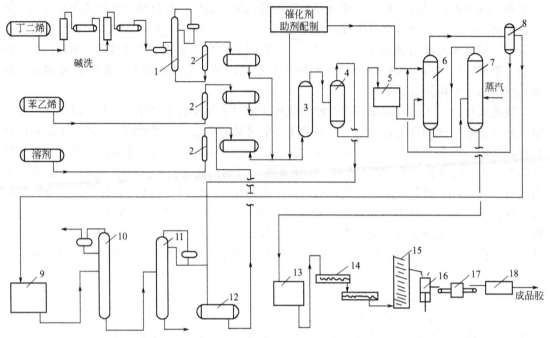

图 7-7　S-SBR 合成工艺流程

1—精馏塔；2—干燥塔；3—聚合釜；4—闪蒸塔；5—掺混罐；6,7—第一、第二凝聚塔；
8—倾析器；9—湿溶剂罐；10,11—脱轻、重组分塔；12—干溶剂罐；13—淤浆罐；
14—振动筛；15—提升机；16—称重压块机；17—金属检测器；18—包装机

● 思考题

7-1　分别解释高分子、结构单元、重复单元、单体、聚合度的概念。

7-2　聚合物的命名方法有哪些？

7-3　聚合物常见的分类方法有哪些？

7-4　高分子材料的制备主要包含哪些工业部门？

7-5　聚合反应有哪些类型？试述各聚合反应的机理及特征。

7-6　简述聚合物的改性方法。

7-7　自由基聚合的实施方法主要有哪些？简述各方法的特点。

7-8　缩聚反应的实施方法主要包括哪些？简述各方法的特点。

7-9　简述聚合物的生产过程及其特点。

7-10　以低密度聚乙烯为例简述聚乙烯的合成工艺。

7-11　简述聚酯纤维的主要合成工艺及各工艺的特点。

7-12　试比较乳聚丁苯橡胶和溶聚丁苯橡胶的生产工艺及产品性能。

参 考 文 献

[1] 赵德仁,张慰盛. 高聚物合成工艺学. 第 2 版. 北京：化学工业出版社,1996.

[2] 李克友，张菊花，向福如. 高分子合成原理及工艺学. 北京：科学出版社，1999.
[3] 韦军. 高分子合成工艺学. 上海：华东理工大学出版社，2011.
[4] 王久芬. 高聚物合成工艺. 第2版. 北京：国防工业出版社，2013.
[5] 黄仲九，房鼎业. 化工工艺学. 北京：高等教育出版社，2012.
[6] 廖巧丽，米镇涛. 化学工艺学. 北京：化学工业出版社，2001.
[7] 朱志庆. 化工工艺学. 第3版. 北京：化学工业出版社，2005.
[8] Moulijn J A, Makkee M, Van Diepen A E. Chemical Process Technology. 2nd Ed. West Sussex：John Wiley & Sons, 2013.
[9] 潘祖仁. 高分子化学. 第3版. 北京：化学工业出版社，2004.
[10] 张留诚，闫卫东，王家喜. 高分子材料进展. 北京：化学工业出版社，2005.
[11] 黄丽. 高分子材料. 第2版. 北京：化学工业出版社，2010.
[12] 贺英. 高分子合成与成型加工工艺. 北京：化学工业出版社，2013.